Lothar Tschampel

buch^{MAT}1.A

Mengen und Funktionen

Version 2 (2005)

buch^{X}verlag Berlin

... wie der Satz ... wohl einmal je für sich bewiesen wird, für Zahlen,
Linien, Köper und Zeiten, während es doch möglich ist, ihn für alles
durch einen einzigen Beweis zu erhärten. Aber weil es für alles dieses:
Zahlen, Längen, Zeit, Körper, keinen gemeinsamen Namen gibt und
diese Dinge spezifisch verschieden sind, wird jedes für sich genommen.
Nun aber wird der Satz allgemein bewiesen.
Aristoteles von Stagira (384 - 322)

Bibliographische Information Der Deutschen Bibliothek

Die Deutsche Bibliothek verzeichnet diese Publikation in der Deutschen Nationalbibliographie; detaillierte bibliographische Daten sind im Internet über http://dnb.ddb.de abrufbar.

Das Buch mit allen seinen Teilen ist urheberrechtlich geschützt. Jede Verwertung – auch außerhalb der engen Grenzen des Urheberrechtsgesetzes – ist ohne Zustimmung des Copyright-Inhabers unzulässig. Das gilt besonders für Vervielfältigungen, Übersetzungen, Mikroverfilmungen sowie Einspeicherungen, Verarbeitungen und Verbreitungen in elektronischen Medien.

© BUCH^{X}VERLAG BERLIN · 2005 · Anschrift: Kurfürstendamm 59, 10707 Berlin

Herstellung: Books on Demand GmbH · 22848 Norderstedt

ISBN 3-934671-35-7

VORWORT BUCH^{MAT}X

> In einem wahren Werk spielt der Verfasser alle Rollen, um zu überraschen, um den Gegenstand von einer neuen Seite zu betrachten. Ein solches Werk ist ein äußerst lebhaftes, geistreiches und abwechselndes Bild der inneren Betrachtung eines Gegenstandes.
> Bald fragt der Verfasser, bald antwortet er oder bringt den Gegenstand in Gegenreden vor, dann erzählt er, dann scheint er den Gegenstand zu vergessen, um plötzlich zu ihm zurückzukehren, dann stellt er sich überzeugt, um desto überraschender zu überrumpeln, dann einfältig, gerührt, mutig. Er tut, als ob Alles vorüber und beschlossen sei, um dann aber Neues zu zeigen, bald spricht er mit dem, bald mit jenem, selbst mit leblosen Gegenständen, kurz, ein solches Werk ist ein Drama in der Form des Selbstgesprächs.
> Nur der offene, gerade Verfasser verdient diesen Namen, der schwülstige ist keiner. Das echte Werk ist recht klare, einfache Prosa, mitunter mit dichterischem Ausdruck verwebt.
> *Novalis (Friedrich von Hardenberg)* (1772 - 1801)

Bitte vergiß alles, was Du auf der Schule gelernt hast; denn Du hast es nicht gelernt. – schrieb der Berliner Mathematik-Professor *Edmund Landau* so um 1930 – ein ausgesprochen eleganter, gleichwohl böser Satz. Ein richtiger Satz? Das ist eine Kardinalfrage – zumindest für die Menschen, die von Berufs wegen damit beschäftigt sind, anderen Menschen (und damit auch immer sich selber, hoffentlich) Mathematik beizubringen.

1

Man kann beobachten, grob skizziert: Hochschullehrer (gemeint sind auch die der technischen und naturwissenschaftlichen Fächer) klagen über mangelnde und/oder mangelhafte mathematische Grund- und Vorkenntnisse der Studienanfänger. (Das ist aber nun schon der Teil der Schulabsolventen, die sich aufgrund ihrer mathematischen Schulbildung überhaupt für solche Fächer entschieden haben.) Und sie haben ja recht, wenn sie sagen: Wer mal eine Brücke bauen, einen Computer entwerfen oder ein Urteil anhand statistischer Datenerhebungen abgeben will (soll), muß eben ein gerüttelt' Maß entsprechender mathematischer Kenntnisse haben. Weil das nun so ist, gibt es eben immer weniger Brückenbauer, Computerkonstrukteure oder Statistiker.

Demgegenüber: Lehrer in den allgemeinbildenden Schulen beklagen die überbordende Fülle des Stoffs (der partienweise als auch nicht mehr so zeitgemäß angesehen wird), die schlechter werdenden äußeren Unterrichts-Bedingungen, aber auch die immer mühsamer zu präziser Sprache zu zügelnde Phantasie der Schüler. Selbst in einschlägigen Zeitschriften, die ja a priori ungebrochenen didaktischen Optimismus repräsentieren, werden die Stoßseufzer spürbarer: Klassenziel erreicht, irgendwie – allerdings mit durchschnittlich kleiner werdendem Anteil verständiger Schüler.

Beide Beobachtungen zusammen genommen, ist zu konstatieren: Erstens, es gibt hinsichtlich Maß und Art tatsächlicher (aktiver) mathematischer Kenntnisse und Fertigkeiten eine deutliche Kluft an dem Übergang Schule/Hochschule und, zweitens, diese Kluft wird – auch wieder statistisch gesehen – zunehmend tiefer. Der von den Hochschulen erwartete (und geforderte) Soll-Zustand ist nicht der von der Dreiheit Schüler/Eltern/Schule (die Schule allein ist's ja nicht) produzierte Ist-Zustand.

Soweit der Tatbestand, über dessen Gründe man quasi in alle Himmelsrichtungen spekulieren kann. Sinnvoller und nützlicher ist, diesen global formulierten Tatbestand an verschiedenen Symptomen sozusagen lokal dingfest zu beschreiben – am besten auch gleich in positiver Wendung, also im Sinne von Zielen.

2

Die beschriebene Kluft wird oft mit dem institutionellen Wechsel Schule/Hochschule begründet und seitens der Schule häufig im Sinne einer *Schnittstelle* Schule/Hochschule beschrieben. (Man kann da sogar gewisse Abgrenzungsabsichten vermuten, wenn man von dem Gegensatzpaar Schul- und Hochschulmathematik reden hört.) Demgegenüber soll dieser institutionelle Wechsel hier als *Nahtstelle* betrachtet werden, es soll im übertragenen Sinne zusammengenäht (auch zusammen genäht), es sollen Klammern und Brücken verankert werden, die den mit der Übergangs-Situation Schule/Hochschule bislang einhergehenden methodischen Bruch (auch hinsichtlich Inhalten, Darstellungen und Stil) deutlich mindern helfen.

Dabei liegt es nahe, die in der Gymnasialen Oberstufe (Klassenstufen 11 bis 13) behandelten mathematischen Gebiete und die entsprechenden Standardinhalte von Grundstudiengängen Mathematik (auch für Ingenieure im weiteren Sinne) jeweils als *thematische und methodische Einheiten* zu betrachten und sozusagen *aus einem Guß (einheitliche Benennungen und Bezeichnungen)* darzustellen.

Daraus resultiert dann auch das hier verfolgte methodisch-schriftstellerische Konzept: Klein dimensionierte thematische Einheiten, oft nur an einen bestimmten Gegenstand gebundene Abschnitte, können zu verschiedenen Ketten zusammengefügt und ineinander verwoben werden – einige Glieder und Ketten für den schulischen Erstgebrauch unter Anleitung oder für spätere Erinnerungen, andere als Anschlußverbindungen zu thematisch gleichen Weiterentwicklungen und/oder übergeordneten, auch abstrakteren Betrachtungsweisen – kurz ein gewissermaßen methodisch mehrdimensionales Kaleidoskop.

3

Nach zwölf oder dreizehn Schuljahren Mathematik mit mindestens eineinhalb Jahren Analysis sollte ein Schüler (Grundkurs-Niveau) eigentlich in der Lage sein, beispielsweise
– in Zeichen geschriebene Nullstellen- und Extremstellen-Mengen, $N(f)$ und $Ex(f)$, einer Funktion f einerseits in Wörtern zu formulieren (und umgekehrt), andererseits den Sinn der Relation $Ex(f) \subset N(f')$ vollständig und anhand von Beispielen zu beschreiben
– die klassische Definition der Konvergenz von Folgen (oder der Differenzierbarkeit von Funktionen) in eine Handlungsanweisung zum Nachweis von Konvergenz (Differenzierbarkeit) umzumünzen
– die vier in einer Zuordnungsvorschrift der Form $f(x) = a \cdot sin(bx + c) + d$ auftretenden Parameter hinsichtlich ihrer Wirkung zu erklären und je nach (physikalischer) Vorgabe auch zu manipulieren.

Man sieht vermutlich sofort, worauf diese Beispiele hinzielen: Sinn, Zweck, Bedeutung, Reichweite einer bestimmten Vorstellung (oder auch einer Beobachtung) *formulieren* (und damit erst auch *nutzen*) können. *Formulieren* heißt *Form geben*, heißt *sprachliche* Form geben – das ist die Kompetenz, die, schrittweise geschult und geübt, ein Hauptziel des mathematischen Unterrichts ist. Sie, und nur sie, führt zum Verstehen hin und vom bloßen Nachahmen weg. Nimmt man noch den Aspekt des gegenseitigen Verstehens hinzu, so bedeutet das *Kommunikationsfähigkeit*.

Zur Kommunikation zählt, im Berliner Jargon: Sagen, was Sache ist. Ist die Sache *beispielsweise* mathematischer Natur, dann gehört dazu:
– *Begründungen* hinsichtlich der verwendeten Voraussetzungen und der Verfahrensweisen nennen
– *Zwecke und Erfordernisse* nennen: Wozu wird diese oder jene Untersuchung angestellt?
– *Beispiele* entweder vorweg und/oder im nachhinein angeben
– *Bezüge* zu gleichartigen Sachverhalten herstellen, Fingerzeige auf Nebenaspekte/Alternativen geben
– *Erläuterungen und Kommentare* zu komplexen Gegenständen/Sachverhalten beifügen
– *Redundanzen* (Wiederholungen) an wesentlichen Stellen plazieren.

4

Nun, verehrte Leser(innen), fangen Sie mal an, an dieser oder jener Stelle des Buchs zu schnuppern (aber hoffentlich mit Papier und Beistift bewaffnet, denn das ist ja kein Roman), schimpfen Sie, wenn Ihnen dies oder jenes nicht gefällt, aber bitte nicht ohne Entwurf eines Gegenkonzepts. Suchen Sie nach Fehlern, Ungereimtheiten und Luftblasen, nach Sätzen mit kaum erkennbarem und/oder widersprüchlichem Sinn, auch nach solchen Erläuterungen und Kommentaren, die Ihnen zu langatmig oder zu kurzgeschoren oder überhaupt überflüssig erscheinen, Sie werden dergleichen sicher finden!

Und haben Sie etwas gefunden und/oder eine passende (auch längere) Ergänzung oder einen guten Vorschlag für die Aufgabenteile, dann schnell zur Post damit, die nächste Version ist schon in Arbeit! Denn wenn das Unternehmen BUCH^{MAT}X Erfolg haben soll, dann insbesondere den, ein Dialog-System Leserautor/Anfangsautor zu werden. Die Idee dabei ist, gewissermaßen einen *Software-life-cycle* mit *Wartung* und *Pflege*, wie die Informatiker das nennen, zu installieren.

Jetzt aber endgültig: Viel Vergnügen und Erfolg bei der Arbeit mit BUCH^{MAT}X. Übrigens hat die eingangs zitierte Aufforderung Landaus noch einen Nachsatz: *Bitte denke bei allem an die entsprechenden Stellen des Schulpensums; denn Du hast es doch nicht vergessen.*

Juli 2000   L. T.

Vorwort Buch^{MAT}1.A (Version 2)

> Was man zu verstehen gelernt hat,
> fürchtet man nicht mehr.
>
> *Marie Sklodowska Curie* (1855 - 1934)

Zwei Aspekte des Umgangs mit Mathematik-Büchern (pfleglich ja ohnehin, versteht sich) mögen generell gültig sein und für dieses Buch in besonderem Maße gelten, daher mit Betonung:

Mathematik-Bücher folgen in der Regel einem systematischem Bau in dem Sinne, daß das, was in einem späteren Abschnitt an begrifflich/methodischen Hilfsmitteln/Werkzeugen benötigt wird, in einem früheren Abschnitt separat dargelegt und diskutiert wird (im allgemeinen auf etwas abstrakterer Ebene). Eine solche Reihenfolge-Situation darf aber nicht dazu (ver-)führen, Mathematik-Bücher linear zu studieren und damit gewissermaßen auf Vorrat zu lernen, was nicht unmittelbar zu kennen/wissen nötig ist. Man kann eher sagen: Die einzelnen Abschnitte sind wie kleine Inseln zu betrachten, man beginnt an einer Stelle, die einem aus irgendeinem Grunde thematisch attraktiv zu sein scheint, und zieht dann nach und nach ein Netz von Verbindungslinien zu anderen Themen/Abschnitten (gemäß den in ordentlichen Büchern auch angegebenen Querverweisen).

Im vorliegenden Band beginnt man am besten mit den Abschnitten 1.2x, also mit den Abschnitten zu speziellen/konkreten Funktionen. (Der Begriff *Funktion* wird durchweg identisch mit dem in der neueren Mathematik verwendeten Begriff *Abbildung* verwendet, hat sich aber noch nicht überall herumgesprochen.) Diese Abschnitte behandeln den üblichen Kanon *Geraden, Parabeln, ..., also Polynom-Funktionen*, ferner *Rationale Funktionen, Trigonometrische Grundfunktionen, Exponential- und Logarithmus-Funktionen* in einer Weise, die sich zunächst auf Bau und Aussehen (graphische Darstellung) und damit verbundenen naheliegenden Fragen beschränkt – erkennbar an dem Zusatz *Teil 1* zu manchen Abschnittsüberschriften.

Daneben ist der *Bereich der Beispiele und Anwendungen* in der vorliegenden Version 2 von Buch^{MAT}1.A gegenüber der Version vom Jahre 2000 erheblich ausgeweitet (auch im Rahmen der Aufgaben, das sind jetzt immerhin 462), beispielsweise: die Abschnitte über *Physikalische Funktionen* (Was haben mathematische Funktionen mit den in der Physik verwendeten Funktionen zu tun?) oder die Abschnitte über *Finanzmathematik* (die sich in sachlich natürlicher Weise den Betrachtungen zu Kapitalentwicklungen im Rahmen von Exponential-Funktionen anschließen).

Nun wird man bei einer noch so elementaren Untersuchungsebene der oben genannten Funktionstypen auf Fragen/Probleme stoßen, die mit irgendeiner Art von Zusammenbau von Funktionen (verschiedenen Typs) zu tun haben. In einer solchen Situation helfen aber die Abschnitte 1.1x weiter, die dann die allgemeiner formulierten (weil in unterschiedlichen Zusammenhängen verwendbaren) Hilfsmittel – auch für die weiteren Bände von Buch^{MAT}X – bereitstellen. Beispielsweise wird man etwa bei Funktionen, die phasenverschobene Schwingungen beschreiben sollen, auf Kompositionen von Funktionen treffen, auf die dabei geeignet zu arrangierenden Definitions- und Bildbereiche (also Untersuchungen zu Mengen) und auf die Erhaltung von Güte-Eigenschaften der beteiligten Funktionen (Injektivität, Surjektivität, Bijektivität) - alles Begriffe, die für solche und andere Situationen in den Abschnitten 1.1x beschrieben sind.

Ein Mathematik-Buch lesen bedeutet stets zweierlei, zum einen: eine Sache zur Kenntnis nehmen, zum anderen: Fragen stellen. Nur beides zusammen bedeutet: Lernen. Fragen können sich auf eine Sache beziehen, etwa auf Verfahrensweisen (Wie untersucht man Existenz und Aussehen des Schnittpunktes zweier Geraden?), aber auch auf Bedeutungen (Was bedeutet es, sagen wir mal, für zwei zeitabhängige Prozesse, daß die sie repräsentierenden Geraden einen Schnittpunkt haben? Und was bedeutet dann dieser Schnittpunkt?)

Fragen können sich aber auch auf den gelesenen Text selbst beziehen: Erzeugt der Text eine genügend klare innere Vorstellung, ein genügend scharfes Bild der Sache? Allein das ist am Ende der Maßstab für das, was mein meint, wenn man sagt: Das Buch hat *Stil* (oder auch nicht). Also: Fragen Sie!

Januar 2005   L. T.

Inhalt buch^{MAT}1.A

Vorwort buch^{MAT}X 3

Vorwort buch^{MAT}1.A (Version 2) 5

Inhalt 6

1.000	Mathematik und/als/ist Sprache	8
1.002	Grundstein Sprache – Werkzeuge der Sprache	10
1.004	Beobachtung – Idee – Form	13
1.010	Grundstein Logik – Formale Regeln des Denkens	14
1.012	Operationen der Aussagenlogik	16
1.014	Tautologien	19
1.016	Quantifizierte Aussagen (Quantoren)	22
1.018	Methoden des Beweisens	24
1.070	Algebra der Schaltnetze	26
1.072	Vereinfachte Schaltnetze	29
1.080	Algebra der Signal-Verarbeitung	30
1.084	Boolesche Situationen	34
1.086	Wege zur Bildung einer Mathematischen Theorie	36
1.090	Mathematik in Anwendungen (Teil 1)	38
1.091	Mathematik in Anwendungen (Teil 2)	40
1.100	Mengen, Relationen, Funktionen	42
1.101	Mengen und Mengenbildung	44
1.102	Operationen für Mengen	48
1.108	Antinomien der Mengen-Theorie	52
1.110	Cartesische Produkte (Teil 1)	54
1.120	Relationen (Teil 1)	56
1.130	Funktionen (Abbildungen)	59
1.131	Komposition von Funktionen	63
1.132	Injektive, surjektive und bijektive Funktionen	65
1.133	Inverse und invertierbare Funktionen	70
1.136	Funktionen und Gleichungen	75
1.140	Äquivalenz-Relationen	78
1.142	Erzeugung injektiver Funktionen (Abbildungssätze)	83
1.150	Potenzmengen und Mengensysteme	89
1.151	Induzierte Funktionen auf Potenzmengen	91
1.160	Cartesische Produkte (Teil 2)	93
1.180	Codes und Codierungen	97
1.181	Binär-Codierungen	100
1.184	Die EAN-Codierung	104
1.185	Codierungen als Kontroll-Mechanismen	110
1.190	Relationale Datenstrukturen (Teil 1)	112
1.191	Relationale Datenstrukturen (Teil 2)	116
1.200	Funktionen $T \longrightarrow \mathbb{R}$	122
1.202	Symmetrien für Funktionen $T \longrightarrow \mathbb{R}$ (Teil 1) ...	124
1.206	Spezielle Funktionen $T \longrightarrow \mathbb{R}$ (Teil 1)	126
1.207	Spezielle Funktionen $T \longrightarrow \mathbb{R}$ (Teil 2)	128
1.210	Lineare Funktionen $T \longrightarrow \mathbb{R}$	130
1.211	Gleichungen über Linearen Funktionen	133
1.213	Quadratische Funktionen $T \longrightarrow \mathbb{R}$	137

1.214	Gleichungen über Quadratischen Funktionen (Teil 1)	141
1.215	Gleichungen über Quadratischen Funktionen (Teil 2)	146
1.217	Kubische Funktionen $T \longrightarrow \mathbb{R}$	150
1.218	Gleichungen über Kubischen Funktionen	153
1.220	Funktionen und Ungleichungen	157
1.222	Lineare Funktionen und Ungleichungen	159
1.224	Systeme linearer Ungleichungen	161
1.226	Quadratische Funktionen und Ungleichungen (Teil 1)	162
1.227	Quadratische Funktionen und Ungleichungen (Teil 2)	164
1.228	Weitere Ungleichungen	165
1.230	Potenz-Funktionen $T \longrightarrow \mathbb{R}$	166
1.232	Gleichungen über Potenz-Funktionen	168
1.234	Kegelschnitt-Funktionen	172
1.236	Rationale Funktionen (Teil 1)	176
1.237	Rationale Funktionen (Teil 2)	179
1.238	Gleichungen über Rationalen Funktionen	182
1.240	Trigonometrische Funktionen (Teil 1)	183
1.242	Trigonometrische Funktionen (Formeln)	186
1.244	Bijektive Teile trigonometrischer Funktionen	188
1.246	Gleichungen über Trigonometrischen Funktionen	189
1.250	Exponential- und Logarithmus-Funktionen (Teil 1)	191
1.252	Gleichungen über Exponential- und Logarithmus-Funktionen	195
1.255	Grundbegriffe der Kapitalwirtschaft	199
1.256	Berechnung von Kapitalanlagen	201
1.257	Berechnung von Kapitalrenten	206
1.258	Berechnung von Kapitaltilgungen	210
1.260	Lage-Änderungen von Funktionen $T \longrightarrow \mathbb{R}$	216
1.262	Form-Änderungen von Funktionen $T \longrightarrow \mathbb{R}$	219
1.264	Form- und Lage-Änderungen von Funktionen $T \longrightarrow \mathbb{R}$	224
1.266	Form- und Lage-Änderungen als Funktionen	227
1.268	Symmetrien für Funktionen $T \longrightarrow \mathbb{R}$ (Teil 2)	231
1.270	Physikalische Größen und Funktionen (Teil 1)	233
1.271	Gewinnung physikalischer Funktionen	237
1.272	Gleichförmige Bewegungen	242
1.273	Wurf-Bewegungen	253
1.274	Kreis-Bewegungen	260
1.276	Die physikalische Größe: Kraft	265
1.277	Die physikalische Größe: Arbeit	270
1.278	Die physikalische Größe: Mechanische Energie	272
1.280	Mechanische Schwingungen (Teil 1)	275
1.281	Funktionen zu Mechanischen Schwingungen	277
1.282	Spezielle Schwingungs-Systeme	280
1.283	Mechanische Schwingungen (Teil 2)	284
1.285	Mechanische Wellen	289
1.286	Interferenz (Überlagerung) von Wellen	292
1.287	Das Huygenssche Wellenprinzip	294
1.288	Schallwellen	298
1.289	Ergänzungen zu Schwingungen und Wellen	302

Symbol-Verzeichnis	304
Namens-Verzeichnis	316
Stichwort-Verzeichnis	318

1.000 MATHEMATIK UND/ALS/IST SPRACHE

> Die im Mathematikunterricht geforderte Klarheit und Prägnanz des Ausdrucks soll auch für die Verbesserung des sprachlichen Ausdrucksvermögens nutzbar gemacht werden. Sowohl bei den schriftlichen als auch bei den mündlichen Arbeitsformen müssen die sprachlichen Fähigkeiten der Schüler, dabei auch der angemessene Gebrauch der Fachsprache, systematisch geschult werden.
> *Rahmenpläne für Unterricht und Erziehung in der Berliner Schule*

Es gibt gelegentlich eine Sorte Mathematik-Unterricht zu beobachten, in dem sich Analphabeten zu unterhalten scheinen (in dem vorwiegend von x und y die Rede ist, in dem Leerstellen und Platzhalter quadriert werden, in dem das Verb *auflösen* eine Hauptrolle spielt, wonach ja eigentlich nix mehr da wäre). Daß solche Art Unterricht – im übrigen mit großer Prägekraft und Fortpflanzungstendenz – dem Begriff (und den Zielen) der Allgemeinbildenden Schule geradezu entgegensteht, steht außer Frage. Wie derlei zustande kommt und folgerichtig auch zu *Matheunterricht* führt, soll hier nicht weiter untersucht werden, der Sachverhalt ist gleichwohl Grund genug festzustellen – und zwar gerade auch im Hinblick auf Anwendungen der Mathematik:

1.000.1 Satz
1. Mathematik, mathematisches Denken und Handeln sind (in erster Linie) sprachliche Phänomene.
2. Fachsprache (Wissenschaftssprache) ist Allgemeinsprache (mit gelegentlich höheren Präzisionsgraden).

1.000.2 Bemerkungen

1. Satz 1.000.1/1 ist eine Binsenweisheit (wenngleich auch nicht immer so restriktiv verwendet), beispielsweise: Wir haben zwar zehn Finger (Ursprung des Zehner-Systems), aber dem Wort *zehn* entspricht kein irgendwie geartetes physikalische Phänomen, es ist ein Abstraktum und insofern ein rein sprachlicher Gegenstand.

2. Die Einschränkung *in erster Linie* bezieht sich auf Sprache im engeren Sinne und kann entfallen, wenn man Sprachen mit graphischen Elementen *hinzu* nimmt.

3. Allgemeinsprache ist nicht gleich Umgangssprache, eher die literarische Sprache, die der besseren Zeitungen (neuerdings mit Abstrichen) oder die der öffentlich-rechtlichen Rundfunkanstalten (mit zunehmend größeren Abstrichen). (Umgangssprache ist mehr das sehr vielfältige, sehr elastische Instrument privater Kommunikation.)

4. Die höheren Präzisionsgrade, die zur Nuancierung zwischen Fach- und Allgemeinsprache führen, liegen in einem Zusatz an begrifflicher und logischer Genauigkeit. Beispielsweise hat das Wort *Element* in der Allgemeinsprache eine Vielzahl von Schattierungen (die gemeinte zeigt dann erst der Zusammenhang), in der Sprache der Mathematik ist es hingegen zu einer *der sonst möglichen Bedeutungen* präzisiert (und reduziert) und gilt aus allein diesem Grund als Fachbegriff.

5. Ein Wort der Allgemeinsprache so zu einem Fachbegriff zu machen, ist ein Vorgang, der hinsichtlich des Bezuges zur Allgemeinsprache hohe Sorgfalt erfordert. Sonst entsteht ein Jargon (wie etwa bei dem oben erwähnten Wort *auflösen*), der – zu Recht – nur noch als auswendig zu lernende Geschwätzigkeit empfunden wird. (Man kann derlei Sprache sofort testen, wenn man Schüler oder auch Studenten mal fragt, was denn eine *Gleichung* ist.)

6. In der Mathematik (wie auch auf anderen Gebieten) tritt nun (seit der Renaissance) etwas hinzu, das den sprachlichen Charakter der Mathematik manchmal zu verwischen droht: die Verwendung einzelner Zeichen und Zeichenkombinationen. Dafür gilt:

a) Mathematische Zeichen werden grundsätzlich nur in schriftlichen Texten verwendet – und zwar als sprachlicher Zusatz, nicht als sprachlicher Ersatz.

b) Im Gespräch spricht man grundsätzlich in Wörtern und Sätzen. Beispielsweise wird der geschriebene Text $\{x \in \mathbb{R} \mid x < 2\}$ gelesen als: Menge derjenigen reellen Zahlen, die kleiner als 2 sind. (Nicht: Menge derjenigen Elemente der Menge der reellen Zahlen, die die Eigenschaft haben, daß ...) Ausnahmen – mit denen man aber sehr geizen sollte – sind dann sinnvoll, wenn daneben ein schriftlicher Text vorliegt, etwa bei längeren Formeln.

c) Mit Zeichen geschriebene Sätze müssen sich in eine mündliche Form übersetzen lassen und umgekehrt (offenbar eine schwierige Übung).

7. Mathematische Texte zählen zu dem, was man allgemeiner *Technische Kommunikation* nennt. Dazu gehört beispielsweise (sonst eher schlechter Stil), gleichartige Sachverhalte durch gleichartige Sätze zu formulieren, um gerade so die Gleichartigkeit deutlich werden zu lassen.

8. In nuce, schriftlich wie mündlich: *Sätze mit mathematischem Inhalt sind ganz gewöhnliche, nach den sonst auch geltenden Regeln gebildete sprachliche Sätze* (mit Kommata und Punkt), in denen Formeln lediglich als *Satzteile* auftreten. Im übrigen: kurz, knapp, klar und wahr!

1.000.3 Bemerkung

Fragt man Leute mit Abitur, was sie denn aus ihrem schulischen Mathematik-Unterricht so behalten haben, dann nennen sie in erster Linie den *Satz des Pythagoras* – und das ist dann meist schon alles. Die vorstehenden Betrachtungen seien nun an diesem offenbar populärsten mathematischen Sachverhalt näher illustriert (womit indirekt auch auf den beabsichtigten, wenn auch nicht immer realisierten mathematischen Stil dieses Buches aufmerksam gemacht sei):

Version 1: Für beliebige rechtwinklige Dreiecke gilt $a^2 + b^2 = c^2$.

Der in Version 1 genannte Satz sagt eigentlich nichts, denn es ist unklar, was mit den Buchstaben a, b und c gemeint ist. Man kann sich dabei auch nicht auf Traditionen berufen, etwa nach dem Muster: Diese Buchstaben werden in allen (?) Büchern zur Bezeichnung der gemeinten Objekte so verwendet. Nein, eine Aussage muß in sich oder mit sichtbarem Bezug vollständig sein, insbesondere müssen alle verwendeten Zeichen erklärt (definiert) sein. Also beispielsweise:

Version 2, geschrieben: Für die Kathetenlängen a und b sowie die Hypotenusenlänge c eines beliebigen rechtwinkligen Dreiecks gilt der Zusammenhang $a^2 + b^2 = c^2$.

Version 2, gesprochen: Bei beliebigen rechtwinkligen Dreiecken ist jeweils die Summe der Quadrate der Kathetenlängen stets gleich dem Quadrat der Hypotenusenlänge.

Anmerkung 1: Im übrigen verlangt die Nennung eines solchen Satzes prinzipiell die vorherige Definition der dabei verwendeten Begriffe (nötigenfalls durch einen Verweis), hier also die Begriffe *Dreieck, Winkel, Winkelmaß, rechter Winkel, Kathete, Hypotenuse, Länge einer Strecke*. Allerdings spielt dabei der bekannte oder mutmaßliche Kenntnisrahmen des Adressaten eine Rolle: Was kann man voraussetzen, was ist unmittelbar zu erkennen, was soll der Leser, der Zuhörer an eigener Leistung dem Text hinzufügen (können)?

Anmerkung 2: Es gibt durchaus verschiedene sinnvolle Grade der Genauigkeit bei Bezeichnungen und Namen mathematischer Gegenstände – das ist einerseits eine Frage des mathematischen Stils, andererseits kommt es auf den Zusammenhang an. Beispielsweise sollte man stets zwischen *Winkel* und *Winkelmaß* sowie zwischen *Strecke* und *Streckenlänge* unterscheiden. In einer Zeichnung kann eine Dreiecksseite einfach mit dem Buchstaben a bezeichnet werden, wenn der zugehörige Text den Bezug klar erkennen läßt, handelt es sich aber um eine Theorie der Geometrie, die auf Genauigkeit gerade Wert legt, sollte man etwa $a = d(A, B)$ schreiben, um deutlich zu machen, daß mit a der Abstand zwischen den Punkten A und B gemeint ist (und nur als eine solche Zahl auch quadriert werden darf).

1.002 GRUNDSTEIN SPRACHE – WERKZEUGE DER SPRACHE

> Wenige schreiben, wie ein Architekt baut, der zuvor seinen Plan entworfen und bis in's Einzelne durchdacht hat, vielmehr die meisten nur so, wie man Domino spielt. Kaum daß sie ungefähr wissen, welche Gestalt im Ganzen herauskommen wird und wo das Alles hinaus soll. Viele wissen selbst das nicht, sondern schreiben wie Korallen, Polypen bauen, Periode fügt sich an Periode und es geht, wohin Gott will.
> *Arthur Schopenhauer (1788 - 1860)*

Die Sprache ist Grundstein und Werkzeug der Mathematik und der Darstellung mathematischer Ideen und Sachverhalte, ein gestalterisches Werkzeug, dessen Gebrauch gewissen Regeln unterworfen ist – wie das etwa für die Werkzeuge eines Bildhauers auch gilt. Je konzentrierter ein Satz formuliert ist, desto deutlicher ist sein Bau (seine Struktur) zu erkennen, desto deutlicher ist er nach Regeln geformt. Es sei erlaubt, für den Gebrauch der deutschen Sprache einige wenige Begriffe und Regeln im einzelnen aufzuführen, als Werkzeuge zu dem Ziel: sich schnell und möglichst genau verstehen können – zumindest mal sprachlich.

1.002.1 Bemerkungen

1. Sprache als Werkzeug besteht im wesentlichen aus den Komponenten

Grammatik: der *Formenlehre (Elementargrammatik)* und der *Satzlehre (Syntax)*,

Syntax: Lehre vom Satzbau im Hinblick auf Zulässigkeit von Wörtern oder Wortgruppen in Satzgefügen,

Semantik: Lehre von den Beziehungen eines Zeichens (etwa eines Wortes) zu dem, was damit gemeint ist (was es gegenständlich bezeichnet) oder zu einem oder mehreren anderen Zeichen, die ihm nach einer Regel als Bedeutung (etwa als Definition) zugeordnet sind.

2. Die zehn *Satzteile* der deutschen Sprache sind

1	Subjekt (wer?, was?)	6	Adverbiale Bestimmung der Art und Weise
2	Prädikat	7	Adverbiale Bestimmung des Ortes (wo?)
3	Akkusativobjekt (wen?, was?)	8	Adverbiale Bestimmung der Zeit (wann?)
4	Dativobjekt (wem?)	9	Apposition (nämlich?)
5	Genitivobjekt (wessen?)	10	Attribut

Die ersten acht Satzteile entsprechen in obiger Reihenfolge der klassischen Satzstellung der germanischen und romanischen Sprachen. Die beiden letzten Satzteile können jeweils einem anderen Satzteil beigefügt werden.

Die *Adverbiale Bestimmung der Art und Weise* teilt nach den Arten des Geschehens wie folgt ein:

modal (im engeren Sinne):	Art und Weise angebend (, indem ...),
kausal:	Ursache oder Grund angebend (, weil ..., da ...),
final:	Zweck, Ziel, Bestimmung angebend (, damit ...),
konsekutiv:	Wirkung oder Folge angebend (, so daß ...),
konzessiv:	einräumend (, obwohl ..., obgleich ..., obschon ...),
konditional:	bedingend (, falls ..., sofern ...).

3. Zur Bezeichnung von *Appositionen* folgendes Beispiel:
In *Franz, der berühmte Mathematiker, ist ...* ist *der berühmte Mathematiker* eine nachgestellte Apposition im weiteren Sinne zu *Franz*, weiterhin ist *berühmter* ein adjektivisches Attribut zu *Mathematiker*, also zur Apposition im weiteren Sinne. Appositionen können den drei Satzobjekten beliebig beigefügt werden; sie richten sich in ihrem Kasus nach dem jeweiligen Beziehungswort. Appositionen können vor- oder nachgestellt auftreten.

4. *Infinitivsätze* sind hinsichtlich zweierlei Gesichtspunkten zu behandeln:
Ist der Satz ein *einfacher* oder ein *erweiterter* Infinitivsatz? Ist der Satz mit *zu, ohne zu, um zu, anstatt zu* oder ohne *zu* gebildet? Im Infinitivsatz verschmelzen das Subjekt und die finite Form des Verbs zu einem Ausdruck, dem Infinitiv-Ausdruck.

5. Die zehn *Wortarten* der deutschen Sprache sind

1	Artikel	6	Pronomen
2	Substantiv	7	Präposition
3	Adjektiv	8	Konjunktion
4	Verb	9	Numerale
5	Adverb	10	Interjektion

Betonte und *unbetonte* Interjektion: *Ja, du hast ja recht, ...*
Substantivische Demonstrativpronomina, *Der, Die, Das*, können ohne, hingegen *adjektivische* Demonstrativpronomina, *Dieser, Diese, Dieses*, nur mit Beziehungswort stehen. Ausnahme: *Dieses und Jenes.*

6. Die *Zeiten* können nach folgenden Gesichtspunkten bestimmt werden:

Person	*Modus* (Indikativ, Konjunktiv)
Numerus (Singular, Plural)	*positiv/negativ* (bejahend/verneinend)
Genus (fem., mask., neutr.)	*interrogativ* (fragend)
Tempus	*interrogativ negativ* (fragend verneinend)
Genus Verbi (Aktiv, Passiv)	*Quelle* (*du hast* von *haben*)

7. Die Regeln für die *Zeitenfolge* im Indikativ verlangen

Präsens mit *Perfekt*	Als F nachgedacht hat, sagt er....
Imperfekt mit *Plusquamperfekt*	Nachdem F nachgedacht hatte, sagte er ...
Futur I mit *Futur II*	Wenn F nachgedacht haben wird, wird er sagen ...
Konditional I mit *Konditional II*	Wenn F nachgedacht haben würde, würde er sagen ...

(Man beachte: Nach *nachdem* steht stets das Plusquamperfekt.)

8. Die beiden Formen des Konjunktivs sind der vom Präsens abgeleitete *präsentische Konjunktiv* und der vom Imperfekt abgeleitete *imperfektische Konjunktiv*. Sie werden in folgender Weise verwendet:
Der präsentische Konjunktiv steht in *Wunsch-* oder in *Aufforderungssätzen*, die sich auf eine dritte Person beziehen *(Sie möge mir das verzeihen! Man nehme täglich ...)*, sowie vor allem in *indirekten Fragesätzen* und in der *indirekten Rede*, der häufigsten Form der mittelbaren Rede *(Fritz fragte, was denn eine Gleichung sei. Fritz sagt, er liebe guten Wein.).*
Der imperfektische Konjunktiv steht in *Vermutungen (So käme Fritz des Rätsels Lösung näher.)*, bei *irrealen Aussagen (Es war, als hätt' der Himmel die Erde still geküßt, daß sie im Blütenschimmer von ihm nur träumen müßt'. (Joseph von Eichendorff))* sowie vor allem in *konditionalen Satzgefügen*, bei denen Bedingung und Folge irreal sind *(Wenn ich ein Vöglein wär' und auch zwei Flüglein hätt', flög' ich so schnell ich könnt' zu Dir!).*
Noch ein Beispiel: *Wenn Du mir aber annimmst/annähmest, daß Franz in seinem kecken Sätzchen, es gebe/gäbe grüne Männchen, möglicherweise flunkert/flunkerte, Du also an der Wahrheit seiner Aussage über die Existenz besagter Männchen zweifelst/zweifeltest, dann muß/müßte in der indirekten Rede (im Fall annähmest als irrealer Aussage) selbstverständlich der imperfektische Konjunktiv stehen!*

9. In der *indirekten Rede* steht grundsätzlich der präsentische Konjunktiv. Beispiel: *Ich sage (sagte, werde sagen, würde sagen, habe gesagt, hatte gesagt, werde gesagt haben, würde gesagt haben), daß es grüne Männchen gebe.* Oder auch: *Ich sage (...), es gebe grüne Männchen.*
Lautet der präsentische Konjunktiv wie der präsentische Indikativ, dann tritt an seine Stelle der imperfektische Konjunktiv. Beispiel: *Er berichtet(e), am Montag hätten* (hier *hätten* anstelle des gleichlautenden präsentischen Indikativs *haben*) *sie ein Schiff mit schwarzen Segeln gesehen.*
Die indirekte Rede hat nie *wäre*, dieser Ausdruck ist dem Konditional vorbehalten.

1.002.2 Bemerkung

Die wichtigsten Regeln der *Zeichensetzung:*

a) Im Satz werden aufgezählte gleichartige Satzteile stets durch Zeichen getrennt, wobei die Wörter *und* und *oder* das Zeichen jeweils ersetzen, werden die nachgestellte Apposition, die Anrede und der betonte Ausruf in Zeichen eingeschlossen. (Eingeschlossen ist eine Apposition dann, wenn sie vom Rest des Satzes abgetrennt ist; sie kann also auch am Ende des Satzes stehen.)

b) Im Satzgefüge werden die Sätze durch Zeichen getrennt, einfache Infinitivsätze mit *zu* jedoch nicht. (Sätze (Satzarten) sind Hauptsätze, Nebensätze, Infinitivsätze.)

c) Die wortwörtliche Rede wird in Anführungszeichen eingeschlossen, wobei diese Zeichen stets den übrigen Zeichen folgen, es sei denn, das wortwörtlich Gesagte ist ein Satz(teil) im Satzgefüge.

d) Vor *und* steht dann ein Komma, wenn das, was auf *und* folgt, auch für sich allein gesagt werden kann.

e) Spiegelstriche ersetzen andere Trennzeichen.

1.002.3 Bemerkungen

Schließlich noch ein paar Kleinigkeiten:

a) *Ursache und Wirkung* bezeichnet einen natürlichen (in der Natur beobachtbaren) Zusammenhang, hingegen *Grund und Folge* einen geistigen Zusammenhang.

b) *Synonyma* sind verschieden lautende Wörter gleichen oder ähnlichen Sinns, *Äquivokationen* gleich lautende Wörter verschiedenen Sinns.

c) Meiden Sie den Gebrauch von *es*, nennen Sie die Sache beim Namen (Ausnahmen: *Es regnet*, ...).

d) Meiden Sie den Gebrauch von *also* im Sinne neuer Formulierungen des schon Gesagten (Ausnahmen nur bei Folgerungen, etwa. *Ich bin munter, also bleibe ich noch*).

e) Meiden Sie unfügliche Floskeln wie *Ich würde sagen, daß ...* oder *Ich gehe davon aus, daß ...*.

f) Begründungen können Aussagen vor- oder nachgestellt werden. Vorgestellte Begründungen werden etwa mit *wegen* eingeleitet, nachgestellte beispielsweise mit *denn*.

g) Wörter, die Folgerungen einleiten, sind etwa *folglich, somit, damit, mithin, demgemäß, also*.

h) Beachten Sie die Apposition: *Wenn ich am Dienstag, den 10. Oktober 1999, käme, dann ...*

i) Beachten Sie die Kommata: *Ich komme, das heißt, ich gehe, d.h., ich komme doch.*

j) Bei Aufzählungen werden Ziffern mit Punkt, Buchstaben mit Klammer geschrieben: 1., a), 2a).

Nebenbei: Der deutschen Sprache ist neuerdings wohl ein Gebot zur Zweisilbigkeit hinzuzufügen: Info, Reha, Doku, Bio, ..., schließlich auch *Mathe*, ein von Lehrern oft benutztes Kürzel, gerade auch von Mathematik-Lehrern (aber auch schon auf Schulbüchern und -zeitschriften zu finden) – und wer *Mathe* sagt, der unterrichtet auch *Mathe*. Diese Haltung (besser: dieser Haltungsschaden – und was als sprachliche Entwicklung verkauft wird, ist oft nur das), diese Haltung also korrespondiert so ziemlich eins zu eins zu der *Mathematik im Konjunktiv* in manchen Lehrplänen für's Gymnasium.

Nun, man kann solche Regeln fein säuberlich beachten, doch trotzalledem mag dabei noch kein rechter Satz herauskommen, zu eckig, zu verschroben. Deshalb auch die Ermunterung, Regeln gelegentlich dann auch zu mißachten (aber unter Abwägung sozusagen aller Umstaände), wenn dadurch ein klareres Bild der Sache, ein schneller zu verstehender Zusammenhang zur Sache entsteht. Sprache ist ja ein überaus elastisches Instrument, das auch mit Andeutungen, leicht hingeworfenen Beifügungen und der Mobilisierung von Erinnerungen auskommt, leichte Dellen in der Grammatik können auch ein Stilmittel sein. Kurz und gut: *Die Regeln der Sprache sind Grundsätze* (wie im juristischen Sinne), die Ausnahmen dann zulassen, wenn's der sprachlichen Sache, der kommunikativen Deutlichkeit dient.

1.002.4 Bemerkung

Zuguterletzt noch ein erfahrungsgemäß wichtiger Hinweis, der gewissermaßen den Weg von einer Idee hin zu Wörtern, hin zu einem Satz andeutet. (Es mag ja vorkommen, daß man ein irgendwie geartetes inneres Bild von einer (mathematischen) Sache hat, aber nicht so recht weiß, wie das in eine verbale Beschreibung, in Sätze und Aussagen umzumünzen ist – eine Situation, in der man sich's nicht zu leicht machen sollte, das kann (bei Schülern) zur resignativen Gewohnheit werden.) Da mag helfen, sich an folgende Konstruktionsvorschrift zu halten:

Der schon fast anekdotisch anmutende Satz *Der Baum ist grün* soll – als Eselsbrücke – an zwei Dinge mahnen: Erstens, *worüber*, über welchen Gegenstand soll etwas gesagt werden, zweitens, *was* soll gesagt, welche Auskunft soll gegeben werden. Die Klärung der beiden Fragen, *Worüber?* und *Was?*, auch in dieser Reihenfolge, kann schon ein gut' Stück weiterhelfen – vermeintlich eine Bagatelle, aber ein (in der pädagogischen Praxis, wenn man genügend konsequent damit umgeht) oft hilfreiches Mittel zur Konstruktion von Sätzen. (Es versteht sich, daß auch die Fragen *Wie?* und *Wozu?*, also die nach dem Zweck, mit an erster Stelle stehen: diese vier *W's* sozusagen als goldene Regel.)

1.004   Beobachtung – Idee – Form

> Fähigkeiten werden vorausgesetzt, sie sollen zu Fertigkeiten werden. Dies ist der Zweck aller Erziehung, dies ist die laute und deutliche Absicht der Eltern und Vorgesetzten, die stille, nur halbbewußte der Kinder selbst.
> *Johann Wolfgang von Goethe* (1749 - 1832)

Fritz grübelt (laut) vor sich hin: 4 durch 2: geht, 7 durch 2: geht nicht, 13 durch 3: geht nicht, 7 durch 2: geht nicht, 12 durch 3: geht, 12 durch 4: geht, 7 durch 7: geht, 7 durch 6: geht nicht, 5 durch 5: geht, 5 durch 4: geht nicht, 3 durch 3: geht, 3 durch 2: geht nicht, 3 durch 1: geht, ..., *Fritz beobachtet*.

Fritz hat eine Idee: Aha, es gibt offenbar zwei Sorten von Zahlen, einerseits solche Zahlen, bei denen das Teilen nur durch die Zahl selbst oder nur durch 1 geht, andererseits aber Zahlen, bei denen das Teilen noch mit anderen Zahlen geht.

Fritz – ganz aufgeregt durch seine Entdeckung – eilt flugs zu seiner Freundin Anna, um ihr die ganze Story zu erzählen. Anna hört aufmerksam zu, lobt Fritz, halb im Scherz, halb im Ernst, sagt aber nichts weiter dazu – und beide gehen ihrer Wege, Fritz etwas enttäuscht.

Anna hat die Sache aber nicht ganz vergessen, grübelt nun ihrerseits und – Jahre später, Anna und Fritz sitzen zusammen und essen Eis – sagt sie unvermittelt: Die Sache mit den Zahlen, du erinnerst dich?, kann man doch viel klarer sagen: Anna gibt Fritzens *Idee eine Form*:

Was hast du da gemacht: Du hast zu der Menge $\{1,2,3,4,...\}$ – Anna erinnert sich, daß sie in ihrem intelligenten Kindergarten den Begriff *Menge* intuitiv zu verwenden gelernt hat – zwei Teilmengen gebildet, nämlich $\{2,3,5,7,11,...\}$ und $\{1,4,6,8,9,...\}$.

Wie hast du das gemacht? Die Elemente der ersten Menge haben eine gemeinsame Eigenschaft und die Elemente der zweiten Menge haben ihrerseits eine gemeinsame Eigenschaft, nämlich: Die Zahlen der ersten Menge haben genau zwei Teiler, sich selbst und 1, die Zahlen der zweiten Menge mit Ausnahme der Zal 1 haben daneben noch mindestens einen dritten Teiler. (Fritz schreibt weitere Beispiele auf, er *prüft, indem er konkretisiert*.)

Aber, Anna fährt fort, deine Idee sagt noch mehr, nämlich: Einerseits ist eine Zahl in nur einer der beiden Mengen enthalten, andererseits ergeben beide Mengen zusammen, also vereinigt, wieder die gesamte Ausgangsmenge $\{1,2,3,4,...\}$. Man kann auch kürzer sagen: Jede Zahl von $\{1,2,3,4,...\}$ liegt in genau einer der beiden Teilmengen.

Wieder Jahre später, Anna und Fritz sitzen im Mathematik-Unterricht, da schiebt Anna Fritz ein kleines Zettelchen zu: Erinnerst Du dich? $P = \{p \in \mathbb{N} \mid n \mid p \Rightarrow (n = p \text{ oder } n = 1)\}$ mit $P \cup \overline{P} = \mathbb{N}$ und $P \cap \overline{P} = \emptyset$. Für $\mathbb{Z}$ kannst Du das selber machen, mach' mal!

Noch ein paar Jahre später, Anna und Fritz sind mittlerweile in der 11. Klasse, sitzen sie wieder zusammen, diesmal bei Hausaufgaben, und Fritz, der im Unterricht ganz ausnahmsweise mal besser aufgepaßt hat, bringt Anna das Verfahren der *Polynom-Division* bei (sie hätte auch etwa in Abschnitt 1.218 nachlesen können). Anna hat schon längst verstanden, grübelt aber noch ein bißchen und unterbricht Fritz mitten im Satz: Sag' mal, das mit den Polynomen ist wie bei den ganzen Zahlen, man kann addieren und multiplizieren, dabei Kommutativität und Assoziativität feststellen, beides miteinander verzahnen, also gilt Distributivität usw., das sieht doch alles ganz genauso aus – und dann müßte es doch auch bei Polynomen so etwas wie Primzahlen, also, sagen wir mal Primpolynome dazu, geben .....

Anna grübelt (laut) vor sich hin: $(x^2 - 1)$ durch $(x + 1)$: geht, $(x^2 - 1)$ durch $(x - 1)$: geht, $(x^2 + 1)$ durch $(x + 1)$: geht nicht, $(x^2 + 1)$ durch $(x - 1)$: geht nicht, $(4x^2 - 8)$ durch $(x - 2)$: geht, $(4x^2 + 8)$ durch $(x - 2)$: geht nicht, $(x - 1)$ durch $(x - 1)$: geht, ..., *Anna beobachtet*.

Anna und Fritz stellen fest – und haben eine Frage: Aha, es gibt also einerseits Primpolynome und solche Polynome, die das nicht sind. Aber wie kann man einem Polynom diese Eigenschaft ansehen?

Fritz ist – bei Anna ist er immer ganz Ohr – nun seinerseits in's Grübeln geraten und wirft unvermittelt ein: Hat das nicht etwas mit Nullstellen zu tun? Guck' doch mal, $f(x) = x^2 + 1$ und $g(x) = x^2 - 1$ .....

Zuschauer: Was haben Anna und Fritz da eigentlich gemacht? Mit einem Wort: Mathematik.

1.010   Grundstein Logik – Formale Regeln des Denkens

> Alles, was sich überhaupt sagen läßt,
> läßt sich klar sagen.
> *Ludwig Wittgenstein* (1889 - 1951)

Du liebe Güte! – Was meint man nicht alles, wenn man so leichthin sagt: *Das klingt ja logisch!*? Meist ist damit ausgedrückt, daß die so beantwortete Aussage unmittelbar einleuchtend (offensichtlicher Sachverhalt) oder auch einfach vernünftig (im Rahmen der eigenen Erfahrung nachvollziehbar) zu sein scheint. Bemerkenswert an einem solchen Ausruf ist immerhin: Ihm geht eine Art Prüfung voraus – wenn auch nur intuitiv und spontan. (Das gilt selbst dann, wenn bei sehr leger gehandhabter Umgangssprache die Anwort *Na, logisch!* einer Frage folgt.)

Kurz: Die umgangs-, aber auch allgemeinsprachliche Verwendung der Wörter *logisch* und *Logik* ist mit ein Beispiel dafür, wie ein allgemein verwendeter Begriff durch Präzisierung auf eine bestimmte Bedeutungsnuance zu einem Fachbegriff geworden ist. Man kann das etwa so einschätzen: *Logisch* in diesem Sinne ist eine Überlegung dann, wenn sie zu einer offenbar vernünftigen und einsichtigen Aussage führt, wobei das Attribut *vernünftig* sowohl sachlicher Natur ist als auch die Richtigkeit einer Schlußfolgerung beinhaltet. Während der sachliche Rahmen aber zumeist situativ ist, ist der zweite Aspekt eher abstrakt, das heißt, er kann unabhängig von den jeweils behandelten Gegenständen als richtig oder falsch beurteilt werden.

Logik – als ein Gebiet der Philosophie – ist die Lehre vom (formal) richtigen Denken, also ein Gebäude von Regeln und Maßstäben für einen gewissen, jedoch wesentlichen Teil geistiger Tätigkeit. Sehr viel enger gefaßt ist das Gebiet der Aussagenlogik, ihr Gegenstand sind die sprachlichen Abbilder des Denkens, die Sätze, genauer: die Untersuchung von Zusammenhängen zwischen Sätzen, des Zusammensetzens von Sätzen zu neuen Sätzen, von Konditionalverhältnissen zwischen Sätzen. Bei solchen Betrachtungen lassen sich gewisse Gesetzmäßigkeiten beobachten, die offenbar ganz oder zumindest weitgehend unabhängig von der inhaltlichen Bedeutung der Sätze und der verwendeten Sprache gelten.

Eine Methode wissenschaftlicher Vorgehensweise liegt oft darin, die Betrachtung auf ein einziges Merkmal des zu untersuchenden Gegenstandes zu richten. Sind die Gegenstände Sätze, so ist sicherlich eines ihrer wesentlichen Merkmale ihre Gültigkeit, das heißt, man kann sie danach untersuchen, ob sie wahr oder falsch sind. Jedoch trifft das nicht auf alle sprachlichen Sätze zu; der Beobachtungsrahmen muß also eingeschränkt werden auf solche Sätze, die dieser Klassifikation zugänglich sind. Was kann man nun über die Gültigkeit solcher Sätze sagen, wenn sie von ihrem Bedeutungsinhalt losgelöst betrachtet werden? Nichts.

Aber: Man kann beispielsweise aus der Annahme oder Festsetzung der Wahrheit zweier Sätze auf die Wahrheit daraus zusammengesetzter Sätze schließen. Beispiel: Nehmen wir an, die Sätze *X und Y haben dieselben Eltern* und *X und Y sind Geschwister* seien wahr, dann ist auch der Satz *Wenn X und Y dieselben Eltern haben, dann sind sie Geschwister* ein offenbar wahrer Satz, offenbar wahr in dem Sinne, den man den Begriffen *Eltern* und *Geschwister* gewöhnlich zumißt. Nimmt man aber an, mindestens einer der Ausgangssätze sei falsch, was kann man dann über die Wahrheit jener Schlußfolgerung sagen? Das sind typische Fragestellungen der Aussagenlogik, wie sie im folgenden genauer untersucht werden.

Es liegt nahe, daß Mathematiker, zu deren denkerischen Zielen qualitative Präzision zählt, in den Regeln der Logik einen Maßstab ihrer eigenen Tätigkeit sehen. So sind schon die großen Fortschritte mathematischer Forschung im antiken Griechenland – es seien hier nur die klassischen *Elemente* der Geometrie von *Euklid* (365 - 300) genannt, ein Buch, das vor gut hundert Jahren noch als Schulbuch diente – von den Erkenntnissen der Logik begleitet und geprägt. Schöpfung und erste Vollendung dieser Logik aber war das Werk eines Mannes, dessen Name in der Geschichte nahezu jeder Wissenschaft einen bedeutenden Platz einnimmt, *Aristoteles* (384 - 322). Die aristotelische Logik ist seit dieser Zeit fester Bestand der Philosophie und der Mathematik sowie beider Grenzgebiete.

Seit Mitte des 19. Jahrhunderts – nach 2000 Jahren der Entwicklung vieler neuer Gegenstände und Gebiete der Mathematik – hat wiederum ein enges Wechselspiel zwischen Mathematik und Logik eingesetzt (Mathematische Logik). Ausgangspunkt dafür war etwa die erneute Frage nach Natur, Ursprung und

Grenzen mathematischer Gegenstände, insbesondere von Zahlen und Mengen, verknüpft mit Fragen der Entscheidbarkeit oder Widerspruchsfreiheit, ferner der Axiomatik und Modellbildung in mathematischen Theorien (*Gottlob Frege* (1846 - 1925), *David Hilbert* (1862 - 1943), *Bertrand Russell* (1872 - 1969)). Erwähnt sei ferner noch der grundlegende Einfluß der Logik auf Entwurf und Konstruktion von Datenverarbeitungsanlagen.

Nach diesen wenigen Andeutungen sei schließlich noch betont, daß in den folgenden Abschnitten 1.01x lediglich diejenigen Begriffe und Methoden der Aussagenlogik behandelt sind, die im Rahmen der Kapitel mit *mathematischen Inhalten* als Hand- und Denkwerkzeuge benötigt werden. Die hier verwendeten logischen Grundbegriffe sind also ganz am praktischen Umgang mit ihnen orientiert:

1.010.1 Definition

Ein syntaktisch richtiger allgemeinsprachlicher Satz heißt *Aussage*, wenn
a) es sinnvoll zu fragen ist, ob der Satz wahr oder falsch ist,
b) er entweder wahr oder falsch ist (das muß prinzipiell entscheidbar sein).

1.010.2 Bemerkungen

1. Aussagen werden im folgenden mit kleinen lateinischen Buchstaben p, q, r, s, t,... bezeichnet.

2. Jeder Aussage p wird ein *Wahrheitswert* $W(p)$ zugeordnet. Für diesen Wahrheitswert gibt es nach b) in obiger Definition genau zwei Möglichkeiten:
Entweder $W(p) = w$, die Aussage p ist wahr, oder $W(p) = f$, die Aussage p ist falsch.
Da nur diese beiden Wahrheitswerte zugelassen sind, spricht man von einer *Zweiwertigen Logik*.

3. Alle mathematischen oder logischen Sätze sind sprachliche Sätze. Lediglich zur (schriftlichen) Abkürzung werden besondere Zeichen vereinbart. Ob eine Zeichenreihe eine Aussage darstellt (insbesondere syntaktisch richtig ist), prüft man am besten durch Übersetzung in einen sprachlichen Satz.

4. Inwieweit ein allgemeinsprachlicher Satz eine Aussage darstellt, ist ein sozusagen natürliches Problem, das im allgemeinen durch Vereinbarung entschieden wird (überhaupt funktioniert Sprache durch Übereinkünfte). Nach welchen Maßstäben das geschieht, ist ein Gegenstand der Sprachforschung und Sprachphilosophie. Die Probleme sind keineswegs einfach.

A1.010.01: Untersuchen Sie jeweils den Wahrheitscharakter der folgenden wahren Sätze. Welchem Typ von Wahrheit genügen sie?
Steine schwimmen nicht. Der Mond kreist um die Erde. Berlin ist eine große Stadt.
Für p prim ist $ggT(7,p) = 1$. Gewicht wird in N gemessen. Fritz Frech ist Schüler.
Berlin ist eine Großstadt. Mist stinkt. Im Winter ist es ziemlich kalt. Benzin ist reichlich teuer.

A1.010.02: Bilden Sie Sätze, die semantisch richtig/falsch und/oder syntaktisch richtig/falsch sind. Klassifizieren Sie solche Sätze nach den Attributen *sinnlos* und *unsinnig* (das sind verschiedene Begriffe). Was haben Syntax und Semantik mit Logik zu tun?

A1.010.03: Betrachten Sie die beiden Sätze:
Keine Regel ist ohne Ausnahme.
Gott ist allmächtig.
Sind diese Sätze in irgendeinem Sinne wahr oder bei genauerem Hinsehen doch Paradoxa?

1.012 OPERATIONEN DER AUSSAGENLOGIK

> Der Geist, der Schärfe, aber nicht Weite
> hat, bleibt an jedem Punkt stecken und
> kommt nicht von der Stelle.
> *Rabindranath Tagore* (1861 - 1941)

In der Allgemeinsprache ist es gang und gäbe, aus einzelnen Aussagen (Sätzen) neue Aussagen herzustellen, beispielsweise durch Negation (Verneinung), die Bindewörter wie *und* und *oder* oder durch Konstruktion von Konditionalaussagen (-sätzen). Die in diesem Abschnitt untersuchten logischen Operationen haben den Zweck, diese Konstruktionen neuer Aussagen auf formale Weise zu beschreiben. Um Mißverständnissen vorzubeugen, sei allerdings bemerkt, daß es bei diesen Untersuchungen nicht um die Feststellung tatsächlicher Wahrheitsgehalte von Aussagen, sondern um Bedingungen für Wahrheitsgehalte geht. Wenn beispielsweise der Satz *Die Sonne scheint* verneint wird zu *Die Sonne scheint nicht*, dann geht es nur um das Verhältnis der Wahrheitswerte beider Aussagen zueinander, nicht darum, ob die Sonne nun tatsächlich scheint. Die logische Betrachtung der Negation von Aussagen stellt lediglich fest: Ist eine Aussage wahr, dann ist ihre Negation falsch, und umgekehrt.

Die Verbindung zweier Aussagen durch *und* ist ebenso unproblematisch einzusehen: Verbindet man die Aussagen *Die Sonne scheint* und *Ich bin faul* zu der Aussage *Die Sonne scheint und ich bin faul*, dann ist die so zusammengesetzte Aussage offenbar nur dann wahr, wenn die beiden Einzelaussagen wahr sind, in allen anderen Fällen falsch.

Bei der Verbindung zweier Aussagen durch *oder*, wobei dieses Wort stets im Sinne von *oder auch* zu verstehen ist, ist die Aussage *Die Sonne scheint oder ich bin faul* offenbar nur dann wahr, wenn mindestens eine der beiden Einzelaussagen wahr ist, und nur dann falsch, wenn beide Einzelaussagen falsch sind.

Nun zu den Konditionalsätzen: Mit den oben verwendeten Einzelaussagen haben sie die Form *Wenn die Sonne scheint, dann bin ich faul*. Wie ist nun der Wahrheitsgehalt dieses Satzes in Abhängigkeit der Wahrheitsgehalte der beiden Einzelaussagen zu beurteilen? Genauer betrachtet, sind zunächst zwei mögliche Fälle zu untersuchen, nämlich:

a) Ist die Aussage *Ich bin faul* stets wahr, dann spielt die Prämisse (Voraussetzung, Bedingung, hier also *Die Sonne scheint*), unter der das gesagt wird, offenbar keine Rolle. Der oben genannte Konditionalsatz ist dann offenbar wahr. Entsprechend verhält es sich beispielsweise auch mit der Aussage *Wenn der Mond aus weißem Käse ist, dann bin ich faul*.

b) Angenommen nun, die Aussage *Ich bin faul* ist stets falsch, dann ist der Wahrheitsgehalt des Konditionalsatzes allerdings von dem der Prämisse abhängig: Ist *Die Sonne scheint* wahr, dann ist der Konditionalsatz insgesamt falsch, denn in Wirklichkeit ist *Ich nicht faul* wahr. Ist hingegen auch *Die Sonne scheint* falsch, dann ist der Konditionalsatz insgesamt wahr.

Es sei für Konditionalaussagen noch angemerkt, daß über ihren Wahrheitsgehalt nur dann entschieden werden kann, wenn die Wahrheitswerte der einzelnen Aussagen bekannt sind. Das bedeutet insbesondere, daß temporale Aussagen mit Vorsicht zu behandeln sind. Bezieht sich *Die Sonne scheint* auf morgen oder übermorgen, dann liegt für diese Aussage zum Zeitpunkt der Aussage noch kein Wahrheitswert vor.

Eine vierte Möglichkeit der Konstruktion von Aussagen aus zwei gegebenen Aussagen ist die Konditionalaussage mit Umkehrung: *Die Sonne scheint genau dann (dann und nur dann), wenn ich faul bin*. Diese Aussage entsteht, wenn man dem Konditionalsatz *Wenn die Sonne scheint, dann bin ich faul* noch seine Umkehrung hinzufügt, nämlich *Wenn ich faul bin, dann scheint die Sonne*. Der Konditionalsatz mit Umkehrung ist offenbar genau dann wahr, wenn beide Einzelaussagen denselben Wahrheitswert haben, sonst falsch.

Wenn man das, was bisher besprochen wurde, in die formale Sprache der Aussagen p und ihrer Wahrheitswerte $W(p)$ übersetzt, dann kann man schon jetzt die Spalten der in den Definitionen 1.012.2 und 1.012.4 angegebenen Tabellen ausfüllen. Darüber hinaus soll aber noch gezeigt werden, daß rein formale Betrachtungen die gleichen Ergebnisse liefern wie die oben angestellten Plausibilitätsüberlegungen.

1.012.1 Definition

1. Eine *Einstellige logische Operation* $*$ ordnet jeder Aussage p eine Aussage $*p$ zu,
2. eine *Zweistellige logische Operation* $*$ ordnet je zwei Aussagen p, q eine Aussage $p * q$ zu.

Es erscheint somit sinnvoll, die Einführung logischer Operationen davon abhängig zu machen, welche Wahrheitswerte den erzeugten Aussagen zugeordnet werden können. Es zeigt sich, daß die folgenden systematischen Überlegungen dazu ziemlich präzis auch umgangssprachliche Nuancen widerspiegeln (womit eine nicht unerhebliche Erkenntnis über die aus der europäischen Kultur erwachsenen Sprachen gewonnen ist). Aufgrund dieser Randbedingungen ergeben sich genau vier einstellige logische Operationen, deren Wahrheitswerteverteilungen in folgender kurzer *Wahrheitswertetabelle* aufgezählt sind:

Aussagen	p	$*_1 p$	$*_2 p$	$*_3 p$	$*_4 p$
Verteilung der	w	w	w	f	f
Wahrheitswerte	f	w	f	w	f

Welche Operationen sind nun sinnvoll? Maßstab dafür sind folgende Beobachtungen:
a) $*_1$ und $*_4$ hängen nicht von dem Wahrheitswert von p ab, sind also ungeeignet,
b) $*_2$ liefert jeweils den ursprünglichen Wahrheitswert $W(*_2 p) = W(p)$,
c) es bleibt also nur $*_3$ als einzig sinnvolle Operation übrig; sie entspricht gerade der sprachlichen Verneinung, daher:

1.012.2 Definition

Die durch die folgende Wahrheitswertetabelle definierte einstellige logische Operation, die mit $\neg$ bezeichnet wird, heißt *Negation* (man liest $\neg p$ als *nicht p* oder als *non p*).

Aussagen	p	$\neg p$
Verteilung der	w	f
Wahrheitswerte	f	w

1.012.3 Bemerkungen und Beispiele

1. Die einzig sinnvolle einstellige logische Operation ist die Verneinung einer Aussage, etwa: Die Verneinung der falschen Aussage *In $\mathbb{N}$ gibt es bezüglich der Addition inverse Elemente* ist die richtige Aussage *In $\mathbb{N}$ gibt es bezüglich der Addition keine inversen Elemente*. (Es handelt sich bei diesen inversen Elementen um die sogenannten Gegenzahlen.)

2. Besteht zwischen zwei Dingen gleichen Typs ein Gleichheitsbegriff (in Zeichen: $=$), dann ist die Negation der Aussage $p: a = b$ die Aussage $\neg p: a \neq b$.

3. Für ganze Zahlen a und b ist die Verneinung der Aussage $p: a \leq b$ die Aussage $\neg p: a > b$.

4. Da mit einer Aussage p auch $\neg p$ eine Aussage ist, läßt sich auf $\neg p$ wiederum die Negation $\neg$ anwenden. Es entsteht so die *doppelte Verneinung* $\neg\neg p$, wobei $\neg\neg p$ wegen gleicher Wahrheitswerteverteilung gleichbedeutend mit p ist. Allgemeiner: Aus einer Aussage p entsteht durch eine gerade Anzahl von Negationen wieder p, durch eine ungerade Anzahl von Negationen die Aussage $\neg p$.
Beachte: Ein Gleichheitsbegriff für allgemeinsprachliche Aussagen ist problematisch (Sätze gleichen Sinns?), für Aussagen ist daher ein Gleichheitsbegriff der Form $p = q$ nicht definiert.

Zur Untersuchung zweistelliger logischer Operationen verfahren wir auf analoge systematische Weise des Sortierens aller Möglichkeiten, die in folgender Tabelle aufgeführt sind (die Spalten werden abkürzend durch $i = p *_i q$ bezeichnet):

Aussagen	p	q	1	2	3	4	5	6	7	8	9	10	11	12	13	14	15	16
Verteilung	w	w	w	w	w	w	w	w	w	w	f	f	f	f	f	f	f	f
der	w	f	w	w	w	w	f	f	f	f	w	w	w	w	f	f	f	f
Wahrheits-	f	w	w	w	f	f	w	w	f	f	w	w	f	f	w	w	f	f
werte	f	f	w	f	w	f	w	f	w	f	w	f	w	f	w	f	w	f

Eine Betrachtung der Wahrheitswerteverteilungen in den einzelnen Spalten zeigt:
a) Die Spalten 9 bis 16 sind nach Vertauschung von w und f spiegelsymmetrisch zu den Spalten 1 bis 8, das heißt, es brauchen nur die Spalten 1 bis 8 untersucht werden,
b) die Spalte 1 ist von p und q unabhängig,
c) Spalte 4 hängt nur von p ab, Spalte 6 hängt nur von q ab,
d) schließlich folgt Spalte 5 aus Spalte 3, wenn man p und q vertauscht.

Somit bleiben als sinnvolle Spalten (in dem Sinne, daß sie einerseits von den Wahrheitswerten von p und q abhängen, andererseits voneinander (weitgehend) unabhängig sind bezüglich Negation und Vertauschung) nur die Spalten 2, 5, 7, 8 übrig. Sie erhalten fogende Namen und Bezeichnungen:

1.012.4 Definition

Die durch die folgende Wahrheitswertetabelle definierten zweistelligen logischen Operationen (*Junktionen*) haben folgende Benennungen:

a) *Konjunktion* $p \wedge q$ in Worten: *p und q*,
b) *Disjunktion* $p \vee q$ in Worten: *p oder auch q*,
c) *Implikation* $p \Rightarrow q$ in Worten: *wenn p, dann q*,
d) *Äquivalenz* $p \Leftrightarrow q$ in Worten: *p dann und nur dann, wenn q* oder *p genau dann, wenn q*.

Aussagen	p	q	$p \wedge q$	$p \vee q$	$p \Rightarrow q$	$p \Leftrightarrow q$
Verteilung	w	w	w	w	w	w
der	w	f	f	w	f	f
Wahrheits-	f	w	f	w	w	f
werte	f	f	f	f	w	w
obige Spalte			8	2	5	7

1.012.5 Bemerkungen und Beispiele

1. Die Disjunktion ist in der einschließenden Bedeutung des Wortes *oder* gemeint, also im Sinne des lateinischen *vel* (daher auch das Zeichen $\vee$). Zum *entweder-oder* siehe Bemerkung 4.

2. Die logischen Operationen haben nicht gleiche Prioritäten (analog $+$ und $\cdot$), worauf hier aber nicht weiter eingegangen sei. Kurz: Zusammensetzungen von Aussagen durch logische Operationen werden durch Klammern strukturiert, etwa hat $(p \wedge q) \Rightarrow r$ dann einen anderen Sinn als $p \wedge (q \Rightarrow r)$. Allerdings kürzt man $(p \wedge p) \wedge p$ und $p \wedge (p \wedge p)$ durch $p \wedge p \wedge p$ ab und verfährt in gleicher Weise mit endlich vielen Konjunktionen von p. Dasselbe Verfahren wird bei Disjunktionen verwendet.

3. Diese vier zweistelligen Operationen sind untereinander nicht unabhängig, wenn man die Negation noch hinzuzieht; man kann sich dann etwa auf $\{\neg, \wedge, \Rightarrow\}$ oder $\{\neg, \vee, \Rightarrow\}$ oder $\{\neg, \wedge, \vee\}$ beschränken (siehe dazu auch die Aufgaben A1.014.05 und A1.014.06).

4. Die Spalte 10 in der Tabelle nach Bemerkung 1.012.3 entspricht der allgemeinsprachlichen Unterscheidung *entweder ... oder*, lateinisch: *aut ... aut*. Diese Operation wird *Antivalenz* genannt. (Man beachte, daß die Antivalenz gerade die Negation der Äquivalenz (Spalte 7) ist.)

5. Die beiden Aussagen p: *6 ist eine natürliche Zahl* und q: *6 ist eine ganze Zahl* mit den Wahrheitswerten $W(p) = W(q) = w$ kann man auf folgende Weisen zu einer Ausssage verbinden:
p oder auch q: 6 ist eine natürliche oder auch eine ganze Zahl mit Wahrheitswert $W(p$ *oder auch* $q) = w$,
p und q: 6 ist eine natürliche und eine ganze Zahl mit Wahrheitswert $W(p$ *und* $q) = w$.
(Schwieriger wäre bei diesem Beispiel anstelle des einschließenden *oder auch* die Verwendung des ausschließenden *entweder ... oder*.)

6. Aus der falschen Aussage $p: 4 = 5$ *und* $5 = 4$ kann man durch richtiges Schließen (hier Addieren) die wahre Aussage $q: 9 = 9$ erhalten. Aber auch aus einer wahren Aussage, $p: 3 = 3$, kann man die wahre Aussage q (durch Quadrieren) erhalten.

1.014 Tautologien

> Lesen macht vielseitig, Verhandeln geistes-
> gegenwärtig und Schreiben genau.
> *Francis Bacon* (1561 - 1626)

Zunächst sei wiederum festgestellt, daß mathematische Aussagen oder Sätze allgemeinsprachliche Sätze sind, die bei mündlicher Kommunikation, also im Gespräch, auch allgemeinsprachlich formuliert werden (natürlich mit Verwendung von Fachwörtern), nur bei schriftlicher Kommunikation werden zur Abkürzung auch Fachzeichen verwendet. So ist das gemeint, wenn man sagt: Mathematik ist in erster Linie ein sprachliches Phänomen.

Mathematische Aussagen haben in der Regel die Form von Schlußfolgerungen: Aus einer wahren Aussage wird auf eine wahre Aussage geschlossen nach dem Muster *wenn p gilt, dann gilt auch q*, gelegentlich auch zusätzlich umgekehrt. Für dieses Schließen von einer wahren *Prämisse* p auf eine wahre *Konklusion* q gibt es eine Reihe von zusammengesetzten Aussagen, die sogenannten Schlußregeln oder Tautologien. Dazu zunächst ein Beispiel:

1.014.1 Beispiel

Man betrachte die beiden Aussagen $p : a > 0$ und $q : a^2 > 0$ für reelle Zahlen a und b. Weiterhin betrachte man die zusammengesetzte Aussage $((p \Rightarrow q) \land p) \Rightarrow q$ und dazu die folgende Wahrheitswertetabelle:

Aussagen	p	q	$p \Rightarrow q$	$(p \Rightarrow q) \land p$	$((p \Rightarrow q) \land p) \Rightarrow q$
Verteilung	w	w	w	w	w
der	w	f	f	f	w
Wahrheits-	f	w	w	f	w
werte	f	f	w	f	w

Wie man erkennt, steht in der letzten Spalte nur der Wahrheitswert w – und zwar unabhängig von der Verteilung der Wahrheitswerte von p und q.

1.014.2 Definition

Eine aus Aussagen $p_1, ..., p_n$ durch logische Operationen zusammengesetzte Aussage p heißt *Tautologie* (bzw. *Kontradiktion* oder *Widerspruch*), falls sie bei allen Kombinationen der Wahrheitswerte von $p_1, ..., p_n$ stets den Wahrheitswert $W(p) = w$ (bzw. den Wahrheitswert $W(p) = f$) hat.

1.014.3 Bemerkungen

1. Es gibt zusammengesetzte Aussagen, die weder Tautologien noch Kontradiktionen sind.
2. Ist p eine Tautologie, dann ist $\neg p$ eine Kontradiktion und umgekehrt.
3. Tautologien sind die *Sätze der Aussagenlogik*, also die Regeln des logisch richtigen Denkens (nicht mehr und nicht weniger). Diese logischen Sätze bilden in ihrer Gesamtheit die Grundlage für die Formulierung und Gültigkeitsentscheidungen mathematischer Sachverhalte (siehe Bemerkung 1.102.4). Es ist daher unumgänglich, bei mathematischen Sätzen genau über deren logische Struktur Klarheit zu gewinnen (Welche Aussagen sind wie miteinander verknüpft?). Nur so kann man hoffen, die richtigen Beweistechniken (die passenden logischen Regeln) zu finden.

1.014.4 Beispiele

Die folgenden zusammengesetzten Aussagen sind Kontradiktionen:

1. $p \land \neg p$
2. $(p \land q) \land \neg(p \lor q)$
3. $\neg(p \land q) \Leftrightarrow \neg(\neg p \lor \neg q)$
4. $\neg(p \lor q) \Leftrightarrow \neg(\neg p \land \neg q)$

Anmerkung: Kontradiktionen kann man leicht aus Tautologien durch geeignete Negation gewinnen, etwa liefert die Tautologie $\neg(p \land q) \Leftrightarrow \neg p \lor \neg q$ in Satz 1.014.5/7 die Kontradiktion $(p \land q) \Leftrightarrow \neg p \lor \neg q$.

Die Beweise werden jeweils anhand einer Wahrheitswertetabelle geführt, beispielsweise der von 2.:

Aussagen	p	q	$p \wedge q$	$p \vee q$	$\neg(p \vee q)$	$(p \wedge q) \wedge \neg(p \vee q)$
Verteilung	w	w	w	w	f	f
der	w	f	f	w	f	f
Wahrheits-	f	w	f	w	f	f
werte	f	f	f	f	w	f

1.014.5 Satz

Die folgenden zusammengesetzten Aussagen sind Tautologien:

1. $(p \wedge p) \Leftrightarrow p$ Idempotenz-Sätze für $\wedge$ und $\vee$
   $(p \vee p) \Leftrightarrow p$
2. $\neg\neg p \Leftrightarrow p$ Doppelte Negation
3. $p \vee \neg p$ Satz vom ausgeschlossenen Dritten (tertium non datur)
   $\neg(p \wedge \neg p)$
4. $(p \wedge q) \Leftrightarrow (q \wedge p)$ Kommutativität für $\wedge$
   $(p \vee q) \Leftrightarrow (q \vee p)$ Kommutativität für $\vee$
5. $p \wedge (q \wedge r) \Leftrightarrow (p \wedge q) \wedge r$ Assoziativität für $\wedge$
   $p \vee (q \vee r) \Leftrightarrow (p \vee q) \vee r$ Assoziativität für $\vee$
6. $p \wedge (q \vee r) \Leftrightarrow (p \wedge q) \vee (p \wedge r)$ Distributivität für $\wedge$ und $\vee$
   $p \vee (q \wedge r) \Leftrightarrow (p \vee q) \wedge (p \vee r)$
7. $\neg(p \wedge q) \Leftrightarrow \neg p \vee \neg q$ Regeln von *De Morgan*
   $\neg(p \vee q) \Leftrightarrow \neg p \wedge \neg q$
8. $(p \Rightarrow q) \Leftrightarrow (\neg q \Rightarrow \neg p)$ Regeln für Indirekte Beweise
   $(p \wedge r \Rightarrow q) \Leftrightarrow ((p \wedge \neg q) \Rightarrow \neg r)$
   $(p \Rightarrow q) \Leftrightarrow ((p \wedge \neg q) \Rightarrow (t \wedge \neg t))$ Regel für Widerspruchsbeweise
   $(\neg q \Rightarrow (t \wedge \neg t)) \Rightarrow (p \Rightarrow q)$
9. $((p \Rightarrow q) \wedge (q \Rightarrow t)) \Rightarrow (p \Rightarrow t)$ modus barbara (Transitivität für $\Rightarrow$)
   $((p \Rightarrow q) \wedge (q \Rightarrow p)) \Leftrightarrow (p \Leftrightarrow q)$ Antisymmetrie für $\Rightarrow$
10. $\neg(p \Rightarrow q) \Leftrightarrow (p \wedge \neg q)$
    $\neg(p \Leftrightarrow q) \Leftrightarrow (p \Leftrightarrow \neg q)$ Antivalenz
11. $((p \Rightarrow q) \wedge \neg q) \Rightarrow \neg p$ modus tollens
    $(p \wedge (p \Rightarrow q)) \Rightarrow q$ modus ponens
    $(p \Rightarrow q \vee t) \Leftrightarrow (p \wedge \neg q) \Rightarrow t$
12. $p \Rightarrow (p \vee q)$ Adjunktionsschlüsse
    $q \Rightarrow (p \vee q)$

Die Beweise für die obigen Behauptungen werden – mit Ausnahme der unten bewiesenen Aussage 8d) – als Aufgaben gestellt; sie werden – sofern unabhängig voneinander betrachtet – jeweils mit Hilfe einer Wahrheitswertetabelle nach dem Muster im obigen Beispiel geführt. Man beachte dabei, daß
- bei der dritten und vierten Behauptung von 8. in der Spalte $t \wedge \neg t$ stets f steht
- die Tabelle für die erste Behauptung von 9. mit acht Zeilen geführt werden muß.
Ferner sei darauf aufmerksam gemacht, daß
- 7. mit den Beispielen 3. und 4. in 1.014.4 zusammenhängt,
- die Behauptungen von 3. mit der ersten Regel von *De Morgan* auseinander folgen.

Die Aussage in 8d) ist eine Tautologie, wie die folgende Wahrheitswertetabelle zeigt:

Aussagen	p	q	$\neg q$	$t \wedge \neg t$	$\neg q \Rightarrow (t \wedge \neg t)$	$p \Rightarrow q$	$(\neg q \Rightarrow (t \wedge \neg t)) \Rightarrow (p \Rightarrow q)$
Verteilung	w	w	f	f	w	w	w
der	w	f	w	f	f	f	w
Wahrheits-	f	w	f	f	w	w	w
werte	f	f	w	f	w	w	w

1.014.6 Bemerkung

In Abschnitt 1.010 (dritter Absatz) wurde der Begriff *Logik* als Lehre vom (formal) richtigen Denken apostrophiert. Das ist auch so, allerdings sollte man die Klammer weglassen und das Attribut *Formal* mehr in den Vordergrund rücken – und zwar insbesondere hinsichtlich Satz 1.1014.5: Dort sind Regeln genannt, die formal richtiges Denken repräsentieren.

Formal richtiges Denken ist aber nicht notwendigerweise *vernünftiges Denken* (einmal abgesehen davon, daß es Bereiche des Denkens gibt, die sich sowohl formaler Richtigkeit als auch der Vernunft weitgehend oder ganz entziehen). Dazu ein beliebtes Beispiel: *Rudolf Carnaps* berühmter Satz *Alle Raben sind schwarz* läßt sich etwa als Implikation der Form $p \Rightarrow q$ angeben:

Ein Objekt ist ein Rabe (Aussage p) impliziert *Das Objekt ist schwarz* (Aussage q).

Nach Satz 1.014.5/8a, also $(p \Rightarrow q) \Leftrightarrow (\neg q \Rightarrow \neg p)$, ist dazu dann folgende Implikation äquivalent:

Schnee ist nicht schwarz (Aussage $\neg q$) impliziert *Schnee ist kein Rabe* (Aussage $\neg p$).

Da es nun offenbar weißen Schnee gibt, der zweite Satz also offenbar wahr ist, muß nach den Regeln der Logik auch der erste Satz wahr sein, gleichwohl wird wohl jedermann zugeben, daß ein solcher Zusammenhang zwischen Schnee und Raben sachlicher Unfug ist und erst recht kein Beweis für die ornithologische Richtigkeit des Carnapschen Satzes sein kann.

Dieses Beispiel erscheint in einem bedeutsameren Licht, wenn man die Verhältnisse zwischen sogenannten mathematischen Gesetzen und den sogenannten Naturgesetzen näher betrachtet. Zunächst einmal ist der Begriff *Gesetz* in beiden Bereichen unangebracht, wenn man Gesetze – hier etwas polemisch überspitzt – als juristisch fixierte, aber parlamentarisch novellierbare Regeln betrachtet. Mathematische Sätze sind im Sinne der Logik beweisbare Aussagen, naturwissenschaftliche Sätze sind das nicht, sie sind Aussagen über Beobachtungen und der Bedingungen (äußeren Umständen und internen Annahmen) für Beobachtungen mit einem gewissen prognostischen Zweck. Weiterhin kann man fragen, wenn man etwa die Zeitdauer für die Bewegung eines Körpers mit einer Uhr mißt: Ist die Beaobachtung *drei Sekunden* eine Aussage über die Bewegung oder über die Uhr? Hat es Sinn zu fragen, ob sich die Sonne um die Erde dreht oder ist es umgekehrt? Eher: Für wen und wozu ist die eine oder die andere Antwort von Belang/Nutzen? Also genung Stoff zum Grübeln.

A1.014.01: Beweisen Sie die Behauptungen 1, 3 und 4 der Beispiele in 1.014.4.

A1.014.02: Formulieren Sie allgemeinsprachlich und beweisen Sie die Behauptungen von Satz 1.014.5.

A1.014.03: Untersuchen Sie, ob die Aussagen $p \vee q \to p$, $p \vee q \Rightarrow q$, $p \vee q \Leftrightarrow p$, $p \vee q \Leftrightarrow p$ Tautologien oder Kontradiktionen oder *weder ... noch* sind.

A1.014.04: Formulieren Sie den Inhalt der Tabelle in Definition 1.012.4 in Worten.

A1.014.05: Erstellen und kommentieren Sie Wahrheitswertetabellen zu $\neg(\neg p \wedge \neg q)$ und $\neg(\neg p \vee \neg q)$.

A1.014.06: Finden Sie zwei Aussagen, die lediglich mit $\{\neg, \wedge, \vee\}$ gebildet sind und jeweils äquivalent zu den Aussagen $p \Rightarrow q$ und $p \Leftrightarrow q$ sind, diese Aussagen also gewissermaßen zu ersetzen gestatten.

A1.014.07: Finden Sie zu jeder Spalte in der Tabelle nach Bemerkung 1.012.3 Aussagen, die zu der Verteilung der Wahrheitswerte der jeweiligen Spalte führt. Geben Sie dann beispielhaft auch meherere, verschieden gebaute Aussagen an, die zu derselben Spalte führen.

A1.014.08: Beweisen Sie unter Verwendung der Tautologien in Satz 1.014.5 (und jeweils mit Angabe der dortigen Nummern) die folgende Äquivalenz zur Antivalenz zweier Aussagen:
$$\neg(p \Leftrightarrow q) \Leftrightarrow ((p \Rightarrow \neg q) \wedge (\neg p \Rightarrow q)).$$

A1.014.09: Untersuchen Sie die Gültigkeit der folgenden Aussage:
$$(p \Leftrightarrow q) \Leftrightarrow ((p \Rightarrow q) \wedge (q \Rightarrow p)) \Leftrightarrow ((p \Rightarrow q) \wedge (\neg p \Rightarrow \neg q)).$$

1.016 Quantifizierte Aussagen (Quantoren)

> Wenn man einen Riesen sieht, so untersuche man erst den Stand der Sonne und gebe acht, ob es nicht der Schatten eines Pygmäen ist.
> *Novalis (1772 - 1801)*

In der Allgemeinsprache gibt es Aussagen, die *Eigenschaften* eines Gegenstandes beschreiben. Solche Aussagen sind beispielsweise *Diese Papierseite ist weiß* oder der Satz *Die Parabel ist eine gekrümmte Linie.* Im folgenden werden solche Eigenschaften e untersucht, die ein Gegenstand entweder haben kann oder die er nicht haben kann, das muß prinzipiell entscheidbar sein. (So kann eine Papierseite zwar weiß, aber nicht demokratisch sein.)

Aussagen dieser Art treten in der Allgemeinsprache, aber auch in der Mathematik oft quantifiziert auf, das heißt, mit einer Angabe, ob und auf wieviele Gegenstände x eine Eigenschaft e zutrifft, beispielsweise: *Alle Raben sind schwarz. Es gibt einen weißen Raben. Es gibt eine rationale Zahl x mit $x \cdot 3 = 1$. Alle rationalen Zahlen x haben die Eigenschaft $x \cdot 0 = 0$.*

Um nun solche Aussagen mit zusätzlichen Quantitätsangaben formal klar und eindeutig handhaben zu können, muß die aristotelische Aussagenlogik – die in dem in Abschnitt 1.014 vorgestellten Umfang Quantifizierungen noch nicht auszudrücken gestattet – um entsprechende begriffliche und methodische Instrumente erweitert werden.

1.016.1 Definition

Es bezeichne e eine Eigenschaft, die ein Gegenstand x haben kann oder die er nicht haben kann.
a) $e(x)$ bezeichne: *x hat die Eigenschaft e (e trifft auf x zu)*,
b) $\neg e(x)$ bezeichne: *x hat die Eigenschaft e nicht (e trifft auf x nicht zu)*,
c) $(\exists x)e(x)$ bezeichne: *es gibt einen Gegenstand x mit der Eigenschaft e (es gibt x mit $e(x)$)*,
d) $(\forall x)e(x)$ bezeichne: *alle Gegenstände x haben die Eigenschaft e (für alle x gilt $e(x)$)*.
e)   Die Zeichen $\exists$ und $\forall$ heißen *Quantoren*, mann nennt $\exists$ den *Existenzquantor (Partikularisator)* und $\forall$ den *Allquantor (Generalisator)*.

1.016.2 Bemerkungen und Beispiele

1. Zeichen der Form $e(x), e(x,y)$ oder $e(x_1,...,x_n)$ heißen *Formeln*. Die darin enthaltenen Objekte x, y oder $x_1,...,x_n$ nennt man die *Variablen* der Formeln. Je nach Anzahl der Variablen spricht man von einstelligen, zweistelligen oder allgemein von n-stelligen Formeln. Beispielsweise
a) sind $x + 3 = 3$ oder $x = 0$ einstellige Formeln des Typs $e(x)$,
b) sind $x + y = y + x$ oder $x + 3 = y + 3$ zweistellige Formeln des Typs $e(x,y)$,
c) ist $x_1 + ... + x_n = 2$ eine n-stellige Formel des Typs $e(x_1,...,x_n)$.
Beachte: Da die Variablen hinsichtlich ihrer Bedeutung nicht konkretisiert sind, also keinen Bezug zu einer bestimmten Menge haben, sind Formeln keine Aussagen und haben folglich auch keinen Wahrheitswert.

2. Quantifizierte Formeln des Typs $(\forall x)e(x)$ und $(\exists x)e(x)$ sowie daraus zusammengesetzte Formeln, etwa $(\forall x)(\exists y)e(x,y)$, in denen alle Variablen nur quantifiziert auftreten, nennt man durch Quantoren *gebundene Formeln*.

3. Auch in gebundenen Formeln haben die Variablen keine Konkretionen, also keinen Bezug zu einer konkreten Menge, etwa $\mathbb{N}$ oder $\mathbb{Z}$, also auch keinen Wahrheitswert. Man kann in einer vorläufigen Form aber sagen:

$(\forall x)(x + 3 = 3 + x)$	ist ein wahrer Satz für natürliche Zahlen,
$(\exists x)(x + 3 = 0)$	ist ein falscher Satz für natürliche Zahlen,
$(\exists x)(x + 3 = 0)$	ist ein wahrer Satz für ganze Zahlen,
$(\exists x)(\forall y)(x + y = y)$	ist ein falscher Satz für natürliche Zahlen (ohne Null),
$(\forall x)(\exists y)(x + y = 0)$	ist ein wahrer Satz für ganze Zahlen,
$(\exists x)(\exists y)(x + y = 0)$	ist ein wahrer Satz für ganze Zahlen.

4. Will man den Bezug zu einer konkreten Menge M formalisieren, dann schreibt man $(\exists x \in M)$ und $(\forall x \in M)$. Auf diese Weise werden aus gebundenen Formeln *M-Aussagen* oder Aussagen in der *Theorie Th(M)* der Menge M, die dann einen Wahrheitswert haben. Haben solche Aussagen den Wahrheitswert w, dann heißen sie *M-Sätze* oder *Sätze in Th(M)*. Man nennt M dann den *Gültigkeitsbereich* von M-Sätzen. Beispielsweise:

a) $(\forall x \in Z)(\forall z \in Z)(x + z = z + x)$, die Kommutativität der Addition, ist ein Satz in $Th(Z)$, wobei Z jede der Zahlenmengen $\mathbb{N}, \mathbb{Z}, \mathbb{Q}, \mathbb{R}, \mathbb{C}$ sein kann.

b) $(\forall x \in Z)(\forall z \in Z)(kg(x,z) \vee kg(z,x))$, wobei $kg(x,z)$ die Kleiner-Gleich-Beziehung $a \leq b$ bei Zahlen bezeichne, ist ein Satz in $Th(Z)$, wobei Z jede der Zahlenmengen $\mathbb{N}, \mathbb{Z}, \mathbb{Q}, \mathbb{R}$ sein kann.

c) $(\forall x \in Z)(\forall z \in Z)(\exists p \in Z)P(p,x,z)$, wobei $P(p,x,z)$ die Relation $p = xz$ für Zahlen bezeichne, ist ein Satz in $Th(Z)$, wobei Z jede der Zahlenmengen $\mathbb{N}, \mathbb{Z}, \mathbb{Q}, \mathbb{R}, \mathbb{C}$ sein kann.

5. M-Aussagen werden auch in der Form $(\exists x)(x \in M \Rightarrow ...)$ und $(\forall x)(x \in M \Rightarrow ...)$ geschrieben, beispielsweise ist in dieser Schreibweise $(\forall x)(\exists z)(x \in \mathbb{N} \wedge z \in \mathbb{N} \Rightarrow x + z = z + x)$ ein Satz in $Th(\mathbb{N})$. Diese Darstellung wird dann bevorzugt, wenn man deutlich machen will, daß mathematische Sätze grundsätzlich die Form von Implikationen haben oder so dargestellt werden können.

6. Man kann gebundene Formeln nach folgenden Grundregeln negieren (der Einfachheit halber sei dabei das Äquivalenzzeichen für Aussagen verwendet):

a) $\neg((\forall x)e(x)) \Leftrightarrow (\exists x)\neg e(x)$
b) $\neg((\forall x)\neg e(x)) \Leftrightarrow (\exists x)e(x)$
c) $\neg((\exists x)e(x)) \Leftrightarrow (\forall x)\neg e(x)$
d) $\neg((\exists x)\neg e(x)) \Leftrightarrow (\forall x)e(x)$

7. Ohne genauere Einzelheiten zu nennen, sei noch folgendes angedeutet: Bei n-stelligen Formeln $e(x_1,...,x_n)$ nennt man e auch ein *n-stelliges Prädikat*, womit eine n-stellige Relation für die Variablen $x_1,...,x_n$ gemeint ist. Das Wort *Eigenschaft* wird dabei nur für einstellige Prädikate verwendet (wie in Definition 1.016.1). In 4. ist beispielsweise kg ein zweistelliges und P ein dreistelliges Prädikat. Die Untersuchung von Prädikaten und Aussagen, die mit Prädikaten formuliert sind, gehört zu der sogenannten *Prädikatenlogik (erster Stufe)*.

A1.016.01: Negieren Sie die folgenden Sätze in Allgemeinsprache:
Alle Raben sind schwarz (der berühmte Satz von *Rudolf Carnap*). Es gibt einen schwarzen Raben. Es gibt einen Raben, der weder schwarz noch grün ist. Alle Äpfel sind rot und schmecken gut. Alle roten Äpfel schmecken gut. Nicht alle Primzahlen sind ungerade. Kein Mensch irrt niemals.

A1.016.02: Schreiben Sie die folgenden Sätze als quantifizierte Formeln auf und entscheiden Sie ihren Gültigkeitsbereich:
Ein Produkt ist genau dann Null, wenn mindestens einer der beteiligten Faktoren Null ist.
Eine Zahl ist genau dann größer oder gleich Null, wenn ihr Quadrat größer oder gleich Null ist.
Die Summe von Zahlen ist stets größer als jeder ihrer Summanden.
Die Summe von Zahlen ist genau dann kleiner oder gleich Null, wenn jeder ihrer Summanden kleiner oder gleich Null ist.
Ganze Zahlen sind entweder gerade oder ungerade.
Alle ganzen Zahlen außer 2 sind ungerade.
Alle Zahlen sind durch 3 teilbar.
Eine Zahl ist genau dann durch 6 teilbar, wenn sie durch 2 und durch 3 teilbar ist.

A1.016.03: Schreiben Sie die Kommutativitäten, die Assoziativitäten und die Distributivität für das Rechnen mit Zahlen als quantifizierte Formeln auf.

A1.016.04: Finden Sie weitere quantifizierte Formeln für das Rechnen mit Zahlen und entscheiden Sie über deren Gültigkeitsbereich.

1.018 METHODEN DES BEWEISENS

> Willst du für ein Jahr planen, so baue Reis. Willst du für ein Jahrzehnt planen, so pflanze Bäume. Willst du für ein Jahrhundert planen, so bilde Menschen.
> *Alte chinesische Weisheit*

Mathematische Sätze sind wahre (gültige) Aussagen über mathematische Gegenstände, deren Wahrheitswert oder Gültigkeit durch einen Beweis zu erbringen ist. Die Art und Weise der Beweisführung ist einerseits eine Sache auch von Intuition und sozusagen mathematischem Gefühl, beruht auf der Kenntnis der beteiligten Begriffe und Sachverhalte und – davon soll jetzt die Rede sein – hängt andererseits weitgehend von dem logischen Bau des zu beweisenden mathematischen Satzes (im folgenden kurz Satz genannt) ab.

Zur Vorbereitung eines Beweises gehört also die logische Analyse des zu beweisenden Satzes (die zur Übung auch in einfachen Fällen stets zu empfehlen ist), denn Sätze haben von Autor zu Autor immer wieder sprachlich unterschiedliche Formulierungen, wie etwa das folgende *einfache* Beispiel zeigt. Man kann sagen: *Das Produkt ab zweier positiver ganzer Zahlen a und b ist eine positive ganze Zahl.* Man kann aber auch sagen: *Wenn a und b positive ganze Zahlen sind, dann ist auch ihr Produkt ab eine positive ganze Zahl.* Obgleich beide Sätze denselben Inhalt haben, haben sie doch eine logisch unterschiedliche Form, nämlich $(\forall a \in \mathbb{Z}^+)(\forall b \in \mathbb{Z}^+)(ab \in \mathbb{Z}^+)$ und $(\forall a)(\forall b)(a \in \mathbb{Z}^+ \wedge b \in \mathbb{Z}^+ \Rightarrow ab \in \mathbb{Z}^+)$. Man kann sich auch noch weitere Formulierungen desselben Sachverhalts überlegen (etwa Verfeinerungen zu $a \in \mathbb{Z} \wedge a > 0$), es bleibt also die Frage nach einer im Sinne einer einfachen und klaren Beweisführung günstigen Variante.

Diese Frage läßt sich schlechterdings weder allgemein noch vollständig beantworten, sie ist eben auch eine Sache der Intuition, auch der Routine und des individuellen mathematischen Stils (man spricht ja auch von der *Kunst des Beweisens*). Gleichwohl lassen sich einige Hilfestellungen dazu geben - und das soll der Inhalt dieses Abschnitts sein. Dabei geht es zunächst um das *Verifizieren von Behauptungen* (Nachweis der Gültigkeit), am Ende des Abschnitts dann um das *Falsifizieren von Behauptungen* (Nachweis der Falschheit). Man beachte aber, daß eine Behauptung nicht deswegen falsch sein muß, weil es einer bestimmten Person (Sie oder ich) nicht gelingt, sie zu verifizieren.

Allerdings noch eine Bemerkung vorweg: Bekanntlich spielen in der Mathematik die natürlichen Zahlen eine besondere, weil offensichtlich grundlegende Rolle. Mit ihrer Definition (sogar in zwei Varianten) ist auch ein besonderer Mechanismus für die Beweisführung zu Sätzen über natürliche Zahlen (nach dem Muster: Für alle $n \in \mathbb{N}$ gilt ...) verbunden. Darüber soll hier nicht geredet werden, Beweise diesbezüglicher Art werden in den Abschnitten 1.80x bis 1.82x noch ausführlich vorgestellt und diskutiert.

1.018.1 Bemerkung

Bei der logischen Analyse mathematischer Sätze läßt sich bei grober Klassifizierung zunächst das Auftreten von Quantoren untersuchen, wobei im folgenden eine Menge M einen Gültigkeitsbereich bezeichne:

a) Enthält ein Satz nur Allquantoren, dann läßt er sich stets als Implikation schreiben, wie das folgende (und auch das oben besprochene) Beispiel zeigt: Anstelle von $(\forall x \in M)(\forall z \in M)e(x,z)$ kann man die Implikation $(\forall x)(\forall z)(x \in M \wedge z \in M \Rightarrow e(x,z))$ schreiben. Bei dem Nachweis einer solchen Implikation, bei der in der Regel mehrere Zwischenschritte beteiligt sind $(x \in M \wedge z \in M \Rightarrow e_1(x,z) \Rightarrow ... \Rightarrow e_n(x,z) \Rightarrow e(x,z))$ ist darauf zu achten, daß die Prämisse $(x \in M \wedge z \in M)$ nicht durch zusätzliche Voraussetzungen an x oder z unzulässig eingeschränkt wird, es müssen also *x-beliebige* Elemente aus M betrachtet werden.

b) Enthält der Satz Existenzquantoren der Form $(\exists x \in M)$, dann ist jeweils ein konkretes Element $x \in M$ anzugeben (nötigenfalls zu konstruieren), so daß für dieses Element der Satz gelten kann. Dazu ein Beispiel: Der Satz $(\exists n \in \mathbb{Z})(\forall x \in \mathbb{Z})(x + n = x)$ verlangt die Angabe oder Konstruktion von $n = 0$ und kann dann in der Form $(n = 0 \Rightarrow (x \in \mathbb{Z} \Rightarrow x + n = x))$ geschrieben werden.

c) Enthält ein Satz sowohl Allquantoren als auch Existenzquantoren, so ist genau auf deren Reihenfolge zu achten. Das gilt besonders dann, wenn ein allgemeinsprachlicher Satz in eine quantifizierte Form übersetzt werden soll. Beispielsweise hat der Satz $(\forall x \in \mathbb{Z})(\exists z \in \mathbb{Z})(x + z = 0)$, der die Existenz von Gegenzahlen (inversen Elementen bezüglich +) in $\mathbb{Z}$ beschreibt, einen anderen Inhalt als $(\exists z \in \mathbb{Z})(\forall x \in \mathbb{Z})(x + z = 0)$, der offenbar falsch ist (denn es gibt keine solche ganze Zahl z).

1.018.2 Bemerkung

Der sogenannte *indirekte Beweis* kann in folgenden Fällen angewendet werden:

a) Basierend auf der Tautologie $(p \Rightarrow q) \Leftrightarrow (\neg q \Rightarrow \neg p)$ in Satz 1.014.5/8 kann anstelle einer Implikation $e_1(x) \Rightarrow e_2(x)$ auch die Implikation $\neg e_2(x) \Rightarrow \neg e_1(x)$ gezeigt werden.

b) Basierend auf der Tautologie $(p \wedge r \Rightarrow q) \Leftrightarrow ((p \wedge \neg q) \Rightarrow \neg r)$ in Satz 1.014.5/8 kann anstelle einer Implikation $e_1(x) \wedge e_2(x) \Rightarrow e_3(x)$ auch die Implikation $e_1(x) \wedge \neg e_2(x) \Rightarrow \neg e_3(x)$ gezeigt werden.

c) Basierend auf der Tautologie $(p \Leftrightarrow q) \Leftrightarrow (\neg q \Leftrightarrow \neg p)$, die aus 8. und 9. in Satz 1.014.5 folgt, kann anstelle einer Äquivalenz $e_1(x) \Leftrightarrow e_2(x)$ auch die Äquivalenz $\neg e_1(x) \Leftrightarrow \neg e_2(x)$ gezeigt werden.

1.018.3 Bemerkung

Ein häufig verwendetes Beweisverfahren ist das des *Widerspruchbeweises*, dessen Grundlage die Tautologie $(p \Rightarrow q) \Leftrightarrow ((p \wedge \neg q) \Rightarrow (t \wedge \neg t))$ in Satz 1.014.5/8 ist. Der Einfachheit halber seien nur einstellige Prädikate (Eigenschaften) betrachtet. Zu einer Bezugsmenge (Gültigkeitsbereich) M bezeichne im folgenden $wa(z) : (\exists z \in M)(e'(x) \wedge \neg e'(x))$ eine sogenannte Widerspruchsaussage, die nach Beispiel 1.014.4/1 eine Kontradiktion darstellt, also stets falsch ist. Damit gilt dann:

a) Nehmen wir an, daß eine Implikation der Form $e_1(x) \Rightarrow e_2(x)$ für Elemente x einer Bezugsmenge M zu beweisen ist, dann kann anstelle dieser Implikation eine Widerspruchsaussage $wa(z)$ konstruiert und die Implikation $(e_1(x) \wedge \neg e_2(x)) \Rightarrow wa(z)$ gezeigt werden.

b) Die Aussage $(\forall x)(x \in M \Rightarrow e(x))$ ist äquivalent zu der Aussage $(\exists x)(x \in M \wedge \neg e(x)) \Rightarrow wa(z)$.

c) Die Aussage $(\exists x \in M)e(x)$ kann auch in der Form $(\exists x)(x \in M \wedge e(x))$ dargestellt werden und ist äquivalent zu der Aussage $(\forall x \in M)\neg e(x)) \Rightarrow wa(z)$.

1.018.4 Beispiele

zu 1.018.2a: *Behauptung*: Für alle natürlichen Zahlen x, y gilt: $x^2 \neq y^2 \Rightarrow x \neq y$.
Beweis: Es seien x und y beliebige natürliche Zahlen, ferner bezeichne $p : x^2 \neq y^2$ und $q : x \neq y$. Somit ist $\neg p : x^2 = y^2$ und $\neg q : x = y$. Die Behauptung folgt dann aus:
$x = y \Rightarrow (xx = yx \wedge xy = yy) \Rightarrow xx = yy$.

zu 1.018.3a: *Behauptung*: Ein Produkt ab reeller Zahlen a und b ist genau dann Null, wenn mindestens einer der Faktoren Null ist. In Formelschreibweise: $ab = 0 \Leftrightarrow (a = 0 \vee b = 0)$.
Beweis: Es bedeute $p : ab = 0$ und $q : (a = 0 \vee b = 0)$, dann ist $p \wedge \neg q : ab = 0 \wedge (a \neq 0 \wedge b \neq 0)$ (unter Verwendung von 1.014.4/7). Bezeichnet nun $t : b \neq 0$, dann folgt aus $b = \frac{ab}{a} = \frac{0}{a} = 0$ (wobei $ab = 0$ verwendet wurde) gerade $\neg t : b = 0$, und dies bedeutet den Widerspruch $t \wedge \neg t : b \neq 0 \wedge b = 0$.

1.018.5 Bemerkung

Das *Falsifizieren* oder *Widerlegen* einer Behauptung, die mit einem Allquantor beginnt, bedeutet, durch ein sogenanntes *Gegenbeispiel* zu zeigen, daß die Behauptung nicht stimmt. Wenn also jemand die Aussage *Alle Raben sind schwarz* bezweifelt und falsifizieren möchte, dann genügt dazu, die Existenz eines nichtschwarzen Rabens zu beweisen (einen weißen oder blauen Raben sozusagen auf den Tisch zu legen).

Beispiel: Die Aussage, daß für alle reellen Zahlen u und v mit $u \neq v$ auch ihre Funktionswerte $f(u)$ und $f(v)$ bei der durch $f(x) = x^2$ definierten Normalparabel verschieden voneinander sind, wird widerlegt durch die Angabe zweier geeigneter Zahlen mit der gegenteiligen Eigenschaft, beispielsweise $f(-2) = 4 = f(2)$. In der quantifizierten Form $(\forall u \in \mathbb{R})(\forall v \in \mathbb{R})(u \neq v \Rightarrow f(u) \neq f(v))$ wird also das Auftreten des Paares der beiden Allquantoren falsifiziert, denn es gibt durchaus solche Zahlen u und v, für die die Implikation $u \neq v \Rightarrow f(u) \neq f(v)$ richtig ist.

A1.018.01: Nennen und beschreiben Sie weitere einfache Beispiele (Bereich Schule) für indirekte Beweise, für Widerspruchsbeweise und für das Falsifizieren von Aussagen.

1.070 Algebra der Schaltnetze

> Aufmerksamkeit, mein Sohn, ist, was ich dir empfehle,
> bei dem, wobei du bist, zu sein mit ganzer Seele.
> *Friedrich Rückert* (1788 - 1866)

Ein Wort zur Überschrift: Unter der *Algebra von Zahlen* versteht man gewöhnlich und in erster Näherung: das Rechnen mit Zahlen, also die Art und Weise, wie man Zahlen addiert (subtrahiert) und multipliziert (dividiert), ferner die Rechenregeln für diese Operationen. In diesem Sinne kann man auch von der *Algebra der Aussagen* reden, womit die für Aussagen definierten Operationen (siehe Abschnitt 1.014) sowie die Regeln (siehe Satz 1.014.5) für den Umgang mit den logischen Operationen gemeint sind. Im gleichen Sinne soll in diesem Abschnitt eine *Algebra der Schaltnetze* – und dann auch in Abschnitt 1.082 eine *Algebra der Gatternetze* betrachtet werden.

Allerdings haben Aussagen p nun insofern einen spezifischen Charakter, als ihnen als wesentliches Merkmal ein zweiwertiger (binärer) Wahrheitswert $W(p)$ zugeordnet ist. Das bedeutet, daß die *Algebra der Aussagen* im wesentlichen mit den von logischen Operationen erzeugten Wahrheitswerten hantiert.

Die auf dieser Zweiwertigkeit basierende Theorie der Aussagenlogik läßt sich nun auch auf andere Gegenstände und zugehörige Operationen übertragen, sofern diese Gegenstände und die Manipulation mit ihnen in ähnlicher Weise durch eine Zweiwertigkeit charakterisiert sind. Beispielsweise – und damit wird sich dieser Abschnitt genauer beschäftigen – kann man bei einem elektrischen Leiter (formal eindeutig) feststellen: In diesem Leiter fließt Strom oder nicht (tertium non datur). In diesem Fall wird die Zweiwertigkeit der Aussagenlogik auf die Zweiwertigkeit des Leitzustandes abgebildet.

Nehmen wir an, der Leiter ist Teil eines geschlossenen Stromkreises mit einer Spannungsquelle, dann läßt sich der Leitzustand des Leiters am einfachsten durch einen mechanischen Schalter beeinflussen. Das heißt, der Leitzustand des Stromkreises wird unmittelbar durch den Leitzustand des in den Stromkreis integrierten Schalters repräsentiert. Dieser einfache Sachverhalt wird verwickelter, wenn der Stromkreis mehrere Schalter in verschiedenen Anordnungen enthält, und erfordert dann etwas systematischere Betrachtungen, deren Grundlagen in Definition 1.070.1 zusammengefaßt sind.

Derartige Situationen liegen aber auch schon in engeren mathematischen Zusammenhängen vor: Die Definition von Komplementen, Durchschnitten und Vereinigungen von Mengen sind jeweils durch Eigenschaften formuliert, die unmittelbar auf logischen Operationen beruhen (siehe Abschnitt 1.102). Man kann sagen, daß diese Definitionen eigentlich eine Projektion von logischen Operationen in die Sprache der Mengen darstellen: *Negation* erzeugt *Komplement*, *Konjunktion* erzeugt *Durchschnitt*, *Disjunktion* erzeugt *Vereinigung*. Dieser Prozeß beruht im wesentlichen auf der Zweiwertigkeit der Element-Menge-Relation: Für eine bestimmte Menge M und ein bestimmtes Element x kann die Aussage $x \in M$ entweder wahr oder falsch sein. Allgemeiner: Die Zweiwertigkeit der Aussagenlogik wird auf die Zweiwertigkeit der Element-Menge-Relation abgebildet.

Wenn ein Mathematiker auf möglicherweise ganz unterschiedlichen Gebieten gleichartige Strukturen und Verfahrensweisen beobachtet, wird er stets versuchen, solche Gemeinsamkeiten auf abstrakterer Ebene zu formulieren (man spricht auch von Mathematisierung) mit dem Ziel, für solche unterschiedlichen Gebiete eine *gemeinsame Theorie* zu entwickeln. Nach dem oben Geagten, liegt das auch in diesem Rahmen nahe und in einem ersten Schritt in Abschnitt 1.084 unternommen.

1.070.1 Definition

1. Ein Schalter kann genau einen von zwei *Schalterzuständen* haben, die mit *offen* und *geschlossen* bezeichnet werden. Diese beiden Schalterzustände werden durch die graphischen Symbole dargestellt:

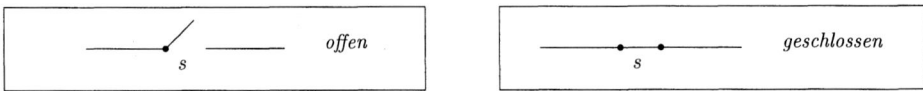

Die Schalter werden in diesen graphischen Darstellungen mit kleinen (indizierten) Buchstaben bezeichnet.

2. Neben der obigen graphischen Darstellung von Schalterzuständen wird häufig eine symbolische Darstellung verwendet: Jedem Schalterzustand eines Schalters s wird sein *Leitwert* $w(s)$ aus der Menge $L = \{0, 1\}$ in folgendem Sinne zugeordnet:

$$w(s) = \begin{cases} 0, & \text{falls Schalterzustand von } s \text{ offen} \\ 1, & \text{falls Schalterzustand von } s \text{ geschlossen} \end{cases}$$

3. Schalter lassen sich zu *Schaltnetzen* verbinden. Dabei werden zwei *Grundschaltungen* verwendet: Je zwei Schaltern s_1 und s_2 wird zugeordnet ihre

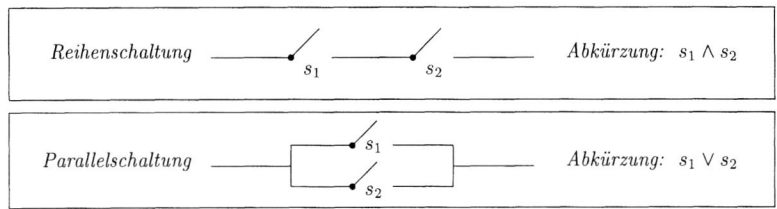

4. Die Leitwerte der beiden Grundschaltungen werden durch folgende *Leitwerte-Tabelle* definiert:

s_1	s_2	$s_1 \wedge s_2$	$s_1 \vee s_2$
1	1	1	1
1	0	0	1
0	1	0	1
0	0	0	0

Leitwerte-Tabellen sind analog zu den Wahrheitswerte-Tabellen der Aussagenlogik gebaut und auch so zu lesen. Beispielsweise sagt die zweite Zeile in dieser Tabelle: Gilt $w(s_1) = 1$ und $w(s_2) = 0$, das heißt, Schalter s_1 ist geschlossen und Schalter s_2 ist offen, dann ist $w(s_1 \wedge s_2) = 0$ der Leitzustand der Reihenschaltung und $w(s_1 \vee s_2) = 1$ der Leitzustand der Parallelschaltung.

5. Zwei oder mehrere Schalter nennt man (mechanisch) *gekoppelt*, wenn ihre Leitzustände voneinander abhängig sind. Dabei können zwei Fälle auftreten:

a) Haben gekoppelte Schalter denselben Schalterzustand und damit auch denselben Leitwert, dann nennt man sie *gleichsinnig gekoppelte Schalter* und bezeichnet sie mit demselben Buchstaben. (In einem Schaltnetz kann also mehrmals die Schalterbezeichnung s auftreten.)

b) Haben gekoppelte Schalter verschiedene Schalterzustände und damit auch verschiedene Leitwerte, so nennt man sie *gegensinnig gekoppelte Schalter*. Man verwendet dann neben der Bezeichnung s für einen der Schalter zusätzlich die Bezeichnung $\bar{s}$ für den gegensinnig gekoppelten Schalter. Das ergibt die nebenstehende Verteilung für die Leitwerte von s und $\bar{s}$.

s	$\bar{s}$
1	0
0	1

6. Zwei Schaltnetze heißen *äquivalent*, wenn sie für jede Kombination von Leitwerten der einzelnen Schalter denselben Leitwert haben.

1.070.2 Bemerkungen

1. Zunächst eine erste Bemerkung zur Analogie zwischen Schaltalgebra und Aussagenalgebra: Wie die jeweiligen Definitionen zeigen, stehen sich folgende Begriffe in beiden Theorien gegenüber:

Aussagenalgebraischer Begriff:	Schaltalgebraischer Begriff:
Aussage	*Schalter (Schaltelement)*
Konjunktion zweier Aussagen	*Reihenschaltung* zweier Schalter
Disjunktion zweier Aussagen	*Parallelschaltung* zweier Schalter
Negation einer Aussage	*gegensinnig gekoppelter Schalter*

Obgleich bei der Wahl der zugehörigen Zeichen in der Literatur verschiedene (auch historisch bedingte) Varianten existieren, wurden aus Gründen der besseren Erkennbarkeit dieser Analogien hier dieselben Bezeichnungen wie in Definition 1.012.4 gewählt ($\wedge$, $\vee$ und $\neg$).

2. Äquivalente Bausteine in einem Schaltnetz können gegeneinander ausgetauscht werden. Man wird also danach trachten (und darin liegt auch der Sinn des Begriffs Äquivalenz), möglichst einfache Bausteine zu finden, also kompliziertere Bausteine durch einfachere zu ersetzen.

3. Einen in einem Schaltnetz überflüssigen Baustein kann man in der Leitwerte-Tabelle sofort daran erkennen, daß die entsprechende Spalte nur die Ziffer 1 enthält. (Denn das bedeutet, daß bei jeder Kombination der Leitwerte der beteiligten Schalter der Baustein stets den Leitwert 1 hat.)

1.070.3 Beispiel

In diesem Beispiel wird ein Schaltnetz mit den vier möglichen Schalterzuständen und die zugehörige Leitwerte-Tabelle betrachtet. Dabei ist zu beachten, daß jeder Zeile der Tabelle eine bestimmte Kombination von Leitzuständen in der dazu passenden Skizze entspricht. Ferner beachte man, daß die beiden Schalter s_1 gleichsinnig gekoppelt sind.

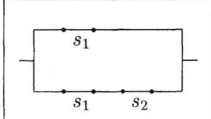 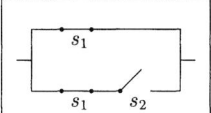 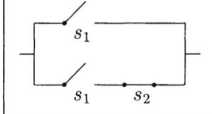 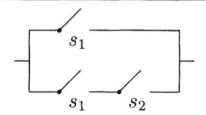

Die nebenstehende Leitwerte-Tabelle repräsentiert in den vier Zeilen den zugehörigen Leitwert zu jedem der vier obigen Schaltnetze (in gleicher Reihenfolge).
Wie man leicht sieht, hat das Schaltnetz genau dann den Leitwert 1, wenn der Schalter s_1 den Leitwert 1 hat.

s_1	s_2	$s_1 \wedge s_2$	$s_1 \vee (s_1 \wedge s_2)$
1	1	1	1
1	0	0	1
0	1	0	0
0	0	0	0

1.070.4 Beispiel

In diesem Beispiel wird ein Schalterzustand eines Schaltnetzes und die zu dem Schaltnetz zugehörige Leitwerte-Tabelle betrachtet. Das gezeichnete Schaltnetz wird gerade durch die vierte Zeile der Tabelle repräsentiert.

Man beachte, daß sowohl die Schalter s_1 als auch die Schalter s_2 jeweils gegensinnig gekoppelt auftreten.

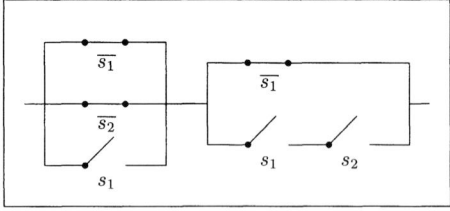

s_1	s_2	$\overline{s_1}$	$\overline{s_2}$	$\overline{s_1} \vee \overline{s_2} \vee s_1$	$(s_1 \wedge s_2) \vee \overline{s_1}$	$(\overline{s_1} \vee \overline{s_2} \vee s_1) \wedge ((s_1 \wedge s_2) \vee \overline{s_1})$
1	1	0	0	1	1	1
1	0	0	1	1	0	0
0	1	1	0	1	1	1
0	0	1	1	1	1	1

Ein scharfer Blick auf das Schaltnetz und auf die Leitwerte-Tabelle zeigt, daß dieses Schaltnetz durch ein äquivalentes einfacheres ersetzt werden kann:

a) Der Baustein $(\overline{s_1} \vee \overline{s_2} \vee s_1)$ ist überflüssig (tautologisch), da er selbst den Baustein $\overline{s_1} \vee s_1$ enthält (siehe Bemerkung 1.070.2/3).

b) Der Baustein $((s_1 \wedge s_2) \vee \overline{s_1})$ ist äquivalent zu $((s_1 \vee \overline{s_1}) \wedge (s_2 \vee \overline{s_1}))$, der wiederum zu dem Baustein $(s_2 \vee \overline{s_1})$ äquivalent ist.

A1.070.01: Wann fließt in einer Serienschaltung (Parallelschaltung) Strom? Antwort in einem Satz.

A1.070.02: Zeichnen Sie zu den ersten drei Zeilen der Leitwerte-Tabelle von Beispiel 1.070.4 jeweils das Schaltnetz. Gehen Sie dann (mit zugedeckter Tabelle) umgekehrt vor und entwickeln Sie zu einem Schaltnetz die zugehörige Tabelle mit der entsprechenden Zeile.

1.072 VEREINFACHTE SCHALTNETZE

> Ich verstehe aber unter Geist die Kraft der Seele,
> welche denkt und Vorstellungen bildet.
> *Aristoteles (384 - 322)*

Während mit Beispiel 1.070.4 und Aufgabe A1.070.02 zu *jeder* der $\{0,1\}$-Zeilen einer Leitwertetabelle ein Schaltbild mit bestimmten Schalterzuständen vorliegt, sollen nun *Vereinfachte Schaltbilder* und entsprechend zugehörige *Vereinfachte Leitwertetabellen* nach folgendem Muster untersucht werden:

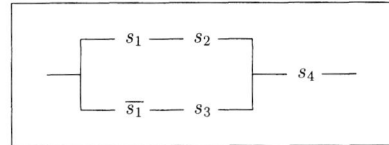

In dieser Skizze sind also nur die logischen Situationen der einzelnen Schalter im Sinne von Reihen- und Parallelschaltung angegeben, nicht aber die jeweilige Schalterstellung (offen/geschlossen), wobei aber klar ist, daß ggensinnig gekoppelte Schalter s und $\overline{s}$ stets entgegengesetzte Schalterstellungen haben.

A1.072.01: Erstellen Sie zu folgendem Schaltbild eine vereinfachte Leitwertetabelle, die nur die Zeilen enthält, bei denen der Leitwert des gesamten Schaltnetzes jeweils 1 ist. (Lassen Sie dabei auch alle Einträge weg, die darauf keinen Einfluß haben.)

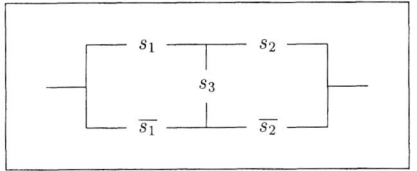

Anmerkung: Dieses Schaltbild repräsentiert eine sogenannte *Brückenschaltung*.

A1.072.02: Gleiche Aufgabenstellung wie in Aufgabe A1.072.01 mit folgendem Schaltbild:

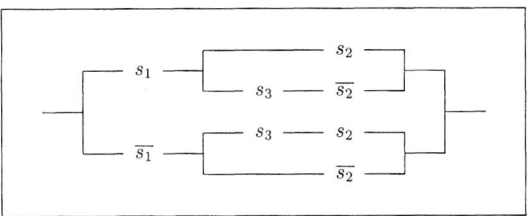

1.080 ALGEBRA DER SIGNAL-VERARBEITUNG

> Meiner Idee nach ist Energie die erste
> und einzige Tugend des Menschen.
> *Wilhelm von Humboldt* (1767 - 1835)

Während in Abschnitt 1.070 mechanische Schaltelemente und ihre Schaltnetze betrachtet wurden, sollen nun elektronische Schaltelemente, sogenannte *Gatter*, und daraus aufgebaute *Gatternetze* betrachtet werden. Bei diesen Gattern handelt es sich um technische Bauelemente zur Manipulation digitaler Signale, wobei das Wort *digital* schon andeutet, daß genau zwei Signalwerte zugelassen sind.

Optische oder akustische Signale kann man sich als zweiwertige Erkennungszeichen vorstellen: Lichtsignale (hell/dunkel oder kurz/lang), Fahrscheinsignal (entwertet / nicht entwertet), Rauchsignal der alten Indianer (Rauchfahne /unterbrochene Rauchfahne), Tonsignal (hoch/tief oder kurz lang), Farbsignal einer Ampel (rot/grün), EAN Signal (heller/dunkler Streifen im EAN-Feld).

Bei mechanischen Schaltern kann man sich den Schalter als technisches Instrument und seine Funktionsweise leicht vorstellen (siehe auch Definition 1.070.1). Im Gegensatz dazu sei hier darauf verzichtet, auf die physikalische Funktionsweise von Gattern einzugehen, es genügt in diesem Zusammenhang völlig, die Wirkungsweise von Gattern zu verstehen. Dabei ist auch die physikalische Natur der manipulierten Signale ganz belanglos, auch hier genügt es, die Menge der Signalwerte als zweielementig anzusehen.

1.080.1 Definition

1. Die beiden *Signalwerte*, die ein Signal haben kann, seien mit den beiden Ziffern 0 und 1 bezeichnet. Jedem Signal x wird sein Signalwert $w(x)$ aus der binären *Signalwertemenge* $S = \{0, 1\}$ zugeordnet. (Signale werden in symbolischen und graphischen Darstellungen mit kleinen (nötigenfalls indizierten) Buchstaben bezeichnet).

2. Je zwei Signalen x_1 und x_2 wird auf zweierlei Weise ein drittes Signal zugeordnet durch das

UND-Gatter $\quad \begin{array}{c} x_1 \\ x_2 \end{array} \rightarrow \boxed{\wedge} \rightarrow x_1 \wedge x_2$	ODER-Gatter $\quad \begin{array}{c} x_1 \\ x_2 \end{array} \rightarrow \boxed{\vee} \rightarrow x_1 \vee x_2$

wobei das von einem Gatter aus zwei *Eingangs-Signalen* erzeugte *Ausgangs-Signal* die durch folgende *Signalwerte-Tabelle* definierten Signalwerte hat:

x_1	x_2	$x_1 \wedge x_2$	$x_1 \vee x_2$
1	1	1	1
1	0	0	1
0	1	0	1
0	0	0	0

Signalwerte-Tabellen sind analog zu den Wahrheitswerte-Tabellen der Aussagenlogik gebaut und auch so zu lesen. Beispielsweise sagt die zweite Zeile in dieser Tabelle: Empfängt das UND-Gatter die Signale x_1 und x_2 mit $w(x_1) = 1$ und $w(x_2) = 0$, dann sendet es das Signal $x_1 \wedge x_2$ mit dem Signalwert $w(x_1 \wedge s_2) = 0$, während das ODER-Gatter daraus ein Signal mit dem Signalwert $w(x_1 \vee x_2) = 1$ herstellt.

3. Das *Negations-Gatter* oder *NON-Gatter* ist ein Bauelement zur Signalwandlung, das heißt, das aus dem Signal x erzeugte Signal $\overline{x}$ hat einen Signalwert gemäß folgender Tabelle:

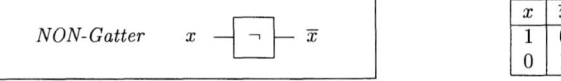

4. Beliebige Kombinationen dieser drei *Grund-Gatter* nennt man *Gatternetze*. Zwei Gatternetze heißen

äquivalent, wenn sie für jede Kombination von Signalwerten der einzelnen Signale denselben Signalwert haben.

1.080.2 Bemerkungen

1. Zunächst eine erste Bemerkung zur Analogie zwischen Signalalgebra und Aussagenalgebra: Wie die jeweiligen Definitionen zeigen, stehen sich folgende Begriffe in beiden Theorien gegenüber:

Aussagenalgebraischer Begriff:	Signalalgebraischer Begriff:
Aussage	*Signal*
Konjunktion zweier Aussagen	*UND-Gatter-erzeugtes Signal* zweier Signale
Disjunktion zweier Aussagen	*ODER-Gatter-erzeugtes Signal* zweier Signale
Negation einer Aussage	*NON-Gatter-erzeugtes Signal* eines Signals

Obgleich bei der Wahl der zugehörigen Zeichen in der Literatur verschiedene (auch historisch bedingte) Varianten existieren, wurden aus Gründen der besseren Erkennbarkeit dieser Analogien hier dieselben Bezeichnungen wie in Abschnitt 1.012 gewählt ($\wedge$, $\vee$ und $\neg$, siehe auch Bemerkung 1.180.2/1).

2. Äquivalente Bausteine in einem Gatternetz können gegeneinander ausgetauscht werden. Man wird also danach trachten (und darin liegt auch der Sinn des Begriffs Äquivalenz), möglichst einfache Bausteine zu finden.

3. Einen in einem Gatternetz überflüssigen Baustein kann man in der Signalwerte-Tabelle sofort daran erkennen, daß die entsprechende Spalte nur die Ziffer 1 enthält. (Denn das bedeutet, daß bei jeder Kombination der Signalwerte der beteiligten Signale der Baustein stets den Signalwert 1 hat.)

1.080.3 Beispiele

In den folgenden Beispielen ist jeweils ein Gatternetz in graphischer Form (Gatterbild) und darin auch die jeweils zugehörige symbolische Form des erzeugten Signals angegeben. Daneben ist jeweils die entsprechende Signalwerte-Tabelle genannt.

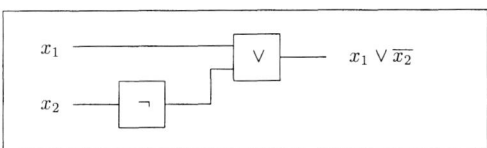

x_1	x_2	$\overline{x_2}$	$x_1 \vee \overline{x_2}$
1	1	0	1
1	0	1	1
0	1	0	0
0	0	1	1

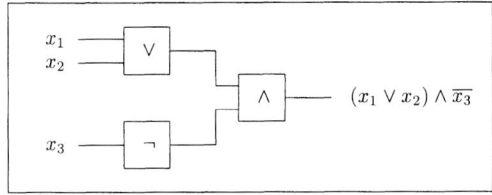

x_1	x_2	x_3	$\overline{x_3}$	$(x_1 \vee x_2) \wedge \overline{x_3}$
1	1	1	0	0
1	1	0	1	1
1	0	1	0	0
1	0	0	1	1
0	1	1	0	0
0	1	0	1	1
0	0	1	0	0
0	0	0	1	0

x_1	x_2	x_3	$\overline{x_3}$	$(x_1 \wedge x_2) \vee \overline{x_3}$
1	1	1	0	1
1	1	0	1	1
1	0	1	0	0
1	0	0	1	1
0	1	1	0	0
0	1	0	1	1
0	0	1	0	0
0	0	0	1	1

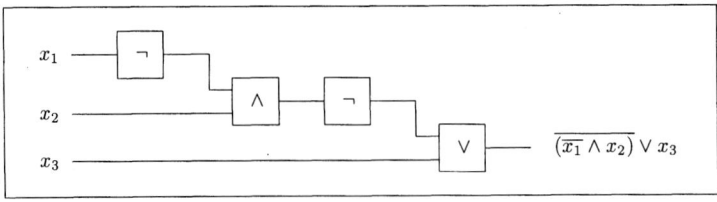

x_1	x_2	x_3	$\overline{x_1}$	$\overline{x_1} \wedge x_2$	$\overline{(\overline{x_1} \wedge x_2)}$	$\overline{(\overline{x_1} \wedge x_2)} \vee x_3$
1	1	1	0	0	1	1
1	1	0	0	0	1	1
1	0	1	0	0	1	1
1	0	0	0	0	1	1
0	1	1	1	1	0	1
0	1	0	1	1	0	0
0	0	1	1	0	1	1
0	0	0	1	0	1	1

1.080.4 Beispiele

In den folgenden Beispielen sind jeweils nebeneinander zwei äquivalente Gatternetze angegeben. Die zugehörigen Signalwerte-Tabellen kann man sich leicht selbst erstellen.

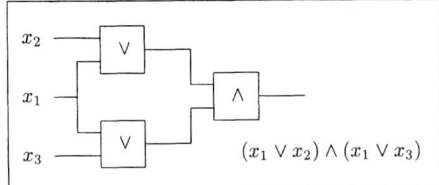
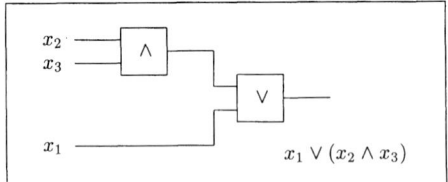
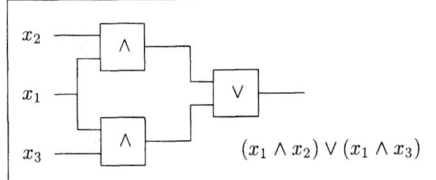
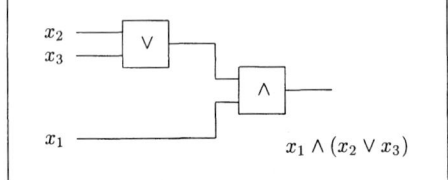
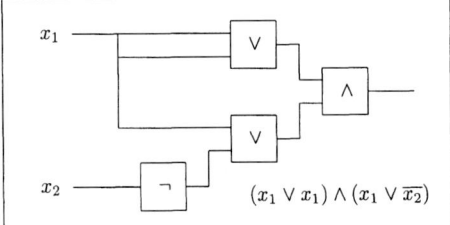
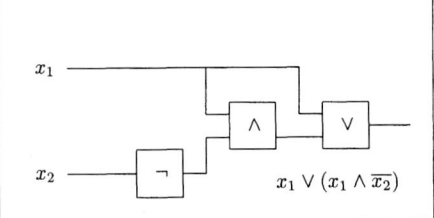

A1.080.01: Erstellen Sie zu den Gatternetzen in den Beispielen 1.080.4 jeweils die zugehörigen Signalwerte-Tabellen und bestätigen Sie jeweils die Äquivalenz der angegebenen Gatternetze.

A1.080.02: Untersuchen Sie die beiden folgenden Gatternetze hinsichtlich Äquivalenz. Geben Sie gegebenenfalls ein einfacheres Gatternetz an.

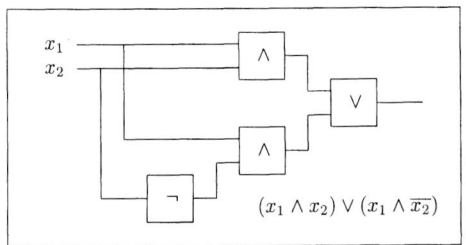
$(x_1 \wedge x_2) \vee (x_1 \wedge \overline{x_2})$

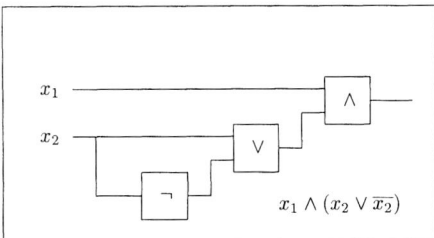
$x_1 \wedge (x_2 \vee \overline{x_2})$

1.084 BOOLESCHE SITUATIONEN

> Wer meint, hier herrscht Freiheit, der
> irrt, denn Freiheit herrscht nicht.
> *Erich Fried* (1887 - 1956)

In den Bemerkungen 1.070.2 und 1.080.2 wurde schon deutlich auf die *formale Verwandtschaft* zwi-schen Operationen bei Schaltnetzen bzw. Operationen bei Gatternetzen zu Operationen bei Aussagen aufmerksam gemacht. Dieser Aspekt der Gemeinsamkeiten zwischen drei sachlich ganz unterschiedlichen Gebieten (wobei, wie zu Anfang von Abschnitt 1.070 angedeutet ist, noch ein viertes hinzukommen wird) soll nun in einigen wesentlichen Grundzügen einheitlich dargestellt werden.

Dabei dient dieser Abschnitt als Grundlage für eine weitere Mathematisierung unter dem Titel *Netze in Booleschen Algebren* in Abschnitt 1.464. Ferner sei angemerkt, daß die Titelgebung auf *George Boole* (1815 - 1864) zurückgeht, ein Name, der als Adjektiv immer dann verwendet wird, wenn Theorien untersucht werden, denen in irgendeiner Form zweiwertige, also binäre oder, wie man eben auch sagt, Boolesche Situationen zugrunde liegen.

1.084.1 Bemerkungen

1. In Abschnitt 1.014 wurden neben Einzelaussagen (elementaren Aussagen) auch zusammengesetzte Aussagen betrachtet. Um nun zu den analogen Begriffen in den beiden Abschnitten 1.070 und 1.080 einen gleichartigen Begriff bei Aussagen zu installieren, sei der Einzelaussagen und zusammengesetzte Aussagen umfassende (also übergeordnete) Begriff *Aussagennetz* festgelegt durch:
a) Jede (elementare, nicht zerlegbare) Aussage p bildet ein Aussagennetz.
b) Jede negierte Aussage $\neg p$ zu p bildet ein Aussagennetz.
c) Die Konjunktion von Aussagennetzen bildet ein Aussagennetz.
d) Die Disjunktion von Aussagennetzen bildet ein Aussagennetz.

2. Der Begriff *Schaltnetz* sei festgelegt durch:
a) Jeder (einzelne) Schalter s bildet ein Schaltnetz.
b) Jeder gegensinnig gekoppelte (negierte) Schalter $\bar{s}$ zu s bildet ein Schaltnetz.
c) Die Reihenschaltung (Konjunktion) von Schaltnetzen bildet ein Schaltnetz.
d) Die Parallelschaltung (Disjunktion) von Schaltnetzen bildet ein Schaltnetz.

3. Der Begriff *Signalnetz*, früher Gatternetz genannt, sei festgelegt durch:
a) Jedes (einzelne) Signal x bildet ein Signalnetz.
b) Eingangssignal und das durch das NON-Gatter erzeugte Ausgangssignal $\bar{x}$ zu x bilden ein Signalnetz.
c) Eingangssignale und das durch das UND-Gatter erzeugte Ausgangssignal bilden ein Signalnetz.
d) Eingangssignale und das durch das ODER-Gatter erzeugte Ausgangssignal bilden ein Signalnetz.

Beispiel: Es seien a_1, a_2 und a_3 Aussagennetze/Schaltnetze/Signalnetze (um nun neutrale Buchstaben zu wählen), dann ist $(a_1 \vee a_2) \wedge (\overline{a_1} \vee a_3)$ das durch Konjunktion/Reihenschaltung/UND-Gatter aus $(a_1 \vee a_2)$ und $(\overline{a_1} \vee a_3)$ erzeugte Aussagennetz/Schaltnetz/Signalnetz.

Anmerkung: Die Begriffe Aussagennetz, Schaltnetz und Signalnetz sind in dieser Weise *rekursiv definiert*, soll heißen: Zunächst werden in einem *Rekursionsanfang*, hier jeweils in a), Start- oder Anfangselemente festgelegt, anschließend werden in einem *Rekursionsschritt*, hier b) bis d), Verfahren angegeben, wie aus den Startelementen weitere Elemente erzeugt werden.

1.084.2 Bemerkungen

1. Zur weiteren terminologischen Vereinheitlichung sei festgelegt:
a) Ein Aussagennetz p liefert (genau) einen Wahrheitswert $w(p)$ aus der Menge $b = \{0, 1\}$, wobei $w(p) = 0$ der früher mit f und $w(p) = 1$ der früher mit w bezeichnete Wahrheitswert sei, ferner sei $\bar{p}$ das früher mit $\neg p$ bezeichnete negierte Aussagennetz zu p.
b) Ein Schaltnetz s liefert (genau) einen Leitwert $w(s)$ aus der Menge $b = \{0, 1\}$ (früher $L = \{0, 1\}$).

c) Ein Signalnetz x hat (genau) einen Signalwert $w(x)$ aus der Menge $b = \{0,1\}$ (früher $S = \{0,1\}$).

2. Zu zwei Aussagennetzen/Schaltnetzen/Signalnetzen a_1 und a_2 (um wieder die schon im Beispiel in Bemerkung 1.084.1 verwendeten neutralen Buchstaben zu wählen), sind Wahrheitswerte/Leitwerte/Signalwerte folgendermaßen festgelegt:

a_1	a_2	$a_1 \wedge a_2$	$a_1 \vee a_2$	$\overline{a_1}$	$\overline{a_2}$
1	1	1	1	0	0
1	0	0	1	0	1
0	1	0	1	1	0
0	0	0	0	1	1

3. Um eine weitere terminologische Vereinheitlichung vorzunehmen, seien die Begriffe Konjuktion, Disjunktion und Negation in der Algebra der Aussagen auch auf die beiden anderen Bereiche übertragen. So bedeute im folgenden
– Konjunktion (Disjunktion, Negation) von Schaltnetzen die Reihenschaltung (Parallelschaltung, gegensinnige Koppelung) von Schaltnetzen
– Konjunktion (Disjunktion, Negation) von Signalnetzen die Wirkung des UND-Gatters (ODER-Gatters, NON-Gatters) auf Signalnetze.

4. Weiterhin seien Aussagennetze, Schaltnetze und Signalnetze künftig einheitlich als *Netze* bezeichnet. Hinsichtlich Bemerkung 3 kann man also ganz allgemein von der Konjunktion, Disjunktion und Negation von Netzen sprechen, wobei die Abschnitte 1.012, 1.070 und 1.084 jeweils die drei behandelten Konkretionen beinhalten.

1.084.3 Bemerkungen

1. Die aus Beispiel 1.070.4 übernommene Tabelle (mit entsprechenden Umbenennungen)

a_1	a_2	$\overline{a_1}$	$\overline{a_2}$	$\overline{a_1} \vee \overline{a_2} \vee a_1$	$(a_1 \wedge a_2) \vee \overline{a_1}$	$(\overline{a_1} \vee \overline{a_2} \vee a_1) \wedge ((a_1 \wedge a_2) \vee \overline{a_1})$
1	1	0	0	1	1	1
1	0	0	1	1	0	0
0	1	1	0	1	1	1
0	0	1	1	1	1	1

zeigt das aus den beiden Netzen (Elementen) a_1 und a_2 gebildete Netz $(\overline{a_1} \vee \overline{a_2} \vee a_1) \wedge ((a_1 \wedge a_2) \vee \overline{a_1})$ (Überschriftszeile rechts außen) sowie in den vier weiteren Zeilen die vorgegebenen vier Ziffernpaare von Ziffern aus $b = \{0,1\}$ (erste und zweite Spalte) und dann die sukzessive konstruierten Ziffern des Netzes (letzte Spalte).

In Vorbereitung der Betrachtungen in Abschnitt 1.464 läßt sich der Inhalt der Tabelle – wobei nur die beiden ersten und die letzte (Ergebnis-)Spalte(n) betrachtet seien – in folgender Weise beschreiben:

a_1) Dem Elementepaar (a_1, a_2) wird das Netz $(\overline{a_1} \vee \overline{a_2} \vee a_1) \wedge ((a_1 \wedge a_2) \vee \overline{a_1})$ zugeordnet,

a_2) den vier möglichen Ziffernpaaren zu (a_1, a_2) wird jeweils eine Ziffer für das Netz zugeordnet:

$$(1,1) \longmapsto 1, \quad (1,0) \longmapsto 0, \quad (0,1) \longmapsto 1, \quad (0,0) \longmapsto 1.$$

2. Hinsichtlich dabei auftretender Anzahlen kann man noch folgendes beobachten:

b_1) Werden anstelle von Elementepaaren (a_1, a_2) 3-Tupel (a_1, a_2, a_3) oder allgemeiner n-Tupel $(a_1, ..., a_n)$ verwendet, so liegen in a_2) $2^3 = 8$, allgemein dann 2^n Zuordnungen vor.

b_2) Die Anzahl aller in der letzten Spalte auftretenden möglichen 4-Tupel von Ziffern aus b beträgt $2^4 = 16$, das heißt, man kann zu (a_1, a_2) also genau 16 Netze mit unterschiedlichen 4-Tupeln in der letzten Spalte bilden. Diese Beobachtung führt zu folgender Idee: Man nennt zwei von (a_1, a_2) erzeugte Netze *äquivalent*, wenn sie dasselbe 4-Tupel (in der letzten Spalte) liefern. Damit ist dann auch das in den Abschnitten 1.014, 1.070 und 1.080 besprochene (technische) Problem verbunden, komplizierter gebaute Netze durch äquivalente, aber einfacher gebaute Netze zu ersetzen.

Wie auch in b_1) kann man sehen, daß es zu 3-Tupeln (a_1, a_2, a_3) gerade 256 unterschiedliche 8-Tupel, allgemeiner zu n-Tupeln $(a_1, ..., a_n)$ gerade $2^{(2^n)}$ unterschiedliche 2^n-Tupel in der letzten Spalte gibt.

1.086 Wege zur Bildung einer Mathematischen Theorie

> Nichts ist praktischer als eine gute Theorie.
> *Albert Einstein* (1879 - 1955)

Stephen Hawking, der fast schon legendäre britische Astrophysiker, mußte sich und der Welt eingestehen: *Es gibt keine Baby-Universen, wie ich einst gedacht habe.* Damit hat er im Juli 2004 seine Theorie zur Informationsvernichtung bei sogenannten *Schwarzen Löchern*, die er über nahezu 30 Jahre verfochten und mit mathematischen Mitteln zu untermauern glaubte, als falsch deklariert. Kurz: Physikalische Theorien können im Kern oder innerhalb eines bestimmten Zeitraums wahr oder falsch sein, der Streit um sich widersprechende physikalische Theorien kann (zu bestimmten Zeitpunkten) nicht entscheidbar sein (etwa zur Natur des Lichts *Huygens* versus *Newton* oder in neuerer Zeit: Relativitätstheorie versus Quantenphysik). Man kann sogar sagen: Die Geschichte der Physik ist eine Geschichte von *Erkenntnis und Irrtum* (Titel eines berühmten Buchs von *Ernst Mach*) – und das gehört zu Natur und Wesen der Physik.

Jedoch: Kann eine mathematische Theorie falsch sein? (Was, genauer betrachtet, bedeutet *falsch* und was ist das Gegenteil von *falsch*?) Oder bürgt der Begriff *mathematische Theorie* schon für Richtigkeit? Dabei ist klar, daß dieser Frage die Hauptfrage vorangestellt werden muß: Was ist eine mathematische Theorie? Zu diesen Fragen einige erste Bemerkungen, die sich um die Frage ranken: Wie, beispielsweise, entsteht eine Mathematische Theorie?

1. *Anlaß zur Bildung einer Mathematischen Theorie* ist die Beobachtung *formaler Gemeinsamkeiten* im Umgang mit *semantisch unterschiedlichen Gegenständen* (beispielsweise: Aussagen, Schalter, Signale; man beachte aber auch Annas Idee in Abschnitt 1.004).

2. Demgemäß verlangt die Formulierung einer Mathematischen Theorie eine *abstrakte Sprache*, abstrakt in dem Sinne, daß sich ihre Begriffe *unabhängig von semantischen Bezügen* beschreiben lassen. Erste und grundlegende Beispiele dafür sind die Begriffe *Menge* und *Element* in Definition 1.101.1.

3. Der Begriff *Mathematische Theorie* kann genügend einsichtig anhand von Bestandteilen beschrieben werden (wie das anschließende Beispiel in 5. dann zeigen soll): Eine Mathematische Theorie besteht aus

a) einer (sinnvollerweise nicht-leeren) Menge von Grundbausteinen, den Elementen dieser Menge,

b) einer gewissen Anzahl von Verfahren, die angeben, daß und wie aus den Elementen der Menge wieder Elemente derselben (oder auch einer anderen, zuvor bekannten) Menge erzeugt werden,

c) einer gewissen (möglichst kleinen) Anzahl von *Axiomen der Theorie*, das sind Grundbedingungen (Grundanforderungen), die Eigenschaften der in b) installierten Verfahren benennen,

d) einer (möglichst großen, aber nicht von vornherein vollständigen) Anzahl von Folgerungen aus den Axiomen, die dann *Sätze der Theorie* genannt werden.

4. Unter einem *Modell einer Mathematischen Theorie* versteht man, kurz gesagt, eine Menge konkreter Gegenstände *zusammen* mit den in 3b) genannten Verfahren, für die die in 3c) genannten Axiome gelten. Mit der Bildung einer Mathematischen Theorie ist immer der *Anspruch an eine Mathematische Theorie* verbunden, daß mindestens ein zugehöriges Modell existiert.

5. *Beispiel, Teil 1:* Abschnitt 1.084 zeigt hinsichtlich 1. einen *Anlaß* zur Bildung einer Mathematischen Theorie anhand der Beobachtung gleichartiger Verfahrensweisen, nämlich (siehe Bemerkung 1.084.1):

a) Jeder/m Aussage, Schalter, Signal a kann ihre/seine Negation $\neg a$ zugeordnet werden,

b) je zwei Aussagen/Schaltern/Signalen a und b kann ihre Konjunktion $a \wedge b$ zugeordnet werden,

c) je zwei Aussagen/Schaltern/Signalen a und b kann ihre Disjunktion $a \vee b$ zugeordnet werden.

Nun wird man aber entdecken, daß beispielsweise die Konjunktion zweier Aussagen/Signale wieder ein(e) Aussage/Signal ist, die Konjunktion (Reihenschaltung) zweier Schalter aber nicht wieder ein Schalter ist. Aus diesem Grund wurden dort die Begriffe Aussagen-/Schalt-/Signalnetz verwendet und dann in Bemerkung 1.084.2/4 zu dem Begriff *Netz* abstrahiert.

Diese Beobachtungen sind also ein erster Schritt auf dem Wege zur Bildung einer *Theorie der Netze*, die dann als *Modelle* (siehe 4.) die drei Gebiete Aussagen-, Schalt- und Signalalgebra, also die Konkretionen im Sinne der Abschnitte 1.012, 1.070 und 1.080 haben soll.

6. *Beispiel, Teil 2:* Vom Standpunkt der Theorie aus muß man nun weiterhin fragen, welche Axiome für eine solche *Theorie der Netze* installiert werden sollen. Man kann auch umgekehrt nach weiteren Gemeinsamkeiten in den drei Modellen fragen, in der Praxis ist das ein Wechselspiel. Ein erster Punkt dieser Art ist die Beobachtung, daß in den drei Modellen die Reihenfolge etwa bei der Konjunktion keine Rolle spielt. Allerdings kann man das nicht einfach durch die Zeichen $a \wedge b = b \wedge a$ (wie etwa $a + b = b + a$ bei Zahlen) darstellen, da dabei ein nicht sinnvoller Gleichheitsbegriff verwendet ist.

Demgegenüber ist aber in den drei Modellen der semantisch sinnvolle Begriff *Äquivalenz* im Sinne von Ersetzbarkeit verwendet worden. Das bedeutet, daß dazu ein abstrakt formuliertes Analogon erfunden werden muß, das mit dem Zeichen $\Leftrightarrow$ dann ein Axiom der Form $a \wedge b \Leftrightarrow b \wedge a$ zu formulieren gestattet.

Damit muß man eine Beziehung, eine Relation, wie man sagt, zwischen Netzen a und b hinzunehmen:
d) Zwei Netze a und b sollen genau dann *äquivalent* sein (in Zeichen $a \Leftrightarrow b$), falls sie in jedem Netz, in dem sie einzeln enthalten sind, gegeneinander austauschbar sind.

Wenn man diese Festlegung in dieser tatsächlich nur vorläufigen Formulierung (denn Austauschbarkeit ist doch ein sehr semantisch anmutender Begriff) mal beibehält, kann man auf folgende Weise fortfahren:

7. *Beispiel, Teil 3:* Mit den in Teil 2 zusätzlich definierten Bestandteilen kann man nun folgende Axiome festlegen: Für alle Netze a, b und c soll gelten:

N_{11}: $a \wedge (b \wedge c) \Leftrightarrow (a \wedge b) \wedge c$ (Assoziativität bezüglich $\wedge$)
N_{12}: $a \vee (b \vee c) \Leftrightarrow (a \vee b) \vee c$ (Assoziativität bezüglich $\wedge$)
N_{21}: $a \wedge b \Leftrightarrow b \wedge a$ (Kommutativität bezüglich $\wedge$)
N_{22}: $a \vee b \Leftrightarrow b \vee a$ (Kommutativität bezüglich $\vee$)
N_{31}: $a \wedge (b \vee c) \Leftrightarrow (a \wedge b) \vee (a \wedge c)$ (Distributivität von $\wedge$ über $\vee$)
N_{32}: $a \vee (b \wedge c) \Leftrightarrow (a \vee b) \wedge (a \vee c)$ (Distributivität von $\vee$ über $\wedge$)
N_{41}: $\neg (a \wedge b) \Leftrightarrow \neg a \vee \neg b$ (Negation einer Konjunktion)
N_{42}: $\neg (a \vee b) \Leftrightarrow \neg a \wedge \neg b$ (Negation einer Disjunktion)

Anmerkung 1: Zu diesen acht Axiomen kann man zunächst intuitiv (also ohne Beweis) feststellen, daß sie jeweils voneinander unabhängig sind, soll heißen, daß keines der acht Axiome eine Folgerung der übrigen sieben Axiome ist (denn sonst läge ein Satz der Theorie vor).

Anmerkung 2: Während sich die Axiome N_{11} bis N_{22} nur auf jeweils eine Operation beziehen, haben die Axiome N_{31} und N_{32} den Sinn, die Aufgabe, die beiden Operationen $\wedge$ und $\vee$ miteinander zu verzahnen, also zu sagen, daß und wie sie miteinenader verträglich sind. Dieselbe Aufgabe haben die beiden Axiome N_{41} und N_{42} hinsichtlich Konjunktion/Disjunktion und Negation. Man nennt diese vier Axiome folglich auch *Verträglichkeits-Bedingungen*.

8. *Beispiel, Teil 4:* Die Frage, woran man in den drei Modellen Äquivalenz/Ersetzbarkeit von Netzen erkennen kann, führt zu der Erkenntnis, daß die in Teil 1 genannten drei Operationen keineswegs ausreichend sind zur Beschreibung der Strukturbestandteile für eine Theorie der Netze sind. Was nämlich noch fehlt, sind die Zuordnungen *Aussage* $\longmapsto$ *Wahrheitswert* sowie *Schalter* $\longmapsto$ *Leitwert* und *Signal* $\longmapsto$ *Signalwert*. Also wird man die Theorie noch um eine weitere Komponente ergänzen:
e) Jedem Netz a wird ein Element $w(a)$ aus der Menge $\mathbb{b} = \{0, 1\}$ zugeordnet.

Damit muß aber weiterhin geklärt werden, wie die Bildung der Zahlen $w(a)$ mit Konjunktion, Disjunktion und Negation zusammenhängen soll. Bei dieser Frage kann man aber auf die in Bemerkung 1.084.3 beobachteten 4-Tupel zurückgreifen und die in d) beschriebene Äquivalenz durch Gleichheit ersetzen:
d') Zwei aus a und b gebildete Netze sollen genau dann *äquivalent* sein (in Zeichen $a \Leftrightarrow b$), falls sie dasselbe 4-Tupel erzeugen.

Wie man aber der Schlußbemerkung in Bemerkung 1.084.3 entnehmen kann, muß d') auf Netze mit n Einzelnetzen ausgedehnt werden. Wie das im einzelnen geschehen kann – in der Überschrift ist ja von Wegen (Plural) die Rede – wird genauer in den Abschnitten 1.46x untersucht (wozu die folgenden Abschnitte 1.1x die passenden Werkzeuge bereitstellen).

Anmerkung: Das Problem, das mit den obigen Überlegungen verbunden ist, ähnelt in gewisser Weise dem Zusammenhang zwischen den beiden Brüchen $\frac{1}{2}$ und $\frac{3}{6}$, bei denen man zögern kann, sie von vornherein als gleich anzusehen, denn die auftreten Zähler und Nenner sind ja verschiedene Zahlen. Bei der Bearbeitung dieses Problems (in Abschnitt 1.850) wird im übrigen auch wieder derselbe Begriff (sogar in ähnlicher Bedeutung) auftreten, der hier das Problem erzeugt, nämlich der Teil 3/d) von 6. verwendete Begriff der Äquivalenz.

1.090 Mathematik in Anwendungen (Teil 1)

> Wie sollte also die Mathematik der Natur a priori Gesetze vorschreiben, da sie sich doch darauf beschränken muß, unter Benützung der Erfahrungen über die eigene Ordnungstätigkeit des Rechnenden, die Übereinstimmung des Rechungsergebnisses mit den Ausgangsdaten nachzuweisen?
> *Ernst Mach* (1838 - 1916)

Mathematik in Anwendungen – das ist ein Wechselspiel: Einerseits kann man zu nicht-mathematisch formulierten Fragen mathematische Theorien finden, die die Frage im Sinne einer Ja/Nein-Entscheidung und/oder im Sinne numerischer Daten beantworten, andererseits haben solche Fragen auch zu der Suche und Entwicklung geeigneter Theorien geführt und so den Bestand mathematischer Begriffe und Methoden erweitert. Dieser Hinweis sei hier allerdings nur als Anstoß zu ausführlicherem Nachdenken über dieses Thema gedacht.

1.000.1 Bemerkung

Bei Anwendungen mathematischer (und anderer) Theorien kann man sich stets eine Situation zwischen *Auftraggeber* und *Auftragnehmer* vorstellen: Der Auftraggeber hat ein bestimmtes Problem, er will beispielsweise auf einem Grundstück vorgegebener Geometrie (Dreieck, Parallelgramm oder auch sozusagen beliebiges Viereck) ein Gebäude mit rechteckiger Grundfläche und dabei mit maximalem Flächeninhalt des Rechtecks bauen. Der Auftrag an den Auftragnehmer soll nun sein, die Geometrie (die Seitenlängen, den möglichen maximalen Flächeninhalt sowie die Lage dieses Rechtecks in der vorgegebenen Figur) zu berechnen und dem Auftraggeber entsprechend Bericht zu erstatten.

Zu einem solchen Vorgang soll nun ein ebenso grobes wie einfaches Schema angegeben werden, das den Ablauf der Tätigkeiten des Auftragnehmers, beispielsweise also des Mathematikers, beschreibt (und auch als Richtlinie für die Bearbeitung entsprechender Aufgaben in diesem Buch dienen soll):

Gliederung des Gesamtverfahrens (Aufgabenbearbeitung) in drei Einzelschritte:

    1   Mathematisierung (durch den Auftragnehmer)
    2   (Numerische) Berechnungen
    3   Handlungsanleitung (für den Auftraggeber)

Zumindest zwei dieser Schritte lassen sich ihrerseits in erläuternde Unterpunkte unterteilen:
1a) Suche nach geeigneten mathematischen (und/oder anderen) Theorien
1b) Einbettung der Daten und Relationen der Aufgabenstellung in die theoretischen Rahmen
1c) Konstruktion numerisch und/oder logisch auswertbarer Hilfsmittel (etwa Funktionen)
2. Ermittlung numerischer/logischer Daten in zunächst abstrakter Darstellung anhand der vorgegebenen Daten und Relationen sowie der konstruierten Hilfsmittel
3a) Feststellung der vom Auftraggeber benötigten konkreten Daten (in Form einer Liste)
3b) Nennung (und gegebenenfalls Beschreibung) dieser Daten durch
3b_1) Übersetzung der abstrakten Ergebnisse in konkrete Daten
3b_2) Ableitung weiterer konkreter Daten aus den abstrakten Berechnungsergebnissen

Wesentliche Aspekte der Kommunikation zwischen Auftraggeber und -nehmer:
a) Übersetzungen in die jeweiligen Fachsprachen des Partners,
b) Erstellung einer Handlungsanleitung in der Sprache des Auftraggebers.

Stichwörter zum oben genannten Beispiel (Bebauung eines Grundstücks):
1a) Geeignete Theorien sind etwa Darstellende Geometrie (liefert genügend gute Näherungen aus Zeichnungen) oder die Theorie der Differenzierbaren Funktionen (in der Maximalitätsfragen berechenbar sind)
1b) Berechnug des Flächeninhalts eines Rechtecks aus den Seitenlängen
1c) Festlegung einer differenzierbaren Funktion A, die den Flächeninhalt in Abhängigkeit einer Seitenlänge x des Rechtecks beschreibt, also zu jeder sinnvollen Zahl x den Funktionswert $A(x)$ liefert
3a) Breite, Länge, Flächeninhalt, darüber hinaus etwa Volumen (umbauter Raum) bei vorgegebener Bauhöhe, ferner quantitative Angaben zu Ressourcen (Materialien, Personal, Zeit)

$3b_1$) Ein abstraktes Datum der Form $\sqrt{12x}$ wird übersetzt in die Näherung $33,55$ Meter.
$3b_2$) Aus dem umbauten Raum $R(x,y,z)$ wird die Anzahl 300 Sack Zement (zu je 50 kg) abgeleitet.

Anmerkung: Wird die Erstellung einer solchen Gliederung in Einzeltätigkeiten selbst als Aufgabe gestellt, dann wird (als Produkt *Technischer Kommunikation*, zu der auch die Mathematik zählt) eine möglichst ausgeprägte Struktur in der Darstellung erwartet, also keine Prosa im Sinne eines Romans. Diese Struktur sollte in Form von Ästen und Verzweigungen auseinander entwickelt und verfeinert werden.

1.090.2 Bemerkung

Bemerkung 1.090.1 strahlt gewissermaßen Optimismus aus, der in Fällen, in denen ein solches *pragmatisches Handeln* auch zum (von beiden Vertragspartnern) gewünschten Ergebnis führt, durchaus berechtigt ist – aber eben nur dort. Nennen wird das (und die in der gegenwärtigen Didaktik den Schülern zugemutete, ja, schon als Zumutung anzusehende *Problemlösekompetenz*) mal den *naiven Standpunkt* im Gegensatz zu hintergründigen Fragen etwa folgender Art:

Was hat Mathematik überhaupt mit der Wirklichkeit (Realität) oder umgekehrt zu schaffen? Folgt die Wirklichkeit mathematischen Regeln oder ist die Mathematik ein Abbild der Wirklichkeit, Abbild in welchem Sinne? Bezieht sich das auch (wenn ja, inwieweit?) auf sinnliche Wahrnehmnungen (als Teil der Wirklichkeit, auch bei einem naiv benutzten Begriff von Wirklichkeit)?

Diese Fragen lenken den Blick sofort auf das Verhältnis zwischen Mathematik und Physik (siehe dazu auch die Abschnitte 1.27x und 1.28x). Lassen wir mal außer Acht, was die beiden Gebiete als Wissenschaften miteinander zu tun haben und und betrachten, welche Rolle die Mathematik noch spielt, wenn physikalische Erkenntnisse in technische Produkte münden. Dabei werden in der Regel *mathematische Berechnungen als Garanten für Prognosen* verwendet (für gleichartiges Verhalten, Haltbarkeit, voraussehbare Abweichungen davon).

Das aber ist mehr als fraglich (wenn man nur an jüngere Bauwerke denkt) und basiert auf dem Mißverständnis, die Richtigkeit einer mathematischen Aussage auf die Richtigkeit einer technischen Prognose richtig übertragen zu haben, sei allein schon ausreichend (dreimal das Wort *richtig*, aber in verschiedener Bedeutung). Mathematik garantiert nichts, aber auch gar nichts, denn jeder einzelne Strich in der Kette Auftrag – Mathematik – Physik/Technik – Produkt – Prognose kann eine Bruchstelle sein.

Eine solche Bruchstelle ist in Bemerkung 1.090.1 in Punkt 1a) genannt und zugleich verschwiegen: Was heißt *geeignet*, wodurch erweist sich das? Ein Beispiel: Bekanntlich verringert sich die Belastbarkeit einer Stahlbetondecke im Laufe der Zeit, aber welche (zeitabhängige) Funktion beschreibt diesen Sachverhalt geeignet? Zu einem Zeitintervall kann man sich beliebig viele und beliebig kompliziert gebaute Funktionen mit kleiner werdenden Funktionswerten vorstellen, aber welche ist eine/die geeignete Funktion? Welche physikalischen/chemischen Einflußgrößen sind in Form mathematischer Parameter berücksichtigt (überhaupt erkannt)?

Wenn Politiker/Ökonomen enttäuscht darüber sind, daß sich die Realität partout nicht ihren mathematischen Berechnungen annähern will (Konjunktur, Arbeitsmarkt,...), dann ist die Politik, also die Wahl der Theorie falsch, nicht die Berechnung/Theorie.

Damit hängt auch eine zweite, zwar prinzipiell bekannte, doch in der Anwendung (Praxis) nicht ausreichend zu modifizierende Bruchstelle zusammen: Physikalische/technische/ökonomische Funktionen werden zunächst *unter Ausschluß sonstiger Einflußgrößen* gewonnen. Inwiefern/inwieweit sind sie dann noch brauchbar? (Es ist ja nicht ungewöhnlich, daß ein elektrisches Gerät, in das ein Widerstand R gewissermaßen hineinkonstruiert ist, bei übermäßig schwankender Spannung U zu Schaden kommt, wofür aber die Annahme konstant bleibender Spannung, nicht aber die mathematische Richtigkeit des mathematischen Gebildes $U = R \cdot I$ verantwortlich gemacht werden kann.)

Fazit: Wahl und Eignung einer mathematischen Theorie (auch bei konkurrierenden Theorien) oder auch nur eines einzigen mathematischen Werkzeugs sind die großen Fragezeichen, die Dreh- und Angelpunkte in 1a) in Bemerkung 1.090.1, wobei in komplexeren Situationen auch eigens ad-hoc-Theorien, also auf einen konkreten Fall bezogene Theorien entwickelt werden müssen.

1.091 Mathematik in Anwendungen (Teil 2)

> Wenn eines Menschen Verse nicht verstanden werden und eines Menschen Witz von dem geschickten Kinde Verstand nicht unterstützt wird, das schlägt einen Menschen härter nieder als eine große Rechnung in einem kleinen Zimmer.
> *William Shakespeare* (1564 - 1616)

In der gegenwärtigen mathematischen Forschung hat die Popularität der Angewandten Mathematik deutlich zugenommen (mit fließenden Grenzlinien zwischen Angewandter Mathematik und Angewandter Informatik), wofür ein Grund sein mag, daß Entwicklung und Einsatz von unterstützenden Computer-Programmen erlaubt, sehr komplexe reale Situationen und Probleme mit mathematischen Theorien zu modellieren und zu bearbeiten (wie etwa meteorologische Prognosen (Wetter, Erdbeben)). Allerdings zeigt sich, daß auch Computer ihre Grenzen haben, so daß zu der Komplexität realer Sachverhalte oft nur *elementarisierte Simulationen* mit Näherungen möglich sind (wie etwa bei Beispiel 1.091.1).

Das Stichwort *Elementarisieren* (nicht einfach nur Simplifizieren), als Teil des Formalisierens realer Sachverhalte durch mathematische Begriffe und Methoden (etwa die Bearbeitung von Systemen von Gleichungen mit Simultan-Lösungen) soll etwa bedeuten, das funktionale Gefüge zwischen den variablen Grunddaten (Elementardaten) als solche zu identifizieren (festzulegen) und so zu modellieren, daß ein solches funktionales Gefüge – gewissermaßen ein formales Abbild der realen Sachlage – zu numerischen Antworten auf die Probleme des Auftraggebers und insoweit zu betrieblichen Entscheidungen führt. Dabei können durchaus auch alternative Modelle entstehen (auch abhängig von Art und Umfang der Berücksichtigung konstanter Grunddaten). Darüber hinaus sollen die einzelnen Berechnungsverfahren auch algorithmisierbar sein, das heißt, in Computer-Programme abgebildet werden können.

1.091.1 Beispiel *(Travelling Salesman Problem)*

Das sogenannte *Travelling Salesman Problem* (Problem des Handlungsreisenden), kurz: TSP, betrachtet folgende Sachlage: Der Handlungsreisende beginnt seine Route in einer Stadt S_0 und will nacheinander die Städte $S_1, ..., S_n$ besuchen, wobei seine Route schließlich wieder in S_0 enden soll. Dabei sei vorausgesetzt, daß es zu je zweien der Städte $S_0, ..., S_n$ (mindestens) eine Straße gibt, ferner seien die einzelnen Entfernungen zwischen je zwei Städten bekannt.

1. Ein erster Schritt zur Formalisierung der beschriebenen Sachlage sei die Definition von Routen in der Form $R = (S_0, S_{i_1}, ..., S_{i_n}, S_0)$ von Tupeln und der Bezeichnung $s(S_i, S_j)$ für die Entfernung (Weglänge) zwischen je zwei Städten S_i und S_j, womit dann $s(R) = s(S_0, S_{i_1}) + s(S_{i_1}, S_{i_2}) + ... + s(S_{i_n}, S_0)$ die Länge einer Route R als Summe der Einzelentfernungen darstellt.

Die folgende Skizze zeigt zu insgesamt fünf Städten $S_0, S_1, ..., S_4$ drei mögliche Routen R_1, R_2, R_3:

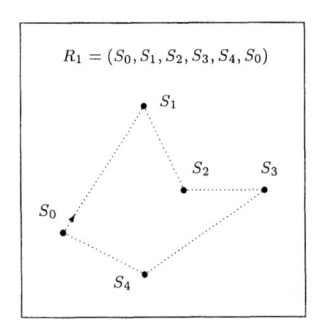

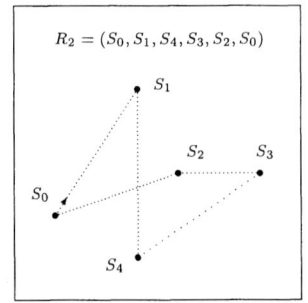

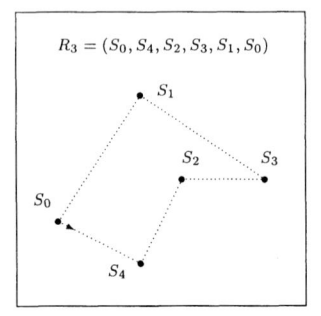

$R_1 = (S_0, S_1, S_2, S_3, S_4, S_0)$ $\qquad$ $R_2 = (S_0, S_1, S_4, S_3, S_2, S_0)$ $\qquad$ $R_3 = (S_0, S_4, S_2, S_3, S_1, S_0)$

2. Ein erstes Problem bestehe nun darin, unter allen möglichen Routen die kürzeste zu ermitteln.

3. Man kann das in 2. genannte Problem nun folgendermaßen durch weitere Bedingungen ergänzen: Wie ändern sich die Routen und ihre Längen, wenn eine Stadt nur mit einer der anderen Städte durch eine

Straße verbunden ist? (Man kann die Frage allgemeiner stellen, wenn man diese Sackgassen-Situation auf $k < n+1$ von $n+1$ Städten ausdehnt und/oder annimmt, daß von einer Stadt (von mehreren Städten) nur zu $i < n$ gewissen anderen Städten Straßen führen. Schließlich kann man (zusätzlich) noch annehmen, daß gewisse Straßen Einbahnstraßen sind.)

4. Man kann anstelle des Problems der kürzesten Route auch das der *schnellsten Route* untersuchen, sofern für alle Einzelwege Durchschnittsgeschwindigkeiten (beispielsweise auch von Tageszeit und/oder Wochentag abhängig) bekannt sind. Es ist klar, daß die kürzeste Route nicht zwangsläufig die schnellste Route sein muß (wenn beispielsweise Autobahnen oder sonstige Ampel- oder Kreuzungsfreie Straßen wie etwa Umgehungsstraßen beteiligt sind).

5. Die Alternative kürzeste/schnellste Route bedeutet, zu Beginn der Untersuchung (zusammen mit dem Auftraggeber eines TSP-Problems) ein *Ziel*, eine *Zielfunktion* zu defiieren. Daß dabei auch andere/weitere TSP-Ziele in Betracht kommen können, zeigen folgende Andeutungen:

Eine weitere TSP-Variante ergibt sich aus der Frage des optimalen Standorts, also die Frage, welche der Städte $S_0, S_1, ..., S_n$ oder ein neuer Standort (etwa ein Warenlager unabhängig von einer bestehenden Stadt, also sozusagen „auf der grünen Wiese") als Ausgangs- und Endpunkt von Routen (Warenlager, Wartungsstützpunkt) gewählt werden soll. Dabei ist zunächst zu klären, ob und gegebenenfalls die Wahl einer solchen Basis-Stadt für die oben genannten Fragestellungen von Bedeutung ist.

Weiterhin kann man auch die *Kosten* einer Route berücksichtigen, neben Kosten für Personal (Nachtzuschläge), Betriebsstoffe aller Art, auch etwa Gebühren für Straßenbenutzung (Maut) und sonstige routenabhängige Kosten.

6. *Fazit:* Die drei genannten Optimierungsrichtungen: kürzeste, schnellste billigste Route, also Routenlänge, Routenzeit, Routenkosten, kann man sich gewissermaßen als Eckpunkte eines Dreicks vorstellen, innerhalb dessen dann eine *günstigste Route* zu wählen ist. Das aber ist keine mathematisch begründbare, sondern eine *betriebliche Entscheidung*.

7. Für hohe Anzahlen n von Städten, wozu etwa schon $n = 100$ zählt, fehlen allerdings die rechentechnischen Hilfsmittel, um die ursprüngliche Frage nach der kürzesten Gesamtentfernung und in diesem Sinne nach der *optimalen Route* zu beantworten. (Es gibt allerdings einige nicht-triviale Berechnungsmethoden, die zu sogenannten *guten Lösungen* des Problems führen, aber selbst erst zu charakterisieren sind.)

A1.091.01: Die Frage nach einer optimalen Route basiert naheliegenderweise auf der Kenntnis aller möglichen Routen und deren Anzahl. Betrachtet man das oben genannte Beispiel mit fünf Städten und Routen der Form $R = (S_0, S_{i_1}, ..., S_{i_4}, S_0)$, dann wird die Anzahl dieser Routen offenbar durch die Anzahl der möglichen Reihenfolgen von $S_{i_1}, ..., S_{i_4}$, einfacher noch durch die Anzahl aller möglichen Reihenfolgen der Indices in $I_4 = \{1, 2, 3, 4\}$ repräsentiert. Diese Reihenfolgen nennt man *Permutationen* von I_4.

1. Überlegen Sie ein systematisches Verfahren zur Bestimmung aller Permutationen der Elemente aus $I_4 = \{1, 2, 3, 4\}$ und geben Sie alle diese Permutationen sowie ihre Anzahl $p(I_4)$ an.

2. Man nennt zwei Permutationen *symmetrisch* oder *zueinander invers*, wenn die eine die umgekehrte Reihenfolge der anderen darstellt. Was bedeuten dann symmetrische Routen? Wieviele Routen liegen zu I_4 vor, wenn jeweilige symmetrische Routen nicht mitgezählt werden?

3. Bearbeiten Sie ansatzweise die Aufgabenteile 1 und 2 für den Fall $I_n = \{1, ..., n\}$ mit Zahlen n aus $\{2, ..., 8\}$ und deuten Sie durch eine Tabelle zu $n \longmapsto p(I_n)$ die Zunahme dieser Zahlen an.

A1.091.02: Betrachten Sie die Lage von fünf Städten in einem üblichen Cartesischen Koordinaten-System als Punkte $S_0 = (0,0)$, $S_1 = (2,3)$, $S_2 = (3,1)$, $S_3 = (5,1)$, $S_4 = (2,-1)$ (Einheit: $1\,cm \,\widehat{=}\, 1\,km$).

1. Zeichnen Sie alle Routen mit geraden Straßen in jeweils einem Koordinaten-System, berechnen Sie alle Routenlängen (dabei sollen keine symmetrischen Routen auftreten) sowie die kürzeste Route.

2. Ermitteln Sie die schnellste Route, wenn für die Einzelwege folgende Durchschnittsgeschwindigkeiten $v(S_i, S_j)$ von S_i nach S_j vorliegen (Angaben in $km\,h^{-1}$ mit den Abkürzungen $v(S_i, S_j) = v(i, j)$):

$v(0,1)$	$v(0,2)$	$v(0,3)$	$v(0,4)$	$v(1,2)$	$v(1,3)$	$v(1,4)$	$v(2,3)$	$v(2,4)$	$v(3,4)$
40	50	50	70	30	90	120	30	30	80

1.100 MENGEN, RELATIONEN, FUNKTIONEN

> In der Mathematik ist die Kunst des Fragenstellens wichtiger als die des Lösens.
> *Georg Cantor* (1845 - 1918)

Der Schöpfer der Mengenlehre, *Georg Cantor*, hat es zeitlebens nicht einfach gehabt. Seine Arbeiten seien *hundert Jahre zu früh*, er sei ein *Verderber der Jugend* (welche seltsame Parallele!), und andere Anfeindungen mehr. Cantors Überlegungen waren für die meisten Zeitgenossen tatsächlich verblüffend. So behauptete er allen Ernstes (und bewies es sogar), daß die Mengen der natürlichen Zahlen, der ganzen Zahlen und der rationalen Zahlen jeweils gleichviele Zahlen beinhalten, ferner, daß das nicht auch für die Menge der reellen Zahlen gilt. Kurioser noch: Zwischen 0 und 1 gibt es gleichviele reelle Zahlen, wie es überhaupt reelle Zahlen gibt; ein noch so kleiner Halbkreis (ohne Randpunkte) hat gleichviele Punkte wie eine *unendlich lange* Gerade; ein Quadrat hat gleichviele Punkte wie eine Strecke. Es wurden damit Probleme angesprochen, die zwar schon von den sogenannten *Alten Griechen*, insbesondere von *Aristoteles* (384 - 322), diskutiert und untersucht wurden, aber in der weiteren Entwicklung der Mathematik bis in das 19. Jahrhundert kaum mehr Interesse fanden. Man begnügte sich mit weitgehend intuitiven Vorstellungen von dem, was bei solchen Betrachtungen mit den Wörtern *unendlich* und *gleichviel* beschrieben sein soll. (*Carl Friedrich Gauß* (1777 - 1855) nannte *das Unendliche nur eine façon de parler*).

Die Entwicklung der Theorie der Mengen kann man, sehr kurz skizziert, beschreiben als die *Entwicklung einer Sprache* – das heißt insbesondere: die *Definition von Begriffen* (wieder das Problem von Allgemein- und Fachsprache) und der Verhältnisse solcher neuen Begriffe zueinander – in der beispielsweise die Wortgebilde *unendlich viele Elemente* und *gleichviele Elemente* einen wohldefinierten Sinn haben. Bei genauerem Hinsehen zeigt sich nämlich, daß der Begriff der Anzahl bei endlichen Mengen eine wesentliche und auch leicht verstehbare Information darstellt (zehn Äpfel und elf Kinder), im nicht-endlichen Fall aber ein bloß sprachlich übertragener, also ein falsch verwendeter Begriff ist, der durch das allein sprachliche Etikett *unendlich* noch keineswegs sachlich präzisiert ist (siehe dazu auch Abschnitt 1.801).

Der grundlegende Begriff der Cantorschen Sprache ist der Begriff *Menge* als Zusammenfassung (mehrerer) einzelner Gegenstände zu *einem* neuen Gegenstand (Definition 1.101.1). Zunächst erscheint dieser Begriff ziemlich nutzlos zu sein (ob man von zehn bestimmten Äpfeln oder der Menge dieser Äpfel spricht, ist ja eigentlich gleichgültig), er hat aber einen ersten Sinn darin, *einem* Gegenstand Eigenschaften zuordnen zu können (beispielsweise hat diese Tüte (Menge) Äpfel ein zugehöriges Gewicht und einen zugehörigen Preis, Eigenschaften also, die mit den einzelnen Äpfeln (Elementen) nichts zu tun haben).

Ein zweiter wesentlicher Aspekt des Begriffs *Menge* und der *Sprache der Mengen* insgesamt ist der hohe Abstraktionsgrad, der Eigenschaften von Mengen ohne Rücksicht auf die Natur der Elemente zu formulieren und zu vergleichen gestattet – beispielsweise ist der Anzahlbegriff *zehn* eine abstrakt formulierte Eigenschaft von Mengen mit zehn Äpfeln oder mit zehn Kartoffeln oder (und das ist wohl der Ursprung) mit zehn Fingern. Dieser Blickwinkel – gleiche Eigenschaften verschiedener Mengen zu identifizieren – ist es, der dann geradewegs zu der Frage nach gleichen Eigenschaften von Mengen von Punkten einer Strecke und Mengen von Zahlen führt (ganz nach Cantors oben genanntem Motto). Die Untersuchung der speziellen Natur mathematischer Gegenstände ist (und bleibt) eine Sache, sie wird aber nun wesentlich ergänzt durch die Untersuchung gemeinsamer Eigenschaften, wozu eben eine gemeinsame, das heißt, eine genügend abstrakte Sprache notwendig ist – die Sprache der Mengen also.

Das Jahr 1874 gilt als die Geburtsstunde der Theorie der Mengen – also eben das Jahr, in dem Cantor seine bahnbrechende Arbeit mit dem Resultat $card(\mathbb{N}) = card(\mathbb{Q}) \neq card(\mathbb{R})$ veröffentlicht hat (siehe Abschnitt 1.340). Neben solchen speziellen Untersuchungen Cantors, auch in den Folgejahren, zeigte sich aber bald, daß die dabei verwendeten Begriffe und Methoden als gemeinsame Sprache vieler mathematischer Gebiete außerordentlich fruchtbar, ja mehr noch, zur Grundlage neuer Gebiete (ganz typisch: die Allgemeine Topologie) wurden und insgesamt das Bild der Mathematik neu geprägt haben.

Die Abschnitte 1.1x sind nun im ganzen so dimensioniert, daß sie so gut wie das gesamte mengentheoretische Handwerkszeug bereitstellen, das in anderen mathematischen Theorien benötigt wird (sie enthalten also mit Absicht nicht eine vollständige Theorie der Mengen als einem eigenständigen Gebiet). Dazu gehören insbesondere die auf der Basis von Mengen unmittelbar zu konstruierenden *Cartesischen Produkte* und – als deren Teilmengen – die *Relationen*, die ihrerseits als Relationen mit besonderen Eigenschaften die *Funktionen* umfassen. Obgleich die Funktionen bei dieser Sichtweise zunächst als Mengen auftreten, wird in der Hauptsache jedoch ihr Charakter als *Zuordnung von Elementen*, ihr prozessuraler oder auch dynamischer Charakter also, in den Vordergrund gerückt. In diesem Sinne kann man sagen, daß die Funktionen die eigentlichen Grund- und Hauptgegenstände der Mathematik sind. (Einen ersten Einblick in die Vielfalt der Verwendungsmöglichkeiten von Mengen und Funktionen auf Gebiete, die nicht unmittelbar mathematische Theorien darstellen, enthalten die Abschnitte 1.18x und 1.19x.)

Wenn hier von der *Sprache der Mengen* die Rede ist, dann ist neben ihrer Begriffswelt zugleich eine zugehörige Zeichensprache gemeint. Diese Zeichensprache erlaubt – wie mathematische Zeichen sonst auch – in gewissen Zusammenhängen eine präzisere und kürzere Ausdrucksweise, beispielsweise wenn bei der Nullstellenberechnung für eine Funktionen f aus einer Kette $x \in N(f) \Leftrightarrow ... \Leftrightarrow x \in \{0, \pi\}$ von äquivalenten Aussagen auf die Gleichheit $N(f) = \{0, \pi\}$ von Mengen geschlossen wird. In solchen Fällen ist die Verwendung von Mengenbezeichnungen unerläßlich. In anderen Fällen sollte man – um ein Übermaß an Zeichen, die ja in begriffliche Sprache wieder zurück übersetzt werden müssen, möglichst zu vermeiden – abwägen, ob alles durch Zeichen Darstellbare nicht auch in Worten ebenso gut und ebenso genau gesagt werden kann, beispielsweise sagen die Zeichen $N(sin) = \{x \in \mathbb{R} \mid sin(x) = 0\} = \mathbb{Z}\pi$ nichts anderes als: *Die* Nullstellen der Sinus-Funktion $sin : \mathbb{R} \longrightarrow \mathbb{R}$ sind alle ganzzahligen Vielfachen von π. Welche Darstellung man in einem bestimmten Zusammenhang wählt (oder auch beide), ist im übrigen auch ein Aspekt der Frage des *mathematischen Stils*.

Zur Frage des mathematischen Stils noch folgende Bemerkung, die in gewissem Sinne auch zur Geschichte der Mengenlehre gehört und aus heutiger Sicht eher von anekdotischem Charakter, aber nicht ganz ohne ernstere Auswirkungen ist: So um 1970 herum hielt die sogenannte *Neue Mathematik* Einzug in die Schule und es sah zunächst so aus, als fege ein frischer Wind durch die deutschen mathematischen Schulstuben. Leider ließen ihn die Protagonisten allzu stürmisch an, weiß Gott, falschem Platze fegen (etwa bei der Einübung von Mengenoperationen wie Durchschnitt und Vereinigung in Grundschulen). Die dann zu Maß und Ziel mahnenden Kritiker (neben den zuhauf protestierenden Eltern, die nun von alledem auch nichts verstanden, also keine Hausaufgaben mehr machen konnten, und denen mehr am Kopfrechnen gelegen war) wurden aber auch ihrerseits wieder mißverstanden und mehr oder minder ungewollt zu Kronzeugen einer restaurativen Kehrtwende, bei der auch alle guten und vor allem praktikablen Ideen und Prinzipien gleich mit über Bord gingen. Von Mengen zu sprechen, ist selbst in der Gymnasialen Oberstufe der Schule oft noch so etwas wie ein unsittliches Angebot.

1.101 Mengen und Mengenbildung

> Geistige Zuckerbäcker liefern kandierte Lesefrüchte.
> *Karl Kraus* (1874-1936)

Ob man von den natürlichen Zahlen oder von der Menge der natürlichen Zahlen spricht, ist zunächst nur ein grammatikalischer Unterschied: Man wechselt vom Plural zum Singular. Im ersten Fall jedoch wird die Vorstellung mehr auf die Natur der einzelnen Gegenstände gelenkt, während die Mengensprechweise die Betonung auf die Gesamtheit legt – und zu einem Vergleich mit anderen Gesamtheiten ermuntert. Dieser Gesichtspunkt führt zu Gemeinsamkeiten der Betrachtungs- und Sprechweisen bezüglich mathematischer Gegenstände, die von ganz verschiedener Natur sein können. Er erlaubt beispielsweise die Theorie des Würfelspiels weitgehend mit den gleichen Worten zu beschreiben wie die ebener Rechtecke; er zeigt deutlich die enge Verwandtschaft zwischen der Theorie reeller Zahlen und der aller Geraden durch den Nullpunkt einer Ebene.

Man mag naturlich einwenden, daß eine Sprache, deren Begriffe sehr viele Dinge beschreiben, gerade wegen ihrer Allgemeinheit und höherer Abstraktionsebene wenig Substanz konkreter Gegenstände haben kann. In gewisser Weise ist das richtig. Andererseits sind die Vorteile immens. Erstens: Eine gemeinsame Sprache legt gewissermaßen auch gemeinsame Ideen frei, es werden versteckte oder überdeckte Zusammenhänge sichtbar, man kommt den Wurzeln näher. Untersuchungen von zunächst voneinander entfernt scheinenden Gegenständen rücken zusammen und befruchten sich gegenseitig, erzeugen neue Fragen. Zweitens: Überlegungen, die in allgemeinerer Sprache richtig sind, sind dann auch in den Sprachen speziellerer Gegenstände richtig. Der (oft mißverstandene) Hang zur Abstraktion in der Mathematik ist damit in erster Linie ein Drang zu ökonomischen Verfahrensweisen. Bezüglich beider Aspekte hat sich die Sprache der Mengen als außerordentlich fruchtbar erwiesen, sie kann deshalb mit Recht und wörtlich als Grund-legend für die Mathematik angesehen werden.

1.101.1 Definition (nach *Georg Cantor*)

Eine *Menge* ist eine wohlbestimmte Zusammenfassung von (realen oder gedachten) Dingen, die *Elemente* dieser Menge genannt werden.

1.101.2 Bemerkungen

1. Das Adjektiv *wohlbestimmt* bedeutet: Es sei immer unzweifelhaft (also prinzipiell entscheidbar), ob ein Gegenstand Element einer bestimmten Menge ist oder nicht. Das ist das *tertium non datur* der Mengenlehre, man kann auch sagen: Die Zweiwertigkeit der Logik (Bemerkung 1.010.2/2) wird auf die Zweiwertigkeit der Element-Menge-Relation abgebildet.

2. Mengen werden im allgemeinen mit großen Buchstaben $A, B, ..., M, N, ..., X, Y, Z$ bezeichnet. Für die Element-Menge-Relation bezeichne

$x \in M$ die Aussage: x ist Element von M,
$x \notin M$ die Aussage $\neg(x \in M)$: x ist nicht Element von M.

3. Eine *Endliche Menge*, also eine Menge mit endlich vielen Elementen, kann durch Aufzählung ihrer Elemente angegeben werden: Sind etwa x, y, z die Elemente der Menge E, dann beschreibt man diesen Sachverhalt durch die Menge $E = \{x, y, z\}$. Bei dieser Schreibweise ist folgendes zu beachten:

a) Die Reihenfolge der Aufzählung ist gleichgültig, es ist also $E = \{x, y, z\} = \{z, y, x\}$.

b) Jedes Element von E wird in der aufzählenden Schreibweise $E = \{x, y, z\}$ nur einmal genannt.

4. Mengen der Form $\{x\}$ heißen *einelementig*, Mengen der Form $\{x, y\}$ *zweielementig*, usw.

5. Die Anzahl der Elemente einer endlichen Menge E heißt *Kardinalzahl* oder *Kardinalität* von E und wird mit $card(E)$ bezeichnet. Beispielsweise ist $card(\{x, y\}) = 2$. Häufig wird die Kardinalität als *Merkmal* betrachtet, nach dem sich (zunächst) endliche Mengen klassifizieren lassen (siehe auch Bemerkung 1.101.4/4).

6. Im gesamten Text werden folgende Bezeichnungen verwendet:
   $\mathbb{N}$ für die Menge der natürlichen Zahlen,
   $\mathbb{Z}$ für die Menge der ganzen Zahlen,
   $\mathbb{Q}$ für die Menge der rationalen Zahlen,
   $\mathbb{R}$ für die Menge der reellen Zahlen,
   $\mathbb{C}$ für die Menge der komplexen Zahlen,
   $\underline{n} = \{1, 2, 3, ..., n\}$ für die Menge der ersten n natürlichen Zahlen.

Diese eben genannten Zahlenmengen, wie auch alle anderen nicht-endlichen Mengen (eine Menge ist entweder endlich oder nicht-endlich) können nicht durch Aufzählung aller ihrer Elemente dargestellt werden. Solche Mengen werden durch gewisse Eigenschaften e ihrer Elemente beschrieben:

1.101.3 Definition

A sei eine Menge, e eine Eigenschaft, die die Elemente von A haben können oder nicht. Dann bezeichnet
$$E = \{x \in A \mid e(x)\}$$
die Menge derjenigen Elemente $x \in A$, die die Eigenschaft e besitzen, bezeichnet durch $e(x)$. (Nach dem senkrechten Strich steht also immer eine Aussage, die eine Eigenschaft der Elemente x beschreibt.)

1.101.4 Bemerkungen

1. Wie das Beispiel $\{x \in \mathbb{N} \mid x \leq 4\} = \{1, 2, 3, 4\}$ zeigt, können auch endliche Mengen durch Eigenschaften dargestellt werden.

2. Die durch $e(x) : x^2 = 2$ und $e'(x) : (x = \sqrt{2}) \vee (x = -\sqrt{2})$ definierten Eigenschaften e und e' für reelle Zahlen x liefern dieselbe Menge; es können also verschieden formulierte Eigenschaften dieselbe Menge erzeugen. Man nennt solche Eigenschaften *äquivalent*.

3. Gewisse Eigenschaften können also Mengen bilden, das gilt jedoch nicht für jede denkbare oder formulierbare Eigenschaft: Es gibt Eigenschaften, die zu logischen Widersprüchen führen. In der sogenannten Elementaren Mengenlehre, mit der wir uns hier beschäftigen, wird dieses Problem einfach durch Nichtbeachtung solcher Eigenschaften gelöst (siehe auch Abschnitt 1.108).
Umgekehrt ist die Sache einfacher: Jede Menge E liefert eine Eigenschaft, nämlich gerade die durch $e(x) \Leftrightarrow x \in E$ definierte Eigenschaft e.
Dieses (fast perfekte) Wechselspiel zwischen Mengen und Eigenschaften ist für den Umgang mit Mengen und der Mengenbildung, also auch der Konstruktion neuer Mengen aus gegebenen Mengen, von grundlegender Bedeutung.

4. Nicht-endlichen Mengen M wird, sofern keine genauere Klassifizierung benötigt wird, die Kardinalzahl *Unendlich* zugeordnet; man schreibt dann $card(M) = \infty$. (Das Zeichen ∞, die schlafende Acht, bezeichnet also keine Zahl im üblichen Sinne, während für endliche Mengen E stets $card(E) \in \mathbb{N}$ gilt. Im übrigen sollte das Zeichen ∞ nur in diesem Zusammenhang benutzt werden.) Eine erste genauere Kennzeichnung des Begriffs der Kardinalzahl folgt im Rahmen von Abschnitt 1.340.

Die Angabe von Kardinalzahlen stellt natürlich nur eine sehr grobe Klassifizierung von Mengen dar (nämlich eine nach *einem Merkmal*). Zum genaueren Vergleich von Mengen:

1.101.5 Definition

1. Zwei Mengen M und N heißen *gleich* (in Zeichen: $M = N$), falls jedes Element von M auch Element von N ist und umgekehrt. Als Formel: $x \in M \Leftrightarrow x \in N$.

2. Eine Menge T heißt *Teilmenge* einer Menge M (in Zeichen: $T \subset M$), falls jedes Element von T auch Element von M ist. Als Formel: $x \in T \Rightarrow x \in M$. Das Zeichen $\subset$ (Teilmenge-Menge-Relation) heißt *Inklusion*.

1.101.6 Bemerkungen

1. Zwei Mengen sind dementsprechend *ungleich*, wenn mindestens ein Element der einen Menge nicht auch Element der anderen Menge ist.

2. $T \subset M$ wird auch als *T ist in M enthalten* gelesen. Anstelle von $T \subset M$ schreibt man auch $M \supset T$ und nennt M *Obermenge* von T.

3. Es gilt: $M = N \Leftrightarrow (M \subset N$ und $N \subset M)$. Die darin enthaltene Implikation in der Richtung $\Leftarrow$ stellt ein wichtiges Hilfsmittel zum Nachweis der Gleichheit von Mengen dar: Anstelle des direkten Nachweises der Gleichheit wird die Gültigkeit der beiden Inklusionen gezeigt.

4. Die Menge, die kein Element enthält, wird die *Leere Menge* genannt und mit $\emptyset$ bezeichnet. Die besonderen Eigenschaften der leeren Menge sind:

a) Für alle Mengen M gilt $\emptyset \subset M$, die leere Menge ist also Teilmenge jeder Menge. Dieser Sachverhalt läßt sich folgermaßen einsehen: Die Aussage $x \in \emptyset \Rightarrow x \in M$ ist wahr, denn die Aussage $x \in \emptyset$ ist falsch.

b) Das besondere Zeichen für die leere Menge (wie auch der bestimmte Artikel *die*) setzt voraus, daß die leere Menge eindeutig bestimmt ist, daß es also genau eine leere Menge gibt. Dieser Sachverhalt läßt sich so einsehen: Angenommen, es gibt zwei leere Mengen, $\emptyset$ und $\emptyset'$, dann gilt nach Bemerkung 3. und a):
$(\emptyset \subset \emptyset'$ und $\emptyset' \subset \emptyset) \Rightarrow \emptyset = \emptyset'$.

c) Die Existenz der leeren Menge wird durch die Eigenschft $x \neq x$, also durch die Menge $\{x \mid x \neq x\}$ geliefert.

5. Die Inklusion schließt die Gleichheit nicht aus. Gilt jedoch $T \subset M$ und es gibt ein $x \in M$ mit $x \notin T$, dann nennt man T eine *echte Teilmenge* von M. Da dieser Fall in theoretischen Betrachtungen jedoch kaum eine Rolle spielt, wird dafür kein eigenes Zeichen verwendet.

1.101.7 Beispiele

1. Für die üblichen Zahlenmengen und alle $n \in \mathbb{N}$ gilt: $\underline{n} \subset \mathbb{N} \subset \mathbb{Z} \subset \mathbb{Q} \subset \mathbb{R} \subset \mathbb{C}$.

2. Es seien $T \subset \mathbb{R}$ und $a, b \in T$. Dann nennt man
$[a, b] = \{x \in T \mid a \leq x \leq b\}$ das *abgeschlossene T-Intervall von a bis b mit den Grenzen a und b*,
$(a, b) = \{x \in T \mid a < x < b\}$ das *offene T-Intervall von a bis b*,
$[a, b) = \{x \in T \mid a \leq x < b\}$ das *links-abgeschlossene und rechts-offene T-Intervall von a bis b*,
$(a, b] = \{x \in T \mid a < x \leq b\}$ das *links-offene und rechts-abgeschlossene T-Intervall von a bis b*.
Beispiele für solche Intervalle sind das $\mathbb{Z}$-Intervall $[2, 8) = \{2, 3, 4, 5, 6, 7\}$, das $\mathbb{Z}$-Intervall $[2, 2] = \{2\}$ und das $2\mathbb{Z}$-Intervall $[2, 8) = \{2, 4, 6\}$.
Man beachte: Für $T = \mathbb{R}$ wird das Präfix T- im allgemeinen weggelassen.

3. Eine ausgesprochen hilfreiche Möglichkeit zur Erfassung von Mengen sind graphische Darstellungen von Mengen (*Erfassen von Situationen auf einen Blick*), sofern sie dafür geeignet sind – entweder als Mengen tatsächlicher Punkte von Ebenen oder als fiktive Darstellungen, die zur Verdeutlichung von Merkmalen von Mengen dienen sollen. Dazu einige Beispiele:

a) Die erste und dritte der drei folgenden Skizzen zeigen Mengen von Punkten in einem Cartesischen Koordinaten-System (K_1, K_2), die tatsächliche Mengen von Punkten (x_1, x_2) mit 1. Komponente x_1 auf K_1 und 2. Komponente x_2 auf K_2 darstellen. Die zweite Skizze ist sinngemäß um eine dritte Koordinate K_3 erweitert:

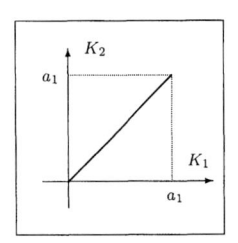

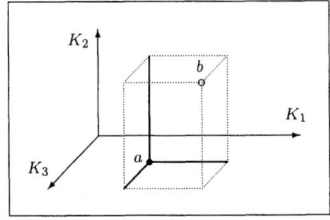

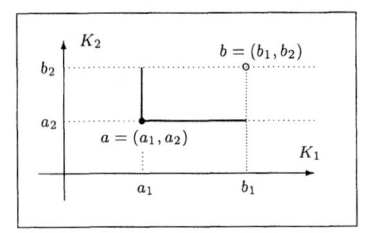

b) Die drei folgenden Skizzen zeigen Mengen, die lediglich zur Darstellung von Größenvergleichen fiktiver Mengen gedacht sind, also etwa Mengen von Personen repräsentieren können:

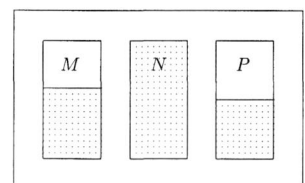

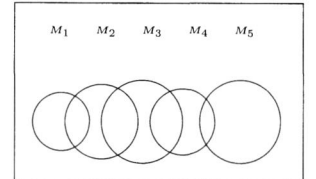

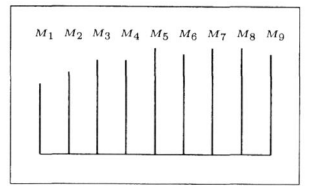

A1.101.01: Nennen Sie allgemeinsprachliche Sätze, in denen das Wort *Menge* vorkommt, und prüfen Sie diese Sätze in bezug auf qualitative und quantitative Genauigkeit dieses Wortes.

A1.101.02: Da Mengen sowohl allgemeinsprachlich bzw. fachsprachlich, dabei aber nur mit Wörtern, als auch unter Verwendung der eigens dafür vorgesehenen Zeichen formuliert werden können, ist es zum Verständnis unbedingt notwendig, solche verschiedenartigen Angaben wechselseitig übersetzen zu können. Dazu dienen diese und weitere Aufgaben. Übersetzen Sie also zunächst die folgenden Angaben in Mengenschreibweise, das heißt, unter Verwendung von Zeichen: Die Menge der
a) ganzen Zahlen von 0 bis 6,
b) ganzen Zahlen zwischen 0 und 6 (was heißt *zwischen* ?),
c) reellen Zahlen größer als 0 und kleiner gleich 6,
d) positiven Primzahlen kleiner gleich 20,
e) Teiler einer ganzen Zahl a (mit Beispiel $a = 30$),
f) reellen Lösungen x der Gleichung $ax + b = 0$,
g) Geraden durch den Nullpunkt (im üblichen Cartesischen Koordinaten-System).

A1.101.03: Beschreiben Sie – sofern Ihnen die genannten Funktionen bzw. Relationen schon bekannt sind – jeweils die Menge derjenigen Punkte (x, z) in einem aus
a) *Abszisse* und *Ordinate* bestehenden Cartesischen Koordinaten-System (Abs, Ord), die
a_1) zwischen der Abszisse und der Sinus-Funktion sin liegen,
a_2) zwischen der Abszisse und der positiven Diagonalen (Winkelhalbierenden) liegen,
b) den Koordinaten K_1 (waagerecht) und K_2 (senkrecht) bestehenden Koordinaten-System (K_1, K_2), die
b_1) zur Fläche des Quadrats mit Mittelpunkt $0 = (0, 0)$ und und Kantenlänge 10 gehören,
b_2) innerhalb des Kreises $k(0, 5)$ (ohne Rand) mit Mittelpunkt $0 = (0, 0)$ und Radius 5 liegen.

A1.101.04: Beschreiben Sie in den Skizzen in Beispiel 1.101.7/3a die jeweils dick gezeichneten Mengen von Punkten durch Zahlenpaare (x, z) bzw. durch Tripel (x, y, z) von Zahlen.

A1.101.05: Übersetzen Sie die folgenden Mengen in eine rein sprachliche Form:
a) $M = \{n \in \mathbb{N} \mid n \geq 120\}$
b) $M = \{z \in \mathbb{Z} \mid -2 < z < 12\}$
c) $M = \{(x, z) \mid x, z \in \mathbb{R}, \ 0 \leq x, z \leq 7\}$
d) $M = \{(x, z) \mid x, z \in \mathbb{R}, \ x^2 + z^2 = 25\}$

A1.101.06: Diskutieren Sie die folgenden Sachverhalte:
a) (Antinomie des Lügners) Jemand sagt jetzt: *Das, was ich jetzt sage, ist falsch.* Sagt er die Wahrheit?
b) (Russelsche Antinomie) Der Barbier eines Dorfes barbiert genau diejenigen Männer des Dorfes, die sich nicht selbst barbieren. Wer barbiert den Barbier?
Die Russelsche Antinomie zeigt, daß nicht jede formulierbare Eigenschaft zur Mengenbildung taugt: Es bezeichne $M = \{A \mid A \notin A\}$ die Menge aller derjenigen Elemente A, die sich nicht selbst als Element enthalten. Was kann man aus der Annahme $M \in M$ schließen?

1.102   Operationen für Mengen

> Die Persönlichkeit hat ein Recht zu irren.
> Der Philister kann irrtümlich recht haben.
> *Karl Kraus* (1874 - 1936)

Dieser Abschnitt behandelt die Konstruktion von Mengen aus gegebenen Mengen: Sind zwei Mengen vorgelegt, dann liegt es nahe, einerseits die Elemente beider Mengen zu einer neuen Menge zusammenzufassen (Vereinigung), andererseits diejenigen Elemente zu bestimmen, die in beiden Mengen enthalten sind (Durchschnitt). Weiter kann man diejenigen Elemente bestimmen, die zwar in der einen, aber nicht in der anderen Menge enthalten sind (mengentheoretische Differenz).

Die im folgenden konstruierten neuen Mengen werden zunächst nur aus jeweils zwei Mengen hergestellt, womit sie dann aber auch schon für endlich viele beteiligte Mengen festgelegt sind (nach der sogenannten induktiven Verfahrensweise). Der nicht-endliche Fall wird in Abschnitt 1.150 besprochen.

1.102.1   Definition

Es seien M und N beliebige Mengen. Man nennt die Menge

a) $\quad M \cup N \quad = \quad \{x \mid x \in M \lor x \in N\} \qquad$ *Vereinigung* von M und N,
b) $\quad M \cap N \quad = \quad \{x \mid x \in M \land x \in N\} \qquad$ *Durchschnitt* von M und N,
c) $\quad M \setminus N \quad = \quad \{x \mid x \in M \land x \notin N\} \qquad$ *mengentheoretische Differenz* von M und N.

1.102.2   Bemerkungen

1. Man kann sich diese drei mengentheoretischen Operationen anhand kleiner Skizzen von Mengen von Punkten einer Ebene deutlich machen, jedoch nur in graphisch günstigen Situationen. In den folgenden Skizzen sind die jeweils aus M und N erzeugten Mengen $M \cup N$, $M \cap N$ und $M \setminus N$ jeweils gerastert angegeben:

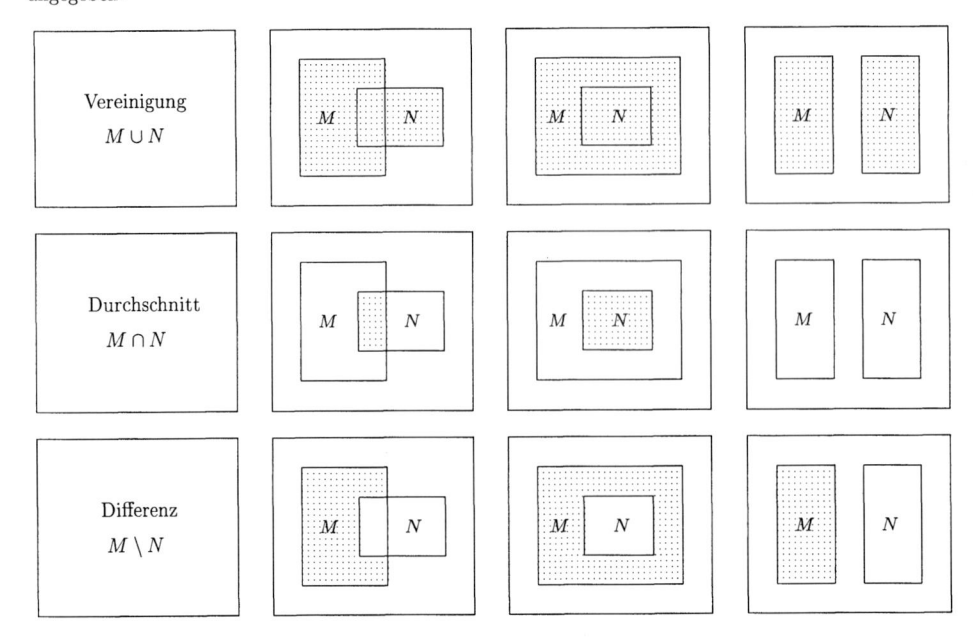

2. Haben zwei Mengen M und N kein gemeinsames Element, dann erlaubt der Begriff der leeren Menge

gleichwohl, ihren Durchschnitt $M \cap N$ zu bilden: In diesem Fall ist $M \cap N = \emptyset$. Man nennt M und N dann *disjunkt* zueinander oder *disjunkte Mengen*.

3. Vereinigungen und Durchschnitte von jeweils drei Mengen lassen sich aufgrund von Satz 1.102.3/3a/3b durch $M \cap N \cap P = (M \cap N) \cap P$ und $M \cup N \cup P = (M \cup N) \cup P$ definieren. Damit lassen sich dann Vereinigungen und Durchschnitte von vier Mengen bilden, allgemeiner: Aus der Vereinigung (dem Durchschnitt von n Mengen läßt sich die Vereinigung (der Durchschnitt) von $n+1$ Mengen bilden. (Dieses sognannte Induktionsprinzip wird in Abschnitt 1.802 noch ausführlich besprochen.)

4. Bei den Teilen 5. bis 7. im folgenden Satz handelt es sich um sogenannte *Verträglichkeitsbedingungen (Kompatibilitätsbedingungen)*. Solche Bedingungen haben die Aufgabe zu sagen, wie die in einer bestimmten mathematischen Theorie definierten Operationen miteinander verzahnt werden sollen. Ein bekanntes Beispiel dafür ist die Distributivität $a(b+c) = ab + ac$ für Zahlen, die sozusagen den Verkehr zwischen Addition und Multiplikation regelt.

5. Analog zu dem Begriff *Zahlenalgebra*, wenn man Zahlenmengen zusammen mit Addition und Multiplikation betrachtet, spricht man von *Mengenalgebra* oder *Algebra der Mengen*, wenn man die Mengen zusammen mit den oben definierten drei Operationen und die dafür geltenden Aussagen (beispielsweise die des folgenden Satzes) meint.

1.102.3 Satz

Für beliebige Mengen M, N, P geltende folgende Rechenregeln (von 5. bis 7. sind das sogenannte Verträglichkeitsbedingungen zwischen den beteiligten Operationen $\cup$, $\cap$, und $\setminus$):

1a)	$M \cap M = M$	Idempotenz für $\cap$
1b)	$M \cup M = M$	Idempotenz für $\cup$
2a)	$M \cap N = N \cap M$	Kommutativität für $\cap$
2b)	$M \cup N = N \cup M$	Kommutativität für $\cup$
3a)	$M \cap (N \cap P) = (M \cap N) \cap P$	Assoziativität für $\cap$
3b)	$M \cup (N \cup P) = (M \cup N) \cup P$	Assoziativität für $\cup$
4a)	$M \cap (N \cup P) = (M \cap N) \cup (M \cap P)$	1. Distributivität für $\cap$ und $\cup$
4b)	$M \cup (N \cap P) = (M \cup N) \cap (M \cup P)$	2. Distributivität für $\cap$ und $\cup$
5a)	$M \subset N \Leftrightarrow M \cap N = M$	Zusammenhang zwischen $\subset$ und $\cap$
5b)	$M \subset N \Leftrightarrow M \cup N = N$	Zusammenhang zwischen $\subset$ und $\cup$
6a)	$M \setminus M = \emptyset$ und $M \setminus \emptyset = M$	*ex und hopp*
6b)	$M \subset N \Rightarrow N \setminus M \subset N$	Zusammenhang zwischen $\subset$ und $\setminus$
6c)	$M = N \Rightarrow N \setminus M = \emptyset$	Zusammenhang zwischen $=$ und $\setminus$
7a)	$M \setminus (N \cap P) = (M \setminus N) \cup (M \setminus P)$	Zusammenhang zwischen $\setminus$ und $\cap$
7b)	$M \setminus (N \cup P) = (M \setminus N) \cap (M \setminus P)$	Zusammenhang zwischen $\setminus$ und $\cup$

Beweis: Von den oben genannten Aussagen soll exemplarisch nur die in 4a) bewiesen werden. Zum Beweisverfahren jedoch folgende Erläuterung: Die Gleichheit zweier Mengen S und T bedeutet nach Bemerkung 1.101.6/3 die Gültigkeit der beiden Inklusionen $S \subset T$ und $T \subset S$, beide Inklusionen sind also nachzuweisen. Um zu zeigen, daß jedes Element von S auch Element von T ist, genügt es, von einem beliebigen Element x aus S die Implikation $x \in S \Rightarrow x \in T$ nachzuweisen, denn in diesem Beweis kann jedes *(x-beliebige)* Element aus S die Stelle des Elementes x einnehmen.

1. Zunächst sei die Inklusion $M \cap (N \cup P) \subset (M \cap N) \cup (M \cap P)$ bewiesen:
Es sei $x \in M \cap (N \cup P)$, dann ist $x \in M$ und $x \in N \cup P$. Da x insbesondere in einer Vereinigung enthalten ist, können zwei Fälle auftreten: Erstens, es ist $x \in N$, dann ist mit $x \in M$ auch $x \in M \cap N$, folglich $x \in (M \cap N) \cup (M \cap P)$. Zweitens, es ist $x \in P$, dann ist mit $x \in M$ auch $x \in M \cap P$, folglich $x \in (M \cap N) \cup (M \cap P)$. In beiden Fällen gilt also die behauptete Inklusion.

2. In entsprechender Weise wird nun die andere Inklusion, $(M \cap N) \cup (M \cap P) \subset M \cap (N \cup P)$, gezeigt:
Es sei $x \in (M \cap N) \cup (M \cap P)$. Da x in einer Vereinigung enthalten ist, treten wieder zwei Fälle auf: Erstens, es ist $x \in M \cap N$, dann ist $x \in M$ und $x \in N$, also auch $x \in N \cup P$, folglich ist $x \in M \cap (N \cup P)$. Zweitens, es ist $x \in M \cap P$, dann ist $x \in M$ und $x \in P$, also auch $x \in N \cup P$, folglich ist $x \in M \cap (N \cup P)$.

Anmerkung 1: Der vorstehende Beweis kann formaler geführt werden, wenn man daran denkt, daß und wie Durchschnitte und Vereinigungen mit Hilfe von Konjunktion ($\wedge$) und Disjunktion ($\vee$) definiert sind.

Als Beispiel sei die Inklusion $M \cap (N \cup P) \subset (M \cap N) \cup (M \cap P)$ bewiesen:
$x \in M \cap (N \cup P) \Rightarrow x \in M \wedge x \in (N \cup P) \Rightarrow x \in M \wedge (x \in N \vee x \in P)$
$\Rightarrow (x \in M \wedge x \in N) \vee (x \in M \wedge x \in P) \Rightarrow x \in (M \cap N) \vee x \in (M \cap P) \Rightarrow x \in (M \cap N) \cup (M \cap P)$.

Anmerkung 2: Ersetzt man im vorstehenden Beweis das Implikationszeichen $\Rightarrow$ durch das Äquivalenzzeichen $\Leftrightarrow$, dann ist damit der Beweis in beiden Richtungen geführt, also die Gleichheit beider Mengen gezeigt.

Anmerkung 3: Die in 7. (auch die in Bemerkung 1.102.5/7) genannten Regeln werden nach dem englischen Mathematiker *Augustus de Morgan* (1806 -1871) auch die *De Morganschen Regeln* genannt.

1.102.4 Bemerkung

Die folgende Tabelle zeigt eine weitere Methode zum Nachweis der Gleichheit $S = T$ von Mengen S und T. Dabei wird einfach die Methode der Wahrheitswertetabellen auf Aussagen der Form $x \in S$ übertragen: Bezeichnet x ein beliebiges Element, dann kann der Aussage $x \in S$ genau einer der beiden Wahrheitswerte w und f zugeordnet werden. Dieser Wahrheitswert wird dann in die Tabelle eingetragen. Stimmen die beiden Spalten der Mengen S und T, von denen Gleichheit behauptet wird, überein, dann bedeutet das die Äquivalenz $x \in S \Leftrightarrow x \in T$, nach Definition 1.101.5a also $S = T$. In folgender Tabelle ist der Beweis zu 4b) des vorstehenden Satzes angegeben:

M	N	P	$N \cap P$	$M \cup (N \cap P)$	$M \cup N$	$M \cup P$	$(M \cup N) \cap (M \cup P)$
w	w	w	w	w	w	w	w
w	w	f	f	w	w	w	w
w	f	w	f	w	w	w	w
w	f	f	f	w	w	w	w
f	w	w	w	w	w	w	w
f	w	f	f	f	w	f	f
f	f	w	f	f	f	w	f
f	f	f	f	f	f	f	f

1.102.5 Bemerkungen

1. Für die Differenz von Mengen gibt es noch eine zweite Sprech- und Schreibweise: Ist $M \subset A$, dann nennt man $C_A(M) = A \setminus M$ das *Komplement* von M in A. Man beachte, daß die Differenz zu je zwei Mengen gebildet werden kann, die Bildung des Komplements aber stets eine (manchmal auch künstlich erzeugte) Bezugsmenge, die hier mit A bezeichnet ist, erfordert.

2. Damit haben die in Satz 1.102.3 genannten Regeln von 6. und 7. folgendes Aussehen, wobei M und N Teilmengen einer Menge A seien:

6a)	$C_M(M) = \emptyset$ und $C_M(\emptyset) = M$	*ex und hopp*
6b)	$M \subset A \Rightarrow C_A(M) \subset A$	Zusammenhang zwischen $\subset$ und $C_A(-)$
6c)	$M = A \Rightarrow C_A(M) = \emptyset$	Zusammenhang zwischen $=$ und $C_A(-)$
7a)	$C_A(M \cap N) = C_A(M) \cup C_A(N)$	Zusammenhang zwischen $C_A(-)$ und $\cap$
7b)	$C_A(M \cup N) = C_A(M) \cap C_A(N)$	Zusammenhang zwischen $C_A(-)$ und $\cup$

3. Insbesondere im Rahmen der Wahrscheinlichkeits-Theorie (BUCH^{MAT}6), in der häufig mit Komplementen (die dort die Rolle sogenannter Gegenereignisse spielen) hantiert wird, verwendet man für Teilmengen E von Mengen M auch die Abkürzungen $C_M(E) = E^c$ oder auch $C_M(E) = \overline{E}$, wobei der Bezug zu M stillschweigend vorausgesetzt wird.

4. Für Teilmengen E, F von Mengen M gilt $E \setminus F = E \cap C_M(F) = E \cap F^c$.

A1.102.01: Mit den folgenden Bezeichnungen für Teilmengen von $\mathbb{Z}$, die analog auch auf $\mathbb{Q}$ und $\mathbb{R}$ übertragen seien, $\mathbb{Z}^+$ ($\mathbb{Z}^-$, $\mathbb{Z}_0^+$, $\mathbb{Z}_0^-$) für die Menge der positiven (negativen, nicht-negativen, nicht-positiven) ganzen Zahlen bilden Sie alle möglichen Vereinigungen, Durchschnitte und Differenzen dieser Mengen. Berechnen Sie ferner $C_\mathbb{R}(\mathbb{R}^-)$, $C_{\mathbb{R}_0^+}(\mathbb{R}^+)$ und $C_\mathbb{R}(\mathbb{R})$.

A1.102.02: M und N seien Teilmengen einer Menge A. Beweisen Sie:
1. $M \cup \emptyset = M$, $M \cup A = A$, $M \cap \emptyset = \emptyset$, $M \cap A = M$,
2. $M \cup (M \cap N) = M$, $M \cap (M \cup N) = M$,
3. $C_A(C_A(M)) = M$, $C_A(C_A(C_A(M))) = C_A(M)$,
4. $M \cup C_A(M) = A$, $M \cap C_A(M) = \emptyset$,
5. die *De Morganschen Regeln* (siehe Anmerkung 3 zum Beweis in Satz 1.102.3).

A1.102.03: M und N seien Teilmengen einer Menge A.
a) Es gelte $M \cap N = \emptyset$. Untersuchen Sie die Mengen M, N, $C_A(M)$, $C_A(N)$ auf paarweise Disjunktheit.
b) Untersuchen Sie M, $C_A(M \cup N)$, $C_A(M) \cap N$ auf paarweise Disjunktheit. Was ist ihre Vereinigung?

A1.102.04: M, N und P seien Mengen. Beweisen Sie:
a) $(M \cup N) \setminus P = (M \setminus P) \cup (N \setminus P)$,
b) Die Aussagen $(M \cap N) \setminus P = (M \setminus P) \cap (N \setminus P)$, $M \cup N = N$ und $M \cap N = M$ sind äquivalent.

A1.102.05: M und N seien Teilmengen einer Menge A. Beweisen Sie:
1. Die beiden Aussagen $M \subset N$ und $C_A(M) \supset C_A(N)$ sind äquivalent.
2. Die beiden Aussagen $M = N$ und $C_A(M) = C_A(N)$ sind äquivalent.
3. Die drei Aussagen $M \subset N$, $M \cup N = N$ und $M \cap N = M$ sind äquivalent.
4. Die drei Aussagen $M \cap N = \emptyset$, $M \subset C_A(N)$ und $N \subset C_A(M)$ sind äquivalent.
5. Die drei Aussagen $M \cup N = A$, $C_A(M) \subset N$ und $C_A(N) \subset M$ sind äquivalent.

A1.102.06: M, N und P seien Teilmengen einer Menge A. Beweisen Sie:
a) $M \subset N \Rightarrow M \cup P \subset N \cup P$,
b) $M \subset N \Rightarrow M \cap P \subset N \cap P$,
c) $P \subset M$ und $P \subset N \Leftrightarrow P \subset M \cap N$,
d) $M \subset P$ und $N \subset P \Leftrightarrow M \cup N \subset P$.

A1.102.07: Beweisen Sie einige der Aussagen von Satz 1.102.3. Beachten Sie dabei, daß für die Aussage in 5a) (analog auch in 5b)) folgende Beweisschritte nötig sind: Erstens ist zu zeigen, daß unter der Voraussetzung $M \subset N$ sowohl $M \cap N \subset M$ als auch $M \subset M \cap N$ gilt. Zweitens ist zu zeigen, daß unter der Voraussetzung $M \cap N = M$ dann $M \subset N$ gilt.

A1.102.08: Unter der *Symmetrischen Differenz* $E \Delta F$ zweier Teilmengen E und F einer Menge M versteht man die Menge $E \Delta F = (E \cup F) \setminus (E \cap F)$. Verifizieren Sie zunächst Bemerkung 1.102.5/4 und zeigen Sie damit dann die Gültigkeit der Darstellung $E \Delta F = (E \cap F^c) \cup (F \cap E^c)$.

A1.102.09: Berechnen Sie zu Teilmengen E, F und G einer Menge M die Mengen $E \Delta (F \Delta G)$ sowie $(E \Delta F) \Delta G$ bis zu Darstellungen, die zeigen, daß beide Mengen gleich sind.

A1.102.10: Berechnen Sie mit den Daten von A1.102.09 die Beziehung $E \cap (F \Delta G) = (E \cap F) \Delta (E \cap G)$.

A1.102.11: Nennen und beweisen Sie eine kürzere Darstellung für $M \setminus (M \setminus N)$ für Mengen M, N.

1.108 ANTINOMIEN DER MENGEN-THEORIE

> Man muß nicht, aus Besorgnis
> trivial zu sein, paradox werden.
> *Baltasar Gracián* (1601 - 1658)

Es wurde schon in Abschnitt 1.100 auf das Auftreten von Widersprüchen in der Theorie der Mengen, die sogenannten *Antinomien der Elementaren Mengen-Theorie*, aufmerksam gemacht, die dann auch zu der Entwicklung der *Axiomatischen Mengen-Theorie* geführt haben.

Man unterscheidet zwischen *Semantischen Antinomien* und *Syntaktischen Antinomien*: Unter den Semantischen Antinomien versteht man allgemeinsprachlich formulierte Satzgebilde (Sätze mit antinomischer Bedeutung), die logisch fehlerhaft gebildet sind, indem in ihnen nicht zwischen Aussagen über Aussagen und Aussagen über andere Gegenstände unterschieden wird und die insofern eigentlich sprachlichen Unfug darstellen.

Hingegen sind Syntaktische Antinomien mathematische Aussagen zu und über Mengen, die zwar formal richtig konstruiert sind, durch ebenso formale Schlüsse aber zu Widersprüchen führen. Diese Antinomien beruhen meist auf einer nicht genügend genau geregelten Element-Menge-Relation, die in der Defiition von *Cantor* (siehe Definition 1.101.1 und Bemerkung 1.101.2/2) ja nur anschaulich und auf einfach überblickbare Sachverhalte hin formuliert ist (gleichwohl für einen pragmatischen Umgang mit mathematischen Gegenständen vollkommen ausreicht).

In diesem Abschnitt sollen nun einige prominente Antinomien vorgestellt werden; in den Abschnitten 1.340 und 1.344 werden weitere Beispiele genannt oder hier zitierte Beispiele genauer erläutert.

1.108.1 Semantische Antinomien

Die *Antinomie des Epimenides* (620? - 540?) lautet: Ein Kreter, *Epimenides* stammte selbst aus Kreta, sagt: Das, was ich jetzt sage, ist gelogen.

Kommentar: Hat der Kreter gelogen, dann ist seine Aussage falsch, also hat er nicht gelogen. Hat der Kreter aber nicht gelogen, so ist seine Aussage wahr, das heißt, er hat gelogen. Beide Annahmen führen zu einem Widerspruch.

Die *Antinomie des Proklos* (410 - 485) erzählt die Geschichte von einem Vertrag, den der Rechtsgelehrte *Protagoras* (480? - 421) mit seinen Schülern geschlossen haben soll: Ein Schüler braucht nur dann Unterrichtsgebühren zu bezalen, wenn er seinen ersten Prozeß gewinnt. Was geschieht nun, wenn ein Schüler später gar keine Prozesse führt und *Protagoras* ihn wegen der ausbleibenden Zahlung verklagt?

Kommentar: *Protagoras* argumentiert so: Gibt das Gericht mir recht, so erhalte ich die Kosten aufgrund des Richterspruchs, gibt das Gericht dem Schüler recht, so hat er den Prozeß gewonnen und muß mir die Kosten aufgrund des früher geschlossenen Vertrages erstatten. Der Schüler argumentiert umgekehrt: Gewinnt er den Prozeß, braucht er wegen des Richterspruchs nicht zu zahlen; verliert er den Prozeß aber, so braucht er wegen des früher geschlossenen Vertrages nichts zu zahlen.

Die *Antinomie von Grelling* (benannt nach *Kurt Grelling* (1886 - 1942)) stammt von 1908 und basiert auf der Einteilung aller Adjektive der deutschen Sprache in die beiden Klassen:
a) autologische Adjektive, das sind diejenigen, die auch bedeuten, was sie sind, beispielsweise das dreisilbige Adjektiv *dreisilbig*, das kurze Adjektiv *kurz* oder das deutsche Adjektiv *deutsch*,
b) heterologische Adjektive, das sind diejenigen, die nicht bedeuten, was sie sind, beispielsweise das dreisilbige Adjektiv *zweisilbig*, das kurze Adjektiv *lang* oder das deutsche Adjektiv *spanisch*.

Kommentar: Nimmt man nun an, das Adjektiv *autologisch* liege in der ersten Klasse, dann muß man schließen, daß es in der zweiten Klasse liegt, und umgekehrt.

Die *Antinomie von Russell*, benannt nach *Bertrand Russell* (1872 - 1969), wird häufig in folgender Form erzählt: Der Barbier eines Dorfes sagt, er rasiere nur diejenigen Männer des Dorfes, die sich nicht selbst rasieren. Wer rasiert nun den Barbier?

Kommentar: Nimmt man an, er rasiere sich selbst, dann wird er nicht vom Barbier rasiert, er rasiert sich also nicht selbst. Nimmt man aber an, er rasiere sich nicht selbst, dann wird er vom Barbier rasiert, er rasiert sich also doch selbst.

1.108.2 Syntaktische Antinomien

Die *Antinomie von Russell* (1903) betrachtet die Menge aller der Mengen, die sich nicht selbst als Element enthalten, also $M = \{X \mid X \notin X\}$, mit der in der Elementaren Mengen-Theorie syntaktisch richtig formulierten und somit zulässigen Bedingung $X \notin X$.

Kommentar: Die Menge M ist gleichwohl widersprüchlich, denn es gilt $M \in M \Leftrightarrow M \notin M$.

Die *Antinomie von Cantor* (1899) betrachtet die Menge M *aller* Mengen und ihr Verhältnis zu ihrer Potenzmenge $Pot(M)$, der Menge aller Teilmengen von M.

Kommentar: Die Menge M ist widersprüchlich, denn die Potenzmenge $Pot(M)$ müßte einerseits in M, der Menge aller Mengen, enthalten sein, hat aber andererseits eine höhere Kardinalität als M, kann also nicht in M enthalten sein. (In der Mathematik wird daher vermieden, von der Menge aller Mengen zu reden, man spricht ersatzweise von der *Klasse aller Mengen*, ein Begriff, der der Axiomatischen Mengen-Theorie entstammt.)

Hinweis: Einige Aspekte axiomatischer Mengen-Theorien sind in Abschnitt 1.828 behandelt.

1.110 Cartesische Produkte (Teil 1)

> Ich bin zwar anderer Meinung als Sie, aber ich würde mein Leben dafür geben, daß Sie Ihre Meinung frei aussprechen dürfen.
> *René Descartes (1596 - 1650)*

Betrachtet man ein ebenes Cartesisches Koordinaten-System mit den Koordinaten K_1 (waagerecht) und K_2 (senkrecht), dann läßt sich jeder Punkt P der Ebene auf genau eine Weise durch ein Zahlenpaar (x, z) darstellen. Dieses Verfahren beruht auf folgenden Konventionen: Jede der beiden Koordinaten repräsentiert die Menge der reellen Zahlen, ferner ist vereinbart, daß in der Regel x als Zahl auf der Koordinate K_1 und z als Zahl auf der Koordinate K_2 zu verstehen ist. Das bedeutet, daß die Zahlen x und z in diesem Sinne zueinander *geordnet* auftreten (also unabhängig von ihrer Kleiner-Gleich-Beziehung). Diese Identifizierung von Punkten mit Zahlenpaaren relativ zu einem festgelegten Koordinaten-System wird der Einfachheit halber einfach als Gleichheit $P = (x, z)$ geschrieben (wenn es nicht auf schärfere Betrachtung ankommt).

Diese kleine Andeutung zu der Beziehung zwischen dem *geometrischen* Gegenstand *Punkt* und dem *algebraischen* Gegenstand *Zahl* ist der Grundstein der sogenannten *Analytischen Geometrie* (siehe Abschnitte 5.x), die im wesentlichen mit dem Namen *René Descartes* (1596 - 1650) verbunden ist. Der latinisierten Fassung seines Namens, *Cartesius*, entstammt das Adjektiv *cartesisch*.

1.110.1 Definition

Es seien M und N Mengen.
a) Ein Objekt der Form (x, z) mit $x \in M$ und $z \in N$ heißt ein *geordnetes Paar* der Elemente x und z.
b) Die Gleichheit von Paaren wird festgelegt durch $(x, z) = (x', z') \Leftrightarrow x = x'$ und $z = z'$.
c) Die Menge $M \times N = \{(x, z) \mid x \in M \text{ und } z \in N\}$ heißt *Cartesisches Produkt* von M und N. Die Mengen M und N heißen auch die *Faktoren* von $M \times N$.

1.110.2 Bemerkungen

1. Teil b) zeigt, daß es bei geordneten Paaren auf die Reihenfolge der *Komponenten* x und z ankommt. Im allgemeinen ist also $(x, z) \neq (z, x)$, selbt wenn $M = N$ ist. Somit ist also zu unterscheiden zwischen der Menge $\{x, z\}$ und dem Paar (x, z).

2. Die Definition des geordneten Paares in a) ist intuitiv und anschaulich leicht zu verstehen, bei genauerem Hinsehen fällt aber auf, daß eigentlich nur das *Zeichen* (x, z) benannt ist. Es steht nicht da, was das denn nun *ist*. Zu diesem Zweck noch die formvollendete Definition $(x, z) = \{\{x\}, \{x, z\}\}$ von *Kazimierz Kuratowski* (1896 - 1980) als Konstruktion lediglich auf der Basis der Mengen.

3. Zu zwei Mengen M und N kann man die vier Cartesischen Produkte $M \times M, M \times N, N \times M, N \times N$ bilden, die im allgemeinen paarweise voneinander verschieden sind.

4. Die Konstruktion des Cartesischen Produkts läßt sich auf endlich viele Faktoren (mit anderen Methoden sogar auf beliebig viele Faktoren, siehe Abschnitt 1.160) erweitern, etwa für drei Faktoren: $M \times N \times P = \{(x, y, z) \mid x \in M, y \in N, z \in P\}$ ist die Menge aller *Tripel (3-Tupel)* in $M \times N \times P$. Für n Mengen $M_1, ..., M_n$ besteht das Cartesische Produkt $M_1 \times ... \times M_n$ aus der Menge aller *n-Tupel* $x = (x_1, ..., x_n)$ mit $x_i \in M_i$ $(1 \leq i \leq n)$.

5. Abkürzend bezeichnet man (unter Verwendung von $\underline{n} = \{1, ..., n\}$)
$$\prod_{1 \leq i \leq n} M_i = M_1 \times ... \times M_n \quad \text{oder} \quad \prod_{i \in \underline{n}} M_i = M_1 \times ... \times M_n.$$

Für den Sonderfall, daß alle Faktoren gleich sind, schreibt man $M^2 = M \times M$, allgemeiner dann $M^n = M \times ... \times M$ für n gleiche Faktoren.

1.110.3 Beispiele

1. Die in der Vorbemerkung genannten Punkte einer Ebene werden bezüglich eines Cartesischen Koordinaten-Systems (K_1, K_2) durch Elemente aus $\mathbb{R}^2 = \mathbb{R} \times \mathbb{R}$ repräsentiert. Entsprechend kann man etwa die Teilmengen $\mathbb{N}^2 = \mathbb{N} \times \mathbb{N}$ sowie $\mathbb{Z}^2 = \mathbb{Z} \times \mathbb{Z}$ oder $\mathbb{Q}^2 = \mathbb{Q} \times \mathbb{Q}$ bilden.

2. Die Punkte im dreidimensionalen Raum werden bezüglich eines Cartesischen Koordinaten-Systems (K_1, K_2, K_3) durch Elemente aus $\mathbb{R}^3 = \mathbb{R} \times \mathbb{R} \times \mathbb{R}$ repräsentiert, allgemeiner repräsentiert die Menge $\mathbb{R}^n = \mathbb{R} \times ... \times \mathbb{R} = \{(x_1, ..., x_n) \mid x_i \in \mathbb{R}, 1 \leq i \leq n\}$ die Punkte im sogenannten n-dimensionalen Raum.

3a) Es ist $\{1\} \times [0,1] = \{(1,z) \in \mathbb{R}^2 \mid 0 \leq z \leq 1\}$.

3b) Es ist $\{1,2\} \times [0,1] = \{(1,z) \in \mathbb{R}^2 \mid 0 \leq z \leq 1\} \cup \{(2,z) \in \mathbb{R}^2 \mid 0 \leq z \leq 1\}$.

3c) Es ist $[0,1] \times [0,1] = \{(x,z) \in \mathbb{R}^2 \mid 0 \leq x, z \leq 1\}$.

4. Bezüglich eines Cartesischen Koordinaten-Systems (K_1, K_2) und $\mathbb{R}^2$ repräsentiert die Menge $\mathbb{R} \times \{0\}$ die Koordinate K_1, entsprechend $\{0\} \times \mathbb{R}$ die Koordinate K_2.

5. Sind M und N endliche Mengen mit Kardinalzahlen (Elementeanzahlen) $card(M) = m$ und $card(N) = n$, dann ist auch $M \times N$ eine endliche Menge und es gilt $card(M \times N) = card(M) \cdot card(N) = m \cdot n$.

Wann immer in einer mathematischen Theorie eine neue Begriffsbildung, weitere neue Bausteine entwickelt werden, muß gesagt oder nachgeprüft werden, ob und inwieweit sie mit dem bisherigen Bestand an Begriffen verträglich (kompatibel) sind. Die nötigen Angaben in diesem Zusammenhang nennt der folgende Satz.

1.110.4 Satz

Für alle Mengen M, N, P und Teilmengen $A, B \subset M$ sowie $S, T \subset N$ gelten folgende Verträglichkeitsbedingungen zwischen den jeweils beteiligten Operationen (die in analoger Form auch für jeweils n Faktoren definiert sind):

1. $M \times N = \emptyset \Leftrightarrow M = \emptyset$ oder $N = \emptyset$
2. $A \subset M$ und $S \subset N \Leftrightarrow A \times S \subset M \times N$
3. $M \times (N \cap P) = (M \times N) \cap (M \times P)$
4. $M \times (N \cup P) = (M \times N) \cup (M \times P)$
5. $(A \times S) \cap (B \times T) = (A \cap B) \times (S \cap T)$
6. $(A \times S) \cup (B \times T) \subset (A \cup B) \times (S \cup T)$

Beweis: Exemplarisch sei die Aussage in 3. bewiesen: Unter Verwendung von Definition 1.101.5/1 gilt: $(x, z) \in M \times (N \cap P) \Leftrightarrow x \in M$ und $z \in N \cap P \Leftrightarrow x \in M$ und $z \in N$ und $z \in P \Leftrightarrow (x \in M$ und $z \in N)$ und $(x \in M$ und $z \in P) \Leftrightarrow (x,z) \in M \times N$ und $(x,z) \in M \times N \Leftrightarrow (x,z) \in (M \times N) \cap (M \times P)$.

A1.110.01: Stellen Sie in einem Cartesischen Koordinaten-System (K_1, K_2) die folgenden Mengen dar: $\{3\} \times \mathbb{N}$, $\{2,3,4\} \times \mathbb{N}$, $\mathbb{N} \times \mathbb{N}$, $\mathbb{Z} \times \{-3\}$, $\mathbb{Z} \times \mathbb{N}$, $\mathbb{R} \times \mathbb{R}^+$.

A1.110.02: Beweisen Sie die Aussagen 1., 2. und 4. bis 6. von Satz 1.110.4. Zeigen Sie an einem konkreten Beispiel, daß in 6. die Gleichheit im allgemeinen nicht gilt.

A1.110.03: Fertigen Sie zu den Aussagen 3. bis 6. in Satz 1.110.4 jeweils eine Skizze in einem Cartesischen Koordinaten-System (K_1, K_2) an. Alle dort genannten Mengen seien Teilmengen von $\mathbb{R}$.

A1.110.04: Beweisen Sie: Für Teilmengen $A, B \subset M$ und $S, T \subset N$ zweier Mengen M und N

a) mit $A \times S \neq \emptyset$ gilt: $A \times S \subset B \times T \Leftrightarrow A \subset B$ und $S \subset T$,

b) gilt: $(A \times S) \cup (B \times S) = (A \cup B) \times S$.

A1.110.05: Für Teilmengen $S, T \subset M$ einer Menge M gilt: $C_M(S) \times C_M(T) \subset C_{M \times M}(S \times T)$. Beweisen Sie diese Inklusion und nennen Sie ein Beipiel, daß die Gleichheit im allgemeinen nicht gilt.

A1.110.06: Finden Sie für Teilmengen $S, T \subset M$ einer Menge M eine andere Darstellung der mengentheoretischen Differenz $S \setminus T$ mit Hilfe der Komplementbildung.

1.120 Relationen (Teil 1)

> Die Bildung Europas erfordert
> eine europäische Bildung.
> *Klaus Schleicher*

Wenn man sagt, der Mensch x habe den Vogel v, dann beschreibt dieser Satz ein Verhältnis von Zusammengehörigkeit, vielleicht sogar einer engeren Verwandtschaft. Um etwas neutraler zu formulieren, sagt man, x stehe in Relation zu v (wie das im einzelnen auch aussehen mag). Da nun nicht jeder Mensch (der Menge M) einen Vogel (der Menge V) hat und auch nicht jeder Vogel einem Menschen zugeordnet ist, ist klar, daß die Menge $M \times V$ zu groß ist, um die Mensch-Vogel-Relation genau und in ihrem tatsächlichen Umfang zu kennzeichnen. Es liegt also nahe, zu der empirisch feststellbaren Sachlage eine passgenaue Teilmenge von $M \times V$ zu betrachten.

Relationen sind also Teilmengen von cartesischen Produkten. Es handelt sich um einen sehr einfachen Begriff, der aber gerade deswegen besonders elastisch zu handhaben und zu verwenden ist. Dabei werden je nach Anwendungsrahmen vielfältig variierte Zusatzeigenschaften installiert (siehe Definition 1.120.1/2), die allesamt die Aufgabe haben vorzuschreiben, welche und wieviele Elemente der Ausgangsmengen in Relation zueinander stehen (sollen). Die wichtigsten Beispiele dafür sind Funktions-Relationen (Funktionen), Äquivalenz-Relationen und Ordnungs-Relationen.

Noch ein kleiner Blick auf Anwendungsgebiete: Da ist zunächst eine bestimmte Art von Geometrie (Relationale Geometrie, Abschnitte 5.2x), die ihre geometrischen Objekte, etwa Kegelschnitte (Kreise, Ellipsen, Parabeln, Hyperbeln), als Teilmengen von $\mathbb{R} \times \mathbb{R}$ beschreibt. Beispielsweise ist eine einfache Parabel p eine Relation der Form $p = \{(x,z) \in \mathbb{R} \times \mathbb{R} \mid 2x - z^2 = 0\}$ mit sogenannter *definierender Gleichung* $2x - z^2 = 0$ (siehe Beispiel 1.120.3/1).

In der Informatik spielen sogenannte *relationale Datenbanken* eine bedeutende Rolle. Die Grundidee dieses Konzepts läßt sich etwa so skizzieren (genaueres in den Abschnitten 1.19x): In einem Betrieb wird jeder Mitarbeiter durch ein 50-Tupel $(x_1, ..., x_{50})$ mit Personalnummer x_1, Name x_2, ... verwaltet (Stammdaten). Daneben gebe es eine zweite Relation von Tupeln $(x_1, K_1, ..., K_{10})$ mit jeweiligen Krankheiten K_i, schließlich gebe es eine dritte Relation von Tupeln $(x_1, mo, di, mi, do, fr)$ mit Anzahlen von Fehlen an den einzelnen Wochentagen. Ein typisches Rechercheproblem in dieser Datenbank (dem System aller solcher Relationen) ist nun etwa die Suche nach Tripeln der Form *(Personalnummer, Alkoholiker, Montag)*.

1.120.1 Definition

1. Teilmengen R des cartesischen Produkts $M \times N$ zweier Mengen M und N heißen (zweistellige) *Relationen* zwischen den Elementen von M und denen von N.

2. Eine Relation $R \subset M \times N$ heißt
a) *linkstotal*, falls es zu jedem $x \in M$ ein $z \in N$ gibt mit $(x,z) \in R$,
b) *rechtstotal*, falls es zu jedem $z \in N$ ein $x \in M$ gibt mit $(x,z) \in R$,
c) *bitotal*, falls sie links- und rechtstotal ist,
d) *linkseindeutig*, falls aus $(x,z) \in R$ und $(y,z) \in R$ stets $x = y$ folgt,
e) *rechtseindeutig*, falls aus $(x,y) \in R$ und $(x,z) \in R$ stets $y = z$ folgt,
f) *eineindeutig*, falls sie links- und rechtseindeutig ist.

3. Eine Relation $R \subset M \times M$ heißt
a) *reflexiv*, falls $(x,x) \in R$ für alle $x \in M$ gilt,
b) *symmetrisch*, falls aus $(x,z) \in R$ stets $(z,x) \in R$ folgt,
c) *asymmetrisch*, falls aus $(x,z) \in R$ stets $(z,x) \notin R$ folgt,
d) *antisymmetrisch*, falls aus $(x,z) \in R$ und $(z,x) \in R$ stets $x = z$ folgt,
e) *transitiv*, falls aus $(x,y) \in R$ und $(y,z) \in R$ stets $(x,z) \in R$ folgt,
f) *linear*, falls $(x,z) \in R$ oder $(z,x) \in R$ für alle $x,z \in M$ gilt.

1.120.2 Bemerkungen

1. Die in vorstehender Definition genannten Eigenschaften bilden gewissermaßen einen Katalog, aus dem man je nach Bedarf sinnvolle Kombinationen zusammenstellen kann. Beispielsweise liefern die beiden Eigenschaften Linkstotalität und Rechtseindeutigkeit den Begriff der Funktions-Relation oder kurz Funktion; Reflexivität, Symmetrie und Transitivität liefern Äquivalenz-Relationen; Reflexivität, Antisymmetrie und Transitivität liefern Ordnungs-Relationen.

2. Die *Diagonale* $diag(M) = \{(x,x) \mid x \in M\}$ ist eine Relation, die sogenannte *Gleichheits-Relation*, auf jeder Menge M. Eine Relation R auf M ist genau dann reflexiv, wenn $diag(M) \subset R$ gilt.

3. Ist R eine Relation auf einer Menge M, dann nennt man $R^{-1} = \{(z,x) \mid (x,z) \in R\}$ die zu R *inverse Relation* auf M.

4. Eine Relation $R \subset M \times M$ auf einer Menge M ist genau dann symmetrisch, wenn $R = R^{-1}$ gilt.

5. Eine Relation $R \subset M \times M$ auf einer Menge M ist genau dann antisymmetrisch, wenn die Inklusion $R \cap R^{-1} \subset diag(M)$ gilt.

6. Die Definition des Begriffs Relation läßt sich auf endlich viele Faktoren (mit anderen Methoden sogar auf beliebig viele Faktoren, siehe Abschnitt 1.180) erweitern, so nennt man beispielsweise Teilmengen von cartesischen Produkten $M \times N \times P$ *dreistellige Relationen*, allgemeiner nennt man Teilmengen von cartesischen Produkten $M_1 \times ... \times M_n$ dann *n-stellige Relationen*.

7. Relationen $R \subset \mathbb{R} \times \mathbb{R}$ lassen sich häufig in ebenen cartesischen Koordinaten-Systemen mit den Koordinaten K_1 (waagerecht) und K_2 (senkrecht) darstellen. Für Elemente $(x,z) \in R$ ist dabei die erste Komponente x als Zahl auf der Koordinate K_1 und die zweite Komponente z als Zahl auf der Koordinate K_2 zu verstehen (siehe Einleitung zu Abschnitt 1.110).

1.120.3 Beispiele

1. Die Menge $M = \{(3,2),(3,3),(1,19),(1,1),(11,11),(4,3),(3,4),(19,19),(4,4),(2,2),(6,6),(7,7)\}$ ist eine reflexive Relation auf der Menge $\mathbb{N}$.

2. Die Menge $E = \{(3,2,3),(3,3,6),(1,1,6),(1,1,1),(4,3,2),(3,4,5),(4,4,4),(6,6,6)\}$ ist eine dreistellige Relation auf der Menge $W = \{1,2,...,6\}$, ihre Elemente entsprechen jeweils einem Ergebnis eines dreifachen Wurfs mit einem sechsseitigen Würfel.

3. Die sogenannte *Teilbarkeits-Relation* T ist eine Relation auf der Menge $\mathbb{Z}$, definiert durch: $(x,z) \in T$ genau dann, wenn es ein $d \in \mathbb{Z}$ mit $dx = z$ gibt. Anstelle von $(x,z) \in T$ schreibt man gewöhnlich $x|z$ und nennt x einen Teiler von z. (Dabei ist 0 als Teiler nicht zugelassen.)

4. Die eingangs erwähnten Kegelschnitt-Relationen entstehen als ebene Schnitte durch einen senkrechten Kreiskegel und haben als Relationen von $\mathbb{R}^2 = \mathbb{R} \times \mathbb{R}$ in *zentraler Lage* (Mittel- oder Scheitelpunkte sind $O = (0,0)$) die folgenden Darstellungen:

a) *Parabeln* mit Scheitelpunkt O haben die Form $p(O,b) = \{(x,z) \in \mathbb{R}^2 \mid z^2 = 4bx\}$, wobei b die Brennweite bezeichne,

b) *Kreise* mit Mittelpunkt O und Radius r haben die Form $k(O,r) = \{(x,z) \in \mathbb{R}^2 \mid x^2 + z^2 = r^2\}$,

c) *Ellipsen* mit Mittelpunkt O haben die Form $e(O,a,b) = \{(x,z) \in \mathbb{R}^2 \mid \frac{x^2}{a^2} + \frac{z^2}{b^2} = 1\}$, wobei $2a$ den Durchmesser in K_1-Richtung und b den Durchmesser in K_2-Richtung bezeichne,

d) *Hyperbeln* mit (virtuellem) Mittelpunkt O haben die Form $h(O,a,b) = \{(x,z) \in \mathbb{R}^2 \mid \frac{x^2}{a^2} - \frac{z^2}{b^2} = 1\}$, wobei $2a$ den Abstand der beiden Scheitelpunkte und $\pm\frac{b}{a}$ die Anstiege der beiden asymptotischen Funktionen bezeichne.

In *dezentraler Lage* (Mittel- und Scheitelpunkte seien $M = (c,d)$ bzw. $S = (c,d)$ entsprechend modifiziert):

e) *Parabeln* mit Scheitelpunkt S haben die Form $p(S,b) = \{(x,z) \in \mathbb{R}^2 \mid (z-d)^2 = 4b(x-c)\}$,

f) *Kreise* mit Mittelpunkt M haben die Form $k(M,r) = \{(x,z) \in \mathbb{R}^2 \mid (x-c)^2 + (z-d)^2 = r^2\}$,

g) *Ellipsen* mit Mittelpunkt M haben die Form $e(M,a,b) = \{(x,z) \in \mathbb{R}^2 \mid \frac{(x-c)^2}{a^2} + \frac{(z-d)^2}{b^2} = 1\}$,

h) *Hyperbeln* mit Mittelpunkt M haben die Form $h(M,a,b) = \{(x,z) \in \mathbb{R}^2 \mid \frac{(x-c)^2}{a^2} - \frac{(z-d)^2}{b^2} = 1\}$.

A1.120.01: Betrachten Sie in $\mathbb{R} \times \mathbb{R}$ die Relationen $\mathbb{N} \times \mathbb{N}$, $\mathbb{Z} \times \mathbb{N}$, $\mathbb{R}_0^+ \times \mathbb{R}$, $\mathbb{R} \times \mathbb{R}_0^+$, $diag(\mathbb{R})$, $\mathbb{R} \times \mathbb{R}$ und $\{(0,0)\}$. Welche der in Definition 1.120.1 genannten Eigenschaften haben sie?

A1.120.02: Betrachten Sie die in den Beispielen 1.120.3/4 angegebenen vier Kegelschnitt-Relationen *Parabel, Kreis, Ellipse, Hyperbel*, jeweils in zentraler Lage, ferner eine Gerade in $\mathbb{R}^2$ mit der Darstellung $g = \{(x,z) \in \mathbb{R}^2 \mid ax + bz = c \text{ mit } a,b,c \neq 0\}$ und das Einheitsquadrat $Q = \{(x,z) \in \mathbb{R}^2 \mid 0 \leq x,z \leq 1\}$. Welche der in Definition 1.120.1 genannten Eigenschaften haben diese Relationen?

A1.120.03: Berechnen Sie die drei definierenden Gleichungen der jeweils um 90°, 180° und 270° gedrehten Parabel der Form $p_0(O,b) = \{(x,z) \in \mathbb{R}^2 \mid z^2 = 4bx\}$ mit $b > 0$ (siehe Beispiel 1.120.3/4a).

A1.120.04: Geben Sie die Kleiner-Gleich-Relation auf $\mathbb{R}$ als Menge an und zeichnen Sie sie in ein cartesisches Koordinaten-System. Welche der in Definition 1.120.1/3 genannten Eigenschaften hat sie? Geben Sie R^{-1} sowie Zusammenhänge zwischen R und R^{-1} an. Untersuchen Sie dieselben Fragestellungen für die entsprechende Kleiner-Relation.

A1.120.05: Auf Mengen M und N seien Relationen $R \subset M^2$ und $S \subset N^2$ vorgelegt. Betrachten Sie ferner die von R und S erzeugte Relation $P \subset (M \times N)^2$, definiert durch $((a,x),(b,z)) \in P \Leftrightarrow (a,b) \in R$ und $(x,z) \in S$. Prüfen Sie für alle in Definition 1.120.1/3 genannten Relations-Eigenschaften e folgende Implikation: Wenn R und S die Eigenschaft e haben, dann hat auch P die Eigenschaft e. (Die Bearbeitung soll jeweils ein Beweis der Implikation oder ein Gegenbeispiel sein.)

A1.120.06: Nennen Sie die Relation $R = \{(x,z) \in M \times N \mid x + z = 13\}$ zu den beiden Mengen $M = \{1,2,3,4,5,6,7,8,9,10\}$ und $N = \{4,5,6,7,8,9\}$.

A1.120.07: Betrachten Sie auf der Menge $\mathbb{R}$ die beiden Relationen R und S mit
$$(x,z) \in R \Leftrightarrow (z+2)^2 = x + 4 \quad \text{und} \quad (x,z) \in S \Leftrightarrow x^2 + 4x = z$$
und zeigen Sie, daß S die inverse Relation zu R ist. Gilt das auch umgekehrt?

A1.120.08: Begründen Sie: $\{\{x\},\{x,z\}\} = \{\{x'\},\{x',z'\}\} \Leftrightarrow (x = x' \text{ und } z = z')$.
Anmerkung: Die angegebene Äquivalenz kann zur Definition der Gleichheit $(x,z) = (x',z')$ geordneter Paare verwendet werden.

A1.120.09: Jemand behauptet: Eine symmetrische und transitive Relation ist auch reflexiv.
Und nennt folgende Beweisführung: Es sei x ein beliebiges Element einer Menge M, ferner R eine Relation auf M. Aus xRy und yRx (Symmetrie) folgt xRx (Transitivität), also ist R reflexiv.

1. Warum ist obige Beweisführung falsch?
2. Geben Sie ein Beispiel für die Falschheit der Behauptung an.

1.130 FUNKTIONEN (ABBILDUNGEN)

> Jede Kunst erfordert ein ganzes Menschenleben.
> *J. C. Friedrich Hölderlin* (1770 - 1843)

Menge und *Funktion* sind die beiden Grundbegriffe der Mathematik; so gut wie alles, was zur Mathematik selbst zählt oder sich mathematischer Begriffe und Methoden bedient, basiert mehr oder minder auf diesen beiden Begriffen. Verschiedene mathematische Gebiete unterscheiden sich – grob gesprochen – oft nur dadurch, daß jeweils verschiedene und/oder zusätzliche Eigenschaften von Mengen und Funktionen zum Untersuchungsgegenstand gemacht werden.

Der Kerngedanke läßt sich am besten mit dem Wort *Zuordnung* beschreiben: Elemente einer Menge werden Elementen einer anderen (oder auch derselben) Menge zugeordnet. Das zeigt den gewissermaßen dynamischen Charakter von Funktionen: Sie beschreiben ein Geschehen, also etwas, das im wörtlichen Sinne funktioniert. Dieser Intention folgend muß jedoch präzisiert werden: Wem wird was wie zugeordnet? Drei erfragte Gegenstände also: *wem*: die Elemente eines Definitionsbereichs, *was*: die Elemente eines Wertebereichs, *wie*: die Art und Weise der Zuordnung.

Eine Funktion besteht also aus dreierlei: einem Definitionsbereich, einem Wertebereich und einer Zuordnungsvorschrift. Jeweils drei solche Gegenstände konstituieren eine Funktion – und manches Fettnäpfchen lauert, wenn man alle drei nicht immer ganz ernst nimmt, also noch einmal: *Eine Funktion hat stets drei Bestandteile.*

Das Studium von Funktionen wird sich – meist ineinander verwoben – mit folgenden Aspekten befassen:
a) Funktionen als Hilfsmittel zur Beschreibung von Abhängigkeiten, beispielsweise im naturwissenschaftlichen Bereich die Abhängigkeiten zwischen gewissen physikalischen Größen. Dieses Benutzen von Funktionen erfordert zunächst eine Untersuchung von Funktionen nach Typen: Etwa Geraden und Parabeln sind in der Sprache der Funktionen von verschiedenem Typ, sie beschreiben demzufolge auch Abhängigkeiten verschiedener Art.
b) Funktionen lassen sich nach Gütemerkmalen klassifizieren, beispielsweise lassen sich die Antworten auf die oben genannten Fragen *Was?* und *Wie?* mit verschiedenen Präzisionsgraden ausstatten. Ferner: Wie ragieren Funktionen auf zusätzliche Möglichkeiten des Umgangs mit den betrachteten Elementen? So läßt sich etwa fragen, wie sich Funktionen zwischen Zahlmengen gegenüber der Addition oder der Kleiner-Gleich-Beziehung verhalten. Dieser Aspekt befaßt sich also mit der Natur und den Eigenschaften des mathematischen Gegenstandes Funktion selbst.
c) Die Konstruktionsprinzipien für Mengen erlauben auch, solche Mengen zu bilden, deren Elemente Funktionen sind, etwa die Menge aller Geraden in einer Ebene, die mit einem Cartesischen Koordinaten-System ausgestattet ist, oder die Menge aller Geraden durch den Nullpunkt. Doch davon später.

Die genannten Aspekte drücken in dieser Reihenfolge sowohl zunehmende Präzisierung des Begriffs *Funktion* als auch eine damit verbundene Abstraktion der Betrachtungsebenen aus. Das spiegelt gleichermaßen auch die historische Entwicklung des Funktionsbegriffs wider: Schon der antiken Mathematik kann eine gewisse grundlegende Vorstellung des Funktionsbegriffs zugemessen werden (Darstellungen von Abhängigkeiten in Tabellenform). Jedoch erst die mathematisch- physikalischen Forschungen der Renaissance erforderten genauere Festlegungen und Beschreibungen von Funktionen – etwa die (zum ersten Mal auch experimentell unterstützten) Untersuchungen über Bewegungsvorgänge von *Galileo Galilei* (1564 - 1642) sowie die von *Gottfried Wilhelm Leibniz* (1646 - 1716) und *Isaac Newton* (1643 - 1727) ganz neu entwickelten mathematischen Gebiete in der für die Mathematik außerordentlich fruchtbaren Ära des Barock. Sie wurden zu einem eigenständigen mathematischen Gegenstand und Begriff (das Wort *Funktion* stammt von Leibniz), der sich im Zuge des Auf- und Ausbaus der Mathematik immer mehr zu einem ihrer zentralen Instrumente entwickelte – zentral im Sinne der Systematik und Begriffsordnung ebenso wie im Sinne des flexiblen und nützlichen Standardwerkzeugs.

1.130.1 Definition

M und N seien Mengen, $N \neq \emptyset$. Eine *Funktion f von M nach N*, in Zeichen $f : M \longrightarrow N$, liegt vor, wenn jedem Element $x \in M$ genau ein *Bildelement* oder *Funktionswert* $f(x) \in N$ zugeordnet wird, in Zeichen $x \longmapsto f(x)$. M heißt *Definitionsbereich* oder *Definitionsmenge* von f, man schreibt $M = D(f)$; N heißt *Wertebereich* oder *Wertemenge* von f, man schreibt $N = W(f)$.

1.130.2 Bemerkungen

1. Die verschiedenen gängigen Schreibweisen für Funktionen seien an einem Beispiel erläutert: Jeder natürlichen Zahl x soll das Produkt ax mit $a \in \mathbb{R}$ zugeordnet werden. Das leistet eine Funktion f mit $D(f) = \mathbb{N}$ und $W(f) = \mathbb{R}$ (denn die Produkte ax sind sicherlich Zahlen aus $\mathbb{R}$) sowie der *Zuordnungsvorschrift* oder *Funktionsvorschrift* $x \longmapsto f(x)$ mit $f(x) = ax$. Etwas abgekürzt dann folgendermaßen:
$f : \mathbb{N} \longrightarrow \mathbb{R}, x \longmapsto ax$, oder $f : \mathbb{N} \longrightarrow \mathbb{R}, f(x) = ax$, oder $D(f) = \mathbb{N}, W(f) = \mathbb{R}, f : x \longmapsto ax$.

2. Die Wahl eines geeigneten Wertebereichs einer Funktion f muß immer so erfolgen, daß alle Funktionswerte $f(x)$ in $W(f)$ liegen. Das bedeutet aber nicht, daß $W(f)$ immer die kleinste Menge ist, in der alle Funktionswerte von f enthalten sind. Eine solche kleinste Menge zu bestimmen, ist oftmals auch schwierig. Formal jedoch kann der kleinstmögliche Wertebereich durch eine geeignete Eigenschaft angegeben werden, nämlich gerade dadurch, daß er genau die Funktionswerte von f enthält. Diese Menge heißt *Bildmenge* der Funktion f und wird mit *Bild(f)* bezeichnet. Also ist die Bildmenge einer Funktion $f : D(f) \longrightarrow W(f)$ die Menge $Bild(f) = \{f(x) \in W(f) \mid x \in D(f)\}$.

3. Eine formal strengere Fassung des Funktionsbegriffs (die obige hat mehr beschreibenden Charakter im Sinne der Handhabung) basiert auf dem Begriff der Relation (Definition 1.120.1) und damit auf der Sprache der Mengen:

M und N seien Mengen, ferner gelte $N \neq \emptyset$.

a) Eine Relation $F \subset M \times N$ heißt *Zuordnungsvorschrift* von M nach N, falls sie linkstotal und rechtseindeutig ist, das heißt im Klartext, falls gilt: Zu jedem $x \in M$ gibt es genau ein $z \in N$ mit $(x, z) \in F$.

b) Das Tripel $f = (M, N, F)$ heißt *Funktion von M nach N*.

c) Anstelle von $f = (M, N, F)$ schreibt man auch $f : M \longrightarrow N$, $x \longmapsto z = f(x)$.

4. Das heute eigentlich übliche Wort für Funktion ist *Abbildung*, es hat sich jedoch nicht in allen mathematischen Disziplinen gleichermaßen durchgesetzt (auch nicht in allen Institutionen). Beide Wörter sind jedoch vollständig gleichbedeutend und gleichwertig; man kann also in allen diesen Texten das Wort Funktion durch das Wort Abbildung ersetzen.

5. Die Menge aller Funktionen von M nach N wird mit $Abb(M, N)$ oder mit N^M bezeichnet.

6. Wichtig für den Umgang mit Funktionen ist der passende Gleichheitsbegriff. Da eine Funktion drei Bestandteile hat (Definitionsbereich, Wertebereich und Zuordnungsvorschrift), ist klar, daß zwei Funktionen f und g genau dann gleich sind, wenn $D(f) = D(g), W(f) = W(g)$ und $f(x) = g(x)$ für alle $x \in D(f) = D(g)$ gilt. Man schreibt im Fall der Gleichheit dann $f = g$.

Folglich sind zwei Funktionen f und g genau dann *ungleich*, in Zeichen $f \neq g$, wenn sie in mindestens einem der drei Bestandteile nicht übereinstimmen. Beispielsweise sind die beiden Funktionen $f : \mathbb{N} \longrightarrow \mathbb{R}$, $f(x) = ax$, und $g : \mathbb{R} \longrightarrow \mathbb{R}$, $g(x) = ax$, wegen $D(f) \neq D(g)$ ungleich.

Oft bleibt für die Gleichheit von Funktionen jedoch nur die Gleichheit der zugehörigen Zuordnungsvorschriften nachzurechnen, dann nämlich, wenn Definitions- und Wertebereiche schon übereinstimmen. Für Funktionen $f, g : M \longrightarrow N$ gilt also: $f = g \Leftrightarrow f(x) = g(x)$, für alle $x \in M$.

Betrachtet man die Definition von Funktionen als Tripel im Sinne von Bemerkung 3, dann sind zwei Funktionen $f = (M_f, N_f, F)$ und $g = (M_g, N_g, G)$ genau dann gleich, wenn ihre zugehörigen Tripel gleich sind, also mit $M_f = M_g$, $N_f = N_g$ und $F = G$ dann $f = (M_f, N_f, F) = (M_g, N_g, G) = g$ gilt.

7. Die einer Funktion $f : D(f) \longrightarrow W(f)$ zugrunde liegende Relation nennt man den *Graph* von f und schreibt $graph(f) = \{(x, f(x)) \mid x \in D(f)\} \subset D(f) \times W(f)$. Der Begriff *Graph* wird insbesondere bei graphischen Darstellungen von Funktionen verwendet, deren Definitions- und Wertebereiche Zahlenmengen sind: In einem ebenen cartesischen Koordinaten-System sei zunächst die waagerechte Koordinate mit *Abszisse*, die senkrechte Koordinate mit *Ordinate* benannt (Kurzzeichen sind *Abs* und *Ord*). Jedem Ele-

ment von $graph(f)$ kann dann auf eindeutige Weise ein Punkt in diesem Koordinaten-System (Abs, Ord) zugeordnet werden. Die Menge dieser Punkte in einem solchen Koordinaten-System nennt man dann die *graphische Darstellung* von f.

(Man beachte: Man nennt ein ebenes Koordinaten-System *cartesisch*, wenn die Koordinaten orthogonal sind und auf den Koordinaten jeweils gleichen Strecken gleiche Zahlendifferenzen entsprechen; Abszisse und Ordinate brauchen dabei aber nicht mit gleichem Maßstab ausgestattet sein.)

Insbesondere die Abschnitte 1.2x sind der Untersuchung und Klassifikation von Funktionen auf Zahlenmengen gewidmet, auch die folgenden Abschnitte enthalten zahlreiche solcher Beispiele. An dieser Stelle sei darauf also verzichtet, hingegen sollen die Funktionen, die wegen ihres besonderen Baus (entweder bei den beteiligten Mengen oder auch bei den beteiligten Zuordnungsvorschriften) eigene Namen und Bezeichnungen haben, zusammenfassend genannt werden:

1.130.3 Definition

M, N sowie M_1, M_2 und N_1, N_2 seien Mengen, ferner sei $T \subset M$. Dann nennt man die Funktion

a) $id_M : M \longrightarrow M$ mit $x \longmapsto x$ die *identische Funktion auf M*,

b) $in_T : T \longrightarrow M$ mit $x \longmapsto x$ die *Inklusion* oder die *Einbettung von T in M*,

c) $f|T : T \longrightarrow N$ mit $(f|T)(x) = f(x)$ die *Einschränkung* einer Funktion $f : M \longrightarrow N$,

d) $f : M \longrightarrow N$ *Fortsetzung* einer Funktion $h : T \longrightarrow N$, falls $h = f|T$ ist (da man eine Funktion h auf verschiedene Weisen fortsetzen kann, kann man nicht von *der*, sondern nur von *einer* Fortsetzung sprechen),

e) $k : M \longrightarrow N$ *konstante Funktion*, wenn $Bild(k) = \{a\}$ gilt, $Bild(k)$ also einelementig ist,

f) $\emptyset : \emptyset \longrightarrow M$ die zu M gehörende *leere Funktion*,

g) $pr_1 : M_1 \times M_2 \longrightarrow M_1, (x_1, x_2) \longmapsto x_1$, die *1. Projektion* und $pr_2 : M_1 \times M_2 \longrightarrow M_2, (x_1, x_2) \longmapsto x_2$, die *2. Projektion* auf dem cartesischen Produkt $M_1 \times M_2$,

h) $f_1 \times f_2 : M_1 \times M_2 \longrightarrow N_1 \times N_2, (x, z) \longmapsto (f_1(x), f_2(z))$, das *cartesische Produkt der Funktionen* $f_1 : M_1 \longrightarrow N_1$ und $f_2 : M_2 \longrightarrow N_2$, man beachte $f_1 \times f_2 \neq f_2 \times f_1$, wenn $f_1 \neq f_2$ gilt,

i) $M_1 \times M_2 \longrightarrow M_2 \times M_1, (x, z) \longmapsto (z, x)$, die *Symmetrie* auf $M_1 \times M_2$.

j) $ind_T : M \longrightarrow b = \{0, 1\}$, definiert durch die Zuordnung

$$ind_T(x) = \begin{cases} 1, & \text{falls } x \in T \\ 0, & \text{falls } x \notin T \end{cases}$$

die *Indikator-Funktion* zu $T \subset M$,

k) $f_1 \cup f_2 : M_1 \cup M_2 \longrightarrow N_1 \cup N_2$ die *Vereinigung* der Funktionen $f_1 : M_1 \longrightarrow N_1$ und $f_2 : M_2 \longrightarrow N_2$ für den Fall $M_1 \cap M_2 = \emptyset$.

1.130.4 Bemerkungen und Beispiele

1. Zu einer Funktion $f : M \longrightarrow N$ und Teilmengen $A \subset M$ sowie $S \subset N$ nennt man die Mengen $f(A) = \{f(x) \in N \mid x \in A\}$ die *Bildmenge von A unter f* und $f^u(S) = \{x \in M \mid f(x) \in S\}$ die *Urbildmenge von S bezüglich f*. (Für diese Mengen sind auch die Schreibweisen $f(A) = f[A]$ und $f^u(S) = f^{-1}[S]$ gebräuchlich.) In Abschnitt 1.151 wird genauer untersucht, wie Bildmengen und Urbildmengen mit den Operationen für Mengen verträglich sind.

2. Im Hinblick auf Definition 1.130.3/f beachte man, daß die Wertebreiche $W(f)$ von Funktionen stets nicht-leer sind.

3. Es bezeichne $Ind(M) = \{ind_T \mid T \subset M\}$ die Menge aller Indikator-Funktionen $ind_T : M \longrightarrow b = \{0, 1\}$ auf M. Für diese Menge gilt $Ind(M) = Abb(M, b)$. Daß $Ind(M) \subset Abb(M, b)$ gilt, ist klar; es gilt aber auch die umgekehrte Inklusion, denn jede Funktion $f : M \longrightarrow b = \{0, 1\}$ läßt sich vermöge der Teilmenge $S = \{m \in M \mid f(m) = 1\} \subset M$ als Indikator-Funktion $f = ind_S$ darstellen.

A1.130.01: Durchforsten Sie die Protokolle Ihres Physik-Unterrichts nach funktionalen Abhängigkeiten zwischen je zwei physikalischen Größen. Stellen Sie dabei eine Liste (geordnet nach physikalischen Teilgebieten, mit Sachangaben und graphischen Darstellungen) zusammen. Welche Typen von Funktionen treten auf?

A1.130.02: Erläutern Sie anhand einfacher Beispiele, wie man eine Funktion im Koordinaten-System in *Nord-Süd-Richtung* und/oder in *Ost-West-Richtung* verschiebt.

A1.130.03: Erläutern Sie anhand graphischer Darstellungen in Koordinaten-Systemen Unterschiede zwischen beliebigen Relationen und Funktionen.

A1.130.04: Geben Sie jeweils Definitions- und Wertebereich sowie die Bildmenge der vier trigonometrischen Grundfunktionen *sin, cos, tan, cot* an. Welche dieser Funktionen sind Elemente von *Abb*($\mathbb{R}, \mathbb{R}$)?

A1.130.05: Entwickeln Sie aus den in Beispiel 1.120.3/4 genannten Kegelschnitt-Relationen nun Kegelschnitt-Funktionen $p, k, e, h : D \longrightarrow \mathbb{R}_0^+$ mit jeweils geeigneten Definitionsbereichen D.

A1.130.06: Die Produktionskosten einer Ware in Abhängigkeit von Mengeneinheiten (ME) seien durch eine Funktion K mit $K(x) = 0,04x^3 - 0,6x^2 + 3x + 2$, der zugehörige Gesamterlös durch eine Funktion E mit $E(x) = -0,16x^2 + 2,8x$ beschrieben. Der Gewinn G ist $G = E - K$. Zeichnen Sie anhand von Wertetabellen die Funktionen K, E und G mit geeigneten Definitions- und Wertebereichen in ein Koordinaten-System und ermitteln Sie aus dieser Skizze den maximalen Gewinn.

A1.130.07: Bilden Sie Beispiele (aber nicht nur für Zahlen) zu der Indikator-Funktion (Definition 1.130.3/j), bei denen Binär-Entscheidungen (-Situationen) durch die Ziffern 0 und 1 repräsentiert werden.

A1.130.08: Welche der folgenden Relationen $R \subset M \times N$ sind linkstotal, rechtseindeutig, Funktionen?

a) $M = \mathbb{R}$, $N = \mathbb{R}$, $R = \{(x, z) \in M \times N \mid z^2 = x\}$
b) $M = \mathbb{R}_0^+$, $N = \mathbb{R}$, $R = \{(x, z) \in M \times N \mid z^2 = x\}$
c) $M = \mathbb{R}_0^+$, $N = \mathbb{R}$, $R = \{(x, z) \in M \times N \mid z^2 = x \text{ und } z \geq 0\}$
d) $M = \{1, 2, 3, 4\}$, $N = \{\{1, 2\}, \{2, 4\}, \{1, 4\}\}$, $R = \{(x, z) \in M \times N \mid x \in z\}$
e) $M = \{1, 2, 3, 4\}$, $N = \{\{1, 2, 3\}, \{2, 4\}, \{1, 3\}\}$, $R = \{(x, z) \in M \times N \mid x \in z\}$
f) $M = \{1, 2, 3, 4\}$, $N = \{\{1, 2\}, \{4\}\}$, $R = \{(x, z) \in M \times N \mid x \in z\}$
g) $M = \{1, 2, 3, 4\}$, $N = \{\{1, 3\}, \{2, 4\}\}$, $R = \{(x, z) \in M \times N \mid x \in z\}$

A1.130.09: Zwei Einzelaufgaben:
1. Nennen Sie Funktionen $f : \mathbb{R}_0^+ \longrightarrow \mathbb{R}$ mit der Eigenschaft $(f(x))^2 = x$, für alle $x \in \mathbb{R}_0^+$.
2. Geben Sie drei Funktionen $f : M \longrightarrow N$ mit den Mengen M und N von Aufgabe A1.130.08/e) mit der Eigenschaft $x \in f(x)$, für alle $x \in M$, an.

1.131 KOMPOSITION VON FUNKTIONEN

> Im 21. Jahrhundert wird die Fähigkeit zur Kommunikation ein grundsätzliches Menschenrecht sein.
> *Nelson Mandela*

Zunächst ein Beispiel: Betrachtet man die durch $s(x) = sin(ax + b)$ definierte Funktion s, so kann man den Klammerinhalt als Teil der Zuordnungsvorschrift einer durch $g(x) = ax + b$ definierten Geraden g auffassen. Diese Betrachtungsweise liefert ein Zwei-Schritt-Verfahren zur Konstruktion von $s(x)$, nämlich $x \longmapsto ax + b \longmapsto sin(ax + b) = s(x)$, allgemeiner: $x \longmapsto g(x) \longmapsto sin(g(x)) = s(x)$. Die Ausführung von s besteht also in der *Nacheinanderausführung* der Funktionen g und sin; erst wird g, dann wird sin ausgeführt. Nach diesem Muster lassen sich geeignete Funktionen entweder *zusammensetzen aus* oder *zerlegen in* gewissermaßen einfachere(n) Bausteine(n).

1.131.1 Definition

Die *Komposition* der beiden Funktionen $f : M \longrightarrow N$ und $g : N \longrightarrow P$ ist die Funktion $g \circ f : M \longrightarrow P$, definiert durch $(g \circ f)(x) = g(f(x))$, für alle $x \in M$.

1.131.2 Bemerkungen

1. Man beachte bei Kompositionen von Funktionen die Reihenfolge der dabei auftretenden Funktionsbezeichnungen. Sie wird übersichtlicher, wenn man die Funktionen in der Form $M \xrightarrow{f} N$ und $N \xrightarrow{g} P$ schreibt, ihre Komposition ist dann $M \xrightarrow{g \circ f} P$.

2. Die Komposition $g \circ f$ läßt sich dann bilden, wenn $W(f) = D(g)$ gilt; sie läßt sich genau dann bilden, wenn $Bild(f) \subset D(g)$ gilt. In diesem Fall nennt man die Funktionen f und g in dieser Reihenfolge *komponierbar*.

3. Die Komposition von Funktionen ist, wie man leicht nachrechnet, assoziativ, das heißt, es gilt $(f \circ g) \circ h = f \circ (g \circ h)$, für Funktionen f, g, h, die in dieser Reihenfolge komponierbar sind. Wegen dieser Assoziativität kann man kurz $f \circ g \circ h = (f \circ g) \circ h$ schreiben. Nach diesem Muster lassen sich dann jeweils endlich viele komponierbare Funktionen komponieren.

4. Betrachtet man zwei Funktionen $M \xrightarrow{f} M$ und $M \xrightarrow{g} M$ mit gleichem Definitions- und Wertebereich, dann lassen sich die Kompositionen $M \xrightarrow{g \circ f} M$ und $M \xrightarrow{f \circ g} M$ bilden. Die Komposition von Funktionen ist aber nicht kommutativ, wie etwa das Beispiel der Funktionen $f, g : \mathbb{R} \longrightarrow \mathbb{R}$ mit den Zuordnungsvorschriften $f(x) = x^2$ und $g(x) = x + b$ $(b \neq 0)$ zeigt, denn dabei ist $(g \circ f)(x) = g(f(x)) = g(x^2) = x^2 + b$ und $(f \circ g)(x) = f(g(x)) = g(x+b) = (x+b)^2 = x^2 + 2bx + b^2$.

5. Wie man sich leicht klar macht, gilt für die Berechnung von Urbildmengen unter Kompositionen die Regel $(g \circ f)^u(S) = f^u(g^u(S))$, für alle $S \subset W(g)$. (Siehe auch Abschnitt 1.151.)

6. Für alle Funktionen $f : M \longrightarrow N$ gilt $f \circ id_M = f$ und $id_N \circ f = f$. Das heißt, die identische Funktion verhält sich bezüglich Komposition *neutral*.

7. Für Einschränkungen $f|A : A \longrightarrow N$ von Funktionen $f : M \longrightarrow N$ (siehe Definition 1.130.3c) gilt $f|A = f \circ in_A$.

8. Gilt mit Funktionen $g : M \longrightarrow P$ und $h : P \longrightarrow N$ die Beziehung $h \circ g = f$, dann nennt man das folgende Diagramm *kommutativ*:

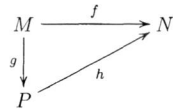

$$\begin{array}{ccc} M & \xrightarrow{f} & N \\ {\scriptstyle g} \searrow & \nearrow {\scriptstyle h} & \\ & P & \end{array}$$

In allgemeinerer Weise nennt man ein Diagramm von Funktionen kommutativ, wenn verschiedene *Wege* im Diagramm dieselben Funktionen darstellen. Beispielsweise ist das folgende Diagramm von Funktionen kommutativ, wenn $w \circ g = t \circ v$ und $v \circ f = s \circ u$, also auch $w \circ g \circ f = t \circ s \circ u$ gilt:

$$\begin{array}{ccccc} M_1 & \xrightarrow{f} & M_2 & \xrightarrow{g} & M_3 \\ u\downarrow & & v\downarrow & & \downarrow w \\ M_4 & \xrightarrow{s} & M_5 & \xrightarrow{t} & M_6 \end{array}$$

Wie bei zahlreichen Beispielen noch deutlich wird, kann durch ein kommutatives Diagramm oft ein komplizierter Sachverhalt in plastischer Weise dargestellt werden. Die Kommutativität eines Diagramms nachzuweisen (eine Möglichkeit, die die Komponierbarkeit entsprechender Funktionen liefert), ist häufig der wichtigste Schritt in einem Beweis.

1.131.3 Beispiele

1. Die Komposition $f \circ g : \mathbb{R} \longrightarrow \mathbb{R}$ zweier Geraden $f, g : \mathbb{R} \longrightarrow \mathbb{R}$ der Form $f(x) = a+bx$ und $g(x) = c+dx$ hat die Zuordnungsvorschrift $(f \circ g)(x) = f(g(x)) = f(c+dx) = a+b(c+dx) = a+bc+bdx$, ist also wieder eine Funktion desselben Typs (Gerade). Diese Feststellung ist als Frage auch von allgemeinerem Interesse: Welche Mengen M von Funktionen sind bezüglich der Komposition von Funktionen *abgeschlossen*, haben also die Eigenschaft, daß die Komposition zweier Elemente aus M wieder in M liegt?

2. Eine Menge, die bezüglich der Komposition von Funktionen ebenfalls abgeschlossen ist, ist die Menge der Potenzfunktionen $id^a : \mathbb{R} \setminus \{0\} \longrightarrow \mathbb{R} \setminus \{0\}$, definiert durch $id^a(x) = x^a$, für Exponenten $a \in \mathbb{Q}$, denn für je zwei Zahlen $a, b \in \mathbb{Q}$ gilt $id^a \circ id^b = id^{ab}$. Diese Gleichheit von Funktionen basiert unmittelbar auf der Rechenregel für das Potenzieren von Potenzen, woraus die elementweise Gleichheit $(id^a \circ id^b)(x) = id^a(id^b(x)) = id^a(x^b) = (x^b)^a = x^{ab} = id^{ab}(x)$ folgt.

3. Da jede rationale Zahl a eine Darstellung der Form $a = \frac{z}{n}$ mit $z \in \mathbb{Z}$ und $n \in \mathbb{N}$ besitzt, hat jede Potenzfunktion $id^a : \mathbb{R} \setminus \{0\} \longrightarrow \mathbb{R} \setminus \{0\}$, mit $a \in \mathbb{Q}$ eine entsprechende Darstellung der Form $id^a = id^{\frac{z}{n}} = id^z \circ id^{\frac{1}{n}}$ durch die Funktionen $\mathbb{R} \setminus \{0\} \xrightarrow{id^{\frac{1}{n}}} \mathbb{R} \setminus \{0\} \xrightarrow{id^z} \mathbb{R} \setminus \{0\}$.

4. Die Zerlegung von Funktionen in Kompositionen einfacherer Bausteine, wofür 3. ein Beispiel ist, hat ihren Sinn unter anderem darin: Soll von einer Funktion eine bestimmte Eigenschaft nachgewiesen werden, so genügt es, diese Eigenschaft für die bei der Zerlegung verwendeten Einzelfunktionen nachzuweisen, sofern – das muß garantiert sein – diese Eigenschaft bei Komposition erhalten bleibt. Von dieser methodisch wesentlichen Idee wird häufig, auch schon im nächsten Abschnitt, Gebrauch gemacht.

A1.131.01: Es bezeichne g_a die Gerade durch den Nullpunkt mit Anstieg $a \in \mathbb{R}$. Beweisen und erläutern Sie den Sinn der Formel $g_a \circ g_b = g_{ab}$.

A1.131.02: Bilden Sie (in tabellarischer Darstellung) die Zuordnungen aller möglichen Kompositionen $f_i \circ f_j : \mathbb{R} \setminus \{0\} \longrightarrow \mathbb{R} \setminus \{0\}$ der Funktionen $f_k : \mathbb{R} \setminus \{0\} \longrightarrow \mathbb{R} \setminus \{0\}$, definiert durch $f_0(x) = x$, $f_1(x) = -x$, $f_2(x) = \frac{1}{x}$ und $f_3(x) = -\frac{1}{x}$. Ist die Menge $V_4 = \{f_0, f_1, f_2, f_3\}$ bezüglich Komposition abgeschlossen?

A1.131.03: Beweisen Sie, daß die Komposition von Funktionen assoziativ ist.

A1.131.04: Untersuchen Sie jeweils, ob die Menge
a) der Potenzfunktionen mit natürlichen Exponenten,
b) der Potenzfunktionen mit negativen ganzzahligen Exponenten,
c) der quadratischen Funktionen (Parabeln),
d) der konstanten Funktionen,
e) der Wurzelfunktionen,
auf geeigneten Teilmengen von $\mathbb{R}$ definiert, bezüglich der Komposition von Funktionen abgeschlossen ist.

A1.131.05: Zeigen Sie zunächst, daß die Komposition von Geraden im allgemeinen nicht kommutativ ist. Nennen Sie dann besondere Fälle, in denen das doch gilt.

1.132 Injektive, surjektive und bijektive Funktionen

> Umgangssprache entsteht, wenn sie mit der Sprache nur so umgehn; wenn sie sie wie das Gesetz umgehen; wenn sie umgehend antworten, ohne gefragt zu sein.
> *Karl Kraus* (1874 - 1936)

Man stelle sich ein größeres Stück der Sinus-Funktion vor, sagen wir mal zwischen -100 und +100 auf der Abszisse, ferner eine Zahl z auf der Ordinate zwischen -1 und +1. Man kann nun einen Mangel dieser Funktion darin sehen, daß es zu z eine Vielzahl von Urbildern (das sind Zahlen x mit $sin(x) = z$) gibt, man kann also nicht von z auf seine Herkunft bezüglich der Sinus-Funktion schließen. Diesem Mangel läßt sich dadurch begegnen, daß von der Sinus-Funktion etwa nur der Ausschnitt von $-\frac{1}{2}\pi$ bis $+\frac{1}{2}\pi$ betrachtet wird. Dieses Teilstück der gesamten Sinus-Funktion, das im übrigen alle Informationsmerkmale der Sinus-Funktion enthält (beispielsweise das Krümmungsverhalten), erlaubt dann eine wechselseitig eindeutige Beziehung zwischen je einer Zahl zwischen -1 und +1 auf der Ordinate und ihrer zugehörigen Zahl zwischen $-\frac{1}{2}\pi$ und $+\frac{1}{2}\pi$ auf der Abszisse.

In allgemeineren Worten: Die Definition der Funktion läßt zweierlei zu: Einerseits können verschiedene Elemente des Definitionsbereichs denselben Funktionswert, dasselbe Bildelement haben, andererseits brauchen nicht alle Elemente des Wertebereichs erfaßt zu werden. Beide Aspekte kann man als Mangel einer Funktion f ansehen, wenn man $D(f)$ und das möglicherweise sehr grobkörnige $Bild(f)$ miteinander vergleicht. (Die Wörter *Bild*, *Bildelement*, *Abbildung* sollen ja auch auf einen gewissermaßen photographischen Zusammenhang zwischen Original und Abbild hindeuten.) Umgekehrt lassen sich nun *zusätzliche* Eigenschaften für Funktionen f definieren, die gerade die genannten Mängel beheben und die Abbildungstreue von $D(f)$ zu $Bild(f)$ oder sogar zu $W(f)$ im Sinne der Informationserhaltung wesentlich verbessern. Solche Funktionen (der Güteklasse Ia sozusagen) sollen nun untersucht werden.

1.132.1 Definition

M und N seien Mengen, $N \neq \emptyset$. Eine Funktion $f : M \longrightarrow N$ heißt
a) *injektiv*, falls für alle $x, z \in M$ gilt: $x \neq z \Rightarrow f(x) \neq f(z)$, das heißt im Klartext: Je zwei verschiedene Elemente aus M haben auch verschiedene Funktionswerte,
b) *surjektiv*, falls $Bild(f) = N$ gilt, das heißt, daß zu jedem $z \in N$ ein $x \in M$ mit $f(x) = z$ existiert, im Klartext also: Jedes Element des Wertebereichs N ist Funktionswert unter f,
c) *bijektiv*, falls f injektiv und surjektiv ist.

1.132.2 Bemerkungen

1. (Diese und die folgende Bemerkung zeigen beispielsweise, wie mathematische Unternehmungen auf den in Abschnitt 1.003 behandelten logischen Sätzen (Tautologien) beruhen.)
Die in der Definition der Injektivität genannte Implikation kann aufgrund von Satz 1.003.5/8 ersetzt werden durch die Implikation: $f(x) = f(z) \Rightarrow x = z$.

2. Die folgenden Überlegungen zeigen, wie sich die Nicht-Injektivität einer Funktion $f : M \longrightarrow N$ nachweisen läßt: Betrachtet man zunächst die 2-stellige Formel $e(x,z) : x \neq z \Rightarrow f(x) \neq f(z)$ und ihre Negation $\neg e(x,z) : x \neq z \land f(x) = f(z)$, erzeugt nach der in Satz 1.003.5/10 genannten Tautologie, dann ist $(\forall x \in M)(\forall z \in M)e(x,z)$ die vollständige Injektivitäts-Bedingung, deren Negation nach Bemerkung 1.004.2/6a die Form $\neg(\forall x \in M)(\forall z \in M)e(x,z) \Leftrightarrow (\exists x \in M)(\exists z \in M)\neg e(x,z)$ hat. Sie bedeutet: Es gibt voneinander verschiedene Elemente $x, z \in M$, also $x \neq z$, deren Funktionswerte gleich sind, also $f(x) = f(z)$.
Beispiel: Für die durch $p(x) = x^2$ definierte sogenannte Normalparabel $p : \mathbb{R} \longrightarrow \mathbb{R}$ gilt $p(-2) = 4 = p(2)$ für die verschiedenen Zahlen -2 und 2.

3. Mit Hilfe des Begriffs *Urbild* lassen sich die oben definierten Eigenschaften einer Funktion $f : M \longrightarrow N$ auch so formulieren: f ist genau dann injektiv (surjektiv, bijektiv), wenn jedes Element $z \in N$ höchstens ein (mindestens ein, genau ein) Urbild $x \in M$ hat.

4. Für Bildmengen von Kompositionen $M \xrightarrow{f} N \xrightarrow{g} P$ gilt im allgemeinen $(g \circ f)(M) \subset g(N)$, also $Bild(g \circ f) \subset Bild(g)$. Ist f jedoch surjektiv, dann gilt die Gleichheit $Bild(g \circ f) = Bild(g)$.

5. Betrachtet man eine Funktion $f : T \longrightarrow \mathbb{R}$, $T \subset \mathbb{R}$, in einem cartesischen Koordinaten-System, dann bedeutet die vorstehende Bemerkung: f ist genau dann injektiv (surjektiv, bijektiv), wenn jede Abszissenparallele die Funktion f höchstens einmal (mindestens einmal, genau einmal) schneidet.

6. Wie anfangs am Beispiel der Sinus-Funktion schon angedeutet wurde, lassen sich nicht-injektive und/oder nicht-surjektive Funktionen durch geeignete Manipulationen injektiv und/oder surjektiv machen. Diese Verfahren bieten sich vor allem dann an, wenn durch solche Maßnahmen wesentliche Merkmale der jeweiligen Funktion nicht verlorengehen:
a) Eine Beschneidung des Definitionsbereichs kann Injektivität erzeugen; anstelle von $f : M \longrightarrow N$ betrachtet man geeignete Einschränkungen $f|T : T \longrightarrow N$. Beispielsweise ist die Normalparabel p in 2. nicht injektiv, aber die Einschränkung $p|\mathbb{R}_0^+ : \mathbb{R}_0^+ \longrightarrow \mathbb{R}$ ist injektiv.
b) Eine Beschneidung des Wertebereichs kann Surjektivität erzeugen; anstelle von $f : M \longrightarrow N$ wird ganz einfach $f : M \longrightarrow Bild(f)$ betrachtet (wenn nichts dagegen spricht, auch mit derselben Funktionsbezeichnung f).

1.132.3 Bemerkungen

M, N sowie M_1 und M_2 seien Mengen, ferner sei $T \subset M$. Für die in Definition 1.130.3 genannten Funktionen gilt:

1. Die identische Funktion $id_M : M \longrightarrow M$ mit $x \longmapsto x$ ist bijektiv.

2. Die Inklusion $in_T : T \longrightarrow M$ mit $x \longmapsto x$ ist injektiv.

3. Alle Einschränkungen $f|T : T \longrightarrow N$ injektiver Funktionen $f : M \longrightarrow N$ sind als Kompositionen $f|T = f \circ in_T$ injektiver Funktionen injektiv (siehe auch Satz 1.132.5/1).

4. Konstante Funktionen $k : M \longrightarrow \{a\} = Bild(k)$ sind surjektiv.

5. Die Projektionen $pr_1 : M_1 \times M_2 \longrightarrow M_1, (x_1, x_2) \longmapsto x_1$, und $pr_2 : M_1 \times M_2 \longrightarrow M_2, (x_1, x_2) \longmapsto x_2$, auf dem cartesischen Produkt $M_1 \times M_2$ sind surjektiv.

6. Sind die einzelnen Funktionen $f_1 : M_1 \longrightarrow N_1$ und $f_2 : M_2 \longrightarrow N_2$ injektiv (surjektiv, bijektiv), dann ist auch das cartesische Produkt $f_1 \times f_2 : M_1 \times M_2 \longrightarrow N_1 \times M_2, (x, z) \longmapsto (f_1(x), f_2(z))$, injektiv (surjektiv, bijektiv).

7. Die Symmetrie $M_1 \times M_2 \longrightarrow M_2 \times M_1$ mit $(x, z) \longmapsto (z, x)$ ist bijektiv.

1.132.4 Beispiele

1. Die Funktion $f : \mathbb{N} \longrightarrow \mathbb{R}$, $x \longmapsto ax$ mit $a \in \mathbb{R}$, $a \neq 0$, ist injektiv, aber nicht surjektiv. Betrachtet man hingegen $D(f) = \mathbb{R}$, dann ist die so veränderte Funktion auch surjektiv, insgesamt also bijektiv.

2. Alle Funktionen $f : \mathbb{R} \longrightarrow \mathbb{R}$ der Form $f(x) = ax + b$, sind im Fall $a \neq 0$ bijektiv, denn sie sind
a) injektiv, da aus $x \neq z$ wegen $a \neq 0$ zunächst $ax \neq az$ und dann $f(x) = ax + b \neq az + b = f(z)$ folgt,
b) surjektiv, denn ein beliebig gewähltes Element $z \in W(f)$ besitzt das Urbild $x = \frac{1}{a}(z - b)$, denn in der Tat ist $f(x) = f(\frac{1}{a}(z - b)) = a(\frac{1}{a}(z - b)) + b = z$.

3. Es bezeichne W die Menge aller *Winkelmaße*, das sind reelle Zahlen mit der Einheit Grad, beispielsweise also $\alpha = 37,1°$. Die Funktion $b : W \longrightarrow \mathbb{R}$, $b(\alpha) = \frac{\alpha}{180°}\pi$, die jedem Winkelmaß α sein zugehöriges Bogenmaß $b(\alpha)$ zuordnet, ist bijektiv. Das gleiche gilt für die Funktion $f : \mathbb{R} \longrightarrow W$, $w(z) = \frac{z}{\pi}180°$, die umgekehrt jedem Bogenmaß sein zugehöriges Winkelmaß zuordnet.

Die folgenden Sätze behandeln zunächst im Hinblick auf Beispiel 1.131.3/4 die Tatsache, daß die Eigenschaften Injektivität, Surjektivität und Bijektivität bei Kompositionen solcher Funktionen jeweils erhalten bleiben (Verträglichkeitseigenschaften), anschließend werden dann einige Kriterien für diese Funktionseigenschaften genannt. Die Eigenart dieser Kriterien liegt darin, daß sie elementefrei formuliert sind. Für Satz 1.132.5 bedeutet das: Allein aus dem Verhalten bezüglich komponierter Funktionen kann auf Injektivität, Surjektivität und Bijektivität geschlossen werden. Für Satz 1.132.6 bedeutet das insbesondere ein jeweils zweites Kriterium zum Nachweis dieser Eigenschaften.

1.132.5 Satz

Es seien Funktionen $M \xrightarrow{f} N$ und $N \xrightarrow{g} P$ vorgelegt. Dann gilt:

1. Sind die Funktionen f und g beide injektiv (surjektiv, bijektiv), dann ist auch ihre Komposition $g \circ f : M \longrightarrow P$ injektiv (surjektiv, bijektiv).

2. In umgekehrter Richtung gilt: Ist $g \circ f$ injektiv (surjektiv), dann ist f injektiv (g surjektiv).

Beweis:

1a) f und g seien injektiv. Für Elemente $x, z \in M$ mit $x \neq z$ ist wegen der Injektivität von f zunächst $f(x) \neq f(z)$, woraus mit der Injektivität von g dann $(g \circ f)(x) = g(f(x)) \neq g(f(z)) = (g \circ f)(z)$ folgt.

1b) f und g seien surjektiv, ferner sei z ein beliebiges Element aus P. Die Surjektivität von g liefert zunächst ein Urbild y von z in N, es gilt also $g(y) = z$. Die Surjektivität von f liefert dann ein Urbild x von y in M, es gilt also $f(x) = y$. Insgesamt gilt dann $(g \circ f)(x) = g(f(x)) = g(y) = z$, das heißt, x ist ein Urbild von z.

1c) folgt aus a) und b).

2a) Die Komposition $g \circ f$ sei injektiv. Es seien $x, z \in M$ und es gelte $f(x) = f(z)$. Daraus folgt zunächst $(g \circ f)(x) = (g \circ f)(z)$ und nach Voraussetzung dann $x = z$, also ist f injektiv.

2b) Die Komposition $g \circ f$ sei surjektiv. Zu Elementen $z \in P$ gibt es nach Voraussetzung jeweils Elemente $x \in M$ mit $z = (g \circ f)(x)$, also ist $z = g(f(x)) \in Bild(g)$ und somit g surjektiv.

1.132.6 Satz

M und N seien Mengen, dabei sei $M \neq \emptyset$. Eine Funktion $f : M \longrightarrow N$ ist genau dann

a) injektiv, falls es eine Funktion $g : N \longrightarrow M$ mit $g \circ f = id_M$ gibt,

b) surjektiv, falls es eine Funktion $h : N \longrightarrow M$ mit $f \circ h = id_N$ gibt,

c) bijektiv, falls es eine Funktion $g : N \longrightarrow M$ mit $g \circ f = id_M$ und $f \circ g = id_N$ gibt.

Anmerkung zu a): Ist f injektiv, dann ist g surjektiv (nach Satz 1.132.5/2 mit $id_M = g \circ f$).
Anmerkung zu b): Ist f surjektiv, dann ist h injektiv (nach Satz 1.132.5/2 mit $id_M = g \circ f$).
Anmerkung zu c): Ist f bijektiv, dann ist auch g bijektiv.

Beweis:

a_1) Es gebe eine Funktion $g : N \longrightarrow M$ mit $g \circ f = id_M$. Ferner seien $x, z \in M$ mit $f(x) = f(z)$ vorgelegt. Dann gilt $x = (g \circ f)(x) = (g \circ f)(z) = z$, also ist f injektiv.

a_2) Die Funktion f sei injektiv. Da M nicht leer ist, gibt es ein $x_0 \in M$, mit dessen Hilfe die gewünschte Funktion $g : N \longrightarrow M$ sich vermöge

$$g(z) = \begin{cases} x, & \text{falls } z = f(x) \\ x_0, & \text{sonst} \end{cases}$$

konstruieren läßt. Die Funktion g ist damit wohldefiniert, denn: Da f injektiv ist, hat zu jedem Element $z \in Bild(f)$ die Urbildmenge $f^u(\{z\})$ genau ein Element, das mit x_z bezichnet sei, und für das $f(x_z) = z$ gilt. Somit gibt es für $z \in Bild(f)$ genau ein Element $x_z \in M$, für das dann auch $g(z) = x_z$ definiert werden kann. Schließlich gilt: Für alle $x \in M$ ist $(g \circ f)(x) = g(f(x)) = x$, also gilt $g \circ f = id_M$.

b_1) Es gebe eine Funktion $h : N \longrightarrow M$ mit $f \circ h = id_N$. Ist ein beliebiges Element $z \in N$ vorgelegt, dann hat es mit $h(z)$ ein Urbild in M, denn es gilt $f(h(z)) = (f \circ h)(z) = id_N(z) = z$. Somit ist f surjektiv.

b_2) Die Funktion f sei surjektiv. Aus diesem Grund gilt $f^u(\{z\}) \neq \emptyset$, für alle $z \in N$. Zu $z \in N$ sei nun ein beliebiges Element $x_z \in f^u(\{z\})$ ausgewählt, womit sich dann eine Funktion $h : N \longrightarrow M$ durch $h(z) = x_z$ definieren läßt. Für diese Funktion h gilt $(f \circ h)(z) = f(h(z)) = f(x_z) = z$, für alle $z \in N$, somit ist $f \circ h = id_N$.

c) folgt unmittelbar aus a) und b).

Anmerkung zu den Beweisen a_2) und b_2): In beiden Beweisteilen wurde allein aus der Kenntnis, daß eine gewisse Menge nicht leer ist (M bei a_2) und $f^u(\{z\})$ bei b_2)), in beliebiger Weise ein Element ausgewählt. Diese Verfahrensweise wird als *Auswahlprinzip* bezeichnet und beruht auf dem sogenannten *Auswahl-Axiom*, das in der pragmatischen Mathematik ohne weiteres verwendet wird, bei Mengentheoretikern eher mit spitzen Fingern angefaßt wird (siehe dazu Abschnitte 1.331 und 1.828).

1.132.7 Satz *(Kürzbarkeit bei Kompositionen)*

1. Eine Funktion $f : M \longrightarrow N$ ist genau dann injektiv, wenn gilt: Für jede Menge F und je zwei Funktionen $g, h \in Abb(F, M)$ mit $f \circ g = f \circ h$ folgt dann $g = h$ *(Links-Kürzbarkeit)*.

2. Eine Funktion $f : M \longrightarrow N$ ist genau dann surjektiv, wenn gilt: Für jede Menge W und je zwei Funktionen $g, h \in Abb(N, W)$ mit $g \circ f = h \circ f$ folgt dann $g = h$ *(Rechts-Kürzbarkeit)*.

Beweis: Mit den im Satz genannten Daten gilt:

1. Ist $F = \emptyset$, dann ist $g = \emptyset = h$. Im folgenden gelte also $F \neq \emptyset$.

a) Es sei f injektiv. Für ein beliebiges Element $a \in F$ gelte $(f \circ g)(x) = (f \circ h)(x)$, also $f(g(x)) = f(h(x))$. Daraus liefert die Injektivität von f dann $g(x) = h(x)$; es gilt also $g = h$.

b) Es wird ein Widerspruchsbeweis geführt: Angenommen f ist nicht injektiv, dann ist zu zeigen, daß es Funktionen $g, h : F \longrightarrow M$ gibt, für die zwar $f \circ g = f \circ h$, aber nicht $g = h$ gilt: Ist f nicht injektiv, dann gibt es $x, z \in M$ mit $x \neq z$ aber $f(x) = f(z)$. Definiert man g und h durch $g(u) = x$ und $h(u) = z$, für alle $u \in F$, dann gilt $(f \circ g)(u) = f(x) = f(z) = (f \circ h)(u)$, also $f \circ g = f \circ h$ und $g \neq h$.

2a) Es sei f surjektiv. Ferner sei z ein beliebiges Element aus N, dann gibt es ein Element x aus M mit $f(x) = z$, folglich gilt $g(z) = g(f(x)) = (g \circ f)(x) = (h \circ f)(x) = h(f(x)) = h(z)$; es gilt also $g = h$.

2b) Es wird wieder ein Widerspruchsbeweis geführt: Angenommen f ist nicht surjektiv, dann ist zu zeigen, daß es Funktionen $g, h : N \longrightarrow W$ gibt, für die zwar $g \circ f = h \circ f$, aber nicht $g = h$ gilt: Ist f nicht surjektiv, dann ist $N \setminus Bild(f) \neq \emptyset$. Man betrachte nun Elemente $x, z \in W$ mit $x \neq z$ und definiere g und h durch $g(y) = x$, für alle $y \in N$, hingegen $h(y) = x$, für alle $y \in Bild(f)$, und $h(y) = z$, für alle $y \in N \setminus Bild(f)$. Dann gilt $g \circ f = h \circ f$, denn g und h stimmen auf $Bild(f)$ überein, aber $f \neq h$.

1.132.8 Lemma

Für Funktionen $f : M \longrightarrow M$ mit *endlicher* Menge M gelten folgende Äquivalenzen:
$$f \text{ injektiv} \Leftrightarrow f \text{ surjektiv} \Leftrightarrow f \text{ bijektiv}.$$

Beweis: Wir nehmen $card(M) = n$ an und führen folgende Widerspruchsbeweise:

a) Es gilt die Implikation: f injektiv $\Rightarrow$ f surjektiv, denn angenommen f ist nicht surjektiv, dann hat $Bild(f)$ höchstens $n-1$ Elemente, es muß dann also mindestens zwei Elemente aus dem Definitionsbereich M geben, die denselben Funktionswert haben, somit ist f nicht injektiv.

b) Es gilt die Implikation: f surjektiv $\Rightarrow$ f injektiv, denn angenommen f ist nicht injektiv, dann haben mindestens zwei verschiedene Elemente aus dem Definitionsbereich M denselben Funktionswert, also hat $Bild(f)$ höchstens $n-1$ Elemente, mindestens ein Element wird also von f nicht erfaßt, somit ist f nicht surjektiv.

c) Aus der Äquivalenz von Injektivität von Surjektivität folgt die zur Bijektivität.

A1.132.01: Weisen Sie für die in Beispiel 1.132.4/3 und in den Bemerkungen 1.132.3 betrachteten Funktionen die jeweils genannten Eigenschaften nach.

A1.132.02: Beweisen Sie Satz 1.132.7 unter Verwendung von Satz 1.132.6.

A1.132.03: Ist folgende Beweisführung für Satz 1.132.7/1, Teil b), richtig?
Es gelte die Links-Kürzbarkeit. Für Elemente $x, z \in N$ folgt aus $(f \circ g)(x) = (f \circ h)(z)$ dann $g(x) = h(x)$, also ist f injektiv.

A1.132.04: Zeigen Sie hinsichtlich Bemerkung 1.130.2/3: Ein Tripel $f = (M, N, F)$ mit Mengen M und N sowie einer Relation $F \subset M \times N$ ist genau dann eine Funktion, wenn die Einschränkung $pr_1 \,|\, F : F \longrightarrow M$ der 1. Projektion $pr_1 : M \times N \longrightarrow M$ bijektiv ist.

A1.132.05: Konstruieren Sie zu beliebigen Mengen M, N und $P \neq \emptyset$ eine bijektive Funktion
$$Abb(M \times N, P) \longrightarrow Abb(M, Abb(N, P)).$$

A1.132.06: Zu Funktionen $f : M' \longrightarrow M$ und $g : N \longrightarrow N'$ wird durch die Zuordnung $u \longmapsto g \circ u \circ f$ eine Funktion $Abb(f, g) : Abb(M, N) \longrightarrow Abb(M', N')$ definiert. Für diese Funktion zeige man nun:
1a) Sind $f' : M'' \longrightarrow M'$ und $g' : N' \longrightarrow N''$ weitere Funktionen, dann gilt
$$Abb(f', g') \circ Abb(f, g) = Abb(f \circ f', g' \circ g).$$
1b) Es gilt $Abb(id_M, id_N) = id_{Abb(M,N)}$.
2a) Ist f surjektiv und g injektiv, so ist $Abb(f, g) : Abb(M, N) \longrightarrow Abb(M', N')$ injektiv.
2b) Sind f und g bijektiv, so ist $Abb(f, g) : Abb(M, N) \longrightarrow Abb(M', N')$ bijektiv.

A1.132.07: Nennen Sie zu einer Menge M und einem Objekt a eine bijektive Funktion $M \longrightarrow \{a\} \times M$.

A1.132.08: Weisen Sie nach: Zu Mengen M und N sowie zu Elementen $a \notin M$ und $b \notin N$ sind die folgenden Aussagen äquivalent:
a) Es gibt eine bijektive Funktion $f : M \longrightarrow N$.
b) Es gibt eine bijektive Funktion $g : M \cup \{a\} \longrightarrow N \cup \{a\}$.
c) Es gibt eine bijektive Funktion $h : M \cup \{a\} \longrightarrow N \cup \{b\}$ mit $h(a) = b$.

A1.132.09: Stellen Sie Fortsetzungen von Funktionen (siehe Definition 1.130.3/d) durch kommutative Ergänzungen in Diagrammen dar.

A1.132.10: Zeigen Sie, daß für Mengen M die folgenden Aussagen äquivalent sind:
a) Es gibt eine injektive Funktion $f : M \longrightarrow M$, die nicht surjektiv ist.
b) Es gibt eine zu M gleichmächtige echte Teilmenge $T \subset M$ (also mit $card(T) = card(M)$ und $T \neq M$).

1.133 INVERSE UND INVERTIERBARE FUNKTIONEN

> Der Entschluß zu philosophieren ist eine Aufforderung an das wirkliche Ich, daß es sich besinnen, erwachen und Geist sein solle.
> *Novalis* (1801 - 1830)

Der Vorzug der injektiven Funktionen f liegt insbesondere in der genauen Vergleichbarkeit von Definitions- und Bildmenge, also von $D(f)$ und $Bild(f)$. Der Begriff der Funktion garantiert zwar schon, daß es zu jedem Element x aus $D(f)$ genau ein Bildelement $f(x)$ in $W(f)$ gibt, aber umgekehrt bewirkt erst die Injektivität von f, daß es zu jedem Bildelement *nur ein* Urbild gibt, daß also die Urbildmenge $f^u(f(\{x\}))$ eine einelementige Menge ist. Gilt das aber von jedem Element des Wertebereichs, ist f darüber hinaus also noch surjektiv, so kann zu f eine Funktion von $W(f)$ nach $D(f)$ zu definiert werden.

1.133.1 Satz und Definition

M und N seien nicht-leere Mengen. Für Funktionen $f : M \longrightarrow N$ sind die folgenden Eigenschaften äquivalent:
a) f ist bijektiv.
b) f ist *invertierbar (umkehrbar)*, das heißt: Es gibt zu f genau eine *inverse Funktion (Umkehrfunktion)* $f^{-1} : N \longrightarrow M$, die durch die Beziehungen
$f \circ f^{-1} = id_N$ (also: $f(f^{-1}(z)) = z$, für alle $z \in N$) und
$f^{-1} \circ f = id_M$ (also: $f^{-1}(f(x)) = x$, für alle $x \in M$) gekennzeichnet ist.

Beweis:
a) $\Rightarrow$ b): Zunächst zur Existenz der inversen Funktion f^{-1}, wobei aufgrund ihrer anschließend nachgewiesenen Eindeutigkeit schon das Zeichen f^{-1} verwendet wird. Die inverse Funktion $f^{-1} : N \longrightarrow M$ zu f sei definiert durch
$$f^{-1}(z) = x \Leftrightarrow f(x) = z, \text{ für alle } z \in N.$$
Und nun zur Eindeutigkeit von f^{-1}: Angenommen es gibt noch eine weitere Funktion $h : N \longrightarrow M$ mit den Eigenschaften $f \circ h = id_N$ und $h \circ f = id_M$, dann ist $f^{-1} = f^{-1} \circ id_N = f^{-1} \circ (f \circ h) = (f^{-1} \circ f) \circ h = id_M \circ h = h$ (wobei zweimal die Neutralität der identischen Funktion bezüglich Komposition (siehe Bemerkung 1.131.2/6) verwendet wurde).
b) $\Rightarrow$ a): Zunächst ist f injektiv, denn für alle Elemente $x, y \in M$ gilt: $f(x) = f(y) \Rightarrow f^{-1}(f(x)) = f^{-1}(f(y)) \Rightarrow (f^{-1} \circ f)(x) = (f^{-1} \circ f)(y) \Rightarrow id_M(x) = id_M(y) \Rightarrow x = y$. Ferner ist f auch surjektiv, denn: Jedes Element $z \in N$ besitzt $f^{-1}(z)$ als Urbild, da $f(f^{-1}(z)) = (f \circ f^{-1})(z) = id_N(z) = z$ gilt.

1.133.2 Bemerkungen

1. Die inverse Funktion $f^{-1} : N \longrightarrow M$ einer bijektiven Funktion $f : M \longrightarrow N$ ist ebenfalls bijektiv.

2. Für die graphische Darstellung bijektiver Funktionen und ihrer inversen Funktionen im üblichen Cartesischen Koordinaten-System gilt folgender einfacher Sachverhalt, der sich unmittelbar aus den in b) des obigen Satzes genannten Formeln ergibt, jedoch an eine wichtige Voraussetzung gebunden ist: Liegen *maßstabsgleiche* Koordinaten vor, dann verhalten sich die Funktionen $f : S \longrightarrow T$ und $f^{-1} : T \longrightarrow S$ mit $S, T \subset \mathbb{R}$ spiegelsymmetrisch zur identischen Funktion $id_\mathbb{R}$ (die dann den Anstiegswinkel $45°$ hat).

3. Das folgende einfache Beispiel soll das eben Gesagte illustrieren: Die Funktion $f : \mathbb{R} \longrightarrow \mathbb{R}, f(x) = ax$ ($a \neq 0$), besitzt die inverse Funktion $f^{-1} : \mathbb{R} \longrightarrow \mathbb{R}, f^{-1}(x) = \frac{1}{a}x$, denn es gilt einerseits $f^{-1}(f(x)) = f^{-1}(ax) = \frac{1}{a}(ax) = x = id_\mathbb{R}(x)$, für alle $x \in \mathbb{R}$, also ist $f^{-1} \circ f = id_\mathbb{R}$ und andererseits $f(f^{-1}(z)) = f(\frac{1}{a}z) = a(\frac{1}{a}z) = z = id_\mathbb{R}(z)$, für alle $z \in \mathbb{R}$, also ist $f \circ f^{-1} = id_\mathbb{R}$. (Man beachte, welche Rolle hier die Forderung $a \neq 0$ spielt: $a = 0$ bedeutete $f = 0$ (Nullfunktion) und das hieße, daß die Ordinate Umkehrfunktion, also überhaupt eine Funktion wäre.)

Der folgende Satz liefert ein Verfahren dafür, wie die inverse Funktion einer invertierbaren Komposition gebildet werden kann. Dieses Verfahren ist dann von Nutzen, wenn es gelingt, eine vorgelegte Funktion als Komposition bijektiver Bausteine darzustellen. Dabei sei an Satz 1.132.5/1 erinnert, nach dem die Komposition bijektiver Funktionen wieder bijektiv ist.

1.133.3 Satz

1. Für jede bijektive Funktion $f : M \longrightarrow N$ gilt $(f^{-1})^{-1} = f$.
2. Sind $f : M \longrightarrow N$ und $g : N \longrightarrow P$ bijektiv, dann gilt $(g \circ f)^{-1} = f^{-1} \circ g^{-1}$.

Beweis:
1. Nach Definition von f^{-1} im Beweis von 1.133.1 gilt: $((f^{-1})^{-1})(z) = x \Leftrightarrow f^{-1}(x) = z \Leftrightarrow f(z) = x$.
2. Zunächst gelten die Formeln $(g \circ f) \circ (f^{-1} \circ g^{-1}) = g \circ (f \circ f^{-1}) \circ g^{-1} = g \circ id_N \circ g^{-1} = g \circ g^{-1} = id_P$ und $(f^{-1} \circ g^{-1}) \circ (g \circ f) = f^{-1} \circ (g^{-1} \circ g) \circ f = f^{-1} \circ id_N \circ f = f^{-1} \circ f = id_M$. Da invere Funktionen aber eindeutig bestimmt sind, folgt aus diesen Formeln $(g \circ f)^{-1} = f^{-1} \circ g^{-1}$.

1.133.4 Beispiele

1. Geraden $f : \mathbb{R} \longrightarrow \mathbb{R}, x \longmapsto a + bx$ mit $b \neq 0$, sind bijektiv. Die inverse Funktion $f^{-1} : \mathbb{R} \longrightarrow \mathbb{R}$ zu f erhält man nach Satz 1.133.3b, indem man f als Komposition zweier bijektiver Funktionen darstellt und die inversen Funktionen der einzelnen Funktionen bildet. Das heißt in diesem Fall, daß man die beiden Rechenwege und dann die Reihenfolge dieser Rechenwege umkehrt:
$$x \xmapsto{\cdot b} bx \xmapsto{+a} a + bx \quad \text{liefert} \quad \frac{z-a}{b} \xmapsfrom{\cdot \frac{1}{b}} z - a \xmapsfrom{-a} z$$
Damit hat f^{-1} dann die Zuordnungsvorschrift: $f^{-1}(z) = \frac{z-a}{b} = \frac{1}{b}z - \frac{a}{b}$.
Man kann die Zuordnungsvorschrift von f^{-1}, sofern die Bijektivität von f bekannt ist, auch unter Verwendung der im Beweis von Satz 1.133.1 genannten Äquivalenz auf direktem Wege gewinnen: Man betrachtet $f(x) = a + bx = z$ und errechnet daraus $f^{-1}(z) = x = \frac{1}{b}z - \frac{a}{b}$. Die beiden Äquivalenzen $f^{-1}(z) = x \Leftrightarrow f(x) = z$ und $x = \frac{1}{b}z - \frac{a}{b} \Leftrightarrow z = a + bx$ liefern also die Äquivalenz
$$f^{-1}(z) = x \text{ und } x = \frac{1}{b}z - \frac{a}{b} \Leftrightarrow z = a + bx,$$
und damit die Zuordnungsvorschrift von f^{-1} in der Äquivalenz $\quad f^{-1}(z) = \frac{1}{b}z - \frac{a}{b} \Leftrightarrow f(x) = a + bx$.

2. Die Exponentialfunktion $exp_a : \mathbb{R} \longrightarrow \mathbb{R}^+$ und die Logarithmusfunktion $log_a : \mathbb{R}^+ \longrightarrow \mathbb{R}$ sind zueinander inverse Funktionen (man beachte dabei $a \neq 1$).

3. Die trigonometrischen Grundfunktionen werden so eingeschränkt, daß sie (unter Beibehaltung ihrer wesentlichen Eigenschaften) inverse Funktionen besitzen:
$$sin : [-\tfrac{1}{2}\pi, \tfrac{1}{2}\pi] \longrightarrow [-1, 1] \quad cos : [0, \pi] \longrightarrow [-1, 1] \quad tan : [-\tfrac{1}{2}\pi, \tfrac{1}{2}\pi] \longrightarrow \mathbb{R} \quad cot : [0, \pi] \longrightarrow \mathbb{R}$$
Die zugehörigen inversen Funktionen werden mit *arcsin, arccos, arctan, arccot* bezeichnet (gesprochen: arcussinus, ...), wobei der Teil *arc* von dem lateinischen Wort *arcus* für *Bogen* abgeleitet ist.

4. Man betrachte die Menge G_0 aller Geraden $f : \mathbb{R} \longrightarrow \mathbb{R}$ durch den Nullpunkt im Koordinaten-System. Es wird nun eine Funktion $A : G_0 \longrightarrow \mathbb{R}$ dadurch konstruiert, daß jeder Geraden aus G_0 ihr Anstieg zugeordnet wird, also $A(f) = f(1)$. Andererseits läßt sich jeder reellen Zahl a eine Gerade f_a durch $(0, 0)$ zuordnen, die gerade den Anstieg a hat. Durch diese Zuordnung wird eine Funktion $F : \mathbb{R} \longrightarrow G_0, F(a) = f_a$, definiert. Beide Funktionen sind zueinander invers.

5. Es bezeichne W die Menge aller Winkelmaße (siehe Beispiel 1.132.4/3). Der Zusammenhang zwischen Winkelmaßen und ihren Bogenmaßen wird durch die beiden Funktionen $b : W \longrightarrow \mathbb{R}, b(\alpha) = \frac{\alpha \cdot \pi}{180°}$, als Bogenlänge des Winkels α, und $w : \mathbb{R} \longrightarrow W$ mit $w(x) = \frac{x \cdot 180°}{\pi}$, relativ zum Einheitskreis (Radius 1) beschrieben. Beide Funktionen sind zueinander invers.

6. Im Zusammenhang mit Zahlenmengen gibt es eine Reihe interessanter bijektiver Funktionen, beispielsweise $\mathbb{N} \longrightarrow \mathbb{Z}$ und $\mathbb{Z} \longrightarrow \mathbb{Q}$, die zeigen, daß alle drei Mengen dieselbe Kardinalzahl haben (genauer in den Abschnitten 1.34x untersucht). In diesem Zusammenhang spielt auch die bijektive Funktion $f : (0, 1) \longrightarrow \mathbb{R}$ mit $f(x) = \frac{2x-1}{2x(x-1)}$ eine Rolle, deren inverse Funktion $f^{-1} : \mathbb{R} \longrightarrow (0, 1)$ durch $f^{-1}(z) = \frac{1}{2z}(z + 1 - \sqrt{z^2 + 1})$, für $z \neq 0$, und $f^{-1}(0) = \frac{1}{2}$ definiert ist.
Hinweis: Man gewinnt f^{-1} wie in Beispiel 1, indem man $\frac{2x-1}{2x(x-1)} = z$ betrachtet und daraus über die quadratische Gleichung $2zx^2 - 2(z+1)x + 1 = 0$ die Lösung $x = f^{-1}(z) \in (0, 1)$ berechnet (siehe dazu insbesondere Aufgabe A1.312.04).

7. Man betrachte die Menge $\mathbb{R} \times \mathbb{R}$ sowie das diese Menge repräsentierende Cartesische Koordinaten-System (K_1, K_2). Im folgenden sollen zwei Darstellungen von Punkten in der zugehörigen Ebene untersucht werden, wobei wir uns allerdings auf die Menge der Punkte $(x, z) \neq (0, 0)$ beschränken. Demgemäß bezeichne ($\mathbb{R}^* = \mathbb{R} \setminus \{0\}$ und entsprechend $(\mathbb{R} \times \mathbb{R})^* = (\mathbb{R} \times \mathbb{R}) \setminus \{(0, 0)\}$).

a) Jedem Punkt P dieser Ebene „mit Loch" entspricht genau ein Zahlenpaar $(x, z) \in (\mathbb{R} \times \mathbb{R})^*$.

b) Jedem Punkt dieser Ebene „mit Loch" entspricht genau ein Paar $(r, \alpha) \in \mathbb{R}^+ \times (-\pi, \pi]$, wobei r den Abstand von P zum Koordinatenursprung $O = (0, 0)$ und α das Bogenmaß des (positiven oder negativen) Winkels bezeichne, den die positive Koordinate K_1 mit der Strecke $s(O, P)$ bildet. Die Darstellung (r, α) nennt man die *Polar-Darstellung* von P. Die beiden folgenden Funktionen P und T sind zueinander invers:

$$P : (\mathbb{R} \times \mathbb{R})^* \longrightarrow \mathbb{R}^+ \times (-\pi, \pi], \quad (x, z) \longmapsto \begin{cases} (\sqrt{x^2 + z^2}, arctan(\frac{z}{x})) & , \text{ falls } x > 0 \text{ und } z \geq 0, \\ (\sqrt{x^2 + z^2}, arctan(\frac{z}{x}) + \pi) & , \text{ falls } x < 0 \text{ und } z \geq 0, \\ (\sqrt{x^2 + z^2}, arctan(\frac{z}{x}) - \pi) & , \text{ falls } x < 0 \text{ und } z < 0, \\ (\sqrt{x^2 + z^2}, arctan(\frac{z}{x})) & , \text{ falls } x > 0 \text{ und } z < 0, \\ (z, \frac{1}{2}\pi) & , \text{ falls } x = 0 \text{ und } z > 0, \\ (z, \frac{1}{2}\pi) & , \text{ falls } x = 0 \text{ und } z < 0 \end{cases}$$

$$T : \mathbb{R}^+ \times (-\pi, \pi] \longrightarrow (\mathbb{R} \times \mathbb{R})^*, \quad (r, \alpha) \longmapsto (r \cdot cos(\alpha), r \cdot sin(\alpha)).$$

Dabei nennt man $(r \cdot cos(\alpha), r \cdot sin(\alpha))$ die *trigonometrische Darstellung* des Punktes P.

Um die aufgefächerte Zuordnungsvorschrift der Funktion P besser verstehen zu können, stelle man sich die jeweilige Lage der Punkte (x, z) auf einem Einheitskreis vor und zeichne das jeweils zugehörige Bogenstück der Kreislinie ein. Beachtet man ferner das Aussehen der bijektiven Funktion $arctan : \mathbb{R} \longrightarrow (-\frac{\pi}{2}, \frac{\pi}{2})$ und ihre Punktsymmetrie zum Koordinatenursprung, so kann man die Vorschrift von P leichter einsehen. Dabei bezeichnet $arc(x, z)$ den mit (Richtungs-)Vorzeichen ausgestatteten Bogen des Punktes (x, z) (mit Bogenlänge $|arc(x, z)|$):

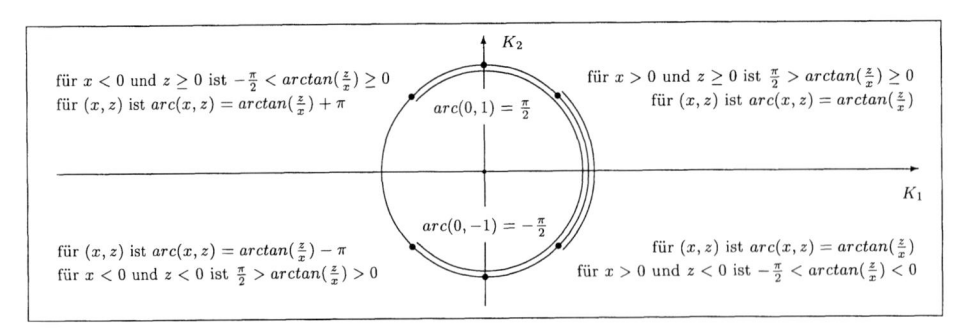

	K_2	
für $x < 0$ und $z \geq 0$ ist $-\frac{\pi}{2} < arctan(\frac{z}{x}) \geq 0$ für (x, z) ist $arc(x, z) = arctan(\frac{z}{x}) + \pi$	$arc(0, 1) = \frac{\pi}{2}$	für $x > 0$ und $z \geq 0$ ist $\frac{\pi}{2} > arctan(\frac{z}{x}) \geq 0$ für (x, z) ist $arc(x, z) = arctan(\frac{z}{x})$
		K_1
	$arc(0, -1) = -\frac{\pi}{2}$	
für (x, z) ist $arc(x, z) = arctan(\frac{z}{x}) - \pi$ für $x < 0$ und $z < 0$ ist $\frac{\pi}{2} > arctan(\frac{z}{x}) > 0$		für (x, z) ist $arc(x, z) = arctan(\frac{z}{x})$ für $x > 0$ und $z < 0$ ist $-\frac{\pi}{2} < arctan(\frac{z}{x}) < 0$

Wie auch in der vorstehenden Übersicht bezeichnet $arc(x, z)$ die zweite Komponente von $P(x, z)$. Bezeichnet man ferner die erste Komponente von $P(x, z)$ mit $d(x, z) = d((x, z), (0, 0))$ (Distanz zum Koordinatenursprung), dann liegen zwei (als Projektionen surjektive, jedoch nicht injektive) Funktionen $d : (\mathbb{R} \times \mathbb{R})^* \longrightarrow \mathbb{R}^+$ mit $(x, z) \longmapsto d(x, z)$ und $arc : (\mathbb{R} \times \mathbb{R})^* \longrightarrow (-\pi, \pi]$ mit $(x, z) \longmapsto arc(x, z)$ vor, mit denen dann die Funktion $P : (\mathbb{R} \times \mathbb{R})^* \longrightarrow \mathbb{R}^+ \times (-\pi, \pi]$ abkürzend (nicht erklärend) durch $P(x, z) = (d(x, z), arc(x, z))$ angegeben werden kann.

A1.133.01: Der Zuordnungsvorschrift $f(x) = sin(2x + \frac{1}{2}\pi)$ liegt eine Kompositon $f = sin \circ g$ zugrunde. Es gelte $D(sin) = [-\frac{1}{2}\pi, \frac{1}{2}\pi]$.
a) Vervollständigen Sie die Angaben zu bijektiven Funktionen *sin*, *g* und $f = sin \circ g$.
b) Ermitteln Sie zu *sin*, *g* und $f = sin \circ g$ jeweils die Umkehrfunktionen und zeichnen Sie alle sechs Funktionen in ein Koordinatensystem (ohne Wertetabellen).

A1.133.02: Gleiche Aufgabenstellung wie in A1.133.01 mit $f(x) = cos(\frac{1}{2}x + \pi)$ und $D(cos) = [0, \pi]$.

A1.133.03: Beweisen Sie, daß Potenzfunktionen id^n mit $n \in \mathbb{Z} \setminus \{0\}$ bijektiv sind, sofern nötigenfalls Einschränkungen der Definitionsbereiche vorgenommen werden. Geben Sie dabei die inversen Funktionen an (mit Zeichnungen).

A1.133.04: Beweisen Sie, daß die Funktionen A und F in Beispiel 1.133.4/4 zueinander invers sind.

A1.133.05: Beweisen Sie, daß die Funktionen b und w in Beispiel 1.133.4/5 zueinander invers sind.

A1.133.06: Beweisen Sie, daß die Viertelkreis-Funktion $k : D \longrightarrow D$ mit $D = \{x \in \mathbb{R} \mid 0 \leq x \leq r\}$ und Radius r (siehe Beispiel 1.120.3/4 und Aufgabe A1.130.05) zu sich selbst invers ist, das heißt, für k gilt $k = k^{-1}$.

A1.133.07: Man betrachte (im Zusammenhang mit Beispiel 1.133.4/7) im Cartesischen Koordinaten-System (K_1, K_2) die von der nicht-negativen Koordinate K_1 gebildete Halbebene, deren Punkte auf zweierlei Weise dargestellt werden können:
a) Jedem Punkt P dieser Halbebene entspricht genau ein Zahlenpaar $(x, z) \in \mathbb{R}_0^+ \times \mathbb{R}^*$ mit $\mathbb{R}^* = \mathbb{R} \setminus \{0\}$.
b) Jedem Punkt dieser Halbebene entspricht genau ein Paar $(r, \alpha) \in \mathbb{R}^+ \times [-\frac{\pi}{2}, \frac{\pi}{2}]$, wobei r den Abstand von P zum Koordinatenursprung $O = (0, 0)$ und α das Bogenmaß des (positiven oder negativen) Winkels bezeichne, den die positive Koordinate K_1 mit der Strecke $s(O, P)$ bildet. Die Darstellung (r, α) ist also die *Polar-Darstellung* von P. Betrachten Sie die beiden folgenden Funktionen P und T (als Einschränkungen der in Beispiel 1.133.4/7 genannten Funktionen):

$$P : \mathbb{R}_0^+ \times \mathbb{R}^* \longrightarrow \mathbb{R}^+ \times [-\frac{\pi}{2}, \frac{\pi}{2}], \quad (x, z) \longmapsto \begin{cases} (\sqrt{x^2 + z^2}, arctan(\frac{z}{x})) & , \text{ falls } x \neq 0 \\ (z, \frac{1}{2}\pi) & , \text{ falls } x = 0 \text{ und } z > 0, \\ (-z, -\frac{1}{2}\pi) & , \text{ falls } x = 0 \text{ und } z < 0 \end{cases}$$

$$T : \mathbb{R}^+ \times [-\frac{\pi}{2}, \frac{\pi}{2}] \longrightarrow \mathbb{R}_0^+ \times \mathbb{R}^*, \quad (r, \alpha) \longmapsto (r \cdot cos(\alpha), r \cdot sin(\alpha)).$$

Beweisen Sie, daß diese Funktionen P und T zueinander invers sind. Verwenden Sie dabei die für alle $u \in \mathbb{R}$ geltende Beziehung $arctan(u) = arcsin(\frac{u}{\sqrt{1+u^2}})$ sowie die aus $sin^2 + cos^2 = 1$ folgende Gleichheit $cos = \sqrt{1 - sin^2}$. Noch folgende Zusätze:

z_1) Erklären Sie die Konstruktion $arctan(\frac{z}{x})$ in der Zuordnungsvorschrift von P.
z_2) Berechnen Sie die Kompositionen $T \circ P$ und $P \circ T$ für diejenigen Punkte auf dem Einheitskreis, deren zugehörige Winkel jeweils 30°, 45°, 60°, −30°, −45°, −60° betragen. Führen Sie eine analoge Berechnung für den Punkt mit 135° durch und kommentieren Sie das dabei entstehende Resultat. Kann man diesem Beispiel entnehmen, wie die Funktionen P und T für ein Intervall mit den Grenzen $-\pi$ und π formuliert werden könnten?
z_3) Verfahren Sie wie in b) für Punkte (x, z), die auf Ursprungsgeraden mit den dort angegebenen Anstiegswinkeln liegen. Stellen Sie den von P erfaßten Teil solcher Geraden als Relation S dar und geben Sie auch allgemein $P(S) = Bild(P|S)$ ebenfalls als Relation an.
z_4) Wie ist Beispiel 1.333.4/6 zu formulieren, wenn man anstelle des abgeschlossenen Intervalls $[-\frac{\pi}{2}, \frac{\pi}{2}]$ entweder das zugehörige offene Intervall $(-\frac{\pi}{2}, \frac{\pi}{2})$ oder das Intervall $[0, \frac{\pi}{2}]$ betrachtet?

A1.133.08: Zeigen Sie, daß die durch $f(x) = log_e(a + x^2)$ mit $a > 0$ definierte Funktion $f : \mathbb{R} \longrightarrow \mathbb{R}$ nicht injektiv ist. Schränken Sie f dann so ein, daß eine bijektive Funktion entsteht (mit Nachweis).

A1.133.09: In Bemerkung 1.133.2/2 ist der Fall $Abs : Ord = 1 : 1$ beschrieben und indirekt der Fall $Abs : Ord = 1 : k$ mit einer beliebig wählbaren Zahl $k \in \mathbb{R}^+$ angedeutet, wobei mit dieser Angabe in Kurzform gemeint sei, daß die Einheit der Ordinate die k-fache Länge der Einheit der Abszisse besitze. Schildern Sie anhand einer geeigneten Skizze mit Geraden f und $g = f^{-1}$ sowie dem Verschiebungsfaktor (Streckung/Stauchung) $k = \frac{1}{2}$, wie bei Vorgabe einer der beiden Funktionen die jeweils andere gezeichnet werden kann.

A1.133.10: Beweisen Sie die folgenden Aussagen:
1. Ist $u : S \longrightarrow T$ mit $S, T \subset \mathbb{R}$ eine bijektive Funktion, dann ist $f = u^{-1} \circ (c - u)$ mit $c \in \mathbb{R}$ eine zu sich selbst inverse Funktion, es gilt also $f = f^{-1}$. Geben Sie anhand eines geeigneten Kreisausschnitts ein Beispiel für u und f an.
2. Ist $u : S \longrightarrow T$ mit $S \subset \mathbb{R}$ und $T \subset \mathbb{R}^+$ eine bijektive Funktion, dann ist $f = u^{-1} \circ (c \cdot \frac{1}{u})$ mit $c \in \mathbb{R}$ eine zu sich selbst inverse Funktion, es gilt also $f = f^{-1}$. Geben Sie anhand eines geeigneten Hyperbelteils ein Beispiel für u und f an.

A1.133.11: Betrachten Sie einerseits die Menge $\mathbb{R} \cdot id$ aller Geraden f_c durch den Koordinatenursprung (also mit $f_x(x) = cx$, für alle $x \in \mathbb{R}$) und andererseits den als Relation formulierten Halbkreis (ohne Endpunkte) $H_1 = \{(u, v) \in \mathbb{R}^+ \times \mathbb{R} \mid u^2 + v^2 = 1\}$ mit Radius 1 (also rechts von der Ordinate). Geben Sie nun anhand einer kleinen Skizze (und ohne Verwendung von Winkeln)
1. eine bijektive Funktion $\mathbb{R} \cdot id \longrightarrow H_1$ an,
2. eine entsprechende bijektive Funktion $\mathbb{R} \cdot id \longrightarrow H_r$ für einen beliebigen Radius r an.

Anmerkung: Damit liegen bijektive Funktionen $\mathbb{R} \longrightarrow \mathbb{R} \cdot id \longrightarrow H_1$ und $\mathbb{R} \longrightarrow \mathbb{R} \cdot id \longrightarrow H_r$ vor.

1.136 FUNKTIONEN UND GLEICHUNGEN

> Wissen ist ein Schatz, der seinen
> Besitzer überallhin begleitet.
> *Alte chinesische Weisheit*

Es gibt – je nach Adressatenkreis – zwei sowohl vernünftige als auch praktikable Gleichungsbegriffe, alles andere rückt schon in die Nähe groben Unfugs. Der erste, den man als naiven Gleichungsbegriff bezeichnen kann, hat folgende Form: Man suche zu gegebenen Zahlen a und b aus einer Zahlenmenge Z (andere) Zahlen x aus einer Zahlenmenge Z' (meistens ist $Z = Z'$) mit, beispielsweise, $ax + b = 0$. Diese Form des Gleichungsbegriffs ist also ein einfacher Imperativsatz zur Suche nach gewissen Zahlen, wobei über Erfolg oder Mißerfolg der Suche keinerlei Vorbedingungen gestellt werden. Als Randbedingung genügt meist der Hinweis, daß bei dieser Suche von den bürgerlichen Grundrechenarten (im vorgesehenen Ausmaße) Gebrauch gemacht werden darf.

Die zweite Version des Gleichungsbegriffs wird entsprechend dem tatsächlichen Auftreten von Gleichungsproblemen definiert (Gleichungen sind keine isolierten Phänome), nämlich im Zusammenhang mit Funktionen und nur dort. Schon ganz einfache Beispiel zeigen das: Bei Nullstellen- oder Schnittpunktproblemen etwa werden Gleichungen als hauptsächliches technisches Hilfsmittel verwendet. Der Gleichungsbegriff ist also ein dem Funktionsbegriff nachgeordneter Begriff, insofern liegt es auf der Hand, Gleichungen mit Hilfe des Funktionsbegriffs zu definieren. (Und es ist klar, daß mit dem wohldefinierten Funktionsbegriff dann auch so seltsame und überflüssige Dinge wie das Rechnen mit sogenannten Leerstellen und Platzhaltern entfallen.)

Der im folgenden vorgestellte Gleichungsbegriff hat darüber hinaus den Vorteil, daß er sich für jedes Auftreten von Gleichungsproblemen eignet, darunter fallen beispielsweise Begriffe wie (Lineare) Gleichungssysteme, Integralgleichungen, Differentialgleichungen und was sonst noch das Wort Gleichung enthalten mag. Es lohnt sich also schon, den Gleichungen und ihren begrifflichen Grundlagen etwas genauere Aufmerksamkeit zu widmen.

1.136.1 Definition

1. Eine *Gleichung* ist ein Paar (f, b) einer Funktion $f : M \longrightarrow N$ und eines Elementes b aus N.
2. Ein Element $x \in M$ heißt *Lösung* von (f, b), falls $f(x) = b$ gilt.
3. Die *Lösungsmenge* von (f, b) ist die Menge $L(f, b) = \{x \in M \mid f(x) = b\}$ aller Urbilder von b unter der Funktion f. (Es gilt stets $L(f, b) \subset D(f)$.)
4. Eine Gleichung (f, b) heißt *lösbar*, falls $L(f, b) \neq \emptyset$ ist, sonst *nicht lösbar*.

1.136.2 Bemerkungen

1. Gelegentlich – wenn es der Zusammenhang in einer bestimmten Berechnung günstig erscheinen läßt – wird anstelle von (f, b) auch etwas mißverständlich $f(x) = b$ geschrieben, mißverständlich deswegen, weil in dieser Schreibweise die Existenz einer Lösung x schon angenommen wird. Das kann ein Irrtum sein.

2. Es bietet sich an, Gleichungen über Funktionen $f : T \longrightarrow \mathbb{R}$, $T \subset \mathbb{R}$, nach den jeweiligen Funktionen zu benennen. Beispielsweise nennt man Gleichungen über Polynom-Funktionen kurz Polynom-Gleichungen. Nach diesem Muster verfährt man stets, wenn keine sprachlichen Mißgriffe auftreten. Auch feinere Klassifizierungen von Funktionen werden auf zugehörige Gleichungen übertragen: Polynom-Funktionen 2. Grades nennt man auch Parabeln oder quadratische Funktionen, somit spricht man von Parabel-Gleichungen oder quadratischen Gleichungen.

3. Die Menge aller Gleichungen über allen Funktionen $M \longrightarrow N$ ist $Abb(M, N) \times N$. Betrachtet man dazu die Funktion $L : Abb(M, N) \times N \longrightarrow Pot(M)$, $(f, b) \longmapsto L(f, b)$, dann liefert L auf $Abb(M, N) \times N$ nach Beispiel 1.140.4/3 eine Äquivalenz-Relation R, definiert durch
$$(f, b) \, R \, (g, c) \iff L(f, b) = L(g, c).$$
Zwei Gleichungen stehen also genau dann in dieser Relation zueinander, wenn sie dieselbe Lösungsmenge haben. Eine Äquivalenzklasse enthält also alle Gleichungen mit derselben Lösungsmenge.

4. Gleichungen (f,b) und (g,c) mit der Eigenschaft (f,b) R (g,c) nennt man *äquivalente Gleichungen*. Dieser Begriff führt auch dazu, anstelle von (f,b) R (g,c) meist die Schreibweise $(f,b) \Leftrightarrow (g,c)$ zu verwenden, wie das auch im folgenden getan wird.

5. N sei ein Ring (N sei also mit einer Addition und mit einer dazu verträglichen Multiplikation versehen; genauer ist dieser Begriff in Abschnitt 1.430 definiert). Für beliebige Gleichungen (f,b) über einer Funktion $f: M \longrightarrow N$ gelten dann folgende Sachverhalte:
   a) $(f,b) \Leftrightarrow (c+f, c+b)$, für alle $c \in N$,
   b) $(f,b) \Leftrightarrow (c \cdot f, c \cdot b)$, für alle $c \in N \setminus \{0\}$.

Diese beiden Regeln nennt man die *Äquivalenzumformungen* für eine Gleichung (f,b). Insbesondere liefert Regel a) die Äquivalenz $(f,b) \Leftrightarrow (-b+f, 0)$, weswegen man anstelle der Untersuchung von (f,b) häufig auch die leichter handhabbare Gleichung $(-b+f, 0)$ betrachtet.
Beweis von a): $x \in L(f,b) \Leftrightarrow f(x) = b \Leftrightarrow c + f(x) = c + b \Leftrightarrow (c+f)(x) = c+b \Leftrightarrow x \in L(c+f, c+b)$

6. Das sogenannte Lösen einer Gleichung (f,b), also die Bestimmung ihrer Lösungsmenge $L(f,b)$, geschieht nach folgendem formalen Muster: Zunächst wird eine Kette von Äquivalenzen
$$x \in L(f,b) \Leftrightarrow f(x) = b \Leftrightarrow x = ... \Leftrightarrow x \in \{...\}$$
hergestellt, die wegen der daraus folgenden Äquivalenz der ersten und der letzten Aussage dann nach Definition 1.101.5a die Gleichheit $L(f,b) = \{...\}$ liefert. Je nach Art der Aufgabe kann dabei anstelle von $L(f,b)$ beispielsweise eine Nullstellenmenge oder eine Schnittstellenmenge stehen (siehe Bemerkungen 1.136.4).

7. Es sei noch einmal deutlich auf die Inklusion $L(f,b) \subset D(f)$ aufmerksam gemacht. Sie liefert in einer konkreten Situation $f: \mathbb{R}^+ \longrightarrow \mathbb{R}$ die Äquivalenzen (die in anderem Zusammenhang falsch sein können):
$$x \in L(f,b) \Leftrightarrow f(x) = b \Leftrightarrow x^2 = 4 \Leftrightarrow x \in \{2\}$$

Der folgende Satz verbindet Funktionseigenschaften mit Gleichungseigenschaften und wird sich im Verlaufe weiterer Untersuchungen als tiefsinniger erweisen, als seine einfache Formulierung zunächst vermuten läßt:

1.136.3 Satz

Für jede Funktion $f: M \longrightarrow N$ gilt:
1. Eine Gleichung (f,b) ist genau dann lösbar, falls $b \in Bild(f)$ gilt.
2. Alle Gleichungen über f haben mindestens (höchstens, genau) eine Lösung, wenn f surjektiv (injektiv, bijektiv) ist.

Beweis:
1. Es gelten folgende Äqivalenzen: (f,b) lösbar $\Leftrightarrow$ es gibt ein $z \in M$ mit $f(z) = b$ $\Leftrightarrow$ $b \in Bild(f)$.
2a) (f,b) lösbar für alle $b \in N$ $\Leftrightarrow$ $b \in Bild(f)$ für alle $b \in N$ $\Leftrightarrow$ $Bild(f) = N$ $\Leftrightarrow$ f ist surjektiv.
2b) Für jede lösbare Gleichung (f,b) gelten folgende Äquivalenzen:
(f,b) hat verschiedene Lösungen z_1 und z_2 $\Leftrightarrow$ $f(z_1) = f(z_2) = b$ für $z_1 \neq z_2$ $\Leftrightarrow$ f nicht injektiv.
2c) folgt aus den Beweisen von 2a) und 2b).

1.136.4 Bemerkungen

1. Für Funktionen $f: T \longrightarrow \mathbb{R}$, $T \subset \mathbb{R}$, nennt man ein Element $z \in T$ *Nullstelle* von f, falls $f(z) = 0$ ist. Die Menge der Nullstellen von f wird mit $N(f) = \{x \in T \mid f(x) = 0\}$ bezeichnet.

2. Die Nullstellen z einer Funktion f sind in der graphischen Darstellung von f in einem üblichen Cartesischen Koordinaten-System (Abs, Ord) gerade die Schnittstellen mit der Abszisse, also die jeweils ersten Komponenten der Schnittpunkte $(z, 0)$ mit der Null-Funktion.

3. Es ist $N(f) = L(f, 0)$. Man beachte, wie stets beim Lösen von Gleichungen, daß die durch Gleichungstechniken (Bemerkung 1.136.2/5) gefundenen Elemente auch im Definitionsbereich der Funktion liegen müssen. Beispielsweise hat die Parabel $f: \mathbb{R} \longrightarrow \mathbb{R}$, definiert durch $f(x) = x^2 - 2$, zwei Nullstellen, hingegen f auf $\mathbb{R}^+$ eingeschränkt aber nur eine. Allgemeiner gesagt: Für Einschränkungen $f|A : A \longrightarrow \mathbb{R}$ von Funktionen $f: T \longrightarrow \mathbb{R}$ gilt $N(f|A) = N(f) \cap A \subset N(f)$.

4. Hat eine bijektive Funktion $f: T \longrightarrow \mathbb{R}$ (beispielsweise log_a) eine (dann höchstens eine) Nullstelle x,

dann ist $x = f^{-1}(0)$ mit der zu f inversen Funktion f^{-1}.

5. Die Berechnung der *Schnittstellenmenge* $S(f,g) = \{x \in D(f) \cap D(g) \mid f(x) = g(x)\}$ zweier Funktionen $f : D(f) \longrightarrow \mathbb{R}$ und $g : D(g) \longrightarrow \mathbb{R}$ beruht auf der der Gleichung $(f - g, 0)$, es gilt nämlich $S(f,g) = L(f - g, 0)$.
Anmerkung: Die *Schnittpunkte* von f und g sind die Punkte $(x, f(x)) = (x, g(x))$, für alle $x \in S(f,g)$.

1.136.5 Lemma

Für Funktionen f und g mit geeigneten Definitionsbereichen aus $\mathbb{R}$ gilt:

1. $N(f) = N(-f)$
2. $N(f) = \emptyset \Rightarrow N(f \circ g) = \emptyset$
3. $g(N(f \circ g)) = N(f) \cap Bild(g)$
4. $N(f + g) \supset N(f) \cap N(g)$
5. $N(f \cdot g) = N(f) \cup N(g)$
6. $N(\frac{f}{g}) = N(f) \setminus N(g)$
7. $N(c \cdot f) = N(f)$, für $c \neq 0$

Beweis:
1. Es gilt $z \in N(f) \Leftrightarrow f(z) = 0 \Leftrightarrow -f(z) = 0 \Leftrightarrow (-f)(z) = 0 \Leftrightarrow z \in N(-f)$.
2. Angenommen $N(f \circ g) \neq \emptyset$, dann gibt es ein $z \in D(g)$ mit $(f \circ g)(z) = f(g(z)) = 0$, somit ist $g(z) \in N(f)$, also ist $N(f) \neq \emptyset$.
Anmerkung: Ist g ein $\mathbb{R}$-Homomorphismus (Gerade durch den Nullpunkt), dann gilt auch die umgekehrte Implikation.
3. Es gilt $z \in g(N(f \circ g)) \Leftrightarrow g^u(\{z\}) \in N(f \circ g) \Leftrightarrow f(z) = 0 \Leftrightarrow z \in N(f) \Leftrightarrow z \in N(f) \cap Bild(g)$.
4. Es gilt $z \in N(f) \cap N(g) \Rightarrow z \in N(f)$ und $z \in N(g) \Rightarrow f(z) = 0$ und $g(z) = 0 \Rightarrow f(z) + g(z) = 0 \Rightarrow (f + g)(z) = 0 \Rightarrow z \in N(f + g)$.
Anmerkung: Daß in 4. die Gleichheit im allgemeinen nicht gilt, zeigt etwa das Beispiel zweier konstanter Funktionen, die symmetrisch zur Abszisse liegen.
5. Es gilt $z \in N(f) \cup N(g) \Leftrightarrow z \in N(f)$ oder $z \in N(g) \Leftrightarrow f(z) = 0$ oder $g(z) = 0 \Leftrightarrow f(z) \cdot g(z) = 0 \Leftrightarrow (f \cdot g)(z) = 0 \Leftrightarrow z \in N(f \cdot g)$.
6. und 7. sind offensichtlich.

Hinweis: In Abschnitt 1.220 werden Ungleichungen behandelt. Dieser Begriff ist aber insofern spezieller, als er auf den Wertebereichen der zugrunde liegenden Funktionen eine Ordnungs-Relation verlangt. Um die diesbezügliche Theorie aber nicht zu allgemein werden zu lassen, werden Ungleichungen im Rahmen von Funktionen $T \longrightarrow \mathbb{R}$ behandelt. Im übrigen wird die begriffliche und methodische Vorgehensweise bei der Behandlung von Ungleichungen den Betrachtungen in diesem Abschnitt sehr deutlich angeglichen.

A1.136.01: Berechnen Sie die Nullstellenmengen $N(f)$ und $N(g)$ der Funktionen $f, g : \mathbb{R} \longrightarrow \mathbb{R}$, definiert durch $f(x) = x^2 - 3$ und $g(x) = (x - 3)^2 - 3$. Welcher Zusammenhang besteht zwischen f und g, welcher zwischen $N(f)$ und $N(g)$? Läßt sich das allgemeiner formulieren?

A1.136.02: Nennen Sie die Nullstellenmengen $N(sin)$, $N(cos)$, $N(tan)$ und $N(cot)$.

A1.136.03: Beweisen Sie die Anmerkung im Beweis zu Lemma 1.136.5/2 und nennen Sie Beispiele.

A1.136.04: Zeigen Sie, daß Lemma 1.136.5/6 einen Spezialfall von $L(\frac{f}{g}, b) = N(f - b) \setminus N(g)$ darstellt.

A1.136.05: Man findet in Schulbüchern häufig die offenbar zu rein technischen Lernzwecken gedachten Aufgaben der Form „Löse in (der Grundmenge) $\mathbb{Z}$ (die Gleichung) $x + 8 = 3x + 4$". In welchem tatsächlichen Zusammenhang treten solcherlei Probleme auf? Bearbeiten Sie die genannte Aufgabe dann in sinnvoller Weise.

1.140 ÄQUIVALENZ-RELATIONEN

> Heran mit euch, ihr angenehmen, ihr
> geistreichen, ihr gescheiten Bücher.
> *Friedrich Nietzsche* (1844 - 1900)

Klassifizieren nach Merkmalen (formal das Zerlegen einer Menge in Teilmengen) ist eine in der Mathematik (und weit darüber hinaus) sehr häufig anzutreffende und allein schon deswegen wichtige Vorgehensweise, die in abstrakterer Form zu dem Begriff der *Äquivalenz-Relation* führt. Es wird sich an vielen Beispielen – ob in der Algebra, in der Analysis (Topologie), in der Geometrie oder auch in der Stochastik, um nur einige klassische Hauptgebiete zu nennen – zeigen, daß dieser Begriff ein grundlegender und zugleich ein Hauptbegriff der Mathematik ist (eigentlich schon im Rahmen der schulischen Mathematik, die sich zur Zeit mehr auf den Gebrauch von Klimperkästen zubewegt, besonders von Bedeutung, dort aber nicht einmal erwähnt). Das folgende kleine, ganz einfache und im weiteren Sinne soziologisch deutbare Beispiel entstammt dem spielerischen Lernen in intelligenten Kindergärten.

Eine Menge M farbig lackierter Kugeln soll nach dem Merkmal *Farbe* geordnet werden. Nehmen wir an, es kommen nur die drei Farben rot, gelb und blau vor, dann ergibt dieses Ordnen die drei Teilmengen M_r, M_g und M_b von M mit jeweils gleichfarbigen Kugeln. Dieses Ordnen zeigt sozusagen das Verwandtschaftsverhältnis bezüglich eines Merkmals und ist insofern eine Vergröberung des Gleichheitsbegriffs. In anderer Sprache: Die jeweils in der Relation *Gleichfarbigkeit* stehenden Kugeln werden zu neuen Mengen zusammengefaßt. Dabei läßt sich folgendes feststellen: Erstens, alle Kugeln von M liegen in genau einer der drei Teilmengen M_r, M_g und M_b von M, zweitens, die Mengen M_r, M_g und M_b sind paarweise disjunkt und, drittens, die Vereinigung von M_r, M_g und M_b ist wieder M.

Dieses einfache Beispiel mag andeuten, daß die Begriffsbildungen der Mathematik häufig – auch gerade bei dem Thema dieses Abschnitts – weit über den Bereich der rein numerischen, quantitativen Aussagen hinausgehen, sie sind sehr wohl in der Lage (und so gedacht und gemacht), auch qualitative Aspekte zu beschreiben, qualitative Aspekte von Gegenständen allerdings, die sich überhaupt für eine systematische, also ordnende Betrachtungsweise eignen. Im übrigen ist eine vorwiegend numerische Auffassung von Mathematik immer ein Mißverständnis. Es sei nur daran erinnert, daß die Darstellungen beispielsweise zwischen physikalischen Größen als Funktionen in erster Linie qualitative Aussagen beinhalten (nämlich Klärung des *Wie* solcher Zusammenhänge), gleichwohl aber auch von quantitativem Nutzen sind.

1.140.1 Definition

Eine Relation $R \subset M \times M$ auf einer Menge M heißt *Äquivalenz-Relation*, falls gilt:

$\ddot{A}R_1$: Für jedes $x \in M$ ist $(x,x) \in R$ Reflexivität
$\ddot{A}R_2$: $(x,z) \in R \Rightarrow (z,x) \in R$ Symmetrie
$\ddot{A}R_3$: $(x,y) \in R$ und $(y,z) \in R \Rightarrow (x,z) \in R$ Transitivität

1.140.2 Bemerkungen

1. Das besondere Verwandtschaftsverhältnis zwischen Elementen x und z, das eine Äquivalenz-Relation angibt, wird durch die Schreibweise $x\,R\,z$ für $(x,z) \in R$ unterstrichen. Gleichzeitig wird damit auch der Schreibgebrauch einiger Standard-Äquivalenz-Relationen kopiert.

2. Man betrachte ein Element $x \in M$. Zu x kann man alle diejenigen Elemente aus M zu einer Teilmenge von M zusammenfassen, die mit x in der Relation R stehen. Diese Menge wird die *Äquivalenzklasse* oder *Faser* von x genannt und mit $[x]_R = \{\,z \in M \mid z\,R\,x\,\}$ oder – wenn keine Mißverständnisse zu befürchten sind – auch kurz mit $[x]$ bezeichnet. Bei dieser Schreibweise ist x ein (willkürlich gewählter) *Repräsentant* der Äquivalenzklasse $[x]$.

3. Die Menge aller von R erzeugten Äquivalenzklassen von M heißt *Quotientenmenge von M nach R* und wird mit $M/R = \{\,[x] \mid x \in M\,\}$ bezeichnet.

4. Jede Äquivalenz-Relation R auf M liefert die *natürliche Funktion* $\mathrm{nat}_R : M \longrightarrow M/R,\ x \longmapsto [x]_R$, die stets surjektiv ist. Sind keine Verwechslungen zu befürchten, schreibt man auch kurz $\mathrm{nat} = \mathrm{nat}_R$. Die

Bedeutung der natürlichen Funktion wird insbesondere durch die Untersuchungen im folgenden Abschnitt deutlich.

Bevor erste Beispiele für Äquivalenz-Relationen genannt werden, seien zunächst die anfangs am Beispiel der Gleichfarbigkeit von Kugeln beobachteten Eigenschaften von Äquivalenz-Relationen in allgemeinerer Form zusammengefaßt:

1.140.3 Satz

Ist R eine Äquivalenz-Relation auf einer Menge M, dann gilt:

1. $z \in M$ liegt genau dann in der Äquivalenzklasse von x, wenn $z\,R\,x$ gilt; in Zeichen: $z \in [x] \Leftrightarrow z\,R\,x$.
2. Zwei Äquivalenzklassen sind genau dann gleich, wenn ihre Repräsentanten in Relation stehen, das heißt in Zeichen: $[x] = [z] \Leftrightarrow x\,R\,z$.
3. Jedes Element von M liegt in mindestens einer Äquivalenzklasse bezüglich R, in Zeichen: $M = \bigcup_{x \in M} [x]$.
4. Jedes Element von M liegt in höchstens einer Äquivalenzklasse bezüglich R, das heißt in Zeichen: $[x] \cap [z] \neq \emptyset \Leftrightarrow [x] = [z]$.

Beweis:

1. folgt unmittelbar aus Bemerkung 1.140.2/2.
2. Es gelte $[x] = [z]$. Dann ist $x \in [x] = [z]$, mit 1. gilt somit $x\,R\,z$. Umgekehrt gelte nun $x\,R\,z$, dann gilt zunächst die Inklusion $[x] \subset [z]$, denn: Es sei $y \in [x]$, mit 1. ist dann $y\,R\,x$. Für $y\,R\,x$ und $x\,R\,z$ besagt $ÄR_3$, daß auch $y\,R\,z$ gilt, woraus wieder nach 1. dann $y \in [z]$, also $[x] \subset [z]$ folgt. Mit $ÄR_2$ gilt ebenso $z\,R\,y$, womit man in analoger Weise die Inklusion $[z] \subset [x]$ erhält.
3. Für alle $x \in M$ gilt $x\,R\,x$ nach $ÄR_1$, woraus mit 1. dann $x \in [x]$ folgt.
4. Es gelte $[x] \cap [z] \neq \emptyset$. Es existiert also ein Element $y \in [x] \cap [z]$, demnach ist $y \in [x]$ und $y \in [z]$. Mit 1. gilt dann $y\,R\,z$ und $z\,R\,y$, woraus mit $ÄR_2$ und $ÄR_3$ auch $x\,R\,z$ folgt. Nach 1. ist somit $[x] = [z]$. Umgekehrt gelte nun $[x] = [z]$, dann ist $x \in [x] = [x] \cap [z]$.

1.140.4 Beispiele

1. Dieses Beispiel stellt die klassische *Teilbarkeits-Relation* auf der Menge $\mathbb{Z}$ vor (die im Zusammenhang mit algebraischen Strukturen noch genannt wird): Jede natürliche Zahl n liefert auf $\mathbb{Z}$ eine durch
$$x\,R_n\,z \Leftrightarrow x - z \in n\mathbb{Z} \Leftrightarrow n \mid (x-z)$$
definierte Äquivalenz-Relation R_n, wobei $n\mathbb{Z} = \{nz \mid z \in \mathbb{Z}\}$ und $a \mid b$ bedeute, daß a ein Teiler von b ist. Die durch R_n erzeugte Quotientenmenge ist $\mathbb{Z}_n = \mathbb{Z}/R_n = \{[0], ..., [n-1]\}$, insbesondere ist $\mathbb{Z}_1 = \mathbb{Z}$. Die Äquivalenzklassen $[k]$ haben dabei das Aussehen $[k] = k + n\mathbb{Z}$. (Siehe insbesondere Aufgabe A1.140.05.)

2. Man kann Äquivalenz-Relationen R und R' auf einer Menge M auf verschiedene Arten miteinander vergleichen, beispielsweise im Sinne der Teilmengen-Beziehung $R' \subset R$ (oder auch durch die Kardinalität $card(R') \leq card(R)$). Definiert man die *Diagonale von M* als die Menge $diag(M) = \{(x,x) \mid x \in M\}$, dann ist das offenbar die Gleichheits-Relation auf M, die wegen der Forderung der Reflexivität in jeder Äquivalenz-Relation auf M enthalten ist, und natürlich selbst eine Äquivalenz-Relation ist.

3. Dieses Beispiel ist ein Ausgangspunkt für die Betrachtungen im nächsten Abschnitt: Jede Funktion $f : M \longrightarrow N$ liefert durch die Festlegung
$$x\,R_f\,z \Leftrightarrow f(x) = f(z), \text{ für alle } x, z \in M$$
eine Äquivalenz-Relation R_f auf M. Dieser Sachverhalt folgt unmittelbar aus Beispiel 2, da R_f auf die Gleichheit zurückgeführt wird. (Ist f bijektiv, dann ist R_f die Gleichheit.)

In manchen Darstellungen von Mathematik werden Äquivalenz-Relationen gerade dann, wenn es ich um wesentliche und grundlegende Beispiele handelt, nahezu verheimlicht – aus welchen Gründen auch immer. Im folgenden werden einige solcher Beispiele angedeutet und dann in den jeweiligen zugehörigen Theorien genauer und vor allem auch nutzbringend betrachtet (sie sollten dann hier, wenn der sachliche Rahmen noch nicht bekannt ist, einfach überlesen werden):

4. Es sei noch einmal an Bemerkung 1.136.2/3 erinnert, in der schon von dem Begriff der Äquivalenz-Relation Gebrauch gemacht wurde: Man nennt zwei Gleichungen äquivalent, wenn sie dieselbe Lösungs-

menge haben, womit dann auf einer Menge von Gleichungen eine Äquivalenz-Relation definiert ist. (Im übrigen stammt der Name *Äquivalenz-Relation* wohl von diesem Beispiel ab, da bei der (quantitativen) Bearbeitung von Gleichungen Ketten äquivalenter Aussagen verwendet werden.) Es wird sich nun zeigen, daß dieser Sachverhalt stets dann wesentliche Auswirkungen hat, wenn der Gleichungsbegriff in anderen Theorien zur Grundlage dient, etwa in der Theorie der *Differentialgleichungen* (Abschnitte 2.8x) oder in der der *Linearen Gleichungssysteme* (Abschnitte 4.27x).

5. Es wird sich in den Abschnitten 1.802, 1.830, 1.850 und 2.060 zeigen, daß (die) Konstruktionen der Zahlmengen $\mathbb{N}$, $\mathbb{Z}$, $\mathbb{Q}$ und $\mathbb{R}$ wesentlich auf dem Begriff der Äquivalenz-Relation beruhen.

6. Definiert man zwei konvergente Folgen als in Relation zueinander stehend, wenn sie denselben Grenzwert haben, dann ist dadurch eine Äquivalenz-Relation definiert (siehe Abschnitte 2.04x und 2.05x).

7. Es gibt verschiedene differenzierbare Funktionen, die dieselbe Ableitungsfunktion haben oder anders gesagt, es gibt integrierbare Funktionen, die verschiedene Stammfunktionen haben. Eine wesentliche Idee dabei ist nun, auf der Menge der differenzierbaren Funktionen $T \longrightarrow \mathbb{R}$ mit $T \subset \mathbb{R}$ eine Relation zu definieren, die solche Funktionen als in Relation zueinander stehend definiert, die dieselbe Ableitungsfunktion haben. Diese Relation ist eine Äquivalenz-Relation und liefert gerade deswegen den Begriff des *Integrals* zu einer geeigneten (integrierbar genannten) Funktion (siehe Abschnitte 2.6x).

8. Man stelle sich im dreidimensionalen Raum alle möglichen Pfeile (als Paare mit Anfangspunkt und Pfeilspitze) vor. Man kann nun solche Pfeile in Relation zueinander stehend definieren, wenn sie dieselbe Länge, dieelbe Richtung und dieselbe Orientierung (Richtung der Pfeilspitze) haben. Diese Relation ist eine Äquivalenz-Relation und liefert gerade deswegen den Begriff des *Vektors* (siehe Abschnitte 5.10x).

1.140.5   Bemerkung

a) Zunächst eine Definition: M sei eine Menge. Ein Mengensystem $\underline{Z}$ über M (siehe Definition 1.150.1) heißt *Zerlegung von* M, falls einerseits M die disjunkte Vereinigung der Elemente aus $\underline{Z}$ ist sowie andererseits $\underline{Z} \neq \emptyset$ und $\emptyset \notin \underline{Z}$ gilt.

b) Interessant an dem Begriff der Zerlegung sind in diesem Zusammenhang die beiden folgenden Beobachtungen: Einerseits liefert jede Äquivalenz-Relation R auf M eine zugehörige Zerlegung, nämlich $\underline{Z} = M/R$ (das folgt aus Satz 1.140.3), andererseits liefert auch jede Zerlegung $\underline{Z}$ von M eine zugehörige Äquivalenz-Relation R_Z auf M, nämlich: $x R_Z y \Leftrightarrow$ es gibt $T \in \underline{Z}$ mit $x \in T$ und $y \in T$.

c) Die Beobachtungen in b) lassen sich etwas übersichtlicher durch die folgenden Funktionen darstellen: Es bezeichne $R(M)$ die Menge aller Äquivalenz-Relationen auf M und $Z(M)$ die Menge aller Zerlegungen über M, dann liegen mit b) die beiden Funktionen
$$R(M) \longrightarrow Z(M),\ R \longmapsto M/R,\ \text{und}\ \ Z(M) \longrightarrow R(M),\ \underline{Z} \longmapsto R_Z,$$
vor. Diese beiden Funktionen sind invers zueinander, das bedeutet die Gültigkeit der Beziehungen $R_{M/R} = R$ und $M/R_Z = \underline{Z}$.

A1.140.01: Begründen und zeichnen Sie: Auf der Menge der Punkte des Mantels eines senkrechten Zylinders liefert die Bedingung *Zwei Punkte liegen auf einer zum Rand senkrechten Strecke* eine Äquivalenz-Relation.

A1.140.02: Wie läßt sich die Beziehung *Zwei Kreise (zwei Kugeln) haben denselben Mittelpunkt* als Äquivalenz-Relation formulieren? Bilden Sie weitere solche geometrische Beispiele (mit Begründungen).

A1.140.03: Zeigen Sie, daß die Beziehung *gleiche Beträge* für reelle Zahlen eine Äquivalenz-Relation liefert. Geben Sie die zugehörige Quotientenmenge an.

A1.140.04: Ist die Kleiner-Gleich-Beziehung für Zahlen eine Äquivalenz-Relation?

A1.140.05: Diese Aufgabe behandelt die in Beispiel 1.140.4/1 angegebene *Teilbarkeits-Relation* R_n auf $\mathbb{Z}$ zu beliebig, aber fest gewählter Zahl $n \in \mathbb{N}$, definiert durch

$$x\, R_n\, z \Leftrightarrow x - z \in n\mathbb{Z} \Leftrightarrow n \mid (x - z),$$

noch einmal in ausführlicherer Weise und vor allem mit konkreten Daten. Diese Relation und damit verbundene Sachverhalte (vorwiegend im Bereich der Algebra) können wegen ihres weitreichenden Auftretens und ihrer modellhaften Konstruktion als ein gewichtiges Stück der mathematischen Entwicklung angesehen werden – seit ihrem ersten Auftreten in der antiken Mathematik bis hin zur Rolle in der modernen Algebra. (Es versteht sich, daß diese Teilbarkeits-Relation auch in den Abschnitten 1.83x und 1.84x zu *Ganzen Zahlen* behandelt ist.)

1. Zeigen Sie, daß R_n eine Äquivalenz-Relation auf $\mathbb{Z}$ ist.
2. Zeigen Sie: Es gilt $x\, R_n\, z$ genau dann, wenn x und z bei der *Euklidischen Division* durch n (das ist die aus der Grundschule bekannte *Division mit (eindeutig bestimmtem) Rest* r in der Darstellung $x = dn + r$ mit $0 \leq r < n$) denselben Divisionsrest erzeugen. Geben Sie Beispiele zu R_5 an.
3. Geben Sie die Mengen $\mathbb{Z}_1, \mathbb{Z}_2, \mathbb{Z}_3, \mathbb{Z}_4$ und $\mathbb{Z}_5$ sowie die dabei auftretenden Äquivalenzklassen als Mengen in Pünktchenschreibweise der Form $\{..., a, b, c, ...\}$) an. In welchem Zusammenhang zu $\mathbb{Z}_2$ stehen die Begriffe *gerade Zahl* und *ungerade Zahl*?
4. Finden Sie eine einfache graphische Darstellung der Äquivalenzklassen von R_5, die insbesondere den Zusammenhang $[0]_5 \cup [1]_5 \cup [2]_5 \cup [3]_5 \cup [4]_5 = \mathbb{Z}$ zeigt (mit Bezeichnung $[x]_5 \in R_5$).
5. Bekanntlich sind Summen $x + z$ und Produkte xz von Elementen $x, z \in \mathbb{Z}$ wieder Elemente von $\mathbb{Z}$. Gelten analoge Sachverhalte auch für die Mengen $n\mathbb{Z}$?
6. Betrachten Sie $\mathbb{Z}_5 = \mathbb{Z}/R_5 = \{[0]_5, [1]_5, [2]_5, [3]_5, [4]_5\}$. Bekanntlich gilt $86 \in [1]_5$ und $88 \in [3]_5$, in welcher dieser fünf Äquivalenzklassen liegt dann $174 = 86 + 88$? Bilden Sie zwei weitere Beispiele dieser Art und verallgemeinern Sie die Antwort hinsichtlich der Frage: In welcher dieser fünf Äquivalenzklassen liegt $x + z$, wenn $x \in [a]_5$ und $z \in [b]_5$ mit $a, b \in \{0, 1, 2, 3, 4\}$ gilt?

A1.140.06: Geben Sie mehrere Zerlegungen von $\mathbb{Z}$ an. Gibt es solche Zerlegungen, die nur endliche Mengen enthalten?

A1.140.07: Zeigen Sie für $M = \{1, 2, 3, 4, 5\}$ und $S = \{(1, 2), (1, 3), (4, 5)\}$: S ist keine Äquivalenz-Relation auf M; es gibt jedoch eine Äquivalenz-Relation R auf M mit $S \subset R \neq M \times M$.

A1.140.08: Das Ergebnis eines dreifachen Münzwurfs hat die Form (x_1, x_2, x_3), wobei die Elemente x_1, x_2, x_3 entweder k (Kopf) oder z (Zahl) seien, beispielsweise (k, k, z) oder (z, k, z).
a) Geben Sie die Menge $M = \{k, z\}^3$ aller dieser Ergebnisse und ihre Kardinalzahl an.
b) Zeigen Sie, daß die Bedingung *gleiche Anzahl von* k (unabhängig von der Reihenfolge des Auftretens) eine Äquivalenz-Relation auf M bildet.
c) Geben Sie die dadurch erzeugten Äquivalenzklassen an.
d) Geben sie eine surjektive Funktion an, die jedem Element aus M die Anzahl des Auftretens von k zuordnet.

A1.140.09: Wird für Funktionen $f, g \in Abb(M, N)$ durch die Gleichheit der zugehörigen Bildmengen eine Äquivalenz-Relation erzeugt?

A1.140.10: Beweisen sie die Behauptungen in Bemerkung 1.140.5c.

A1.140.11: Nach Beispiel 1.140.4/2 kann man Äquivalenz-Relationen R und R' auf einer Menge M im Sinne der Teilmengen-Beziehung $R' \subset R$ miteinander vergleichen. Folgt daraus eine entsprechende Vergleichsmöglichkeit für die zugehörigen Quotientenmengen? Untersuchen Sie diese Frage insbesondere für die in Beispiel 1.140.4/1 genannten Äquivalenz-Relationen R_n auf $\mathbb{Z}$.

A1.140.12: Betrachten Sie verschiedene gut überblickbare Teilmengen $T \subset Abb(\mathbb{R}, \mathbb{R})$, etwa T als Menge aller quadratischen Funktionen (quadratische Parabeln) oder T als Menge aller frequenzgleichen Schwingungen oder dergleichen mehr. Klassifizieren Sie die Elemente von T nach Merkmalen im Sinne von Äquivalenz-Relationen und möglicher Beschreibungen durch Funktionen, beispielsweise Gleichheit von Nullstellenmengen mit der Funktion $N : T \longrightarrow Pot(\mathbb{R})$ mit Nullstellenmengen $N(f)$ zu $f \in T$.

A1.140.13: Betrachten Sie zu Zahlen $a, b \in \mathbb{R}^+$ die Relation $M = [0, a] \times [0, b] \subset \mathbb{R} \times \mathbb{R}$. Beschreiben Sie die graphische Darstellung von M im üblichen cartesischen Koordinaten-System. Betrachten Sie dann mit der Schreibweise $x = (x_1, x_2)$ die beiden Relationen R und S auf M, definiert durch
$$(x, y) \in R \Leftrightarrow x_1 = y_1 \quad \text{und} \quad (x, y) \in S \Leftrightarrow x_2 = y_2,$$
und beschreiben Sie deren graphische Darstellung in M. Beantworten Sie ferner:
Sind R und S Äquivalenz-Relationen? Ist $R \cap S$ eine Äquivalenz-Relation?

A1.140.14: Bearbeiten Sie die allgemeine Frage: Ist der Durchschnitt von Äquivalenz-Relationen auf einer Menge wieder eine Äquivalenz-Relation?

A1.140.15: Rahmenthema einer Jahresarbeit im Fach Mathematik (als Abitur-Baustein): Kommentierte Sammlung von Äquivalenz-Relationen (Mathematik und/oder Physik)
Anmerkung: Eine solche Sammlung bezüglich schulmathematischer Gegenstände kann sehr umfangreich werden, wenn man Algebra (Zahlen), Geometrie, Analysis und Stochastik einbezieht, und sollte je nach Art der genauen Themenstellung gegebenenfalls auf bestimmte Gebiete eingeschränkt werden.

A1.140.16: Machen Sie Vorschläge, wie man in einem intelligenten Kindergarten Äquivalenz-Relationen im Sinne von Ordnen nach Merkmalsausprägungen hinsichtlich leicht erkennbarer oder vorgegebener Merkmale erzeugen/feststellen kann.
Anmerkung: Zu allen Einzelaufgaben sollte auch immer eine verbale Beschreibung/Begründung gehören.

A1.140.17: Begründen Sie auf formale Weise: Zu einer Menge M von Objekten (etwa: Kugeln), zu der ein Merkmal m (etwa: Farbe) sinnvoll definiert ist, liefert die Bildung von Teilmengen nach Merkmalsausprägungen (etwa: rot, blau, gelb, violett) eine Äquivalenz-Relation R_m auf der Menge M.
Betrachten Sie dann auf M ein zweites Merkmal m^* (etwa: Form mit den Merkmalsausprägungen Quadrat, Dreieck, Kreis) und zeigen Sie, daß die Konjunktion beider Merkmale ebenfalls zu einer Äquivalenz-Relation auf M führt. Erstellen Sie zur Illustration eine kleine Tabelle, die die Kardinalzahlen der Quotientenmengen sowie der entsprechenden endlichen Äquivalenzklassen zeigt.

1.142 ERZEUGUNG INJEKTIVER FUNKTIONEN (ABBILDUNGSSÄTZE)

> Kultur ist Einheit des künstlerischen Stils
> in allen Lebensäußerungen eines Volkes.
> *Friedrich Nietzsche* (1844 - 1900)

Die folgenden Überlegungen beziehen sich auf den Zusammenhang zwischen Funktionen und Äquivalenz-Relationen. In den Abschnitten, die diese beiden Gegenstände behandeln, ist die zentrale Rolle beider Werkzeuge zur Untersuchung von Mengen hinreichend deutlich geworden. Es liegt also auf der Hand, beide Konzepte im Zusammenhang zu betrachten und ihre wechselseitige Wirkung zu untersuchen.

Führt die Auswahl von Elementen hinsichtlich eines bestimmten Merkmals zu einer Äquivalenz-Relation und läßt sie sich darüber hinaus durch eine Funktion beschreiben, so erzeugt eine solche Funktion stets eine zugehörige Funktion auf der entsprechenden Quotientenmenge. Dazu ein erstes Beispiel:

Es bezeichne R_E die Menge aller ebenen Rechtecke im dreidimensionalen Raum (oder in einer beliebigen Ebene). Wird nun jedem solchen Rechteck E sein Flächeninhalt $A(E)$ zugeordnet, so wird diese Zuordnung durch eine Funktion $A : R_E \longrightarrow \mathbb{R}$ repräsentiert. Definiert man nun auf der Menge R_E eine Relation R durch die Vorschrift $(E_1, E_2) \in R \Leftrightarrow A(E_1) = A(E_2)$, so ist

a) die Relation R eine Äquivalenz-Relation auf R_E,

b) die natürliche Funktion $R_E/R \longrightarrow \mathbb{R}$ eine injektive Funktion,

c) die von der surjektiven Funktion $A : R_E \longrightarrow \mathbb{R}_0^+$ (wobei auch Punkte als Rechtecke zugelassen seien) erzeugte natürliche Funktion $R_E/R \longrightarrow \mathbb{R}_0^+$ sogar eine bijektive Funktion.

Anmerkung: Dieses Beispiel läßt sich etwa in einen physikalischen Rahmen einbetten, wenn man zwei zueinander orthogonale Rechtecksseiten mit Meßwerten physikalischer Größen identifiziert: Beispielsweise repräsentieren gleiche Produkte $m_0 a_0$ von Massen m_0 und Beschleunigungen a_0 dieselbe Kraft $F_0 = m_0 a_0$ (siehe dazu auch Abschnitt 1.276).

Hinweis: Zu der Tatsache, daß der *Spezielle Abbildungssatz* (Satz 1.142.2) gegenüber dem folgenden *Abbildungssatz* (Satz 1.142.) eine Verschärfung darstellt, beachte man die beiden Zeichen $\Rightarrow$ und $\Leftrightarrow$ in den jeweiligen Verträglichkeits-Bedingungen.

1.142.1 Satz *(Abbildungssatz)*

Es seien M und N Mengen sowie $f : M \longrightarrow N$ eine Funktion. Ferner sei R eine Äquivalenz-Relation, die mit f in folgendem Sinne verträglich sei: Es gelte $x R z \Rightarrow f(x) = f(z)$, für alle $x, z \in M$. Dann gibt es genau eine Funktion $f^* : M/R \longrightarrow N$, so daß das folgende Diagramm mit der natürlichen Funktion $nat : M \longrightarrow M/R$ kommutativ ist:

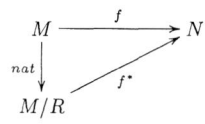

$$\begin{array}{ccc} M & \xrightarrow{f} & N \\ {\scriptstyle nat} \downarrow & \nearrow {\scriptstyle f^*} & \\ M/R & & \end{array}$$

Zusatz: Ist darüber hinaus f surjektiv, dann ist f^* ebenfalls surjektiv.

Beweis:

1. Die Funktion f^* sei durch $f^*([x]) = f(x)$, für alle $x \in M$, definiert. Damit ist f^* wohldefiniert, denn $f(x)$ hängt wegen der Verträglichkeit von f mit R nur von von der Äquivalenzklasse $nat(x) = [x]$, nicht aber von dem willkürlich gewählten Repräsentanten x ab: Ist nämlich $nat(x) = nat(x')$, so gilt $x R x'$ und damit $f(x) = f(x')$.

2. Durch die Forderung der Kommutativität des Diagramms ist f^* eindeutig bestimmt, denn angenommen es gibt eine zweite Funktion $g : M/R \longrightarrow N$, die das Diagramm kommutativ ergänzt, dann gilt die Gleichheit $f^* \circ nat = g \circ nat$, woraus die Surjektivität von nat nach Satz 1.132.7/2 (Rechts-Kürzbarkeit) dann $f^* = g$ liefert.

Beweis des Zusatzes: f sei surjektiv und z ein beliebiges Element aus N. Dann existiert ein Element $x \in M$ mit $f(x) = z$. Somit ist $f^*(nat(x)) = f(x) = z$, das heißt, z ist Bild unter f^*.

Eine wichtige Anwendung des Abbildungssatzes liefert Beispiel 1.140.4/3, das zeigt, daß jede Funktion $f : M \longrightarrow N$ auf M die zu f zugehörige Äquivalenz-Relation R_f, definiert durch $xR_fz \Leftrightarrow f(x) = f(z)$, für alle $x, z \in M$, erzeugt. Wendet man den vorstehenden Abbildungssatz auf diese Situation an, so zeigt das: Jede Funktion $f : M \longrightarrow N$ läßt sich auf genau eine Weise als Komposition $M \longrightarrow M/R_f \longrightarrow N$ der natürlichen Funktion mit einer injektiven Funktion darstellen. Das zeigt das folgende Corollar.

Man kann noch schärfer formulieren: Jede Funktion läßt sich durch eine injektive Funktion in gewissem Sinne *ersetzen*, wenn man den ursprünglichen Definitionsbereich durch die Menge aller Klassen mit Elementen, die gleiche Funktionswerte haben, ersetzt. Auf diese Weise wird die ursprüngliche Funktion sogar noch überschaubarer, nämlich dadurch, daß die Elemente mit gleichem Funktionswert schon zusammengefaßt auftreten.

Aber es kommt noch besser: Kann man von einer Funktion $f : M \longrightarrow N$ auf einfache Weise die Menge der Funktionswerte kennzeichnen, dann liegt es nahe, anstelle von f mit einem vielleicht unnötig großen Wertebereich die Funktion $f : M \longrightarrow Bild(f)$ zu betrachten. Diese Funktion ist aber surjektiv und läßt sich dann sogar durch eine bijektive Funktion ersetzen.

1.142.2 Corollar *(Spezieller Abbildungssatz)*

Es seien M und N Mengen sowie $f : M \longrightarrow N$ eine Funktion. Ferner sei R_f die durch die Vorschrift $xR_fz \Leftrightarrow f(x) = f(z)$, für alle $x, z \in M$, auf M definierte Äquivalenz-Relation, die mit f verträglich ist. Dann gibt es genau eine injektive Funktion $f^* : M/R_f \longrightarrow N$, so daß das folgende Diagramm mit der natürlichen Funktion $nat : M \longrightarrow M/R_f$ kommutativ ist:

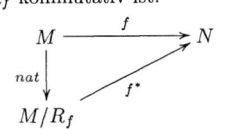

$$\begin{array}{ccc} M & \xrightarrow{f} & N \\ {\scriptstyle nat}\downarrow & \nearrow{\scriptstyle f^*} & \\ M/R_f & & \end{array}$$

Zusatz: Ist darüber hinaus f surjektiv, dann ist f^* bijektiv.

Beweis: Zunächst ist f mit R_f verträglich, folglich liefert Satz 1.142.1 eine eindeutig bestimmte Funktion f^*. Diese Funktion ist injektiv, denn für alle $x, z \in M$ gilt: Aus $f^*(nat(x)) = f^*(nat(z))$ folgt dann $f(x) = f(z)$, somit ist $x\,R_f\,z$ und damit dann $nat(x) = nat(z)$.

Beweis des Zusatzes: f^* ist injektiv und nach dem Zusatz zu Satz 1.142.1 dann auch surjektiv, also bijektiv.

1.142.3 Satz *(Satz über induzierte Funktionen)*

Für $i = 1, 2$ seien M_i Mengen und R_i Äquivalenz-Relationen auf M_i vorgelegt. Ferner sei $f : M_1 \longrightarrow M_2$ eine Funktion, die mit den beiden Äquivalenz-Relationen in folgendem Sinne verträglich sei: Es gelte $xR_1z \Rightarrow f(x)R_2f(z)$, für alle $x, z \in M_1$. Dann gibt es genau eine sogenannte durch f *induzierte* Funktion $f^\circ : M_1/R_1 \longrightarrow M_2/R_2$, so daß das Diagramm

$$\begin{array}{ccc} M_1 & \xrightarrow{f} & M_2 \\ {\scriptstyle nat_1}\downarrow & & \downarrow{\scriptstyle nat_2} \\ M_1/R_1 & \xrightarrow{f^\circ} & M_2/R_2 \end{array}$$

(mit nat_i als den natürlichen Funktionen) kommutativ ist. Es gilt $f^\circ([x]) = [f(x)]$.

Zusatz: Ist darüber hinaus f surjektiv, dann ist f° ebenfalls surjektiv.

Beweis:
Um Satz 1.142.1 anwenden zu können, wird zunächst gezeigt, daß die Funktion $nat_2 \circ f : M_1 \longrightarrow M_2/R_2$ mit der Äquivalenz-Relation R_1 auf M_1 verträglich ist. Das ist der Fall, denn aus $x\,R_1\,z$ folgt $f(x)\,R_2\,f(z)$ und somit ist $nat_2(f(x)) = nat_2(f(z))$. Wendet man un Satz 1.142.1 auf die Funktion $nat_2 \circ f$ an, so

gibt es genau eine Funktion f°, so daß das folgende Diagramm kommutativ ist:

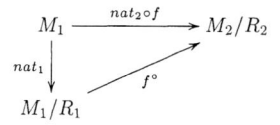

$$\begin{array}{ccc} M_1 & \xrightarrow{nat_2 \circ f} & M_2/R_2 \\ {\scriptstyle nat_1}\downarrow & \nearrow {\scriptstyle f^\circ} & \\ M_1/R_1 & & \end{array}$$

Dabei gilt: $f^\circ([x]) = f^\circ(nat_1(x)) = (nat_2 \circ f)(x) = nat_2(f(x)) = [f(x)]$.

Beweis des Zusatzes: Da f surjektiv ist, ist auch $nat_2 \circ f$ surjektiv, folglich ist nach dem Zusatz von Satz 1.142.1 auch f° surjektiv.

1.142.4 Bemerkungen und Beispiele

1. Die in Satz 1.142.3 genannte Verträglichkeitsbedingung ist zu jeder der beiden folgenden äquivalent:
a) $f(nat_1(x)) \subset nat_2(f(x))$, für alle $x \in M_1$,
b) $(f \times f)(R_1) \subset R_2$.

2. Setzt man in Satz 1.142.3 anstelle der Relation R_2 die Gleichheit (die auf jeder Menge eine Äquivalenz-Relation ist), dann ergibt sich der Abbildungssatz (Satz 1.142.1). Dieses Vorgehen setzt dann allerdings für Satz 1.142.3 einen von Satz 1.142.1 unabhängigen Beweis voraus, der sich in analogen Schritten wie bei Satz 1.142.1 auch führen läßt.

3. Betrachtet man die Menge $D(I, \mathbb{R})$ der differenzierbaren Funktionen $I \longrightarrow \mathbb{R}$ und die Differentiation $D : D(I, \mathbb{R}) \longrightarrow \mathbb{R}$, die jeder solchen Funktion $f : I \longrightarrow \mathbb{R}$ ihre Ableitungsfunktion $D(f) = f' : I \longrightarrow \mathbb{R}$ zuordnet (siehe Abschnitte 2.303 und 2.304), dann zeigt die zugehörige Theorie, daß es zu einer geeigneten Funktion f mehrere sogenannte *Stammfunktionen* F und G mit $F' = f$ und $G' = f$ gibt. Das bedeutet nun, leider, daß man einer Funktion nicht *ihre* Stammfunktion zuordnen kann. Aber:

Betrachtet man auf der Menge $D(I, \mathbb{R})$ die durch D erzeugte Äquivalenz-Relation R_D, definiert durch $F\,R_D\,G \Leftrightarrow F' = G'$, dann liefert der Spezielle Abbildungssatz (Corollar 1.142.2) gemäß dem kommutativen Diagramm

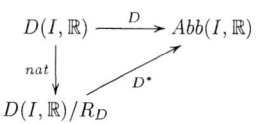

$$\begin{array}{ccc} D(I, \mathbb{R}) & \xrightarrow{D} & Abb(I, \mathbb{R}) \\ {\scriptstyle nat}\downarrow & \nearrow {\scriptstyle D^*} & \\ D(I, \mathbb{R})/R_D & & \end{array}$$

eine injektive Funktion D^*, die es gestattet, jeder Funktion $I \longrightarrow \mathbb{R}$, die überhaupt eine Stammfunktion besitzt, ihr sogenanntes *Integral* $\int f$ als einer Äquivalenzklasse in $D(I, \mathbb{R})/R_D$ zuzuordnen.

4. Es gibt Fragen, die sich formal in die Theorien der Äquivalenz-Relationen und der Abbildungssätze einbetten lassen und dort lediglich noch als Folgefragen dann etwa so formuliert werden können: Gibt es in einer Äquivalenzklasse $[x]$ einen *Repräsentanten von möglichst einfachem Bau* (über den aus anderweitigen Quellen schon gute Informationen vorliegen)? Diese Frage ist insbesondere dann von Interesse, wenn bei vorgegebenem Funktionswert $f(x)$ die Klasse $[x]$ mit $f^*([x]) = f(x)$ hinsichtlich eines solchen einfach gebauten Repräsentanten untersucht werden soll. Dazu einige Beispiele, die so einfach gewählt sind, daß die genannte Frage deutlich im Vordergrund bleibt:

a) Es sei P_F die Menge aller Parallelogramme P mit demselben Mittelpunkt (Diagonalenschnittpunkt) M in einer Ebene F und $A : P_F \longrightarrow \mathbb{R}_0^*$ die Funktion, die jedem solchen Parallelogramm P seinen Flächeninhalt $A(P)$ zuordnet. Bezüglich der durch $P\,R_A\,Q \Leftrightarrow A(P) = A(Q)$ definierten Äquivalenz-Relation R_A kann man sagen: In jeder Äquivalenzklasse $[P]$ gibt es als geometrisch einfachsten Repräsentanten stets ein Quadrat Q mit Seitenlänge $\sqrt{A(P)} = \sqrt{A(Q)}$. (Aus P wird zunächst ein Rechteck mit demselben Flächeninhalt erzeugt, dessen Seitenlängenprodukt $A(Q)$ ist.)

b) Es sei E_F die Menge aller Ellipsen $E = E(M, a, b)$ mit demselben Mittelpunkt M und beliebigen Halbachsen(längen) a und b in einer Ebene F sowie $A : E_F \longrightarrow \mathbb{R}_0^*$ wieder die Flächeninhalts-Funktion auf E_F, ferner S_A die von A erzeugte Äquivalenz-Relation auf E_F. Wieder kann man sagen: In jeder Äquivalenzklasse $[E(M, a, b)]$ ist der Kreis K mit Mittelpunkt M und Radius $\sqrt{ab}$ der geometrisch einfachste Repräsentant.

c) Brüche sind Äquivalenzklassen der Form $\frac{a}{a'} = [(a, a')]$ von Paaren ganzer Zahlen a und $a' \neq 0$ bezüglich der durch die Vorschrift $(a, a') R_B (b, b') \Leftrightarrow ab' = a'b$ definierten Äquivalenz-Relation R_B (Genaueres in Abschnitt 1.850). Der im obigen Sinne einfachste Repräsentant von $\frac{a}{a'}$ ist das Paar (b, b'), für das $ggT(b, b') = 1$ gilt, das heißt das Paar mit teilerfremden Zähler- und Nennerzahlen.

d) Bekanntlich gibt es beliebige viele Funktionen $f : [0, 2] \longrightarrow \mathbb{R}$, deren Nullstellen genau die beiden Zahlen 0 und 2 (Intervallgrenzen) sind. Bezüglich der Funktion $N : Abb([0, 2], \mathbb{R}) \longrightarrow Pot(\mathbb{R})$ mit $f \longmapsto N(f)$ als Nullstellenmenge von f und der durch diese Funktion erzeugten Äquivalenz-Relation R_N mit $f R_N g \Leftrightarrow N(f) = N(g)$ werden die Äquivalenzklassen $[f]$ mit $N^*([f]) = \{0, 2\}$ hinsichtlich einfacher Repräsentanten untersucht.

Liegt das als Frage vor, ist die Antwort einfach: Beispielsweise sind das die Funktionen p mit $p(x) = -x(x - 2)$ oder etwa q mit $q(0) = q(2) = 0$ und $q(x) = 1$, für $x \in (0, 2)$. Die zu untersuchende Frage hat zumeist aber folgende Form: Kann man in den Klassen $[f]$ mit $f(x) = sin(\frac{\pi}{2}x)$ oder $[g]$ mit $g(x) = 4x - 4x^2 + x^3$ jeweils einen einfacher gebauten Repräsentanten finden? (Antwort: ja mit $[f] = [p] = [q] = [g]$. Die Frage nach dem Nachweis beantworten die Abschnitte 1.2x mit dem jeweiligen Thema *Gleichungen*.)

Fazit: Neben den später auftretenden nicht ganz so einfachen Beispielen (siehe etwa Abschnitte 4.643 und 4.644) sollen die obigen Beispiele zeigen: Gegenstände und Fragen an diese Gegenstände ganz unterschiedlicher Natur können gelegentlich zu einer formal einheitlichen Frage auf einer etwas abstrakteren Ebene umgemünzt und insofern hinsichtlich zugrunde liegender Ideen und gemeinsamen Verfahrensweisen *leicht durchschaubar* gemacht werden, man kann leichter erkennen, *was* zu ermitteln/berechnen ist (was aber nicht notwendigerweise bedeutet, daß auch das *Wie* dadurch einfacher würde).

1.142.5 Bemerkung

Die Abbildungssätze lassen sich in allgemeiner Form angeben, deren Eigenart in einer völlig elementefreien Formulierung der Sachverhalte und der Beweisführungen liegt:

1. Zu jeder Funktion $f : M \longrightarrow N$ gibt es eine Menge Q sowie eine surjektive Funktion $g : M \longrightarrow Q$ und eine injektive Funktion $h : Q \longrightarrow N$, so daß das Diagramm

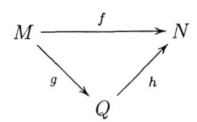

$$\begin{array}{ccc} M & \xrightarrow{f} & N \\ & \searrow_g \quad \nearrow_h & \\ & Q & \end{array}$$

kommutativ ist. Man nennt die Kompositon $M \xrightarrow{g} Q \xrightarrow{h} N$ oder kurz das Paar (g, h) eine *Faktorisierung* von f.

Zusatz: Ist f zusätzlich surjektiv, dann ist h bijektiv (nach Satz 1.132.5/2).

Beweis: Die Komposition $M \xrightarrow{f} Bild(f) \xrightarrow{in} N$ leistet das Verlangte.

2. Faktorisierungen sind bis auf Bijektivität eindeutig bestimmt, das heißt: Ist $M \xrightarrow{g'} Q' \xrightarrow{h'} N$ eine zweite Faktorisierung von $f : M \longrightarrow N$, dann gibt es eine bijektive Funktion $i : Q \longrightarrow Q'$, so daß das folgende Diagramm und alle Teildiagramme kommutativ sind:

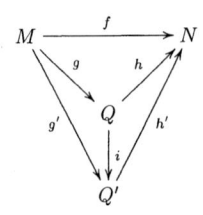

$$\begin{array}{ccc} M & \xrightarrow{f} & N \\ g \downarrow \; \searrow_{g'} & \nearrow_h \; \nearrow_{h'} & \\ Q & & \\ \downarrow_i & & \\ Q' & & \end{array}$$

Beweis:

a) Nach Satz 1.132.6 gibt es zu der surjektiven Funktion $g : M \longrightarrow Q$ eine injektive Funktion $u : Q \longrightarrow M$

mit $g \circ u = id_Q$. Mit Hilfe dieser Funktion u sei die Funktion $i : Q \longrightarrow Q'$ durch $i = g' \circ u$ definiert.

b) Zum Nachweis der Kommutativität der beiden Teildiagramme $i \circ g = g'$ und $h' \circ i = h$ gilt zunächst $h' \circ i \circ g = h' \circ (g' \circ u) \circ g = (h' \circ g') \circ (u \circ g) = (h \circ g) \circ (u \circ g) = h \circ (g \circ u) \circ g = h \circ id_Q \circ g = h \circ g = h' \circ g'$. Ohne die letzte Gleichheit liefert die Surjektivität von g aus $h' \circ i \circ g = h \circ g$ dann $h' \circ i = h$ (Satz 1.132.7/2). Mit der letzten Gleichheit liefert die Injektivität von h' aus $h' \circ i \circ g = h' \circ g'$ dann $i \circ g = g'$ (Satz 1.132.7/1).

c) Satz 1.132.5 liefert aus der Surjektivität von $g' = i \circ g$ die Surjektivität von i und aus der Injektivität von $h = h' \circ i$ die Injektivität von i. Somit ist i bijektiv.

A1.142.01: Beweisen sie den Satz 1.142.3 (Satz über induzierte Funktionen) noch einmal direkt, das heißt, ohne auf den Abbildungssatz (Satz 1.142.1) Bezug zu nehmen.

A1.142.02: Betrachten Sie die Funktion $f : M = \{1, ..., 15\} \longrightarrow \{0, 1, 2\}$, definiert durch $f(x) = mod(x, 3)$, wobei $mod(x, 3)$ den Divisionsrest bei der Euklidischen Division bezeichne (siehe Abschnitt 1.837) und geben Sie verschiedene Faktorisierungen von f an.

A1.142.03: Beweisen Sie die Aussagen der Bemerkungen 1.142.4/1/2.

A1.142.04: Wie kann man nicht-injektive Funktionen $\mathbb{R} \longrightarrow \mathbb{R}$ mit Hilfe der Betrags-Bildung durch injektive Funktionen ersetzen? Geben Sie einfache Beispiele an.

A1.142.05: Kann man das in Aufgabe A1.142.04 angedeutete Verfahren auch auf die biquadratische und nicht-injektive Funktion $f : \mathbb{R} \longrightarrow \mathbb{R}$ mit $f(x) = x^4 - 2x^2 + 1$ anwenden? (Beschreiben Sie zunächst die wesentlichen Merkmale einer graphischen Darstellung von f.)

A1.142.06: Es sei R eine Äquivalenz-Relation auf einer Menge M, ferner $f : M \longrightarrow M$ eine mit R verträgliche bijektive Funktion. Was kann über Art und Zuordnung der durch Satz 1.142.3 gelieferten Funktion f° sagen?

A1.142.07: Konstruieren Sie bezüglich der Beispiele a) und b) in Bemerkung 1.142.4/4 eine Funktion $f : P_F \longrightarrow E_F$ und beschreiben Sie den Effekt von Satz 1.142.3 auf diese Funktion. Warum ist die Funktion f nicht bijektiv?

A1.142.08: Auf einer Menge M_1 sei eine Äquivalenz-Relation R_1, auf einer Menge M_2 sei eine Äquivalenz-Relation R_2 vorgegeben, ferner sei auf $M_1 \times M_2$ eine Relation R definiert durch
$$(x_1, x_2)\, R\, (z_1, z_2) \Leftrightarrow x_1\, R_1\, z_1 \text{ und } x_2\, R_2\, z_2.$$
1. Zeigen Sie, daß die Relation R eine Äquivalenz-Relation auf $M_1 \times M_2$ ist.
2. Geben Sie eine bijektive Funktion $(M_1 \times M_2) / R \longrightarrow (M_1/R_1) \times (M_2/R_2)$ an.

A1.142.09: Variieren Sie das zu Anfang des Abschnitts genannte Beispiel hinsichtlich der Art der Figuren (aber auch für geometrisch einfache Gegenstände wie Strecken und Winkel). Erweitern Sie diese Beispiele auf Körper im Raum und ihre Volumina.

A1.142.10: Formalisieren Sie den Inhalt von Aufgabe A1.140.17 – Untersuchung zweier Merkmale m und m^* und deren Konjunktion für die Elemente einer (endlichen) Menge M, die vermöge der Gleichheit von Merkmalsausprägungen zu Äquivalenz-Relationen auf M führen – unter Hinzuziehung der Sätze dieses Abschnitts.

A1.142.11: Zu Mengen A, M und $N \neq \emptyset$ seien Funktionen $g : A \longrightarrow M$ und $f : A \longrightarrow N$ betrachtet. Zeigen Sie, daß die beiden folgenden Aussagen äquivalent sind:

1. Es gibt eine Funktion $h : M \longrightarrow N$ mit kommutativem Diagramm

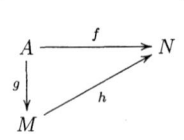

$$\begin{array}{ccc} A & \xrightarrow{f} & N \\ {\scriptstyle g}\big\downarrow & \nearrow{\scriptstyle h} & \\ M & & \end{array}$$

2. Für die durch g und f erzeugten Äquivalenz-Relationen R_g und R_f gilt $R_g \subset R_f$.

Hinweis: Bei der Implikation $2 \Rightarrow 1$ ist ein geeignetes Diagramm zu konstruieren.

1.150 Potenzmengen und Mengensysteme

> Es ist besser, ein kleines Licht anzuzünden,
> als auf die Dunkelheit zu fluchen.
> *Kung Fu-tsu* (551 - 479)

Eine Idee, die naheliegt und in großen Theorien eine große Rolle spielt (etwa in der Wahrscheinlichkeits-Theorie), ist die, zu einer Menge die Menge aller Teilmengen zu betrachten. Das hat damit zu tun, daß oft nicht die Eigenschaften einzelner Elemente von Interesse sind, sondern der Blick eher auf bestimmte Eigenschaften und die davon erzeugten Teilmengen (etwa Teilmengen mit gleicher Anzahl von Elementen) gerichtet ist.

1.150.1 Definition

1. Die Menge aller Teilmengen T einer Menge M heißt die *Potenzmenge* von M. Man bezeichnet sie mit $Pot(M) = \{T \mid T \subset M\}$, gelegentlich auch kurz mit $P(M)$ oder PM.

2. Teilmengen $\underline{A} \subset Pot(M)$ heißen *Mengensysteme* über M.

1.150.2 Bemerkungen

1. Es gilt stets $\emptyset \in Pot(M)$ und $M \in Pot(M)$.

2. Hat eine endliche Menge M die Kardinalzahl $card(M) = n$ mit $n \in \mathbb{N}$, dann hat $Pot(M)$ die Kardinalzahl $card(Pot(M)) = 2^n$. Ein Beweis dafür wird in Abschnitt 1.803 geführt.

3. Die Potenzmenge $Pot(M)$ einer Menge M ist selbst ein Mengensystem über M.

4. Ein Mengensystem $\underline{Z}$ über einer Menge M heißt *Zerlegung* von M, falls M die paarweise disjunkte Vereinigung aller Elemente aus $\underline{Z}$ ist sowie $\underline{Z} \neq \emptyset$ und $\emptyset \notin \underline{Z}$ gilt. Beispielsweise ist $\underline{Z} = \{\{1\}, \{2,3\}, \{4,5,6\}\}$ eine Zerlegung von $W = \{1,2,3,4,5,6\}$.

5. Mit der Bildung der Potenzmenge einer Menge M sind naheliegenderweise folgende Funktionen verbunden: Die Durchschnitts-Bildung $\cap : Pot(M) \times Pot(M) \longrightarrow Pot(M)$ mit $(S,T) \longmapsto S \cap T$ sowie die Vereinigungs-Bildung $\cup : Pot(M) \times Pot(M) \longrightarrow Pot(M)$ mit $(S,T) \longmapsto S \cup T$ und die Komplement-Bildung $C_M : Pot(M) \longrightarrow Pot(M)$ mit $T \longmapsto C_M(T)$, ferner zu jeder Teilmenge $S \subset M$ die beiden Funktionen
$S_V : Pot(M) \longrightarrow Pot(M)$ mit $T \longmapsto S \cup T$ und $S_D : Pot(M) \longrightarrow Pot(M)$ mit $T \longmapsto S \cap T$.
Mit Hilfe dieser Funktionen lassen sich übrigens die Regeln von *De Morgan* (Bemerkung 1.102.4) folgendermaßen formulieren: Für alle $S \in Pot(M)$ gelten die Beziehungen $C_M \circ S_V = C_M(S)_D \circ C_M$ und $C_M \circ S_D = C_M(S)_V \circ C_M$.

6. Es bezeichne $Ind(M) = \{ind_T : M \longrightarrow b = \{0,1\} \mid T \subset M\}$ die Menge der Indikator-Funktionen zu einer Menge M (siehe Definition 1.130.3j und Bemerkung 1.130.4/6). Wie man leicht bestätigt, ist die Funktion $Pot(M) \longrightarrow Ind(M)$, $T \longmapsto ind_T$, bijektiv.

7. Die Potenzmenge einer endlichen Menge ist nach Bemerkung 2 ebenfalls endlich. Im anderen Falle gilt: Die Potenzmenge einer nicht-endlichen Menge M ist ebenfalls nicht-endlich, denn sie enthält als Teilmenge die nicht-endliche Menge aller einelementigen Teilmengen von M, also $\{\{x\} \mid x \in M\} \subset Pot(M)$.
Anmerkung: Dieser Sachverhalt ist insbesondere in der Theorie der Wahrscheinlichkeits-Räume (Abschnitte 6.0) von grundlegender Bedeutung und führt dort zu zwei gewissermaßen parallelen Theorien.

8. Die sogenannten *indizierten Mengensysteme* werden in Abschnitt 1.160 behandelt.

1.150.3 Beispiele

1. Die Potenzmenge $Pot(\emptyset)$ der leeren Menge ist $Pot(\emptyset) = \{\emptyset\}$ mit $card(Pot(\emptyset)) = 2^0 = 1$. Die Potenzmenge $Pot(Pot(\emptyset))$ von $Pot(\emptyset)$ ist $Pot(Pot(\emptyset)) = \{\emptyset, \{\emptyset\}\}$.

2. Die Potenzmenge der binären Menge $b = \{0,1\}$ ist $Pot(b) = \{\emptyset, \{0\}, \{1\}, \{0,1\}\}$.

3. Mit der hier üblichen Abkürzung $\underline{m} = \{1, 2, ..., m\} \subset \mathbb{N}$ ist $\underline{F} = \{\underline{m} \mid m \in \mathbb{N}\}$ das System der *finalen Teilstücke* und $\underline{CF} = \{\mathbb{N} \setminus \underline{m} \mid m \in \mathbb{N}\}$ das System der *cofinalen Teilstücke* von $\mathbb{N}$.

4. Unter den Mengensystemen über $\mathbb{R}$ wird häufig die Menge $\{(a, b) \mid a, b \in \mathbb{R} \text{ mit } a \leq b\}$ aller offenen $\mathbb{R}$-Intervalle betrachtet. Es ist klar, daß man dieses Beispiel sowohl hinsichtlich der Intervalltypen als auch hinsichtlich der verwendeten Zahlenmenge variieren kann.

Die folgende Definition und das anschließende Lemma behandeln Durchschnitte und Vereinigungen über Mengensystemen und bieten damit – in Erweiterung der entsprechenden Sachverhalte in Abschnitt 1.102 – diese Bildungen auch für eine nicht-endliche Anzahl von Mengen vorzunehmen.

1.150.4   Definition

Es sei $\underline{A}$ ein Mengensystem über einer Menge M. Man nennt die Menge

1. $\bigcap\limits_{T \in \underline{A}} T = \{\, x \mid \text{für alle } T \in \underline{A} \text{ ist } x \in T \,\}$ den *Durchschnitt* von $\underline{A}$,

2. $\bigcup\limits_{T \subset \underline{A}} T = \{\, x \mid \text{es gibt ein } T \in \underline{A} \text{ mit } x \in T \,\}$ die *Vereinigung* von $\underline{A}$.

1.150.5   Lemma

Es sei $\underline{A}$ ein Mengensystem über einer Menge M, ferner N eine Menge. Dann gilt:

1. $N \cap \bigcup\limits_{T \in \underline{A}} T = \bigcup\limits_{T \in \underline{A}} (N \cap T)$
2. $N \cup \bigcap\limits_{T \in \underline{A}} T = \bigcap\limits_{T \in \underline{A}} (N \cup T)$
3. $N \setminus \bigcup\limits_{T \in \underline{A}} T = \bigcap\limits_{T \in \underline{A}} (N \setminus T)$
4. $N \setminus \bigcap\limits_{T \in \underline{A}} T = \bigcup\limits_{T \in \underline{A}} (N \setminus T)$

Beweis von 2.: Es werden die beiden Inklusionen einzeln nachgewiesen:

a) Es sei zunächst $x \in N \cup \bigcap\limits_{T \in \underline{A}} T$, dann ist $x \in N$ oder $x \in \bigcap\limits_{T \in \underline{A}} T$, folglich $x \in N$ oder $x \in T$, für alle $T \in \underline{A}$. Ist nun $x \in N$, dann ist $x \in N \cup T$, für alle $T \in \underline{A}$, also ist $x \in \bigcap\limits_{T \in \underline{A}} (N \cup T)$. Ist aber x Element von allen $T \in \underline{A}$, dann ist auch $x \in N \cup T$, für alle $T \in \underline{A}$, folglich ebenfalls $x \in \bigcap\limits_{T \in \underline{A}} (N \cup T)$.

b) Es sei nun andererseits $x \in \bigcap\limits_{T \in \underline{A}} (N \cup T)$, dann ist x ein Element von $N \cup T$, für alle $T \in \underline{A}$. Ist $x \in N$, dann ist $x \in N \cup \bigcap\limits_{T \in \underline{A}} T$. Ist aber x Element von allen $T \in \underline{A}$, dann ist zunächst $x \in \bigcap\limits_{T \in \underline{A}} T$, folglich auch $x \in N \cup \bigcap\limits_{T \in \underline{A}} T$.

Anmerkung: Ist $\underline{A}$ ein Mengensystem über einer Menge M, so gelten die beiden folgenden Beziehungen:

$$C_M(\bigcup\limits_{T \in \underline{A}} T) = \bigcap\limits_{T \in \underline{A}} C_M(T) \qquad C_M(\bigcap\limits_{T \in \underline{A}} T) = \bigcup\limits_{T \in \underline{A}} C_M(T)$$

A1.150.01:   Bilden Sie Mengensysteme (möglichst mit Darstellungen in cartesischen Koordinatensystemen) über den folgenden Mengen: $\mathbb{N} \times \mathbb{N}$, $\mathbb{Z} \times \mathbb{N}$, $\mathbb{R}_0^+ \times \mathbb{R}$, $\mathbb{R} \times \mathbb{R}_0^+$.

A1.150.02:   Stellen Sie die Formeln von *De Morgan* in Bemerkung 1.150.2/5 in Form kommutativer Diagramme mit Zuordnungen dar.

A1.150.03:   Beweisen Sie die Aussagen 1, 3 und 4 von Lemma 1.150.5 und die der Anmerkung.

A1.150.04: M sei eine Menge. Zeigen Sie, daß es keine injektive Funktion $Pot(M) \longrightarrow M$ gibt.
Anmerkung 1: Diese Aussage steht in engem Zusammenhang zum *Satz von Cantor* in Abschnitt 1.340.
Anmerkung 2: Ebenso gilt: Es gibt keine surjektive Funktion $M \longrightarrow Pot(M)$.

1.151 INDUZIERTE FUNKTIONEN AUF POTENZMENGEN

> Wo damals die Grenzen der Wissenschaft
> waren, da ist jetzt die Mitte.
> *Georg Christoph Lichtenberg* (1742 - 1799)

Eine häufig auftretende Frage ist die, wie sich Bildmengen und Urbildmengen (siehe Bemerkung 1.130.4) gegenüber Durchschnitten und Vereinigungen von Mengen oder Mengensystemen verhalten. Die diesbezüglichen Sachverhalte sind in diesem Abschnitt zusammenfassend dargestellt, wobei gleichzeitig die auf Potenzmengen induzierten Funktionen vorgestellt werden.

1.151.1 Definition

Zu einer vorgegebenen Funktion $f : M \longrightarrow N$ lassen sich die beiden von f auf den entsprechenden Potenzmengen *induzierten Funktionen*
$f^o : Pot(M) \longrightarrow Pot(N), A \longmapsto f^o(A)$, und $f^u : Pot(N) \longrightarrow Pot(M), S \longmapsto f^u(S)$, betrachten, wobei die Funktionswerte $f^o(A)$ und $f^u(A)$ definiert sind durch (siehe auch Bemerkung 1.130.4)
$f^o(A) = \{f(x) \in N \mid x \in A\} \subset N$ als *Bildmenge* von A unter f und
$f^u(S) = \{x \in M \mid f(x) \in S\} \subset M$ als *Urbildmenge* von S bezüglich f.
Wenn keine Verwechslungen zu befürchten sind, schreibt man anstelle von $f^o(A)$ auch $f(A)$.

1.151.2 Bemerkungen

1. Für Kompositionen $M \xrightarrow{f} N \xrightarrow{g} P$ von Funktionen f und g gelten die beiden Beziehungen
$$(g \circ f)^o = g^o \circ f^o \quad \text{und} \quad (g \circ f)^u = f^u \circ g^u,$$
für alle Teilmengen $A \subset M$ und $S \subset N$ also: $(g \circ f)^o(A) = g^o(f^o(A))$ und $(g \circ f)^u(S) = f^u(g^u(S))$.

2. Für Einschränkungen $f|A : A \longrightarrow N$ von Funktionen $f : M \longrightarrow N$ und Teilmengen $B \subset A \subset M$ gilt:
a) $(f|A)^o(B) = (f \circ in_A)^o(B) = f^o(in_A^o(B)) = f^o(B)$,
b) $(f|A)^u(S) = (f \circ in_A)^u(S) = (in_A^u(f^u(S)) = f^u(B) \cap A$.

3. Ist $f : M \longrightarrow N$ eine bijektive Funktion mit inverser Funktion $f^{-1} : N \longrightarrow M$, dann gilt $f^{-1} = f^u$, in vollständiger Schreibweise also $(f^{-1})^o = f^u$ und $(f^{-1})^u = f^o$ (siehe dazu auch Corollar 1.151.7). Insbesondere gilt für die identische Funktion $id_M : M \longrightarrow M$ dann $(id_M)^o = (id_M)^u$.

In den folgenden Sätzen sind alle wesentlichen Eigenschaften der Funktionen f^o und f^u zusammengestellt. Beweise werden nur exemplarisch angegeben, wo nicht, seien sie als Aufgaben gestellt.

1.151.3 Satz

Die von einer Funktion $f : M \longrightarrow N$ induzierte Funktion $f^o : Pot(M) \longrightarrow Pot(N)$ hat die folgenden Eigenschaften (mit Teilmengen $A, B \subset M$ und Mengensystem $\underline{M} \subset Pot(M)$):

1. $f^o(\emptyset) = \emptyset$
2. $f^o(\{x\}) = \{f(x)\}$, für alle $x \in M$
3. $A \neq \emptyset \Leftrightarrow f^o(A) \neq \emptyset$
4. f^o ist monoton: $A \subset B \Rightarrow f^o(A) \subset f^o(B)$
5. $f^o(A \cup B) = f^o(A) \cup f^o(B)$
6. $f^o(A \cap B) \subset f^o(A) \cap f^o(B)$
7. $f^o(\bigcup_{A \in \underline{M}} A) = \bigcup_{A \in \underline{M}} f^o(A)$
8. $f^o(\bigcap_{A \in \underline{M}} A) \subset \bigcap_{A \in \underline{M}} f^o(A)$

Beweis von 5.: Für alle $x \in M$ gelten folgende Äquivalenzen: $f(x) \in f^o(A \cup B) \Leftrightarrow x \in A \cup B \Leftrightarrow x \in A$ oder $x \in B \Leftrightarrow f(x) \in f^o(A)$ oder $f(x) \in f^o(B) \Leftrightarrow f(x) \in f^o(A) \cup f^o(B)$.

Beweis von 6.: Für alle $x \in M$ gelten folgende Implikationen: $f(x) \in f^o(A \cap B) \Rightarrow x \in A \cap B \Rightarrow x \in A$ und $x \in B \Rightarrow f(x) \in f^o(A)$ und $f(x) \in f^o(B) \Rightarrow f(x) \in f^o(A) \cap f^o(B)$.

Beweis von 7.: Für alle $x \in M$ gelten folgende Äquivalenzen: $f(x) \in f^o(\bigcup_{A \in \underline{M}} A) \Leftrightarrow x \in \bigcup_{A \in \underline{M}} A \Leftrightarrow$ es gibt ein $A \in \underline{M}$ mit $x \in A \Leftrightarrow$ es gibt ein $A \in \underline{M}$ mit $f(x) \in f^o(A) \Leftrightarrow f(x) \in \bigcup_{A \in \underline{M}} f^o(A)$.

1.151.4 Corollar

Bezüglich der Daten in Satz 1.151.3 gilt zusätzlich:
1. Ist f injektiv, dann gilt $f^o(A \cap B) = f^o(A) \cap f^o(B)$ und $f^o(\bigcap_{A \in \underline{M}} A) = \bigcap_{A \in \underline{M}} f^o(A)$.
2. Ist f injektiv, dann gilt $f^o(C_M(A)) \subset C_N(f^o(A))$.
3. Ist f bijektiv, dann gilt $f^o(C_M(A)) = C_N(f^o(A))$.

Beweis:
1. Zu $z \in f^o(A) \cap f^o(B)$ gibt es wegen der Injektivität von f genau ein Urbild x, das deswegen in $A \cap B$ liegen muß. Somit ist $z = f(x) \in f(A \cap B)$.
2. Ist $f(x) \in f^o(C_M(A))$, dann ist $x \in C_M(A)$, also gilt $x \notin A$ und somit $f(x) \notin f^o(A)$ wegen der Injektivität von f, folglich ist $f(x) \in C_N(f^o(A))$.
3. Ist $z \in C_N(f^o(A))$, dann gibt es wegen der Surjektivität von f ein $x \in M$ mit $x \notin A$ und $f(x) = z$, also gilt $x \in C_M(A)$ und $z = f(x) \in f^o(C_M(A))$.

1.151.5 Satz

Die von einer Funktion $f : M \longrightarrow N$ induzierte Funktion $f^u : Pot(N) \longrightarrow Pot(M)$ hat folgende Eigenschaften (mit Teilmengen $S, T \subset N$ und Mengensystem $\underline{N} \subset Pot(N)$):

1. $f^u(\emptyset) = \emptyset$ und $f^u(N) = M$
2. $x \in f^u(\{z\}) \Leftrightarrow f(x) = z$, für alle $x \in M, z \in N$
3. $f^u(S) = f^u(S \cap f^o(M))$
4. f^u ist monoton: $S \subset T \Rightarrow f^u(S) \subset f^u(T)$
5. $f^u(S \cup T) = f^u(S) \cup f^u(T)$
6. $f^u(S \cap T) = f^u(S) \cap f^u(T)$
7. $f^u(\bigcup_{S \in \underline{N}} S) = \bigcup_{S \in \underline{N}} f^u(S)$
8. $f^u(\bigcap_{S \in \underline{N}} S) = \bigcap_{S \in \underline{N}} f^u(S)$
9. $f^u(S \setminus T) = f^u(S) \setminus f^u(T)$
10. $f^u(C_N(S)) = C_M(f^u(S))$

Anmerkung: Es gilt hier im Unterschied zu 3. in Satz 1.151.3, daß aus $S \neq \emptyset$ nicht notwendigerweise $f^u(S) \neq \emptyset$ folgt. Ist f jedoch surjektiv, dann gilt: $S \neq \emptyset \Rightarrow f^u(S) \neq \emptyset$.

1.151.6 Satz

Für die von einer Funktion $f : M \longrightarrow N$ induzierten Funktionen f^o und f^u und ihre Kompositionen $Pot(M) \xrightarrow{f^o} Pot(N) \xrightarrow{f^u} Pot(M)$ und $Pot(N) \xrightarrow{f^u} Pot(M) \xrightarrow{f^o} Pot(N)$ gilt (mit Teilmengen $A \subset M$ und $S \subset N$):
1. $A \subset f^u(f^o(A))$, als Komposition geschrieben also $A \subset (f^u \circ f^o)(A)$,
2. $f^o(f^u(S)) \subset S$, als Komposition geschrieben also $(f^o \circ f^u)(S) \subset S$,

das heißt, daß im allgemeinen $f^u \circ f^o \neq id_{Pot(M)}$ und $f^o \circ f^u \neq id_{Pot(N)}$ gilt.

1.151.7 Corollar

Bezüglich der Daten in Satz 1.151.6 gilt:
1. f injektiv $\Leftrightarrow A = f^u(f^o(A)) \Leftrightarrow f^o$ injektiv $\Leftrightarrow f^u \circ f^o = id_{Pot(M)}$
2. f surjektiv $\Leftrightarrow f^o(f^u(S)) = S \Leftrightarrow f^o$ surjektiv $\Leftrightarrow f^o \circ f^u = id_{Pot(N)}$
3. f bijektiv $\Leftrightarrow f^o$ bijektiv $\Leftrightarrow A = f^u(f^o(A))$ und $f^o(f^u(S)) = S$
4. f bijektiv $\Leftrightarrow f^o$ bijektiv $\Leftrightarrow f^u \circ f^o = id_{Pot(M)}$ und $f^o \circ f^u = id_{Pot(N)}$
5. f bijektiv $\Leftrightarrow f^o$ bijektiv $\Leftrightarrow f^u(f^o(\{x\}))$ ist einelementig, für alle $x \in M$

A1.151.01: Beweisen Sie alle nicht bewiesenen Aussagen dieses Abschnitts.

A1.151.02: Konstruieren Sie Beispiele für diejenigen Fälle in den Sätzen dieses Abschnitts, in denen bei Formeln keine Gleichheit (nur Inklusionen) genannt sind (Beispiele für Gleichheit/Ungleichheit).

1.160 Cartesische Produkte (Teil 2)

> Man braucht wirklich nicht viel darüber zu reden,
> es ist den meisten Menschen heute ohnehin klar,
> daß die Mathematik wie ein Dämon in alle An-
> wendungen unseres Lebens gefahren ist.
> *Robert Musil* (1880 - 1942)

Wie in Bemerkung 1.110.2/4 schon angedeutet wurde, können Cartesische Produkte auch für nicht-endlich viele Faktoren gebildet werden. Zunächst sei noch einmal an die dortige Konstruktion für endlich viele Faktoren erinnert: $M \times N \times P = \{(x,y,z) \mid x \in M, y \in N, z \in P\}$ ist die Menge aller *Tripel (3-Tupel)* in $M \times N \times P$. Für n Mengen $M_1, ..., M_n$ besteht das Cartesische Produkt $M_1 \times ... \times M_n$ aus der Menge aller n-*Tupel* $x = (x_1, ..., x_n)$ mit $x_i \in M_i$ $(1 \leq i \leq n)$.

Abkürzend bezeichnet man $\prod_{i \in \underline{n}} M_i = M_1 \times ... \times M_n$. (Für den Sonderfall, daß alle Faktoren gleich sind, schreibt man $M^2 = M \times M$, allgemeiner dann $M^n = M \times ... \times M$ für n gleiche Faktoren). Es sei noch angemerkt, daß bei genauerem Verfahren diese Pünktchenschreibweise durch die folgende rekursive Darstellung (siehe Abschnitt 1.504) zu ersetzen ist:

$$\prod_{1 \in \underline{1}} M_i = M_1 \quad \text{und} \quad \prod_{i \in \underline{n}} M_i = \left(\prod_{i \in \underline{n-1}} M_i \right) \times M_n, \text{ für } n > 1.$$

Eine analoge Konstruktion für nicht-endliche Indexmengen soll nun vorgestellt werden. Dabei wird der folgende Begriff verwendet, der mit Hilfe des Funktionsbegriffs den Übergang zum nicht-endlichen Fall zu formulieren gestattet.

1.160.1 Definition

I sei eine Menge, $\underline{M}$ ein Mengensystem. Funktionen $I \longrightarrow \underline{M}$ heißen *indizierte Mengensysteme*.

1.160.2 Bemerkungen

1. Die Menge I nennt man in diesem Zusammenhang die *Indexmenge* von $I \longrightarrow \underline{M}$. Das Bildelement von $k \in I$ wird in der Regel mit M_k bezeichnet. Demgemäß schreibt man anstelle von $I \longrightarrow \underline{M}$ auch $(M_i)_{i \in I}$ und spricht dann von einer durch I indizierten *Familie* von Mengen (über $\underline{M}$).

2. Während in einem Mengensystem $\underline{M}$ eine Menge M als Element von $\underline{M}$ nur einmal auftreten kann, gibt ein indiziertes Mengensystem $I \longrightarrow \underline{M}$ bzw. eine Familie $(M_i)_{i \in I}$ von Mengen die Möglichkeit, dieselbe Menge mit verschiedenen Indices mehrmals auftreten zu lassen.

3. Ein weiteres Beispiel für solche Indizierungen sind die sogenannten Folgen $\mathbb{N} \longrightarrow M$ zu einer Menge M mit der Menge $\mathbb{N}$ der natürlichen Zahlen als Indexmenge. Auch dabei ist anstelle der Funktionsschreibweise $\mathbb{N} \xrightarrow{x} M$ die Darstellung $x = (x_n)_{n \in \mathbb{N}}$ mit $x_n \in M$ üblich. (Die Untersuchung von Folgen beginnt mit Abschnitt 2.000.)

Dieses Hilfsmittel des Indizierens von Mengen machen wir uns nun zunutze bei einer anderen Darstellung des Cartesischen Produkts zweier Mengen, das dann die oben angesprochene Verallgemeinerung zuläßt: Betrachtet man Elemente (x_1, x_2) eines Cartesischen Produkts $M_1 \times M_2$, dann lassen sich solche Paare jeweils auffassen als Funktionen der Menge $\{1,2\}$ nach $M_1 \cup M_2$, wobei x_1 das Bild von 1 und x_2 das Bild von 2 sei. Aber auch jeder Funktion $x : \{1,2\} \longrightarrow M_1 \cup M_2$ mit $x(1) \in M_1$ und $x(2) \in M_2$ wird durch das Paar $(x(1), x(2))$ ein Element aus $M_1 \times M_2$ zugeordnet. Anders gesagt, die Mengen $M_1 \times M_2$ und $\{\{1,2\} \xrightarrow{x} M_1 \cup M_2 \mid x(1) \in M_1, x(2) \in M_2\}$ entsprechen sich bijektiv. Diese Art der Darstellung von $M_1 \times M_2$ gibt nun Anlaß zur folgenden allgemeineren Darstellung Cartesischer Produkte, wobei jedem indizierten Mengensystem $I \longrightarrow \underline{M}$ bzw. jeder Familie $(M_i)_{i \in I}$ von Mengen (über $\underline{M}$) ein Cartesisches Produkt zugeordnet wird:

1.160.3 Definition

I sei eine Menge, $(M_i)_{i \in I}$ eine Familie von Mengen. Die Menge
$$\prod_{i \in I} M_i = \{I \xrightarrow{x} \bigcup_{i \in I} M_i \mid x(k) \in M_k,\ \text{für alle } k \in I\}$$
heißt das *Cartesische Produkt* der Familie $(M_i)_{i \in I}$.

1.160.4 Bemerkungen

1. Für $x(i)$ schreibt man auch $x_i = x(i)$ und verwendet anstelle von $x \in \prod_{i \in I} M_i$ auch die suggestivere Schreibweise $x = (x_i)_{i \in I}$.

2. Ist $M_i = M$, für alle $i \in I$, dann schreibt man anstelle von $\prod_{i \in I} M_i$ kürzer M^I. Man beachte: $M^I = Abb(I, M)$. Zu diesem allgemeinen Sachverhalt lassen folgende Sonderfälle betrachten:

3. Betrachtet man die Menge $X = \underline{m} = \{1, ..., m\}$, dann ist eine Funktion $x : \underline{m} \longrightarrow M$ nichts anderes als ein *m-Tupel* $x = (x_k)_{k \in \underline{m}}$ mit $x_k = x(k)$, das heißt also $Abb(\underline{m}, M) = M^{\underline{m}}$.

4. In analoger Weise wie in 4. kann man die Menge $X = \underline{m} \times \underline{n}$ betrachten und erhält die Menge $Abb(\underline{m} \times \underline{n}, M) = Mat(m, n, M)$ der *M-Matrizen vom Typ (m,n)* mit m Zeilen und n Spalten (Singular: Matrix). (Man beachte, daß $X = \underline{m} \times \{1\}$ gerade den in 3. besprochenen Fall liefert.)

5. Man kann die in 4. betrachteten Matrizen auch für beliebige Indexmengen I und K formulieren und erhält für den Fall $X = I \times K$ die Menge $Abb(I \times K, M) = Mat(I, K, M) = M^{I \times K}$ der *M-Matrizen vom Typ (I,K)*.

Zu einem Cartesischen Produkt $\prod_{i \in I} M_i$ gehört in natürlicher Weise eine Familie $(pr_i)_{i \in I}$ von *Projektionen*. Dabei ist die k-te Projektion $pr_k : \prod_{i \in I} M_i \longrightarrow M_k$ durch $(x_i)_{i \in I} \longmapsto x_k$ definiert (siehe auch Bemerkung 1.130.3g für den Fall zweier Faktoren). Projektionen sind stets surjektiv. Die Zusammengehörigkeit zwischen Cartesischem Produkt und den Projektionen präzisiert der folgende Satz:

1.160.5 Satz

Es sei N eine Menge und $(M_i)_{i \in I}$ eine Familie von Mengen. Zu jeder Familie $(h_i)_{i \in I}$ von Funktionen $h_i : N \longrightarrow N_i$ gibt es genau eine Funktion $h : N \longrightarrow \prod_{i \in I} M_i$, so daß für jedes $k \in I$ das folgende Diagramm kommutativ ist:

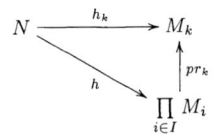

$$\begin{array}{ccc} N & \xrightarrow{h_k} & M_k \\ & \searrow_h & \uparrow pr_k \\ & & \prod_{i \in I} M_i \end{array}$$

Beweis:

1. Für alle $x \in N$ wird durch $h(x) = (h_i(x))_{i \in I}$ eine Funktion $h : N \longrightarrow \prod_{i \in I} M_i$ definiert.

2. Das obige Diagramm ist kommutativ, denn: Für alle $x \in N$ gilt $(pr_k \circ h)(x) = pr_k(h(x)) = pr_k(h_i(x))_{i \in I}) = h_k(x)$, somit gilt $pr_k \circ h = h_k$, für alle $k \in I$.

3. Die Funktion h ist eindeutig bestimmt, denn ist $g \in Abb(N, \prod_{i \in I} M_i)$ eine weitere Funktion, die das obige Diagramm kommutativ macht, so gilt für alle Elemente $x \in N$ dann $g(x) = (pr_k(g(x)))_{k \in I} = ((pr_k \circ g)(x))_{k \in I} = (h_k(x))_{k \in I} = h(x)$, also ist $g = h$.

1.160.6 Corollar

Zu jeder Menge N und zu jeder Familie $(M_i)_{i \in I}$ von Mengen ist die durch den vorstehenden Satz erzeugte Funktion $Abb(N, \prod_{i \in I} M_i) \longrightarrow \prod_{i \in I} Abb(N, M_i)$, definiert durch $h \longmapsto (pr_k \circ h)_{k \in I}$, bijektiv.

1.160.7 Corollar

Zu einer beliebigen Familie $(f_i)_{i\in I}$ von Funktionen $f_i : M_i \longrightarrow N_i$ gibt es genau eine zugehörige Funktion $f : \prod\limits_{i\in I} M_i \longrightarrow \prod\limits_{i\in I} N_i$, so daß für jedes $k \in I$ das folgende Diagramm kommutativ ist:

$$\begin{array}{ccc} \prod\limits_{i\in I} M_i & \xrightarrow{f} & \prod\limits_{i\in I} N_i \\ {\scriptstyle p_k}\downarrow & & \downarrow{\scriptstyle q_k} \\ M_k & \xrightarrow{f_k} & N_k \end{array}$$

In diesen Diagrammen bezeichnen p_k und q_k jeweils die k-ten Projektionen.

Zusatz: Man kann zeigen, daß die Funktion f durch $f((x_i)_{i\in I}) = (f_i(x_i))_{i\in I}$ definiert ist.

Beweis: Satz 1.160.5 auf die Familie $(f_k \circ p_k)_{k\in I}$ von Funktionen $f_k \circ p_k : \prod\limits_{i\in I} M_i \longrightarrow N_k$ angewendet, liefert eine eindeutig bestimmte Funktion $f : \prod\limits_{i\in I} M_i \longrightarrow \prod\limits_{i\in I} N_i$, mit $q_k \circ f = f_k \circ p_k$, für alle $k \in I$.

1.160.8 Definition und Satz

1. Durch Definition 1.160.3 wird jeder Familie $(M_i)_{i\in I}$ ihr Cartesisches Produkt $\prod\limits_{i\in I} M_i$ zugeordnet.

2. Die in Corollar 1.160.7 eindeutig definierte Funktion f wird das *Cartesische Produkt* der Familie $(f_i)_{i\in I}$ von Funktionen $f_i : M_i \longrightarrow N_i$ genannt und mit $f = \prod\limits_{i\in I} f_i : \prod\limits_{i\in I} M_i \longrightarrow \prod\limits_{i\in I} N_i$ bezeichnet.

3. Die injektive Funktion $\prod\limits_{i\in I} Abb(M_i, N_i) \longrightarrow Abb(\prod\limits_{i\in I} M_i, \prod\limits_{i\in I} N_i)$ ordnet jeder Familie $(f_i)_{i\in I}$ ihr Cartesisches Produkt $\prod\limits_{i\in I} f_i$ zu. Diese Funktion ist durch $(\prod\limits_{i\in I} f_i)((x_i)_{i\in I}) = (f_i(x_i))_{i\in I}$ definiert.

4. Für beliebige Familien $(f_i)_{i\in I}$ und $(g_i)_{i\in I}$ von Funktionen $f_i : M_i \longrightarrow N_i$ und $g_i : N_i \longrightarrow P_i$ gelten die folgenden Beziehungen: $\prod\limits_{i\in I}(g_i \circ f_i) = \prod\limits_{i\in I} g_i \circ \prod\limits_{i\in I} f_i$ und $\prod\limits_{i\in I} id_{M_i} = id_{\prod\limits_{i\in I} M_i}$.

Anmerkung: Die in 1. bis 4. genannten Sachverhalte beschreiben zugleich das sogenannte funktorielle Verhalten der Bildung des Cartesischen Produkts. Darüber wird in den Abschnitten 4.x noch ausführlich gesprochen.

Beweis von 4.:

a) Es bezeichne abkürzend $f = \prod\limits_{i\in I} f_i$ und $g = \prod\limits_{i\in I} g_i$, ferner seien p_k, q_k, r_k die k-ten Projektionen. Nach Corollar 1.160.7 ist das folgende Diagramm kommutativ:

$$\begin{array}{ccccc} \prod\limits_{i\in I} M_i & \xrightarrow{f} & \prod\limits_{i\in I} N_i & \xrightarrow{g} & \prod\limits_{i\in I} P_i \\ {\scriptstyle p_k}\downarrow & & \downarrow{\scriptstyle q_k} & & \downarrow{\scriptstyle r_k} \\ M_k & \xrightarrow{f_k} & N_k & \xrightarrow{g_k} & P_k \end{array}$$

Damit ist auch das folgende Diagramm kommutativ:

$$\begin{array}{ccc} \prod\limits_{i\in I} M_i & \xrightarrow{g\circ f} & \prod\limits_{i\in I} N_i \\ {\scriptstyle p_k}\downarrow & & \downarrow{\scriptstyle q_k} \\ M_k & \xrightarrow{g_k\circ f_k} & N_k \end{array}$$

Da aber die Funktion $\prod\limits_{i\in I}(g_i \circ f_i)$, die das gleiche Diagramm kommuatativ macht, eindeutig bestimmt ist, gilt $\prod\limits_{i\in I}(g_i \circ f_i) = \prod\limits_{i\in I} g_i \circ \prod\limits_{i\in I} f_i$.

b) Es bezeichne abkürzend $id = id_{\prod_{i \in I} M_i}$. Aus der Kommutativität des Diagramms

$$\begin{array}{ccc} \prod_{i \in I} M_i & \xrightarrow{id} & \prod_{i \in I} M_i \\ p_k \downarrow & & \downarrow p_k \\ M_k & \xrightarrow{id_{M_i}} & M_k \end{array}$$

und der Eindeutigkeit der Funktion $\prod_{i \in I} id_{M_i}$ folgt unmittelbar $\prod_{i \in I} id_{M_i} = id_{\prod_{i \in I} M_i}$.

1.160.9 Corollar

Für eine beliebige Familie $(f_i)_{i \in I}$ von Funktionen $f_i : M_i \longrightarrow N_i$ gilt: Sind alle Funktionen f_i injektiv (surjektiv, bijektiv), dann ist auch ihr Cartesisches Produkt $f = \prod_{i \in I} f_i : \prod_{i \in I} M_i \longrightarrow \prod_{i \in I} N_i$ injektiv (surjektiv, bijektiv).

Beweis:
1. Alle Funktionen f_i seien injektiv. Ferner seien $x = (x_i)_{i \in I}$ und $z = (z_i)_{i \in I}$ Elemente aus $\prod_{i \in I} M_i$. Es sei nun $x \neq z$, dann gibt es eine nicht-leere Teilmenge $K \subset I$ mit $x_k \neq z_k$, für $k \in K$. Aus der Injektivität der Funktionen f_k folgt $f_k(x_k) \neq f_k(z_k)$, somit ist $f(x) = (f_i(x_i))_{i \in I} \neq (f_i(z_i))_{i \in I} = f(z)$ und damit f injektiv.

2. Alle Funktionen f_i seien surjektiv. Ist $z = (z_i)_{i \in I}$ ein Element aus $\prod_{i \in I} M_i$, so gibt es wegen der Surjektivität aller f_i jeweils ein Element $x_i \in M_i$ mit $f_i(x_i) = z_i$. Somit ist $x = (x_i)_{i \in I}$ ein Element aus $\prod_{i \in I} M_i$ mit $f(x) = z$. Also ist f surjektiv.

A1.160.01: Betrachten Sie den Fall $M^I = Abb(I, M)$ in Bemerkung 1.160.4/2. Erläutern Sie zunächst das Aussehen der Projektionen $pr_k : Abb(I, M) \longrightarrow M$ für $k \in I$. Entwickeln Sie dann die Zuordnungsvorschrift der Funktion $Abb(N, Abb(I, M)) \xrightarrow{F} Abb(I, Abb(N, M))$. Zeigen Sie dabei auch, daß diese Zuordnungsvorschrift mit der in Corollar 1.160.6 angegebenen Vorschrift $h \longmapsto (pr_k \circ h)_{k \in I}$ übereinstimmt.

A1.160.02: Es seien $(M_i)_{i \in I}$ und $(N_k)_{k \in K}$ indizierte Mengensysteme. Zeigen Sie, daß gilt:
$(\bigcap_{i \in I} M_i) \times (\bigcap_{k \in K} N_k) = \bigcap_{(i,k) \in I \times K} (M_i \times N_k)$ und $(\bigcup_{i \in I} M_i) \times (\bigcup_{k \in K} N_k) = \bigcup_{(i,k) \in I \times K} (M_i \times N_k)$.

A1.160.03: Es sei $(M_i)_{i \in I}$ ein indiziertes Mengensystem, also kurz: eine Familie von Mengen, ferner bezeichne $M = \bigcup_{i \in I} M_i$. Weiterhin betrachte man eine Familie $(f_i)_{i \in I}$ von Funktionen $f_i : M_i \longrightarrow N$ mit der Eigenschaft $f_i | (M_i \cap M_k) = f_k | (M_i \cap M_k)$, für alle Indices $i, k \in I$. Man zeige nun:
1. Es gibt genau eine Funktion $f : M \longrightarrow N$ mit $f | M_i = f_i$, für alle $i \in I$.
2. Gilt zusätzlich $M_i \cap M_k = \emptyset$, für alle i und k mit $i \neq k$, dann gibt es eine bijektive Funktion
$Abb(M, N) \longrightarrow \prod_{i \in I} Abb(M_i, N)$.

A1.160.04: Betrachten Sie zu jedem $n \in \mathbb{N}$ die Menge $\underline{n} = \{1, ..., n\}$ der ersten n natürlichen Zahlen. Geben Sie (unter Beachtung von Definition 1.150.4) die Mengen $V = \bigcup_{n \in \mathbb{N}} \underline{n}$ sowie $D = \bigcap_{n \in \mathbb{N}} \underline{n}$ an.

A1.160.05: Betrachten Sie die Mengen $\underline{n} = \{1, ..., n\}$ in Aufgabe A1.160.04. Beschreiben Sie die
1. Elemente und Elementeanzahlen von $\underline{2} \times \underline{2}$ und $\underline{2} \times \underline{2} \times \underline{2}$ sowie von $\underline{2} \times ... \times \underline{2}$ mit n Faktoren,
2. Elemente und Elementeanzahlen von $\underline{3} \times \underline{3}$ und $\underline{4} \times \underline{4}$ sowie von $\underline{n} \times \underline{n}$ mit $n \in \mathbb{N}$.

A1.160.06: Wie verhalten sich Durchschnitte (Vereinigungen) über $K \subset L \subset I$ bezüglich $(M_i)_{i \in I}$?

1.180 CODES UND CODIERUNGEN

> Es ist wahr, die Mathematik ist das Edelste, was
> ein denkendes Wesen lernen und wissen kann.
> *Luise Adelgunde Viktorie Gottsched* (1713 - 1762)

In den Abschnitten 1.18x werden anhand ausführlich dargestellter Beispiele einige grundlegende Ideen, aber auch formale Beschreibungen von Codes und Codierungen dargestellt. Damit soll einerseits illustriert werden, daß und wie sich das *allgemeine Konzept* von Funktionen (also nicht eine nur auf Mengen von Zahlen zugeschnittene Theorie) in relitätsnahen Anwendungsbereichen einsetzen läßt. Andererseits ist die Theorie der Codierungen aber auch von allgemeinerem Interesse – wenn man beispielsweise an die verschiedenen Codierungen zur Chiffrierung von Informationen im technisch-kommerziellen Bereich denkt (Verschlüsselung von Daten auf Daten-Trägern oder bei Daten-Transporten, Stichwörter: Chip-Karten, EAN-Warenkennzeichnungen, Home-Banking und Home-Shopping sowie Business via Internet).

Damit ist schon angedeutet, daß die Hauptanwendungen der Theorie der Codierungen Gebiete der Nachrichtentechnik und Informatik sind, gleichwohl sind ihre Grundlagen sozusagen durch und durch mathematischer Natur. Umgekehrt gesagt: Man kann Codierungsprobleme nur dann wirklich verstehen (und beurteilen), wenn man die zugrunde liegenden mathematischen Sachverhalte einigermaßen überblicken oder zumindest grob einschätzen kann. Dazu sollen diese Abschnitte einen ersten Einblick geben (siehe auch Bemerkung 1.784.8 allgemeiner Abschnitt 1.822). Im folgenden werden neben einigen einfachen Beispielen zunächst die notwendigen allgemeinen Begriffsbildungen über Codierungen bereitgestellt, wobei im Rahmen der Aufgaben erste Fragen zu dem gewissermaßen dualen Begriffspaar Codierung/Decodierung behandelt werden.

1.180.1 Beispiele

Die folgenden Beispiele von Codes basieren auf der Menge $A^* = \{A, B, C, ..., Z\}$ der 26 üblichen lateinischen Großbuchstaben sowie der bijektiven Numerierungs-Funktion $\# : A^* \longrightarrow \{1, 2, 3, ..., 26\}$ mit der Zuordnung $b \longmapsto \#(b)$ in die Menge der ersten 26 natürlichen Zahlen. Beide Mengen sind im übrigen auf die übliche Weise linear geordnet, das bedeutet insbesondere, daß die Funktion $\#$ monoton ist:

b	A	B	C	D	E	F	G	H	I	J	K	L	M
$\#(b)$	1	2	3	4	5	6	7	8	9	10	11	12	13
b	N	O	P	Q	R	S	T	U	V	W	X	Y	Z
$\#(b)$	14	15	16	17	18	18	20	21	22	23	24	25	26

Die Funktion $\#$ ist naheliegenderweise bijektiv, wobei die einzelnen Zuordnungen ihrer inversen Funktion $\#^{-1} : \{1, 2, 3, ..., 26\} \longrightarrow A^*$ ebenfalls der obigen Tabelle zu entnehmen sind.

1. *Gaius Iulius Caesar* (100 - 44) benutzte zur Übermittlung geheimer militärischer Nachrichten die nach ihm auch benannte Codierung, die man sich folgendermaßen vorstellen kann: Auf dem Rand eines Drehknopfs (Innenring) und der Drehebene (Außenring) sind in gleichen Abständen und in der üblichen alphabetischen Reihenfolge jeweils die 26 Buchstaben des Alphabets kreisförmig im Uhrzeigersinn aufgezeichnet. Dreht man den Knopf nach rechts um drei Buchstaben weiter, so zeigt jeder Buchstabe des Innenrings auf den drittnächsten Buchstaben des Außenrings, also etwa A auf D und Y auf B.

Diese Codierung ist also nichts anderes als die Funktion $c : A^* \longrightarrow A^*$, festgelegt durch die Vorschrift $c(b) = \#^{-1}(\#(b) + 3)$, deren Decodierung $c^{-1} : A^* \longrightarrow A^*$ durch $c^{-1}(b) = \#^{-1}(\#(b) - 3)$ definiert ist. Daß diese Codierung eine bijektive Funktion ist, zeigen die folgenden Nachweise (einer ist ausgeführt): $(c^{-1} \circ c)(b) = c^{-1}(c(b)) = c^{-1}(\#^{-1}(\#(b) + 3)) = \#^{-1}(\#(\#^{-1}(\#(b) + 3)) - 3) = \#^{-1}((\#(b) + 3) - 3) = \#^{-1}(\#(b)) = b$ und entsprechend $(c \circ c^{-1})(b) = b$, für alle $b \in A^*$.

Anmerkung: Das klassische lateinische Alphabet enthält lediglich 21 Buchstaben (ohne J, U, W, Y, Z). Tatsächlich hat *Caesar* also die folgende linearisierte Codierung benutzt:

A	B	C	D	E	F	G	H	I	K	L	M	N	O	P	Q	R	S	T	V	X
D	E	F	G	H	I	K	L	M	N	O	P	Q	R	S	T	V	X	A	B	C

2. Eine allgemeine *Caesar-Codierung* ist analog mit einer beliebigen, aber fest gewählten ganzen Zahl n_0 definiert als Funktion $c : A^* \longrightarrow A^*$, festgelegt durch $c(b) = \#^{-1}(\#(b) + n_0)$, deren Decodierung $c^{-1} : A^* \longrightarrow A^*$ durch $c^{-1}(b) = \#^{-1}(\#(b) - n_0)$ definiert ist.

3. Man kann in Erweiterung der allgemeinen Caesar-Codierung in Beispiel 2 auch folgendermaßen vorgehen: Bei der Codierung eines Buchstabens b wird die Position nicht um eine konstante Zahl n_0 verschoben (konstante Drehknopf-Einstellung), sondern es wird die positionsabhängige Zielposition $\#(b) + \#(b)$ gebildet und deren Urbild unter $\#$ als Code von b betrachtet. Das liefert die durch die Zuordnung $c(b) = \#^{-1}(\#(b) + \#(b))$ definierte Codierung $c : A^* \longrightarrow A^*$.

4. Soll das Wort $w = b_1 b_2 ... b_k ... b_m$ mit den Buchstaben $b_k \in A^*$ codiert werden, kann man jedem Buchstaben b_k den Buchstaben $c(b_k) = \#^{-1}(\#(b) + k)$ zuordnen (der Drehknopf wird um k Positionen nach rechts gedreht) und auf diese Weise eine Codierung definieren, deren Codes $c(b_k)$ von der jeweiligen Position $k = pos(w, b_k)$ eines Buchstabens in dem zu codierenden Wort w abhängig sind. Eine solche Codierung kann als Funktion $c : A^* \times \{w\} \longrightarrow A^*$ mit der Zuordnung $c(b, w) = \#^{-1}(\#(b) + pos(w, b))$ beschrieben werden.

5. Die Codierung $c : A^* \longrightarrow A^*$, definiert durch $c(b) = \#^{-1}(27 - \#(b))$ ist eine sogenannte *selbstinverse Codierung*, deren Decodierung ebenfalls c ist, für die also $c \circ c = id_{A^*}$ und somit $c^{-1} = c$ gilt, denn es ist $(c \circ c)(b) = c(c(b)) = c(\#^{-1}(27 - \#(b))) = \#^{-1}(27 - \#(\#^{-1}(27 - \#(b)))) = \#^{-1}(27 - (27 - \#(b))) = \#^{-1}(\#(b)) = b$, für alle $b \in A^*$.

6. Alle vorstehenden Codierungen c kann man als *Zeichen- und Längen-invariante Codierungen* bezeichnen, da das *Quell-Alphabet* gleich dem *Ziel-Alphabet* ist (das heißt nichts anderes als $D(c) = W(c)$, in den obigen Beispielen also $D(c) = W(c) = A^*$) und die *Länge* des zu codierenden Zeichens b mit der des Codes $c(b)$ übereinstimmen (hier jeweils 1).

7. *Zeichen- und Längen-invariante Codierungen* über einer (meist endlichen) Menge M (dem *Alphabet M*) sind bijektive Funktionen $M \longrightarrow M$. Die Menge aller dieser Codierungen wird allgemein mit $Bij(M, M)$ bezeichnet. Betrachtet man diese Menge zusammen mit der durch die Komposition von Funktionen erzeugten Gruppenstruktur, so spricht man von der *Symmetrischen Gruppe* $S(M)$ (siehe Beispiel 1.501.8/7). Man beachte ferner $card(S(M)) = card(M)!$ für endliche Mengen M.

8. Aus zwei oder mehreren Zeichen- und Längen-invarianten Codierungen lassen sich auf vielfältige Weisen neue Codierungen erzeugen, beispielsweise
– als Komposition $c_2 \circ c_1$ oder $c_1 \circ c_2$ zweier Codierungen $c_1, c_2 : M \longrightarrow M$
– als Vereinigung von Codierungen, wie etwa folgendes Beispiel andeuten soll:
Die Menge A^* läßt sich disjunkt zerlegen etwa in $A^* = \{A, B, C, D, E\} \cup \{F, G, ..., Z\} = U^* \cup V^*$, wobei die lexikalische Anordnung auf A^* mit verwendet ist. Eine Codierung $c : A^* \longrightarrow A^*$ kann dann etwa als eine Vereinigung $c_U \cup c_V : U^* \cup V^* \longrightarrow U^* \cup V^*$ mit möglicherweise verschieden definierten Einzelcodierungen $c_U : U^* \longrightarrow U^*$ und $c_V : V^* \longrightarrow V^*$ festgelegt werden. (Zur allgemeinen Konstruktion solcher zusammengesetzten Funktionen siehe Definition 1.130.3.)

1.180.2 Beispiele

1. Die zu Anfang der Beispiele 1.180.1 genannte bijektive Funktion $\# : A^* \longrightarrow \{1, 2, 3, ..., 26\}$ ist ebenfalls eine Codierung, die aber weder Zeichen- noch Längen-invariant ist.

2. Von besonderer Bedeutung sind die sogenannten *Binär-Codierungen*, das sind injektive Funktionen der Form $c : A \longrightarrow \bigcup_{n \in \mathbb{N}_0} \{0, 1\}^n$. Schränkt man den Wertebereich auf $\{0, 1\}^n$ mit fest gewähltem, aber für die Injektivität genügend großem n ein, dann haben unter $c : A \longrightarrow \{0, 1\}^n$ alle Bildelemente $c(a)$ dieselbe Länge n und man spricht in diesen Fällen von *binären Block-Codierungen* (siehe Abschnitt 1.181).

1.180.3 Definition

Eine *Codierung mit Quell-Alphabet Q und Ziel-Alphabet Z* (wobei Q und Z nicht-leere Mengen seien) ist eine injektive Funktion $c : Q \longrightarrow \bigcup_{n \in \mathbb{N}_0} Z^n$ von Q in die Menge $Z^w = \bigcup_{n \in \mathbb{N}_0} Z^n$ aller *Wörter über Z*.

Anmerkung: Häufig werden als Quell- und Ziel-Alphabete geordnete Mengen $(Q, \leq)$ und $(Z, \leq)$ betrachtet (siehe Abschnitt 1.310). Im folgenden werden – wie bei dem oben betrachteten gewöhnlichen Alphabet

A^* von Buchstaben – naheliegende Anordnungen betrachtet.

1.180.4 Bemerkungen

1. Die Menge Z^0 ist gewissermaßen ein Kunstprodukt und enthalte nur das *leere Wort* $\emptyset$.

2. Man nennt $Bild(c)$ den *Code* einer Codierung c, ferner $c(a)$ das *Codewort* von a unter c.

3. Die auf $Bild(c)$ definierte inverse Funktion $c^{-1} : Bild(a) \longrightarrow Q$ heißt *Decodierung* zu c.

4. Wörter w über einem Alphabet A sind Tupel $w = (a_1, ..., a_m)$ von Elementen $a_k \in A$ mit *beliebiger endlicher Länge* $L(w) = m$ aus $\mathbb{N}_0$. Man schreibt Wörter in der Regel der Einfachheit halber konkatenativ, also etwa $w = a_1...a_m$.

5. Die in nebenstehendem kommutativen Diagramm mit der Einbettung $a \xmapsto{in} (a)$ enthaltene Funktion c^w nennt man die *Code-Fortsetzung* von Q auf Q^w bzw. die Code-Fortsetzung von $c : Q \longrightarrow Z^w$. Diese Funktion ist definiert durch die Zuordnungsvorschrift $c^w(a_1...a_m) = c(a_1)...c(a_m)$ und $c^w(\emptyset) = \emptyset$.

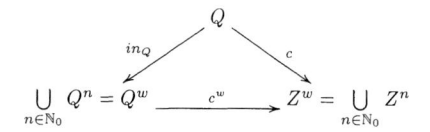

$$\bigcup_{n \in \mathbb{N}_0} Q^n = Q^w \xrightarrow{c^w} Z^w = \bigcup_{n \in \mathbb{N}_0} Z^n$$

mit in_Q und c nach Q.

Man beachte: Die Code-Fortsetzung ist im allgemeinen nicht injektiv. Da die Injektivität jedoch zu den wesentlichen Eigenschaften von Codierungsprozessen gehört, müssen diesbezüglich weitere Forderungen an die Bausteine einer Codierung gestellt werden (wie das etwa in Abschnitt 1.181 ausgeführt wird).

A1.180.01: Bei folgenden Einzelaufgaben sollen codierte deutschsprachige Texte decodiert werden:

1. Der folgende Text wurde nach dem speziellen Caesar-Code in Beispiel 1.180.1/1 codiert:

    D O O H U D Q I D Q J L V W W V F K Z H U

2. Der folgende Text wurde mit einem allgemeinen Caesar-Code in Beispiel 1.180.1/2 codiert ($n_0 > 0$):

    I N J X T S S J X H M J N S Y M J Q Q

A1.180.02: Wie wird bei der in Beispiel 1.180.1/2 angegebenen allgemeinen Caesar-Codierung für Verschiebungs-Positionen $|n_0| \geq 26$ codiert? Geben Sie jeweils ein kleines Beispiel mit $n_0 = 28$ und $n_0 = -27$ an.

A1.180.03: Das Geburtsdatum eines berühmten deutschsprachigen Autors ist nach drei verschiedenen Methoden der in den Beispielen 1.180.1 genannten Verfahren codiert. Ermitteln Sie das Datum (beschreiben Sie dabei Ihre Vorgehensweise) und den Autor:

    A: 2 5 3 5 3 3 5 7
    B: 7 1 9 1 8 2 5 0
    C: 7 3 5 3 6 2 9 4

Bei den drei codierten Blöcken liefern zwei Blöcke nach verschiedenen Verfahren dasselbe (richtige) Datum. Welche beiden Verfahren sind das?

A1.180.04: Betrachten Sie die Menge $Z = \{0, 1, ..., 8, 9\}$ der zehn Zahlziffern, ferner die Caesar-Codierung $c_1 : Z \longrightarrow Z$ mit $n_0 = 2$ (entsprechend Beispiel 1.180.1/2) und die selbstinverse Codierung $c_2 : Z \longrightarrow Z$ (entsprechend Beispiel 1.180.1/5). Geben Sie tabellarisch die Zuordnungen für die Kompositionen $c_2 \circ c_1$ und $c_1 \circ c_2$ an und codieren Sie nach beiden Methoden via Code-Fortsetzung den Ziffernblock 28081749.

A1.180.05: Zeigen Sie anhand der Codierung $\# : A^* \longrightarrow \{1, 2, 3, ..., 26\}$, die einem Großbuchstaben seine Position in der üblichen lexikalischen Anordnung zuordnet (siehe Beispiele 1.180.1), daß die in Bemerkung 1.180.4/5 definierte Code-Fortsetzung nicht notwendigerweise injektiv ist.

1.181 BINÄR-CODIERUNGEN

> Musik im besten Sinne bedarf weniger der Neuheit, ja vielmehr
> je älter sie ist, je gewohnter man sie ist, desto mehr wirkt sie.
> *Johann Wolfgang von Goethe* (1749 - 1832)

In der folgenden einleitenden Bemerkung sei zunächst der technische Rahmen geschildert, in dem Binär-Codierungen (siehe Beispiel 1.180.2/2) in der Informatik auftreten.

1.181.1 Bemerkung

Ein *Computer-Programm* ist eine nach bestimmten syntaktischen Richtlinien und Regeln gebaute Folge von *Anweisungen* zur Verarbeitung *alpha-numerischer Daten*. Diese Daten sind Informationsträger, die aus *Wörtern (Zeichenreihen)* bestehen und jeweils aus endlich vielen *alpha-numerischen Zeichen* (und Sonderzeichen) aus einem zugrunde liegenden (endlichen) *Alphabet (Zeichensatz)* der folgende Art gebaut sind.

Ein *alpha-numerischer Zeichensatz* (alphabetisch und numerisch) enthält alle Großbuchstaben A, ..., Z, meist auch alle Kleinbuchstaben a, ..., b, die Zahlziffern 0, ..., 9, ferner eine Reihe von Zusatzzeichen zur Bildung bestimmter sprachspezifischer Buchstaben (wie Umlaute, Buchstaben mit Akzenten) sowie Sonderzeichen (Satzzeichen, besondere Symbole wie etwa # und $). *Wörter* in diesem *Alphabet* sind dann etwa 123, Otto, Ja/47A. Die *Nachricht* etwa in einem Telegramm mit dem Wortlaut *Tante Emma kommt am 22.7.* besteht aus fünf Wörtern des genannten Alphabets, als *Information* kann diese Nachricht jedoch unterschiedliche Bedeutungen haben (sogar zusätzliche, etwa in Kombination mit bekannten Nachrichten: ab dem 22.7. darf nicht mehr geraucht werden), aber auch: der 22.7. ist ein Sonntag, aber verabredungsgemäß auch ganz andere: Schmuggelware trifft am 22.7. ein).

Die physikalische Form jedoch, in der Zeichen in den verschiedenen Teilen eines Computers transportiert, verarbeitet und gespeichert werden, ist die eines *binären Signals* (binär: zweiwertig). Die beiden Signalwerte sind diskrete Zustände (kennzeichnend für die *Digital-Technik* im Gegensatz zur *Analog-Technik*, die auf kontinuierlichen Zustandsänderungen beruht), die – je nach Medium – unterschiedlich realisiert werden, beispielsweise:

Lochkarte	mechanisches Signal	Feld ungelocht / gelocht
Fragebogen	optisches Signal	Feld leer / ausgefüllt
Lampe	optisches Signal	aus / an
Stromfluß	elektrisches Signal	Strom fließt / fließt nicht

Die beiden Signalwerte werden künftig mit 0 und 1 bezeichnet, damit liegt ein *Binärmodell* $S = \{0, 1\}$ vor, dessen Symbole 0 und 1 eindeutig einem physikalischen Zustand eines Speichermediums zugeordnet werden. Unterschiedliche Signalwerte werden nun in einem *Zeittakt* gleich-langer Intervalle zu *Signalfolgen* angeordnet. Die folgende Skizze zeigt eine solche Signalfolge (wobei wegen üblicher Spannungsschwankungen die Zustände 0 und U_{max} nicht immer genau erreicht werden, man unterscheidet also $\frac{1}{2} \cdot U_{max} < U$ und $U < \frac{1}{2} \cdot U_{max}$).

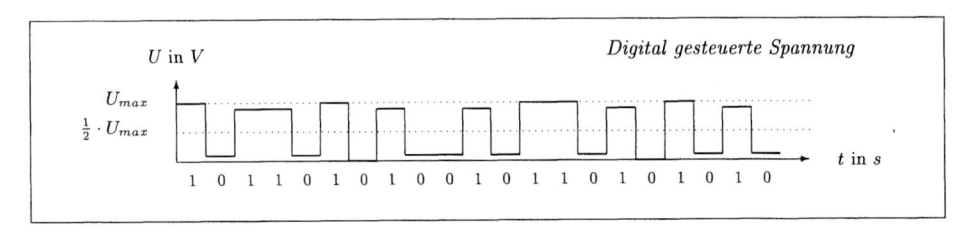

1.181.2 Bemerkung

Eine notwendige Eigenschaft einer Codierung ist sicherlich die gegenseitig eindeutige Identifikation von Zeichen. Das bedeutet: Mit den Signalwerten 0, 1 allein als Code ließe sich höchstens eine zweielementige Alphabetmenge codieren. Mehrelementige Alphabete müssen dann mit Folgen über der Sinalwertmenge $S = \{0,1\}$ codiert werden. Ist beispielsweise $A = \{a,b,c,d\}$, dann läßt sich A durch die Menge $B = S^2 = \{00, 01, 10.11\}$ minimal codieren. Jedes Zeichen von B ist also ein Paar (2-Tupel, 2-Folge) von Elementen aus der Signalwertmenge $S = \{0,1\}$.

Allgemeiner nennt man eine injektive Funktion $A \longrightarrow S^n$ eine *Binär-Codierung*. Dabei wird der Exponent n im Hinblick auf die Größe von A sinnvollerweise minimal gewählt. (Man beachte: Die Anzahl der Elemente – praktisch wird das nicht immer voll genutzt – der Menge S^n ist 2^n.) Anschließend ist ein Beispiel für einen Code angegeben, der zeigt, daß zur Codierung des numerischen Alphabets $A = \{0,...,9\}$ mindestens die Menge S^4 verwendet werden muß, obwohl dabei nur zehn 4-Tupel genutzt werden, sechs 4-Tupel aber ungenutzt bleiben. Man nennt 4-Tupel in diesem Zusammenhang auch *Tetraden*, die ungenutzten Tetraden insbesondere *Pseudotetraden*.

Beispiel eines Tetraden-Codes (4-bit-Code)

0	1	2	3	4	5	6	7	8	9	
0000	0001	0010	0011	0100	0101	0110	0111	1000	1001	genutzte Tetraden
–	–	–	–	–	–					
1010	1011	1100	1101	1110	1111					ungenutzte Tetraden

Im Zusammenhang mit Binär-Codierungen $A \longrightarrow S^n$ folgende Sprech- und Bezeichnungsweisen:

Mit dem Wort *bit* (Abkürzung von *binary digit*) werden sowohl die Stellen als auch ihre Anzahl in einem binär-codierten Zeichen benannt. Man sagt etwa: 1101 ist ein Zeichen mit 4 *bit*, es ist ein 4-*bit*-Zeichen, es hat die Länge 4 *bit*; das zweite *Bit* (Substantiv) von rechts ist 0. Da in einem Binär-Code S^n alle Zeichen, man sagt auch *Code-Blöcke*, dieselbe (normierte) Länge (dieselbe Anzahl von Bits) haben, spricht man von einem *n-bit-Code*. Einen 4-bit-Code zeigt etwa der obige Tetraden-Code. Ferner hat sich die Sprechweise *Byte* für eine 8-bit-Folge eingebürgert; ein *Byte-Code* ist demnach ein 8-bit-Code. Für längere Bit-Folgen sind auch größere Einheiten üblich, Kilobyte KB, Megabyte MB und Gigabyte GB. Dabei gilt: 1 KB = 2^{10} Byte = 1024 bit, 1 MB = 2^{10} KB = 1048576 Byte und 1 GB = 2^{10} MB.

1.181.3 Bemerkung

Bedingt durch praktisch-technische Belange, vor allem auch durch die (historische) Entwicklung bei verschiedenen Computer-Herstellern, werden verschiedene Codes benutzt (wie auch früher bei Video-Normen). So gibt es besondere Codes für Peripherie-Geräte (Drucker-, Magnetband-Codes), die durch *Code-Wandlung* dem in der Zentraleinheit (CPU) verwendeten Code wechselseitig angepaßt werden müssen. Die Datenbearbeitung in der Zentraleinheit erfolgt meist im sogenannten ASCII-Code (American Standard Code for Information Interchange); daneben ist noch die IBM-Entwicklung EBCDI-Code zu nennen (Extended Binary Coded Decimal Interchange), auf die hier aber nicht weiter eingegangen wird. Beide Codes sind hier als Byte-Codes (also 8-bit-Codes) dargestellt.

Im folgenden ist ein Ausschnitt einer Code-Tabelle angegeben, die zu den lateinischen Buchstaben A, ..., Z sowie a, ..., z und den Zahlziffern 0, ..., 9 sowohl den Hexadezimal- als auch den Binär-Code zeigt, ferner sind noch Code-Nummern angegeben, die bei der Herstellung von Texten verwendet und dann, wenn die Codewandlungen Rechner/Bildschirm und/oder Rechner/Drucker geeignet installiert sind, die gemeinten Zeichen (also die Urbilder der Codierung) ausgeben. Diese Code-Nummern werden auch als Dezimal-Code bezeichnet.

Hex.	3	4	5	6	7	
0	0 (48)		P (80)		p (112)	0000
1	1 (49)	A (65)	Q (81)	a (97)	q (113)	0001
2	2 (50)	B (66)	R (82)	b (98)	r (114)	0010
3	3 (51)	C (67)	S (83)	c (99)	s (115)	0011
4	4 (52)	D (68)	T (84)	d (100)	t (116)	0100
5	5 (53)	E (69)	U (85)	e (101)	u (117)	0101
6	6 (54)	F (70)	V (86)	f (102)	v (118)	0110
7	7 (55)	G (71)	W (87)	g (103)	w (119)	0111
8	8 (56)	H (72)	X (88)	h (104)	x (120)	1000
9	9 (57)	I (73)	Y (89)	i (105)	y (121)	1001
A	: (58)	J (74)	Z (90)	j (106)	z (122)	1010
B	; (59)	K (75)	[(91)	k (107)	{ (123)	1011
C	< (60)	L (76)	\ (92)	l (108)	| (124)	1100
D	= (61)	M (77)	] (93)	m (109)	} (125)	1101
E	> (62)	N (78)	^ (94)	n (110)	~ (126)	1110
F	? (63)	O (79)	_ (95)	o (111)		1111
	0011	0100	0101	0110	0111	Bin.

Die *Code-Numern* sind rechts neben dem Zeichen in Klammern angegeben, beispielsweise hat das Zeichen 0 die Code-Nummer 48.

Der *Binär-Code* eines Zeichens setzt sich aus der jeweils unten stehenden Tetrade und der rechts nebenstehenden Tetrade zusammen, beispielsweise hat die Ziffer 6 den Binär-Code 0011 0110.

Der *Hexadezimal-Code* eines Zeichens setzt sich aus dem jeweils oben stehenden Zeichen und dem links nebenstehenden Zeichen zusammen, beispielsweise hat der Buchstabe Z den Hexadezimal-Code 5A.

Ein erster Blick auf die obige ASCII-Tabelle (Ausschnitt) zeigt, daß dieser Code (wie andere auch) für manche Zeichen nicht ganz so unähnliche Bit-Folgen verwendet, genauer: Bei manchen Zeichen – etwa für die Zahlziffern 0, ..., 9 – stimmen die jeweils von links gelesenen ersten Tetraden überein (nämlich 0011). Verwendet man die allgemeine Bit-Darstellung $b_8 b_7 b_6 b_5\ b_4 b_3 b_2 b_1$ mit $b_k \in S = \{0,1\}$ in der Indizierung von rechts nach links, dann stimmen jeweils die vier letzten Bits überein (für die Zahlziffern also $b_8 b_7 b_6 b_5 = 0011$).

Das bedeutet, daß für die Zahlziffern die Bits b_k mit $k \geq 5$ überflüssige (redundante) Informationen darstellen. In der Tat werden die im Arbeitsspeicher jeweils in voller Länge codierten Zahlziffern (*ungepackte Darstellung*) für die Bearbeitung im Rechenwerk auf die Bitfolge $b_4 b_3 b_2 b_1$ platzsparend reduziert (*gepackte Darstellung*). Dazu ein Beispiel, wobei zu beachten ist, daß das Vorzeichen + die ASCII-Codierung 0010 1011, das Vorzeichen - die ASCII-Codierung 0010 1101 besitzt, und bei der gepackten Darstellung die jeweils zweite Tetrade im Vorzeichen an das Ende gestellt wird:

Ungepackte und gepackte Darstellung

Dezimalzahl	ungepackte Darstellung	gepackte Darstellung
+234	0010 1011 0011 0010 0011 0011 0011 0100	0010 0011 0100 1011
−234	0010 1101 0011 0010 0011 0011 0011 0100	0010 0011 0100 1101

1.181.4 Bemerkung

Die verschiedenen Wandlungen von Dezimalzahlen bei maschineller Verarbeitung zeigt folgende Übersicht:

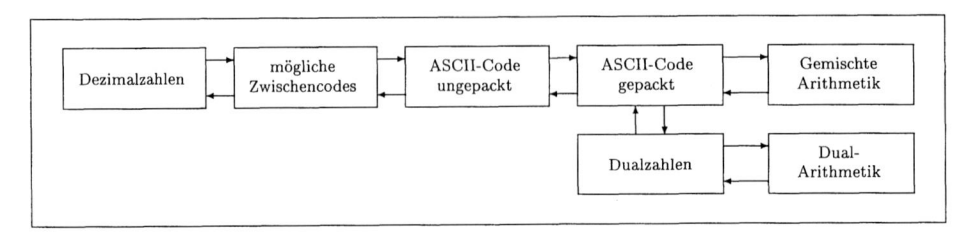

Dezimalzahlen → mögliche Zwischencodes → ASCII-Code ungepackt → ASCII-Code gepackt → Gemischte Arithmetik

ASCII-Code gepackt ↔ Dualzahlen → Dual-Arithmetik

Hinweis: Die in diesem Abschnitt behandelten Codierungen werden in den Abschnitten 1.822 bis 1.824 wieder aufgegriffen. Dort wird dann das *Rechnen mit codierten Zahlen* (etwa die in der vorstehenden Skizze genannte *Dual-Arithmetik*) näher untersucht.

A1.181.01: Beschreiben Sie den Unterschied zwischen den Begriffen *Nachricht* und *Information* und kommentieren Sie diesbezüglich einige Beispiele aus Meldungen von Presse und Rundfunk.

A1.181.02: Bearbeiten Sie die folgenden Aufgaben:
a) Geben Sie weitere Beispiele (physikalischer oder theoretischer Art) für Binär-Modelle an.
b) Warum kann man von mehreren Binär-Modellen reden? Wodurch unterscheiden sie sich und wie verhalten sie sich zueinander?
c) Geben Sie ein minimales Alphabet zum Schreiben eines Romans (zum Rechnen in $\mathbb{Z}$) an.
d) Nennen Sie Geräte der Analog-Technik und solche der Digital-Technik.
e) In welchem Sinne ist das Morse-Alphabet *(Samuel Morse, 1791 - 1872)* als Code zu verstehen?
f) Ein Alphabet mit 76 Zeichen soll binär codiert werden. Welcher Code reicht dazu aus?
g) Geben Sie mehrere systematisch gebaute 4-bit-Codes für $\{0, ..., 9\}$ an.

A1.181.03: Bearbeiten Sie die folgenden Aufgaben:
a) Wieviele Zeichen lassen sich mit einem n-bit-Code, der zwei Symbole enthält, (also binär) codieren?
b) Wieviele Zeichen lassen sich mit einem n-bit-Code, der drei Symbole enthält, codieren?
c) Wieviele verschiedene 4-bit-Codes über der Menge $S = \{0, 1\}$ gibt es?
Hinweis: Versuchen Sie jeweils anhand von Beispielen, eine möglichst allgemeine, also von n abhängige Antwort zu finden. Formale Beweise für solche Aussagen werden in den Abschnitten 1.80x und 1.81x untersucht.

A1.181.04: Bearbeiten Sie die folgenden Aufgaben, die sich alle auf den ASCII-Code beziehen:
a) Codieren Sie die Wörter *UND* und *Fritz Frech*, wobei die Leerstelle den Code 0010 0000 hat.
b) Decodieren Sie (wobei der Punkt am Satzende den Code 0010 1110 hat):

0100 1111	0100 0011	0100 1000	0101 0011	0100 0101	0010 0000
0100 1011	0100 1111	0101 0011	0101 0100	0100 0101	0101 0100
0010 0000	0011 0101	0011 0000	0011 0000	0011 0000	0011 0000
0010 0000	0100 0100	0100 1101	0010 1110		

c) Geben Sie die ungepackten/gepackten Darstellungen der Dezimalzahlen 16, −28, 3012 und −4234 an.
d) Decodieren Sie die folgenden gepackten Darstellungen von Zahlen (ohne Vorzeichen):

d_1)	0001	0111	0000	1010	0001	0111	1101	0001	0000
d_2)	0001	0010	1000	1000	1010	0010	0011	1101	0101	0110
d_3)	0101	0101	1010	1101	1111				

A1.181.05: Beschreiben Sie allgemein die Abhängigkeit zwischen der Menge der darstellbaren n-bit-Zahlen und der Anzahl n.

1.184 Die EAN-Codierung

> ... all das, worin Ordnung und Maß untersucht wird, zur Mathematik gehört, und es nicht darauf ankommt, ob ein solches Maß in Zahlen, Figuren, Sternen, Tönen oder einem anderen beliebigen Gegenstand zu suchen ist, und daß es demnach eine allgemeine Wissenschaft geben müsse, die all das entwickelt, was bezüglich Ordnung und Maß zum Problem gemacht werden kann.
>
> *René Descartes* (1596 - 1650)

1.184.1 Bemerkungen

1. Die *EAN-Organisation:* Das Ziel der *Europäischen Artikel-Numerierung (EAN)* ist es, den nationalen und internationalen Warenverkehr (vom Produzenten über den Handel zum Konsumenten) mit einfacher Datentechnik zu verwalten. Dazu haben zunächst europäische Hersteller- und Handelsverbände um 1970 die *International Article Numbering Association (IANA)* (mit Sitz in Brüssel) und entsprechende nationale Untergesellschaften gegründet. Mittlerweile sind daran weltweit Hersteller- und Handelsunternehmen aus mehr als 30 Staaten beteiligt. Für den Bereich der Bundesrepublik Deutschland ist die *Centrale für Coorganisation (CCG)* mit Sitz in Köln zuständig.

2. Die *EAN-Warenkennzeichnungen:* Die Tätigkeit der EAN-Organisationen wird vor allem durch besondere Kennzeichnungen, den EAN-Datenfeldern, auf den Warenverpackungen sichtbar. Ein solches EAN-Datenfeld besteht aus zweierlei: einem rechteckigen Feld parallel angeordneter Hell-Dunkel-Striche verschiedener Breiten sowie einer darunter stehenden 13-stelligen Ziffernfolge. Das Strichfeld und die Ziffernfolge sind jeweils zwei verschiedene Codierungen derselben Daten. Im folgenden wird die Ziffernfolge als *EAN-Nummer* bezeichnet.

3. Zur *Struktur der EAN-Nummer:* Von links nach rechts betrachtet besteht die 13-stellige EAN-Nummer aus einer 7-stelligen Betriebsnummer, gefolgt von einer 5-stelligen Artikelnummer (für 100000 Artikel) und einer (1-stelligen) Prüfziffer.

Die Betriebsnummer gibt in den ersten beiden Ziffern (in Ausnahme auch in den ersten drei Ziffern) die jeweilige EAN-Unterorganisation an, die die Betriebsnummer vergeben hat. In der Regel kann man daran das Herkunftsland erkennen (Länderkennzeichen, auszugsweise mit Stand von 1990):

00 – 29	USA und Kanada	70	Norwegen
30 – 37	Frankreich (mit Besitzungen)	729	Israel
40 – 43	Deutschland	73	Schweden
49	Japan	76	Schweiz
50	Großbritannien und Irland	80 – 81	Italien
54	Belgien und Luxemburg	84	Spanien
57	Dänemark	87	Niederlande
599	Ungarn	90 – 91	Österreich
600	Südafrika	93	Australien
64	Finnland	94	Neuseeland

Die restlichen Ziffern der Betriebsnummer kennzeichnen das jeweilige EAN-Mitglied (Hersteller, Händler, Importeur), das gegen eine regelmäßig zu leistende Gebühr (je nach Unternehmensumsatz gestaffelt) an dem EAN-Verfahren teilnehmen kann.

4. Die *EAN-Kassensysteme,* auch *Barcode-Kassen* genannt, sind Ein-/Ausgabe-Terminals, die mittels eines Lichtfensters oder eines Lichtgriffels das Strichfeld abtasten, die so gelesenen Daten an einen Rechner weiterleiten und von dort übermittelte Daten in Form eines Einkaufsbelegs (Kassenbon für den Kunden) ausgeben. Ein- und Ausgabedaten werden dabei für weitere Zwecke gespeichert.

Lichtfenster bzw. Lichtgriffel sind Geräte mit folgender Funktionsweise: Eine Leuchtdiode strahlt auf das Strichcodefeld, die reflektierten Helligkeitswerte des Strichmusters werden in einer Photodiode in elektrische Impulse umgewandelt und in dieser Form dem Rechner über eine geeignete Leitung übermittelt. Bei diesem Abtastvorgang ist es im übrigen gleichgültig, ob von links nach rechts, umgekehrt oder schräg gelesen wird.

5. *Historische Bemerkungen:* Der erste Barcode wurde 1949 in den USA zum Patent angemeldet, konnte allerdings aufgrund der horrenden Kosten von elektronischen Bauelementen nicht weiter verfolgt oder angewendet werden. Erst 1970 mit der Erfindung des Mikroprozessors gab es Möglichkeiten, die aus Barcodes gewonnenen Daten weiterzuverarbeiten. In den folgenden Jahren entstanden so verschiedene einfache Bacodes wie 2/5 (1968), 2/5 interleaved und CODABAR (1972), UPC (Universal Product Code, 1973) und 3/9 (1974), der erste Code, durch den auch Buchstaben und Sonderzeichen darzustellen waren. Im Jahre 1976 folgten der EAN-13-Code (Europäische Artikel-Numerierung, auch: European Article Numbering) sowie der hier nicht weiter besprochene EAN-8-Code.

Einen weiteren Entwicklungsschub erhielt die Barcodetechnik noch einmal 1982, als der MIL-STD-1189 (Military Standard) des US-Verteidigungsministeriums vorschrieb, alle militärischen Gegenstände mit Barcodes zu versehen. So waren über 50.000 Zulieferbetriebe gezwungen, diese Technologie zu übernehmen. Wenig später übernahm auch die amerikanische Automobilindustrie die Barcodetechnologie zur Kennzeichnung einzelner Teile. Dadurch kamen noch einmal 25.000 Betriebe dazu, die Barcodes verwendeten.

Fast alle Produkte des Einzelhandels sind mit Barcodes ausgestattet. Über diesen Code sind Herstellungsland, der einzelne Hersteller sowie das jeweilige Produkt eindeutig festgelegt. Neben dieser Verwendung des EAN-Codes wird häufig betriebsintern eine gleichartige Codierung beispielsweise bei der Lagerhaltung von Produkten verwendet, auf die hier aber nicht weiter eingegangen werden soll. Man sollte jedoch noch bemerken, daß bei Büchern und Zeitschriften, die einer Preisbindung unterliegen, neben dem Produkt-Code ein Preis-Code zu finden ist, also ein Zusatzcode, der die Produkt-Preis-Relation zu ermitteln gestattet, die sonst durch die EAN-Kassen selbst ermittelt wird (nach Vorgaben der jeweiligen Einzelhändler).

1.184.2 Bemerkungen

1. Das *EAN-Strichcodefeld*: Für jede der zu codierenden Ziffern aus der Menge $Z = \{0, 1, ..., 9\}$ ist ein bestimmtes Segmentzeichen von sieben Stellen (die hierbei auch Module genannt werden) vorgesehen, wobei jede der sieben Stellen entweder hell oder dunkel markiert sein kann. Dabei ist für die Ziffern aus Z der folgende Zeichensatz A (siehe Bemerkung 2) festgelegt:

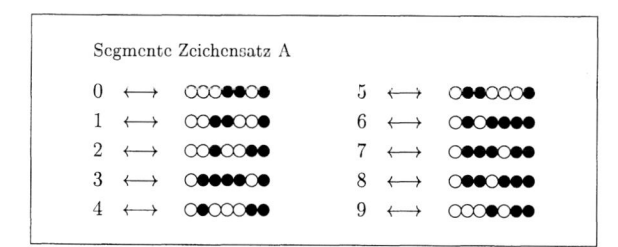

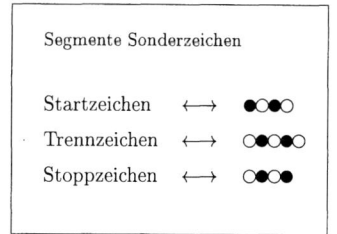

Segmente Zeichensatz A				
0	⟷	○○○●●○●		
1	⟷	○○●●○○●	5	⟷ ○●●○○○●
2	⟷	○○●○○●●	6	⟷ ○●○●●●●
3	⟷	○●●●●●○	7	⟷ ○●●●●○●
4	⟷	○●○○○●●	8	⟷ ○●●○●●●
			9	⟷ ○○○●○●●

Segmente Sonderzeichen		
Startzeichen	⟷	●○●
Trennzeichen	⟷	○●○●○
Stoppzeichen	⟷	●○●

Setzt man Segmente für 1 Startzeichen, 6 Zahlziffern, 1 Trennzeichen, 6 Zahlziffern und 1 Stoppzeichen nebeneinander, so erhält man das vollständige Strichfeld (die erste Ziffer wird auf die unten angegebene Weise codiert). Für die Module selbst sind genaue Grundmaße vorgesehen: Die Breite eines Moduls beträgt $(0,33 \pm 0,012)mm$, seine Normalhöhe $22,85mm$ (Start-, Trenn- und Stoppzeichen $24,50mm$), wobei wegen verbesserter Lesetechnik mittlerweile auch andere Formate zugelassen sind.

2. *Die drei EAN-Datensätze:* Da jeder dieser Moduln dabei entweder aus einem dunklen Strich oder einem hellen Strich bestehen kann, resultieren daraus $2^7 = 128$ Kombinationen, die zum Verschlüsseln von Ziffern aus Z verwendet werden können. Beim EAN-13-Code verwendet man nun aber die drei unterschiedlichen Zeichensätze A, B und C, es bleiben mit 10 verschiedenen zu verschlüsselnden Ziffern also 98 Kombinationen unbelegt, so daß allein dadurch eine hohe Sicherheit des Systems erreicht wird.

Im folgenden werden die drei Datensätze zur besseren Übersicht in einer wiederum codierten Form angegeben: Ein dunkler Strich sei 1 bezeichnet, ein heller Strich mit 0. Eine durch einen dunklen oder hellen Strich codierte Ziffer kann dann wie folgt dargestellt werden:

	Zeichensatz A	Zeichensatz B	Zeichensatz C
0 $\mapsto$	0 0 0 1 1 0 1	0 1 0 0 1 1 1	1 1 1 0 0 1 0
1 $\mapsto$	0 0 1 1 0 0 1	0 1 1 0 0 1 1	1 1 0 0 1 1 0
2 $\mapsto$	0 0 1 0 0 1 1	0 0 1 1 0 1 1	1 1 0 1 1 0 0
3 $\mapsto$	0 1 1 1 1 0 1	0 1 0 0 0 0 1	1 0 0 0 0 1 0
4 $\mapsto$	0 1 0 0 0 1 1	0 0 1 1 1 0 1	1 0 1 1 1 0 0
5 $\mapsto$	0 1 1 0 0 0 1	0 1 1 1 0 0 1	1 0 0 1 1 1 0
6 $\mapsto$	0 1 0 1 1 1 1	0 0 0 0 1 0 1	1 0 1 0 0 0 0
7 $\mapsto$	0 1 1 1 0 1 1	0 0 1 0 0 0 1	1 0 0 0 1 0 0
8 $\mapsto$	0 1 1 0 1 1 1	0 0 0 1 0 0 1	1 0 0 1 0 0 0
9 $\mapsto$	0 0 0 1 0 1 1	0 0 1 0 1 1 1	1 1 1 0 1 0 0

Zur Gliederung wird ein Start-Zeichen (1 0 1 0), ein Trennzeichen (0 1 0 1 0) zwischen der siebten und achten Stelle, sowie ein Stopp-Zeichen (0 1 0 1) verwendet.

Theoretisch ist die Leserichtung „von links nach rechts" vorgeschrieben (technisch betrachtet sind beide Leserichtungen möglich, da das Lesegerät die richtige Richtung erkennen kann). Dabei wird codiert
– das zweite bis siebente Zeichen aus einer Kombination der Zeichensätze A und B
– das achte bis dreizehnte Zeichen mit dem Zeichensatz C

Ferner ist zu beachten (und in Bemerkung 3 auch verwendet), daß die in den Zeichensätzen A, B und C enthaltenen 30 Zeilen paarweise voneinander verschieden sind, das heißt umgekehrt, daß jede der 30 Zeilen genau einem Datensatz zugeordnet werden kann.

3. *Codierung der ersten Ziffer:* Die erste Ziffer einer EAN-13-Nummer ist nicht als Strichkombination codiert, sondern wird durch die Kombination der Zeichensätze bei der Strich-Codierung der Ziffern in den Positionen 2 bis 7, abgekürzt mit P2 bis P7, indirekt wie folgt verschlüsselt. Dazu wird die folgende Tabelle benötigt, wie das anschließend genannte Beispiel zeigt:

EAN-13-Codierung der ersten Ziffer mit den Datensatz-Bezeichnungen A, B, C						
	P_2	P_3	P_4	P_5	P_6	P_7
0 $\mapsto$	A	A	A	A	A	A
1 $\mapsto$	A	A	B	A	B	B
2 $\mapsto$	A	A	B	B	A	B
3 $\mapsto$	A	A	B	B	B	A
4 $\mapsto$	A	B	A	A	B	B
5 $\mapsto$	A	B	B	A	A	B
6 $\mapsto$	A	B	B	B	A	A
7 $\mapsto$	A	B	A	B	A	B
8 $\mapsto$	A	B	A	B	B	A
9 $\mapsto$	A	B	B	A	B	A

Beispiel für die EAN-Nummer 4 003586 004017

Ziffern:
Z_1 | Z_2 bis Z_7 | Z_8 bis Z_{13}

| 4 | | 0 0 3 5 8 6 | | 0 0 4 0 1 7 |

$\updownarrow$ $\updownarrow$ $\updownarrow$ $\updownarrow$ $\updownarrow$ $\updownarrow$

| A B A A B B |

Die Verschlüsselung der Ziffer $Z_1 = 4$ geschieht, indem die Ziffern Z_2 bis Z_7 in dieser Reihenfolge durch die Zeichensätze ABAABB codiert werden.

Codierung der ersten Ziffer $Z_1 = 4$: Laut Tabelle ist die erste Ziffer genau dann 4, wenn die Ziffern mit den Positionen 2 bis 7 in dieser Reihenfolge mit den Zeichensätzen ABAABB codiert sind, wenn also die Ziffer Z_2 nach Zeichensatz A, die Ziffer Z_3 nach Zeichensatz B, Z_4 nach A, Z_5 nach A, Z_6 nach B und Z_7 ebenfalls nach B codiert wird.

Decodierung der ersten Ziffer $Z_1 = 4$: Da die erste Ziffer 4 nicht als Strichkombination verschlüsselt ist, wird sie aus dem Strichfeld folgendermaßen ermittelt (decodiert): Das Lesegerät erkennt, daß die zweite Ziffer der Nummer (hier 0) nach Zeichensatz A, die dritte Ziffer (hier 0) nach Zeichensatz B, die vierte (hier 3) und fünfte (hier 5) wieder nach Zeichensatz A und die sechste (hier 8) und siebente (hier 6) nach Zeichensatz B codiert wurden. So erhält man die Zeichensatz-Kombination A B A A B B. Laut Tabelle ist die erste Ziffer der Nummer also 4, da ihr diese Zeichensatz-Kombination zugewiesen wurde. Man beachte dabei die oben schon getroffene Feststellung, daß die 30 Zeilen der Zeichensätze A, B und C paarweise ungleich sind, so daß ein Lesegerät tatsächlich eindeutig feststellen kann, nach welchem Zeichensatz eine Ziffer codiert wurde.

1.184.3 Bemerkung

Zur *EAN-Prüfziffer:* Das EAN-Kassensystem startet nach jeder Datenfeld- oder Nummerneingabe einen Prüfvorgang, bei dem mit einer Erkennungs-Sicherheit von 99% festgestellt werden kann, ob die jeweilige EAN-Nummer korrekt eingelesen wurde. Dazu wird die dreizehnte Ziffer nicht als Nutz-, sondern als Prüfziffer, die also keine Produkt-Information enthält, vergeben. Der Prüfvorgang selbst besteht aus einem Vergleich dieser Prüfziffer mit einer aus den Ziffern Z_1 bis Z_{12} auf folgende Weise zu berechnende Vergleichsziffer.

Beispiel 1:	EAN-Ziffernfolge:	4	0	0	3	5	8	6	0	0	4	0	1	7
	Prüfziffer:													7
	Nutzziffern:	4	0	0	3	5	8	6	0	0	4	0	1	
	Gewichtungsfaktoren:	1	3	1	3	1	3	1	3	1	3	1	3	
	Produkte:	4	0	0	9	5	24	6	0	0	12	0	3	

Die Gewichtung ist eine festgelegte Zahlenfolge, deren einzelne Ziffern mit der jeweiligen Nutzziffer multipliziert werden. So ergeben sich die unter *Produkte* aufgelisteten Zahlen. Diese Produkte werden nun addiert und bilden die Summe $s = 4 + 0 + 0 + 9 + 5 + 24 + 6 + 0 + 0 + 12 + 0 + 3 = 63$. Weiterhin wird $mod(63, 10) = 3$ (wegen $63 : 10 = 6 \cdot 10 + 3$) berechnet und schließlich die Vergleichsziffer $v = 10 - mod(63, 10) = 10 - 3 = 7$ berechnet.

Beispiel 2:	EAN-Ziffernfolge:	4	0	1	2	3	4	5	6	7	8	9	0	1
	Prüfziffer:													1
	Gewichtungsfaktoren:	1	3	1	3	1	3	1	3	1	3	1	3	
	Produkte:	4	0	1	6	3	12	5	18	7	24	9	0	

Zuerst wird die Summe der Produkte jeweils aus EAN-Ziffer und darunter stehendem Faktor gebildet, bei diesem Beispiel also $s = 4 + 0 + 1 + 6 + 3 + 12 + 5 + 18 + 7 + 24 + 9 + 0 = 89$. Nun wird das Paar $(89, 10)$ und seine Euklidische Darstellung $89 = 8 \cdot 10 + 9$ mit dem Divisionsfaktor $8 = div(89, 10)$ und dem Divisionsrest $9 = mod(89, 10)$ betrachtet. Geprüft wird nun, ob $10 - mod(89, 10) = 10 - 9 = p$ für die Prüfziffer p gilt. Im vorliegenden Beispiel ist in der Tat $10 - mod(89, 10) = 10 - 9 = 1$ die in der EAN-Nummer 4 0 1 2 3 4 5 6 7 8 9 0 1 enthaltene Prüfziffer 1.

Man beachte: Die Prüfung zeigt, ob EAN Nummer ohne Prüfziffer einerseits und die Prüfziffer andererseits zueinander passen, jedoch nicht, welcher dieser beiden Bestandteile falsch eingegeben wurde.

1.184.4 Bemerkung

Die beiden EAN-Codierungen (Zahlziffferncode und Strichfeldcode) seien noch einmal in allgemeinerer Weise genannt. Dazu bezeichne S die Menge aller beteiligten Staaten, U die Menge aller beteiligten Unternehmen eines Staates (einer Staatengruppe) und W die Menge aller Waren eines Unternehmens, ferner sei $Z = \{0, ...9\}$.

1. Die EAN-Zahlziffern-Codierung ist eine injektive Funktion $S \times U \times W \longrightarrow Z^{13}$ mit der Zuordnung $(s, u, w) \longmapsto (z_1 z_2, z_3 z_4 z_5 z_6 z_7, z_8 z_9 z_{10} z_{11} z_{12}, p)$ mit der Prüfziffer $p = 10 - mod(s, 10)$, wobei s die Summe $s = z_1 + 3z_2 + z_3 + 3z_4 + z_5 + 3z_6 + z_7 + 3z_8 + z_9 + 3z_{10} + z_{11} + 3z_{12}$ ist.

2. Die EAN-Strichfeld-Codierung ist eine injektive Funktion $S \times U \times W \longrightarrow \{a\} \times M^6 \times \{t\} \times M^6 \times \{e\}$, definiert durch $(s, u, w) \longmapsto (a, m_2 m_3 m_4 m_5 m_6 m_7, t, m_8 m_9 m_{10} m_{11} m_{12} m_p, e)$ mit dem Startzeichen-Segment a, dem Trennzeichen-Segment t, dem Stoppzeichen-Segment e sowie der Menge M der zehn Ziffern-Segmente (siehe Bemerkung 1.184.2/2), darin insbesondere das Segment m_p für die Prüfziffer p. Diese Funktion operiert auf der Basis der Segment-Zeichensätze A, B und C, wobei $\{m_2, ..., m_7\} \in A \cup B$ und $\{m_8, ..., m_p\} \in C$ festgelegt ist.

1.184.5 Bemerkung

Verschlüsselung der ISBN-Nummer (International Standard Book Number) mit EAN-Codes: Schon bevor sich das Artikel-Numerierungs-System mit der zugehörigen Strichcodesymbolik (EAN/UPC) etablierte, gab es verschiedene andere Numerierungs-Systeme. Das bekannteste ist wohl das *International Standard Book Numbering System (ISBN)*, das etwa Ende der 60er Jahre entwickelt wurde. Die *Bookseller Association* in Großbritannien suchte eine Möglichkeit, die ISBN-Nummer maschinenlesbar zu machen. Im Jahre 1980 stimmte die EAN-Organisation einem Vorschlag zu, bei dem Bücher schon im Verlag mit einer konventionellen Artikelnummer (nach EAN) oder einem kombinierten EAN/ISBN-Symbol versehen werden sollten. Die Tatsache, daß die ISBN-Organisation schon ein weltweit genutztes System aufgebaut hatte, kam einer schnellen Einführung dieses Verfahren sehr entgegen.

ISB-Nummern $z_1....z_{10}$ sind stets 10-stellig: Sie enthalten eine 1-stellige (nationale, geographische, oder Sprach-) Gruppennummer z_1, gefolgt von einer 8-stelligen Buchnummer $z_2...z_9$ und einer 1-stelligen Prüfziffer z_{10}. Die 8-stellige Buchnummer enthält eine mindestens 3-stellige ($z_2 z_3 z_4$) und höchstens 7-stellige ($z_2 z_3 z_4 z_5 z_6 z_7 z_8$) Verlagsnummer, die restlichen Ziffern der Buchnummer repräsentieren die Titelnummern, deren maximale Anzahl dann entsprechend der Ziffernanzahl für den Verlag von 100000 bis 10 reicht. Beispiel: Die ISB-Nummer 3-507-83759-5 enthält die Gruppennummer 3, die Verlagsnummer 507 (erlaubt also 100000 Titelnummern zu vergeben) sowie die Prüfziffer 5.

Zur *Codierungs-Technik bei Verschlüsselung der ISB-Nummer mit EAN-Codes:* Eine spezielle dreistellige Kennung (978) wird der ISB-Nummer zugeordnet. Daneben wird festgelegt, daß die schon bestehende ISB-Nummer in Klarschrift (im OCR-A Format oder im Rahmen der Gruppennummer 3 im OCR-B-1-Format) oberhalb des Strichcode-Symbols gedruckt wird. (Die im OCR-A Format gedruckte ISB-Nummer wurde schon seit längerer Zeit im amerikanischen Buchhandel – allerdings ohne Strichcode – verwendet). In einem fünfstelligen Supplement-Code wird zusätzlich der Preis des Buches oder der Zeitschrift codiert.

Für die Positionierung beider Strichcodefelder besteht im übrigen die Empfehlung (der Buchhändler-Vereinigung GmbH, Frankfurt am Main, die die Gruppennummer 3 für Deutschland, Österreich und die deutschsprachige Schweiz verwaltet und die Verlagsnummern vergibt), diese Felder am Fuß der hinteren Einband-, Umschlag- oder Schutzumschlagseite zu drucken.

Beispiele zweier im EAN-13-Code codierten ISB-Nummern: Das EAN-Strichcodesymbol ist im folgenden weggelassen, die verschlüsselten Nummern sind nur in Klartext aufgeführt. Die EAN-Nummer enthält als Ziffern Z_1 bis Z_3 stets wie die dreistellige ISBN-Kennung (978), gefolgt von der eigentlichen ISB-Nummer (Beispiel 1: 0-91690-54), jedoch ohne die Modulo-11-Testziffer (das ist die letzte Ziffer der ISB-Nummer, in Beispiel 1: Ziffer 6). Schließlich wird der so erzeugten Ziffernfolge die EAN-Prüfziffer (in Beispiel 1: Ziffer 8) angehängt. Das ergibt dann insgesamt 13 Ziffern. Der Supplement-Code enthält den Buchpreis (beispielsweise Code 00725 für 7,25 DM).

Beispiel 1:	ISBN-Ziffernfolge:		0-901	690-54	-6
	EAN-Ziffernfolge:	978	0901	69054	8
Beispiel 2:	ISBN-Ziffernfolge:		3-507-	83759	-5
	EAN-Ziffernfolge:	978	3507	83759	1

Zur *Codierungs-Technik bei direkter Verschlüsselung der ISB-Nummer:* Aus der Ziffernfolge $z_1....z_9$ wird die Summe $s = 10 \cdot z_1 + 9 \cdot z_2 + 8 \cdot z_3 + 7 \cdot z_4 + 6 \cdot z_5 + 5 \cdot z_6 + 4 \cdot z_7 + 3 \cdot z_8 + 2 \cdot z_9$ gebildet, dann die Prüfziffer z_{10} so gewählt, daß $s + z_{10}$ die nach s nächst größere durch 11 teilbare ganze Zahl ist.

Die ISBN-Ziffernfolge 3-507-83759-5 liefert die Summe $s = 10 \cdot 3 + ... + 2 \cdot 9 = 248$, folglich ist $z_{10} = 11 - mod(s, 11) = 11 - mod(248, 11) = 11 - 6 = 5$ die zugehörige Prüfziffer. Sollte bei einer Berechnung die Prüfziffer 10 auftreten (etwa bei $z_{10} = 11 - mod(122, 11) = 11 - 1 = 10$), so wird sie durch die entsprechende römische Ziffer X ersetzt, also etwa bei 3-7657-1111-X.

Der Aufdruck auf einem Buch kann insgesamt also zweierlei enthalten: Einmal die ISB-Nummer und daneben das EAN-Strichcodefeld mit der entsprechend abgeänderten EAN-Nummer (sowie zusätzlich eine Preisangabe im Klartext und/oder als Strichcodefeld).

1.184.6 Bemerkung

Ein weiterer Code, der mit Strichfeldern operiert, ist der sogenannte *3/9-Code*, der häufig auch als Code-39 bezeichnet wird. Über diesen Code können neben den zehn Ziffern auch noch Großbuchstaben und sieben Sonderzeichen verschlüsselt werden. Das Sonderzeichen ⋆ bildet dabei sowohl das Startzeichen als auch das Stoppzeichen. Zur Verschlüsselung werden pro Zeichen neun Module bzw. Binärbits verwendet. Anders als beim EAN-Code wechseln sich einzelne Striche und Zwischenräume ab, es treffen also nie zwei Striche oder Zwischenräume zusammen. Allerdings wird jeweils zwischen breiten und schmalen Strichen bzw. Zwischenräumen unterschieden. Für jedes Zeichen werden folglich fünf Striche und vier Zwischenräume verwendet. Das logische Zeichen 1 wird so entweder durch einen breiten Zwischenraum oder einen breiten Striche, das logische Zeichen 0 durch einen schmalen Zwischenraum oder einen schmalen Strich dargestellt. Zwei Zeichen werden jeweils durch einen schmalen Zwischenraum getrennt.

Beispiele für die Verschlüsselung von Zeichen (mit Strichen S1 bis S5 und Zwischenräumen Z1 bis Z4):

Zeichen	S1	Z1	S2	Z2	S3	Z3	S4	Z4	S5
3	1	0	1	1	0	0	0	0	0
A	1	0	0	0	0	1	0	0	1
⋆	0	1	0	0	1	0	1	0	0

Jedes Zeichen weist genau sechs schmale Module, also sechs mal das Zeichen 0, und drei breite Module, also dreimal das Zeichen 1, auf, wodurch Lesefehler schnell erkannt werden können. Läßt man die Sonderzeichen außer Acht, so haben alle Zeichen auch jeweils einen breiten Zwischenraum und zwei breite Striche. Dadurch wird ebenfalls eine bessere Fehlererkennung gewährleistet. Optional kann auch noch eine Prüfziffer angehangen werden, die die Erkennungssicherheit erhöht. Einzelne Zeichen werden durch einen schmalen Zwischenraum getrennt. Die Länge der verschlüsselten Wortes ist dabei nicht, wie bei anderen Codes beschränkt, sondern frei wählbar.

Das Verhältnis von breiten zu schmalen Modulen ist dabei 2,2 : 1 bei guter Auflösung des Drucks und 3 : 1 bei mittlerer bis niedriger Auflösung. Bei einem Verhältnis von 2,2 : 1 hat somit jedes Zeichen inklusive Zwischenraum zum nächsten Zeichen eine Breite von 13,6 schmalen Modulen. Eine hohe Modulauflösung entspricht dabei einer Breite für schmale Module von 0,19 mm. Eine mittlere Auflösung dagegen entspricht 0,30 mm, eine schlechte 0,53 mm. Die Ruhezone, also der Abstand zum nächsten Strichcode muß der zehnfachen Modulbreite, mindestens aber 2,54 mm entsprechen.

Eine besondere Bedeutung hat der 3/9-Code als 3/9-Code Extended (also als erweiterter 3/9-Code), denn damit kann durch eine Kombination der Sonderzeichen mit den vorhandenen alphanumerischen Zeichen der komplette ASCII-Zeichensatz dargestellt werden. So wird zum Beispiel das ASCII-Zeichen @ durch die Zeichenkombination %V dargestellt.

1.185 Codierungen als Kontroll-Mechanismen

> Ihrem Wesen nach ist die Kunst nur mit der Mathematik zu vergleichen.
> *Friedrich Dürrenmatt* (1921 - 1990)

In diesem Abschnitt werden zwei Kontroll-Mechanismen untersucht, mit deren Hilfe die Gültigkeit von Seriennummern (das sind n-Tupel (alpha-)numerischer Zeichen) im Kapital-Verkehr (bei Banknoten und Kreditkarten) geprüft wird.

1.185.1 Beispiel

Die von der Deutschen Bundesbank herausgegebenen Banknoten in der Währung DM (Deutsche Mark; gültiges Zahlungsmittel bis Ende des Jahres 2001) trugen Seriennummern der Form $DS4207748S7$, sind also 11-Tupel $z = (b_1b_2z_3z_4z_5z_6z_7z_8z_9b_{10}z_{11})$ mit drei Großbuchstaben b_1, b_2, b_{10} aus der Menge $\{A, D, G, K, L, N, S, U, Y, Z\}$ und acht Zahlziffern $z_3, ..., z_9, z_{11}$ aus der Menge $Z = \{0, ..., 9\}$. Dabei ist die Ziffer z_{11} eine Prüfziffer, mit der festgestellt werden kann, ob die davor stehenden Zeichen eine zugelassene Seriennummer darstellen. Im folgenden soll gezeigt werden, wie aus einer Seriennummer die zugehörige Prüfziffer berechnet wird.

Anmerkung: Die Europäische Zentralbank verwendet 12-stellige Seriennummern mit einem führenden Großbuchstaben (beispielsweis also Nummern der Form $X142077480\,71$,

In einem ersten Schritt werden die drei Buchstaben ebenfalls als Zahlziffern aus Z dargestellt, wobei gemäß folgender Tabelle verfahren wird:

A	D	G	K	L	N	S	U	Y	Z
0	1	2	3	4	5	6	7	8	9

In der nach dieser Tabelle decodierten Form liefert die auf dem Geldschein aufgedruckte Seriennummer $DS4207748S7$ mit der Prüfziffer 7 dann die tatsächliche Seriennummer 1642077486 (wobei $D \leftrightarrow 1$ und $S \leftrightarrow 6$ verwendet wurde) ohne die Prüfziffer 7 (letzte Ziffer).

Zur Berechnung der Prüfziffer $z_{11} = 7$ aus der Ziffernfolge $z_1z_2z_3z_4z_5z_6z_7z_8z_9z_{10} = 1642077486$ werden nun zwei mathematische Prozesse verwendet, die in den beiden folgenden Tabellen angegeben sind:

a) Von der Symmetrischen Gruppe S_{10} der Permutationen (bijektiven Funktionen) auf der Menge $Z = \{0, ..., 9\}$ werden zehn Elemente $p_1, ..., p_{10}$ verwendet.

b) Ferner wird die Multiplikation der Dieder-Gruppe D_5 (gesprochen: Di-eder) verwendet. (Diese Gruppe wird in Abschnitt 1.526 genauer betrachtet.)

Permutationen $p_0 = id$, $p_1, ..., p_{10} \in S_{10}$
S_{10} ist nicht abelsch. Es ist $ord(S_{10}) = 10!$.

	0	1	2	3	4	5	6	7	8	9
p_0	0	1	2	3	4	5	6	7	8	9
p_1	1	5	7	6	2	8	3	0	9	4
p_2	5	8	0	3	7	9	6	1	4	2
p_3	8	9	1	6	0	4	3	5	2	7
p_4	9	4	5	3	1	2	6	8	7	0
p_5	4	2	8	6	5	7	3	9	0	1
p_6	2	7	9	3	8	0	6	4	1	5
p_7	7	0	4	6	9	1	3	2	5	8
p_8	0	1	2	3	4	5	6	7	8	9
p_9	1	5	7	6	2	8	3	0	9	4
p_{10}	5	8	0	3	7	9	6	1	4	2

Gruppentafel der Dieder-Gruppe D_5
D_5 ist nicht abelsch. Es ist $ord(D_5) = 10$.

$*$	0	1	2	3	4	5	6	7	8	9
0	0	1	2	3	4	5	6	7	8	9
1	1	2	3	4	0	6	7	8	9	5
2	2	3	4	0	1	7	8	9	5	6
3	3	4	0	1	2	8	9	5	6	7
4	4	0	1	2	3	9	5	6	7	8
5	5	9	8	7	6	0	4	3	2	1
6	6	5	9	8	7	1	0	4	3	2
7	7	6	5	9	8	2	1	0	4	3
8	8	7	6	5	9	3	2	1	0	4
9	9	8	7	6	5	4	3	2	1	0

Nun zur Codierung der Prüfziffer: Aus der Ziffernfolge $z_1z_2z_3z_4z_5z_6z_7z_8z_9z_{10}$ der tatsächlichen Seriennummer wird auf rekursivem Wege eine Ziffernfolge $d_1 d_2 d_3 d_4 d_5 d_6 d_7 d_8 d_9 d_{10}$ berechnet vermöge der Vorschrift

Rekursionsanfang (RA) $d_1 = d_0 * p_1(z_1)$ mit $d_0 = 0$,
Rekursionsschritt (RS) $d_k = d_{k-1} * p_k(z_k)$ für $k \in \{2, \ldots 10\}$,

wobei die Zuordnung $z_k \mapsto p_k(z_k) \mapsto d_k = d_{k-1} * p_k(z_k)$ zeigt, daß zunächst auf die Ziffer z_k mit der Position k die Permutation p_k angewendet und dann anschließend das D_5-Produkt $d_k = d_{k-1} * p_k(z_k)$ berechnet wird. Dieser Berechnungsvorgang, der wesentlich auf der Position k der Ziffer z_k fußt, liefert somit am Ende eine Ziffer d_{10}, die als Prüfziffer verwendet wird. Eine Banknote besitzt also dann eine zulässige Seriennummer, wenn $d_{10} = z_{11}$ ist (womit aber auch noch nicht garantiert ist, daß sie keine Fälschung darstellt). Die einzelnen Berechnungsschritte noch einmal am Beispiel:

$z_1 = 1 \mapsto p_1(z_1) = 5 \mapsto d_1 = 0 * p_1(z_1) = 0 * 5 = 5$
$z_2 = 6 \mapsto p_2(z_2) = 6 \mapsto d_2 = d_1 * p_2(z_2) = 5 * 6 = 4$
$z_3 = 4 \mapsto p_3(z_3) = 0 \mapsto d_3 = d_2 * p_3(z_3) = 4 * 0 = 4$
$z_4 = 2 \mapsto p_4(z_4) = 5 \mapsto d_4 = d_3 * p_4(z_4) = 4 * 5 = 9$
$z_5 = 0 \mapsto p_5(z_5) = 4 \mapsto d_5 = d_4 * p_5(z_5) = 9 * 4 = 5$
$z_6 = 7 \mapsto p_6(z_6) = 4 \mapsto d_6 = d_5 * p_6(z_6) = 5 * 4 = 6$
$z_7 = 7 \mapsto p_7(z_7) = 2 \mapsto d_7 = d_6 * p_7(z_7) = 6 * 2 = 9$
$z_8 = 4 \mapsto p_8(z_8) = 4 \mapsto d_8 = d_7 * p_8(z_8) = 9 * 4 = 5$
$z_9 = 8 \mapsto p_9(z_9) = 9 \mapsto d_9 = d_8 * p_9(z_9) = 5 * 9 = 1$
$z_{10} = 6 \mapsto p_{10}(z_{10}) = 6 \mapsto d_{10} = d_9 * p_{10}(z_{10}) = 1 * 6 = 7$

1.185.2 Beispiel

Eine Kreditkartennummer besteht in der Regel aus 16 Ziffern $z_1 z_2 z_3 z_4 \; z_5 z_6 z_7 z_8 \; z_9 z_{10} z_{11} z_{12} \; z_{13} z_{14} z_{15} z_{16}$, dabei ist der Block $z_1 z_2 z_3 z_4$ eine Unternehmen/Bank-Nummer, der Block $z_5 z_6 z_7 z_8$ eine Zusatz-Nummer, der Block $z_9 z_{10} z_{11} z_{12}$ eine Zonen-Nummer und der Block $z_{13} z_{14} z_{15} z_{16}$ die Kunden-Nummer (beispielsweise ist $z_1 = 4$ die Nummer für das VISA-Unternehmen und $z_1 z_2 z_3 z_4 = 4568$ die Nummer einer VISA-Karte der Berliner Bank.

Um einen Mißbrauch bei der Benutzung der Kartennummern auszuschließen oder doch zumindest zu erschweren, werden die Kreditkartennummern nicht sequentiell vergeben, sondern nach einem bestimmten Algorithmus erstellt, der beispielsweise vorsieht, daß anstelle der 9999 möglichen Zonen- oder Kunden-Nummern tatsächlich nur etwa 2000 bis 5000 vergeben werden.

Es besteht jedoch die Möglichkeit zu ermitteln, ob ein Block einer Kartennummer gültig ist, das heißt, vergeben ist oder vergeben werden kann. Dazu wird etwa die Kunden-Nummer auf 0000 gesetzt und schrittweise um 1 erhöht, wobei jeweils mit dem unten angegebenen Prüfsummenalgorithmus festgestellt wird, ob die Kreditkarte gültig ist. Natürlich kann damit nicht gesagt werden, ob die Karte tatsächlich existiert oder nicht, da aber pro 999 möglicher Karten mindestens 200 belegt sind, liegt eine Trefferquote von mindestens 20% vor.

Der Algorithmus (auch als Luhn-Algorithmus bekannt) zur Überprüfung der Gültigkeit einer Kreditkarte soll im folgenden anhand der Kartennummer 4128 5426 2840 4642 (VISA-Karte Emilbank, Kundennummer 4642) erklärt werden:

1. Zunächst erfolgt eine von rechts nach links gerichtete (1-2)-Gewichtung der Ziffern z_k (diese Richtung ist wegen verschiedener Längen von Kartennummern erforderlich). Die so gewichteten Zahlen, also die Produkte, werden addiert. Für die Nummer $z_1 z_2 z_3 z_4 \; z_5 z_6 z_7 z_8 \; z_9 z_{10} z_{11} z_{12} \; z_{13} z_{14} z_{15} z_{16}$ ist also:

$s = z_{16} + 2z_{15} + z_{14} + 2z_{13} + z_{12} + 2z_{11} + z_{10} + 2z_9 + z_8 + 2z_7 + z_6 + 2z_5 + z_4 + 2z_3 + z_2 + 2z_1$.

Zu beachten ist: Sind dabei auftretende Produkte p größer als 9, dann wird dabei anstelle von p die Zahl $p - 9$ als Summand verwendet.

2. Anschließend wird die Summe s hinsichtlich des Divisionsrestes $mod(s, 10)$ geprüft: Eine Kartennummer ist genau dann gültig, wenn $mod(s, 10) = 0$ gilt. Bei der als Beispiel vorgegebenen Kartennummer 4128 5426 2840 4642 ist $s = 2 + 8 + 6 + 8 + 0 + 8 + 8 + 4 + 6 + 4 + 4 + (10 - 9) + 8 + 4 + 1 + 8 = 80$. Wegen $mod(80, 10) = 0$ ist diese Kartennummer also eine gültige Kartennummer.

1.190 RELATIONALE DATENSTRUKTUREN (TEIL 1)

> Was mir an deinem System am besten gefällt?
> Es ist so unverständlich wie die Welt.
> *G. W. Friedrich Hegel* (1770 - 1831)

In den Abschnitten 1.190 und 1.191 soll ein Beispiel für die Anwendung n-stelliger Relationen dargestellt werden: Grundzüge des Entwurfs einer sogenannten *Relationalen Datenbank*. Datenbanken dieses Typs spielen in der Praktischen Informatik eine bedeutende Rolle, da sie gegenüber klassischen Verfahren zur Speicherung und Verwaltung von Datenbeständen deutliche Vorteile haben (siehe Bemerkung 1.190.7).

Zur groben Information soll der Begriff *Datenbank* nur kurz skizziert sein. Es handelt sich dabei um ein System von Computerprogrammen, das beschreibende Daten über wohldefinierte Objekte *speichern, verwalten und ausgeben* kann. Die Güte eines Datenbank-Systems wird durch die effiziente und durchschaubare Organisation dieser drei Tätigkeiten untereinander und im Dialog mit dem Benutzer-System (und damit mit dem Benutzer selbst) bestimmt.

Im folgenden Beispiel 1.190.1 wird der Entwicklungsprozeß zur Anlage einer Relationalen Datenbank in einer Folge von Einzelschritten vorgestellt. Gegenstand dieser Datenbank ist das Einsatzfeld *Schulen in Berlin* (ohne Institutionen der Schulverwaltung), demgemäß wird das zu entwickelnde Produkt im folgenden mit der Abkürzung *SIB* bezeichnet.

1.190.1 Beispiel *(Datenbank SIB)*

Schritt 1: SIB.AUFGABENENTWUF

Ein erster Schritt bei dem Entwurf einer Datenbank für ein bestimmtes Einsatzfeld ist die Formulierung eines Katalogs von Fragen, die durch die Datenbank beantwortbar sein sollen. Durch diese Fragen wird schon in einem sehr frühen Entwicklungsstadium der Umfang der Datenbank festgelegt. Fragen an *SIB* sind auszuweise (wobei in der Praxis eine möglichst vollständige Liste erstellt werden sollte):

1. Welche Grundschulen haben Latein als erste Fremdsprache?
2. Welche Gymnasien liegen im Bezirk 10 (Zehlendorf)?
3. Welche Gymnasien bieten die Leistungsfach-Kombination Mathematik/Musik an?
4. Hat die Fritz-Oberschule einen für das Fach Musik zuständigen Fachbereichsleiter?
5. Welche Wahlpflichtfächer bietet die Kaiser-Oberschule an?
6. Welche Gymnasien bieten die Wahlpflichtfächer Griechisch und Spanisch an?
7. Welche Oberschulen bieten Informatik an?
8. Welche Oberschulen bieten Informatik als Prüfungsfach im Abitur an?
9. Welche Gymnasien bieten die Sprachenfolge S5 an?

Das Dokument, das in diesem ersten Schritt entstehen soll (bei der Entwicklung von Software-Systemen sollen alle Entwicklungsschritte stets vollständig dokumentiert werden), ist dann eine möglichst gut geordnete Liste solcher Fragen, die ihrerseits zwangsläufig zu der Frage nach dem Datenrahmen führt: Durch welche Merkmale (Attribute) sollen die Realwelt-Objekte (Schulen) in der Datenbank beschrieben, repräsentiert oder auch klassifiziert werden?

Nebenbei: Ein wesentlicher Punkt bei der Formulierung des Aufgabenentwurfs ist auch zu sagen, was nicht von dem zu entwickelnden System erfaßt werden soll. Am obigen Fragenkatalog fällt auf, daß dabei nicht von Lehrern die Rede ist, das heißt, die Schulen werden lediglich als Institutionen behandelt. Es liegt andererseits natürlich nahe, ein entsprechendes System *LIB (Lehrer in Berlin)* entweder parallel zu entwickeln oder doch mindestens eine Koppelung mit einem solchen System schon bei der Planung von *SIB* vorzusehen. Ein anderer wesentlicher Punkt bei der Planung einer Datenbank als Grundlage eines Auskunftssystems ist der Schutz vor unberechtigtem Zugang, der vor allem dann eine Rolle spielt, wenn sogenannte personenbezogene Daten (etwa von Lehrern) aufgenommen werden sollen und einschlägige Datenschutzgesetze zu beachten sind. Um solche Fragen hier nicht mit aufnehmen zu müssen, soll das System *SIB* nur allgemein zugängliche Daten enthalten.

Schritt 2:   *SIB.RELATIONS-SCHEMATA*

In diesem Schritt wird aus dem Aufgabenentwurf ein *semantisches Relations-Schema* formuliert, das in irgend einer geeigneten graphischen Form einen leichten Überblick verschaffen soll, gleichwohl aber sprachlich verständlich sein muß, wieder auszugsweise:

Schulname (SN)	$\longleftarrow$	liegt in	$\longrightarrow$	(BZ) Bezirk
Schulname (SN)	$\longleftarrow$	bietet an	$\longrightarrow$	(LK) LK-Kombination
Schulname (SN)	$\longleftarrow$	bietet an	$\longrightarrow$	(WF) Wahlpflichtfach
Schulname (SN)	$\longleftarrow$	bietet an	$\longrightarrow$	(SF) Sprachenfolge
Schulname (SN)	$\longleftarrow$	bietet an	$\longrightarrow$	(FN) Fachname
Schulname (SN)	$\longleftarrow$	bietet an	$\longrightarrow$	(FA) Fach im Abitur
Fachname (FN)	$\longleftarrow$	gibt es an	$\longrightarrow$	(SN) Schulname
Wahlpflichtfach (WF)	$\longleftarrow$	gibt es an	$\longrightarrow$	(SN) Schulname
LK-Kombination (LK)	$\longleftarrow$	gibt es an	$\longrightarrow$	(SN) Schulname

Zu beachten ist, daß dabei gegenüber dem Aufgabenentwurf eine höhere semantische Ebene verwendet wird. Anstelle von Kaiser-Oberschule steht jetzt das *Attribut* Schulname mit der Abkürzung SN. Ein solches Schema zeigt also eine Folge von zweistelligen Relationen zwischen Attributen.

Schritt 3:   *SIB.ATTRIBUTE und SIB.WERTEBEREICHE*

Die Quellen zur Gewinnung der zu verwendenden Attribute sind der in Schritt 1 entwickelte Fragenkatalog sowie die in Schritt 2 genannten Relations-Schemata. Sie werden gebildet, wenn bestimmte Realwelt-Objekte durch separate Attribute charakterisiert werden sollen, allerdings ist mit der Festlegung von Attributen zugleich auch die Menge der sogenannten *Attributswerte* anzugeben, das heißt, die Menge derjenigen Daten, die zu einem bestimmten Attribut A zugelassen werden sollen. Diese Menge bezeichnet man man nach dem englischen Begriff *domain* auch mit *dom(A)*, beispiels- und wieder auszugsweise:

SN Schulname	$dom(SN) = \{Graf\text{-}Grundschule, Kaiser\text{-}Oberschule, ...\}$
SR Schulnummer	$dom(SR) = \{01001, 01002, ..., 12077\}$
SA Schulart	$dom(SA) = \{Grundschule, Oberschule(Gymnasium), ...\}$
ST Trägerschaft	$dom(ST) = \{staatlich, konfessionell, ...\}$
FN Fachname	$dom(ST) = \{Bio, Deu, Eng, Fra, Grie, Mat, Inf, Lat, Spa, Ita, ...\}$
LK LK-Kombination	$dom(LK) = \{Mat/Mus, Mat/Eng, Mat/Phy, Mat/Lat, ...\}$
WF Wahlfächer	$dom(WF) = \{Eng, Mat, Fra, Phy, Gri, ...\}$
FA Abiturfach	$dom(ST) = \{Gri, Fra, Mat, Inf, ...\}$
SF Sprachenfolge	$dom(SF) = \{Eng/Fra, Eng/Lat, Eng/Rus, Eng/Spa, ...\}$
BZ Bezirk	$dom(BZ) = \{Pankow, Charlottenburg, Mitte, Zehlendorf, ...\}$

Nach dieser Festlegung ist dann die 10-elementige Menge
$$att(SIB) = \{SN, SR, SA, ST, FN, LK, WF, FA, SF, BZ\}$$
die Attributmenge von *SIB* (zu einem bestimmten Zeitpunkt t_0, der nötigenfalls auch der Bezeichnung $att(SIB)$ etwa als Index oder Exponent hinzugefügt wird).

1.190.2   Definition

1. Es bezeichne $att(DB) = \{A_1, ..., A_n\}$ die (endliche) Menge von *Attributen* einer Datenbank *DB*, also die die Objekte der Realwelt in der Datenbank *DB* repräsentierenden ausgewählten Merkmalsarten (Merkmalsklassen).

2. Jedem Attribut $A \in att(DB)$ ist vermöge einer bijektiven Funktion $att(DB) \longrightarrow dom(att(DB))$ mit $A \longmapsto dom(A)$ sein sogenannter *Wertebereich* $dom(A) = \{a_1, ... a_k\}$ zugeordnet, der die im Datenbankentwurf festgelegten Werte $a_1, ..., a_k$ enthält, die das Attribut A haben kann. Damit entspricht der Attributmenge $att(DB)$ eine mit $dom(att(DB)) = \{dom(A_1), ..., dom(A_n)\}$ bezeichnete Menge von Wertebereichen.

1.190.3   Bemerkungen

1. Teilmengen von Attributmengen sind naheliegenderweise ebenfalls Attributmengen. Sie werden etwa dann gebildet, wenn bestimmte Realwelt-Objekte separat charakterisiert werden sollen. Beispielsweise ist $T = \{SN, SA, BZ\}$ eine Teilmenge von $att(SIB)$, die die Schulen einer bestimmten Schulart in einem bestimmten Bezirk innerhalb des Rahmens von *SIB* repräsentiert.

2. Die Festlegung von Attributen kann einerseits durch Vorgaben in Aufgabenentwfen erfolgen, andererseits liefern aber auch die möglichen Elemente der zugehörigen Wertebereiche eine Entscheidung über die Sinnfälligkeit oder Nützlichkeit von Attributen. Das betrifft insbesondere den *Detaillierungsgrad* eines Attributs. Beispielsweise kann das Attribut *Bezirk* in $att(SIB)$ noch nicht ausreichend detailliert sein und zu dem zusätzlichen Attribut *Ortsteil* führen. Ein anderes Beispiel dieser Art ist das Attribut *Name*, das selbst aus den vier Attributen *Nachname, Vorname, Titel, Geschlecht* zusammengefügt sein kann. Wenn man fordert, daß Attribute *elementar* (man sagt auch *atomar*) sein sollen, dann ist damit gemeint, daß ihr jeweiliger Detaillierungsgrad ihrer Verwendung entsprechen soll.

1.190.4 Beispiel (Datenbank SIB)

Repräsentationen von Schulen in der Datenbank *SIB* kann man sich als Aufzählungen von Daten, genauer als Tupel vorstellen, etwa können bestimmte Aspekte der Kaiser-Oberschule durch die beiden 3-Tupel

(Kaiser-Oberschule, Gymasium, Zehlendorf) oder *(Kaiser-Oberschule, Zehlendorf, Musik/Physik)*

gekennzeichnet werden. Grundlage dafür sind die zu den Tupel-Komponenten zugehörigen *Relationstypen*, das sind die Tupel von Attributen

(Schulname, Schulart, Bezirk) oder *(Schulname, Bezirk, LK-Kombination)*

bezüglich der Attributmenge $att(SIB)$. Bei den zu solchen Relationstypen gebildeten *Relationen* werden anstelle der Attribute dann die konkreten Attributswerte genannt und in Form von *Relationstabellen* angegeben, beispielsweise:

$rel(SN, SA, BZ)$		
SN (Schulname)	SA (Schulart)	BZ (Bezirk)
Kaiser-Oberschule	Gymnasium	Zehlendorf
Graf-Oberschule	Gymnasium	Zehlendorf
Fritz-Schule	Grundschule	Zehlendorf
König-Oberschule	Gymnasium	Kreuzberg

$rel(SN, BZ, LK)$		
SN (Schulname)	BZ (Bezirk)	LK (LK-Kombination)
Kaiser-Oberschule	Zehlendorf	Mathematik/Musik
Kaiser-Oberschule	Zehlendorf	Musik/Physik
Kaiser-Oberschule	Zehlendorf	Mathematik/Physik
Kaiser-Oberschule	Zehlendorf	Mathematik/Griechisch
König-Oberschule	Kreuzberg	Deutsch/Latein
König-Oberschule	Kreuzberg	Latein/Englisch
König-Oberschule	Kreuzberg	Latein/Musik
König-Oberschule	Kreuzberg	Latein/Physik

1.190.5 Definition

Es sei T eine Teilmenge der Attributmenge $att(DB)$ einer Datenbank DB.

1. Ein *Relationstyp (Relationsschema)* $typ(T)$ ist ein Tupel der Länge $card(T)$, dessen Komponenten die Elemente von T sind.

2. Eine *Relation* $rel(T)$ über einem Relationstyp $typ(T)$ ist eine Teilmenge des cartesischen Produkts, dessen Faktoren die Wertebereiche $dom(A)$ der Komponenten A in $typ(T)$ (mit derselben Reihenfolge) sind. (Zu beachten ist das Wort *Teilmenge*.)

1.190.6 Bemerkungen

1. Relationstypen sind also Permutationen der Elemente von $T \subset att(DB)$.

2. Zu T mit k Elementen gibt es genau $k!$ (voneinander verschiedene) Relationstypen.

3. Zur besseren Übersicht (insbesondere auch dann, wenn mehrere Relationstypen über T betrachtet werden), werden ohne separate Nennung der Menge T, etwa $T = \{A, B, C\}$, Relationstypen und Relationen in der Form $typ(T) = (B, A, C)$ und entsprechend $rel(T) = rel(B, A, C)$ geschrieben.

4. Da $rel(B, A, C)$ eine formal nicht näher beschreibbare Teilmenge von $dom(B) \times dom(A) \times dom(C)$ ist, werden die Elemente von $rel(B, A, C)$ als Zeilen sogenannter *Relationstabellen* nach dem Muster im obigen Beispiel angegeben.

5. Will man den *Relationszustand* (Elemente der Relation zu einem bestimmten Zeitpunkt t_0) erfassen und kennzeichnen, so wird der Bezeichnung $rel(T)$ oder $rel(B, A, C)$ meist t_0 als Index oder als Exponent beigefügt.

6. Teilmengen von Relationen sind ebenfalls Relationen. Will man eine solche Teilmenge angeben, so sind tatsächlich die Zeilen aus der Relationstabelle der ursprünglichen Relation aufzuzählen (gegebenenfalls durch eine geeignete Numerierung). Die allgemeine Bezeichnungsweise, etwa $rel(SN, BZ, LK)$ im obigen Beispiel, genügt allein nicht, eine Relation tatsächlich anzugeben, denn jede Teil- oder Obermenge von $rel(SN, BZ, LK)$ trägt dieselbe Bezeichnung.

7. Mengentheoretische Komplemente (also auch mengentheoretische Differenzen) von Relationen sind ebenfalls Relationen (mit dem gesamten cartesischen Produkt über den Wertebereichen als Bezugsmenge). Es gelten sinngemäß die gleichen Erläuterungen wie in 6.

8. Vereinigungen und Durchschnitte von Relationen über demselben Relationstyp sind wieder Relationen über diesem Typ. Sie werden naheliegenderweise durch Zusammenfügen von Relationstabellen oder durch Heraussuchen gemeinsamer Zeilen gebildet.

1.190.7 Bemerkung *(für Informatiker)*

Die in einem Datenbank-System erfaßten Daten werden nach klassischem Muster in einer externen Datei (Datenmodul) *SIB.DATEI* gespeichert. Soll nun ein Anwender-System *SIB.SYSTEM* über geeignete Assoziierungs-Prozeduren auf Datensätze in *SIB.DATEI* zugreifen, so müssen entsprechende Teile des Programms genau auf die Datensatzstruktur von *SIB.DATEI* zugeschnitten sein. Haben die Datensätze etwa die Form SN*BZ*LK*.....*BZ mit Trennsymbol *, so wird das Anwender-System eine einzelne Datenzeile über einen (abstrakten) Datentyp *SCHULE* in die einzelnen Komponenten zerlegen. Das bedeutet, daß die Struktur des Datentyps *SCHULE* sowie die auf *SCHULE* operierenden Funktionen gewissermaßen Abbilder der externen Datensatzstruktur sein müssen.

Damit ist zugleich ein wesentlicher Nachteil der klassischen Koppelung externer Dateien an aufrufende Software-Systeme berührt: Änderungen des Programms ziehen in der Regel Änderungen der Datenorganisation in externen Dateien nach sich und/oder umgekehrt.

Demgegenüber haben Datenbanken zwar auch die Aufgabe, Anwender-Systeme mit den benötigten Daten zu versorgen und/oder veränderte oder neue Daten innerhalb der vorgesehenen Datenstruktur zu speichern, gleichwohl soll ihre Datenorganisation *unabhängig* von Anwender-Systemen gestaltet sein. Eine solche System- oder Zugriffsunabhängigkeit hat im wesentlichen zwei Auswirkungen:

1. Die Datenorganisation in Datenbanken muß nach einem selbständigen sogenannten *Datenmodell* erfolgen; sie kann und soll sich nicht an syntaktischen Eigenarten oder Maßstäben von Anwender-Systemen orientieren.

2. Die strikte Trennung zwischen Datenbestand und Datennutzung in syntaktisch voneinander unabhängigen Systemen erfordert zu jedem Anwender-Programm ein zusätzliches Vermittlungs-System, dessen Aufgabe im wesentlichen in der programmseitigen Zugriffsorganisation mit zugehörigem programmgebundenen Datendesign besteht.

Einige der Vorteile, die mit der anwendungsunabhängigen Speicherung von Daten in Datenbanken verbunden sind, seien in erster Skizze kurz aufgezählt:

1. Datenbestand und Datenorganisation in Datenbanken können in gewissen Grenzen beliebig verändert, insbesondere auch erweitert werden, wobei lediglich in die Vermittler-Systeme eingegriffen werden muß (wenn auch das überhaupt erforderlich ist).

2. Verschiedene und verschiedenartige Anwender-Systeme können den nur in einem Exemplar vorhandenen Datenbestand nutzen.

1.191 RELATIONALE DATENSTRUKTUREN (TEIL 2)

> Die gefährlichsten Unwahrheiten
> sind Wahrheiten, mäßig entstellt.
> *Georg Christoph Lichtenberg* (1742 - 1799)

Während sich die Betrachtungen in Abschnitt 1.190 mit der Einrichtung und Organisation einer Relationalen Datenbank DB beschäftigt haben, sollen nun einige elementare Manipulationen auf DB besprochen werden. Wie auch schon in Abschnitt 1.190 bezeichne $att(DB) = \{A_1, ..., A_n\}$ eine endliche Menge von Attributen, die DB semantisch repräsentieren, und $dom(A)$ die sogenannte Wertemenge von $A \in att(DB)$. Ferner wird der Zusammenhang zwischen Teilmengen T von $att(DB)$, Relationstypen $typ(T)$ und Relationen $rel(T)$ über $typ(T)$ verkürzt durch *Relation $rel(T)$ über T* notiert. Auch die hier besprochenen konkreten Beispiele beziehen sich auf die in Abschnitt 1.190 betrachteten Relationen im Rahmen der Datenbank *SIB*.

1.191.1 Definition

Es sei $T \subset att(DB)$ eine Attributmenge, ferner $rel(T)$ eine Relation über T.

1. Ist X ein Attribut aus T, dann enthält jedes Tupel t aus der Relation $rel(T) \subset \prod\limits_{A \in T} dom(A)$ eine Komponente aus $dom(X)$. Diese Komponente wird mit $t.X$ bezeichnet.

2. Zu jeder Teilmenge U von T liegt eine *U-Projektion* $pr_U : rel(T) \longrightarrow \prod\limits_{A \in U} dom(A)$ vor, definiert durch $pr_U(t) = t_U = (t.A)_{A \in U}$.

1.191.2 Bemerkungen

1. Das Bildtupel t_U entsteht aus t durch Weglassen der Komponenten aus $dom(T) \setminus dom(U)$. Die ursprüngliche Reihenfolge in t wird in t_U jedoch beibehalten.

2. Die Bildmenge $Bild(pr_U)$ ist eine Relation R_U über der Attributmenge U.

3. Besitzt U nur das eine Element A (der einelementige Fall tritt häufig auf), so schreibt man einfacher $pr_U : rel(T) \longrightarrow dom(A)$ und $pr_U(t) = t.A$.

4. In bezug auf Relationstabellen beachte man folgenden Unterschied, etwas salopp formuliert:
a) Führt man auf einer Relation $rel(T)$ eine *Projektion* aus, so werden *Spalten entfernt*, die Zeilenanzahl bleibt erhalten. Die verbleibenden Spalten bilden dann das Ergebnis der Projektion.
b) Bildet man von einer Relation $rel(T)$ eine *Teilmenge*, so werden *Zeilen entfernt*, die Spaltenanzahl bleibt erhalten. Die verbleibenden Zeilen bilden dann die Teilmenge. Eine Methode zur Bildung von Teilmengen ist die in Definition 1.191.5 genannte *Selektion*.

1.191.3 Beispiel

Zu der Attributmenge $att(DB) = \{A_1, ..., A_n\}$ betrachte man die Teilmenge $T = \{A_1, A_2, A_3, A_4\}$ sowie eine Relation $rel(T) = rel(A_1, A_2, A_3, A_4) \subset A_1 \times A_2 \times A_3 \times A_4$. Ferner sei $t = (a_1, a_2, a_3, a_4)$ ein Tupel aus $rel(T)$. Betrachtet man nun beispielsweise das Attribut A_3, dann wird für die dritte Komponente in t auch $a_3 = t.A_3$ geschrieben. Allgemeiner ist dann $t = (a_1, a_2, a_3, a_4) = (t.A_1, t.A_2, t.A_3, t.A_4)$.
Es sei nun ferner die Teilmenge $U = \{A_1, A_3\}$ von T betrachtet. Die U-Projektion zu U ist dann die Funktion $pr_U : rel(T) \longrightarrow dom(A_1) \times dom(A_3)$, die jedem Tupel $t = (a_1, a_2, a_3, a_4)$ aus $rel(T)$ das verkleinerte Tupel $t_U = (a_1, a_3)$ zuordnet.

1.191.4 Beispiel *(Datenbank SIB)*

1. Betrachtet man in der ersten der beiden folgenden Relationstabellen die erste Zeile, also das Element $t = $ *(Kreuzberg, Otto, Gymnasium, Mat/Phy)* der Relation $rel(T) = (BZ, SN, SA, LK)$, dann ist beispielsweise $t.BZ = Kreuzberg$ oder $t.SA = Gymnasium$. (In manchen Programmiersprachen wird dieses Herauslösen von Komponenten aus Datenverbunden auch Selektion genannt, das ist aber nicht

ganz identisch mit gleichlautenden Begriff in Definition 1.191.5.)

2. Zu der Attributmenge $att(SIB)$ betrachte man die folgende Relation $rel(T) = rel(BZ, SN, SA, LK)$:

rel(BZ, SN, SA, LK)			
BZ (Bezirk)	SN (Schulname)	SA (Schulart)	LK (LK-Kombination)
Kreuzberg	Otto-Oberschule	Gymnasium	Mat/Lat
Kreuzberg	Otto-Oberschule	Gymnasium	Mat/Mus
Kreuzberg	Otto-Oberschule	Gymnasium	Mat/Phy
Spandau	Elsa-Oberschule	Gymnasium	Mat/Phy
Steglitz	Olga-Oberschule	Gymnasium	Mat/Phy

Eine Projektion für $U = \{SN, LK\}$ ist die Funktion $pr_U : rel(T) \longrightarrow dom(SN) \times dom(LK)$, die jedem Tupel $t = (a_1, a_2, a_3, a_4)$ aus $rel(T)$ das verkleinerte Tupel $t_U = (a_2, a_4)$ zuordnet, und die folgende Relation $rel(U) = rel(SN, LK)$ liefert:

rel(SN, LK)	
SN (Schulname)	LK (LK-Kombination)
Otto-Oberschule	Mat/Lat
Otto-Oberschule	Mat/Mus
Otto-Oberschule	Mat/Phy
Elsa-Oberschule	Mat/Phy
Olga-Oberschule	Mat/Phy

1.191.5 Definition

1. Es bezeichne $T \subset att(DB)$ eine Attributmenge, ferner $rel(T)$ eine Relation über T. Zu jedem Element $a \in dom(A)$ mit $A \in T$ liegt eine a-*Selektion* $s_a : \{rel(T)\} \longrightarrow Pot(rel(T))$ vor, definiert durch den Funktionswert $s_a(rel(T)) = \{t \in rel(T) \mid t.A = a\}$.

2. Es seien $S, T \subset att(DB)$ Attributmengen, ferner sei A ein Attribut aus S und B ein Attribut aus T, wobei $dom(A) = dom(B)$ gelte. Der bezüglich A und B aus Relationen $rel(S)$ und $rel(T)$ über S und T erzeugte *Verbund (Join)* ist die Relation $rel(S)(AB)rel(T) = \{(s,t) \mid s \in rel(S), t \in rel(T), s.A = t.B\}$.

1.191.6 Bemerkungen

1. Identifiziert man eine Menge X mit $\{X\}$ (oder führt eine entsprechende Funktion aus), so lassen sich U-Projektionen und a-Sektionen in der Reihenfolge

$$rel(T) \xrightarrow{pr_U} \prod_{A \in U} dom(A) \xrightarrow{s_a} Pot(Bild(pr_U))$$

komponieren (denn $Bild(pr_U)$ ist eine Relation über U), sofern das Attribut, aus dessen Wertebereich a stammt, in U liegt.

2. Man kann also nur von solchen Relationen einen Verbund bilden, die bezüglich jeweils eines Attributs denselben Wertebereich haben (i.e. die Bedingung $dom(A) = dom(B)$ erfüllen). Häufig haben diese beiden Attribute auch dieselbe Bezeichnung (wie auch bei den folgenden Beispielen).

3. Die Elemente von $rel(S)(AB)rel(T)$ sind als Paare (s,t) dargestellt, womit die Konkatenation der beiden Tupel s und t gemeint ist: Ist etwa das Attribut A in $S = \{A, B, C\}$ und in $T = \{F, A, H\}$ enthalten, dann hat $rel(S)(AA)rel(T)$ Elemente der Form $(s,t) = (s.A, s.B, s.C, t.F, t.A, t.H)$, die aus den Elementen $s = (s.A, s.B, s.C)$ und $t = (t.F, t.A, t.H)$ zusammengesetzt sind.

4. In vorstehender Bemerkung enthält das Element (s,t) die Komponenten $s.A$ und $t.A$, die aber gemäß obiger Definition gleich sind. Es liegt also nahe, eine der beiden Komponenten wegzulassen (formal durch Ausführung einer der A-Projektionen, etwa $pr_A : rel(S) \longrightarrow dom(B) \times dom(C)$).
Ein solchermaßen reduzierter Verbund heißt *Natürlicher Verbund (Natural Join)*. In den folgenden

Beispielen werden nur natürliche Verbunde betrachtet.

5. In der Menge $rel(S)(AB)rel(T)$ ist die Gleichheitsbedingung $s.A = t.B$ enthalten. Etwas allgemeiner kann anstelle der Gleichheitsrelation jede andere auf der Menge $dom(A) \times dom(B)$ definierte Relation Z betrachtet werden, beispielsweise $Z \in \{<, \leq, >, \geq, =, \neq\}$. Man spricht dann von einem *Z-Verbund*.

1.191.7 Beispiel

Zu der Attributmenge $att(DB) = \{A_1, ..., A_n\}$ betrachte man die Teilmenge $T = \{A_1, A_2, A_3, A_4\}$ sowie eine Relation $rel(T) = rel(A_1, A_2, A_3, A_4) \subset A_1 \times A_2 \times A_3 \times A_4$. Das Element $a \in dom(A_3)$ liefert dann die a-Selektion $s_a : \{rel(T)\} \longrightarrow Pot(rel(T))$, deren Bildelement die Menge aller derjenigen Tupel aus der Relation $rel(T)$ ist, deren dritte Komponente $t.A_3 = a$ ist.

Es sei nun ferner die Teilmenge $U = \{A_1, A_3\}$ von T und ein Element $a \in A_3$ betrachtet. Beide Daten liefern die Komposition

$$rel(T) \xrightarrow{pr_U} dom(A_1) \times dom(A_3) \xrightarrow{s_a} Pot(Bild(pr_U))$$

deren Bildmenge $Bild(s_a \circ pr_U) = \{(t.A_1, a) \mid t \in rel(T)\}$ ist, die also alle in $dom(A_1)$ erfaßten Objekte herausfiltern, auf die a zutrifft.

1.191.8 Beispiel *(Datenbank SIB)*

Im folgenden werden Relationen $rel(S) = rel(BZ, SN, SA, SF)$ und $rel(T) = rel(SN, LK)$ über der Attributmenge $att(SIB)$ betrachtet. Diese Relationen seien:

rel(BZ, SN, SA, SF)			
BZ (Bezirk)	SN (Schulname)	SA (Schulart)	SF (Sprachenfolge)
Kreuzberg	Otto-Oberschule	Gymnasium	Eng/Fra
Spandau	Elsa-Oberschule	Gymnasium	Eng/Fra
Spandau	Emil-Oberschule	Gymnasium	Eng/Fra
Steglitz	Olga-Oberschule	Gymnasium	Eng/Fra

rel(SN, LK)	
SN (Schulname)	LK (LK-Kombination)
Otto-Oberschule	Mat/Lat
Otto-Oberschule	Mat/Mus
Otto-Oberschule	Mat/Phy
Elsa-Oberschule	Mat/Phy
Emil-Oberschule	Mat/Spo
Olga-Oberschule	Mat/Phy

1. Zunächst Beispiele zu dem Begriff der Selektion:

a) In der Relation $rel(S) = rel(BZ, SN, SA, SF)$ sei das Attribut SN und dazu das Element $Elsa \in SN$ betrachtet. Die zugehörige Selektion s_{Elsa} liefert die Teilmenge von $rel(S)$, deren Tupel (Zeilen) die zweite Komponente $t.SN = Elsa$ haben. Im vorliegenden Fall ist das die einelementige Teilmenge $s_{Elsa}(rel(S)) = \{(Spandau, Elsa, Gymnasium, Eng/Fra)\}$.

b) Betrachtet man hingegen in der Relation $rel(T) = rel(SN, LK)$ das Attribut LK und dazu das Element $Mat/Phy \in LK$, dann liefert die Selektion $s_{Mat/Phy}$ die dreielementige Teilmenge $s_{Mat/Phy}(rel(T)) = \{(Otto, Mat/Phy), (Elsa, Mat/Phy), (Olga, Mat/Phy)\}$.

2. Sowohl in Bemerkung 1.191.6/1 als auch in Beispiel 1.191.7 wurde die Komposition $s_a \circ pr_U$ betrachtet. Diese Komposition, die also zwei Auswahlprozesse nacheinander ausführt (siehe auch Bemerkung 1.191.2/4), sei an der Relation $rel(S) = rel(BZ, SN, SA, SF)$ erläutert. Dazu sei zunächst das *Suchziel* formuliert: Es soll die Teiltabelle von $rel(S)$ hergestellt werden, die genau die Gymnasien im Bezirk Spandau nennt.

a) Zuerst wird mit $U = \{BZ, SB\}$ eine Projektion pr_U ausgeführt, die alle nicht relevanten Spalten entfernt. Das sind in diesem Fall die vorletzte Spalte (denn alle Schulen sind Gymnasien) und die letzte Spalte (denn die Sprachenfolge interessiert nicht). Das Ergebnis von pr_U ist dann die Tabelle $pr_U(rel(BZ, SN, SA, SF)) = rel(BZ, SB)$:

rel(BZ, SN)	
BZ (Bezirk)	SN (Schulname)
Kreuzberg	Otto-Oberschule
Spandau	Elsa-Oberschule
Spandau	Emil-Oberschule
Steglitz	Olga-Oberschule

b) Anschließend werden in dieser durch pr_U verkleinerten Tabelle diejenigen Zeilen t gesucht, für die $a = t.BZ = Spandau$ gilt. Die Anwendung der Selektion $s_{Spandau}$ auf $dom(BZ) \times dom(SN)$ liefert dann die Menge $\{(a, t.A_2) \mid t \in rel(S)\} = \{(Spandau, t.A_2) \mid t \in rel(S)\} = \{(Spandau, Elsa), (Spandau, Emil)\}$, also die Teiltabelle:

$s_a(rel(BZ, SN))$	
BZ (Bezirk)	SN (Schulname)
Spandau	Elsa-Oberschule
Spandau	Emil-Oberschule

3. Der natürliche Verbund $rel(S)(SN, SN)rel(T)$ beider Relationen ist die folgende Relation:

rel(BZ, SN, SA, SF, LK)				
rel(BZ, SN, SA, SF, LK)				
BZ (Bezirk)	SN (Schulname)	SA (Schulart)	SF (Spr.folge)	LK (Komb.)
Kreuzberg	Otto-Oberschule	Gymnasium	Eng/Fra	Mat/Lat
Kreuzberg	Otto-Oberschule	Gymnasium	Eng/Fra	Mat/Mus
Kreuzberg	Otto-Oberschule	Gymnasium	Eng/Fra	Mat/Phy
Spandau	Elsa-Oberschule	Gymnasium	Eng/Fra	Mat/Phy
Spandau	Emil-Oberschule	Gymnasium	Eng/Fra	Mat/Spo
Steglitz	Olga-Oberschule	Gymnasium	Eng/Fra	Mat/Phy

A1.191.01: Ergänzen Sie die Mengen *dom(SA)*, *dom(LK)* und *dom(BZ)* in Beispiel 1.190.1.

A1.191.02: Geben Sie zu $T = \{SN, SA, LK, BZ\} \subset att(SIB)$ alle Relationstypen sowie zu einem solchen Typ eine Relationstabelle mit fünf Elementen (Zeilen) an.

A1.191.03: Entwerfen Sie nach dem Muster von *SIB* die Grundzüge mit allen Schritten analog Beispiel 1.190.1 für das dort schon angedeutete Datenbank-System *LIB*.

A1.191.05: Betrachten Sie im Beispiel 1.191.4 zur Datenbank SIB die Relation $rel(T)$ (erste Tabelle) und als $rel(S)$ die zweite Tabelle.

1. Geben Sie in jedem der drei folgenden Fälle jeweils eine Teilmenge $U \subset T$ und die passende Projektion pr_U an, die das folgende Ergebnis liefert:
   a) $rel(BZ, SN)$ b) $rel(SN, SA)$ c) $rel(BZ, LK)$

2. Wie lauten die natürlichen Verbunde $rel(T)(SN, SN)rel(S)$ und $rel(S)(SN, SN)rel(T)$?

A1.191.06: Die Attributmenge $att(LIB)$ einer Datenbank *LIB (Lehrer in Berlin)* (siehe Aufgabe A1.191.03) soll neben den Attributen SR (Schulnummer als fünfstellige Ziffernfolge) und LK (Leistungskurs-Kombinationen an der Schule in der Form Mat/Lat) mindestens noch folgende Attribute enthalten:

    LN Lehrername $dom(LN) = \{Meier, Maier, Meyer, Mayer, ...\}$
    DB Dienstbezeichnung $dom(DB) = \{StR, OStR, OStD, ...\}$
    FU Funktion $dom(FU) = \{Schulleiter, Fachbereichsleiter, Fachleiter, ...\}$

Bilden Sie den natürlichen Verbund $rel(S)(SR, SR)rel(T)$ der beiden Relationen $rel(S) = rel(LN, SR, DB, FU)$ und $rel(T) = rel(SR, LK)$:

rel(LN, SR, DB, FU)			
LN (Name)	SR (Schulnummer)	DB (Dienstbez.)	FU (Funktion)
Meier	10123	OStD	Schulleiter
Müller	10234	OStD	Schulleiter
Franz	03111	OStD	Schulleiter
Wille	06125	OStR	Fachleiter

rel(SR, LK)	
SR (Schulnummer)	LK (LK-Kombination)
10123	Mat/Lat
10123	Mat/Mus
10123	Mat/Phy
03111	Mat/Phy
03111	Mat/Spo
06125	Mat/Phy

A1.191.07: Verfolgen Sie die Überlegungen im Beispiel 1.191.8/2 zur Datenbank SIB für den Fall, daß die erste Tabelle folgenden Inhalt hat:

rel(BZ, SN, SA, SF)			
BZ (Bezirk)	SN (Schulname)	SA (Schulart)	SF (Sprachenfolge)
Kreuzberg	Otto-Oberschule	Gymnasium	Eng/Fra
Spandau	Elsa-Oberschule	Gymnasium	Eng/Fra
Spandau	Emil-Oberschule	Realschule	Eng/Fra
Steglitz	Olga-Oberschule	Gymnasium	Eng/Fra

A1.191.08: (Entwicklung System SIB)

Betrachten Sie die die beiden folgenden Relationen $rel(S)$ und $rel(T)$ über der Attributmenge $att(SIB)$ der Datenbank SIB (Schulen in Berlin):

rel(S) = rel(BZ, SN, SA, SF)			
BZ (Bezirk)	SN (Schulname)	SA (Schulart)	SF (Sprachenfolge)
Kreuzberg	Otto-Oberschule	Gymnasium	Eng/Fra
Spandau	Elsa-Oberschule	Gymnasium	Eng/Fra
Spandau	Emil-Oberschule	Gymnasium	Eng/Fra
Steglitz	Olga-Oberschule	Gymnasium	Eng/Fra

rel(T) = rel(SN, LK)	
SN (Schulname)	LK (LK-Kombination)
Otto-Oberschule	Mat/Lat
Otto-Oberschule	Mat/Mus
Otto-Oberschule	Mat/Phy
Elsa-Oberschule	Mat/Phy
Emil-Oberschule	Mat/Spo
Olga-Oberschule	Mat/Phy

1. Erläutern Sie anhand der Relation $rel(T)$ die Mengenbeziehung $rel(T) \subset SN \times LK$ sowie die Begriffe *Attribut* und *Domain*.
2. Beschreiben Sie die Relation, die aus $rel(T)$ durch die Selektion $s_{Mat/Phy}$ entsteht. Wie kann man die Wirkung von Selektionen allgemein beschreiben?
3. Beschreiben Sie die Relation, die aus $rel(S)$ durch die Projektion pr_U mit $U = \{BZ, SN\}$ entsteht. Wie kann man die Wirkung von Projektionen allgemein beschreiben?
4. Beschreiben Sie den natürlichen Verbund $rel(S)(SN, SN)rel(T)$ sowie den natürlichen Verbund der

in 3. und 2. (in dieser Reihenfolge) erzeugten Relationen.

5. Ist (im Hinblick auf den zweiten Teil von 4.) die Bildung natürlicher Verbunde kommutativ?

A1.191.10: (Entwicklung System ART)

Erstellen Sie einen *Aufgabenentwurf* und *Relationen*, die als Grundlage einer Datenbank *ARTIKEL-RECHERCHE IN ZEITSCHRIFTEN (Periodika)*, kurz mit *ART* bezeichnet, dienen können.

Ein auf diese Datenbank zugreifendes Formular-System soll beispielsweise Listen folgender Art hertellen können. Wie und durch welche Manipulationen können entsprechende Relationen hergestellt werden?
1. Liste aller Artikel zu einem bestimmten (numerierten) Suchthema in allen Zeitschriften,
2. Liste aller Artikel eines Autors in den erfaßten Zeitschriften,
3. Liste aller Artikel eines Jahrgangs einer Zeitschrift,
4. Liste aller Artikel eines Heftes (bekannter Heftnummer) einer Zeitschrift,
5. Liste aller Autoren und der von ihnen veröffentlichen Artikel in allen erfaßten Zeitschriften,
6. Liste aller erfaßten Suchthemen.

A1.191.11: (Für Informatiker: Entwicklung System SIB)

Zu den Beschreibungen eines Datenbank-Systems SIB (Schulen in Berlin) soll der Prototyp eines Programms entwickelt werden. In allen Teilen einer entsprechenden Dokumentation wie auch in dem System selbst müssen folgende Randbedingungen eingehalten werden:

1. Die Komponenten-Struktur (am Ende dann auch die Struktur der Modulgruppen) soll – wenn man allgemeine Funktionen wie Design- oder Dateiverwaltungs-Funktionen außeracht läßt – die drei folgenden Teile beinhalten:
a) *Komponente Eingabe Suchdaten:* Dialog zur Eingabe eines Suchauftrages (mit Korrekturmöglichkeit), wobei dieser Dialog für den Benutzer so einfach wie möglich zu führen sein soll, insbesondere also keine logischen Elemente des Suchvorgangs enthalten darf,
b) *Komponente Recherche:* Ermittlung und Bereitstellung von Suchergebnissen,
c) *Komponente Ausgabe Rechercheergebnis:* Dialog zur Ausgabe der Suchergebnisse.

2. Bei dem zu planenden Prototyp sollen nur die Attribute Bezirk BZ, Schulname SN, Leistungskurs-Kombination LK und Abiturfach FA (besondere Fächer wie etwa Informatik, Darstellendes Spiel oder Philosophie) verwendet werden. Alle Schulen sollen Gymnasien sein.

3. Alle verwendeten externen Dateien repräsentieren zweistellige Relationen der Form $rel(SR, X)$ mit einer Schulnummer SR (fünfstellig) und einem weiteren Attribut $X \in \{BZ, SN, LK, FA\}$.

4. Alle Teile des Programms sind unabhängig vom Bestand externer Dateien (hinsichtlich Anzahl und jeweiligem Umfang) zu entwickeln, anders gesagt, das Programm muß auch auf (vermöge eines eigenen Datei-Verwaltungs-Systems) veränderten Daten, also ohne Eingriff in das Programm, operieren.

Bearbeiten Sie nun die folgenden Einzelaufgaben:

1a) Entwickeln Sie als Teil der *Anforderungsdefinition* die Bildschirminhalte des Eingabedialogs in Form endgültiger Design-Muster für die Attribute BZ, LK und FA.

1b) Welche Struktur (auch programmiersprachlich) können die Eingabedaten haben, wenn man diese Daten als *ein* Objekt betrachtet?

1c) Wie werden die Eingaben zu einem Attribut jeweils logisch miteinander verbunden?

2a) Wie wird das Eingabeobjekt, das aus den Eingaben
$\qquad$ BZ: Z (Zehlendorf), W (Wilmersdorf), $\qquad$ LK: Mat/Phy, $\qquad$ FA: Inf, Phi
entsteht, bei einer Recherche logisch weiterverarbeitet?

2b) Beantworten Sie diese Frage auch mit allgemeinen Daten und Bezeichnungen. Diese allgemeine Beschreibung soll Teil der Aufgabenbeschreibung einer entsprechenden Funktion sein.

3. Ziel der Komponente *Recherche* ist die Ausführung einer Funktion mit der Zuordnung
$\qquad$ (Eingabeobjekt, Datenbestand) $\longmapsto$ Relation.
Die dabei erzeugte Relation enthält die Ergebnisse der Recherche und ist insofern die Grundlage für die Funktionen der Komponente *Ausgabe Rechercheergebnis*.

3a) Geben Sie diese Relation mit drei Musterzeilen für die Beispieldaten in Aufgabe 2 an.

3b) Beschreiben Sie die Einzelvorgänge bei dieser Zuordnung für die Beispieldaten in Aufgabe 2.

1.200 FUNKTIONEN $T \longrightarrow \mathbb{R}$

> Aber in der Deudschen sprache / schreibet ein jeder die wörter mit Buchstaben / wie es jm einfellet vnd in sinn kömet / das / wenn hundert Brieue / vnd gleich mehr / mit einerley wörter geschrieben wörden / so wörde doch keiner mit den Buchstaben vber ein stimmen / das einer mit buchstaben geschrieben wörde wie der ander. Derhalb ist die Sprache auch so vnuerstendlich / dunckel und verworren / Ja ganz verdrieslich vnd vnlustig zulesen. Vnd sonderlich komet sie den frembden vndeudschen Leuten / sehr schwehr vnd sawer an zuuerstehen / vnd vnmüglich recht zu lernen.
> *Christoph Walter* (1515 - 1574)

Die Abschnitte 1.2x stellen eine *Einführung* in das Spektrum der Funktionen $T \longrightarrow \mathbb{R}$ mit jeweils gewünschten, manchmal auch eigens zu konstruierenden Definitionsbereichen $T \subset \mathbb{R}$ dar. Dabei ist das Wort *Einführung* im Sinne *elementarer Untersuchungsmethoden* gemeint – im Gegensatz zu den Methoden der sogenannten Analysis in den Abschnitten 2.x.

Die einzelnen Betrachtungen werden nach Funktionstypen in folgender Weise gegliedert, wobei diese Gliederung etwa der Chronologie des Schulpensums, also weniger innermathematischen Gesichtspunkten folgt. Gleichwohl sollen folgende, hier nicht weiter begründeten Sprechweisen benutzt werden: Die in A, B und C genannten Funktionstypen gehören zu den sogenannten *Algebraischen Funktionen*, die in D und E genannten Funktionstypen gehören zu den sogenanten *Transzendenten Funktionen*:

- A Polynom-Funktionen (insbesondere Lineare, Quadratische und Kubische Funktionen)
- B Potenz-Funktionen (insbesondere Wurzel- und Kegelschnitt-Funktionen)
- C Rationale Funktionen (definiert als Quotienten von Polynom-Funktionen)
- D Trigonometrische Funktionen (mit den Grundfunktionen sin, cos, tan und cot)
- E Exponential-Funktionen exp_a und Logarithmus-Funktionen $log_a = (exp_a)^{-1}$
- F Spezielle Funktionen (beispielsweise Betrags-, Dirac-, Treppen-Funktionen)

Diese Liste von Funktionstypen mag auf den ersten Blick nicht allzu umfangreich erscheinen, ist sie aber doch, denn sie gewinnt ihre Vielfalt besonders durch verschiedene Arten des Zusammenbaus dieser Funktionen. Damit sind in erster Linie die *Komposition* $f \circ g$ sowie die algebraischen Operationen *Additon* $f + g$, *Subtraktion* $f - g$, *Multiplikation* $f \cdot g$ und *Division* $\frac{f}{g}$ gemeint, andererseits spricht man aber auch von Zusammenbau, wenn die Zuordnungsvorschrift $f(x)$ einer Funktion $f : T \longrightarrow \mathbb{R}$ aus verschiedenen Teilvorschriften mit andereren Funktionen besteht, bespielsweise:

$$f(x) = \begin{cases} u(x) = x^2 + 1, & \text{falls } x \in \mathbb{R} \setminus [-1, 1], \\ v(x) = 3x + 7, & \text{falls } x \in [-1, 1]. \end{cases}$$

Ferner sollte man daran denken, daß bei derselben Zuordnungsvorschrift unterschiedliche Definitionsbereiche auch unterschiedliche Funktionen liefern. Am häufigsten treten dabei folgende Definitionsbereiche $T \subset \mathbb{R}$ auf: *Offene Intervalle* (a,b), *halboffene Intervalle* $(a,b]$ und $[a,b)$, *abgeschlossene Intervalle* $[a,b]$, aber auch Mengen der Form $\mathbb{R} \setminus (a,b)$ oder $\mathbb{R} \setminus [a,b]$ sowie $\mathbb{R}^+$, $\mathbb{R}_0^+$, $\mathbb{R}^-$ und $\mathbb{R}_0^-$. Ferner beachte man in diesem Zusammenhang die Inklusionen $\mathbb{N} \subset \mathbb{Z} \subset \mathbb{Q} \subset \mathbb{R}$.

Bezüglich dieses Untersuchungsrahmens werden bei den einzelnen Überlegungen folgende Bereiche angesprochen, die den grundlegenden Kenntnisrahmen für solche Funktionen ausmachen (siehe anschließende Erläuterungen):

1: *Aussehen* im Sinne der Definitions- und Wertebereiche, der Zuordnungsvorschriften (in einfachen Fällen auch vollständige Definitionen) sowie graphische Darstellungen in Cartesischen Koordinaten-Systemen der Form (Abs, Ord),

2: *Grundlegende Eigenschaften* (Ordinatenabschnitte, Kennzeichnung der Bildmengen, Injektivität, Surjektivität, Bijektivität, Symmetrie- und Monotonie-Eigenschaften),

3: *Gleichungen und Ungleichungen über solchen Funktionen* (etwa Berechnungen von Nullstellen und Schnittpunkten als grundlegende Beispiele für die Konstruktion von Gleichungen),

4: *Manipulationen von Funktionen* im Hinblick auf Lage und Form (Parallel- und Spiegelsymmetrische Verschiebungen bezüglich Cartesischer Koordinaten-Systeme, Symmetrie-Eigenschaften),

Darüber hinaus werden Fragen diskutiert, die sich aus der speziellen Natur bestimmter Funktionstypen ergeben (beispielsweise Anstiegs- oder Schnittwinkel bei Geraden, Scheitelpunkte von Parabeln).

1.200.1   Bemerkungen

Zusätzliche Erläuterungen zu einzelnen der oben genannten Begriffe (auf der Basis der Abschnitte 1.1x):

1. Ein *Cartesisches Koordinaten-System (Abs, Ord)* besteht aus zwei orthogonalen, gerichteten Geraden, den beiden *Koordinaten Abszisse und Ordinate,* denen jeweils die Menge $\mathbb{R}$ in folgender Weise aufgeprägt ist: Einerseits sei der Punkt $(0,0)$ der Schnittpunkt beider Koordinaten, andererseits sollen auf jeder Koordinate jeweils gleichen Zahlendifferenzen gleiche Abstände entsprechen (die Maßstäbe auf beiden Koordinaten können also durchaus unterschiedlich sein).

2. *Gleichungen* über Funktionen $f : T \longrightarrow \mathbb{R}$ sind Paare (f, b) mit Elementen $b \in \mathbb{R}$. Lösungen von (f, b) sind Zahlen $x \in T$ mit $f(x) = b$, entsprechend ist $L(f, b) = \{x \in T \mid f(x) = b\}$ die Lösungsmenge von (f, b). Insbesondere ist $N(f) = L(f, 0)$ die Menge der Nullstellen von f. Bei der Namensgebung von Gleichungen orientiert man sich an den Namen der zugrunde liegenden Funktionsnamen, beispielsweise nennt man Gleichungen über linearen Funktionen entsprechend Lineare Gleichungen.

3. *Polynom-Funktionen* $f : T \longrightarrow \mathbb{R}$ sind von der Form $f(x) = a_0 + a_1 x + ... + a_n x^n$ mit Zahlen $a_0, a_1, ..., a_n \in \mathbb{R}$. Ist dabei $a_n \neq 0$, dann nennt man den Exponenten n den *Grad von* f und schreibt $grad(f) = n$. In den Abschnitten 1.21x werden zunächst die einfachsten Beispiele solcher Polynom-Funktionen untersucht, das sind:

Lineare Funktionen (Geraden)	$f(x) = a_0 + a_1 x$	$a_0, a_1 \in \mathbb{R}$
Quadratische Funktionen (Parabeln)	$f(x) = a_0 + a_1 x + a_2 x^2$	$a_0, a_1, a_2 \in \mathbb{R}$, $a_2 \neq 0$
Kubische Funktionen	$f(x) = a_0 + a_1 x + a_2 x^2 + a_3 x^3$	$a_0, a_1, a_2, a_3 \in \mathbb{R}$, $a_3 \neq 0$

4. Monotone (monoton steigende) und antitone (monoton fallende) Funktionen $f : T \longrightarrow \mathbb{R}$ sind definiert durch die Gültigkeit der folgenden Implikationen jeweils für alle Elemente $x, z \in T$:

f monoton	f streng monoton	f antiton	f streng antiton
$x \leq z \Rightarrow f(x) \leq f(z)$	$x < z \Rightarrow f(x) < f(z)$	$x \leq z \Rightarrow f(x) \geq f(z)$	$x < z \Rightarrow f(x) > f(z)$

5. Es sei noch darauf aufmerksam gemacht, daß die eingangs genannte Klassifizierung von Funktionen nicht zu vollständig disjunkten Klassen von Funktionen führt. Es treten folgende Überlappungen auf, so daß bei der Untersuchung dieser Funktionstypen jeweils beide Theorien zu Rate gezogen werden können:

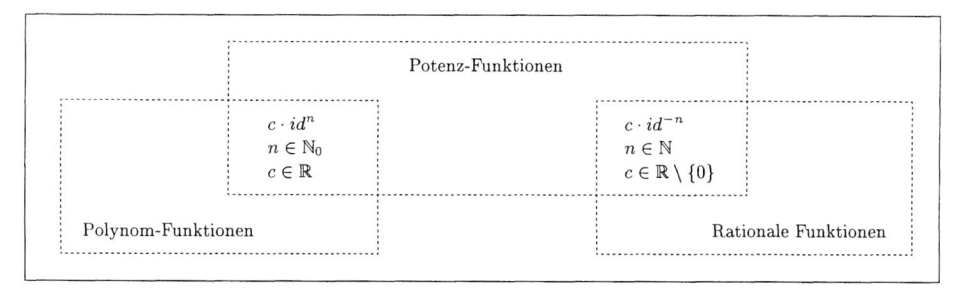

```
┌──────────────────────────────────────────────────────────────────┐
│                     Potenz-Funktionen                            │
│   ┌───────────────────────┐        ┌───────────────────────┐     │
│   │   $c \cdot id^n$      │        │   $c \cdot id^{-n}$   │     │
│   │   $n \in \mathbb{N}_0$│        │   $n \in \mathbb{N}$  │     │
│   │   $c \in \mathbb{R}$  │        │ $c \in \mathbb{R} \setminus \{0\}$ │ │
│   └───────────────────────┘        └───────────────────────┘     │
│                                                                  │
│   Polynom-Funktionen                    Rationale Funktionen     │
└──────────────────────────────────────────────────────────────────┘
```

1.202 Symmetrien für Funktionen $T \longrightarrow \mathbb{R}$ (Teil 1)

> Hast du bei einem Werk den Anfang gut gemacht,
> das Ende wird gewiß nicht minder glücklich sein.
> *Sophokles* (497 - 406)

Zur Charakterisierung von Funktionen $T \longrightarrow \mathbb{R}$ mit $T \subset \mathbb{R}$ spielen mögliche Symmetrie-Eigenschaften eine wichtige und insbesondere auch anschauliche Rolle. Der Untersuchungsrahmen dieses Abschnitts und der Fortsetzung in Abschnitt 1.268 umfaßt dazu zwei Aspekte:
1. Untersuchung *einer* Funktion hinsichtlich
– Geraden-Symmetrie bezüglich der Ordinate (oder einer Ordinatenparallelen: in Abschnitt 1.268)
– Dreh-Symmetrie bezüglich des Nullpunktes $(0,0)$ (oder eines beliebigen Punktes Z um $180°$: in 1.268),
2. Untersuchung *zweier* Funktionen hinsichtlich gegenseitiger Geraden- oder Drehsymmetrie.

Anmerkung: Anstelle von Geraden-Symmetrie wird auch von *Spiegel-Symmetrie* gesprochen.

1.202.1 Definition

Eine Funktion $f : T \longrightarrow \mathbb{R}$, $T \subset \mathbb{R}$, heißt
a) *ordinatensymmetrisch*, falls $f(-x) = f(x)$ für *alle* $x \in T$ gilt,
b) *drehsymmetrisch* um $Z = (0,0)$ um $180°$, falls $-f(-x) = f(x)$ für *alle* $x \in T$ gilt.

1.202.2 Bemerkungen

1. Die vorstehende Definition beinhaltet, daß der Definitionsbereich $D(f) = T$ selbst ebenfalls symmetrisch zum Nullpunkt $(0,0)$ sein soll, das heißt, daß $-T = T$ gilt (mit $-T = \{-x \mid x \in T\}$). Diese Bedingung gilt natürlich automatisch für die Definitionsbereiche $\mathbb{Z}$, $\mathbb{Q}$ und $\mathbb{R}$.

2. Die spezielle Drehsymmetrie um $Z = (0,0)$ um $180°$ nennt man auch *Punktsymmetrie*.

3. Die folgenden Skizzen zeigen Beispiele für ordinaten- und punktsymmetrische Funktionen:

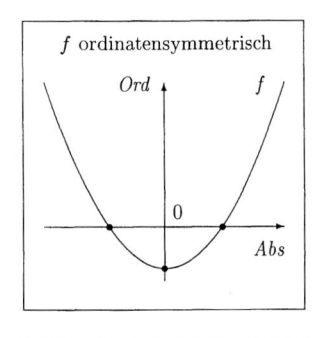

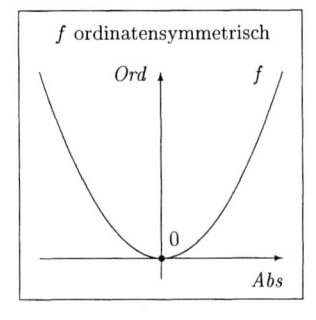

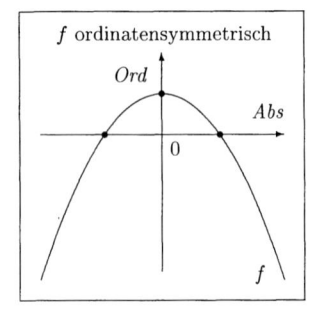

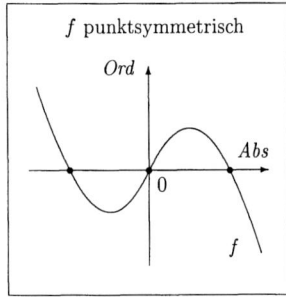

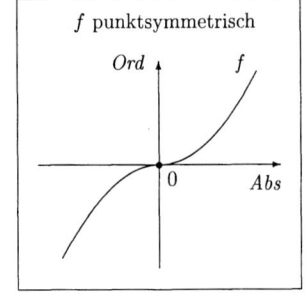

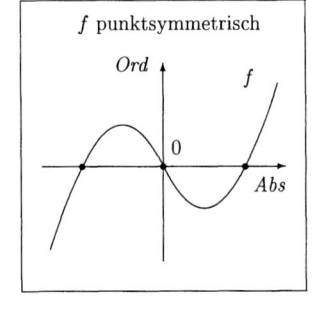

4. Man nennt ordinatensymmetrische Funktionen $T \longrightarrow \mathbb{R}$ oft auch *gerade Funktionen*, hingegen punktsymmetrische Funktionen auch *ungerade Funktionen*.

Im folgenden wird das Symmetrieverhalten untersucht, das zwei Funktionen relativ zueinander haben können. Wir beschränken uns dabei auf die beiden einfachen Fälle der Ordinatensymmetrie oder Punktsymmetrie.

1.202.3 Definition

Zwei Funktionen $f, g : \mathbb{R} \longrightarrow \mathbb{R}$ (oder mit ordinatensymmetrischen Definitionsbereichen) heißen
a) *ordinatensymmetrisch zueinander*, falls $g(-x) = f(x)$ für alle $x \in \mathbb{R}$ gilt,
b) *drehsymmetrisch zueinander* um $Z = (0,0)$ um $180°$, falls $-g(-x) = f(x)$ für alle $x \in \mathbb{R}$ gilt.

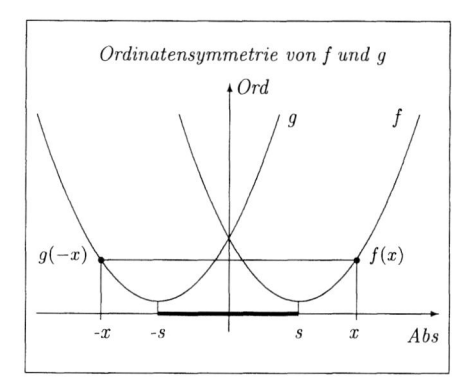

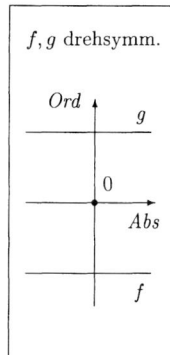

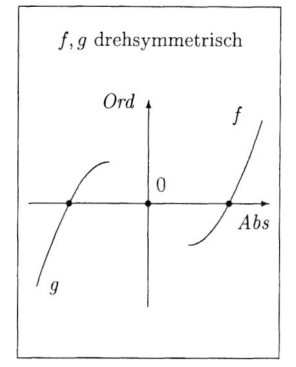

A1.202.01: Nennen und erläutern Sie Beispiele zu jedem genannten Symmetrie-Begriff.

A1.202.02: Entscheiden Sie durch geeignete Berechnungen, ob die folgenden Funktionen gerade oder ungerade (oder weder ... noch) sind:
a) Funktionen $f, g, h : \mathbb{R} \longrightarrow \mathbb{R}$ mit $f(x) = x - 2$, $g(x) = |x - 2|$ und $h(x) = x - |x|$,
b) Funktionen $f, g, h : \mathbb{R}_* \longrightarrow \mathbb{R}$ mit $f(x) = \frac{1}{x}$, $g(x) = \frac{1}{|x|}$ und $h(x) = \frac{2^x + 1}{2^x - 1}$.

A1.202.03: Beweisen Sie die folgenden Aussagen (mit um 0 symmetrischer Menge $T \subset \mathbb{R}$):
1. Summen $u + v : T \longrightarrow \mathbb{R}$ gerader Funktionen $u, v : T \longrightarrow \mathbb{R}$ sind gerade.
2. Ist $f : T \longrightarrow \mathbb{R}$ ungerade, dann ist $g : T \longrightarrow \mathbb{R}$ mit $g(x) = \begin{cases} f(x), & \text{falls } x \geq 0, \\ -f(x), & \text{falls } x < 0, \end{cases}$ gerade.
3. Beträge $|f| : T \longrightarrow \mathbb{R}$ ungerader Funktionen $f : T \longrightarrow \mathbb{R}$ sind gerade.
4. Summen $u + v$ können gerade sein, obwohl u und v diese Eigenschaft nicht haben müssen.

1.206 Spezielle Funktionen $T \longrightarrow \mathbb{R}$ (Teil 1)

In Chancen denken statt in Zahlen.
Reklame einer Bank (1998)

Zur Charakterisierung von Funktionen $T \longrightarrow \mathbb{R}$, $T \subset \mathbb{R}$, werden häufig spezielle Funktionen von besonders einfachem Bau herangezogen. Einige Beispiele solcher Funktionen sollen im folgenden besprochen werden. Zunächst zu den sogenannten *Treppen-Funktionen*:

1.206.1 Bemerkungen und Beispiele *(Treppen-Funktionen)*

1. Die folgenden vier Skizzen zeigen die klassischen *Gaußschen Treppen-Funktionen*. In Skizze A ist

$$g_1 : \mathbb{R} \longrightarrow \mathbb{R}, \text{ definiert durch } g_1(x) = [x] = \min\{a \in \mathbb{Z} \mid x < a\}.$$

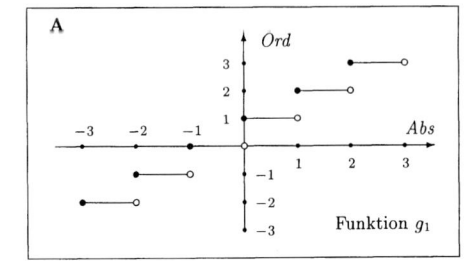

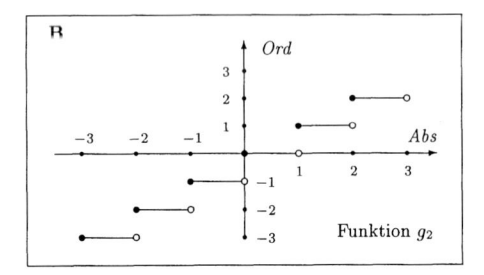

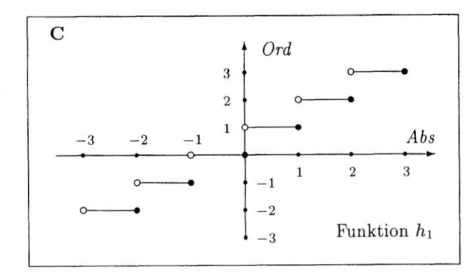

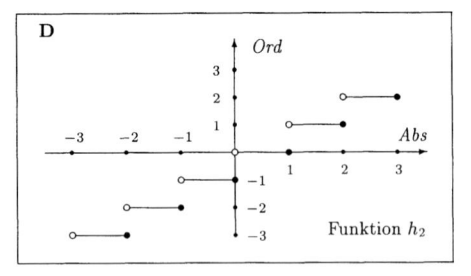

2. Will man gegenüber dem sehr systematischen Bau der Treppenhöhen bei den Gaußschen Treppen-Funktionen in den vorstehenden Beispielen diese Treppenhöhen beliebig variieren, so kann auf folgende Weise verfahren werden: Zu jeder der beiden Zerlegungen $Z_d = \bigcup_{a \in \mathbb{Z}} (a, a+1]$ und $Z_s = \bigcup_{a \in \mathbb{Z}} [a, a+1)$ von $\mathbb{R}$ lassen sich zugehörige Treppen-Funktion angeben, nämlich

Z_d-*Treppen-Funktionen* $t_d : \mathbb{R} \longrightarrow \mathbb{R}$, definiert durch $t_d(I) = a_I \in \mathbb{R}$, für alle $I \in Z_d$ (Skizze E),

Z_s-*Treppen-Funktionen* $t_s : \mathbb{R} \longrightarrow \mathbb{R}$, definiert durch $t_s(I) = a_I \in \mathbb{R}$, für alle $I \in Z_s$ (Skizze F).

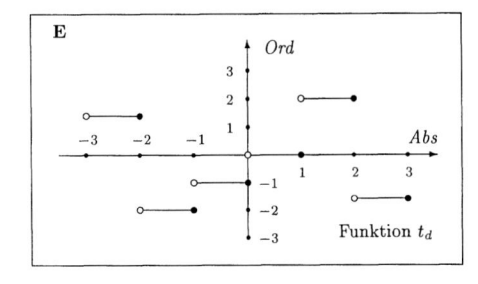

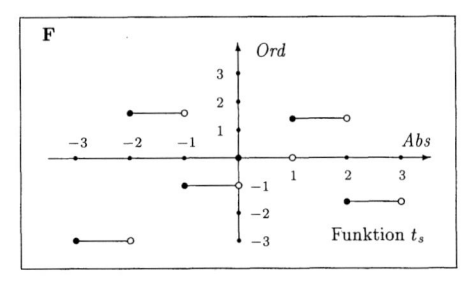

3. Neben der Variation der Treppenhöhen lassen sich auch die Breiten der Zerlegungsintervalle beliebig variieren. Von dieser Möglichkeit wird im Rahmen der Theorie der Riemann-integrierbaren Funktionen noch ausführlich Gebrauch gemacht, infolgedessen werden derartige allgemeine Treppen-Funktionen auch dort vorgestellt und in Abschnitt 2.602 genauer betrachtet.

1.206.2   Bemerkungen und Beispiele   (*Dirac-Funktionen*)

Eine *Dirac-Funktion* auf $\mathbb{R}$ ist eine Funktion $d_a : \mathbb{R} \longrightarrow \mathbb{R}$ mit $d_a(x) = \begin{cases} s, & \text{falls } x = a \in \mathbb{R}, \\ t \neq s, & \text{falls } x \neq a. \end{cases}$

(Diese Funktionen (in der Physik sehr beliebt) sind nach *Paul A.M. Dirac* (1902 - 1984) benannt.)

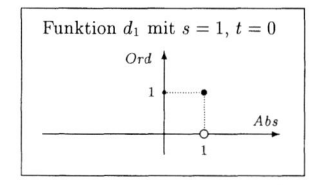

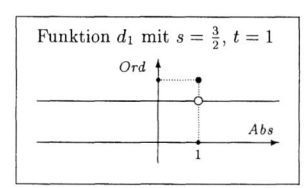

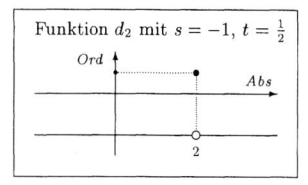

Funktion d_1 mit $s = 1$, $t = 0$	Funktion d_1 mit $s = \frac{3}{2}$, $t = 1$	Funktion d_2 mit $s = -1$, $t = \frac{1}{2}$

1.206.3   Bemerkungen und Beispiele   (*Dirichlet-Funktionen*)

1. Unter der *Dirichlet-Funktion* versteht man die Funktion $d : \mathbb{R} \longrightarrow \mathbb{R}$ mit
$$d(x) = \begin{cases} 1, & \text{falls } x \in \mathbb{Q}, \\ 0, & \text{falls } x \in \mathbb{R} \setminus \mathbb{Q}. \end{cases}$$

2. Gelegentlich werden auch die Funktionen $d_a : \mathbb{R} \longrightarrow \mathbb{R}$ mit $a \in \mathbb{Q}$ und
$$d_a(x) = \begin{cases} ax, & \text{falls } x \in \mathbb{Q}, \\ -ax, & \text{falls } x \in \mathbb{R} \setminus \mathbb{Q}. \end{cases}$$
als *Dirichlet-Funktionen* bezeichnet.

3. Diese Funktionen sind nach *Peter Gustav Lejeune Dirichlet* (1805 - 1859) benannt (wieder in der Physik sehr beliebt).

A1.206.01:   In den Beispielen 1.206.1/1 ist lediglich die in Skizze A dargestellte Funktion definiert. Definieren Sie nun noch die drei anderen Fuktionen und stellen Sie Zusammenhänge dieser vier Funktionen untereinander fest.

A1.206.02:   Stellen Sie die vier Funktionen in Bemerkung 1.206.1/1 in der Form von 1.206.1/2 dar.

A1.206.03:   Geben Sie zwei (verschiedene) Z_d-Treppen-Funktionen $s_d, t_d : (-3, 3] \longrightarrow \mathbb{R}$ mit konkreten Funktionswerten a_I an und nennen und skizzieren Sie die (argumentweise gebildete) Summe $s_d + t_d$.

A1.206.04:   Kann man zu einer Z_d-Treppen-Funktion eine Z_s-Treppen-Funktion addieren? (Antwort mit Begründung/Berechnung und Beispiel oder Gegenbeispiel)

1.207 SPEZIELLE FUNKTIONEN $T \longrightarrow \mathbb{R}$ (TEIL 2)

> Man macht sich nie genug klar, mit welch geringem Personal die Weltgeschichte arbeitet, wenn ihr Geist in Aktion ist.
> *Ludwig Marcuse (1894 - 1971)*

Zur Charakterisierung von Funktionen $T \longrightarrow \mathbb{R}$, $T \subset \mathbb{R}$, werden häufig spezielle Funktionen von besonders einfachem Bau herangezogen. In Fortsetzung von Abschnitt 1.206 sollen weitere Beispiele solcher Funktionen untersucht werden, insbesondere die *Betrags-Funktion* sowie damit komponierte Funktionen:

1.207.1 Bemerkungen und Beispiele *(Betrags-Funktionen)*

1. Die *Betrags-Funktion* auf $\mathbb{R}$ ist die Funktion $b : \mathbb{R} \longrightarrow \mathbb{R}$ mit $b(x) = |x| = \begin{cases} x, & \text{falls } x \geq 0, \\ -x, & \text{falls } x < 0. \end{cases}$

2. Man kann die Betrags-Funktion b auch in der Form $b(x) = max(-x, x)$ definieren (mit $-0 = 0$).

3. Häufig nennt man auch Kompositionen $T \xrightarrow{u} \mathbb{R} \xrightarrow{b} \mathbb{R}$ mit $(b \circ u)(x) = |u(x)|$ Betrags-Funktionen.

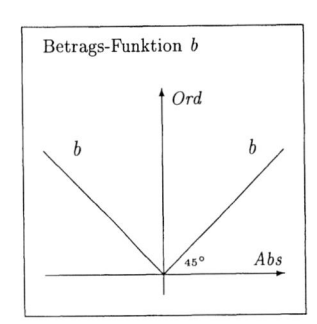

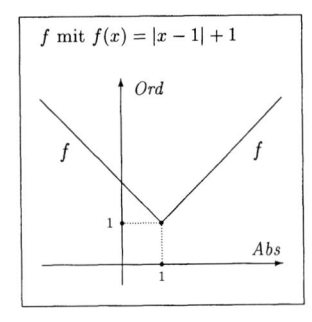

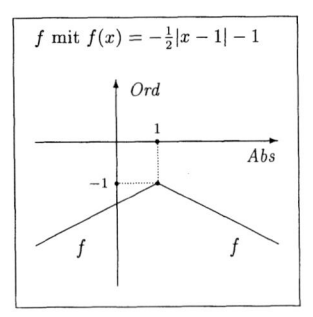

1.207.2 Bemerkungen und Beispiele

1. Die *Signum-Funktion* auf $\mathbb{R}$ ist die Funktion $sign : \mathbb{R} \longrightarrow \mathbb{R}$ mit $sign(x) = \begin{cases} 1, & \text{falls } x \in \mathbb{R}^+, \\ 0, & \text{falls } x = 0, \\ -1, & \text{falls } x \in \mathbb{R}^-. \end{cases}$

2. Man sagt auch, daß die Signum-Funktion jeder Zahl aus $\mathbb{R}$ ihr Vorzeichen zuordnet.

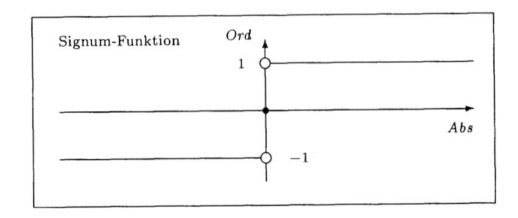

3. Die durch die Zuordnung $x \longmapsto x \cdot sign(x)$ definierte Funktion $\mathbb{R} \longrightarrow \mathbb{R}$ ist gerade die Betrags-Funktion. (Mit der Definition von Produkten von Funktionen bedeutet das die Beziehung $id \cdot sign = b$.)

A1.207.01: Stellen Sie Kompositionen der Form $\mathbb{R} \xrightarrow{u} \mathbb{R} \xrightarrow{b} \mathbb{R}$ mit beliebigen Funktionen u in der (zweigeteilten) Form von Bemerkung 1.207.1/1 dar und geben sie Beispiele dazu an.

A1.207.02: Wie verhalten sich die Nullstellenmengen $N(f)$ und $N(b \circ f)$ für beliebige Funktionen $f : \mathbb{R} \longrightarrow \mathbb{R}$ zueinander?

A1.207.03: Bestimmen Sie jeweils die Nullstellenmenge $N(f)$ von $f : \mathbb{R} \longrightarrow \mathbb{R}$ mit
1. $f(x) = |x| - 1$
2. $f(x) = |x+2| - 2$
3. $f(x) = |\frac{1}{2}x + 2| - \frac{1}{2}$
4. $f(x) = |ax + b| - c$ $(a, c \neq 0)$

A1.207.04: Zeigen Sie, daß die Betrags-Funktion b die einzige Lösung der Gleichung $f^2 - id^2 = 0$ ist (wobei in diesem Zusammenhang die Funktion f als die zu suchende Funktion gemeint ist).

A1.207.05: Für welche Funktion f ist $f \circ id^2 = b$ (mit der Betrags-Funktion b)?

A1.207.06: Bestimmen Sie jeweils die möglichen Schnittpunkte der Funktionen $f, g : \mathbb{R} \longrightarrow \mathbb{R}$ mit
1. $f(x) = |x|$ und $g(x) = x + 1$
2. $f(x) = |x + 2|$ und $g(x) = 2x$
3. $f(x) = |x - 1| - 1$ und $g(x) = 2$
4. $f(x) = |x - 1| - 1$ und $g(x) = -2$
5. $f(x) = |x - 1| - 1$ und $g(x) = x + 1$
6. $f(x) = |x - 1| - 1$ und $g(x) = x - 5$

A1.207.07: Gilt die Beziehung $sign(ab) = sign(a) \cdot sign(b)$, für alle $a, b \in \mathbb{R}$?

1.210 LINEARE FUNKTIONEN $T \longrightarrow \mathbb{R}$

> Wer fragt, ist ein Narr für fünf Minuten.
> Wer nicht fragt, bleibt ein Narr für immer.
> *Alte chinesische Weisheit*

In einer Serie von Abschnitten werden die einfachsten Beispiele der schon in Abschnitt 1.200 kurz vorgestellten Polynom-Funktionen untersucht. Zunächst die Linearen Funktionen:

1.210.1 Definition

Funktionen $f : T \longrightarrow \mathbb{R}$, $T \subset \mathbb{R}$, des Typs $f(x) = a_0 + a_1 x$ mit jeweils konstanten Zahlen $a_0, a_1 \in \mathbb{R}$ nennt man *Lineare Funktionen* mit den Parametern $a_0, a_1 \in \mathbb{R}$.

1.210.2 Bemerkungen

1. Lineare Funktionen f mit $f(x) = a_0 + a_1 x$ sind Polynom-Funktionen vom Grad 0 oder 1, genauer: Ist $a_1 \neq 0$, so gilt $grad(f) = 1$, ist $a_1 = 0$, so gilt $grad(f) = 0$, wobei allerdings der Null-Funktion kein Grad zugeordnet wird.

2. Lineare Funktionen $f : T \longrightarrow \mathbb{R}$ mit $a_1 = 1$ nennt man *normiert*. Jeder linearen Funktion f in sogenannter *Normalform* $f(x) = a_0 + a_1 x$ mit $a_1 \neq 0$ kann man ihre zugehörige *normierte lineare Funktion* $g = \frac{1}{a_1} \cdot f : D(g) \longrightarrow \mathbb{R}$, das bedeutet $g(x) = \frac{a_0}{a_1} + x$, zuordnen. Diesen Vorgang nennt man *Normieren*. Die Funktion g ist dann zwar eine andere Funktion als f, insbesondere auch im Hinblick auf $D(f)$ und $D(g)$, allerdings gilt $N(f) = N(g)$ für die beiden Nullstellenmengen (siehe Abschnitt 1.211).

3. In der Zuordnungsvorschrift $f(x) = a_0 + a_1 x$ einer linearen Funktion $f : \mathbb{R} \longrightarrow \mathbb{R}$ nennt man gemäß der ersten der folgenden Skizzen die Zahl $a_0 = f(0)$ den *Ordinatenabschnitt* und die Zahl $a_1 = f(1) - a_0$ die *Steigung* (den *Anstieg*) von f. In dieser Skizze sind zwei (stets rechtwinklige) *Steigungsdreiecke* eingezeichnet, deren horizontale Kathete die Länge 1 und deren vertikale Kathete die Länge $|a_1|$ bzw. $|b_1|$ hat.

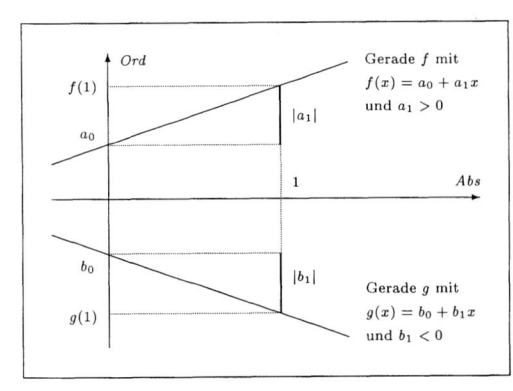

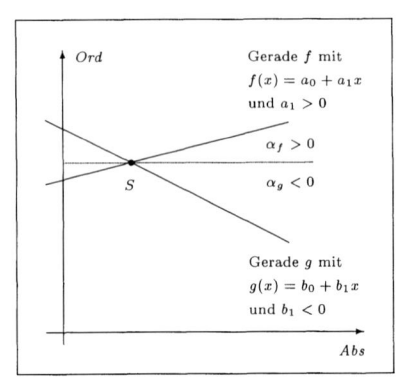

4. Jeder linearen Funktion $f : T \longrightarrow \mathbb{R}$ der Form $f(x) = a_0 + a_1 x$ wird (gemäß der zweiten Skizze) ein *Anstiegswinkel* zugeordnet, für dessen Winkelmaß α_f die Beziehung $tan(\alpha_f) = a_1$ gilt. Insbesondere: Ist $a_1 > 0$, dann ist $\alpha_f \in (0°, 90°)$, ist $a_1 = 0$, dann ist $\alpha_f = 0°$, Ist $a_1 < 0$, dann ist $\alpha_f \in (-90°, 0°)$.

5. Lineare Funktionen $f : T \longrightarrow \mathbb{R}$ der Form $f(x) = a_1 x$ sind punktsymmetrisch, hingegen sind solche der Form $f(x) = a_0$ (also konstante Funktionen) ordinatensymmetrisch (wobei $T = \mathbb{R}$ oder ein zum Nullpunkt symmetrisches Intervall sei).

6. Nicht-konstante lineare Funktionen $f : \mathbb{R} \longrightarrow \mathbb{R}$ mit der Zuordnungsvorschrift $f(x) = a_0 + a_1 x$ mit $a_1 \neq 0$ sind bijektiv, wobei die jeweilige inverse Funktion f^{-1} durch $f^{-1}(z) = \frac{1}{a_1}(z - a_0)$ definiert ist.

7. Je zwei verschiedene Punkte $P_0 = (x_0, y_0)$ und $P_1 = (x_1, y_1)$, mit $x_0 \neq x_1$ erzeugen genau eine lineare Funktion $f : \mathbb{R} \longrightarrow \mathbb{R}$, die diese beiden Punkte enthält. Zur Bestimmung der Zuordnungsvorschrift dieser Funktion $f : \mathbb{R} \longrightarrow \mathbb{R}$ betrachte man die nachstehende Skizze; sie liefert als Strahlensatz-Figur die Beziehung $\frac{f(x)-y_0}{y_1-y_0} = \frac{x-x_0}{x_1-x_0}$.

Diese Beziehung kann man nun in verschiedener Weise darstellen (siehe auch Abschnitt 1.788):

a) $f(x) = y_0 + \frac{x-x_0}{x_1-x_0}(y_1 - y_0)$
   (Form von *Newton/Gregory*, Satz 1.788.5)

b) $f(x) = \frac{x-x_1}{x_0-x_1}y_0 + \frac{x-x_0}{x_1-x_0}y_1$
   (Form von *de Lagrange*, Satz 1.788.3)

c) $f(x) = y_0 - \frac{y_1-y_0}{x_1-x_0}x_0 + \frac{y_1-y_0}{x_1-x_0}x$
   (Normalform $f(x) = a_0 + a_1 x$)

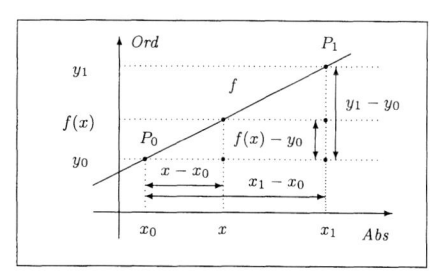

Man beachte, daß diese Zuordnungsvorschrift insbesondere für den Fall einer vorgegebenen Nullstelle verwendet werden kann und gegebenfalls dann eine einfachere Form hat. Die in b) angegebene Darstellung ist die sogenannte *Interpolations-Funktion* (Abschnitt 1.788), deren Zuordnungsvorschrift nach *Joseph Louis de Lagrange* (1642 - 1727) benannt ist.

1.210.3   Bemerkungen

1. Die argumentweise gebildete Summe $f+g : \mathbb{R} \longrightarrow \mathbb{R}$ zweier linearer Funktionen $f, g : \mathbb{R} \longrightarrow \mathbb{R}$, definiert durch $f(x) = a_0 + a_1 x$ und $g(x) = b_0 + b_1 x$, hat die Zuordnungsvorschrift $(f+g)(x) = f(x) + g(x) = (a_0 + b_0) + (a_1 + b_1)x$ und ist wieder eine lineare Funktion (im Fall $a_1 = -b_1$ eine konstante Funktion).

2. Das argumentweise gebildete $\mathbb{R}$-Produkt $c \cdot f : \mathbb{R} \longrightarrow \mathbb{R}$ einer reellen Zahl c mit einer linearen Funktion $f : \mathbb{R} \longrightarrow \mathbb{R}$, definiert durch $f(x) = a_0 + a_1 x$, hat die Zuordnungsvorschrift $(c \cdot f)(x) = c \cdot f(x) = ca_0 + ca_1 x$ und ist wieder eine lineare Funktion (im Fall $c = 0$ die Null-Funktion).

3. Das argumentweise gebildete Produkt $f \cdot g : \mathbb{R} \longrightarrow \mathbb{R}$ zweier linearer Funktionen $f, g : \mathbb{R} \longrightarrow \mathbb{R}$, definiert durch $f(x) = a_0 + a_1 x$ und $g(x) = b_0 + b_1 x$, hat die Zuordnungsvorschrift $(f \cdot g)(x) = f(x) \cdot g(x) = (a_0 + a_1 x) \cdot (b_0 + b_1 x) = a_0(b_0 + b_1 x) + a_1 x(b_0 + b_1 x) = (a_0 b_0) + (a_0 b_1 + a_1 b_0)x + a_1 b_1 x^2$ und ist also im allgemeinen nicht wieder eine lineare Funktion (sondern möglicherweise quadratisch).

1.210.4   Bemerkungen

1. Die Zuordnungsvorschriften $f(x) = a_0 + a_1 x$ linearer Funktionen $f : \mathbb{R} \longrightarrow \mathbb{R}$ lassen sich auch in der elementfreien Form $f = a_0 + a_1 id$ angeben. Dabei wird also jeder Summand in $f(x)$ als Funktionswert einer Funktion der Form $a_k id^k$ dargestellt, beispielsweise $a_1 x^1 = (a_1 id)(x)$ mit der identischen Funktion $id : \mathbb{R} \longrightarrow \mathbb{R}$.

2. Mit dieser elementfreien Darstellung linearer Funktionen lassen sich Summen, $\mathbb{R}$-Produkte und Produkte in folgender Weise einfacher darstellen:

   Summe: $\quad f + g \;=\; (a_0 + b_0) + (a_1 + b_1)id$,
   $\mathbb{R}$-Produkt: $\quad c \cdot f \;=\; ca_0 + ca_1 id$,
   Produkt: $\quad f \cdot g \;=\; (a_0 b_0) + (a_0 b_1 + a_1 b_0)id + a_1 b_1 id^2$

3. Die Menge aller nicht-konstanten linearen Funktionen $T \longrightarrow \mathbb{R}$ wird mit $Pol_1(T, \mathbb{R})$ bezeichnet. Weder bezüglich der Addition noch bezüglich der Multiplikation enthält $Pol_1(T, \mathbb{R})$ ein neutrales Element, denn weder die Null-Funktion noch die Eins-Funktion sind in $Pol_1(T, \mathbb{R})$ enthalten. Wie Bemerkung 1.210.3 zeigt, sind Addition und Multiplikation keine inneren Kompositionen auf der Menge $Pol_1(T, \mathbb{R})$.

4. Es bezeichne $Q = \mathbb{R} \times (\mathbb{R} \setminus \{0\})$ die Menge aller 2-Tupel (a_0, a_1) (auch Paare genannt) reeller Zahlen. Jedes solche 2-Tupel erzeugt auf eindeutige Weise eine nicht-konstante lineare Funktion $f : T \longrightarrow \mathbb{R}$ mit $f(x) = a_0 + a_1 x$. In der Sprache der Funktionen gesagt: Die Zuordnung $(a_0, a_1) \longmapsto f = a_0 + a_1 id$ liefert eine bijektive Funktion $P : Q \longrightarrow Pol_1(T, \mathbb{R})$.

1.210.5 Bemerkung

Gelegentlich tritt das Problem auf, zu einer Menge von n Punkten (x_i, y_i) – beispielsweise wenn zu vorgegebenen Zahlen x_i zugehörige Meßwerte y_i ermittelt sind – die nach theoretischen Überlegungen eigentlich Punkte einer Geraden sein müßten, de facto aber davon abweichen, eine sogenannte *Ausgleichsgerade* (man sagt auch *Regressionsgerade*) zu ermitteln. Gemeint ist damit eine Gerade (oder ein Geradenteil) $f : T \longrightarrow \mathbb{R}$ mit $T \subset \mathbb{R}$, für die die durchschnittliche Abweichung zu den Punkten (x_i, y_i) minimal ist. Ohne hier Begründungen zu nennen, sei festgestellt: Die Ausgleichsgerade $f : T \longrightarrow \mathbb{R}$ mit $f(x) = ax + b$ ist definiert durch

Anstieg $a = \dfrac{n \cdot \sum_{1 \leq i \leq n} x_i y_i - \sum_{1 \leq i \leq n} x_i \cdot \sum_{1 \leq i \leq n} y_i}{n \cdot \sum_{1 \leq i \leq n} x_i^2 - (\sum_{1 \leq i \leq n} x_i)^2}$ und Ordinatenabschnitt $b = \dfrac{1}{n}(\sum_{1 \leq i \leq n} y_i - a \cdot \sum_{1 \leq i \leq n} x_i)$.

Für das praktische Verfahren seien dazu zwei Beispiele berechnet, deren Daten günstigerweise tabellarisch erfaßt und ausgewertet werden:

Beispiel 1: Gesucht sind die Zahlen a und b zu den folgenden $n = 6$ Punkten (x_i, y_i):

x_i	0,00	0,69	1,61	2,30	3,00	3,69	$\sum_{1 \leq i \leq n} x_i = 11,29$
y_i	0,00	1,39	2,20	2,71	3,43	4,109	$\sum_{1 \leq i \leq n} y_i = 13,83$
$x_i y_i$	0,0000	0,9591	3,5420	6,2330	10,2900	15,129	$\sum_{1 \leq i \leq n} x_i y_i = 36,1531$
x_i^2	0,0000	0,4761	2,5921	5,2900	9,0000	13,6161	$\sum_{1 \leq i \leq n} x_i^2 = 30,9743$

Mit den oben genannten Formeln für die beiden Zahlen a und b gilt dann:
$a = \dfrac{6 \cdot 36,1531 - 11,29 \cdot 13,83}{6 \cdot 30,9743 - (11,29)^2} = \dfrac{60,7779}{58,3817} = 1,0410$ und $b = \dfrac{1}{6}(13,83 - 1,0410 \cdot 11,29) = \dfrac{2,0767}{6} = 0,3461$.

Beispiel 2: Gesucht sind die Zahlen a und b zu den folgenden $n = 5$ Punkten (x_i, y_i):

x_i	0,00	1,7692	2,4624	2,8679	3,5611	$\sum_{1 \leq i \leq n} x_i = 10,6606$
y_i	0,1686	1,9387	2,6741	3,0910	3,8501	$\sum_{1 \leq i \leq n} y_i = 11,7225$
$x_i y_i$	0,0000	3,4299	6,5847	8,8647	13,7106	$\sum_{1 \leq i \leq n} x_i y_i = 32,5899$
x_i^2	0,0000	3,1301	6,0634	8,2249	12,6814	$\sum_{1 \leq i \leq n} x_i^2 = 30,0998$

Mit den oben genannten Formeln für die beiden Zahlen a und b gilt dann:
$a = \dfrac{5 \cdot 32,5899 - 10,6606 \cdot 11,7225}{5 \cdot 30,0998 - (10,6606)^2} = \dfrac{37,9806}{36,8506} = 1,0307$ und $b = \dfrac{1}{5}(11,7225 - 1,0307 \cdot 10,6606) = \dfrac{0,7346}{5} = 0,1469$.

1.211 GLEICHUNGEN ÜBER LINEAREN FUNKTIONEN

> Das aller vornemist vnd nötigst in allen Sprachen ist / das man Orthographiam helt / das ist / das man alle wörter mit jren eigenen vnd gebührlichen Buchstaben schreibe oder drucke / das man keinen Buchstabe aussen lasse / keinen zuviel neme / keinen fur den andern neme / Das einer die wörter mit buchstaben schreibe / gleich wie der ander ...
> *Christoph Walter (1515 - 1574)*

Die folgenden Untersuchungen beschäftigen sich mit den Gleichungen linearer Funktionen. Nach der üblichen Sprechweise, Gleichungen über bestimmten Funktionen mit den entsprechenden Adjektiven zu benennen, ist der folgende Begriff sofort klar.

1.211.1 Definition

Gleichungen der Form (f,b) über linearen Funktionen $f: T \longrightarrow \mathbb{R}$, $T \subset \mathbb{R}$, und $b \in \mathbb{R}$ nennt man *Lineare Gleichungen*.

Es ist klar, daß man anstelle von Gleichungen der Form (g,b) auch die der Form $(g-b, 0) = (f, 0)$ betrachten kann. Das bedeutet, daß es im wesentlichen um die Berechnung von Nullstellenmengen $N(f) = L(f, 0)$ geht. Allgemeiner gesagt: Gleichungsprobleme über Funktionen $T \longrightarrow \mathbb{R}$ sind Nullstellenprobleme bzw. Schnittstellenprobleme.

1.211.2 Bemerkung

Jede lineare Funktion $f : \mathbb{R} \longrightarrow \mathbb{R}$ mit $f \neq 0$ besitzt höchstens eine Nullstelle. (Die Anzahl der Nullstellen kann natürlich bei kleineren Definitionsbereichen kleiner sein.) Für $f(x) = a_0 + a_1 x$ im einzelnen:

a) Ist $a_1 \neq 0$, dann ist $-\frac{a_0}{a_1}$ die Nullstelle von f, es gilt also $N(f) = \{-\frac{a_0}{a_1}\}$.

b) Ist $a_1 = 0$, dann ist $N(f) = \emptyset$ im Fall $a_0 \neq 0$ oder $N(f) = D(f) = \mathbb{R}$ im Fall $a_0 = 0$.

Den Beweis für die Aussage in a) liefern die folgenden Äquivalenzen:
$x \in N(f) \Leftrightarrow f(x) = 0 \Leftrightarrow a_0 + a_1 x = 0 \Leftrightarrow a_1 x = -a_0 \Leftrightarrow x = -\frac{a_0}{a_1} \Leftrightarrow x \in \{-\frac{a_0}{a_1}\}$.

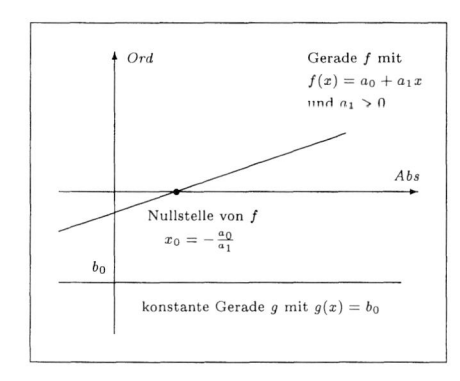

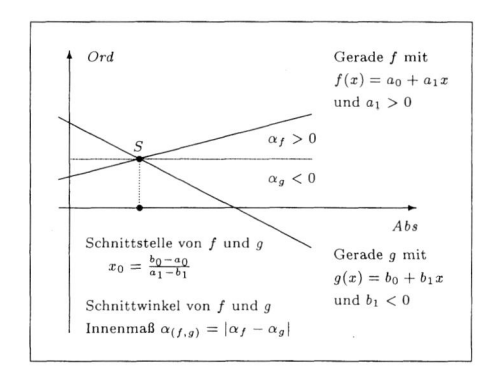

1.211.3 Bemerkungen

1. Zur Frage eines möglichen Schnittpunktes zweier linearer Funktionen $f, g : \mathbb{R} \longrightarrow \mathbb{R}$ mit $(f,g) \neq (0,0)$ mit $f(x) = a_0 + a_1 x$ und $g(x) = b_0 + b_1 x$ zunächst folgende Vorüberlegung:

Beachtet man $S(f,g) = N(f-g)$ für die Menge $S(f,g)$ der Schnittstellen von f und g und dazu dann $(f-g)(x) = f(x) - g(x) = (a_0 - b_0) + (a_1 - b_1)x$, so gilt zunächst: $f - g$ hat höchstens eine Nullstelle, das heißt, f und g haben höchstens einen Schnittpunkt:

a) Für $a_1 \neq b_1$ ist $f - g$ eine lineare nicht-konstante Funktion, also ist $S(f,g) = N(f-g)$ einelementig.

b) Für $a_1 = b_1$ und $a_0 \neq b_0$ ist $f - g$ eine konstante Funktion, also ist $S(f,g) = N(f-g)$ leer.
c) Für $a_1 = b_1$ und $a_0 = b_0$ ist $f = g$, also $f - g = 0$ die Null-Funktion, also ist $S(f,g) = N(f-g) = \mathbb{R}$.
Die praktische Verfahrensweise zur Berechnung eines möglichen Schnittpunktes sei am Beispiel der beiden Funktionen $f, g : \mathbb{R} \longrightarrow \mathbb{R}$ mit $f(x) = 7x - 4$ und $g(x) = 9x + 20$ illustriert:
a) Die Äquivalenzen $x \in S(f,g) \Leftrightarrow f(x) = g(x) \Leftrightarrow 7x - 4 = 9x + 20 \Leftrightarrow -2x - 24 = 0 \Leftrightarrow x \in \{-12\}$
(und die daraus folgende Gleichheit der beiden Mengen) liefern $S(f,g) = \{-12\}$.
b) Mit $f(-12) = g(-12) = -88$ haben f und g dann den Schnittpunkt $(-12, -88)$.
2. Zur Berechnung des Innenmaßes des Schnittwinkels $\alpha_{(f,g)}$ linearer Funktionen f und g verfährt man folgendermaßen: Für $f(x) = a_0 + a_1 x$ und $g(x) = b_0 + b_1 x$ sowie $a_1 = tan(\alpha_f)$ und $b_1 = tan(\alpha_g)$ ist $\alpha_{(f,g)} = |\alpha_f - \alpha_g| = |arctan(a_1) - arctan(b_1)|$.

A1.211.01: Bilden Sie alle Summen $f_i + f_k$ und alle Produkte $f_i \cdot f_k$ der nachfolgend angegebenen
a) Funktionen $f_i, f_k : \mathbb{R} \longrightarrow \mathbb{R}$: $f_1(x) = 3 + 4x$, $f_2(x) = 1 + 2x$ und $f_3(x) = 3x$,
b) Funktionen $f_i, f_k : \mathbb{R} \longrightarrow \mathbb{R}$: $f_1 = a_0 + a_1 id$, $f_2 = b_0 + b_1 id$ und $f_3 = c_1 id$.

A1.211.02: Geben Sie mit Beweis die Umkehrfunktion einer nicht-konstanten linearen Funktion an.

A1.211.03: Bestimmen Sie jeweils die durch die beiden Punkte
    1. $P_0 = (1,3)$ und $P_1 = (3,-2)$ 2. $P_0 = (1,0)$ und $P_1 = (6,10)$
erzeugte Interpolations-Funktion $f : \mathbb{R} \longrightarrow \mathbb{R}$ (siehe Bemerkung 1.210.2/7b).

A1.211.04: Bestätigen Sie Bemerkung 1.210.2/7, indem Sie für die dort genannten Darstellungen der Interpolations-Funktion $f : \mathbb{R} \longrightarrow \mathbb{R}$ die Beziehung $f(x_0) = y_0$ nachrechnen.

A1.211.05: Beweisen Sie im Hinblick auf Bemerkung 1.210.2/7 folgenden Sachverhalt: Jeder Punkt $P = (x_0, y_0)$ erzeugt genau eine normierte lineare Funktion $f : \mathbb{R} \longrightarrow \mathbb{R}$ der Form $f(x) = c + x$, die diesen Punkt enthält.

A1.211.06: Beweisen Sie: Eine lineare Funktion Funktion $f : T \longrightarrow \mathbb{R}$, wobei $T = \mathbb{R}$ oder ein zum Nullpunkt symmetrisches Intervall sei, mit $f(x) = a_0 + a_1 x$ ist genau dann ordinatensymmetrisch, wenn $a_1 = 0$ gilt, und genau dann punktsymmetrisch, wenn $a_0 = 0$ gilt. Welche Symmetrien liegen im Fall $a_0 = 0$ und $a_1 = 0$ vor?

A1.211.07: Bestimmen Sie zu den Funktionen $f, g : \mathbb{R} \longrightarrow \mathbb{R}$ jeweils die Nullstellenmenge. Berechnen Sie dann den möglichen Schnittpunkt sowie den Schnittwinkel der Funktionen f und g:
     a) $f(x) = x - 6$, $g(x) = x + 2$,
     b) $f(x) = 3x$, $g(x) = x + a$ mit $a \neq 0$,
     e) $f(x) = 6x + 10$, $g(x) = 2x + 4$.

A1.211.08: Geben Sie die zu einer nicht-konstanten linearen Funktion f orthogonale Funktion mit Schnittpunkt $(x_0, f(x_0))$ an.

A1.211.09: Begründen Sie die Bijektivität der in der Bemerkung 1.210.4/4 angegebenen Funktion $P : Q \longrightarrow Pol_1(T, \mathbb{R})$.

A1.211.10: Man nehme an, daß ein 10-Jähriger ein Zeitgefühl im Maßstab 1 : 1 habe, soll heißen, eine Stunde zählt intuitiv eine Stunde. Was ist dann eine Stunde für einen älteren Menschen noch wert, wenn man einen linearen Zeitverlust sowie eine Lebenserwartung von a Jahren (mit $a > 10$) annimmt?

Erstellen Sie eine entsprechende Wertetabelle für $a = 75$ und eine zugehörige Skizze.

A1.211.11: Konstruieren Sie zu einem fest vorgegebenen Punkt $P_0 = (x_0, y_0)$ mit $x_0 \neq 0$ jeweils diejenige Gerade $g_b : \mathbb{R} \longrightarrow \mathbb{R}$, die die Ordinate bei b schneidet. Wie ändert sich die ermittelte Zuordnungsvorschrift von g_b, wenn $P_0 = (b, 0)$ ist?

A1.211.12: Bei Äquivalenzumformungen von Gleichungen sollte ein beliebter Fehler nicht auftreten, beispielsweise: $x = \frac{3}{2}a \Leftrightarrow 4x = 6a \Leftrightarrow 14x - 10x = 21a - 15a \Leftrightarrow 14x - 21a = 10x - 15a \Leftrightarrow 7(2x - 3a) = 5(2x - 3a) \Leftrightarrow 7 = 5$. Wo wurde welcher Fehler gemacht?

A1.211.13: In dieser Aufgabe soll die wertmäßige Entwicklung bei der Herstellung eines Holztisches untersucht werden. Dabei werden folgende, später noch genauer erläuterte Abkürzungen verwendet:

E/n	Einkaufspreis netto (ohne USt) gemäß Eingangsrechnung (ER)
E/b	Einkaufspreis brutto (mit USt) gemäß Eingangsrechnung (ER), also $E/b = E/n + USt$
V/n	Verkaufspreis netto (ohne USt) gemäß Ausgangsrechnung (AR)
V/b	Verkaufspreis brutto (mit USt) gemäß Ausgangsrechnung (AR), also $V/b = V/n + USt$
USt	Umsatzsteuer beim Verkauf als Differenz $USt = V/b - V/n = 16\% \cdot V/b$
	(oder beim Einkauf oder als Differenz $USt = E/b - E/n = 16\% \cdot E/b$)
M	erwirtschafteter Mehrwert als Differenz $M = V/n - E/n$
VSt	Vorsteuer als Differenz $VSt = USt - Z$ (beim Einkauf gezahlte USt)
Z	Zahllast als Differenz $Z = USt - VSt = 16\% \cdot M$ (an das Finanzamt)

1. Zeichnen Sie eine lineare Funktion (Geradenstück) $M : [0, 10] \longrightarrow [0, 1000]$ für 10 Monate (jeweils $1\,cm$) und für 1000 WE (Währungseinheiten, jeweils $1\,cm$ für je 100 WE). Kennzeichnen Sie dann die Punkte $H = (2, M(2))$ für Holzhersteller, $T = (7, M(7))$ für Tischhersteller, $G = (8, M(8))$ für Großhändler und $E = (10, M(10))$ für Einzelhändler.

Anmerkung: Die Funktion M beschreibt die Entwicklung des Mehrwerts bei der Herstellung des Tisches: Die Differenz je zweier benachbarter Funktionswerte stellt den erwirtschafteten *Mehrwert* dar, der Funktionswert $M(t_0)$ zeigt zu jedem Zeitpunkt $t_0 \in \{H, T, G, E\}$ den erwirtschafteten *Warenwert* an. Wenn man den jeweils genannten Mehrwert als Einnahme betrachtet, dann hat jeder genannte Mehrwert dieselben Einnahmen pro Monat erbracht. Diese Annahme ist zumeist unrealistisch, soll hier aber der Einfachheit halber so verwendet werden.

2. Ergänzen Sie die Zeichnung (anhand einer Wertetabelle) um eine Funktion USt, die die *Umsatzsteuer* (oft auch Mehrwertsteuer genannt) zum gegenwärtigen Satz beschreibt.

3. Ergänzen Sie die Zeichnung (anhand einer Wertetabelle) um eine Funktion V/b, die den jeweiligen *Rechnungsbetrag (Zahlbetrag)* auf der Ausgangsrechnung angibt.

4. Wie sind die Funktionen M, USt und V/b definiert und wie hängen sie zusammen?

5. Ändern Sie die Zeichnung zu einer zeitunabhängigen Darstellung ab, wobei die Punkte $0, H, T, G, E$ jeweils gleich weit entfernt gezeichnet sind (zwischen je zwei benachbarten Punkten $1\,cm$). Nennen Sie dann die vier Geradenstücke als Funktionen.

6. Ergänzen Sie die in folgender Tabelle fehlenden Daten und kommentieren Sie die Zeilen für T und E:

	E/n	E/b	V/n	USt	V/b	VSt	M	Z
H	0	0	200	*	*	*	*	*
T	200	232	700	*	*	*	*	*
G	700	812	800	128	928	112	100	16
E	800	928	1000	160	*	*	*	*

Anmerkung: G hat beim Einkauf schon $VSt = E/b - E/n = 112$ WE *Vorsteuer* bezahlt. Andererseits vereinnahmt G bei Verkauf die *Umsatzsteuer* $USt = V/b - V/n = 128$ WE. Die *Zahllast* als Differenz $Z = USt - VSt = 16$ WE (Vorsteuerabzug) ist dann von G an das Finanzamt abzuführen. (USt und VSt werden im Rahmen der (jährlichen) Steuerberechnung gegeneinander verrechnet.) Auf diese Weise erhält das Finanzamt die Summe 160 WE der Zahllasten, die gleich der von E erhobenen Umsatzsteuer beim Verkauf ist.

Das heißt insbesondere: Allein der Kunde bei E bezahlt diese Umsatzsteuer als Summe aller Zahllasten, die Betriebe zahlen also keine Steuern dieser Art.

A1.211.14: Ein (senkrecht gehaltenes) Drahtstück der Länge s (in m) und dem Querschnitts-Flächeninhalt A (in mm^2) wird bei einer Belastung mit einem Körper der Masse m (in kg) auf die Länge $h = \frac{s \cdot m}{A \cdot E}$ (in m) ausgedehnt, wobei E (in $\frac{kg}{mm^2}$) eine vom Material des Drahts abhängige Konstante, den sogenannten *Elastizitätsmodul*, bezeichnet.

1. Nennen Sie jeweils eine Funktion $\mathbb{R}_0^+ \longrightarrow \mathbb{R}$, die die Länge h in Abhängigkeit der Drahtlänge s bzw. der Masse m des angehängten Körpers beschreibt.
2. Betrachten Sie Drahtstücke mit Durchmesser $2\,mm$ und Elastizitätsmodul $E_{Fe} = 21000\,\frac{kg}{mm^2}$ (für Eisen/Stahl). Legen Sie für die erste Funktion eine Wertetabelle für $s \in \{1, 2, 3, 4, 5, 10, 20\}$ mit $m = 5\,kg$ und für die zweite Funktion eine Wertetabelle für $m \in \{1, 2, 3, 4, 5, 10, 20\}$ mit $s = 2\,m$ an. Skizzieren Sie dann beide Funktionen mit jeweils geeignetem Maßstab.

A1.211.15: Ein waagerecht, an einem Ende eingespannter Stab der Länge s (in mm) mit rechteckigem Querschnitt mit Seitenlängen a (Höhe, in mm) und b (Breite, in mm) wird am anderen Ende durch einen Körper der Masse m (in kg) belastet und dort um die Länge $h = \frac{4 \cdot m \cdot s^3}{b \cdot a^3 \cdot E}$ (in mm) ausgelenkt, wobei E der in Aufgabe A1.211.14 beschriebene Elastizitätsmodul ist.

Nennen Sie eine Funktion $\mathbb{R}_0^+ \longrightarrow \mathbb{R}$, die die Länge h in Abhängigkeit der Masse m des angehängten Körpers beschreibt, und geben Sie sie dann für einen Eisenstab der Länge $80\,cm$ sowie mit den Querschnittsdaten $12\,mm$ (Höhe) und $20\,mm$ (Breite) an.

A1.211.16: Nach dem sogenannten *Jouleschen Gesetz* (benannt nach *James Prescott Joule* (1818 - 1889)) entwickelt ein elektrischer Strom der Stromstärke I (in A) in einem Widerstand R (in Ohm) in der Zeit t (in s) die Wärmemenge $Q = 0,24 \cdot I^2 \cdot R \cdot t$ (in *cal*).

1. Stellen Sie Q in Abhängigkeit von t als Funktion dar und berechnen Sie die Anstiege für die Funktionen Q_1 und Q_2 zu den Daten $(I_1, R_1) = (0, 2/1200)$ und $(I_2, R_2) = (12000/0, 05)$.
2. Berechnen Sie für Q_1 und Q_2 die innerhalb von drei Minuten (von einer Sekunde) entwickelte Wärmemenge, ferner jeweils die Leistung P (in W) mit $P = I \cdot U = I^2 \cdot R$.

1.213 Quadratische Funktionen $T \longrightarrow \mathbb{R}$

> Beschäftigung, nur Beschäftigung, und man ist geborgen. Man weiß so lange nichts von sich, als man etwas tut.
> *Friedrich Hebbel* (1813 - 1863)

Die Untersuchungen der linearen Funktionen in Abschnitt 1.210 soll nun auf quadratische Funktionen und quadratische Gleichungen ausgedehnt werden. Dabei werden im wesentlichen dieselben Fragen wie dort diskutiert, wobei der zusätzliche Parameter die Antworten allerdings variantenreicher ausfallen läßt. Insbesondere im Rahmen der Aufgaben zu diesem Abschnitt wird deutlich, daß durch diesen vergleichsweise einfachen Funktionstyp eine Vielzahl anwendungsbezogener funktionaler Prozesse (quadratische Prozesse) beschrieben werden kann. Zunächst aber soll der Untersuchungsgegenstand definiert werden.

1.213.1 Definition

Funktionen $f : T \longrightarrow \mathbb{R}$, $T \subset \mathbb{R}$, des Typs $f(x) = a_0 + a_1 x + a_2 x^2$ mit Zahlen $a_0, a_1, a_2 \in \mathbb{R}$ und $a_2 \neq 0$ nennt man *Quadratische Funktionen*.

1.213.2 Bemerkungen

1. Quadratische Funktionen f sind Polynom-Funktionen vom Grad 2, man schreibt also $grad(f) = 2$.

2. Quadratische Funktionen $f : T \longrightarrow \mathbb{R}$ mit $a_2 = 1$ nennt man *normiert*. Jeder quadratischen Funktion f in sogenannter *Normalform* $f(x) = a_0 + a_1 x + a_2 x^2$ kann man ihre zugehörige *normierte quadratische Funktion* $g = \frac{1}{a_2} \cdot f : D(g) \longrightarrow \mathbb{R}$, das bedeutet $g(x) = \frac{a_0}{a_2} + \frac{a_1}{a_2} x + x^2$, zuordnen. Diesen Vorgang nennt man *Normieren*. Die Funktion g ist dann zwar eine andere Funktion als f, insbesondere auch im Hinblick auf $D(f)$ und $D(g)$, allerdings gilt $N(f) = N(g)$ für die beiden Nullstellenmengen.

3. Die folgenden drei Skizzen zeigen einige typische graphische Darstellungen quadratischer Funktionen $f : \mathbb{R} \longrightarrow \mathbb{R}$, die auch mit dem mehr geometrischen Begriff *Parabel* bezeichnet werden. Die beiden ersten Skizzen zeigen quadratische Funktionen mit $a_2 > 0$, die zweite zeigt die sogenannte *Normalparabel*, als Funktion f durch $f(x) = x^2$ oder $f = id^2$ definiert. Die dritte Skizze zeigt eine Parabel mit $a_2 < 0$:

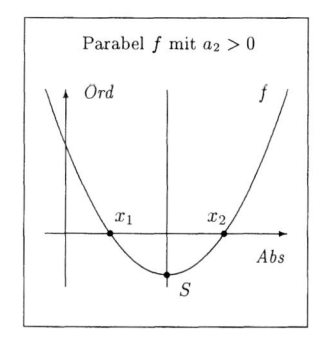

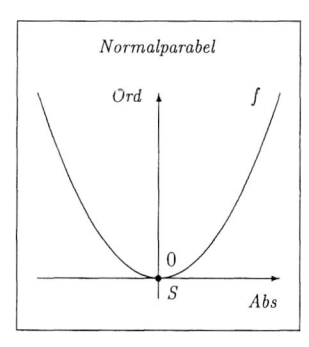

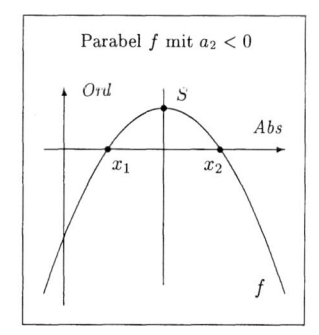

4. Verschiebt man eine quadratische Funktion $h : \mathbb{R} \longrightarrow \mathbb{R}$ der Form $h(x) = ax^2$ in Abszissenrichtung um s und in Ordinatenrichtung um t, so entsteht eine quadratische Funktion $f : \mathbb{R} \longrightarrow \mathbb{R}$ der Form $f(x) = a(x-s)^2 + t$. In dieser Darstellung läßt sich der *Scheitelpunkt* $S = (s, t)$ der Parabel unmittelbar ablesen. Man nennt deswegen diese Darstellung von f auch die *Scheitelpunktsform von f*. Im Rahmen allgemeinerer Funktionsuntersuchungen nennt man den Scheitelpunkt S im Fall $a > 0$ auch das *Minimum* von f, im Fall $a < 0$ auch das *Maximum* von f.

5. Ist eine quadratische Funktion $f : \mathbb{R} \longrightarrow \mathbb{R}$ in ihrer Normalform $f(x) = a_2 x^2 + a_1 x + a_0$ gegeben, so läßt sich ihre Scheitelpunktsform auf folgende Weise berechnen. Es ist

$f(x) = a_2 x^2 + a_1 x + a_0 = a_2(x^2 + \frac{a_1}{a_2}x + \frac{a_0}{a_2}) = a_2(x^2 + 2(\frac{1}{2}\frac{a_1}{a_2})x + (\frac{1}{2}\frac{a_1}{a_2})^2 - (\frac{1}{2}\frac{a_1}{a_2})^2 + \frac{a_0}{a_2}) =$
$a_2(x + \frac{1}{2}\frac{a_1}{a_2})^2 - a(\frac{1}{2}\frac{a_1}{a_2})^2 + a_0 = a(x - (-\frac{1}{2}\frac{a_1}{a_2}))^2 + (a_0 - \frac{a_1^2}{4a_2})$.

Ausgehend von dieser Normalform von f hat die Parabel also den Scheitelpunkt $S = (-\frac{a_1}{2a_2}, a_0 - \frac{a_1^2}{4a_2})$.

6. Jede quadratische Funktion $f : T \longrightarrow \mathbb{R}$, wobei $T = \mathbb{R}$ oder ein zum Nullpunkt symmetrisches Intervall sei, mit $f(x) = a_0 + a_1 x + a_2 x^2$ ist spiegelsymmetrisch zu der Ordinatenparallelen durch den Scheitelpunkt $S = (s, f(s))$ mit $s = -\frac{1}{2}\frac{a_1}{a_2}$ ist. Insbesondere gilt folgender Sachverhalt: f ist genau dann spiegelsymmetrisch zur Ordinate, wenn $a_1 = 0$ gilt.

7. Je drei Punkte $P_0 = (x_0, y_0)$, $P_1 = (x_1, y_1)$, $P_2 = (x_2, y_2)$, deren erste Komponenten paarweise verschieden seien, erzeugen genau eine quadratische Funktion $f : \mathbb{R} \longrightarrow \mathbb{R}$, die diese drei Punkte enthält, die sogenannte *Interpolations-Funktion* (siehe auch Abschnitt 1.788), deren Zuordnungsvorschrift in der Form von *Lagrange* (benannt nach *Joseph Louis de Lagrange* (1642 - 1727)) das folgende Aussehen hat:

$$f(x) = \frac{x-x_1}{x_0-x_1} \cdot \frac{x-x_2}{x_0-x_2} \cdot y_0 + \frac{x-x_0}{x_1-x_0} \cdot \frac{x-x_2}{x_1-x_2} \cdot y_1 + \frac{x-x_0}{x_2-x_0} \cdot \frac{x-x_1}{x_2-x_1} \cdot y_2$$

Man beachte, daß diese Zuordnungsvorschrift insbesondere für den Fall vorgegebener Nullstellen verwendet werden kann und je nach Anzahl solcher Nullstellen eine einfachere Form hat.

8. Es sei s die erste Komponente des Scheitelpunktes S einer quadratischen Funktion $f : \mathbb{R} \longrightarrow \mathbb{R}$ mit der Zuordnungsvorschrift $f(x) = c(x - b)^2 + d$ mit $c \neq 0$. Dann sind die Einschränkungen $f : (-\star, s] \longrightarrow (-\star, f(s)]$ und $f : [s, \star) \longrightarrow [f(s), \star)$ jeweils bijektiv, wobei die jeweilige inverse Funktion f^{-1} durch $f^{-1}(z) = \sqrt{\frac{1}{c}(z-d)} + b$ definiert ist. (Die zuerst genannte Einschränkung ist antiton, die zweite monoton.)

1.213.3 Bemerkungen

1. Die argumentweise gebildete Summe $f + g : \mathbb{R} \longrightarrow \mathbb{R}$ zweier quadratischer Funktionen $f, g : \mathbb{R} \longrightarrow \mathbb{R}$, definiert durch $f(x) = a_0 + a_1 x + a_2 x^2$ und $g(x) = b_0 + b_1 x + b_2 x^2$, hat die Zuordnungsvorschrift $(f + g)(x) = f(x) + g(x) = (a_0 + b_0) + (a_1 + b_1)x + (a_2 + b_2)x^2$ und ist dann wieder eine quadratische Funktion, wenn $a_2 + b_2 \neq 0$ gilt (sonst eine lineare Funktion oder die Null-Funktion).

2. Das argumentweise gebildete $\mathbb{R}$-Produkt $c \cdot f : \mathbb{R} \longrightarrow \mathbb{R}$ einer reellen Zahl c mit einer quadratischen Funktion $f : \mathbb{R} \longrightarrow \mathbb{R}$, definiert durch $f(x) = a_0 + a_1 x + a_2 x^2$, hat die Zuordnungsvorschrift $(c \cdot f)(x) = c \cdot f(x) = ca_0 + ca_1 x + ca_2 x^2$ und ist im Fall $c \neq 0$ wieder eine quadratische Funktion (sonst die Null-Funktion).

3. Das argumentweise gebildete Produkt $f \cdot g : \mathbb{R} \longrightarrow \mathbb{R}$ zweier quadratischer Funktionen $f, g : \mathbb{R} \longrightarrow \mathbb{R}$, definiert durch $f(x) = a_0 + a_1 x + a_2 x^2$ und $g(x) = b_0 + b_1 x + b_2 x^2$, hat die Zuordnungsvorschrift
$(f \cdot g)(x) = f(x) \cdot g(x) = (a_0 + a_1 x + a_2 x^2) \cdot (b_0 + b_1 x + b_2 x^2)$
$= a_0(b_0 + b_1 x + b_2 x^2) + a_1 x(b_0 + b_1 x + b_2 x^2) + a_2 x^2(b_0 + b_1 x + b_2 x^2)$
$= (a_0 b_0) + (a_0 b_1 + a_1 b_0)x + (a_0 b_2 + a_1 b_1 + a_2 b_0)x^2 + (a_1 b_2 + a_2 b_1)x^3 + (a_2 b_2)x^4$
und ist eine Polynom-Funktion vom Grad $4 = 2 + 2$, also nicht wieder eine quadratische Funktion.

1.213.4 Bemerkungen

1. Analog zu linearen Funktionen $f : \mathbb{R} \longrightarrow \mathbb{R}$ lassen sich auch die Zuordnungsvorschriften $f(x) = a_0 + a_1 x + a_2 x^2$ quadratischer Funktionen in der elementfreien Form $f = a_0 + a_1 id + a_2 id^2$ angeben. Dabei wird also jeder Summand in $f(x)$ als Funktionswert einer Funktion der Form $a_k id^k$ dargestellt, beispielsweise $a_2 x^2 = (a_2 id^2)(x)$ mit dem Quadrat $id^2 = id \cdot id$ der identischen Funktion $id : \mathbb{R} \longrightarrow \mathbb{R}$.

2. Mit dieser elementfreien Darstellung quadratischer Funktionen lassen sich Summen, $\mathbb{R}$-Produkte und Produkte in folgender Weise einfacher darstellen:

Summe: $f + g = (a_0 + b_0) + (a_1 + b_0)id + (a_2 + b_0)id^2$,
$\mathbb{R}$-Produkt: $c \cdot f = ca_0 + ca_1 id + ca_2 id^2$,
Produkt: $f \cdot g = (a_0 b_0) + (a_0 b_1 + a_1 b_0)id$
$\qquad\qquad\qquad +(a_0 b_2 + a_1 b_1 + a_2 b_0)id^2 + (a_1 b_2 + a_2 b1)id^3 + (a_2 b_2)id^4$

3. Die Menge aller quadratischen Funktionen $T \longrightarrow \mathbb{R}$ wird mit $Pol_2(T, \mathbb{R})$ bezeichnet. Weder bezüglich der Addition noch bezüglich der Multiplikation enthält $Pol_2(T, \mathbb{R})$ ein neutrales Element, denn weder die

Null-Funktion noch die Eins-Funktion sind in $Pol_2(T, \mathbb{R})$ enthalten. Wie Bemerkung 1.213.3 zeigt, sind Addition und Multiplikation keine inneren Kompositionen auf der Menge $Pol_2(T, \mathbb{R})$.

4. Es bezeichne $Q = \mathbb{R}^2 \times (\mathbb{R} \setminus \{0\})$ die Menge aller 3-Tupel (a_0, a_1, a_2) mit $a_2 \neq 0$ (in älterer Sprache auch Tripel genannt) reeller Zahlen. Jedes solche 3-Tupel erzeugt auf eindeutige Weise eine quadratische Funktion $f : T \longrightarrow \mathbb{R}$ mit $f(x) = a_0 + a_1 x + a_2 x^2$. In der Sprache der Funktionen gesagt: Die Zuordnung $(a_0, a_1, a_2) \longmapsto f = a_0 + a_1 id + a_2 id^2$ liefert eine bijektive Funktion $P : Q \longrightarrow Pol_2(T, \mathbb{R})$.

A1.213.01: Bilden Sie alle Summen $f_i + f_k$ und alle Produkte $f_i \cdot f_k$ der nachfolgend angegebenen Funktionen $f_i, f_k : \mathbb{R} \longrightarrow \mathbb{R}$: $f_1(x) = 3 + 4x + 5x^2$, $f_2(x) = 1 + 2x + x^2$ und $f_3(x) = 3x^2$.

A1.213.02: Bilden Sie alle Summen $f_i + f_k$ und alle Produkte $f_i \cdot f_k$ der nachfolgend angegebenen Funktionen $f_i, f_k : \mathbb{R} \longrightarrow \mathbb{R}$: $f_1 = a_0 + a_1 id + a_2 id^2$, $f_2 = b_0 + b_2 id^2$ und $f_3 = c_2 id^2$.

A1.213.03: Bestimmen Sie die durch die drei Punkte $P_0 = (1, 3)$, $P_1 = (3, -2)$, $P_2 = (4, 5)$ erzeugte Interpolations-Funktion $f : \mathbb{R} \longrightarrow \mathbb{R}$ (siehe Bemerkung 1.213.2/7).

A1.213.04: Bestimmen Sie die durch die drei Punkte $P_0 = (1, 0)$, $P_1 = (3, 0)$, $P_2 = (6, 10)$ erzeugte Interpolations-Funktion $f : \mathbb{R} \longrightarrow \mathbb{R}$, die also durch zwei Nullstellen und einen zusätzlichen Punkt beschrieben ist (siehe Bemerkung 1.213.2/7).

A1.213.05: Bestätigen Sie Bemerkung 1.213.2/7, indem Sie für die dort genannte Interpolations-Funktion $f : \mathbb{R} \longrightarrow \mathbb{R}$ die Beziehung $f(x_0) = y_0$ nachrechnen.

A1.213.06: Beweisen Sie im Hinblick auf Bemerkung 1.213.2/7 folgenden Sachverhalt: Je zwei paarweise verschiedene Punkte $P_0 = (x_0, y_0)$, $P_1 = (x_1, y_1)$ erzeugen genau eine normierte quadratische Funktion $f : \mathbb{R} \longrightarrow \mathbb{R}$ der Form $f(x) = c + bx + x^2$, die diese beiden Punkte enthält.

A1.213.07: Beweisen Sie: Eine quadratische Funktion Funktion $f : T \longrightarrow \mathbb{R}$, wobei $T = \mathbb{R}$ oder ein zum Nullpunkt symmetrisches Intervall sei, mit $f(x) = a_0 + a_1 x + a_2 x^2$ ist genau dann ordinatensymmetrisch, wenn $a_1 = 0$ gilt.

A1.213.08: Bestätigen Sie die Aussage von Bemerkung 1.213.2/6. Zeigen Sie also, daß eine beliebige quadratische Funktion f mit dem dort angegebenen Scheitelpunkt $S = (s, f(s))$ spiegelsymmetrisch zu der Ordinatenparallelen durch s ist. Machen Sie deutlich, auf welchen Überlegungen der Beweis beruht.

A1.213.09: Bestätigen Sie die Aussage von Bemerkung 1.213.2/8.

A1.213.10: Prüfen Sie jeweils nach, ob die nachfolgend genannten Funktionen f bijektiv sind und geben Sie im positiven Fall die inverse Funktion f^{-1} an. Im negativen Fall ist zunächst eine geeignete bijektive Einschränkung von f herzustellen und dann deren inverse Funktion zu ermitteln:

a) $f : \mathbb{R}_0^+ \longrightarrow [3, \star)$, $f(x) = 3x^2 + 3$,
b) $f : [-3, 0] \longrightarrow [3, 30]$, $f(x) = 3(x + 3)^2 + 3$,
c) $f : \mathbb{R}^+ \longrightarrow \mathbb{R}^+$, $f(x) = (x - 2)^2$.

A1.213.11: Begründen Sie die Bijektivität der in der Bemerkung 1.213.4/4 angegebenen Funktion $P : Q \longrightarrow Pol_2(T, \mathbb{R})$.

A1.213.12: Betrachten Sie hinsichtlich Bemerkung 1.213.2/2 zu quadratischen Funktionen $f : \mathbb{R} \longrightarrow \mathbb{R}$ in Normalform $f(x) = a_0 + a_1 x + a_2 x^2$ die jeweils zugehörige normierte Funktion $f^* = \frac{1}{a_2} \cdot f : \mathbb{R} \longrightarrow \mathbb{R}$ mit der Zuordnungsvorschrift $f^*(x) = \frac{a_0}{a_2} + \frac{a_1}{a_2} x + x^2$.

Anmerkung: Das Normieren quadratischer Funktionen läßt sich als Funktion $Pol_2(T, \mathbb{R}) \longrightarrow Pol_2(T, \mathbb{R})$ mit der Zuordnung $f \longmapsto f^*$ beschreiben. Allgemeiner liegt eine analoge Funktion für Polynom-Funktionen vom Grad n vor, nämlich die Normierungs-Funktion $Pol_n(T, \mathbb{R}) \longrightarrow Pol_n(T, \mathbb{R})$ mit der Zuordnung $f = \sum_{0 \leq k \leq n} a_k \cdot id^k \longmapsto f^* = \frac{1}{a_n} \cdot f = \sum_{0 \leq k \leq n} \frac{a_k}{a_n} \cdot id^k$.

Nennen Sie Eigenschaften bezüglich Form und Lage für quadratische Funktionen, die gegenüber dem Prozeß *Normieren* invariant oder nicht invariant sind (mit zugehörigen Berechnungen).

A1.213.13: Betrachten Sie ein kommutatives Diagramm

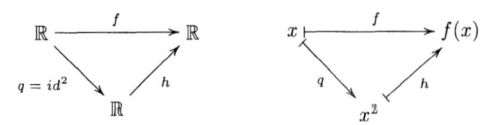

$$\begin{array}{ccc} \mathbb{R} & \xrightarrow{f} & \mathbb{R} \\ {}_{q = id^2} \searrow & & \nearrow {}_h \\ & \mathbb{R} & \end{array} \qquad \begin{array}{ccc} x & \xmapsto{f} & f(x) \\ {}_q \searrow & & \nearrow {}_h \\ & x^2 & \end{array}$$

und weisen Sie nach: f hat genau dann die Form $f(x) = cx^2$, wenn h linear und von der Form $h(z) = cz$ mit $c \in \mathbb{R}$ ist.

Anmerkung: Dieser Sachverhalt wird häufig dann verwendet, wenn man aus Wertetabellen einen linearen Zusammenhang h ersehen kann und dann auf den quadratischen Charakter von f schließt. Dazu ein

Beispiel: Ein Experiment zur Bestimmung der Erdbeschleunigung g, bei dem für einen aus verschiedenen Höhen $s_t(t_i)$ frei fallenden Körper die Fallzeiten t_i gemessen werden, hat folgende Wertetabelle von Meßwerten in den ersten beiden Zeilen (und weiteren Berechnungen in den weiteren Zeilen) ergeben:

$s_t(t_i)$ in m	18	15	12	9	6	3
t_i in s	1,91	1,75	1,56	1,35	1,10	0,78
t_i^2 in s^2	3,648	3,063	2,433	1,823	1,210	0,608
$\frac{s_t(t_i)}{t_i^2}$ in ms^{-2}	4,934	4,897	4,932	4,937	4,959	4,934

Die vierte Zeile der Tabelle deutet auf einen linearen Zusammenhang für die Zuordnung $t_i^2 \longmapsto s_t(t_i)$, wobei im folgenden der Durchschnitt $c = 4,932 \, m^{-2}$ der sechs Quotienten $\frac{s_t(t_i)}{t_i^2}$ verwendet wird, also auf eine Gerade mit Anstieg $c = 4,932$ hin. Folglich muß die Zuordnung $t_i \longmapsto s_t(t_i)$ eine quadratische Funktion s_t der Form $s_t(t_i) = c t_i^2$ repräsentieren.

Die durch $s_t(t_i) = \frac{1}{2} g \cdot t_i^2$ definierte Weg-Zeit-Funktion $s_t : t \longrightarrow s$ (siehe Abschnitt 1.272) zeigt dann $\frac{1}{2} g \approx c = 4,932 \, m^{-2}$, also $g \approx 9,864 \, m^{-2}$, wobei die oben genannten Meßwerte dann eine absolute Abweichung $aa(g, 2c) = |2c - g| = 0,058 \, m^{-2}$ und eine relative Abweichung $ra(g, 2c) = 0,59 \%$ zum Normwert $g = 9,806 \, m^{-2}$ ergeben.

A1.213.14: Nennen Sie quadratische Funktionen in Normalform, die sich als Produkte linearer Funktionen darstellen lassen. Lassen sich solche Funktionen allgemein kennzeichnen?

1.214 Gleichungen über Quadratischen Funktionen (Teil 1)

> Wer seinen Willen durchsetzen will, muß leise sprechen.
> *Jean Giraudoux* (1882 - 1944)

Die folgenden Untersuchungen beschäftigen sich mit den Gleichungen quadratischer Funktionen. Nach der üblichen Sprechweise, Gleichungen über bestimmten Funktionen mit den entsprechenden Adjektiven zu benennen, ist der folgende Begriff sofort klar.

1.214.1 Definition

Gleichungen der Form (f, b) über quadratischen Funktionen $f : T \longrightarrow \mathbb{R}$, $T \subset \mathbb{R}$, und $b \in \mathbb{R}$ nennt man *Quadratische Gleichungen*.

Es ist klar, daß man anstelle von Gleichungen der Form (g, b) auch die der Form $(g - b, 0) = (f, 0)$ betrachten kann. Das bedeutet, daß es im wesentlichen um die Berechnung von Nullstellenmengen $N(f) = L(f, 0)$ geht. Welche Methoden dafür in welchen Fällen zur Verfügung stehen, wird in den folgenden Bemerkungen zusammenfassend und der Sache nach auch vollständig dargestellt.

1.214.2 Bemerkungen

1. Jede quadratische Funktion $f : \mathbb{R} \longrightarrow \mathbb{R}$ besitzt höchstens zwei Nullstellen. (Die Anzahl der Nullstellen kann natürlich bei kleineren Definitionsbereichen kleiner sein.)

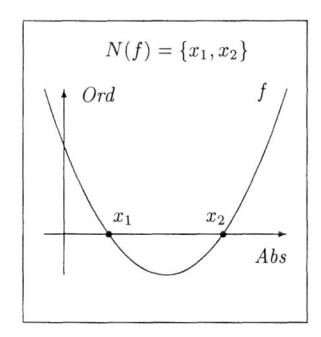

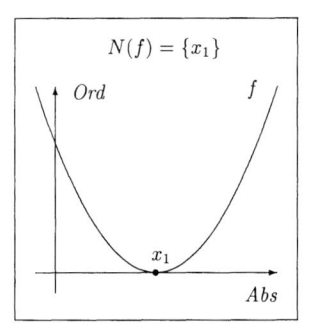

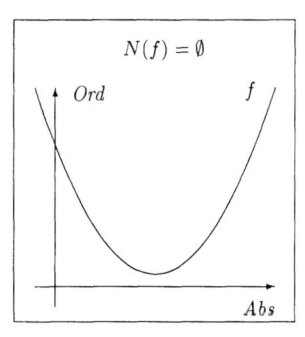

2. Manche quadratischen Funktionen $f : \mathbb{R} \longrightarrow \mathbb{R}$ besitzen eine Darstellung $f = c(x - x_1)(x - x_2)$ durch Linearfaktoren $(x - x_k)$. Liegt f in einer solchen Form vor, dann gilt $N(f) = \{x_1, x_2\}$. Beispiele:
a) $f : \mathbb{R} \longrightarrow \mathbb{R}$ mit $f(x) = 2x^2 + 2x - 12 = 2(x - 2)(x + 3)$ hat die Nullstellenmenge $N(f) = \{-3, 2\}$,
b) $f : \mathbb{R} \longrightarrow \mathbb{R}$ mit $f(x) = 17x^2 - 102x = 17x(x - 6)$ hat die Nullstellenmenge $N(f) = \{0, 6\}$.

3. Da in 2. nicht gesagt ist, daß die Linearfaktoren voneinander verschieden sein müssen, kann f auch in der Darstellung $f(x) = c(x - x_1)^2$ vorliegen. In diesem Fall gilt $N(f) = \{x_1\}$, wobei die Nullstelle x_1 als sogenannte doppelt auftretende Nullstelle in der graphischen Darstellung eine Berührstelle bezüglich der Abszisse ist. Beispiel: $f : \mathbb{R} \longrightarrow \mathbb{R}$ mit $f(x) = 4(x - 3)^2$ hat die Nullstellenmenge $N(f) = \{3\}$.

4. Hat eine quadratische Funktion $f : \mathbb{R} \longrightarrow \mathbb{R}$ die Darstellung $f(x) = a_1 x + a_2 x^2$, so läßt sich x ausklammern und liefert $f(x) = x(a_1 + a_2 x)$. Mit der durch $h(x) = a_1 + a_2 x$ definierten linearen Funktion h hat f dann die Nullstellenmenge $N(f) = \{0\} \cup N(h) = \{0, -\frac{a_1}{a_2}\}$.

5. Nehmen wir an, daß eine quadratische Funktion $f : \mathbb{R} \longrightarrow \mathbb{R}$ in der Darstellung $f(x) = a_0 + a_1 x + a_2 x^2$ vorliegt und durch einen glücklichen Umstand eine Nullstelle s und somit ein Linearfaktor $x - s$ bekannt ist, dann liefert das in Bemerkung 1.214.3 geschilderte Verfahren der Polynom-Division eine Darstellung $f = g \cdot h$ von f, bei der beide Faktoren lineare Funktionen sind. Dabei gilt $N(f) = N(g) \cup N(h)$ (siehe Beispiel 1.214.2/2 und Lemma 1.136.5/5).

6. Gelegentlich kann man einen solchen glücklichen Umstand auch herbeiführen, denn es gilt: Sind in der Zuordnungsvorschrift $f(x) = a_0 + a_1 x + a_2 x^2$ einer quadratischen Funktion f alle Koeffizienten a_0, a_1, a_2 ganzzahlig und ist $a_0 \neq 0$, dann sind die ganzzahligen Nullstellen von f stets Teiler von a_0.
Beweis: Ist $x_0 \in N(f) \cap \mathbb{Z}$, so folgt aus $f(x_0) = a_0 + a_1 x_0 + a_2 x_0^2 = 0$ dann $x_0(a_1 + a_2 x_0) = -a_0$. Da neben a_0 auch die beiden Faktoren ganzzahlig sind, ist x_0 ein Teiler von a_0.
Fazit: Man kann dann gemäß dem in 4. geschilderten Verfahren vorgehen, wenn man in der endlichen Menge $Teil(a_0)$ der Teiler von a_0 eine Nullstelle von f findet (siehe Beispiel 1.214.7/3).

7. Liegen über eine quadratische Funktion $h : \mathbb{R} \longrightarrow \mathbb{R}$ in der Darstellung $h(x) = a_0 + a_1 x + a_2 x^2$ keine näheren Informationen vor, dann kann die Frage nach Existenz und Aussehen von Nullstellen von h auf folgendem Wege beantwortet werden:

a) Zunächst wird h normiert und liefert damit eine Funktion $f : \mathbb{R} \longrightarrow \mathbb{R}$ in der Darstellung $f(x) = c + bx + x^2$, wobei jedoch $N(h) = N(f)$ gilt.

b) Es gelte $\frac{1}{4}b^2 - c \geq 0$. Unter dieser Voraussetzung gelten folgende Äquivalenzen:
$x \in N(f) \Leftrightarrow f(x) = 0 \Leftrightarrow x^2 + bx + c = 0 \Leftrightarrow x^2 + 2(\frac{1}{2}b)x = -c \Leftrightarrow x^2 + 2(\frac{1}{2}b)x + (\frac{1}{2}b)^2 = (\frac{1}{2}b)^2 - c$
$\Leftrightarrow (x + \frac{1}{2}b)^2 = \frac{1}{4}b^2 - c \Leftrightarrow x + \frac{1}{2}b = -\sqrt{\frac{1}{4}b^2 - c}$ oder $x + \frac{1}{2}b = \sqrt{\frac{1}{4}b^2 - c}$
$\Leftrightarrow x = -\frac{1}{2}b - \sqrt{\frac{1}{4}b^2 - c}$ oder $x = -\frac{1}{2}b + \sqrt{\frac{1}{4}b^2 - c} \Leftrightarrow x \in \{-\frac{1}{2}b - \sqrt{\frac{1}{4}b^2 - c}, -\frac{1}{2}b + \sqrt{\frac{1}{4}b^2 - c}\}$.

c) In Abhängigkeit des Radikanden $R = \frac{1}{4}b^2 - c$ lassen sich, wie man den Betrachtungen in b) leicht entnehmen kann, die drei folgenden Fälle unterscheiden:
$R > 0 \Leftrightarrow N(f) = \{x_1, x_2\} \Leftrightarrow card(N(f)) = 2$, f hat also zwei verschiedene Nullstellen,
$R = 0 \Leftrightarrow N(f) = \{x_1\} \Leftrightarrow card(N(f)) = 1$, f hat also genau eine Nullstelle (Berührstelle),
$R < 0 \Leftrightarrow N(f) = \emptyset \Leftrightarrow card(N(f)) = 0$, f hat also keine Nullstellen.

d) Die praktische Verfahrensweise zur Nullstellenberechnung sei am Beispiel der Funktion $f : \mathbb{R} \longrightarrow \mathbb{R}$ mit $f(x) = 2x^2 + 16x - 40$ illustriert:
Wegen der Äquivalenzen
$$x \in N(f) \Leftrightarrow f(x) = 0 \Leftrightarrow 2x^2 + 16x - 40 = 0 \Leftrightarrow x^2 + 8x - 20 = 0$$
$$\Leftrightarrow x = -4 - \sqrt{(-4)^2 + 20} = -4 - 6 = -10 \text{ oder } x = -4 + 6 = 2 \Leftrightarrow x \in \{-10, 2\}$$
(und der daraus folgenden Gleichheit der beiden Mengen) gilt $N(f) = \{-10, 2\}$.

8. Eine Antwort auf die Frage, wie die möglichen Nullstellen einer (normierten) quadratischen Funktion $h : \mathbb{R} \longrightarrow \mathbb{R}$ in der Darstellung $h(x) = c + bx + x^2$ mit den Koeffizienten c und b zusammenhängen, liefert der *Satz von Vieta*, in dieser latinisierten Form benannt nach *François Viète* (1540 - 1603):
Es gibt genau dann zwei Zahlen x_1 und x_2 mit $x_1 + x_2 = -b$ und $x_1 x_2 = c$, wenn $N(f) = \{x_1, x_2\}$ gilt.
Der Beweis dazu:

a) Gelten die genannten Beziehungen, dann ist $f(x_1) = c + bx_1 + x_1^2 = x_1 x_2 - (x_1 + x_2)x_1 + x_1^2 = 0$ sowie $f(x_2) = c + bx_2 + x_2^2 = x_1 x_2 - (x_1 + x_2)x_2 + x_2^2 = 0$, also sind x_1 und x_2 die Nullstellen von f.

b) Sind x_1 und x_2 die Nullstellen von f, dann liefert 7. die Darstellungen $x_1 = -\frac{1}{2}b - \sqrt{\frac{1}{4}b^2 - c}$ und $x_2 = -\frac{1}{2}b + \sqrt{\frac{1}{4}b^2 - c}$, woraus $x_1 + x_2 = -b$ und $x_1 x_2 = c$ folgt.

9. Funktionen $f : T \longrightarrow \mathbb{R}$, $T \subset \mathbb{R}$, des Typs $f(x) = a_0 + a_1 x^2 + a_2 x^4$ mit Zahlen $a_0, a_1, a_2 \in \mathbb{R}$ und $a_2 \neq 0$ nennt man *Biquadratische Funktionen*, das sind also Polynom-Funktionen f mit $grad(f) = 4$, bei denen x nur, wie man sagt, quadratisch auftritt. Der Grund, warum sie in diesem Zusammenhang erwähnt werden, liegt in dem Umstand, daß ihre Gleichungen, die *Biquadratischen Gleichungen*, nach Muster und Methode der quadratischen Gleichungen behandelt werden können. Überträgt man den Gang der in 7b) geschilderten Handlung auf biquadratische Gleichungen, so gelten für normierte biquadratische Funktionen f mit $f(x) = c + bx^2 + x^4$ unter der Voraussetzung $\frac{1}{4}b^2 - c \geq 0$ folgende Äquivalenzen:
$x \in N(f) \Leftrightarrow f(x) = 0 \Leftrightarrow x^4 + bx^2 + c = 0 \Leftrightarrow x^2 = -\frac{1}{2}b - \sqrt{\frac{1}{4}b^2 - c}$ oder $x^2 = -\frac{1}{2}b + \sqrt{\frac{1}{4}b^2 - c}$
$\Leftrightarrow x = -\sqrt{-\frac{1}{2}b - \sqrt{\frac{1}{4}b^2 - c}}$ oder $x = \sqrt{-\frac{1}{2}b - \sqrt{\frac{1}{4}b^2 - c}}$ oder $x = -\sqrt{-\frac{1}{2}b + \sqrt{\frac{1}{4}b^2 - c}}$
oder $x = \sqrt{-\frac{1}{2}b + \sqrt{\frac{1}{4}b^2 - c}}$, sofern alle auftretenden Wurzeln existieren.
Diese Gleichungen haben also entweder keine, zwei oder vier Lösungen, dasselbe gilt für die möglichen Anzahlen der Nullstellen solcher Funktionen.

1.214.3 Bemerkung (Polynom-Division bei bekanntem Linearfaktor)

Im folgenden sei u eine quadratische und v eine lineare Funktion $\mathbb{R} \longrightarrow \mathbb{R}$. Die beiden folgenden Beispiele zeigen das Verfahren zur Berechnung des Quotienten $u(x) : v(x) = q(x)$, sofern man schon weiß, daß $u(x)$ die Form $u(x) = v(x) \cdot q(x)$ hat und $v(x)$ bekannt ist. Es wird das erste Beispiel kommentiert:

a) In $u(x)$ und $v(x)$ werden die Summanden nach kleiner werdendem Exponent von x angeordnet, also $u(x) = 2x^2 + 8x - 24$ und $v(x) = x - 2$.

b) Zunächst wird nun der erste Summand $2x^2$ von $u(x)$ durch den ersten Summanden x von $v(x)$ dividiert, das liefert $2x^2 : x = 2x$. Dann wird mit diesem Quotienten $2x$ das Produkt $v(x) \cdot 2x = 2x^2 - 4x$ gebildet, das nun von $v(x)$ subtrahiert wird. Das liefert dann die Differenz $12x - 24$. Mit dieser Differenz wird nun der bisherige Vorgang in gleicher Weise wiederholt und liefert die Differenz Null.

c) Damit ist $q(x) = 2x + 12$ als Summe der Einzelquotienten gefunden. (Zur Probe sollte man $v(x) \cdot q(x)$ berechnen und $u(x)$ erhalten.)

$$\begin{array}{rl} (2x^2 + 8x - 24) : (x - 2) = & 2x + 12 \\ -(2x^2 - 4x) & \\ \hline 12x - 24 & \\ -(12x - 24) & \\ \hline 0 & \end{array} \qquad \begin{array}{rl} (-2x^2 + 7x + 49) : (x - 7) = & -2x - 7 \\ -(-2x^2 + 14x) & \\ \hline -7x + 49 & \\ -(-7x + 49) & \\ \hline 0 & \end{array}$$

Es sei noch angemerkt, daß man auch Polynom-Funktionen mit anderen Graden auf diese Weise dividieren kann. Dabei ist für die Bildung von Quotienten $u(x) : v(x)$ aber $grad(v) \leq grad(u)$ vorauszusetzen.

Beispiele zur Berechnung von Nullstellenmengen mit Hilfe der Polynom-Division:

1. Für die quadratische Funktion $f : \mathbb{R} \longrightarrow \mathbb{R}$ mit $f(x) = 2x^2 - 13x - 24$ sei die Nullstelle 8 vorgegeben. Polynom-Division $(2x^2 - 13x - 24) : (x - 8) = 2x + 3$ liefert dann Funktionen $g, h : \mathbb{R} \longrightarrow \mathbb{R}$ mit $g(x) = x - 8$ und $h(x) = 2x + 3$, wobei $f = g \cdot h$ gilt. Damit ist $N(f) = N(g) \cup N(h) = \{8\} \cup \{-\frac{3}{2}\} = \{-\frac{3}{2}, 8\}$.

2. Für die quadratische Funktion $f : \mathbb{R} \longrightarrow \mathbb{R}$ mit $f(x) = x^2 - \frac{5}{4}x + \frac{1}{4}$ sei die Nullstelle 1 vorgegeben. Polynom-Division $(x^2 - \frac{5}{4}x + \frac{1}{4}) : (x - 1) = x - \frac{1}{4}$ liefert dann Funktionen $g, h : \mathbb{R} \longrightarrow \mathbb{R}$ mit $g(x) = x - 1$ und $h(x) = x - \frac{1}{4}$, wobei $f = g \cdot h$ gilt. Damit ist $N(f) = N(g) \cup N(h) = \{\frac{1}{4}, 1\}$.

3. Bei der quadratischen Funktion $f : \mathbb{R} \longrightarrow \mathbb{R}$ mit $f(x) = 2x^2 - 12x - 14$ sind alle Koeffizienten ganze Zahlen, ferner enthält $f(x)$ einen ganzzahligen konstanten Summanden. Nach Bemerkung 1.214.6/6 sind dann alle ganzzahligen Nullstellen von f Teiler von -14. In der Tat zeigen die Quotienten
$$(2x^2 - 12x - 14) : (x + 1) = 2x - 14 \quad \text{Teiler: } -1,$$
$$(2x^2 - 12x - 14) : (x - 7) = 2x + 2 \quad \text{Teiler: } 7,$$
daß die Nullstellen von f in der Menge $Teil(-14) = \{-14, -7, -2, -1, 1, 2, 7, 14\}$ enthalten sind.

1.214.4 Bemerkung

Zur Frage möglicher Schnittpunkte zweier quadratischer Funktionen $f, g : \mathbb{R} \longrightarrow \mathbb{R}$, wobei $f \neq g$ gelte, mit $f(x) = a_0 + a_1 x + a_2 x^2$ und $g(x) = b_0 + b_1 x + b_2 x^2$ zunächst folgende Vorüberlegung: Beachtet man $S(f, g) = N(f - g)$ für die Menge $S(f, g)$ der Schnittstellen von f und g und dazu $(f - g)(x) = f(x) - g(x) = (a_0 - b_0) + (a_1 - b_1)x + (a_2 - b_2)x^2$, dann gilt zunächst: $f - g$ hat höchstens zwei Nullstellen, das heißt, f und g haben höchstens zwei Schnittpunkte. Gilt $a_2 = b_2$, dann ist $f - g$ eine lineare Funktion, das bedeutet, daß $S(f, g) = N(f - g)$ entweder leer, einelementig oder zweielementig ist.

Die praktische Verfahrensweise zur Berechnung möglicher Schnittpunkte sei am Beispiel der beiden Funktionen $f, g : \mathbb{R} \longrightarrow \mathbb{R}$ mit $f(x) = 4x^2 + 7x - 4$ und $g(x) = 3x^2 + 9x + 20$ illustriert:

a) Wegen der Äquivalenzen
$$x \in S(f, g) \Leftrightarrow f(x) = g(x) \Leftrightarrow 4x^2 + 7x - 4 = 3x^2 + 9x + 20 \Leftrightarrow x^2 - 2x - 24 = 0$$
$$\Leftrightarrow x = 1 - \sqrt{1^2 + 24} = 1 - 5 = -4 \text{ oder } x = 1 + 5 = 6 \Leftrightarrow x \in \{-4, 6\}$$
(und der daraus folgenden Gleichheit der beiden Mengen) gilt $S(f, g) = \{-4, 6\}$.

b) Mit $f(-4) = 4(-4)^2 + 7(-4) - 4 = 32$ und entsprechend $f(6) = 182$ haben f und g dann die beiden Schnittpunkte $(-4, 32)$ und $(6, 182)$.

A1.214.01: Bestimmen Sie zu den Funktionen $f : \mathbb{R} \longrightarrow \mathbb{R}$ jeweils die Nullstellenmenge und, sofern sie nicht leer ist, die Darstellung der Funktion in Linearfaktoren. Kommentieren Sie die unterschiedlichen Verfahrensweisen bei der Nullstellenuntersuchung. Berechnen Sie dann die möglichen Schnittpunkte der Funktionen f und $g : \mathbb{R} \longrightarrow \mathbb{R}$:

a) $f(x) = x^2 + x - 6$, $\qquad$ $g(x) = x + 2$,
b) $f(x) = x^2 + 3x$, $\qquad$ $g(x) = x + a$ mit $a \neq 0$,
e) $f(x) = x^2 + 6x + 10$, $\qquad$ $g(x) = 2x + 4$.

A1.214.02: Bestimmen Sie zu den Funktionen $f, g : \mathbb{R} \longrightarrow \mathbb{R}$ jeweils
1. die Nullstellenmenge und, sofern sie nicht leer ist, die Darstellung der Funktion in Linearfaktoren,
2. bei quadratischen Funktionen den Scheitelpunkt und die zugehörige Symmetrie-Gerade,
3. die möglichen Schnittpunkte der Funktionen f und g:

a) $f(x) = 6x^2 - 4x - 2$, $\qquad$ $g(x) = (2 - 2x)(3x + 1)$,
b) $f(x) = x^2$, $\qquad$ $g(x) = (x - a)^2$ mit $a \neq 0$,
e) $f(x) = (6x^2 - 11)(6x^2 + 11)$, $\qquad$ $g(x) = 288x^2 - 697$.

A1.214.03: Unter welcher numerischen Bedingung besitzt eine quadratische Gleichung der Form $(f, 0)$ nur rationale Lösungen?

A1.214.04: Zwei Einzelaufgaben:
1. Lösen Sie die Gleichung $(\frac{c-x}{c+x})^2 + \frac{5}{2}(\frac{c-x}{c+x}) + 1 = 0$ mit $c \neq 0$. Welche Funktionen sind dabei beteiligt?
2. Lösen Sie die Gleichung $\frac{c+x}{d+x} + 2(\frac{d+x}{c+x}) = 3$ mit $c, d \neq 0$. Welche Funktionen sind dabei beteiligt?

A1.214.05: Die folgenden Aufgaben behandeln besondere Fälle quadratischer Funktionen:
a) Berechnen Sie jeweils die Nullstellen x_1 und x_2 der durch $f(x) = 2x^2 - 5x + 2$ und $g(x) = 6x^2 - 13x + 6$ definierten Funktionen $f, g : \mathbb{R} \longrightarrow \mathbb{R}$. Welcher Zusammenhang besteht jeweils zwischen x_1 und x_2 und wie läßt er sich allgemein für Funktinen f des Typs $f(x) = ax^2 + bx + a$ aus dem Satz von *Vieta* (siehe Bemerkung 1.214.2/8) entnehmen?
b) Die durch $f(x) = x^2 + bx + c$ definierte quadratische Funktion $f : \mathbb{R} \longrightarrow \mathbb{R}$ habe die Nullstellen x_1 und x_2. Welche quadratische Funktion g hat die Nullstellen ux_1 und ux_2 mit konstanter Zahl $u \neq 0$? Dabei ist g ebenfalls in Normalform anzugeben.
c) Die durch $f(x) = x^2 + bx + c$ definierte quadratische Funktion $f : \mathbb{R} \longrightarrow \mathbb{R}$ habe die Nullstellen x_1 und x_2. Beweisen Sie die Gültigkeit der drei Beziehungen $x_1^2 + x_2^2 = b^2 - 2c$, $\ x_1^2 x_2 + x_1 x_2^2 = -bc$ und $x_1^2 + x_1 x_2 + x_2^2 = b^2 - c$.

A1.214.06: Folgende Einzelaufgaben:
1. Beschreiben Sie bezüglich des üblichen Cartesischen Koordinaten-Systems (Abs, Ord) die Menge aller Punkte $P = (x, z)$, die vom Ursprung 0 und von der Abszissen-Parallelen g_8 durch 8 denselben Abstand haben, für die also $d(P, 0) = d(P, g_8)$ gilt.
2. Geben Sie die durch die Zuordnung $x \longmapsto f(x) = z$ definierte Funktion f an.
3. Welche Zahlen x haben unter f ganzzahlige Funktionswerte?
4. Bearbeiten Sie die Aufgabenteile 1 bis 3 für eine beliebige Abszissen-Parallele g_c durch c. Welche Zahlen $c \in \mathbb{R}$ sind dabei sinnvoll und wie wirkt sich der Unterschied zwischen $c > 0$ und $c < 0$ dabei aus?

A1.214.07: Geben Sie zwei Funktionen an, deren Schnittstellenmenge gleich der Nullstellenmenge der Funktion $f : \mathbb{R} \longrightarrow \mathbb{R}$ mit der Zuordnungsvorschrift $f(x) = ax^2 + bx + c$ ist.

A1.214.08: Betrachten Sie die Gleichung $x^2 - bx + c = 0$. Zeichnen Sie eine Kreislinie, die (mit selbst gewählten Zahlen) die beiden Punkte $A = (0, 1)$ und $B = (b, c)$ als Punkte einer Zentralen zum Kreis enthält, und zeigen Sie dann, daß die Schnittstellen der Kreislinie mit der Abszisse (sofern existent) die Lösungen der Gleichung sind.

A1.214.09: Wie man kann die Lösungen einer Gleichung (f, b) über $f : \mathbb{R} \longrightarrow \mathbb{R}$ mit $f(x) = a + bx^2 + cx^4$ auf eine Gleichung (g, b) über $g : \mathbb{R} \longrightarrow \mathbb{R}$ mit $f(z) = a + bz + cz^2$ zurückführen? Was kann man über den Zusammenhang der möglichen Anzahlen von Lösungen von (f, b) und (g, b) sagen?

A1.214.10: Beweisen Sie (Widerspruchsbeweise), daß die Gleichungen keine Lösung in $\mathbb{Q}$ haben:

a) $45x^2 - 1 = 0$ b) $18x^2 - 1 = 0$

c) $12x^2 - 1 = 0$ d) $32x^2 - 1 = 0$

A1.214.11: Zwei Einzelaufgaben:

1. Ein Firma kauft eine gewisse Anzahl von Einheiten eines Produkts für 140 WE (Währungseinheiten). Verteuerte sich das Produkt um 0,5 WE pro Einheit, hätte die Firma für 10 Einheiten weniger 120 WE zu bezahlen. Wieviele Einheiten hat sie gekauft?

2. Eine gewisse Anzahl von Haushalten verbraucht zusammen für 60 WE Strom pro Woche. Wären fünf Haushalte weniger beteiligt, hätten die übrigen Haushalte pro Woche für 0,6 WE mehr Strom verbrauchen können. Wieviele Haushalte sind beteiligt?

A1.214.12: Betrachten Sie die Funktion $f_0 : \mathbb{R} \longrightarrow \mathbb{R}$ mit $f(x) = x^2 - 5x + 6$ und dem Nullstellenpaar $(x_0, z_0) = (2, 3)$, daneben die allgemeine Zuordnungsvorschrift $f_0(x) = x^2 + b_0 x + c_0$, wobei ebenfalls ein Nullstellenpaar (x_0, z_0) existiere (es gelte also $b^2 - 4c > 0$).

Konstruieren Sie nun schrittweise eine Folge $f_0, f_1, f_2, f_3, \ldots$ von Funktionen $f_n : \mathbb{R} \longrightarrow \mathbb{R}$ (mit der oben genannten Funktion f_0 als Startelement), wobei für alle $n \in \mathbb{N}_0$ jeweils gelten soll: Ist (x_n, z_n) das Nullstellenpaar von f_n, dann ist $(x_{n+1}, z_{n+1}) = (2x_n, 2z_n)$ das Nullstellenpaar von f_{n+1}. Das bedeutet in Worten: Bei jeder Erhöhung des Index' um 1 werden die Nullstellen verdoppelt.

Geben Sie für den konkreten Fall ferner die Lage der Scheitelpunkte der Funktionen $f_0, f_1, f_2, f_3, \ldots$ an.

Konstruieren und kommentieren Sie – auch anhand eines selbst gewählten Beispiels – eine analoge Folge für den Fall, daß f_n jeweils nur eine Nullstelle besitzt, daß also $x_n = z_n$ gilt.

A1.214.13: Betrachten Sie zu einer vorgegebenen Strecke $s(M, B)$ Kreise $k(M, r)$ mit verschiedenen Radien sowie jeweils zugehörigen Tangenten $g(T_1, B)$ und $g(T_2, B)$. Ermitteln Sie die durch die Zuordnung $r \longmapsto d(F, H)$ definierte Funktion gemäß folgender Skizze (und den dort genannten Abkürzungen):

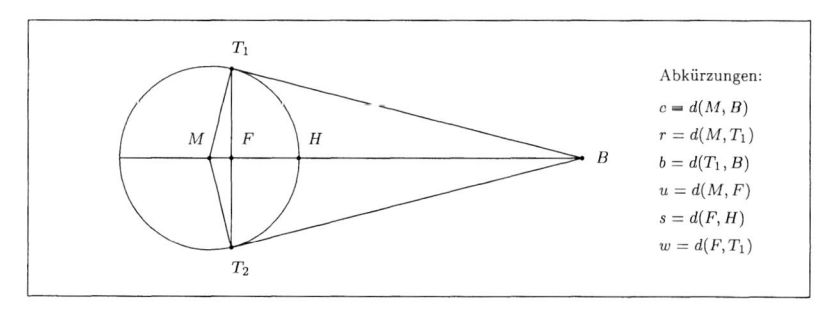

Abkürzungen:

$c = d(M, B)$

$r = d(M, T_1)$

$b = d(T_1, B)$

$u = d(M, F)$

$s = d(F, H)$

$w = d(F, T_1)$

A1.214.14: In einem rechtwinkligen Dreieck $d(A, B, C)$ seien $b = d(A, C)$ und $a = d(C, B)$ die Kathetenlängen und $c = d(A, B)$ die konstant vorgegebene Länge der Hypotenuse. Ferner beschreibe t die Länge der Projektion (orthogonal zur Hypotenuse) der Kathete $s(C, B)$ auf die Hypotenuse $s(A, B)$. Ermitteln Sie die durch die Zuordnung $b \longmapsto t$ definierte Funktion.

1.215 Gleichungen über Quadratischen Funktionen (Teil 2)

> Viel die den vnterscheid vnter Rad vnd Rat nicht wissen / meinen vnd dencken nicht anders / man solle solchen Radebrechern vnd auff ein Rad legen.
> *Christoph Walter* (1515 - 1574)

Dieser Abschnitt enthält weitere Aufgaben zu Gleichungen über quadratischen Funktionen, vorzugsweise mit geometrischem Hintergrund oder zu sogenannten Anwendungen (etwa physikalischer Sachverhalte), wobei besonderes Augenmerk auf die jeweils beteiligten Funktionen gelegt ist.

A1.215.01: Zwei Einzelaufgaben:
1. Betrachten Sie eine senkrechte quadratische Pyramide, deren Höhe h um 1 kleiner als die Seite a des Grundquadrats ist. Wie lang ist diese Seite a, wenn die Pyramidenkante s die Länge 9 (LE) besitzt? Nennen Sie auch die anderen Längen.
2. Finden Sie eine Bedingung dafür, daß bei demselben Verhältnis zwischen h und a die Kante s eine ganze Zahl ist. Finden Sie (unter Verwendung eines kleinen Computer-Programms) die nach 9 nächst größere ganze Zahl s.

A1.215.02: Ein rechtwinkliges Dreieck habe die Kathetenlängen a und b, für die $a + b = 7$ gelte. Für die beiden Hypotenusenabschnittslängen p und q mit $p + q = c$ gelte $p - q = 1,4$. Wie lang sind die genannten Strecken? (Man beachte den Kathetensatz: $cp = a^2$ und $cq = b^2$.)

A1.215.03: Betrachten Sie jeweils rechtwinklige Dreiecke und berechnen Sie die Seitenlängen.
1. Der Umfang sei $U = 120$ (LE), ferner sei die Hypotenuse um 6 (LE) länger als eine Kathete.
2. Der Umfang sei $U = 36$ (LE), der Flächeninhalt sei $A = 54$ (FE).

A1.215.04: In einem regelmäßigen (ebenen konvexen) n-Eck ist das Winkelmaß der Summe der n Innenwinkel $(n-2)180°$. Wieviele Ecken hat eine solche Figur, wenn bei Erhöhung der Eckenanzahl um 1 die einzelnen Innenwinkelmaße gerade um $12°$ größer werden?

A1.215.05: Geben Sie zunächst eine Funktion $d: \mathbb{N} \setminus \{1, 2, 3\} \longrightarrow \mathbb{N}$ an, die der Eckenanzahl n eines ebenen konvexen n-Ecks die Anzahl $d(n)$ der Diagonalen des n-Ecks zuordnet.
Welche dieser n-Ecke haben gerade 119 Diagonalen?
Welche dieser n-Ecke haben genau so viele Ecken wie Diagonalen?
Welche dieser n-Ecke haben dreimal so viele Ecken wie Diagonalen?
Welche dieser n-Ecke haben 25 Diagonalen mehr als Seiten?

A1.215.06: Bestimmen Sie jeweils die Zahl(en) x mit der in a) genannten Eigenschaft sowie die in b) und c) genannten Funktionen f und g.
1a) Das Produkt der Zahl x mit der um 6 vermehrten Zahl ist 216.
1b) Die Zahl x ist eine Lösung einer quadratischen Gleichung $(f, 216)$.
1c) Die Zahl x ist eine Nullstelle einer quadratischen Funktion g.
2a) Die Summe der Zahl x mit ihrem Kehrwert ist $\frac{13}{6}$.
2b) Die Zahl x ist eine Lösung einer quadratischen Gleichung $(f, -1)$.
2c) Die Zahl x ist eine Nullstelle einer quadratischen Funktion g.
3a) Die Differenz der Kehrwerte der Zahl x und der um 2 vemehrten Zahl ist $\frac{1}{12}$.
3b) Die Zahl x ist eine Lösung einer quadratischen Gleichung $(f, 24)$.
3c) Die Zahl x ist eine Nullstelle einer quadratischen Funktion g.

A1.215.07: Zwei Einzelaufgaben:

1. An einem Stromkreis, der einen Widerstand R enthalte, sei eine Spannung $U = 20\,V$ angelegt. Wie groß ist R, wenn bei einer Erhöhung des Widerstandes um $4\,\Omega$ die Stromstärke I um $0,25\,A$ abnimmt? (Man beachte $U = R \cdot I$.)

2. Untersuchen Sie den Aufgabenteil 1 unter folgendem Gesichtspunkt etwas genauer: Betrachten Sie für eine konstante Spannung U die Funktion $f = f_U : \mathbb{R}^+ \longrightarrow \mathbb{R}$ mit $f(I) = U \cdot \frac{1}{I}$ und formulieren Sie die beiden in Aufgabenteil 1 genannten Vorgänge als Funktionswerte der Form $f(I-d)$. Lösen Sie die daraus entstehende quadratische Gleichung und beschreiben Sie den Zusammenhang zwischen der zugehörigen quadratischen Funktion und f.

A1.215.08: Die Sünden des Schülers Fritz Frech bei der Durchsicht seines Mathematik-Heftes:

1. Fritz sollte die durch $f(x) = 3x^2 - 12x - 15$ definierte Parabel f hinsichtlich möglicher Nullstellen untersuchen und lieferte als Bearbeitung dieser Aufgabe die folgenden drei Zeilen:

    1. Zeile: $f(x) = 3x^2 - 12x - 15 = 0$
    2. Zeile: $x^2 - 4x - 5 = 0$
    3. Zeile: $L = \{-1, 5\}$.

Beschreiben Sie Fritzens mögliche oder tatsächliche Überlegungen bei diesen Zeilen als Teil einer argumentativ und rechnerisch/logisch vollständigen Bearbeitung der Aufgabe.

2. Fritz sollte die durch $f(x) = 16x^2 - 32x$ definierte Parabel f hinsichtlich möglicher Nullstellen untersuchen und lieferte als Bearbeitung dieser Aufgabe die folgenden drei Zeilen:

    1. Zeile: $f(x) = 16x^2 - 32x = 0$
    2. Zeile: $x^2 - 2x = 0$
    3. Zeile: $x = 1 - \sqrt{1-0} = 1$ oder $x = 1 + \sqrt{1-0} = 1$.

Beschreiben Sie Fritzens mögliche oder tatsächliche Überlegungen bei diesen Zeilen als Teil einer argumentativ und rechnerisch/logisch vollständigen Bearbeitung der Aufgabe.

3. Fritz sollte den Scheitelpunkt S der durch $f(x) = 2x^2 + 8x - 10$ definierten Parabel f berechnen und lieferte als Bearbeitung dieser Aufgabe die folgenden drei Zeilen:

    1. Zeile: $f^*(x) = 2x^2 + 8x = 2x(x+4)$
    2. Zeile: $2x(x+4) = 0 \Leftrightarrow x = 0$ oder $x = -4$
    3. Zeile: $S = (-2, -18)$.

Beschreiben Sie Fritzens mögliche oder tatsächliche Überlegungen bei diesen Zeilen als Teil einer argumentativ und rechnerisch/logisch vollständigen Bearbeitung der Aufgabe.

4. Fritz gibt als Bearbeitung einer Aufgabe die beiden folgenden Zeilen an:

    1. Zeile: $f(x) = 3x^2 - 2x - 3$ und $g(x) = 10x - 15$
    2. Zeile: $f(x) = g(x) \Leftrightarrow 3x^2 - 2x - 3 = 10x - 15 \Leftrightarrow 3x^2 - 12x + 12 = 0 \Leftrightarrow x = 2$.

Nennen Sie zunächst die dieser Bearbeitung zugrunde liegende Aufgabenstellung, führen Sie dann eine vollständige Bearbeitung der Aufgabe durch und kommentieren Sie das Bearbeitungsergebnis geometrisch.

5. Fritz gibt als Bearbeitung einer weiteren Aufgabe die folgenden Zeilen an:

    1. Zeile: $f(x) = \frac{1}{8}x^2$ und $g(x) = x - a$
    2. Zeile: $\frac{1}{8}x^2 = x - a$
    3. Zeile: $x \in \{4 - \sqrt{16-8a}, 4 + \sqrt{16-8a}\}$
    4. Zeile: g ist Tangente an $f \Leftrightarrow a = 2$
    5. Zeile: $B = (4, 2)$.

Nennen Sie zunächst die dieser Bearbeitung zugrunde liegende Aufgabenstellung, führen Sie dann eine vollständige Bearbeitung der Aufgabe durch und kommentieren Sie dabei die Zeilen 4 und 5.

A1.215.09: Der aus Bagdad (heute in Irak) stammende arabische Mathematiker *Ja'far Muhammad Ibn Musa Al-Khwarizmi* (780? - 850) hat (in seinem berühmten, teils auf auf indischen, teils auf griechischen Quellen basierenden, dann bis nach Europa verbreiteten Hauptwerk *Kleines Buch über das Rechnen der Algebra (al-jabre) und Almukabala*) ein geometrisches Verfahren zur Bearbeitung quadratischer Gleichungen angegeben, das unter günstigen Umständen die eine positive Lösung (sofern nach Gunst der

Umstände vorhanden) liefert.

Dieses Verfahren beruht nun auf der Ausführung der drei Schritte 1, 2 und 3 zur Erzeugung der folgenden Figur für (hier als Beispiel) die Gleichung $x^2 + 6x = 16$:

```
              3            x
        ┌──────────┬──────────┐
        │ Schritt 2:│ Schritt 1:│
    x   │   3x FE  │   x² FE  │  x
        ├──────────┼──────────┤
        │ Schritt 3:│ Schritt 2:│
    3   │   9 FE   │   3x FE  │  x
        └──────────┴──────────┘
              3            x
```

1. Beschreiben Sie im einzelnen die Idee für diese drei Schritte.
2. Nennen Sie die Voraussetzungen an $x^2 + cx = d$, die dieses Verfahren möglich machen.

A1.215.10: Betrachten Sie eine Funktion der Form $f = a \cdot \frac{1}{id} : \mathbb{R}^+ \longrightarrow \mathbb{R}$.

1. Zeigen Sie: Es gibt genau eine Zahl x, so daß das Koordinaten-parallele Rechteck mit Breite b und Höhe h den Punkt $(x, f(x))$ sowie einen weiteren Punkt von f als diagonale Eckpunkte hat.
2. Skizzieren Sie die Situation und geben Sie beide Punkte an.
3. Geben Sie beide Punkte für den konkreten Fall $a = 20$ sowie $b = \frac{1}{4}$ und $h = 4$ an.
4. Betrachten Sie die analoge Situation, wobei ein dritter Eckpunkt des Rechtecks Punkt der um b in positiver Abszissen-Richtung (nach rechts) verschobenen Funktion f, mit g bezeichnet, sei.

A1.215.11: Zwei Einzelaufgaben:

1. Vergrößert man die Kantenlänge eines Würfels um $2\,cm$, so vergrößert sich das Volumen des Würfels um $152\,cm^3$. Berechnen Sie die Kantenlänge a des ursprünglichen Würfels.
2. Bei einem Quader mit den Seitenlängen a, b und c soll gelten: Die zweite Kante ist um $4\,cm$ länger als die erste, die dritte Kante ist um $5\,cm$ länger als die zweite, ferner habe die Raumdiagonale die Länge $29\,cm$. Berechnen Sie die drei Kantenlängen des Quaders.
3. Wie Aufgabe 2, wobei $b = a + 1$ und $c = b + 3$ gelte und die Raumdiagonale die Länge $17\,cm$ habe.

A1.215.12: Bei einer Balkenwaage ist der eine Hebelarm um $3\,cm$ länger als der andere. Hängt ein Körper am kürzeren Arm, erzeugen $64\,N$ am längeren Arm Gleichgewicht. Hängt derselbe Körper aber am längeren Arm, erzeugen $81\,N$ am kürzeren Arm Gleichgewicht. Wie lang sind beide Hebelarme und welches Gewicht hat der Körper?

A1.215.13: Nach dem sogenannten Gesetz von *Boyle/Mariotte* (benannt nach den Physikern *Robert Boyle* (1627 - 1691) und *Edme Mariotte* (1620 - 1684)) ist für eine bestimmte Gasmenge das Produkt pV aus Druck p (Einheit $1\,Pa = 1\,Nm^{-2}$ nach *Blaise Pascal*) und Volumen V (in m^3) konstant (sofern die mittlere kinetische Energie der Teilchen konstant ist).

1. Für eine bestimmte Gasmenge gelte demgemäß $pV = 20\,Nm$. Vergrößert man den Druck p um $2\,Pa$, so nimmt das Volumen V um $5\,m^3$ ab. Welches Volumen liegt zunächst vor?
2. Gleiche Aufgabenstellung mit den Daten $pV = 75\,Nm$, einer Druckerhöhung um $4\,Pa$ und der Volumenabnahme um $60\,m^3$.

A1.215.14: Zwei Einzelaufgaben:

1. Zwei parallel geschaltete Leiter (Drähte) erzeugen den Gesamtwiderstand 0,6 Ohm (benannt nach *Georg Simon Ohm* (1789 - 1854)). Wie groß sind die beiden Einzelwiderstände, wenn sie sich um 0,5 Ohm unterscheiden?

2. Zwei Leiter liefern in Reihenschaltung 6 Ohm, in Parallelschaltung 1,5 Ohm. Welche Einzelwiderstände haben beide Leiter jeweils?

A1.215.15: Unter der *Wichte* oder dem *Spezifischen Gewicht* zu einem Körper aus bestimmtem Material versteht man den Quotienten $\gamma = FV^{-1}$ (in Nm^{-3}) seines Gewichts F und seines Volumens V.

1. Betrachten Sie nun zwei Körper aus verschiedenen Stoffen, aber mit demselben Gewicht $F = 94,5\,N$. Befinden sich beide Körper unter Wasser, so hat dort der eine Körper ein um $26\,N$ kleineres Gewicht als der andere Körper. Ferner betrage die Differenz der beiden Wichten $7,8\,Nm^{-3}$. Berechnen Sie die Wichten und die Volumina beider Körper.

2. Gleiche Aufgabenstellung mit $F = 211,2\,N$, der Gewichtsdifferenz $13\,N$ unter Wasser sowie der Differenz $10,4\,Nm^{-3}$ der beiden Wichten.

A1.215.16: An einem Flaschenzug (dessen Funktionsweise in Abschnitt 1.277 näher erläutert ist) mit einer bestimmten Anzahl fester und loser Rollen hängt eine Last mit der Gewichtskraft $L = 60\,N$ ($L = 240\,N$). Fügt man je eine feste und eine lose Rolle hinzu, so werden $5\,N$ ($6\,N$) weniger benötigt, um bei gleicher Last Gleichgewichtslage herzustellen. Welche Anzahl von Rollen hat der Flaschenzug?

A1.215.17: Betrachten Sie die folgende Skizze (Halbkreis mit Mittelpunkt M) und zeigen Sie: Mit den Abkürzungen $b = d(A,B)$ und $c = d(D,C)$ sind die Zahlen $x_1 = d(A,D)$ und $x_2 = d(D,B)$ die Lösungen der Gleichung $x^2 - bx + c^2 = 0$.

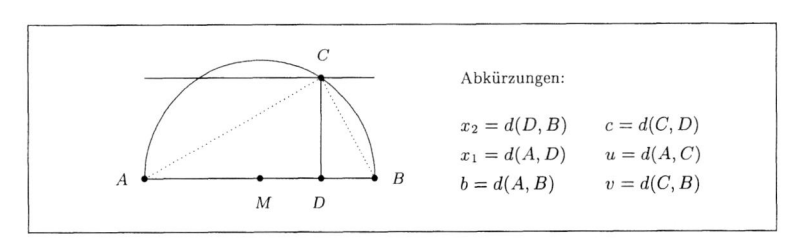

Abkürzungen:

$x_2 = d(D,B)$ $c = d(C,D)$
$x_1 = d(A,D)$ $u = d(A,C)$
$b = d(A,B)$ $v = d(C,B)$

1.217 KUBISCHE FUNKTIONEN $T \longrightarrow \mathbb{R}$

> Die Menschen lassen sich in drei Klassen einteilen: Diejenigen, die unbeweglich sind, diejenigen, die beweglich sind, und diejenigen, die sich bewegen.
> *Alte arabische Weisheit*

Die Untersuchungen der linearen und quadratischen Funktionen in den Abschnitten 1.210 und 1.213 sollen nun auf kubische Funktionen ausgedehnt werden. Dabei werden im wesentlichen dieselben Fragen wie dort diskutiert, wobei der zusätzliche Parameter die Antworten allerdings variantenreicher ausfallen läßt. Zunächst aber soll der Untersuchungsgegenstand definiert werden.

1.217.1 Definition

Funktionen $f : T \longrightarrow \mathbb{R}$, $T \subset \mathbb{R}$, des Typs $f(x) = a_0 + a_1 x + a_2 x^2 + a_3 x^3$ mit Zahlen $a_0, a_1, a_2, a_3 \in \mathbb{R}$ und $a_3 \neq 0$ nennt man *Kubische Funktionen*.

1.217.2 Bemerkungen

1. Kubische Funktionen f sind Polynom-Funktionen vom Grad 3, man schreibt also $grad(f) = 3$.

2. Kubische Funktionen $f : T \longrightarrow \mathbb{R}$ mit $a_3 = 1$ nennt man *normiert*. Jeder kubischen Funktion f kann man ihre normierte kubische Funktion $g = \frac{1}{a_3} \cdot f : D(g) \longrightarrow \mathbb{R}$, das bedeutet $g(x) = \frac{a_0}{a_3} + \frac{a_1}{a_3} x + \frac{a_1}{a_3} x^2 + x^3$, zuordnen. Diesen Vorgang nennt man *Normieren*. Die Funktion g ist dann zwar eine andere Funktion als f, insbesondere auch im Hinblick auf $D(f)$ und $D(g)$, allerdings gilt $N(f) = N(g)$ für die beiden Nullstellenmengen.

3. Die folgenden drei Skizzen zeigen einige typische graphische Darstellungen kubischer Funktionen $f : \mathbb{R} \longrightarrow \mathbb{R}$. Die zweite Skizze zeigt die Funktion $f = id^3$, die durch $id^3(x) = x^3$ definiert ist; die erste Skizze zeigt eine kubische Funktion mit $a_3 < 0$, die dritte eine mit $a_3 > 0$:

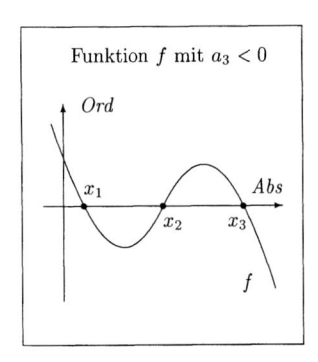

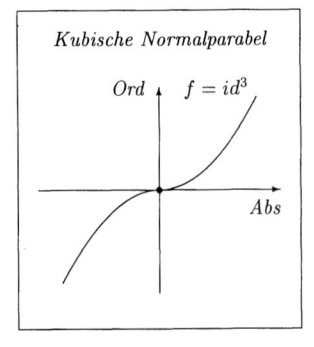

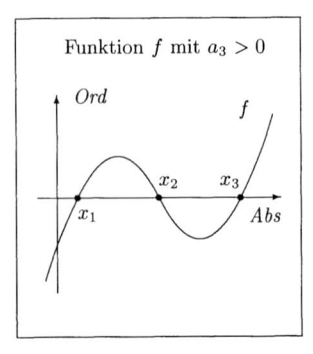

4. Jede kubische Funktion $f : T \longrightarrow \mathbb{R}$, wobei $T = \mathbb{R}$ oder ein zum Nullpunkt symmetrisches Intervall sei, mit $f(x) = a_0 + a_1 x + a_2 x^2 + a_3 x^3$ ist drehsymmetrisch um 180° um den Punkt $D = (d, f(d))$, wobei $d = -\frac{1}{3}\frac{a_2}{a_3}$ ist. Insbesondere gilt folgender Sachverhalt: f ist genau dann drehsymmetrisch um 180° um den Nullpunkt $D = (0,0)$, wenn $a_0 = a_2 = 0$ gilt.

5. Je vier Punkte $P_0 = (x_0, y_0)$, $P_1 = (x_1, y_1)$, $P_2 = (x_2, y_2)$, $P_3 = (x_3, y_3)$, deren erste Komponenten x_k paarweise verschieden seien, erzeugen genau eine kubische Funktion $f : \mathbb{R} \longrightarrow \mathbb{R}$, die diese vier Punkte enthält, die sogenannte *Interpolations-Funktion* (siehe auch den Abschnitt 1.788), deren Zuordnungsvorschrift in der Form von *Lagrange* (benannt nach *Joseph Louis de Lagrange* (1642 - 1727)) das folgende Aussehen hat:

$$f(x) = \frac{x-x_1}{x_0-x_1} \cdot \frac{x-x_2}{x_0-x_2} \cdot \frac{x-x_3}{x_0-x_3} \cdot y_0 + \frac{x-x_0}{x_1-x_0} \cdot \frac{x-x_2}{x_1-x_2} \cdot \frac{x-x_3}{x_1-x_3} \cdot y_1$$
$$+ \frac{x-x_0}{x_2-x_0} \cdot \frac{x-x_1}{x_2-x_1} \cdot \frac{x-x_3}{x_2-x_3} \cdot y_2 + \frac{x-x_0}{x_3-x_0} \cdot \frac{x-x_1}{x_3-x_1} \cdot \frac{x-x_2}{x_3-x_2} \cdot y_3.$$

Man beachte, daß diese Zuordnungsvorschrift insbesondere für den Fall vorgegebener Nullstellen verwendet werden kann und je nach Anzahl solcher Nullstellen eine einfachere Form hat.

6. Kubische Funktionen $f : \mathbb{R} \longrightarrow \mathbb{R}$ mit der Zuordnungsvorschrift $f(x) = c(x-b)^3 + d$ mit $c \neq 0$ sind bijektiv mit der inversen Funktion $f^{-1} : \mathbb{R} \longrightarrow \mathbb{R}$, definiert durch $f^{-1}(z) = \sqrt[3]{\frac{1}{c}(z-d)} + b$. Insbesondere sind solche Funktionen f im Fall $c > 0$ monoton, sonst antiton.

1.217.3 Bemerkungen

1. Die argumentweise gebildete Summe $f + g : \mathbb{R} \longrightarrow \mathbb{R}$ zweier kubischer Funktionen $f, g : \mathbb{R} \longrightarrow \mathbb{R}$, definiert durch $f(x) = a_0 + a_1 x + a_2 x^2 + a_3 x^3$ und $g(x) = b_0 + b_1 x + b_2 x^2 + b_3 x^3$, hat die Zuordnungsvorschrift $(f + g)(x) = f(x) + g(x) = (a_0 + b_0) + (a_1 + b_1)x + (a_2 + b_2)x^2 + (a_3 + b_3)x^3$ und ist dann wieder eine kubische Funktion, wenn $a_3 + b_3 \neq 0$ gilt (sonst eine Polynom-Funktion von kleinerem Grad oder die Null-Funktion).

2. Das argumentweise gebildete $\mathbb{R}$-Produkt $c \cdot f : \mathbb{R} \longrightarrow \mathbb{R}$ einer reellen Zahl c mit einer kubischen Funktion $f : \mathbb{R} \longrightarrow \mathbb{R}$, definiert durch $f(x) = a_0 + a_1 x + a_2 x^2 + a_3 x^3$, hat die Zuordnungsvorschrift $(c \cdot f)(x) = c \cdot f(x) = ca_0 + ca_1 x + ca_2 x^2 + ca_3 x^3$ und ist im Fall $c \neq 0$ wieder eine kubische Funktion (sonst die Null-Funktion).

3. Das argumentweise gebildete Produkt $f \cdot g : \mathbb{R} \longrightarrow \mathbb{R}$ zweier kubischer Funktionen $f, g : \mathbb{R} \longrightarrow \mathbb{R}$, definiert durch $f(x) = a_0 + a_1 x + a_2 x^2 + a_3 x^3$ und $g(x) = b_0 + b_1 x + b_2 x^2 + b_3 x^3$, hat die Zuordnungsvorschrift
$(f \cdot g)(x) = f(x) \cdot g(x)$
$= (a_0 + a_1 x + a_2 x^2 + a_3 x^3) \cdot (b_0 + b_1 x + b_2 x^2 + b_3 x^3)$
$= a_0(b_0 + b_1 x + b_2 x^2 + b_3 x^3) + a_1 x(b_0 + b_1 x + b_2 x^2 + b_3 x^3)$
$\quad + a_2 x^2 (b_0 + b_1 x + b_2 x^2 + b_3 x^3) + a_3 x^3 (b_0 + b_1 x + b_2 x^2 + b_3 x^3)$
$= (a_0 b_0) + (a_0 b_1 + a_1 b_0)x + (a_0 b_2 + a_1 b_1 + a_2 b_0)x^2 + (a_0 b_3 + a_1 b_2 + a_2 b_1 + a_3 b_0)x^3$
$\quad + (a_1 b_3 + a_2 b_2 + a_3 b_1)x^4 + (a_2 b_3 + a_3 b_2)x^5 + (a_3 b_3)x^6$

und ist eine Polynom-Funktion vom Grad $6 = 3 + 3$, also nicht wieder eine kubische Funktion.

1.217.4 Bemerkungen

1. Analog zu quadratischen Funktionen $f : \mathbb{R} \longrightarrow \mathbb{R}$ lassen sich auch die Zuordnungsvorschriften $f(x) = a_0 + a_1 x + a_2 x^2 + a_3 x^3$ kubischer Funktionen in der elementfreien Form $f = a_0 + a_1 id + a_2 id^2 + a_3 id^3$ angeben. Dabei wird also jeder Summand in $f(x)$ als Funktionswert einer Funktion der Form $a_k id^k$ dargestellt, beispielsweise $a_2 x^2 = (a_2 id^2)(x)$ mit dem Quadrat $id^2 = id \cdot id$ der identischen Funktion $id . \mathbb{R} \longrightarrow \mathbb{R}$.

2. Mit dieser elementfreien Darstellung kubischer Funktionen lassen sich Summen, $\mathbb{R}$-Produkte und Produkte in folgender Weise einfacher darstellen:

Summe: $f + g = (a_0 + b_0) + (a_1 + b_0)id + (a_2 + b_0)id^2 + (a_3 + b_0)id^3$,
$\mathbb{R}$-Produkt: $c \cdot f = ca_0 + ca_1 id + ca_2 id^2 + ca_3 id^3$,
Produkt: $f \cdot g = (a_0 b_0) + (a_0 b_1 + a_1 b_0)id$
$\quad + (a_0 b_2 + a_1 b_1 + a_2 b_0)id^2 + (a_0 b_3 + a_1 b_2 + a_2 b_1 + a_3 b_0)id^3$
$\quad + (a_1 b_3 + a_2 b_2 + a_3 b_1)id^4 + (a_2 b_3 + a_3 b_2)id^5 + (a_3 b_3)id^6$

3. Die Menge aller kubischen Funktionen $T \longrightarrow \mathbb{R}$ wird mit $Pol_3(T, \mathbb{R})$ bezeichnet. Weder bezüglich der Addition noch bezüglich der Multiplikation enthält $Pol_3(T, \mathbb{R})$ ein neutrales Element, denn weder die Null-Funktion noch die Eins-Funktion sind in $Pol_3(T, \mathbb{R})$ enthalten. Wie Bemerkung 1.217.3 zeigt, sind Addition und Multiplikation keine inneren Kompositionen auf der Menge $Pol_3(T, \mathbb{R})$.

4. Es bezeichne $Q = \mathbb{R}^3 \times (\mathbb{R} \setminus \{0\})$ die Menge aller 4-Tupel (a_0, a_1, a_2, a_3) mit $a_3 \neq 0$ (in älterer Sprache auch Quadrupel genannt) reeller Zahlen. Jedes solche 4-Tupel erzeugt auf eindeutige Weise eine kubische Funktion $f : T \longrightarrow \mathbb{R}$ mit $f(x) = a_0 + a_1 x + a_2 x^2 + a_3 x^3$. In der Sprache der Funktionen gesagt: Die Zuordnung $(a_0, a_1, a_2, a_3) \longmapsto f = a_0 + a_1 id + a_2 id^2 + a_3 id^3$ liefert eine bijektive Funktion $P : Q \longrightarrow Pol_3(T, \mathbb{R})$.

A1.217.01: Bilden Sie alle Summen $f_i + f_k$ und alle Produkte $f_i \cdot f_k$ der nachfolgend angegebenen Funktionen $f_i, f_k : \mathbb{R} \longrightarrow \mathbb{R}$: $f_1(x) = 3 + 4x + 5x^2$, $f_2(x) = 1 + 2x + x^2 + 2x^3$ und $f_3(x) = 3x^3$.

A1.217.02: Bilden Sie alle Summen $f_i + f_k$ und alle Produkte $f_i \cdot f_k$ der nachfolgend angegebenen Funktionen $f_i, f_k : \mathbb{R} \longrightarrow \mathbb{R}$: $f_1 = a_0 + a_1 id + a_2 id^2$, $f_2 = b_2 id^2 + b_3 id^3$ und $f_3 = c_3 id^3$.

A1.217.03: Bestimmen Sie die durch die vier Punkte $P_0 = (1,3)$, $P_1 = (3,-2)$, $P_2 = (4,5)$, $P_3 = (6,10)$ erzeugte Interpolations-Funktion $f : \mathbb{R} \longrightarrow \mathbb{R}$ (siehe Bemerkung 1.217.2/5).

A1.217.04: Bestimmen Sie die durch die vier Punkte $P_0 = (1,0)$, $P_1 = (3,0)$, $P_2 = (4,0)$, $P_3 = (6,10)$ erzeugte Interpolations-Funktion $f : \mathbb{R} \longrightarrow \mathbb{R}$, die also durch drei Nullstellen und einen zusätzlichen Punkt beschrieben ist (siehe Bemerkung 1.217.2/5).

A1.217.05: Zwei Einzelaufgaben:
1. Bestätigen Sie die Aussage von Bemerkung 1.217.2/5, indem Sie für die dort genannte Interpolations-Funktion $f : \mathbb{R} \longrightarrow \mathbb{R}$ die Beziehung $f(x_0) = y_0$ nachrechnen.
2. Beschreiben Sie den formalen und den geometrischen Sinn der in der Einschränkung, daß die ersten Komponenten x_k der vier Punkte (x_k, y_k) paarweise verschieden sein müssen, enthalten ist.

A1.217.06: Im Rahmen der Theorie der Differenzierbaren Funktionen (Abschnitt 2.303) werden zu geeigneten Funktionen f und Elementen $x, x_0 \in D(f)$, $x \neq x_0$, sogenannte Differenzenquotienten $\frac{f(x)-f(x_0)}{x-x_0}$ berechnet. Betrachten Sie die nachfolgend definierten kubischen Funktionen $f : \mathbb{R} \longrightarrow \mathbb{R}$ sowie Zahlen x_0 und ermitteln Sie die zugehörigen Differenzenquotienten in dividierter Form:

a) $f(x) = x$ $x_0 = 2$ d) $f(x) = x^4$ $x_0 = 2$
b) $f(x) = x^2$ $x_0 = 2$ e) $f(x) = -x^3 + x$ $x_0 = 3$
c) $f(x) = x^3$ $x_0 = 2$ f) $f(x) = x^3 + x^2 - x$ $x_0 = 2$

A1.217.07: Zeigen Sie, daß die nachfolgend definierten Funktionen $f : \mathbb{R} \longrightarrow \mathbb{R}$ um den jeweils angegebenen Punkt D drehsymmetrisch um $180°$ sind:

a) $f(x) = \frac{2}{3}x^3 - 4x^2 - 3x + 1$ $D = (2, -\frac{47}{3})$
b) $f(x) = 4x^3 - 6x^2 + 7x + 2$ $D = (\frac{1}{2}, \frac{9}{2})$

A1.217.08: Beweisen Sie: Eine kubische Funktion Funktion $f : T \longrightarrow \mathbb{R}$, wobei $T = \mathbb{R}$ oder ein zum Nullpunkt symmetrisches Intervall sei, mit $f(x) = a_0 + a_1 x + a_2 x^2 + a_3 x^3$ ist drehsymmetrisch um $180°$ um den Punkt $D = (d, f(d))$ mit $d = -\frac{1}{3}\frac{a_2}{a_3}$ (siehe Bemerkung 1.217.2/4). Machen Sie deutlich, auf welchen Überlegungen der Nachweis beruht.

A1.217.09: Beweisen Sie: Eine kubische Funktion Funktion $f : T \longrightarrow \mathbb{R}$, wobei $T = \mathbb{R}$ oder ein zum Nullpunkt symmetrisches Intervall sei, mit $f(x) = a_0 + a_1 x + a_2 x^2 + a_3 x^3$ ist genau dann drehsymmetrisch um $180°$ um den Nullpunkt $D = (0,0)$, wenn $a_0 = a_2 = 0$ gilt (siehe Bemerkung 1.217.2/4).

A1.217.10: Bestätigen Sie die Aussage von Bemerkung 1.217.2/6.

A1.217.11: Begründen Sie die Bijektivität der in der Bemerkung 1.217.4/5 angegebenen Funktion $P : Q \longrightarrow Pol_3(T, \mathbb{R})$.

A1.217.12: Betrachten Sie hinsichtlich Bemerkung 1.217.2/2 zu kubischen Funktionen $f : \mathbb{R} \longrightarrow \mathbb{R}$ in Normalform $f(x) = a_0 + a_1 x + a_2 x^2 + a_3 x^3$ die jeweils zugehörige normierte kubische Funktion $f^* = \frac{1}{a_3} \cdot f : \mathbb{R} \longrightarrow \mathbb{R}$ mit der Zuordnungsvorschrift $f^*(x) = \frac{a_0}{a_3} + \frac{a_1}{a_3}x + \frac{a_1}{a_3}x^2 + x^3$.
Anmerkung: Das Normieren quadratischer Funktionen läßt sich als Funktion $Pol_3(T, \mathbb{R}) \longrightarrow Pol_3(T, \mathbb{R})$ mit der Zuordnung $f \longmapsto f^*$ beschreiben. Allgemeiner liegt eine analoge Funktion für Polynom-Funktionen vom Grad n vor, nämlich die Normierungs-Funktion $Pol_n(T, \mathbb{R}) \longrightarrow Pol_n(T, \mathbb{R})$ mit der Zuordnung $f = \sum_{0 \leq k \leq n} a_k \cdot id^k \longmapsto f^* = \frac{1}{a_n} \cdot f = \sum_{0 \leq k \leq n} \frac{a_k}{a_n} \cdot id^k$.
Nennen Sie Eigenschaften bezüglich Form und Lage für kubische Funktionen, die gegenüber dem Prozeß *Normieren* invariant oder nicht invariant sind (mit zugehörigen Berechnungen).

1.218 Gleichungen über Kubischen Funktionen

> Doch, Freund, belehre mich, wie den Apollo nennt;
> Wenn er die Töne gleich als seine Finger kennt,
> Besäß sein schwerer Geist Eucliden und Cartesen,
> Und Eulern könnt er gar, wie ich Talandern lesen
> Allein, er wagte nichts, allein er dächte nie,
> Dem Führer allzutreu, und folgte wie das Vieh;
> Und täuschte nur das Ohr mit künstlichem Geklimper:
> Wie nennt Apollo den? Wenns hoch kommt: einen Stümper.
> *Gotthold Ephraim Lessing* (1729 - 1781)

Die folgenden Untersuchungen beschäftigen sich mit den Gleichungen kubischer Funktionen. Nach der üblichen Sprechweise, Gleichungen über bestimmten Funktionen mit den entsprechenden Adjektiven zu benennen, ist der folgende Begriff sofort klar.

1.218.1 Definition

Gleichungen (f, b) über kubischen Funktionen $f : T \longrightarrow \mathbb{R}$, $T \subset \mathbb{R}$, nennt man *Kubische Gleichungen*.

Es ist klar, daß man anstelle von Gleichungen der Form (g, b) auch die der Form $(g - b, 0) = (f, 0)$ betrachten kann. Das bedeutet, daß es im wesentlichen um die Berechnung von Nullstellenmengen $N(f) = L(f, 0)$ geht. Welche Methoden dafür in welchen Fällen zur Verfügung stehen, wird in den folgenden Bemerkungen zusammenfassend und der Sache nach auch vollständig dargestellt.

1.218.2 Bemerkungen

1. Jede kubische Funktion $f : \mathbb{R} \longrightarrow \mathbb{R}$ besitzt mindestens eine Nullstelle und höchstens drei Nullstellen. (Die Anzahl der Nullstellen kann natürlich bei kleineren Definitionsbereichen kleiner sein.)

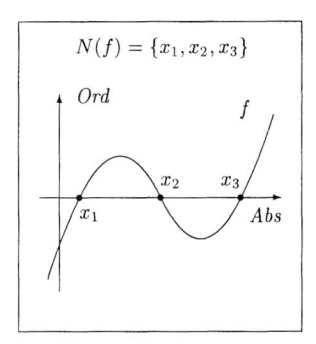

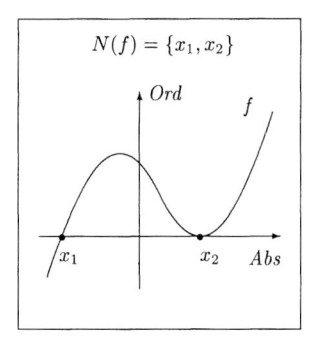

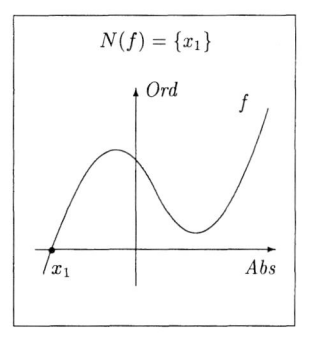

2. Manche kubischen Funktionen $f : \mathbb{R} \longrightarrow \mathbb{R}$ besitzen eine Darstellung $f(x) = c(x - x_1)(x - x_2)(x - x_3)$ mit Linearfaktoren $(x - x_k)$. Liegt f in einer solchen Form vor, dann gilt $N(f) = \{x_1, x_2, x_3\}$. Beispiele:
a) $f : \mathbb{R} \longrightarrow \mathbb{R}$ mit $f(x) = 2x^3 + 2x^2 - 12x = 2x(x-2)(x+3)$ hat die Nullstellenmenge $N(f) = \{-3, 0, 2\}$,
b) $f : \mathbb{R} \longrightarrow \mathbb{R}$ mit $f(x) = x^3 - 7x + 6 = (x-1)(x-2)(x+3)$ die Nullstellenmenge $N(f) = \{1, 2, -3\}$.

3. Da in 2. nicht gesagt ist, daß die Linearfaktoren voneinander verschieden sein müssen, kann f auch in der Darstellung $f(x) = c(x - x_1)^2(x - x_2)$ oder $f(x) = c(x - x_1)^3$ vorliegen. Im ersten Fall gilt $N(f) = \{x_1, x_2\}$, wobei die Nullstelle x_1 als sogenannte doppelt auftretende Nullstelle in der graphischen Darstellung eine Berührstelle bezüglich der Abszisse ist. Im zweiten Fall gilt $N(f) = \{x_1\}$ (das bedeutet auch, daß f weder ein Maximum noch ein Minimum hat und der Form nach der *Kubischen Normalparabel* id^3 ähnlich ist). Beispiele dazu:

a) $f : \mathbb{R} \longrightarrow \mathbb{R}$ mit $f(x) = (x-3)^2(x+2)$ hat die Nullstellenmenge $N(f) = \{-2, 3\}$,
b) $f : \mathbb{R} \longrightarrow \mathbb{R}$ mit $f(x) = (x^2-4)(x+3)$ hat die Nullstellenmenge $N(f) = \{-2, 2, -3\}$.

4. Hat eine kubische Funktion $f : \mathbb{R} \longrightarrow \mathbb{R}$ die Darstellung $f(x) = a_1x + a_2x^2 + a_3x^3$, so läßt sich x ausklammern und liefert $f(x) = x(a_1 + a_2x + a_3x^2)$. Mit der durch $h(x) = a_1 + a_2x + a_3x^2$ definierten quadratischen Funktion h hat f dann die Nullstellenmenge $N(f) = N(id) \cup N(h) = \{0\} \cup N(h)$. Entsprechend kann man mit der Darstellung $f(x) = a_2x^2 + a_3x^3 = x^2(a_2 + a_3x)$ vorgehen und erhält mit $h(x) = a_2 + a_3x$ dann die Nullstellenmenge $N(f) = N(id^2) \cup N(h) = \{0\} \cup N(h)$.

5. Nehmen wir an, daß eine kubische Funktion $f : \mathbb{R} \longrightarrow \mathbb{R}$ in der Darstellung $f(x) = a_0 + a_1x + a_2x^2 + a_3x^3$ vorliegt und durch einen glücklichen Umstand eine Nullstelle s und somit ein Linearfaktor $x-s$ bekannt ist, dann liefert das in Bemerkung 1.218.7 geschilderte Verfahren der Polynom-Division eine Darstellung $f = g \cdot h$ von f, bei der ein Faktor eine quadratische Funktion, der andere dann die durch den Linearfaktor gelieferte lineare Funktion ist. Dabei gilt $N(f) = N(g) \cup N(h)$, das bedeutet, daß f neben der Nullstelle s noch die möglichen Nullstellen der quadratischen Funktion besitzen kann (siehe Beispiel 1.218.7/1).

6. Gelegentlich kann man einen solchen glücklichen Umstand auch herbeiführen, denn es gilt: Sind in der Zuordnungsvorschrift $f(x) = a_0 + a_1x + a_2x^2 + a_3x^3$ einer kubischen Funktion f alle Koeffizienten a_0, a_1, a_2, a_3 ganzzahlig und ist $a_0 \neq 0$, dann sind die ganzzahligen Nullstellen von f stets Teiler von a_0. Beweis: Ist $x_0 \in N(f) \cap \mathbb{Z}$, so folgt aus $f(x_0) = a_0 + a_1x_0 + a_2x_0^2 + a_3x_0^3 = 0$ dann die Beziehung $x_0(a_1 + a_2x_0 + a_3x_0^2) = -a_0$. Da neben a_0 auch die beiden Faktoren ganzzahlig sind, ist x_0 ein Teiler von a_0, es gilt also $N(f) \cap \mathbb{Z} \subset Teil(a_0)$.
Fazit: Man kann dann gemäß dem in 4. geschilderten Verfahren vorgehen, wenn man in der endlichen Menge $Teil(a_0)$ der Teiler von a_0 eine Nullstelle von f findet (siehe Beispiel 1.218.3/3).

7. Nehmen wir schließlich noch im schlechtesten aller möglichen Fälle an, daß eine kubische Funktion $f : \mathbb{R} \longrightarrow \mathbb{R}$ in der Darstellung $f(x) = a_0 + a_1x + a_2x^2 + a_3x^3$ vorliegt und keine weiteren Informationen über Nullstellen zur Verfügung stehen, dann helfen nur sogenannte Näherungsverfahren (die allerdings dadurch, daß sie einen gewünschten Genauigkeitsgrad liefern, in der Anwendung durchaus praktikabel sind und durch ihre rekursive Natur auch leicht von Computern berechnet werden können). Die beiden dafür zur Verfügung stehenden Verfahren sind die sogenannte *Regula falsi* (siehe Abschnitte 2.010 und 2.044) und das Verfahren nach *Newton/Raphson* (siehe Abschnitt 2.342).

1.218.3 Bemerkung (Polynom-Division bei bekanntem Linearfaktor)

Die beiden folgenden Beispiele zeigen das Verfahren zur Berechnung des Quotienten $u(x) : v(x) = q(x)$ für zwei geeignete Polynom-Funktionen u und v, sofern man schon weiß, daß $u(x)$ die Form $u(x) = v(x) \cdot q(x)$ (mit linearer Funktion v) hat und $v(x)$ bekannt ist. Es wird das erste Beispiel kommentiert:

a) In $u(x)$ und $v(x)$ werden die Summanden nach kleiner werdendem Exponent von x angeordnet, also $u(x) = 2x^3 + 3x^2 - 8x - 12$ und $v(x) = x - 2$.

b) Zunächst wird nun der erste Summand $2x^3$ von $u(x)$ durch den ersten Summanden x von $v(x)$ dividiert, das liefert $2x^3 : x = 2x^2$. Dann wird mit diesem Quotienten $2x^2$ das Produkt $v(x) \cdot 2x^2 = 2x^3 - 4x^2$ gebildet, das nun von $u(x)$ subtrahiert wird. Das liefert dann die Differenz $7x^2 - 8x - 12$. Mit dieser Differenz wird nun der bisherige Vorgang in gleicher Weise wiederholt. Nach mehreren solchen Schritten endet das gesamte Verfahren, wenn eine derartige Differenz Null ist.

c) Damit ist $q(x) = 2x^2 + 7x + 6$ als Summe der Einzelquotienten gefunden. (Zur Probe sollte man $v(x) \cdot q(x)$ berechnen und $u(x)$ erhalten.

```
(x³ + x² - x - 1) : (x - 1) = x² + 2x + 1        (2x³ + 3x² - 8x - 12) : (x - 2) = 2x² + 7x + 6
-(x³ - x²)                                        -(2x³ - 4x²)
―――――――――                                         ―――――――――――
    2x² - x - 1                                       7x² - 8x - 12
  -(2x² - 2x)                                       -(7x² - 14x)
  ―――――――――                                         ―――――――――――
         x - 1                                              6x - 12
       -(x - 1)                                           -(6x - 12)
       ―――――                                              ―――――――
           0                                                    0
```

Es sei noch angemerkt, daß man auch Polynon-Funktionen mit anderen Graden auf diese Weise dividieren kann. Dabei ist für die Bildung von Quotienten $u(x) : v(x)$ allerdings $grad(v) \leq grad(u)$ vorauszusetzen.

Beispiele zur Berechnung von Nullstellenmengen mit Hilfe der Polynom-Division:

1. Für die kubische Funktion $f : \mathbb{R} \longrightarrow \mathbb{R}$ mit $f(x) = x^3 + x^2 - 2$ sei die Nullstelle 1 vorgegeben. Polynom-Division $(x^3 + x^2 - 2) : (x - 1) = x^2 + 2x + 2$ liefert dann Funktionen $g, h : \mathbb{R} \longrightarrow \mathbb{R}$ mit $g(x) = x - 1$ und $h(x) = x^2 + 2x + 2$, wobei $f = g \cdot h$ gilt. Wegen $N(h) = \emptyset$ gilt dann $N(f) = N(g) \cup N(h) = N(g) \cup \emptyset = N(g) = \{1\}$.

2. Für die kubische Funktion $f : \mathbb{R} \longrightarrow \mathbb{R}$ mit $f(x) = x^3 + x^2 - \frac{5}{4}x - \frac{5}{4}$ sei die Nullstelle -1 vorgegeben. Polynom-Division $(x^3 + x^2 - \frac{5}{4}x - \frac{5}{4}) : (x + 1) = x^2 - \frac{5}{4}$ liefert dann Funktionen $g, h : \mathbb{R} \longrightarrow \mathbb{R}$ mit $g(x) = x + 1$ und $h(x) = x^2 - \frac{5}{4}$, wobei $f = g \cdot h$ gilt. Wegen $N(h) = \{-\frac{1}{2}\sqrt{5}, \frac{1}{2}\sqrt{5}\}$ gilt dann $N(f) = N(g) \cup N(h) = \{-\frac{1}{2}\sqrt{5}, -1, \frac{1}{2}\sqrt{5}\}$.

3. Bei der kubischen Funktion $f : \mathbb{R} \longrightarrow \mathbb{R}$ mit $f(x) = x^3 + 5x^2 - 17x - 21$ sind alle Koeffizienten ganze Zahlen, ferner enthält $f(x)$ einen ganzzahligen konstanten Summanden. Nach Bemerkung 1.218.2/6 sind dann alle ganzzahligen Nullstellen von f Teiler von -21. In der Tat zeigen die Quotienten

$$(x^3 + 5x^2 - 17x - 21) : (x + 7) = x^2 - 2x - 3, \quad \text{Teiler: } -7,$$
$$(x^3 + 5x^2 - 17x - 21) : (x + 1) = x^2 + 4x - 21, \quad \text{Teiler: } -1,$$
$$(x^3 + 5x^2 - 17x - 21) : (x - 3) = x^2 + 8x + 7, \quad \text{Teiler: } 3,$$

daß die Nullstellen von f in der Menge $Teil(-21) = \{-21, -7, -3, -1, 1, 3, 7, 21\}$ enthalten sind.

1.218.4 Bemerkung

Zur Frage möglicher Schnittpunkte zweier kubischer Funktionen $f, g : \mathbb{R} \longrightarrow \mathbb{R}$, wobei $f \neq g$ gelte, mit $f(x) = a_0 + a_1 x + a_2 x^2 + a_3 x^3$ und $g(x) = b_0 + b_1 x + b_2 x^2 + b_3 x^3$ zunächst folgende Vorüberlegung: Beachtet man $S(f, g) = N(f - g)$ für die Menge $S(f, g)$ der Schnittstellen von f und g und dazu $(f - g)(x) = f(x) - g(x) = (a_0 - b_0) + (a_1 - b_1)x + (a_2 - b_2)x^2 + (a_3 - b_3)x^3$, dann gilt zunächst: $f - g$ hat höchstens drei Nullstellen, das heißt, f und g haben höchstens drei Schnittpunkte. Weiterhin können nun die beiden folgenden Fälle auftreten:

a) Gilt $a_3 \neq b_3$, dann ist $f - g$ eine kubische Funktion, das bedeutet, daß $f - g$ mindestens eine Nullstelle hat, f und g haben in diesem Fall also mindestens einen Schnittpunkt.

b) Gilt jedoch $a_3 = b_3$, dann ist $f - g$ eine quadratische Funktion (oder, sofern auch noch $a_2 = b_2$ gilt, eine lineare Funktion), das bedeutet, daß in diesem Fall $S(f, g) = N(f - g)$ entweder leer, einelementig oder zweielementig ist.

1.218.5 Bemerkung

Der Nutzen der Beziehung $N(u \cdot v) = N(u) \cup N(v)$ (siehe Lemma 1.136.5/5) bei der Berechnung von Nullstellen von Funktionen $f = u \cdot v$ wurde in den Bemerkungen 1.214.3 und 1.218.2 schon hinreichend belegt (und führt dann auch zum Verfahren der Polynom-Division). Dabei tritt naturgemäß folgende grundlegende (und in den Abschnitten 1.64x) näher untersuchte Frage auf:

Wie kann man von einer Funktion $f : \mathbb{R} \longrightarrow \mathbb{R}$ der Form $f(x) = a_n x^n + a_{n-1} x^{n-1} + ... + a_2 x^2 + a_1 x + a_0$ (allgemein nennt man solche Funktionen *Polynom-Funktionen* vom *Grad* n, sofern $a_n \neq 0$ gilt) entscheiden, ob sie sich als Produkte $f = u_1 \cdot ... \cdot u_k$ von Polynom-Funktionen $u_1, ..., u_k$ mit kleineren Graden darstellen lassen? Und wenn ja, wie kann man entscheiden, ob sich diese Faktoren selbst in diesem Sinne noch weiter zerlegen oder nicht mehr weiter zerlegen lassen? Faktoren, die sich nicht mehr weiter zerlegen lassen, nennt man auch *irreduzible Faktoren*. Zwei Beispiele dazu:

a) Die Polynom-Funktion f mit $f(x) = x^3 + 2x^2 - x - 2$ hat die Form $f = u_1 \cdot u_2 \cdot u_3$ mit $u_1(x) = x - 1$ sowie $u_2(x) = x + 1$ und $u_3(x) = x + 2$, die als lineare Funktionen irreduzible Faktoren sind.

b) Die Polynom-Funktion f mit $f(x) = x^5 + x^4 + x^2 + x + 2$ hat die Form $f = u_1 \cdot u_2$ mit den irreduziblen Faktoren u_1 und u_2 mit $u_1(x) = x^3 - x + 2$ und $u_2(x) = x^2 + x + 1$.

Die Frage, wie man zu solchen Zerlegungen kommen kann, soll im vorliegenden Rahmen (lediglich) durch *Probieren* (eine ganz legitime mathematische Tätigkeit) an Beispiel b) erläutert werden:

Mit Grad 5 von f und dem konstanten Summanden 2 muß $x^5 + x^4 + x^2 + x + 2$ – wenn überhaupt – die Form $(x^2 + ax + 1)(x^3 + bx^2 + cx + 2)$ (oder mit vertauschten konstanten Summanden) haben. Weiterhin kann aber im zweiten Faktor der Summand bx^2 nicht auftreten, da in $f(x)$ kein kubischer Summand auftritt, bleibt also $(x^2 + ax + 1)(x^3 + cx + 2)$. Nun liefert Ausmultiplizieren $x^5 + ax^4 + (c+1)x^3 + (2+ac)x^2 + (2a+c)x + 2$, womit ein Koeffizientenvergleich mit $f(x)$ dann $a = 1$, ferner $c + 1 = 0$, also $c = -1$, damit weiterhin $2 + ac = 1$ und $2a + c = 1$ liefert. Das untersuchte Produkt iat also $(x^2 + x + 1)(x^3 - x + 2)$.

Weiterhin ist zu prüfen, ob die beiden Faktoren (x^2+x+1) und (x^3-x+2) ihrerseits reduzibel sind oder nicht. Bei dem ersten Faktor ist wegen eines Vergleichs mit der binomischen Formel $(x+d)^2 = x^2+2dx+d^2$ klar, daß er irreduzibel ist. Bei dem zweiten Faktor wird wieder nach dem obigen Verfahren festgestellt, daß eine Zerlegung nicht existieren kann (siehe Aufgabe A1.218.08/1).

A1.218.01: Bestätigen Sie die folgenden Beziehungen durch Polynom-Division:
a) $(x^4 + x^3 + x - 1) : (x^2 + 1) = x^2 + x - 1$
b) $(x^3 + 2x^2 - 11x + 20) : (x + 5) = x^2 - 3x + 4$
c) $(x^4 - 5x^2 + 4) : (x - 1) = x^3 + x^2 - 4x - 4$
d) $(x^7 - 2x^6 + 2x^5 - 4x^4 + x^2 - 2x) : (x - 2) = x^6 + 2x^4 + x$
e) $(3x^6 - 2x^5 - 2x^4 + 2x^3 - 2x^2 + 1) : (x^2 - 1) = 3x^4 - 2x^3 + x^2 - 1$
f) $(\frac{1}{2}x^3 - \frac{11}{12}x^2 + \frac{3}{4}x - \frac{1}{6}) : (x - \frac{1}{3}) = \frac{1}{2}x^2 - \frac{3}{4}x + \frac{1}{2}$

A1.218.02: Untersuchen Sie die Funktionen $f : \mathbb{R} \longrightarrow \mathbb{R}$ hinsichtlich Nullstellen:
a) $f(x) = x^3 + 9x^2 - x - 105$
b) $f(x) = x^3 - 14x + 15$
c) $f(x) = x^3 - 6x^2 + 14x - 15$
d) $f(x) = x^3 + x^2 - 4x + 6$

A1.218.03: Bestimmen Sie zu den Funktionen $f, g : \mathbb{R} \longrightarrow \mathbb{R}$ jeweils Existenz und Aussehen von Schnittpunkten:
a) $f(x) = 6x^3 + 4x^2 - 7x + 2$ $\qquad g(x) = 4x^3 + 2x^2 + 5x + 2$
b) $f(x) = x^3$ $\qquad g(x) = (x - a)^3$ mit $a \neq 0$
c) $f(x) = x^3 + 2x^2$ $\qquad g(x) = 3x^3 - x^2 + x$

A1.218.04: Betrachten Sie die durch $f(x) = x^3 - 3x^2 - x + 3$ definierte Funktion $f : \mathbb{R} \longrightarrow \mathbb{R}$, zeigen Sie, daß 1 eine Nullstelle von f ist und berechnen Sie damit dann $N(f)$. Verschieben Sie die Funktion f im Sinne der Zuordnung $(1,0) \longmapsto (0,0)$ so, daß die dabei entstehende Funktion $g : \mathbb{R} \longrightarrow \mathbb{R}$ drehsymmetrisch um $(0,0)$ um $180°$ ist. Geben Sie g an.

A1.218.05: Bemerkung 1.218.2/6 sagt unter der dort genannten Voraussetzung $a_0, a_1, a_2, a_3 \in \mathbb{Z}$ kurz: $N(f) \cap \mathbb{Z} \subset Teil(a_0)$ für den dort genannten konstanten Summanden a_0 in $f(x) a_0 + a_1 x + a_2 x^2 + a_3 x^3$.
1. Nennen Sie ein Beispiel dafür, daß im allgemeinen nicht einfach $N(f) \subset Teil(a_0)$ gilt.
2. Wie korrespondiert der mögliche Fall $card(N(f)) = 3$ mit $Teil(1) = Teil(-1) = \{-1, 1\}$?

A1.218.06: Für kubische Funktionen $f : \mathbb{R} \longrightarrow \mathbb{R}$ mit $f(x) = a_0 + a_1x + a_2x^2 + a_3x^3$ kann man zeigen, daß sie stets den *Wendepunkt* $(x_0, f(x_0))$ mit *Wendestelle* $x_0 = -\frac{a_2}{3a_3}$ besitzen. Dabei wird ein Punkt einer Funktion als *Wendepunkt* bezeichnet, wenn die Funktion dort ihre Krümmungsrichtung wechselt (von einer Linkskurve in eine Rechtskurve oder umgekehrt übergeht).

Wie kann man prüfen, ob eine kubische Funktion relativ zu einem Wendepunkt punktsymmetrisch, also drehsymmetrisch um $180°$ ist? Untersuchen Sie diese Frage auch an Beispielen.

A1.218.07: Zeigen Sie anhand zweier konkreter Beispiele: Jede Polynom-Funktion $f : \mathbb{R} \longrightarrow \mathbb{R}$ der Form $f(x) = a_n x^n + a_{n-1} x^{n-1} + ... + a_2 x^2 + a_1 x + a_0$ mit rationalen Koeffizienten $a_n, ..., a_0$ kann als Produkt $f = \frac{1}{c} \cdot h$ mit einer Polynom-Funktion h vom gleichen Grad mit ganzzahligen Koeffizienten dargestellt werden. Ist eine solche Darstellung eindeutig?

A1.218.08: Zwei Einzelaufgaben:
1. Zeigen Sie, daß $u(x) = x^3 - x + 2$ irreduzibel ist (siehe Ende von Bemerkung 1.218.5).
2. Untersuchen Sie die Daten der Aufgabe A1.218.01/a/b im Sinne von Bemerkung 1.218.5.

1.220 FUNKTIONEN UND UNGLEICHUNGEN

> Wissen ist ein Schatz, der seinen
> Besitzer überallhin begleitet.
> *Alte chinesische Weisheit*

In diesem Abschnitt werden Ungleichungen über Funktionen $T \longrightarrow \mathbb{R}$, $T \subset \mathbb{R}$, definiert und untersucht. Diese Formulierung deutet schon darauf hin, daß dabei das gleiche definitorische Konzept verfolgt wird wie bei dem Begriff der Gleichung in Abschnitt 1.136. In der Tat zeigt sich, daß der Begriff der Ungleichung einerseits der allgemeinere ist, das heißt, daß Gleichungen als Spezialfall von Ungleichungen definiert werden könnten (siehe Bemerkung 1.220.2/3), andererseits aber auf den Wertebereichen der zugrunde gelegten Funktionen mindestens eine Ordnungs-Relation vorausgesetzt werden muß. (Dabei muß ein Gleichheitsbegriff stets vorhanden sein.) Sinnvoll könnte also die Wahl einer angeordneten Gruppe oder eines angeordneten Ringes als Wertebereich sein (insbesondere im Hinblick auf Lemma 1.220.3). Da sich die Untersuchungen in den folgenden Abschnitten jedoch auf Ungleichungen bei Zahlenmengen beziehen, beschränken wir uns hier auch auf Funktionen $T \longrightarrow \mathbb{R}$, $T \subset \mathbb{R}$.

1.220.1 Definition

1. Eine *Ungleichung* ist ein Tripel (f, Z, b) einer Funktion $f : T \longrightarrow \mathbb{R}$, $T \subset \mathbb{R}$, sowie einer Relation $Z \in \{\leq, \geq, <, >\}$ und eines Elementes b aus $\mathbb{R}$.
2. Ein Element $x \in T$ heißt *Lösung* von (f, Z, b), falls $(f(x), b) \in Z$ gilt.
3. Die *Lösungsmenge* von (f, Z, b) ist die Menge $L(f, Z, b) = \{x \in T \mid (f(x), b) \in Z\}$ aller der Elemente x aus T, deren Funktionswerte $f(x)$ mit b in einer der Relationen Z stehen. (Es gilt stets $L(f, Z, b) \subset D(f)$.)
4. Eine Ungleichung (f, Z, b) heißt *lösbar*, falls $L(f, Z, b) \neq \emptyset$ ist, sonst nicht lösbar.

1.220.2 Bemerkungen

1. Gelegentlich - wenn es der Zusammenhang in einer bestimmten Berechnung günstig erscheinen läßt - wird anstelle von (f, Z, b) auch etwas mißverständlich $f(x) Z b$ geschrieben, mißverständlich deswegen, weil in dieser Schreibweise die Existenz einer Lösung x schon angenommen wird. Das kann ein Irrtum sein.

2. Wie auch bei Gleichungen bietet sich an, Ungleichungen über Funktionen $f : T \longrightarrow \mathbb{R}$, $T \subset \mathbb{R}$, nach den jeweiligen Funktionen zu benennen. Beispielsweise nennt man Ungleichungen über Polynomfunktionen kurz Polynomungleichungen. Nach diesem Muster verfährt man stets, wenn keine sprachlichen Mißgriffe auftreten. Auch feinere Klassifizierungen von Funktionen werden auf zugehörige Ungleichungen übertragen: Polynomfunktionen 2. Grades nennt man auch Parabeln oder quadratische Funktionen, somit spricht man von Parabelungleichungen oder quadratischen Ungleichungen.

3. Hätte man in die Menge $\{\leq, \geq, <, >\}$ der vier *Ordnungszeichen* das Zeichen $=$ mit aufgenommen, dann lieferte die vorstehende Definition den Gleichungsbegriff als Sonderfall; eine Gleichung hätte dann die Form $(f, =, b)$. Des besseren Überblicks halber wurde darauf aber verzichtet. Somit bleibt festzuhalten: Eine Funktion f und ein Element $b \in W(f)$ liefern jeweils vier Ungleichungen über f, nämlich $(f, \leq, b)$, $(f, \geq, b)$, $(f, <, b)$ und $(f, >, b)$.

4. Zu einem festgewählten Ordnungszeichen Z ist die Menge aller diesbezüglichen Ungleichungen über allen Funktionen $T \longrightarrow \mathbb{R}$, $T \subset \mathbb{R}$, die Menge $Abb(T, \mathbb{R}) \times \{Z\} \times \mathbb{R}$. Betrachtet man dazu die Funktion $L : Abb(T, \mathbb{R}) \times \{Z\} \times \mathbb{R} \longrightarrow Pot(T)$, $(f, Z, b) \longmapsto L(f, Z, b)$, dann liefert L auf $Abb(T, \mathbb{R}) \times \{Z\} \times \mathbb{R}$ nach Beispiel 1.140.4/3 eine Äquivalenzrelation R, definiert durch
$$(f, Z, b)\ R\ (g, Z, c) \Leftrightarrow L(f, Z, b) = L(g, Z, c).$$
Zwei Ungleichungen stehen also genau dann in dieser Relation zueinander, wenn sie dieselbe Lösungsmenge haben. Eine Äquivalenzklasse enthält also alle Ungleichungen mit derselben Lösungsmenge.

5. Ungleichungen (f, Z, b) und (g, Z, c) mit der Eigenschaft $(f, Z, b)\ R\ (g, Z, c)$ nennt man *äquivalente Ungleichungen*. Dieser Begriff führt auch dazu, anstelle von $(f, Z, b)\ R\ (g, Z, c)$ meist die Schreibweise

$(f, Z, b) \Leftrightarrow (g, Z, c)$ zu verwenden, wie das auch im folgenden getan wird.

6. Für beliebige Ungleichungen (f, b) über einer Funktion $T \longrightarrow \mathbb{R}$, $T \subset \mathbb{R}$, und einem festgewählten Ordnungszeichen Z gelten dann folgende Sachverhalte:
    a) $(f, Z, b) \Leftrightarrow (c + f, Z, c + b)$, für alle $c \in \mathbb{R}$,
    b) $(f, Z, b) \Leftrightarrow (c \cdot f, Z, c \cdot b)$, für alle $c \in \mathbb{R}^+$,
    c) $(f, Z, b) \Leftrightarrow (-c \cdot f, Z_v, -c \cdot b)$, für alle $c \in \mathbb{R}^-$.

Diese drei Regeln nennt man die *Äquivalenzumformungen* für eine Ungleichung (f, Z, b), wobei Z_v das zu Z seitenvertauschte Zeichen sei. Insbesondere liefert Regel a) die Äquivalenz $(f, Z, b) \Leftrightarrow (-b + f, Z, 0)$, weswegen man anstelle der Untersuchung von (f, Z, b) häufig auch die leichter handhabbare Ungleichung $(-b + f, Z, 0)$ betrachtet.

Beweis von a):
$x \in L(f, Z, b) \Leftrightarrow f(x) \, Z \, b \Leftrightarrow c + f(x) \, Z \, c + b \Leftrightarrow (c + f)(x) \, Z \, c + b \Leftrightarrow x \in L(c + f, Z, c + b)$

7. Das sogenannte Lösen einer Ungleichung (f, Z, b), also die Bestimmung ihrer Lösungsmenge $L(f, Z, b)$, geschieht nach folgendem formalen Muster: Zunächst wird eine Kette von Äquivalenzen
$$x \in L(f, Z, b) \Leftrightarrow f(x) \, Z \, b \Leftrightarrow \ldots \Leftrightarrow x \in \{\ldots\}$$
hergestellt, die wegen der daraus folgenden Äquivalenz der ersten und der letzten Aussage dann nach Definition 1.101.5a die Gleichheit $L(f, Z, b) = \{\ldots\}$ liefert.

8. Beispiele für Ungleichungen werden ausführlich in den folgenden Abschnitten behandelt, so daß hier darauf verzichtet werden soll.

1.220.3 Lemma

Für Funktionen $T \longrightarrow \mathbb{R}$, $T \subset \mathbb{R}$, gilt:

$a_1)$	$L(f, \geq, 0)$	$=$	$L(f, >, 0) \cup L(f, =, 0)$	$a_2)$	$L(f, \leq, 0)$	$=$	$L(f, <, 0) \cup L(f, =, 0)$
$b_1)$	$L(f, >, 0)$	$=$	$L(f, \geq, 0) \setminus L(f, =, 0)$	$b_2)$	$L(f, <, 0)$	$=$	$L(f, \leq, 0) \setminus L(f, =, 0)$
$c_1)$	$L(f, =, 0)$	$=$	$L(f, \geq, 0) \setminus L(f, >, 0)$	$c_2)$	$L(f, =, 0)$	$=$	$L(f, \leq, 0) \setminus L(f, =, 0)$
$d_1)$	$D(f)$	$=$	$L(f, >, 0) \cup L(f, \leq, 0)$	$d_2)$	$D(f)$	$=$	$L(f, <, 0) \cup L(f, \geq, 0)$
$e_1)$	$L(f, >, 0)$	$=$	$D(f) \setminus L(f, \leq, 0)$	$e_2)$	$L(f, <, 0)$	$=$	$D(f) \setminus L(f, \geq, 0)$
$f_1)$	$L(f, \leq, 0)$	$=$	$D(f) \setminus L(f, >, 0)$	$f_2)$	$L(f, \geq, 0)$	$=$	$D(f) \setminus L(f, <, 0)$

Die *Beweise von a) und d)* werden nach folgendem Muster $(a_1))$ geführt:
Die Äquivalenzen $x \in L(f, \geq, 0) \Leftrightarrow f(x) \geq 0 \Leftrightarrow f(x) > 0$ oder $f(x) = 0$
$\Leftrightarrow x \in \{z \in D(f) | f(z) > 0\}$ oder $x \in \{z \in D(f) | f(z) = 0\}$
$\Leftrightarrow x \in \{z \in D(f) | f(z) > 0\} \cup \{z \in D(f) | f(z) = 0\} \Leftrightarrow x \in L(f, >, 0) \cup L(f, =, 0)$
liefern die Äquivalenz der ersten und der letzten Aussage, damit ist $L(f, \geq, 0) = L(f, >, 0) \cup L(f, =, 0)$.

Die *Beweise von b) und c) bzw. e) und f)* folgen aus a) bzw. d) und folgendem Sachverhalt: Für Mengen A, B und C folgt aus $A = B \cup C$ einerseits $A \setminus B = (B \cup C) \setminus B = C$ und andererseits $A \setminus C = (B \cup C) \setminus C = B$.

A1.220.01: Beweisen Sie die Aussagen b) und c) in Bemerkung 1.220.2/6.

1.222 LINEARE FUNKTIONEN UND UNGLEICHUNGEN

> Das höchste und Edelste im Menschen verbirgt sich und ist ohne Nutzen für die tätige Welt (wie die höchsten Berge keine Gewächse tragen), und aus der Kette schöner Gedanken können sich nur einige Glieder als Taten ablösen.
> *Jean Paul (1763 - 1825)*

Die allgemeinen Überlegungen in Abschnitt 1.220 werden nun auf lineare Funktionen $f : \mathbb{R} \longrightarrow \mathbb{R}$ angewendet. Die näheren Einzelheiten solcher Funktionen, die dabei eine Rolle spielen, sind zunächst in den folgenden Bemerkungen zusammengefaßt:

1.222.1 Bemerkungen

1. Im Hinblick auf Definition 1.220.1 nennt man Gleichungen oder Ungleichungen (f, Z, b) über linearen Funktionen $f : \mathbb{R} \longrightarrow \mathbb{R}, f(x) = ax + b$, *Lineare Gleichungen* resp. *Lineare Ungleichungen*.

2. In der Zuordnungsvorschrift $f(x) = ax + b$ ist $a = tan(\alpha)$ der Anstieg von f mit dem Winkelmaß α des Anstiegwinkels. Für die Nullstellenmenge $N(f)$ gilt entweder $N(f) = \mathbb{R}$ (falls $f = 0$ die Nullfunktion ist), $N(f) = \emptyset$ (falls f eine Abszissenparallele ist und $f \neq 0$ gilt) oder $N(f) = \{u\}$ mit der Nullstelle $u = -\frac{b}{a}$ von f (falls für den Anstieg $a \neq 0$ gilt).

3. Im folgenden sei $D(f) = W(f) = \mathbb{R}$; es können aber auch Funktionen $\mathbb{R} \longrightarrow \mathbb{R}$, $T \subset \mathbb{R}$, verwendet werden, sofern auf T die Notationen für offene und abgeschlossene Intervalle, also (u, v) und $[u, v]$, definiert sind.

4. Wegen der Äquivalenz $(f, Z, b) \Leftrightarrow (-b + f, Z, 0)$, die in Bemerkung 1.220.2/6 genannt ist, werden die weiteren Überlegungen auf den Fall $(f, Z, 0)$ beschränkt.

Innerhalb des in den vorstehenden Bemerkungen genannten Rahmens gelten nun folgende Sachverhalte, die die Theorie linearer Ungleichungen vollständig beschreiben.

1.222.2 Satz

Für konstante Funktionen $f : \mathbb{R} \longrightarrow \mathbb{R}$ (Abszissenparallelen) gilt:
a) $f > 0 \Leftrightarrow L(f, >, 0) = L(f, \geq, 0) = \mathbb{R} \Leftrightarrow L(f, <, 0) = L(f, \leq, 0) = \emptyset$,
b) $f = 0 \Leftrightarrow L(f, \geq, 0) = L(f, \leq, 0) = \mathbb{R} \Leftrightarrow L(f, >, 0) = L(f, <, 0) = \emptyset$,
c) $f < 0 \Leftrightarrow L(f, <, 0) = L(f, \leq, 0) = \mathbb{R} \Leftrightarrow L(f, >, 0) = L(f, \geq, 0) = \emptyset$.

Die Beweise der genannten Äquivalenzen sind evident, für die Teile a) und c) seien die Aussagen an folgenden Skizzen illustriert:

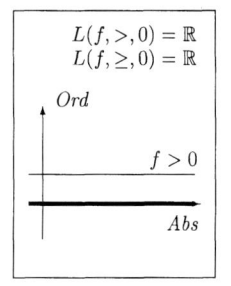

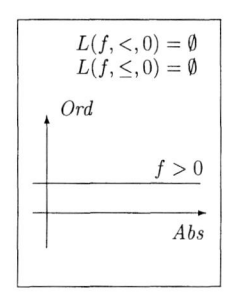

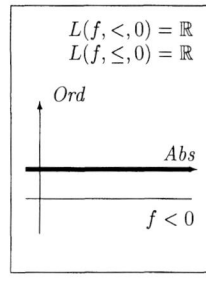

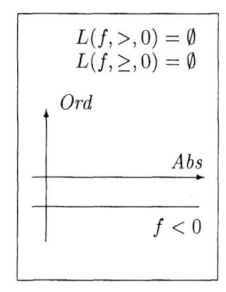

1.222.3 Satz

Für nicht-konstante lineare Funktionen $f : \mathbb{R} \longrightarrow \mathbb{R}$ mit Anstieg a und Nullstelle u gilt:

a) $a > 0 \Leftrightarrow L(f, \geq, 0) = [u, \star] \Leftrightarrow L(f, >, 0) = (u, \star) \Leftrightarrow L(f, \leq, 0) = (-\star, u] \Leftrightarrow L(f, <, 0) = (-\star, u)$,

b) $a < 0 \Leftrightarrow L(f, \geq, 0) = (-\star, u] \Leftrightarrow L(f, >, 0) = (-\star, u) \Leftrightarrow L(f, \leq, 0) = [u, \star) \Leftrightarrow L(f, <, 0) = (u, \star)$.

Die Beweise der genannten Äquivalenzen sind evident, die Aussagen seien an folgenden Skizzen also lediglich nur illustriert:

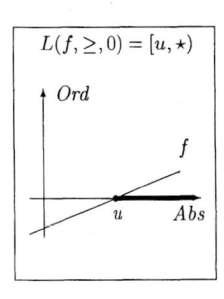

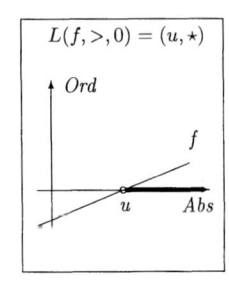

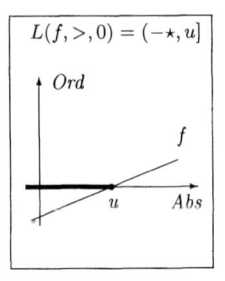

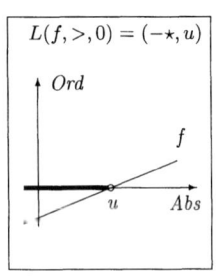

1.222.4 Bemerkung

Neben der Bestimmung von Lösungsmengen ist bei linearen Ungleichungen vor allem folgende Frage von Interesse: Welche Punkte (Zahlenpaare) liegen oberhalb, welche unterhalb der Funktion f, genauer also die folgende Frage, welche Elemente enthalten die Mengen $o(f) = \{(x, z) \in \mathbb{R}^2 \mid z \geq f(x)\}$ und $u(f) = \{(x, z) \in \mathbb{R}^2 \mid z \leq f(x)\}$?

Beachtet man mit $f(x) = ax + b$ die Äquivalenzen $(x, z) \in o(f) \Leftrightarrow z \geq f(x) \Leftrightarrow z \geq ax + b \Leftrightarrow z - ax \geq b$, dann kann man auch so fragen: Welche Paare (x, z) reeller Zahlen genügen der Bedingung $z - ax \geq b$?

Man kann durch allerlei zusätzliche Bedingungen an die Herkunft der Komponenten x und z der Zahlenpaare (x, z) jeweils gewünschte Teilmengen von $o(f)$ oder $u(f)$ konstruieren. Beispielsweise liefert für die durch $f(x) = -3x + 4$ definierte Funktion f die Konjunktion $(x, z) \in o(f)$ *und* $x \geq 0$ *und* $z \geq 0$ dreier Einzelbedingungen die Fläche eines Dreiecks. Hätte man andererseits $D(f) = \mathbb{Z}$ betrachtet, lieferte diese Bedingung sogar nur eine endliche Menge von Punkten mit ganzzahligen Komponenten.

A1.222.01: Bestimmen Sie die Lösungsmengen $L(f, Z, 0)$ mit $Z \in \{<, \leq, >, \geq\}$ für die Funktionen $f : \mathbb{R} \longrightarrow \mathbb{R}$, jeweils definiert durch die Zuordnungsvorschrift

a) $f(x) = 3x - 2$
b) $f(x) = 3x + 2$
c) $f(x) = x + 1$
d) $f(x) = x$
e) $f(x) = -2x + 12$
f) $f(x) = -12x - 12$

A1.222.02: Bilden Sie verschiedene Beispiele zu Bemerkung 1.222.4.

A1.222.03: Betrachten Sie jeweils das Paar $u, v : \mathbb{R} \longrightarrow \mathbb{R}$ von Funktionen u und v mit

1. $u(x) = |3x - 6|$ und $v(x) = |2x - 4| + 2$, 2. $u(x) = |3x - 2| - 2$ und $v(x) = |-2x + 1|$.

a) Stellen Sie u und v jeweils mit geteilten Zuordnungsvorschriften dar und zeichnen Sie u und v.

b) Lesen Sie an der Zeichnung die Menge $T \subset \mathbb{R}$ mit $u(x) \leq v(x)$, für $x \in T$ ab.

c) Berechnen Sie die in b) beschriebene Menge T.

Anmerkung: Aufgaben dieser Art werden häufig auch ohne Bezug zu Funktionen formuliert und in der folgenden Kurzform genant: Für welche Zahlen $x \in \mathbb{R}$ gilt (erste Aufgabe) $|3x - 6| \leq |2x - 4| + 2$ oder (zweite Aufgabe) $|3x - 2| - 2 \leq |-2x + 1|$?

1.224 Systeme linearer Ungleichungen

> Das ist's ja, was den Menschen zieret,
> und dazu ward im der Verstand,
> daß er im innern Herzen spüret,
> was er erschafft mit seiner Hand.
> *Friedrich von Schiller* (1759 - 1805)

In Bemerkung 1.222.4 wurde hinsichtlich einer linearen Funktion $f : \mathbb{R} \longrightarrow \mathbb{R}$, definiert durch die Zuordnungsvorschrift $f(x) = ax + b$, sowie der Menge $o(f) = \{(x, z) \in \mathbb{R}^2 \mid z \geq f(x)\}$ und der Äquivalenzen $(x, z) \in o(f) \Leftrightarrow z \geq f(x) \Leftrightarrow z \geq ax + b \Leftrightarrow z - ax \geq b$, die Frage gestellt: Welche Paare (x, z) reeller Zahlen genügen der Bedingung $z - ax \geq b$? Gegenstand der folgenden Untersuchungen ist die gleiche, allerdings um eine oder mehrere solcher Bedingungen erweiterte Frage. Genauer zeigt das die folgende Bemerkung, wobei klar ist, wie die Situation für die Menge $u(f)$ zu analogisieren ist.

1.224.1 Bemerkungen

1. Für $k \in \{1, 2\}$ seien zwei lineare Funktionen $f_k : \mathbb{R} \longrightarrow \mathbb{R}$ mit $f_k(x) = a_k x + b_k$ betrachtet. Für die Menge $o(f_1) \cap o(f_2)$ gilt dann: $(x, z) \in o(f_1) \cap o(f_2) \Leftrightarrow z \geq f_1(x)$ und $z \geq f_2(x) \Leftrightarrow z \geq a_1 x + b_1$ und $z \geq a_2 x + b_2 \Leftrightarrow z - a_1 x \geq b_1$ und $z - a_2 x \geq b_2$.

2. Situationen, wie sie in 1. beschrieben sind, zeigen die folgenden Skizzen. In der dritten Skizze werden jedoch Funktionen $f_k : \mathbb{R}_0^+ \longrightarrow \mathbb{R}$ betrachtet.

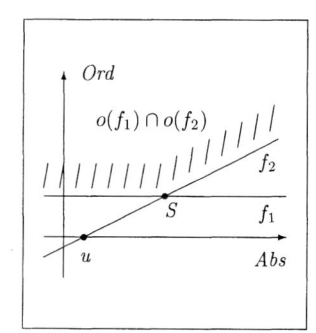

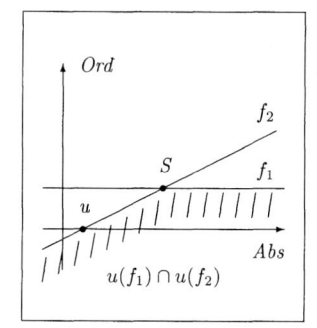

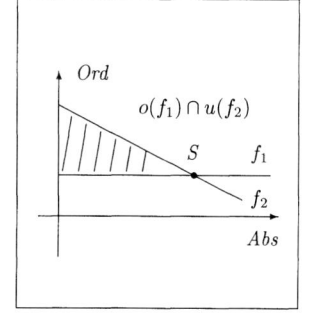

A1.224.01: Zeichnen Sie jeweils ein Paar (f_i, f_k) der nachfolgend definierten Funktionen $f_k : \mathbb{R} \longrightarrow \mathbb{R}$ und geben Sie dann jeweils die zugehörigen Mengen $o(f_i) \cap o(f_k)$ und $u(f_i) \cap u(f_k)$ an:

a) $f_1(x) = 3x - 2$
b) $f_2(x) = 3x + 2$
c) $f_3(x) = x + 1$
d) $f_4(x) = x$
e) $f_5(x) = -2x + 12$
f) $f_6(x) = -12x - 12$

Konstruieren Sie Funktionen mit den Zordnungsvorschriften $? \longmapsto o(f_i) \cap o(f_k)$ bzw. $? \longmapsto u(f_i) \cap u(f_k)$.

A1.224.02: Bilden Sie verschiedene Beispiele zu der dritten Skizze in Bemerkung 1.224.1/2.

A1.224.03: Konstruieren Sie (für eine Firma) zu der Fixkosten-Funktion $u : [0, 10] \longrightarrow \mathbb{R}$ mit der Vorschrift $u(x) = \frac{1}{2}x$ und der Personalkosten-Funktion $v : [0, 10] \longrightarrow \mathbb{R}$ mit $v(x) = \frac{1}{4}x + 1$ (jeweils in Abhängigkeit der Zeit) den Bereich für Gewinn (ohne Berücksichtigung weiterer Kosten oder Abgaben).

1.226 QUADRATISCHE FUNKTIONEN UND UNGLEICHUNGEN (TEIL 1)

> Nachlässigkeit in der Erziehung richtet selbst
> vorzügliche Anlage der Natur zugrunde.
> *Plutarch (46 - 120)*

Die allgemeinen Überlegungen in Abschnitt 1.270 werden nun auf quadratische Funktionen $f : \mathbb{R} \longrightarrow \mathbb{R}$ angewendet. Die näheren Einzelheiten solcher Funktionen, die dabei eine Rolle spielen, sind zunächst in den folgenden Bemerkungen zusammengefaßt:

1.226.1 Bemerkungen

1. Im Hinblick auf Definition 1.270.1 nennt man Gleichungen oder Ungleichungen (f, Z, b) über quadratischen Funktionen $f : \mathbb{R} \longrightarrow \mathbb{R}, f(r) = a_2 r^2 + a_1 r + a_0$, *Quadratische Gleichungen* resp. *Quadratische Ungleichungen.*

2. Im folgenden sei $D(f) = W(f) = \mathbb{R}$; es können aber auch Funktionen $\mathbb{R} \longrightarrow \mathbb{R}, T \subset \mathbb{R}$, verwendet werden, sofern auf T die Notationen für offene und abgeschlossene Intervalle, also (u, v) und $[u, v]$ definiert sind.

3. Wegen der Äquivalenz $(f, Z, b) \Leftrightarrow (-b + f, Z, 0)$, die in Bemerkung 1.270.2/6 genannt ist, werden die weiteren Überlegungen auf den Fall $(f, Z, 0)$ beschränkt.

4. Im folgenden werden ohne besonderen Hinweis stets normierte quadratische Gleichungen oder Ungleichungen betrachtet, also Tripel $(f, Z, 0)$ mit einer durch $f(x) = x^2 + ax + b$ definierten Funktion f.

5. Normierte quadratische Funktionen f mit $f(x) = x^2 + ax + b$ haben vermöge *Quadratischer Ergänzung* eine sogenannte *Ergänzungsform* $f(x) = (x + \frac{a}{2})^2 + (b - \frac{1}{4}a^2)$, also eine Darstellung als Summe eines quadratischen Summanden $qs(f) = (x + \frac{a}{2})^2$ und eines Ergänzungssummanden $es(f) = b - \frac{1}{4}a^2$.

6. In den folgenden drei Sätzen gilt die Äquivalenz b) $\Leftrightarrow$ c) jeweils aus der Theorie quadratischer Gleichungen (hier ohne Beweis), ferner ist der Vollständigkeit halber eine Äquivalenz a) $\Leftrightarrow$ c) hinzugefügt, wobei $N(f)$ die Nullstellenmenge von f bezeichne und per definitionem $N(f) = L(f, =, 0)$ gilt.

Innerhalb des in den vorstehenden Bemerkungen genanten Rahmens gelten nun folgende Sachverhalte, die die Theorie quadratischer Ungleichungen vollständig beschreiben. In Abschnitt 1.281 sind zu den drei folgenden Sätzen zugehörige graphische Darstellungen angegeben. Dort sind zu den jeweiligen Funktionen f die Lösungsmengen auf der Abszisse markiert (dicker Strich oder dicker Punkt).

1.226.2 Satz *(Spalte 1 in Abschnitt 1.281)*

Die folgenden Aussagen sind äquivalent:
a) $N(f) = \{u, v\}$,
b) $es(f) < 0$,
c) $L(f, =, 0) = \{u, v\}$ mit $u < v$,
d) $L(f, >, 0) = D(f) \setminus [u, v]$ und $L(f, \geq, 0) = D(f) \setminus (u, v)$,
e) $L(f, <, 0) = (u, v)$ und $L(f, \leq, 0) = D(f) \setminus [u, v]$.

Beweis von c) $\Rightarrow$ d): Die Voraussetzung $L(f, =, 0) = \{u, v\}$ mit $u < v$ liefert die Äquivalenzen
$x \in L(f, >, 0) \Leftrightarrow f(x) > 0 \Leftrightarrow (x - u)(x - v) > 0 \Leftrightarrow (x - u > 0$ und $x - v > 0)$ oder $(x - u < 0$ und $x - v < 0) \Leftrightarrow (x > u$ und $x > v)$ oder $(x < u$ und $x < v) \Leftrightarrow x > v$ oder $x < u$ (wegen $u < v) \Leftrightarrow x \in D(f) \setminus [u, v]$. Folglich ist $L(f, >, 0) = D(f) \setminus [u, v]$.
Weiter folgt mit $a_1)$ in Lemma 1.270.3 dann $L(f, \geq, 0) = L(f, >, 0) \cup L(f, =, 0) = D(f) \setminus [u, v] \cup \{u, v\} = D(f) \setminus (u, v)$.

Beweis von d) $\Rightarrow$ e): Unter Verwendung von e_2 in Lemma 1.270.3 liefert der zweite Teil von d) zunächst $L(f, <, 0) = D(f) \setminus L(f, \geq, 0) = D(f) \setminus (D(f) \setminus (u, v)) = (u, v)$. Unter Verwendung von $f_1)$ in Lemma

1.270.3 liefert der erste Teil von d) dann $L(f, \leq, 0) = D(f) \setminus L(f, >, 0) = D(f) \setminus (D(f) \setminus [u, v]) = [u, v]$.

Beweis von e) $\Rightarrow$ c): Unter Verwendung von c_2 in Lemma 1.270.3 liefert e) die Beziehung $L(f, =, 0) = L(f, \leq, 0) \setminus L(f, <, 0) = [u, v] \setminus (u, v) = \{u, v\}$.

1.226.3 Bemerkungen

1. Ein direkter Beweis c) $\Rightarrow$ e) kann auf folgende Weise geführt werden: Die Voraussetzung $L(f, =, 0) = \{u, v\}$ mit $u < v$ liefert die Äquivalenzen $x \in L(f, <, 0) \Leftrightarrow f(x) < 0 \Leftrightarrow (x-u)(x-v) < 0$
$\Leftrightarrow (x - u < 0$ und $x - v > 0)$ oder $(x - u > 0$ und $x - v < 0)$
$\Leftrightarrow (x < u$ und $x > v)$ oder $(x > u$ und $x < v)$
$\Leftrightarrow x \in \emptyset \cup (u, v)$ (wegen $u < v$) $\Leftrightarrow x \in (u, v)$. Folglich ist $L(f, <, 0) = (u, v)$.
Weiter folgt mit Lemma 1.270.3/a_2 dann $L(f, \leq, 0) = L(f, <, 0) \cup L(f, =, 0) = (u, v) \cup \{u, v\} = [u, v]$.

2. Vergleicht man die Beweisführungen von c) $\Rightarrow$ d) und c) $\Rightarrow$ e), dann zeigt sich in folgenden Ausschnitten die unterschiedliche Konstruktion der zugehörigen Lösungsmengen, denn es gilt:
$x \in L(f, >, 0) \Leftrightarrow x < u$ oder $x > v$ sowie $x \in L(f, <, 0) \Leftrightarrow x > u$ oder $x < v$.

1.226.4 Satz *(Spalte 2 in Abschnitt 1.281)*

Die folgenden Aussagen sind äquivalent:
a) $N(f) = \{u\}$,
b) $es(f) = 0$,
c) $L(f, =, 0) = \{u\}$ mit $u < v$,
d) $L(f, >, 0) = D(f) \setminus \{u\}$ und $L(f, \geq, 0) = D(f)$,
e) $L(f, <, 0) = \emptyset$ und $L(f, \leq, 0) = \{u\}$.

Der Beweis folgt unmittelbar aus Satz 1.226.2 mit $u = v$.

1.226.5 Satz *(Spalte 3 in Abschnitt 1.281)*

Die folgenden Aussagen sind äquivalent:
a) $N(f) = \emptyset$,
b) $es(f) = 0$,
c) $L(f, =, 0) = \emptyset$,
d) $L(f, >, 0) = D(f)$ und $L(f, \geq, 0) = D(f)$,
e) $L(f, <, 0) = \emptyset$ und $L(f, \leq, 0) = \emptyset$.

Beweis von b) $\Rightarrow$ d): Ist $x \in D(f)$, dann hat $f(x)$ die Darstellung $f(x) = qs(f) + es(f)$ mit $qs(f) \geq 0$ und $es(f) > 0$ (wegen b)). Somit ist $f(x) > 0$ und damit $x \in L(f, >, 0)$. Folglich gilt $D(f) \subset L(f, >, 0)$ und somit $D(f) = L(f, >, 0)$. Weiterhin liefert b_1) in Lemma 1.270.2 dann $L(f, \geq, 0) = L(f, >, 0) \cup L(f, =, 0) = D(f) \cup \emptyset = D(f)$.

Beweis von d) $\Rightarrow$ e): Mit Hilfe von e_2) in Lemma 1.270.3 liefert $L(f, \geq, 0) = D(f)$ zunächst $L(f, <, 0) = D(f) \setminus L(f, \geq, 0) = D(f) \setminus D(f) = \emptyset$. Mit Hilfe von f_2) in Lemma 1.270.2 liefert $L(f, >, 0) = D(f)$ dann ebenfalls $L(f, \leq, 0) = D(f) \setminus D(f) = \emptyset$.

Beweis von e) $\Rightarrow$ c): Mit Hilfe von c_2) in Lemma 1.270.3 liefert e) dann
$L(f, =, 0) = L(f, \leq, 0) \setminus L(f, <, 0) = \emptyset \setminus \emptyset = \emptyset$.

A1.226.01: Bestimmen Sie die Lösungsmengen $L(f, Z, 0)$ mit $Z \in \{<, \leq, >, \geq\}$ für die Funktionen $f : \mathbb{R} \longrightarrow \mathbb{R}$, jeweils definiert durch die Zuordnungsvorschrift
  a) $f(x) = (x-2)^2$ b) $f(x) = x^2 - 10x + 25$ c) $f(x) = x^2 + x + 12$
  d) $f(x) = x^2 - x - 12$ e) $f(x) = x^2 - x + 12$ f) $f(x) = x^2 + x - 12$

1.227 Quadratische Funktionen und Ungleichungen (Teil 2)

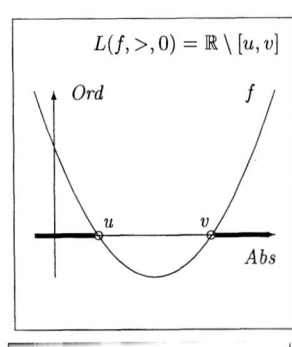

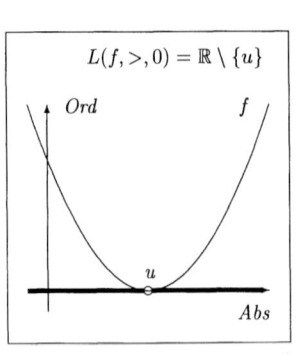

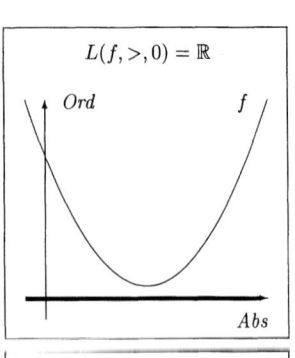

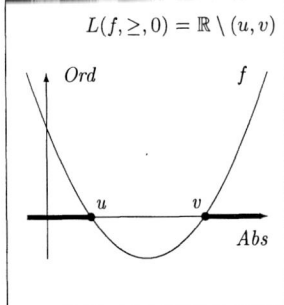

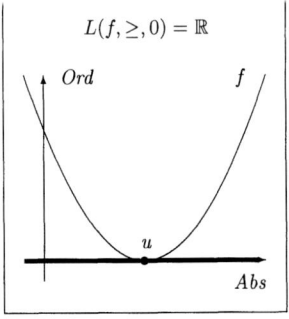

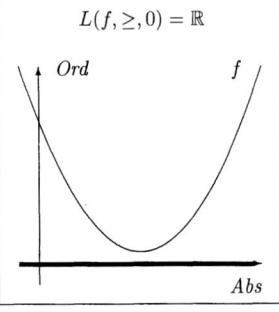

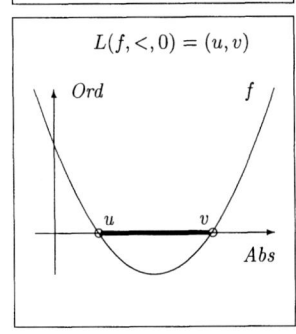

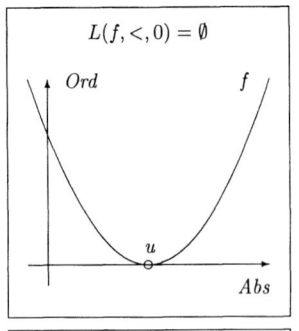

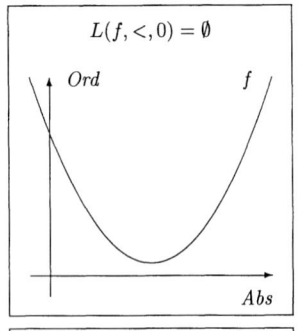

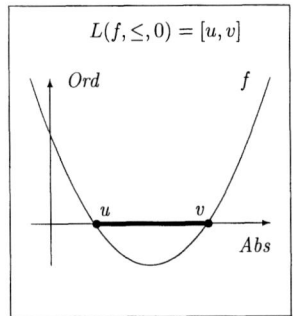

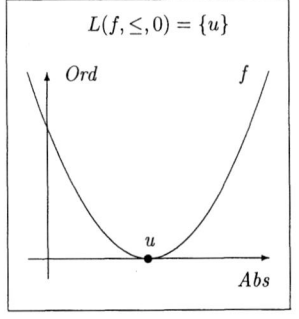

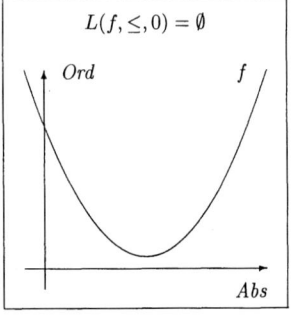

$L(f,>,0) = \mathbb{R} \setminus [u,v]$	$L(f,>,0) = \mathbb{R} \setminus \{u\}$	$L(f,>,0) = \mathbb{R}$
$L(f,\geq,0) = \mathbb{R} \setminus (u,v)$	$L(f,\geq,0) = \mathbb{R}$	$L(f,\geq,0) = \mathbb{R}$
$L(f,<,0) = (u,v)$	$L(f,<,0) = \emptyset$	$L(f,<,0) = \emptyset$
$L(f,\leq,0) = [u,v]$	$L(f,\leq,0) = \{u\}$	$L(f,\leq,0) = \emptyset$

1.228 Weitere Ungleichungen

> Bücher sind der geschätzte Reichtum der Welt, die richtige Erbschaft von Generationen und Völkern.
> *Henry David Thoreau* (1817 - 1862)

Im folgenden werden einige Beispiele von Ungleichungen betrachtet, die nach dem Muster von Aufgabe A1.222.03 bearbeitet werden sollen (also auch durch die Betrachtung zugehöriger Funktionen).

1.228.1 Beipiel

Es sollen alle Zahlen $x \in \mathbb{R}$ ermittelt werden, die die Eigenschaft $1 + \frac{1}{x} \leq |1 + x|$ haben.

1. Zunächst werden beide Seiten der Ungleichung durch zugehörige Funktionen formuliert. Da dabei die Bedingung $x \neq 0$ gelten muß, sind das die Funktionen $u, v : \mathbb{R}_* \longrightarrow \mathbb{R}$ mit $u(x) = 1 + \frac{1}{x}$ und $v(x) = |1 + x|$.

2. Die Funktion v ist die Komposition einer Geraden mit der Betrags-Funktion, das heißt, sie besteht aus zwei Halbgeraden, die mit Hilfe einer Trennstelle in getrennter (geteilter) Zuordnungsvorschrift angegeben werden kann. Diese Trennstelle x wird durch die Bedingung $|1 + x| = 0$ geliefert und zunächst berechnet:

Wegen der Äquivalenzen $|1 + x| = 0 \Leftrightarrow 1 + x = 0 \Leftrightarrow x = -1$ ist -1 die Trennstelle für die Funktion u. Mit diesem Trennelement -1 hat v dann die geteilte Zuordnungsvorschrift:

$$u(x) = \begin{cases} 1 + x, & \text{falls } x \geq -1 \\ -(1+x) = -1 - x, & \text{falls } x < -1 \end{cases}$$

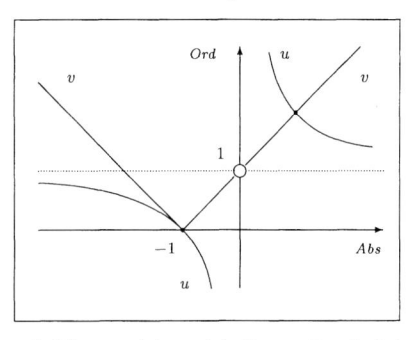

3. Die nebenstehende Skizze zeigt die gesuchte Menge $T \subset \mathbb{R} \setminus \{0\}$ mit $u(x) \leq v(x)$, für $x \in T$, nämlich $T = \mathbb{R} \setminus [0, 1)$. Diese Menge T wird im folgenden im einzelnen berechnet:

4. Mit der Kenntnis des Trennelements -1 werden nun die möglichen Schnittstellen von u und v berechnet: Für die Einschränkung $v : (-\star, -1] \longrightarrow \mathbb{R}$ gilt $u(x) = v(x) \Leftrightarrow 1 + \frac{1}{x} = -1 - x \Leftrightarrow (x+1)^2 = 0 \Leftrightarrow x = -1$, für die Einschränkung $v : (-1, \star) \setminus \{0\} \longrightarrow \mathbb{R}$ gilt $u(x) = v(x) \Leftrightarrow 1 + \frac{1}{x} = 1 + x \Leftrightarrow x^2 = 1 \Leftrightarrow x = 1$. Damit ist $S(u, v) = \{-1, 1\}$ die Menge der Schnittstellen von u und v.

5. Zu berechnen ist nun die Menge $T \subset \mathbb{R} \setminus \{0\}$ mit $u(x) \leq v(x) \Leftrightarrow x \in T$, anders gesagt, die Menge T mit $(v - u)(T) \geq 0$ bzw. $(v - u) | T \geq 0$. Dazu werden die folgenden vier Teilbereiche untersucht:

a) Für $x \in (-\star, 1]$ gilt: $u(x) \leq v(x) \Leftrightarrow (v-u)(x) \geq 0 \Leftrightarrow -1 - x - 1 - \frac{1}{x} \geq 0 \Leftrightarrow 2 + x + \frac{1}{x} \leq 0 \Leftrightarrow 2x + x^2 + 1 \geq 0$ (da $x < 0$) $\Leftrightarrow (x+1)^2 \geq 0 \Leftrightarrow x + 1 \leq 0$ (da $x < 0$) $\Leftrightarrow x \leq -1 \Leftrightarrow x \in (-\star, 1]$,

b) Für $x \in [-1, 0)$ gilt: $u(x) \leq v(x) \Leftrightarrow (v-u)(x) \geq 0 \Leftrightarrow 1 + x - 1 - \frac{1}{x} \geq 0 \Leftrightarrow x - \frac{1}{x} \geq 0 \Leftrightarrow x - 1 \leq 0$ (da $x < 0$) $\Leftrightarrow x \leq 1 \Leftrightarrow x \in [-1, 0)$,

c) Für $x \in (0, 1)$ gilt: $u(x) \leq v(x) \Leftrightarrow (v-u)(x) \geq 0 \Leftrightarrow 1 + x - 1 - \frac{1}{x} \geq 0 \Leftrightarrow x - \frac{1}{x} \geq 0 \Leftrightarrow x - 1 \geq 0$ (da $x > 0$) $\Leftrightarrow x \geq 1 \Leftrightarrow x \in \emptyset$ (nach der Voraussetzung $x \in (0, 1)$),

d) Für $x \in (0, 1)$ gilt: $u(x) \leq v(x) \Leftrightarrow (v-u)(x) \geq 0 \Leftrightarrow 1 + x - 1 - \frac{1}{x} \geq 0 \Leftrightarrow x - \frac{1}{x} \geq 0 \Leftrightarrow x - 1 \geq 0$ (da $x > 0$) $\Leftrightarrow x \geq 1 \Leftrightarrow x \in [1, \star)$.

Insgesamt gilt also: $u(x) \leq v(x) \Leftrightarrow x \in (-\star, -1) \cup [-1, 0) \cup \emptyset \cup [1, \star) = (-\star, 0) \cup [1, \star) = \mathbb{R} \setminus [0, 1)$, wie auch die obige Skizze zeigt.

A1.228.01: Bearbeiten Sie nach dem Muster von Beispiel 1.228.1 die folgenden Ungleichungen:

1. $\frac{|x-3| + |2x+1|}{x} < 3$
2. $|\frac{x-2}{x+1}| > \frac{x-2}{x+1}$
3. $\frac{x + |x-1|}{x - 1 + |x|} < 2$
4. $\frac{|x|}{|x| - 1} < x$

1.230 POTENZ-FUNKTIONEN $T \longrightarrow \mathbb{R}$

> Euklidische Klarheit – Spannung zwischen Licht und Augapfelfarbe.
> *Karl Krolow* (1915 - 1988)

Die in diesem Abschnitt vorgestellten Funktionen haben zunächst nur den Zweck, Potenzen x^a mit Basen x und konstant gehaltenen Exponenten a durch Funktionen darzustellen, genauer als Funktionswerte $f(x) = x^a$ von Funktionen f, deren Eigenschaften als Funktionen dann näher zu betrachten sein werden.

1.230.1 Definition

Funktionen $f : T \longrightarrow \mathbb{R}$, $T \subset \mathbb{R}$, des Typs $f(x) = x^a$ mit jeweils konstantem Exponenten $a \in \mathbb{Q}$ nennt man *Potenz-Funktionen*. Man schreibt $f = id^a$ (für den Exponenten -1 jedoch $\frac{1}{id}$).

1.230.2 Bemerkungen

1. Gemäß vorstehender Definition werden stets *Funktions-Exponenten* $a \in \mathbb{Q}$ betrachtet. Auf die mögliche (aber mehr theoretisch interessante) Erweiterung $a \in \mathbb{R}$ wird hier nicht eingegangen.

2. Die Potenz-Funktionen id^a haben je nach Art des Funktions-Exponenten a verschiedene maximale Definitionsbereiche, die sich den Skizzen in den Bemerkungen 6 bis 8 leicht entnehmen lassen.

3. Die Haupteigenschaften der Potenz-Funktionen basieren unmittelbar auf den Regeln für das Rechnen mit Potenzen und haben folgendes Aussehen: Für alle $a, b \in \mathbb{Q}$ und für alle $x \in T$ gilt:

$$id^a \cdot id^b = id^{a+b} \qquad (id^a \cdot id^b)(x) = id^a(x) \cdot id^b(x) = x^a \cdot x^b = x^{a+b} = id^{a+b}(x)$$
$$id^a \circ id^b = (id^b)^a = id^{ab} \qquad (id^a \circ id^b)(x) = id^a(id^b(x)) = id^a(x^b) = (x^b)^a = x^{ab} = id^{ab}(x)$$

Insbesondere gilt dabei $id^a \cdot id^{-b} = id^{a-b}$ und – in Quotientenschreibweise – $\frac{id^a}{id^b} = id^a \cdot id^{-b} = id^{a-b}$.

4. Potenz-Funktionen der Form id^n mit $n \in \mathbb{N}$ lassen sich auch als Polynom-Funktionen, solche der Form id^{n-m} mit $n, m \in \mathbb{N}$ lassen sich auch als rationale Funktionen auffassen (siehe Abschnitt 1.200).

5. Bei der Untersuchung von Potenz-Funktionen spielt die Unterscheidung $a \in \mathbb{Z}$ und $a \in \mathbb{Q} \setminus \mathbb{Z}$ bezüglich des Funktions-Exponenten eine wesentliche Rolle, man gibt den Potenz-Funktionen id^a mit $a \in \mathbb{Q} \setminus \mathbb{Z}$ auch einen besonderen Namen: Stellt man $a \in \mathbb{Q} \setminus \mathbb{Z}$ in der Form $a = \frac{n}{m}$ mit $n \in \mathbb{Z}$ und $m \in \mathbb{N}$ dar, dann verwendet man bekanntlich für $id^a(x)$ und geeigneten Zahlen x die Schreibweise $id^a(x) = id^{\frac{n}{m}}(x) = \sqrt[m]{x^n}$. Aus diesem Grund nennt man Potenz-Funktionen id^a mit $a \in \mathbb{Q} \setminus \mathbb{Z}$ auch *Wurzel-Funktionen*.

6. Im Sinne der Klassifizierung in Bemerkung 5 seien zunächst die Potenz-Funktionen id^n mit $n \in \mathbb{Z}$ betrachtet. Die folgenden vier Skizzen geben einen vollständigen Überblick über diese Potenz-Funktionen, wobei lediglich der einfache Fall $id^0 = 1$ (konstante Funktion) nicht mit aufgeführt ist:

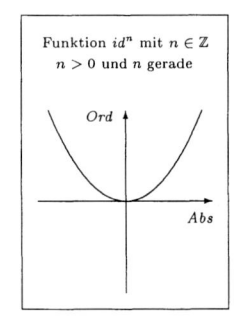

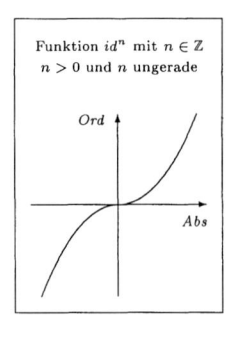

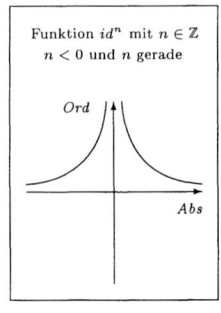

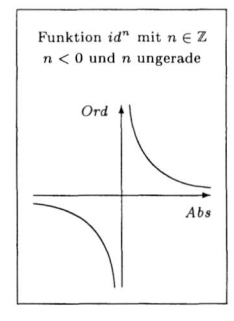

Funktion id^n mit $n \in \mathbb{Z}$ $n > 0$ und n gerade	Funktion id^n mit $n \in \mathbb{Z}$ $n > 0$ und n ungerade	Funktion id^n mit $n \in \mathbb{Z}$ $n < 0$ und n gerade	Funktion id^n mit $n \in \mathbb{Z}$ $n < 0$ und n ungerade

7. Im Sinne der Klassifizierung in Bemerkung 5 seien nun die Potenz-Funktionen id^n mit $n \in \mathbb{Q} \setminus \mathbb{Z}$ betrachtet. Die beiden folgenden Skizzen geben einen vollständigen Überblick über die Potenz-Funktionen der Form $id^{\frac{n}{m}}$ mit $0 < n < m$:

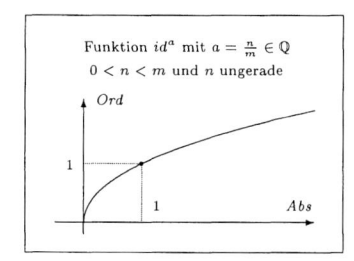

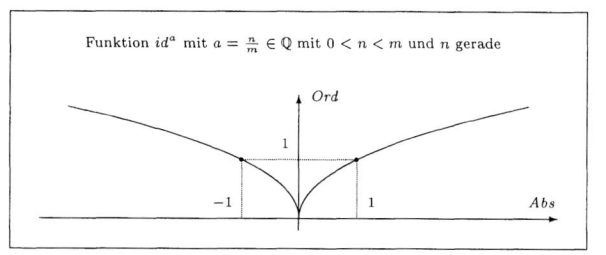

Funktion id^a mit $a = \frac{n}{m} \in \mathbb{Q}$ $0 < n < m$ und n ungerade	Funktion id^a mit $a = \frac{n}{m} \in \mathbb{Q}$ mit $0 < n < m$ und n gerade

8. Die nebenstehende Skizze enthält zunächst noch einmal eine Potenz-Funktion $id^{\frac{n}{m}}$ mit $0 < n < m$ wie in Bemerkung 7. Daneben ist die Potenz-Funktion $id^{\frac{m}{n}}$ mit dem Kehrwert des Exponenten angegeben. Man kann daran zweierlei erkennen:

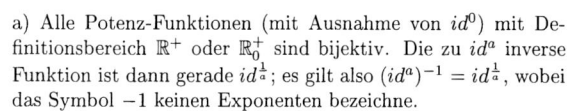

a) Alle Potenz-Funktionen (mit Ausnahme von id^0) mit Definitionsbereich $\mathbb{R}^+$ oder $\mathbb{R}_0^+$ sind bijektiv. Die zu id^a inverse Funktion ist dann gerade $id^{\frac{1}{a}}$; es gilt also $(id^a)^{-1} = id^{\frac{1}{a}}$, wobei das Symbol -1 keinen Exponenten bezeichne.

b) Potenz-Funktionen $id^{\frac{n}{m}}$ haben für den Fall $n > m > 0$ mit $n = n' + m$ eine Darstellung $id^{\frac{n}{m}} = id^{\frac{n'+m}{m}} = id^{\frac{n'}{m}} \cdot id$. Allgemeiner kann dabei auch der Fall $n = kn' + m$ auftreten.

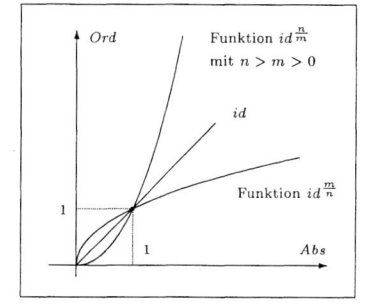

9. Allgemeiner nennt man auch Kompositionen der Form $id^a \circ h$ Potenz-Funktionen. Beispiele dafür sind die sogenannten Kegelschnitt-Funktionen (siehe Abschnitt 1.234).

1.230.3 Bemerkungen

1. Die argumentweise gebildete Summe $id^a + id^b : T \longrightarrow \mathbb{R}$ zweier Potenz-Funktionen $id^a, id^b : T \longrightarrow \mathbb{R}$ hat die Zuordnungsvorschrift $(id^a + id^b)(x) = id^a(x) + id^b(x) = x^a + x^b$ und ist folglich nicht wieder eine Potenz-Funktion.

2. Das argumentweise gebildete $\mathbb{R}$-Produkt $c \cdot id^a : \mathbb{R} \longrightarrow \mathbb{R}$ einer reellen Zahl c mit einer Potenz-Funktion $id^a : T \longrightarrow \mathbb{R}$ hat die Zuordnungsvorschrift $(c \cdot id^a)(x) = c \cdot id^a(x) = cx^a$ und wird wieder als Potenz-Funktion angesehen.

3. Das argumentweise gebildete Produkt $id^a \cdot id^b : T \longrightarrow \mathbb{R}$ zweier Potenz-Funktionen ist schon in Bemerkung 1.230.2/3 behandelt.

4. Die Menge aller Potenz-Funktionen $\mathbb{R}^+ \longrightarrow \mathbb{R}^+$ wird mit $Pot(\mathbb{R}^+, \mathbb{R}^+)$ bezeichnet. Sowohl die argumentweise definierte Multiplikation als auch die Komposition von Funktionen sind innere und darüber hinaus auch assoziative und kommutative innere Kompositionen auf $Pot(\mathbb{R}^+, \mathbb{R}^+)$. Weiterhin gilt:

a) $Pot(\mathbb{R}^+, \mathbb{R}^+)$ enthält bezüglich Multiplikation ein neutrales Element, die Funktion id^0, und zu jedem Element id^a ein inverses Element, nämlich id^{-a}.

b) $Pot(\mathbb{R}^+, \mathbb{R}^+)$ enthält bezüglich Komposition ein neutrales Element, die Funktion id^1, und zu jedem Element id^a mit $a \neq 0$ ein inverses Element, nämlich $id^{\frac{1}{a}}$ (siehe Bemerkung 1.230.2/8).

5. Betrachtet man die durch die Zuordnung $a \longmapsto id^a$ definierte Funktion $P : \mathbb{Q} \longrightarrow Pot(\mathbb{R}^+, \mathbb{R}^+) \subset Abb(\mathbb{R}^+, \mathbb{R}^+)$, dann ist diese Funktion bijektiv und hat die beiden Eigenschaften

$$P(a + b) = P(a) \cdot P(b) \qquad P(a \cdot b) = P(a) \circ P(b).$$

Anmerkung: In der Sprache des Abschnitts 1.701 besagen die Bemerkungen 4 und 5: Die Funktion P ist ein Isomorphismus zwischen den Körpern $\mathbb{Q}$ und $Pot(\mathbb{R}^+, \mathbb{R}^+)$.

1.232 GLEICHUNGEN ÜBER POTENZ-FUNKTIONEN

> Zum Beispiel, wenn jemand aus allen Künsten die Rechenkunst und Meßkunst und Waagekunst ausscheidet, so ist es, um es geradeheraus zu sagen, nur etwas Geringes, was von einer jeden dann noch übrigbleibt.
> *Platon (427 - 347)*

Die folgenden Untersuchungen beschäftigen sich mit den Gleichungen über Potenz-Funktionen. Nach der üblichen Sprechweise, Gleichungen über bestimmten Funktionen mit den entsprechenden Adjektiven zu benennen, ist der folgende Begriff sofort klar.

1.232.1 Definition

Gleichungen der Form (id^a, b) über Potenz-Funktionen $id^a : T \longrightarrow \mathbb{R}$, $T \subset \mathbb{R}$, und $b \in \mathbb{R}$ nennt man *Potenz-Gleichungen*.

Es ist klar, daß man anstelle von Gleichungen der Form (g, b) auch die der Form $(g - b, 0) = (f, 0)$ betrachten kann. Das bedeutet, daß es im wesentlichen um die Berechnung von Nullstellenmengen $N(f) = L(f, 0)$ geht. Welche Methoden dafür in welchen Fällen zur Verfügung stehen, wird in den folgenden Bemerkungen zusammenfassend und der Sache nach auch vollständig dargestellt.

1.232.2 Bemerkungen

1. Jede Potenz-Funktion $id^a : T \longrightarrow \mathbb{R}$ besitzt höchstens eine Nullstelle (siehe die graphischen Darstellungen in Bemerkung 1.230.2). Funktionen der Form $id^a - c$ haben höchstens zwei Nullstellen.

2. Schnittpunkt-Probleme mit Potenz-Funktionen lassen sich einerseits kaum klassifizieren, andererseits häufig auch nur mit Hilfe von Näherungen bearbeiten. Beispielsweise führen Schnittpunkt-Probleme von Potenz-Funktionen der Form $c \cdot id^a$ mit
– Ursprungsgeraden $u \cdot id$ zu einfachen Nullstellen-Problemen für $c \cdot id^a - u \cdot id$,
– beliebigen Geraden $u \cdot id + v$ zu schwierigeren Nullstellen-Problemen für $c \cdot id^a - u \cdot id - v$.

Das folgende Lemma zeigt, daß sich die Lösungen von Potenz-Gleichungen der Form $f = \frac{a}{id}$ stets als Nullstellen von einfach gebauten Polynom-Funktionen darstellen bzw. auch errechnen lassen. Von einem numerischen Standpunkt aus betrachtet, ist das vielleicht nicht weiter verwunderlich, allerdings treten dabei einige interessante Spezialfälle auf, wie an einem einfachen Beispiel gezeigt wird:

1.232.3 Lemma

Im folgenden sei eine Funktion $f : \mathbb{R}^+ \longrightarrow \mathbb{R}$ der Form $f = \frac{a}{id}$, also ein Hyperbel-Teil, betrachtet:

1. Zu jeder Gleichung (f, c) über f und $c \neq 0$ gibt es beliebig viele Geraden $h : \mathbb{R} \longrightarrow \mathbb{R}$ mit $L(f, c) = L(h, 0)$, jedoch genau eine Gerade $\mathbb{R} \longrightarrow \mathbb{R}$ von jeweils folgender Form:
a) $h_1^+ = c \cdot id - a$ als Gerade mit unmittelbarer Verwendung der Parameter a und c,
b) $h_1^* = \frac{c^2}{a} \cdot id - c = c(\frac{c}{a} \cdot id - 1)$ als Parallele zu einer Geraden u_1^* durch $(\frac{a}{c}, c)$,
c) $h_1^0 = id - \frac{a}{c}$ als normierte Gerade.
Im Fall $c = 0$ und $a \neq 0$ ist $L(f, 0) = L(-a, 0) = \emptyset$, im Fall $c = 0$ und $a = 0$ ist $L(f, 0) = L(-a, 0) = \mathbb{R}$.

2. Zu jeder Gleichung (f, c) über f und $c \neq 0$ gibt es beliebig viele Polynom-Funktionen $h : \mathbb{R}^+ \longrightarrow \mathbb{R}$ mit $L(f, c) = L(h, 0)$, zu jedem $n \in \mathbb{N}$ jedoch genau eine Funktion $\mathbb{R}^+ \longrightarrow \mathbb{R}$ von jeweils folgender Form:
a) $h_n^+ = c^n \cdot id^n - a^n$ als Polynom-Funktion mit unmittelbarer Verwendung der Parameter a und c,
b) $h_n^* = \frac{c^{n+1}}{a^n} \cdot id^n - c = c(\frac{c^n}{a^n} \cdot id^n - 1)$ als Verschiebung einer Polynom-Funktion u_1^* durch $(\frac{a}{c}, c)$,
c) $h_n^0 = id^n - \frac{a^n}{c^n}$ als normierte Polynom-Funktion.

Beweis: Zu den Fällen 1b) und 2b) mit $n = 2$ zunächst folgende Skizzen:

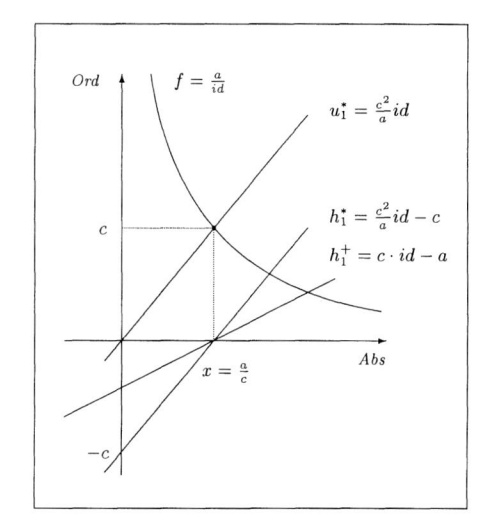

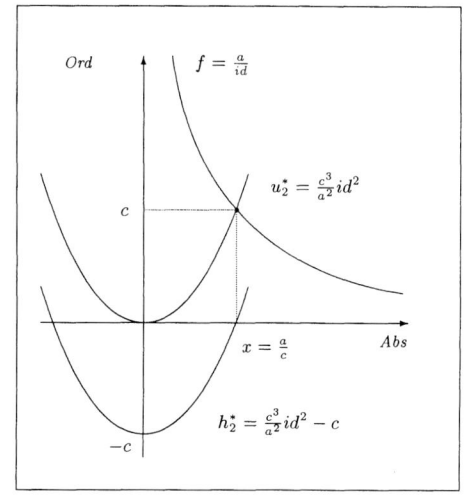

1a) Die Äquivalenzen $x \in L(h_1^+, 0) \Leftrightarrow cx - a = 0 \Leftrightarrow cx = a \Leftrightarrow x = \frac{a}{c} \Leftrightarrow \frac{a}{x} = c \Leftrightarrow x \in L(f, c)$ zeigen $L(\frac{a}{id}, c) = L(c \cdot id - a, 0) = \{\frac{a}{c}\}$ für den Fall $c \neq 0$.

1b) Die Äquivalenzen $x \in L(h_1^*, 0) \Leftrightarrow \frac{c^2}{a}x - c = 0 \Leftrightarrow \frac{c^2}{a}x = c \Leftrightarrow x = \frac{ca}{c^2} \Leftrightarrow x = \frac{a}{c} \Leftrightarrow \frac{a}{x} = c \Leftrightarrow x \in L(f, c)$ zeigen $L(\frac{a}{id}, c) = L(\frac{c^2}{a} \cdot id - c, 0) = \{\frac{a}{c}\}$ für den Fall $c \neq 0$.

1c) Die Äquivalenzen $x \in L(h_1^0, 0) \Leftrightarrow x - \frac{a}{c} = 0 \Leftrightarrow x = \frac{a}{c} \Leftrightarrow \frac{a}{x} = c \Leftrightarrow x \in L(f, c)$ zeigen $L(\frac{a}{id}, c) = L(id - \frac{a}{c}, 0) = \{\frac{a}{c}\}$ für den Fall $c \neq 0$.

2a) Die Äquivalenzen $x \in L(h_n^+, 0) \Leftrightarrow c^n x^n - a^n = 0 \Leftrightarrow c^n x^n = a^n \Leftrightarrow x^n = \frac{a^n}{c^n} \Leftrightarrow x = \frac{a}{c} \Leftrightarrow \frac{a}{x} = c \Leftrightarrow x \in L(f, c)$ zeigen $L(\frac{a}{id^n}, c) = L(c^n \cdot id^n - a^n, 0) = \{\frac{a}{c}\}$ für den Fall $c \neq 0$.

2b) Die Äquivalenzen $x \in L(h_n^*, 0) \Leftrightarrow \frac{c^{n+1}}{a^n}x^n - c = 0 \Leftrightarrow \frac{c^{n+1}}{a^n}x^n = c \Leftrightarrow x^n = \frac{a^n}{c^n} \Leftrightarrow x = \frac{a}{c} \Leftrightarrow \frac{a}{x} = c \Leftrightarrow x \in L(f, c)$ zeigen $L(\frac{a}{id^n}, c) = L(\frac{c^{n+1}}{a^n} \cdot id^n - c, 0) = \{\frac{a}{c}\}$ für den Fall $c \neq 0$.

2c) Die Äquivalenzen $x \in L(h_n^0, 0) \Leftrightarrow x^n - \frac{a^n}{c^n} = 0 \Leftrightarrow x^n = \frac{a^n}{c^n} \Leftrightarrow x = \frac{a}{c} \Leftrightarrow \frac{a}{x} = c \Leftrightarrow x \in L(f, c)$ zeigen $L(\frac{a}{id^n}, c) = L(id^n - \frac{a^n}{c^n}, 0) = \{\frac{a}{c}\}$ für den Fall $c \neq 0$.

Anmerkung: In den Beweisen von 2a) bis 2c) gelten tatsächlich jeweils die Äquivalenzen $x^n = \frac{a^n}{c^n} \Leftrightarrow x = \frac{a}{c}$, da die entsprechenden Funktionen nur auf $\mathbb{R}^+$ definiert sind. Das bedeutet, daß neben den stets geltenden Inklusionen $L(f, c) \subset L(h, 0)$ insbesondere die Gleichheit $L(f, c) = L(h, 0)$ gilt.

Im Gegensatz zu Lemma 1.232.3 werden im folgenden Lemma Potenz-Funktionen der Form $f = \frac{a}{id^n}$ betrachtet und dafür dann analoge Sachverhalte festgestellt. Dabei erscheinen als Parameter der Polynom-Funktionen gerade diejenigen Zahlen, die in Lemma 1.232.3 im ersten Teil (Indices 1) aufgetreten sind.

1.232.4 Lemma

Im folgenden sei eine Funktion $f : \mathbb{R}^+ \longrightarrow \mathbb{R}$ der Form $f = \frac{a}{id^n}$, also wieder ein Hyperbel-Teil, betrachtet:

1. Zu jeder Gleichung (f, c) über f und $c \neq 0$ gibt es beliebig viele Polynom-Funktionen $h : \mathbb{R}^+ \longrightarrow \mathbb{R}$ mit $L(f, c) = L(h, 0)$, zu jedem $n \in \mathbb{N}$ jedoch genau eine Gerade $\mathbb{R}^+ \longrightarrow \mathbb{R}$ von jeweils folgender Form:
   a) $h^+ = c \cdot id^n - a$ als Polynom-Funktion mit unmittelbarer Verwendung der der Parameter a und c,
   b) $h^* = \frac{c^2}{a} \cdot id^n - c = c(\frac{c}{a} \cdot id^n - 1)$ als Verschiebung einer Polynom-Funktion u_1^* durch $(\frac{a}{c}, c)$,
   c) $h^0 = id^n - \frac{a}{c}$ als normierte Polynom-Funktion.

2. Zu jeder Gleichung (f, c) über f gibt es zu jedem $n \in \mathbb{N}$ genau eine normierte Polynom-Funktion

169

$h : \mathbb{R}^+ \longrightarrow \mathbb{R}$ mit $L(f,c) = L(h,0)$, nämlich $h = id^m - (\frac{a}{c})^{\frac{m}{n}}$. Dabei treten die beiden folgenden Extremfälle auf:

a) $h = id - (\frac{a}{c})^{\frac{1}{n}}$, das ist der Fall 1c) in Lemma 1.232.3,

b) $h = id^n - (\frac{a}{c})^{\frac{n}{n}} = id^n - \frac{a}{c}$, das ist der oben genannte Fall 1c).

Beweis:

1a) Die Äquivalenzen $x \in L(h^+, 0) \Leftrightarrow cx^n - a = 0 \Leftrightarrow cx^n = a \Leftrightarrow x^n = \frac{a}{c} \Leftrightarrow \frac{a}{x^n} = c \Leftrightarrow x \in L(f,c)$ zeigen $L(\frac{a}{id}, c) = L(c \cdot id^n - a, 0) = \{ \sqrt[n]{\frac{a}{c}} \}$ für den Fall $c \neq 0$.

1b) Die Äquivalenzen $x \in L(h^*, 0) \Leftrightarrow \frac{c^2}{a} x^n - c = 0 \Leftrightarrow \frac{c^2}{a} x^n = c \Leftrightarrow x^n = \frac{a}{c} \Leftrightarrow \frac{a}{x^n} = c \Leftrightarrow x \in L(f,c)$ zeigen $L(\frac{a}{id^n}, c) = L(\frac{c^2}{a} \cdot id^n - c, 0) = \{ \sqrt[n]{\frac{a}{c}} \}$ für den Fall $c \neq 0$.

1c) Die Äquivalenzen $x \in L(h^0, 0) \Leftrightarrow x^n - \frac{a}{c} = 0 \Leftrightarrow x^n = \frac{a}{c} \Leftrightarrow \frac{a}{x^n} = c \Leftrightarrow x \in L(f,c)$ zeigen $L(\frac{a}{id^n}, c) = L(id^n - \frac{a}{c}, 0) = \{ \sqrt[n]{\frac{a}{c}} \}$ für den Fall $c \neq 0$.

A1.232.01: Erstellen Sie eine tabellarische Übersicht zur Lage von Nullstellen von Potenz-Funktionen.

A1.232.02: Erstellen Sie eine tabellarische Übersicht zu der Frage: Welche Potenz-Funktionen sind mit welchen Definitions- und Wertebereichen bijektiv?

A1.232.03: Erstellen Sie eine tabellarische Übersicht zu Symmetrien von Potenz-Funktionen.

A1.232.04: Beweisen Sie die Aussage der Anmerkung am Ende der Bemerkungen 1.230.3.

A1.232.05: Untersuchen Sie Potenz-Funktionen der Form $c \cdot id^a$ mit $c \neq 0$ sowie $a = \frac{n}{m}$ mit $n, m \in \mathbb{N}$ und konstante Funktionen b hinsichtlich möglicher Schnittpunkte und konkretisieren Sie das Ergebnis für die Tupel $(n, m, c, b) = (3, 1, \frac{4}{3}, 4)$, $(n, m, c, b) = (2, 1, -2, 2)$ und $(n, m, c, b) = (2, 1, 2, 2)$.

A1.232.06: Untersuchen Sie die beiden Funktionen $f = \frac{c}{id^a}$ mit $c \neq 0$ sowie $a = \frac{n}{m}$ mit $n, m \in \mathbb{N}$ und $0 < m < n$ und $g = u \cdot id$ hinsichtlich möglicher Schnittpunkte und konkretisieren Sie das Ergebnis für die Tupel $(n, m, c, b) = (3, 1, 3, 3)$, $(n, m, c, b) = (3, 1, 3, -3)$ und $(n, m, c, b) = (4, 1, 3, -3)$.

A1.232.07: Untersuchen Sie die beiden Funktionen $f = \frac{a}{id}$ und $g = c \cdot id - a$ hinsichtlich möglicher Schnittpunkte und konkretisieren Sie das Ergebnis für die Paare $(a, c) = (3, \frac{4}{3})$ und $(a, c) = (3, -\frac{4}{3})$.

A1.232.08: Untersuchen Sie die beiden Funktionen $f = c \cdot id^a$ und $g = d \cdot id^b$ mit geeignetem Zahlentupel (a, b, c, d) hinsichtlich möglicher Schnittpunkte und konkretisieren Sie das Ergebnis für die Tupel $(a, b, c, d) = (4, 2, 2, 4)$, $(a, b, c, d) = (\frac{4}{5}, \frac{2}{3}, 1, 1)$, $(a, b, c, d) = (5, 7, 1, 1)$ und $(a, b, c, d) = (1, 1, 5, 7)$.

A1.232.09: Betrachten Sie eine Funktion $f : \mathbb{R} \setminus \{0\} \longrightarrow \mathbb{R}$ der Form $f = \frac{a}{id^2}$ und zeigen Sie: Zu jeder Gleichung (f, c) über f mit $c \neq 0$ gibt es genau eine normierte Parabel $h : \mathbb{R} \longrightarrow \mathbb{R}$ mit $L(f, c) = L(h, 0)$.

A1.232.10: Gibt es zu vorgelegtem Punkt $P = (x_0, z_0)$ eine eindeutig bestimmte Potenz-Funktion
a) der Form id^a, die den Punkt P enthält? (Untersuchen Sie zunächst den Punkt $P = (x_0, x_0)$),
b) der Form $c \cdot id^a$ mit $c \neq 0$, die den Punkt P enthält?

A1.232.11: Man vergleiche zu dieser Aufgabe das geometrische Analogon in Aufgabe A1.214.06.

1. Beschreiben Sie bezüglich des üblichen Cartesischen Koordinaten-Systems (Abs, Ord) die Menge aller Punkte $P = (x, z)$, die vom Ursprung 0 und von der Ordinaten-Parallelen g_8 durch 8 denselben Abstand haben, für die also $d(P, 0) = d(P, g_8)$ gilt.
2. Geben Sie die durch die Zuordnung $x \longmapsto f(x) = z$ definierte Funktion f an.
3. Welche Zahlen x haben unter f ganzzahlige Funktionswerte?
4. Bearbeiten Sie die Aufgabenteile 1 bis 3 für eine beliebige Ordinaten-Parallele g_c durch c. Welche Zahlen $c \in \mathbb{R}$ sind dabei sinnvoll und wirkt sich der Unterschied $c > 0$ und $c < 0$ dabei aus?

A1.232.12: *Giacomo Girolamo Casanova* (1725 - 1798) – eigentlich wegen ganz anderer Sachen und Schriften bekannt – glaubte, zu einem gegebenen Würfel einen zweiten mit doppeltem Volumen allein mit Zirkel und Lineal konstruieren zu können, wofür er den Faktor $c = 1,25824175$ angab. Hatte er recht, wenn nicht, mit welchem Fehler ist seine Volumenberechnung behaftet?

1.234 KEGELSCHNITT-FUNKTIONEN

> Mehr als das Gold hat das Blei in der Welt
> verändert. Und mehr als das Blei in der Flinte
> das im Setzkasten.
> *Georg Christoph Lichtenberg (1742 - 1799)*

Die in Abschnitt 1.120 genannten Kegelschnitt-Relationen entstehen als ebene Schnitte durch einen senkrechten Kreiskegel und haben als Relationen von $\mathbb{R}^2 = \mathbb{R} \times \mathbb{R}$ in *zentraler Lage* (Mittel- oder Scheitelpunkte sind $O = (0,0)$) die folgenden Darstellungen:

a) *Kreise* mit Mittelpunkt O und Radius r haben die Form $k(O,r) = \{(x,z) \in \mathbb{R}^2 \mid x^2 + z^2 = r^2\}$,

b) *Ellipsen* mit Mittelpunkt O haben die Form $e(O,a,b) = \{(x,z) \in \mathbb{R}^2 \mid \frac{x^2}{a^2} + \frac{z^2}{b^2} = 1\}$, wobei $2a$ den Durchmesser in K_1-Richtung und $2b$ den Durchmesser in K_2-Richtung bezeichne,

c) *Parabeln* mit Scheitelpunkt O haben die Form $p(O,h) = \{(x,z) \in \mathbb{R}^2 \mid z^2 = 4hx\}$, wobei h die Brennweite bezeichne,

d) *Hyperbeln* mit (virtuellem) Mittelpunkt O haben die Form $h(O,a,b) = \{(x,z) \in \mathbb{R}^2 \mid \frac{x^2}{a^2} - \frac{z^2}{b^2} = 1\}$, wobei $2a$ den Abstand der beiden Scheitelpunkte und $\pm\frac{b}{a}$ die Anstiege der beiden asymptotischen Funktionen bezeichne.

Im folgenden soll gezeigt werden, wie aus Teilen dieser Relationen Funktionen gewonnen werden können, wobei zunächst Kreise und Ellipsen in *halb-dezentraler Lage* (der Mittelpunkt des Kreises sei $M = (r,0)$, der der Ellipse sei $M = (a,0)$) betrachtet werden:

a) *Kreise* mit Mittelpunkt $M = (r,0)$ haben die Form $k(M,r) = \{(x,z) \in \mathbb{R}^2 \mid (x-r)^2 + z^2 = r^2\}$,

b) *Ellipsen* mit Mittelpunkt $M = (a,0)$ haben die Form $e(M,a,b) = \{(x,z) \in \mathbb{R}^2 \mid \frac{(x-a)^2}{a^2} + \frac{z^2}{b^2} = 1\}$.

In einem üblichen Cartesischen Koordinaten-System (K_1, K_2) haben diese Relationen dann folgende graphischen Darstellungen:

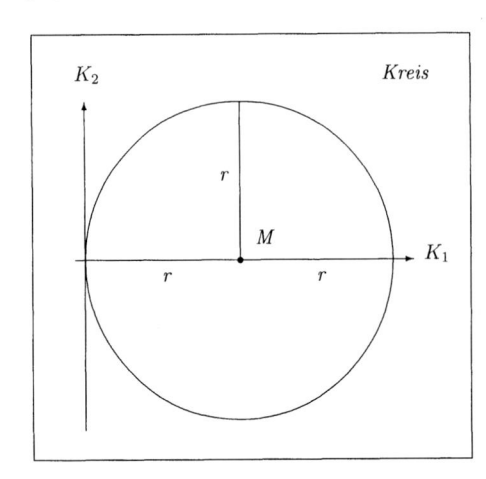

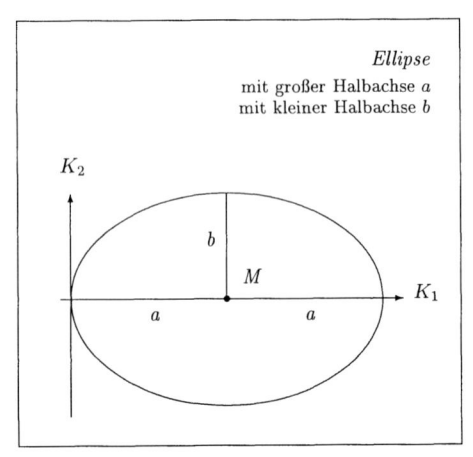

Will man nun die oberhalb der Koordinate K_1 gelegenen Teile von Kreis und Ellipse jeweils als Funktion $f : D(f) \longrightarrow \mathbb{R}$ darstellen, so ist in den vorstehenden Darstellungen die in den Paaren (x,z) auftretende zweite Komponente z durch $f(x)$ zu ersetzen. Verwendet man für den Kreisteil die Funktionsbezeichnung k und für den Ellipsenteil entsprechend e, dann gilt:

a) Für den Kreis liefert die Beziehung $(x-r)^2 + z^2 = r^2$ zunächst $(x-r)^2 + k(x)^2 = r^2$, woraus dann $k(x)^2 = r^2 - (x-r)^2$ und schließlich $k(x) = \sqrt{r^2 - (x-r)^2} = \sqrt{2rx - x^2}$ folgt.

b) Für die Ellipse liefert die Beziehung $\frac{(x-a)^2}{a^2} + \frac{z^2}{b^2} = 1$ zunächst $\frac{(x-a)^2}{a^2} + \frac{e(x)^2}{b^2} = 1$, woraus dann $(x-a)^2 b^2 + e(x)^2 a^2 = a^2 b^2$, also $e(x)^2 a^2 = b^2(a^2 - (x-a)^2)$, und schließlich $e(x) = \frac{b}{a}\sqrt{a^2 - (x-a)^2} = \frac{b}{a}\sqrt{2ax - x^2}$ folgt.

1.234.1 Definition

1. Die Funktion $k : [0, 2r] \longrightarrow \mathbb{R}$ mit der Zuordnungsvorschrift $k(x) = \sqrt{2rx - x^2}$ beschreibt die oberhalb der Abszisse gelegene *Halbkreis-Funktion* des Kreises mit dem Mittelpunkt $M = (r, 0)$ und Radius r.
2. Die Funktion $e : [0, 2a] \longrightarrow \mathbb{R}$ mit der Zuordnungsvorschrift $e(x) = \frac{b}{a}\sqrt{2ax - x^2}$ beschreibt die oberhalb der Abszisse gelegene *Halbellipsen-Funktion* der Ellipse mit dem Mittelpunkt $M = (a, 0)$ und den beiden Halbachsen a (in Abszissenrichtung) und b (in Ordinatenrichtung).

1.234.2 Bemerkungen

1. Die an der Abszisse gespiegelten Funktionen k und e liefern die entsprechenden Funktionen $-k$ und $-e$, die den jeweils unterhalb der Abszisse gelegenen Kreis- oder Ellipsenteil beschreiben. Betrachtet man alle vier Funktionen wiederum als Relationen, dann ist $k(M, r) = -k \cup k$ und $e(M, a, b) = -e \cup e$.

2. Die in Definition 1.234.1 genannten Funktionen k und e sind in der dort angegebenen Form weder injektiv noch surjektiv. Man kann aber beide Eigenschaften durch entsprechende Einschränkungen von Definitions- und Wertebereich erreichen und zu den so modifizierten Funktionen jeweils inverse Funktionen formulieren:

3. Die Einschränkung $k : [0, r] \longrightarrow [0, r]$ ist bijektiv und besitzt die inverse Funktion $k^{-1} : [0, r] \longrightarrow [0, r]$ mit der Zuordnungsvorschrift $k^{-1}(z) = \sqrt{r^2 - z^2} + r$.

4. Die Einschränkung $e : [0, a] \longrightarrow [0, b]$ ist bijektiv und besitzt die inverse Funktion $e^{-1} : [0, b] \longrightarrow [0, a]$ mit der Zuordnungsvorschrift $e^{-1}(z) = \frac{a}{b}\sqrt{b^2 - z^2} + a$.

5. Da Wurzelfunktionen Potenzfunktionen sind, haben die Funktionen k und e als Potenzfuktionen die Darstellung $k = id^{\frac{1}{2}} \circ (2r \cdot id - id^2)$ und $e = \frac{b}{a} \cdot id^{\frac{1}{2}} \circ (2a \cdot id - id^2)$.

Halbkreis-Funktion $k : [0, 2r] \longrightarrow [0, r]$ mit inverser Funktion $k^{-1} = (k \,|\, [0, r])^{-1}$:

Halbellipsen-Funktion $e : [0, 2a] \longrightarrow [0, b]$ mit inverser Funktion $e^{-1} = (e \,|\, [0, b])^{-1}$:

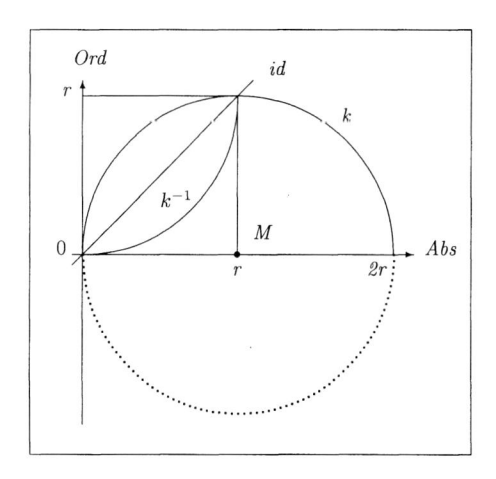

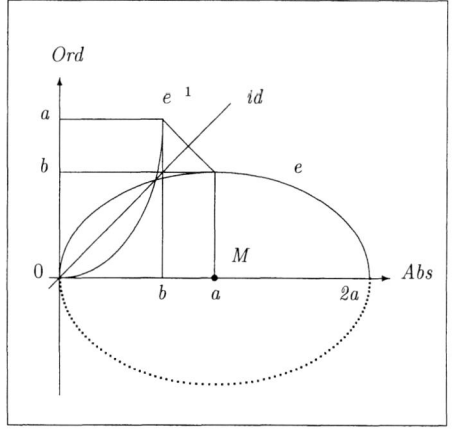

Auf analoge Weise wie bei Kreisen und Ellipsen lassen sich zu Parabeln und Hyperbeln entsprechende Funktionen gewinnen. Ausgangspunkt der Betrachtung seien die beiden folgenden Relationen:

e) *Parabeln* mit Scheitelpunkt $S = (a, 0)$ haben die Form $p(S, b) = \{(x, z) \in \mathbb{R}^2 \mid z^2 = 4b(x - a)\}$,

h) *Hyperbeln* mit (virtuellem) Mittelpunkt O haben die Form $h(O, a, b) = \{(x, z) \in \mathbb{R}^2 \mid \frac{x^2}{a^2} - \frac{z^2}{b^2} = 1\}$.

1.234.3 Definition

1. Die Funktion $p : [a, \star) \longrightarrow \mathbb{R}$ mit der Zuordnungsvorschrift $p(x) = 2\sqrt{b(x-a)}$ beschreibt die oberhalb der Abszisse gelegene *Halbparabel-Funktion* der Parabel mit dem Scheitelpunkt $S = (a, 0)$.

2. Die Funktion $h : [a, \star) \longrightarrow \mathbb{R}$ mit der Zuordnungsvorschrift $h(x) = \frac{b}{a}\sqrt{x^2 - a^2}$ beschreibt die oberhalb der Abszisse gelegene *Halbhyperbel-Funktion* der Hyperbel mit dem Scheitelpunkt $S = (a, 0)$ und dem Anstieg b der asymptotischen Funktion.

1.234.4 Bemerkungen

1. Die an der Abszisse gespiegelten Funktionen p und h liefern die entsprechenden Funktionen $-p$ und $-h$, die den jeweils unterhalb der Abszisse gelegenen Parabel- oder Hyperbelteil beschreiben. Betrachtet man alle vier Funktionen wiederum als Relationen, dann ist $p(S, b) = -p \cup p$ und $h(M, a, b) = -h \cup h$.

2. Die inverse Funktion zu $p : [a, \star) \longrightarrow \mathbb{R}_0^+$ ist $p^{-1} : \mathbb{R}_0^+ \longrightarrow [a, \star)$ mit $p^{-1}(z) = \frac{1}{4b}z^2 + a$.

3. Die inverse Funktion zu $h : [a, \star) \longrightarrow \mathbb{R}_0^+$ ist $p^{-1} : \mathbb{R}_0^+ \longrightarrow [a, \star)$ mit $h^{-1}(z) = \frac{a}{b}\sqrt{z^2 + b^2}$.

4. Da Wurzelfunktionen Potenzfunktionen sind, haben die Funktionen p und h als Potenzfunktionen die Darstellung $p = 2\sqrt{b} \cdot id^{\frac{1}{2}} \circ (id - a)$ und $h = \frac{b}{a} \cdot id^{\frac{1}{2}} \circ (id^2 - 2a \cdot id)$.

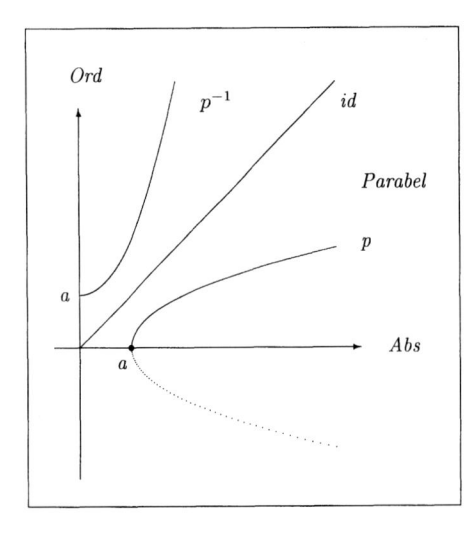

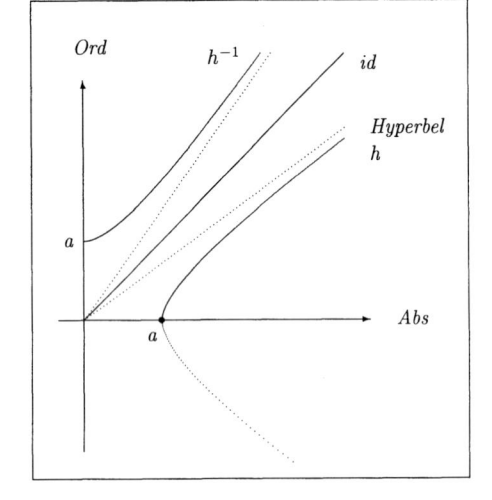

A1.234.01: Bestimmen Sie die Halbkreis-Funktion mit Kreis-Mittelpunkt $M = (0,0)$ und Radius r.

A1.234.02: Bestimmen Sie die Halbellipsen-Funktion der Ellipse mit Mittelpunkt $M = (0,0)$ und den Halbachsen a (in Abszissenrichtung) und b (in Ordinatenrichtung).

A1.234.03: Beweisen Sie $k \circ k^{-1} = id_{[0,r]}$ und $k^{-1} \circ k = id_{[0,r]}$ in Bemerkung 1.234.2/3.

A1.234.04: Beweisen Sie $e \circ e^{-1} = id_{[0,b]}$ und $e^{-1} \circ e = id_{[0,a]}$ in Bemerkung 1.234.2/4.

A1.234.05: Entwickeln Sie die Halbparabel-Funktion p und die Halbhyperbel-Funktion h aus den in Bemerkung 1.234.2/e/f genannten Relationen.

A1.234.06: Bestimmen Sie die Halbparabel-Funktion mit Parabel-Scheitelpunkt $M = (0,0)$.

A1.234.07: Beweisen Sie $p \circ p^{-1} = id_{\mathbb{R}_0^+}$ und $p^{-1} \circ p = id_{[a,\star)}$ in Bemerkung 1.234.4/2.

A1.234.08: Beweisen Sie $h \circ h^{-1} = id_{\mathbb{R}_0^+}$ und $h^{-1} \circ h = id_{[a,\star)}$ in Bemerkung 1.234.4/3.

A1.234.09: Geben Sie diejenigen Funktionen p^* und h^* an, die die in Definition 1.234.3 genannten Funktionen p und h zusammen mit ihren Spiegelbildern bezüglich der Ordinate erzeugen.

A1.234.10: Geben Sie diejenige
1. Halbparabel-Funktion $p : [2, \star) \longrightarrow \mathbb{R}$ mit $p(x) = 2\sqrt{b(x-2)}$ an, die den Punkt $(3, c)$ enthält.
2. Halbhyperbel-Funktion $h : [2, \star) \longrightarrow \mathbb{R}$ mit $h(x) = \frac{b}{2}\sqrt{x^2 - 4}$ an, die den Punkt $(3, c)$ enthält.

A1.234.11: Erzeugen Sie mit der Halbparabel-Funktion $p_b : [a, \star) \longrightarrow \mathbb{R}$ mit $p_b(x) = 2\sqrt{b(x-a)}$ eine Funktion mit der Zuordnung $b \longmapsto p_b$ und kommentieren Sie die Rolle des Faktors b in $p_b(x)$. Bearbeiten Sie dann die analoge Aufgabe für die Halbhyperbel-Funktion h_b.

1.236 Rationale Funktionen (Teil 1)

> In der modernen Welt hat nur noch das Phantastische eine Chance wahr zu sein.
> *Marie-Joseph Pierre Teilhard de Chardin* (1881 - 1955)

Rationale Funktionen sind Quotienten von Polynom-Funktionen – und die Konstruktion von Quotienten ist ja immer von einer roten Warnleuchte begleitet: Nenner ungleich Null! Dieser Sachverhalt tritt ja auch schon bei Potenz-Funktionen (Abschnitt 1.230) mit negativen Exponenten auf, ist dort aber sofort erkennbar, denn bei solchen Funktionen ist der Definitionsbereich grundsätzlich $\mathbb{R} \setminus \{0\}$ (sofern sie nicht Kompositionen mit anderen Funktionen sind). Wenn nun Quotienten $f = \frac{u}{v}$ beliebiger Polynom-Funktionen u und $v \neq 0$ betrachtet werden, dann spielen natürlich die Nullstellen des Nenners v eine Hauptrolle, allerdings müssen auch die Nullstellen des Zählers u mit untersucht werden. Wie sich nämlich im folgenden Abschnitt zeigen wird, haben die gemeinsamen Nullstellen von u und v eine besondere Bedeutung für die Funktion f.

Es sei hier schon angemerkt, daß die Untersuchung rationaler Funktionen – und die von Quotienten beliebiger Funktionen – mit den Abschnitten 1.236 bis 1.239 keineswegs abgeschlossen ist, vielmehr wird das oben angedeutete Problem noch eine Reihe weiterer Untersuchungen, dann mit einem weiter gefächerten begrifflichen Instrumentarium, erfordern (ein erster solcher Abschnitt ist 2.250). Im Rahmen dieser Abschnitte werden also nur Untersuchungen angestellt, die sich mit einfachen Untersuchungsmethoden – im wesentlichen sind das eben Berechnungen von Nullstellenmengen – bewerkstelligen lassen.

1.236.1 Definition

Funktionen der Form $f = \frac{u}{v} : T \setminus N(v) \longrightarrow \mathbb{R}$ mit $T \subset \mathbb{R}$ und Polynom-Funktionen $u, v : T \longrightarrow \mathbb{R}$ (wobei stets $v \neq 0$ vorausgesetzt sei) heißen *Rationale Funktionen*.

Es sei vorweg bemerkt, daß zu den folgenden Bemerkungen und zu einigen der in den Beispielen 1.236.3 genannten Funktionen dann in Abschnitt 1.237 Skizzen enthalten sind, die die Betrachtungen beider Abschnitte im Zusammenhang illustrieren.

1.236.2 Bemerkungen

1. Die Zuordnungsvorschriften rationaler Funktionen $f = \frac{u}{v}$ haben die Form $f(x) = \frac{u(x)}{v(x)}$ mit $x \in D(f)$.

2. Der erste Punkt bei der Untersuchung rationaler Funktionen $f = \frac{u}{v} : T \setminus N(v) \longrightarrow \mathbb{R}$ ist in der Regel die Bestimmung des Definitionsbereichs, wobei, wenn nichts anderes gesagt ist, stets der maximale Definitionsbereich $D(f) = T \setminus N(v)$ gemeint ist, im Fall $T = \mathbb{R}$ also $\mathbb{R} \setminus N(v)$. Man beachte dabei den generellen Zusammenhang $card(N(v)) \leq grad(v)$, insbesondere ist also $N(v)$ stets endlich.

3. Die Nullstellenmenge $N(f) = N(\frac{u}{v})$ einer rationalen Funktion $f = \frac{u}{v} : T \setminus N(v) \longrightarrow \mathbb{R}$ ist die Menge $N(f) = N(u) \setminus N(v)$. Das zeigen sofort die Äquivalenzen $x \in N(f) \Leftrightarrow \frac{u(x)}{v(x)} = 0$ und $v(x) \neq 0$ $\Leftrightarrow u(x) = 0 \cdot v(x) = 0$ und $v(x) \neq 0 \Leftrightarrow x \in N(u)$ und $v(x) \neq 0 \Leftrightarrow x \in N(u) \setminus N(v)$.

4. Eine naheliegende Idee (wie sich zeigen wird, auch gute Idee) ist, die Polynom-Division $u(x) : v(x)$ (siehe Abschnitt 1.214). Dabei kann zunächst der einfache Fall auftreten, daß $v(x)$ als Faktor in $u(x)$ enthalten ist, beispielsweise in $f(x) = \frac{u(x)}{v(x)} = \frac{x^2-1}{x+1} = \frac{(x+1)(x-1)}{x+1}$. Allerdings erhält man, wenn man nun kürzt, eine andere Funktion, nämlich $g : \mathbb{R} \longrightarrow \mathbb{R}$ mit $g(x) = x - 1$. Was die Funktion g mit f zu tun hat, abgesehen von dem veränderten Definitionsbereich, wird später geklärt.

5. Ist der in Bemerkung 4 genannte Sachverhalt nicht der Fall, so bleibt bei der Polynom-Division ein Rest, mit dem $\frac{u}{v}$ dann die Form $\frac{u}{v} = a + \frac{r}{v}$ mit Polynom-Funktionen $a, r : \mathbb{R} \longrightarrow \mathbb{R}$ mit $r \neq 0$ und $grad(r) < grad(u)$ besitzt. Zur Funktion a, deren geometrische Bedeutung gleich erläutert wird:

a) Gilt $grad(u) < grad(v)$, dann hat $\frac{u}{v}$ die Form $\frac{u}{v} = 0 + \frac{u}{v}$ mit der Null-Funktion 0,

b) gilt $grad(u) = grad(v)$, dann ist a eine konstante Funktion ungleich der Null-Funktion,

c) gilt $grad(u) > grad(v)$, dann ist a eine Polynom-Funktion mit $grad(a) = grad(u) - grad(v)$.

6. Zur Bedeutung der Funktion a in der Darstellung $\frac{u}{v} = a + \frac{r}{v}$ mit $r \neq 0$ sagt man: Die (Graphen der) Funktionen $f = \frac{u}{v}$ und a verhalten sich *asymptotisch* zueinander, die Funktion a ist *asymptotische Funktion* zu f. Damit ist gemeint, daß in einem oder beiden Intervallen der Form $(-\star, c)$ oder $(d, \star)$ die beiden Graphen sich immer weiter und beliebig dicht einander annähern, ohne sich allerdings zu berühren oder gar zu schneiden.

Diese Situation wird in späteren Abschnitten noch genauer formalisiert, man kann sich aber schon jetzt vorstellen – sehr leger gesprochen: Verhalten sich $f = \frac{u}{v}$ und a in einem Bereich $(-\star, c)$ (oder $(d, \star)$) asymptotisch zueinander, dann werden mit kleiner werdenden Zahlen $x < c$ (oder größer werdenden Zahlen $x > d$) die (Beträge) der Differenzen $|f(x) - a(x)| > 0$ immer kleiner.

1.236.3   Beispiele

1. Die von den Polynom-Funktionen $u, v : \mathbb{R} \longrightarrow \mathbb{R}$ mit $u(x) = 2x + 2$ und $v(x) = x^2 - 1$ (wobei u die Zähler-Funktion und v die Nenner-Funktion sei) erzeugte rationale Funktion $f = \frac{u}{v} : D(f) \longrightarrow \mathbb{R}$, definiert durch $f(x) = \frac{u(x)}{v(x)} = \frac{2x+2}{x^2-1}$, hat mit der Nullstellenmenge $N(v) = \{-1, 1\}$ den (maximalen) Definitionsbereich $D(f) = \mathbb{R} \setminus N(v) = \mathbb{R} \setminus \{-1, 1\}$. Zur Bestimmung der Nullstellenmenge $N(f)$ ist zunächst $N(u) = \{-1\}$ zu berechnen, womit dann $N(f) = N(u) \setminus N(v) = \{-1\} \setminus \{-1, 1\} = \emptyset$ ist. Schließlich ist wegen $grad(u) < grad(v)$ die Nullfunktion die asymptotische Funktion zu f.

2. Die von den Polynom-Funktionen $u, v : \mathbb{R} \longrightarrow \mathbb{R}$ mit $u(x) = 2(x - 1)$ und $v(x) = x - 1$ (wobei u die Zähler-Funktion und v die Nenner-Funktion sei) erzeugte rationale Funktion $f = \frac{u}{v} : D(f) \longrightarrow \mathbb{R}$, definiert durch $f(x) = \frac{u(x)}{v(x)} = \frac{2(x-1)}{x-1}$, hat mit der Nullstellenmenge $N(v) = \{1\}$ den (maximalen) Definitionsbereich $D(f) = \mathbb{R} \setminus N(v) = \mathbb{R} \setminus \{1\}$. Zur Bestimmung der Nullstellenmenge $N(f)$ ist zunächst $N(u) = \{1\}$ zu berechnen, womit dann $N(f) = N(u) \setminus N(v) = \{1\} \setminus \{1\} = \emptyset$ ist. Die Funktion f besitzt allerdings keine asymptotische Funktion, wie die Bemerkung 1.236.2/4 mit $\frac{u(x)}{v(x)} = \frac{2(x-1)}{x-1} = 2$ zeigt.

3. Die von den Polynom-Funktionen $u, v : \mathbb{R} \longrightarrow \mathbb{R}$ mit $u(x) = x^2 + x$ und $v(x) = x + 1$ (wobei u die Zähler-Funktion und v die Nenner-Funktion sei) erzeugte rationale Funktion $f = \frac{u}{v} : D(f) \longrightarrow \mathbb{R}$, definiert durch $f(x) = \frac{u(x)}{v(x)} = \frac{x^2+x}{x+1}$, hat mit der Nullstellenmenge $N(v) = \{-1\}$ den (maximalen) Definitionsbereich $D(f) = \mathbb{R} \setminus N(v) = \mathbb{R} \setminus \{-1\}$. Zur Bestimmung der Nullstellenmenge $N(f)$ ist zunächst $N(u) = \{0, -1\}$ zu berechnen, womit dann $N(f) = N(u) \setminus N(v) = \{0, -1\} \setminus \{-1\} = \{0\}$ ist. Die Funktion f besitzt allerdings keine asymptotische Funktion, wie die Bemerkung 1.236.2/4 mit $\frac{u(x)}{v(x)} = \frac{x(x+1)}{x+1} = x$ zeigt.

4. Die von den Polynom-Funktionen $u, v : \mathbb{R} \longrightarrow \mathbb{R}$ mit $u(x) = x(x - 1)$ und $v(x) = x^2 - 1$ (wobei u die Zähler-Funktion und v die Nenner-Funktion sei) erzeugte rationale Funktion $f = \frac{u}{v} : D(f) \longrightarrow \mathbb{R}$, definiert durch $f(x) = \frac{u(x)}{v(x)} = \frac{x(x-1)}{x^2-1}$, hat mit der Nullstellenmenge $N(v) = \{-1, 1\}$ den (maximalen) Definitionsbereich $D(f) = \mathbb{R} \setminus N(v) = \mathbb{R} \setminus \{-1, 1\}$. Zur Bestimmung der Nullstellenmenge $N(f)$ ist zunächst $N(u) = \{0, 1\}$ zu berechnen, womit dann $N(f) = N(u) \setminus N(v) = \{0, 1\} \setminus \{-1, 1\} = \{0\}$ ist. Schließlich ist wegen $grad(u) = grad(v)$ die Funktion $a : \mathbb{R} \longrightarrow \mathbb{R}$ mit $a(x) = 1$ die asymptotische Funktion zu f, wie die Darstellung $\frac{u(x)}{v(x)} = \frac{x^2-x}{x^2-1} = 1 + \frac{1-x}{x^2-1}$ zeigt.

5. Die von den Polynom-Funktionen $u, v : \mathbb{R} \longrightarrow \mathbb{R}$ mit $u(x) = x(x^2 - 4)$ und $v(x) = x + 4$ (wobei u die Zähler-Funktion und v die Nenner-Funktion sei) erzeugte rationale Funktion $f = \frac{u}{v} : D(f) \longrightarrow \mathbb{R}$, definiert durch $f(x) = \frac{u(x)}{v(x)} = \frac{x(x^2-4)}{x+4}$, hat mit der Nullstellenmenge $N(v) = \{-4\}$ den (maximalen) Definitionsbereich $D(f) = \mathbb{R} \setminus N(v) = \mathbb{R} \setminus \{-4\}$. Zur Bestimmung der Nullstellenmenge $N(f)$ ist zunächst $N(u) = \{-2, 0, 2\}$ zu berechnen, womit dann $N(f) = N(u) \setminus N(v) = \{-2, 0, 2\} \setminus \{-4\} = N(u)$ ist. Schließlich ist wegen $grad(u) > grad(v)$ die Funktion $a : \mathbb{R} \longrightarrow \mathbb{R}$ mit $a(x) = x^2 - 4x + 12$ dann die asymptotische Funktion zu f, wie die Darstellung $\frac{u(x)}{v(x)} = \frac{x^3-4x}{x+4} = x^2 - 4x + 12 - \frac{48}{x+4}$ zeigt.

Anmerkung: Insbesondere hinsichtlich Beispiel 5 sei noch einmal auf Bemerkung 1.236.2/4 aufmerksam gemacht: Die zuletzt genannte Darstellung von f basiert auf der Polynom-Division

$$u(x) : v(x) = (x^3 - 4x) : (x + 4) = x^2 - 4x + 12 - \frac{48}{x+4},$$

die, anders als in den Beispielen in Bemerkung 1.218.3, hier aber den Rest $\frac{48}{x+4} \neq 0$ liefert.

1.237 RATIONALE FUNKTIONEN (TEIL 2)

> Der große Mathematiker Lagrange war ein guter Mensch und eben deswegen groß. Denn wenn ein guter Mensch mit Talent begabt ist, so wird er immer zum Heil der Welt sittlich wirken, sei es als Künstler, Naturforscher, Dichter oder was alles sonst.
>
> *Johann Wolfgang von Goethe (1749 - 1832)*

Einen ersten Eindruck von den Auswirkungen, die die Nullstellen von u und v bei einer rationalen Funktion $f = \frac{u}{v}$ auf f haben können, vermitteln die folgenden Beobachtungen: Betrachtet man die Nullstellenmenge $N(v)$ und den Einfluß ihrer Elemente auf f genauer, so kann man feststellen, daß $N(v)$ in zwei disjunkte Teilmengen $N(v) = L \cup P$ zerlegt werden kann, sofern natürlich $N(v) \neq \emptyset$ gilt. Die damit gemeinte Situation sei an drei Beispielen illustriert:

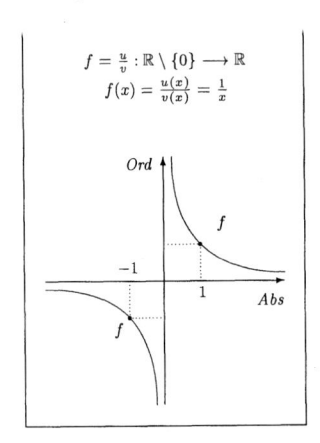

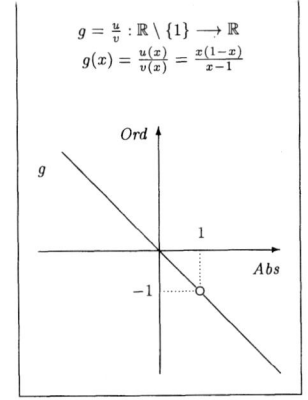

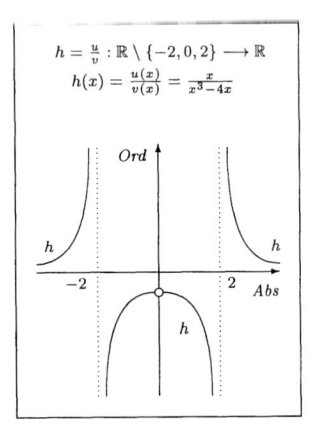

$f = \frac{u}{v} : \mathbb{R} \setminus \{0\} \longrightarrow \mathbb{R}$
$f(x) = \frac{u(x)}{v(x)} = \frac{1}{x}$

$g = \frac{u}{v} : \mathbb{R} \setminus \{1\} \longrightarrow \mathbb{R}$
$g(x) = \frac{u(x)}{v(x)} = \frac{x(1-x)}{x-1}$

$h = \frac{u}{v} : \mathbb{R} \setminus \{-2, 0, 2\} \longrightarrow \mathbb{R}$
$h(x) = \frac{u(x)}{v(x)} = \frac{x}{x^3 - 4x}$

Die in der zweiten und dritten Skizze durch „offene Punkte" dargestellten Stellen sind sogenannte Lücken zu f (Elemente von L), diejenigen mit senkrechten Asymptoten sogenannte Pole zu f (Elemente von P). Dieser Unterschied zwischen den Elementen von L und P führt zu folgender vorläufigen Definition (siehe dazu Abschnitt 2.250). Dabei wird der Einfachheit halber der einelementige Fall $N(v) = \{x_0\}$ behandelt, der sich aber auf den Fall $N(v) = \{x_0, ..., x_n\}$ unmittelbar übertragen läßt.

1.237.1 Definition

Eine rationale Funktion $f = \frac{u}{v} : D(f) \longrightarrow \mathbb{R}$ habe die Darstellung $f(x) = \frac{u(x)}{v(x)} = \frac{(x-x_0)^k u_s(x)}{(x-x_0)^m v_s(x)}$, wobei u_s und v_s den Linearfaktor $x - x_0$ nicht noch einmal enthalte.

1. Ist $k \geq m > 0$, dann nennt man x_0 eine *Lücke* zu f.
2. Ist $0 < k < m$, dann nennt man x_0 einen *Pol* zu f oder auch *Polstelle* zu f.
3. Die Menge der Lücken zu f wird mit $L(f)$, die Menge der Pole zu f mit $Pol(f)$ bezeichnet.

1.237.2 Bemerkungen

1. Ist x_0 ein Pol zu f, dann läßt sich die Zuordnungsvorschrift von f auch in der gekürzten Darstellung $f(x) = \frac{1}{(x-x_0)^{m-k}} \cdot \frac{u_s(x)}{v_s(x)}$ angeben.

2. Bei einem Pol x_0 zu f verhalten sich f und die Ordinatenparallele durch x_0 asymptotisch zueinander. Man nennt diese Ordinatenparallelen auch *Senkrechte Asymptoten zu f*, wobei dieser Begriff nicht mit dem in Bemerkung 1.236.2/6 genannten Begriff der Asymptotischen Funktion verwechselt werden darf.

3. Gelegentlich werden Pole noch genauer klassifiziert nach einem Muster, das hier nur durch Beispiele erläutert sei (wofür in späteren Abschnitten, etwa 2.090 und 2.250, weitere Untersuchungsverfahren entwickelt werden): In der obigen ersten Skizze ist 0 ein $(-,+)$-Pol zu f, in der obigen dritten Skizze ist -2 ein $(+,-)$-Pol zu h und 2 wieder ein $(-,+)$-Pol zu h. Bei der Verteilung von Minus- und Pluszeichen wird die Funktion also „von links nach rechts" betrachtet. Ein weiteres Beispiel liefert etwa die Funktion $p : \mathbb{R} \setminus \{0\} \longrightarrow \mathbb{R}$, definiert durch $p(x) = \frac{1}{x^2}$, mit dem $(+,+)$-Pol 0.

1.237.3 Beispiele

Zu den folgenden Funktionen f sind jeweils Skizzen mit den entsprechenden Nummern angegeben.

1. Die Funktion $f : \mathbb{R} \setminus \{1\} \longrightarrow \mathbb{R}$ mit $f(x) = \frac{2(x-1)}{x-1}$ hat die Darstellung mit $f(x) = \frac{u(x)}{v(x)} = \frac{2(x-1)}{x-1}$, also ist $L(f) = N(v) = \{1\}$ und $Pol(f) = \emptyset$. Ferner gilt $N(f) = \emptyset$.

2. Die Funktion $f : \mathbb{R} \setminus \{-1\} \longrightarrow \mathbb{R}$ mit $f(x) = \frac{x^2+x}{x+1}$ hat die Darstellung mit $f(x) = \frac{u(x)}{v(x)} = \frac{x(x+1)}{x+1}$, also ist $L(f) = N(v) = \{-1\}$ und $Pol(f) = \emptyset$. Ferner gilt $N(f) = \{0\}$.

3. Die Funktion $f : \mathbb{R} \setminus \{-1, 1\} \longrightarrow \mathbb{R}$ mit $f(x) = \frac{x(x-1)}{x^2-1}$ hat die Darstellung mit $f(x) = \frac{u(x)}{v(x)} = \frac{x(x-1)}{(x+1)(x-1)}$, also ist $L(f) = \{1\}$ und $Pol(f) = \{-1\}$. Ferner gilt $N(f) = \{0\}$.

4. Die Funktion $f : \mathbb{R} \setminus \{-2, 0, 2\} \longrightarrow \mathbb{R}$ mit $f(x) = \frac{x}{x^3-4x}$ hat die Darstellung mit $f(x) = \frac{u(x)}{v(x)} = \frac{x}{x(x+2)(x-2)}$, also ist $L(f) = \{0\}$ und $Pol(f) = \{-2, 2\}$. Ferner gilt $N(f) = \emptyset$.

5. Die Funktion $f : \mathbb{R} \setminus \{1\} \longrightarrow \mathbb{R}$ mit $f(x) = \frac{(x-1)^2(x+1)}{x-1}$ hat die Darstellung mit $f(x) = \frac{u(x)}{v(x)} = \frac{(x+1)(x-1)(x-1)}{x-1}$, also ist $L(f) = N(v) = \{1\}$ und $Pol(f) = \emptyset$. Ferner gilt $N(f) = \{-1\}$.

6. Die Funktion $f : \mathbb{R} \setminus \{1\} \longrightarrow \mathbb{R}$ mit $f(x) = \frac{x-1}{(x-1)^2}$ hat die Darstellung mit $f(x) = \frac{u(x)}{v(x)} = \frac{1}{x-1}$, also ist $L(f) = \emptyset$ und $Pol(f) = \{1\}$. Ferner gilt $N(f) = \emptyset$.

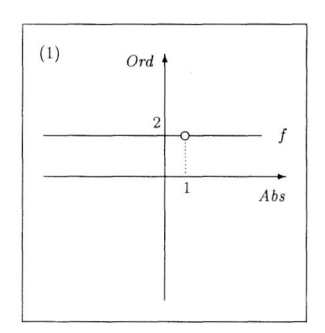

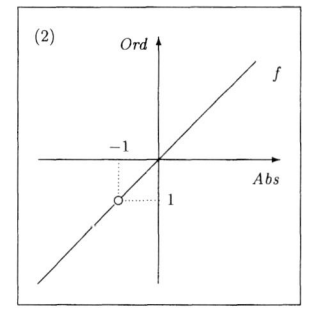

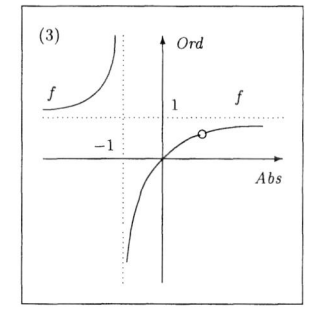

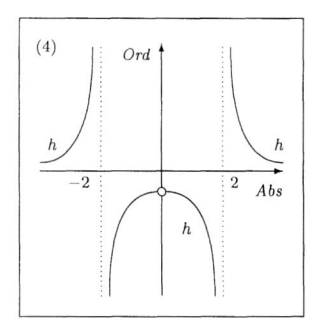

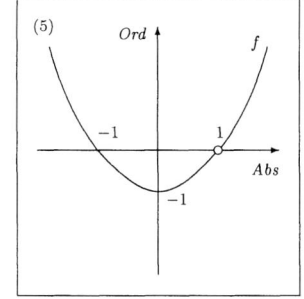

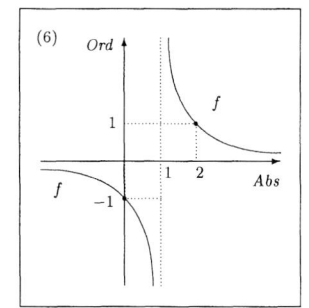

1.237.4 Bemerkung

Im folgenden soll geklärt werden, wie sich die Mengen $L(f)$ und $Pol(f)$ zu rationalen Funktionen $f = \frac{u}{v}$ unter Verwendung der Nullstellenmengen $N(u)$ und $N(v)$ berechnen lassen (ähnlich zu der Beziehung $N(f) = N(u) \setminus N(v)$ in Bemerkung 1.236.2/2). Dazu im einzelnen:

1. Ein Beispiel vorweg: Für die Funktion $f : D(f) \longrightarrow \mathbb{R}$ mit $f(x) = \frac{u(x)}{v(x)} = \frac{(x+1)^4(x-1)^2}{(x+1)^3(x-1)^4}$ gilt zunächst $N(u) = \{-1, 1\}$ und $N(v) = \{-1, 1\}$, woraus insbesondere $D(f) = \mathbb{R} \setminus N(v) = \mathbb{R} \setminus \{-1, 1\}$ folgt. Nach Bemerkung 1.237.2/1 kann f aber auch in der Form $f(x) = \frac{s(x)}{t(x)} = \frac{(x+1)^2 \cdot 1}{(x+1)(x-1)^2}$ dargestellt werden (wobei das Kürzen bei den jeweils ersten Faktoren hier aber weniger wesentlich ist, da der Faktor $(x+1)$ weiterhin in Zähler und Nenner enthalten ist). Dabei gelten nun folgende Beziehungen:

a) Es gilt $N(t) = N(v) = \{-1, 1\}$ und damit auch $N(t) = L(f) \cup Pol(f)$.
b) Es gilt $\{-1\} = N(s) \subset N(u) = \{-1, 1\}$, also auch $N(f) = N(s) \setminus N(t) = N(u) \setminus N(v)$.
c) Es gilt $L(f) = N(s) \cap N(t) = N(s) \cap N(v) = \{-1\} \cap \{-1, 1\} = \{-1\}$.
d) Es gilt $Pol(f) = N(v) \setminus N(s) = \{-1, 1\} \setminus \{-1\} = \{1\}$.

Anmerkung: Die obige Funktion läßt sich auch als Funktion $f : D(f) = \mathbb{R} \setminus [\ 1, 1]\ \longrightarrow \mathbb{R}$ mit der weiter gekürzten Zuordnungsvorschrift $f(x) = \frac{p(x)}{q(x)} = \frac{x+1}{(x-1)^2}$ darstellen, in der die Lücke -1 jedoch nur am Definitionsbereich, nicht aber an der Zuordnungsvorschrift unmittelbar ablesbar ist.

2. Wie das Beispiel zeigt, gelten neben den Gleichheiten $L(f) \cup Pol(f) = N(v)$ und $L(f) \cap Pol(f) = \emptyset$ sowie $N(f) = N(u) \setminus N(v)$ die beiden folgenden allgemein gültigen Beziehungen:
$$L(f) \subset N(u) \cap N(v) \subset N(v) \quad \text{und} \quad N(v) \setminus N(u) \subset Pol(f) \subset N(v).$$

3. Wie das Beispiel weiterhin zeigt, kann der Fall $L(f) \neq N(u) \cap N(v)$ auftreten – und zwar dann, wenn in $N(u)$ und in $N(v)$ noch die Pole von f enthalten sind, wenn also $\emptyset \neq Pol(f) \subset N(u)$ der Fall ist. Allgemein gilt (siehe auch Aufgabe A1.237.01):
Hat eine rationale Funktion $f = \frac{u}{v} : D_{max}(f) = \mathbb{R} \setminus N(v) \longrightarrow \mathbb{R}$ die Eigenschaft $Pol(f) \cap N(u) = \emptyset$, dann gelten die beiden Beziehungen $L(f) = N(u) \cap N(v)$ und $Pol(f) = N(v) \setminus N(u)$.

Anmerkung: Hat f die in Definition 1.327.1 behandelte Darstellung $f(x) = \frac{u(x)}{v(x)} = \frac{(x-c)^k u_s(x)}{(x-c)^m v_s(x)}$ mit $0 < k < m$ besitzt, wobei der Linearfaktor $x - c$ in $u_s(x)$ und in $v_s(x)$ nicht noch einmal enthalten sei, so darf man den Faktor $x - c$ kürzen, ohne daß dabei f verändert würde, womit f dann die Darstellung $f(x) = \frac{s(x)}{t(x)} = \frac{u_s(x)}{(x-c)^{m-k} v_s(x)}$ erhält, in der der Pol c nur noch in $N(t)$, also in $N(s)$ nicht mehr auftritt. Hat man eine solche Kürzung *für alle* bei f auftretenden Pole vorgenommen, gelten offenbar die beiden Beziehungen $L(f) = N(s) \cap N(t)$ und $Pol(f) = N(t) \setminus N(s)$.

4. Die Frage der Bestimmung von Lücken und Polen wird mit anderen Hilfsmitteln noch einmal ausführlich (dann auch in allgemeiner Form) in den Abschnitten 2.250 und 2.251 diskutiert.

A1.237.01: Stellen Sie zu den in den Beispielen 1.237.3 genannten Funktionen $f : D_{max}(f) \longrightarrow \mathbb{R}$ der Form $f = \frac{u}{v}$ mit $D_{max}(f) = \mathbb{R} \setminus N(v)$ zunächst eine Tabelle mit folgender Überschriftszeile her:
$$f(x) \quad N(u) \quad N(v) \quad N(u) \cap N(v) \quad L(f) \quad N(v) \setminus N(u) \quad Pol(f) \quad N(f).$$
Ergänzen Sie diese Tabelle um weitere solche Zeilen, bei denen die Einträge in $N(u) \cap N(v)$ und $L(f)$ und/oder die Einträge in $N(v) \setminus N(u)$ und $Pol(f)$ verschieden voneinander sind.
Beweisen Sie dann noch die allgemeine Aussage in Bemerkung 1.237.4/3.

A1.237.02: Betrachten Sie zu jeder Zahl $n \in \mathbb{N}$ jeweils die rationale Funktion $f_n : \mathbb{R} \setminus \{0\} \longrightarrow \mathbb{R}$, definiert durch die Zuordnungsvorschrift $f_n(x) = \frac{2(x-1)^n}{x^3}$.
Welche dieser Funktionen haben die Null-Funktion (Abszisse) als asymptotische Funktion? Nennen Sie jeweils den Typ der asymptotischen Funktion in den anderen Fällen. (Zu beiden Aufgabenteilen wird jeweils eine kurze Begründung erwartet.)

A1.237.03: Betrachten Sie die rationalen Funktionen $f : D_{max}(f) \longrightarrow \mathbb{R}$ und $g : D_{max}(g) \longrightarrow \mathbb{R}$, definiert durch die Zuordnungsvorschriften $f(x) = \frac{(x-1)(x+1)}{(x-1)^2(x+1)}$ und $g(x) = \frac{x+1}{(x-1)(x+1)}$.

1. Geben Sie die beiden Mengen $D_{max}(f)$ und $D_{max}(g)$ an.
2. Geben Sie die vier Mengen $L(f)$, $Pol(f)$, $L(g)$ und $Pol(g)$ an.
3. Warum kann man mit den Darstellungen $f = \frac{u}{v}$ und $g = \frac{s}{t}$ im zweiten Fall $L(g) = N(s) \cap N(t)$, im ersten Fall aber nicht $L(f) = N(u) \cap N(v)$ sagen?
4. Welcher Zusammenhang besteht zwischen den Funktionen f und g ?

A1.237.04: Zeigen Sie anhand der in den Beispielen 1.237.3 genannten Funktionen $f : D_{max}(f) \longrightarrow \mathbb{R}$ folgenden Sachverhalt: f läßt sich als Produkt $f = p \cdot q \cdot f_s$ rationaler Funktionen p, q und f_s so darstellen, daß p genau alle Lücken, q genau alle Polstellen und f_s genau alle Nullstellen liefert, genauer also $L(p) = L(f)$ sowie $Pol(q) = Pol(f)$ und $N(f_s) = N(f)$ gilt.

A1.237.05: Untersuchen Sie (Hinweis: Abschnitt 1.218) die im folgenden definierten rationalen Funktionen $f_i : D_{max}(f) \longrightarrow \mathbb{R}$ hinsichtlich maximalem Definitionsbereich, Nullstellen, Lücken und Pole:

$f_1(x) = \frac{x(x-2)}{2x^3+2x^2-12x}$ $\qquad$ $f_2(x) = \frac{x}{2x^3+2x^2-12x}$

$f_3(x) = \frac{x^3-7x-6}{(x-1)(x-2)^2}$ $\qquad$ $f_4(x) = \frac{x^3-7x-6}{(x-2)^2}$

$f_5(x) = \frac{x^2+1}{x^3+x^2-x-1}$ $\qquad$ $f_6(x) = \frac{(x+1)(x^2+1)}{x^3+x^2-x-1}$

A1.237.06: Untersuchen Sie die in den Beispielen 1.237.3 genannten Funktionen $f : D_{max}(f) \longrightarrow \mathbb{R}$ hinsichtlich asymptotischer Funktionen (sofern nicht schon in den Beispielen 1.236.3 behandelt).

A1.237.07: Untersuchen Sie die durch die Vorschrift $f(x) = \frac{u(x)}{v(x)} = \frac{x^3-6x^2+11x-6}{x^2-1}$ definierte rationale Funktion $f : D_{max}(f) \longrightarrow \mathbb{R}$ hinsichtlich maximalem Definitionsbereich, Nullstellen, Lücken, Pole und asymptotischer Funktionen. (Hinweis: Die Funktion u besitzt die Nullstelle 1.)

1.238 GLEICHUNGEN ÜBER RATIONALEN FUNKTIONEN

> Die Grundlage guter Manieren ist Selbstvertrauen.
> *Ralph Waldo Emerson* (1803 - 1882)

Zitat aus Abschnitt 1.236: Rationale Funktionen sind Quotienten von Polynom-Funktionen – und die Konstruktion von Quotienten ist ja immer von einer roten Warnleuchte begleitet: Nenner ungleich Null! Dieser Sachverhalt spielt natürlich auch bei der Betrachtung von Gleichungen über Rationalen Funktionen eine besondere Rolle, wie das folgende Beispiel (anstelle einer allgemeineren Theorie) schon zeigt.

Es sei hier vorweg angemerkt, daß Gleichungen über Rationalen Funktionen – dem sonstigen Muster folgend – kurz als *Rationale Gleichungen* bezeichnet werden. Man beachte ferner den generell gültigen Sachverhalt, daß eine Gleichung (f,b) genau dann lösbar ist, wenn $b \in Bild(f)$ gilt (Satz 1.136.3/1).

1.238.1 Beispiel

1. Im folgenden wird die schon in den beiden Beispielen 1.236.3/4 und 1.237.3/3 untersuchte Funktion $f: \mathbb{R} \setminus \{-1,1\} \longrightarrow \mathbb{R}$ mit $f(x) = \frac{u(x)}{v(x)} = \frac{x(x-1)}{x^2-1}$ betrachtet, die sich darüber hinaus auch als Produkt der Form $f = p \cdot q$ mit $f(x) = p(x) \cdot q(x) = \frac{x(x-1)}{x-1} \cdot \frac{1}{x+1}$ darstellen läßt. Für diese Funktion f gilt nun:

a) Nach Beispiel 1.236.3/4 ist die konstante Funktion 1 asymptotische Funktion zu f, also $1 \notin Bild(f)$.

b) Der Faktor p liefert $L(f) = \{1\}$ (neben $N(f) = \{0\}$), der Faktor q liefert $Pol(f) = \{-1\}$.

c) $L(f) = \{1\}$ zeigt, daß es eine weitere Zahl $a \notin Bild(f)$ geben muß, die aber $q(1) = \frac{1}{2} = a$ liefert.

2. Man betrachte nun die folgende, allerdings an einer Stelle unterbrochene Kette von Äquivalenzen, wobei gemäß Bemerkung 1a) aber von vornherein $1 \neq b \in Bild(f)$ gelten soll:

$x \in L(f,b) \Leftrightarrow f(x) = b \Leftrightarrow \frac{x(x-1)}{x^2-1} = b \overset{(!)}{\Rightarrow} x(x-1) = b(x^2-1) \Leftrightarrow (1-b)x^2 - x + b = 0$
$\Leftrightarrow x^2 - \frac{1}{1-b}x + \frac{b}{1-b} = 0 \Leftrightarrow x = \frac{1}{2(1-b)} + \frac{2b-1}{2(1-b)}$ oder $x = \frac{1}{2(1-b)} - \frac{2b-1}{2(1-b)} \Leftrightarrow x = \frac{b}{1-b}$ oder $x = 1$
$\Leftrightarrow x \in \{\frac{b}{1-b}, 1\} \Leftrightarrow x \in L(u - bv, 0)$.

Also gilt die Inklusion $L(f,b) = L(\frac{u}{v}, b) \subset L(u - bv, 0)$ mit $(u - bv)(x) = u(x) - bv(x) = (1-b)x^2 - x + b$.

Anmerkung 1: Im Fall $b = 1$ liefert die erste der obigen Zeilen $x = 1$, also gilt $L(f, 1) = \emptyset$.

Anmerkung 2: Im Fall $b = \frac{1}{2}$ hat die Gleichung $(u - bv, 0)$ nur die Lösung $x = 1$, also gilt $L(f, \frac{1}{2}) = \emptyset$.

1.238.2 Bemerkung

Soll zu einer rationalen Gleichung (f,b) über einer rationalen Funktion $f = \frac{u}{v} : \mathbb{R} \setminus N(v) \longrightarrow \mathbb{R}$ und einem Element $b \in W(f) = \mathbb{R}$ die Lösungsmenge $L(f,b) = L(\frac{u}{v}, b)$ bestimmt werden, so beginnt eine solche Untersuchung mit Äquivalenzen $x \in L(f,b) \Leftrightarrow f(x) = b \Leftrightarrow \frac{u(x)}{v(x)} = b$, wobei es nun nahe liegt, diese Gleichung mit $v(x)$ zu multiplizieren. Allerdings – und das meint der zu Anfang zitierte Hinweis – gilt dann lediglich die Implikation $\frac{u(x)}{v(x)} = b \Rightarrow u(x) = b \cdot v(x)$.

Das bedeutet, wenn man noch $u(x) = b \cdot v(x) \Leftrightarrow u(x) - b \cdot v(x) = 0 \Leftrightarrow (u - bv)(x) = 0$ beachtet, die Inklusion $L(f,b) = L(\frac{u}{v}, b) \subset L(u - bv, 0)$, die im allgemeinen also eine echte Inklusion ist. Beachtet man, daß die Funktion $u - bv$ eine Polynom-Funktion mit Definitionsbereich $\mathbb{R}$ ist, demgegenüber $f = \frac{u}{v}$ aber den maximalen Definitionsbereich $\mathbb{R} \setminus N(v)$ besitzt, so gilt naheliegenderweise die Beziehung

$$L(f,b) = L(\tfrac{u}{v}, b) = L(u - bv, 0) \setminus N(v).$$

A1.238.01: Ermitteln Sie zu Beispiel 1.238.1 Lösungsmengen für verschiedene einfache Zahlen b. Geben Sie ein günstigeres Verfahren zur Bestimmung von $L(u-bv, 0)$ an, das insbesondere $1 \in L(f) \subset L(u-bv, 0)$ in allgemeinerer Weise zu kommentieren gestattet.

A1.238.02: Untersuchen Sie mit den in den Abschnitten 1.236 und 1.237 genannten Funktionen weitere Beispiele rationaler Gleichungen.

1.240 TRIGONOMETRISCHE FUNKTIONEN (TEIL 1)

> Die Wahrheit widerspricht unserer Natur, der Irrtum nicht, und zwar aus einem sehr einfachen Grunde: Die Wahrheit fordert, daß wir uns für beschränkt erkennen sollen, der Irrtum schmeichelt uns, wir seien auf eine oder die andere Weise unbegrenzt.
> *Johann Wolfgang von Goethe* (1749 - 1832)

Bei der Einführung der trigonometrischen Grundfunktionen, der *Sinus-Funktion* (sin), der *Cosinus-Funktion* (cos), der *Tangens-Funktion* (tan) und der *Cotangens-Funktion* (tan), gibt es – analog zur Definition der Kreiszahl π – zwei Versionen: Die erste Version ist geometrisch-anschaulicher Natur und zeigt die Funktionswerte dieser Funktionen als Längen-Verhältnisse (nicht als Strecken-Verhältnisse), sagt aber nicht, wie diese Verhältnisse als Zahlen berechnet werden können. Diese, auf geometrischen Betrachtungen basierenden Darstellungen sind Inhalt der Abschnitte 1.24x, während die algebraische Darstellung dieser Funktionswerte und Funktionen insgesamt, die dann auch zu Eigenschaften im Sinne der Analysis führt (Steigkeit, Differenzierbarkeit, Integrierbarkeit), in Abschnitt 2.174 behandelt ist.

Es sei hier schon bemerkt, daß die Sinus- und Cosinus-Funktion ihre wichtigste Anwendung als physikalische Funktionen bei der Beschreibung von Schwingungen und Wellen – folglich auch *Schwingungs-Funktionen* genannt – haben, denen dann die Abschnitte 1.28x gewidmet sind.

1.240.1 Bemerkungen

1. Nun zunächst zu der unten links stehenden Skizze: Sie zeigt drei durch Zentrische Verschiebung zum Zentrum Z auseinander erzeugte rechtwinklige Dreiecke mit gleichen Winkeln bei Z. Nach einem der Strahlensätze (siehe Abschnitt 5.008) sind dann die folgenden Seitenlängen-Verhältnisse gleich und können durch das zugehörige Winkelmaß α einheitlich gekennzeichnet werden. Man bezeichnet und nennt zum Winkelmaß α

$sin(\alpha) = \frac{b_1}{r_1} = \frac{b_2}{r_2} = \frac{b_3}{r_3}$ den *Sinus* von α, $cos(\alpha) = \frac{a_1}{r_1} = \frac{a_2}{r_2} = \frac{a_3}{r_3}$ den *Cosinus* von α,

$tan(\alpha) = \frac{b_1}{a_1} = \frac{b_2}{a_2} = \frac{b_3}{a_3}$ den *Tangens* von α, $cot(\alpha) = \frac{a_1}{b_1} = \frac{a_2}{b_2} = \frac{a_3}{b_3}$ den *Cotangens* von α.

Man beachte dabei $tan(\alpha) = \frac{sin(\alpha)}{cos(\alpha)}$ und $cot(\alpha) = \frac{cos(\alpha)}{sin(\alpha)}$ sowie $tan(\alpha) = \frac{1}{cot(\alpha)}$ und $cot(\alpha) = \frac{1}{tan(\alpha)}$.

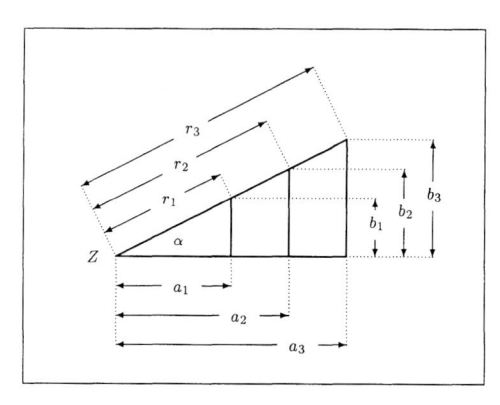

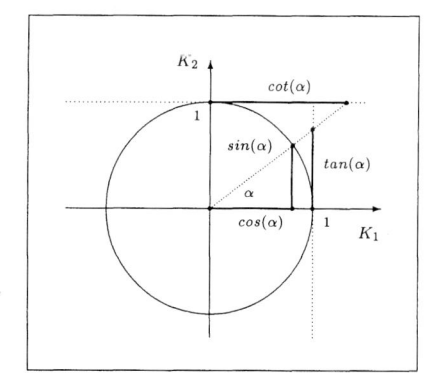

2. Die oben rechts stehende Skizze enthält rechtwinklige Dreiecke in einem Einheitskreis (also ein Kreis mit Radius 1) – und zwar in einer Anordnung, so daß jeweils diejenige Dreiecksseite die Länge 1 hat, deren Länge in obiger Definition im Nenner auftritt. Auf diese Weise lassen sich die Zahlen $sin(\alpha)$, $cos(\alpha)$, $tan(\alpha)$ und $cot(\alpha)$ durch Längen entsprechender Dreiecksseiten repräsentieren.

3. Diese Einbettung der rechtwinkligen Dreiecke in einen Einheitskreis in Bemerkung 2 hat nun insbeson-

dere folgenden Zweck: Ändert man das Winkelmaß α, so ändert sich – um nur den Sinus anzusprechen – auch die Länge $sin(\alpha)$ der Lotstrecke des von α erzeugten Kreispunktes auf die Koordinate K_1.

Wie man leicht sieht, gilt $sin(\alpha) \in [0,1]$ für Winkelmaße $\alpha \in [0°, 180°]$. Für Winkelmaße $\alpha \in (180°, 360°)$ liegen zwar dieselben Streckenlängen vor, die aber bezüglich der Koordinate K_2 mit negativen Vorzeichen versehen werden, also negative Zahlen $sin(\alpha) \in (-1, 0)$ darstellen.

Betrachtet man Winkelmaße sowohl im Gradmaß als auch im Bogenmaß, so liefert die zwischen beiden Maßen vorliegende bijektive Funktion $[0°, 360°] \longrightarrow [0, 2\pi]$ (siehe Beispiel 1.132.4/3) für die Zahlen $sin(\alpha)$ die folgende graphische Darstellung der Zahlen $sin(\alpha)$ in Abhängigkeit von $\alpha \in [0°, 360°)$ bzw. von $\alpha \in [0, 2\pi)$, in anderen Worten, die graphische Darstellung der *Sinus-Funktion* $sin : [0, 2\pi] \longrightarrow \mathbb{R}$ mit Bildbereich $Bild(sin) = [-1, 1]$ bezüglich des Einheitskreises:

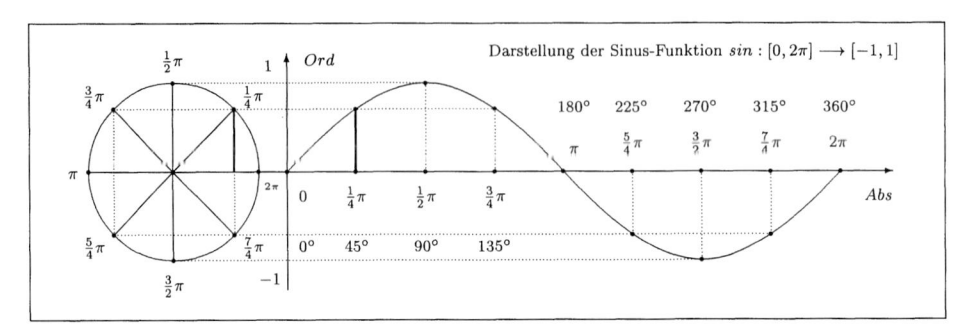

4. Die vorstehende graphische Darstellung stellt tatsächlich nur einen Ausschnitt der *vollständigen Sinus-Funktion* dar, die auf folgende Weise installiert wird: Einerseits kann man Winkelmaße $\alpha \geq 360°$ bzw. Zahlen $x \geq 2\pi$ betrachten (anschaulich: Drehung einer Radiusstrecke gegen den Uhrzeigersinn über diese Grenzen hinaus) und so den Definitionsbereich der Sinus-Funktion von $[0, 2\pi]$ auf $\mathbb{R}_0^+$ ausdehnen, andererseits kann man negative Winkelmaße der Form $-\alpha$ durch Drehung einer Radiusstrecke mit dem Uhrzeigersinn definieren und damit den Definitionsbereich der Sinus-Funktion auf ganz $\mathbb{R}$ erweitern. Welche Konsequenzen das für das Aussehen der Funktionswerte $sin(\alpha)$ bzw. $sin(x)$ hat, wird – im Zusammenhang mit der ersten Skizze in Abschnitt 1.242 – in Bemerkung 1.240.2 besprochen.

5. Auf analoge Weise wie in den vorstehenden Bemerkungen 1 bis 4 wird zunächst eine Cosinus-Funktion $cos : [0, 2\pi] \longrightarrow \mathbb{R}$ mit Bildbereich $Bild(cos) = [-1, 1]$ konstruiert, die dann ebenfalls zu einer Funktion $cos : \mathbb{R} \longrightarrow \mathbb{R}$ mit Bildbereich $Bild(cos) = [-1, 1]$ erweitert wird (siehe die erste Skizze in Abschnitt 1.242). Weitere Einzelheiten zur Cosinus-Funktion nennt dann ebenfalls Bemerkung 1.240.2.

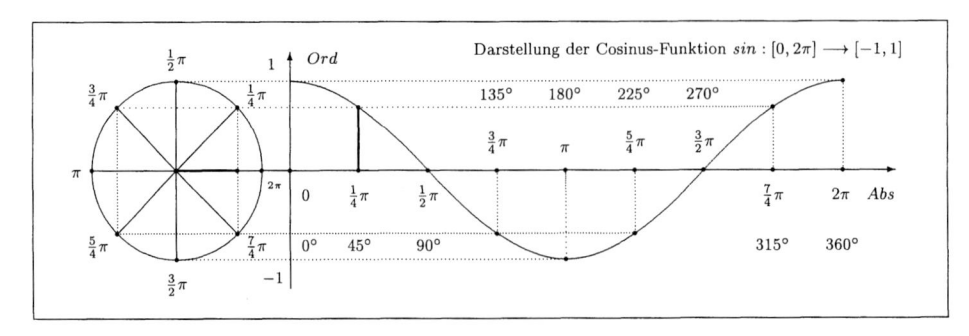

1.240.2 Bemerkungen *(Sinus- und Cosinus-Funktion)*

1. Die trigonometrischen Funktionen sind periodische Funktionen, das heißt anschaulich gesprochen, daß bestimmte Situationen (etwa Nullstellen, Krümmungen, Extrema, Wendepunkte, Wendetangenten) in bestimmten gleichen Abständen regelmäßig vorzufinden sind, wobei solche Situationen dann in Form von

Mengen (oder Familien, Folgen) beschrieben werden. Das bedeutet im einzelnen:

2. Die Funktionen sin und cos haben die Periode 2π, das heißt, für alle $x \in \mathbb{R}$ gilt $sin(x) = sin(x + 2\pi)$ und $cos(x) = cos(x + 2\pi)$.

3. Die Nullstellenmenge der Sinus-Funktion $sin : \mathbb{R} \longrightarrow \mathbb{R}$ ist $N(sin) = \mathbb{Z}\pi$ oder hat als Familie die Form $N(sin) = (n\pi)_{n \in \mathbb{Z}}$. Die Nullstellenmenge der Cosinus-Funktion $cos : \mathbb{R} \longrightarrow \mathbb{R}$ ist $N(cos) = (\mathbb{Z} + \frac{1}{2})\pi$ oder hat als Familie die Form $N(cos) = ((n + \frac{1}{2})\pi)_{n \in \mathbb{Z}}$.

4. Die Funktion sin ist ungerade (punktsymmetrisch, also drehsymmetrisch um $(0,0)$ um $180°$), die Funktion cos dagegen ist gerade (ordinatensymmetrisch).

5. Die Menge der Wendetangenten (Tangenten in den Nullstellen) der Sinus-Funktion ist die Vereinigung
$$\{t_{2n} : \mathbb{R} \longrightarrow \mathbb{R} \mid t_{2n}(x) = x - 2n\pi \text{ mit } n \in \mathbb{Z}\} \cup \{t_{2n+1} : \mathbb{R} \longrightarrow \mathbb{R} \mid t_{2n+1}(x) = -x + 2n\pi \text{ mit } n \in \mathbb{Z}\}$$
oder die Familie $(t_k)_{k \in \mathbb{Z}}$ von Geraden $t_k : \mathbb{R} \longrightarrow \mathbb{R}$ mit $t_k(x) = \begin{cases} x - k\pi, & \text{falls } k \in 2\mathbb{Z}, \\ -x + k\pi, & \text{falls } k \in 2\mathbb{Z} + 1. \end{cases}$

1.240.3 Bemerkungen *(Tangens- und Cotangens-Funktion)*

Auf eine ausführliche Darstellung der Erzeugung der Tangens- und Cotangens-Funktion sei hier verzichtet, es reiche der Hinweis, wie diese Funktionen aus den Skizzen in Bemerkung 1.240.1 entsprechend entwickelt werden und zu den in der zweiten Skizze in Abschnitt 1.242 angegebenen Funktionen führen. Im einzelnen gelten folgende Sachverhalte:

1. Die Funktionen tan und cot haben die Periode π, das heißt, für alle $x \in \mathbb{R} \setminus (\frac{1}{2} + \mathbb{Z})\pi$ gilt $tan(x) = tan(x + \pi)$ und für alle $x \in \mathbb{R} \setminus \mathbb{Z}\pi$ gilt $cot(x) = cot(x + \pi)$.

2. Die Funktion $tan : D(tan) \longrightarrow \mathbb{R}$ hat den Definitionsbereich $D(tan) = \mathbb{R} \setminus (\mathbb{Z} + \frac{1}{2})\pi$, die Funktion $cot : D(cot) \longrightarrow \mathbb{R}$ hat den Definitionsbereich $D(cot) = \mathbb{R} \setminus \mathbb{Z}\pi$.

3. Die Nullstellenmenge der Tangens-Funktion $tan : \mathbb{R} \setminus (\mathbb{Z} + \frac{1}{2})\pi \longrightarrow \mathbb{R}$ ist $N(tan) = \mathbb{Z}\pi$ oder hat als Familie die Form $N(tan) = (n\pi)_{n \in \mathbb{Z}}$. Die Nullstellenmenge der Cotangens-Funktion $cot : \mathbb{R} \setminus \mathbb{Z}\pi \longrightarrow \mathbb{R}$ ist $N(cot) = (\mathbb{Z} + \frac{1}{2})\pi$ oder hat als Familie die Form $N(cot) = ((n + \frac{1}{2})\pi)_{n \in \mathbb{Z}}$. Wie man sieht, gilt $N(tan) = N(sin)$ sowie $N(cot) = N(cos)$.

4. Die Funktion tan ist ungerade (i.e. punktsymmetrisch, also drehsymmetrisch um $(0,0)$ um $180°$), die Funktion cot dagegen ist drehsymmetrisch um $(\frac{\pi}{2}, 0)$ um $180°$. Darüber hinaus sind beide Funktionen jeweils drehsymmetrisch um $180°$ um jede ihrer Nullstellen (als Punkte betrachtet).

1.240.4 Bemerkung

Von besonderem Interesse (siehe Abschnitte 1.28x) sind Kompositionen mit den trigonometrischen Funktionen sin und cos mit bestimmten Geraden, also Kompositionen der Form $f(x) = sin(cx + d)$ oder entsprechende $\mathbb{R}$-Produkte der Formen $f(x) = a \cdot sin(cx + d)$ oder $f(x) = a \cdot cos(cx + d)$. Die Wirkung der dabei verwendeten Zahlen a, b und d, wie sie also die gewöhnliche Sinus-Funktion abändern, sei nun im einzelnen erläutert, wobei gleich die physikalischen Namen dieser Zahlen verwendet seien:

1. Bei Kompositionen $f = sin \circ (c \cdot id) : \mathbb{R} \longrightarrow \mathbb{R}$ mit $f(x) = sin(cx)$ bezeichnet c den *Frequenzfaktor* zu f. Er gibt die Anzahl oder den Anteil der vollen Schwingungen im Referenzbereich $[0, 2\pi]$ an. (Ist $c = 1$, dann ist f die gewöhnliche Sinus-Funktion mit einer vollen Schwingung im Bereich $[0, 2\pi]$, wie die Skizze in Bemerkung 1.240.1/3 zeigt.)

2. Bei Kompositionen $f = sin \circ (id + d) : \mathbb{R} \longrightarrow \mathbb{R}$ mit $f(x) = sin(x + d)$ bezeichnet d die *Phase* zu f. Sie gibt an, um welchen Abstand die Funktion f gegenüber der Funktion sin in Abszissen-Richtung verschoben ist. Man beachte, daß Funktionen der Form $f(x) = sin(cx + d) = sin(c(x + \frac{d}{c}))$ um den Abstand $\frac{d}{c}$ in Abszissen-Richtung verschoben sind, also die Phase $\frac{d}{c}$ besitzen.

3. Bei $\mathbb{R}$-Produkten $f = a \cdot sin : \mathbb{R} \longrightarrow \mathbb{R}$ mit $f(x) = a \cdot sin(x)$ bezeichnet a den *Amplitudenfaktor* zu f. Er vergrößert/verkleinert (und/oder spiegelt an der Abszisse) die maximale Auslenkung (maximale Elongation) gegenüber der gewöhnlichen Sinus-Funktion und erzeugt den Bildbereich $Bild(f) = [-a, a]$.

1.242 TRIGONOMETRISCHE FUNKTIONEN (FORMELN)

> Mit dem Alter nimmt Urteilskraft zu und Genie ab.
> *Immanuel Kant (1724 - 1804)*

Für das Rechnen mit den vier trigonometrischen Grundfunktionen sind folgende Übersichten und Rechenregeln nützlich und sollen hier ohne Beweise zusammenfassend angegeben werden:

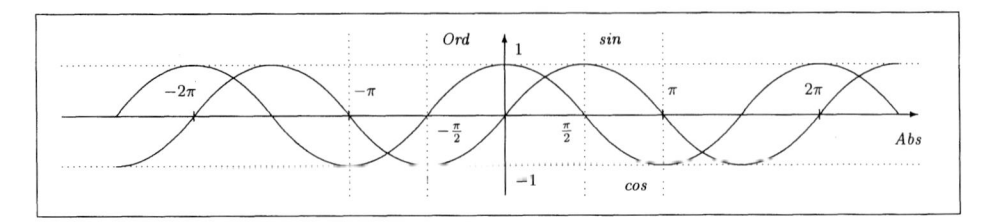

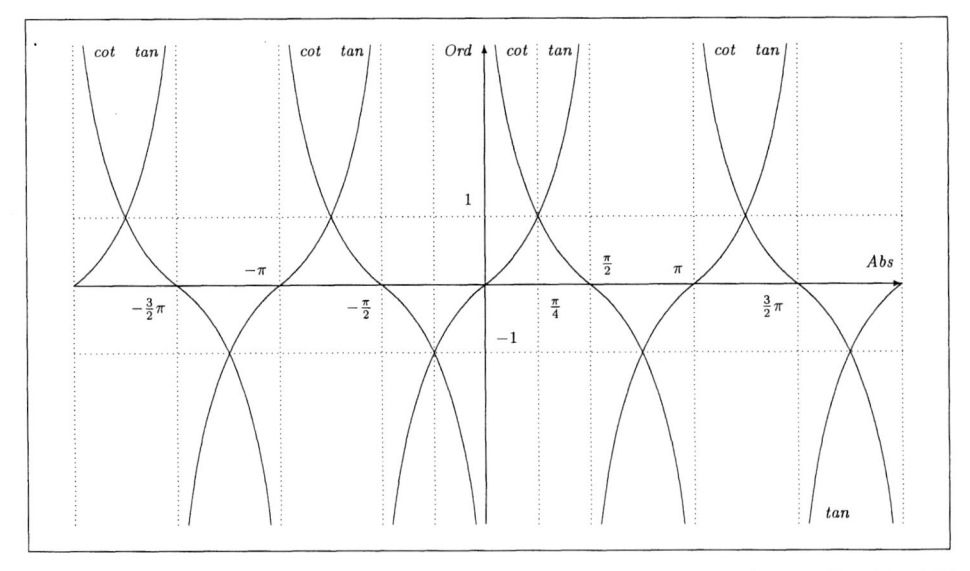

	0 (0°)	$\frac{\pi}{6}$ (30°)	$\frac{\pi}{4}$ (45°)	$\frac{\pi}{3}$ (60°)	$\frac{\pi}{2}$ (90°)
sin	0	$\frac{1}{2}$	$\frac{1}{2}\sqrt{2}$	$\frac{1}{2}\sqrt{3}$	1
cos	1	$\frac{1}{2}\sqrt{3}$	$\frac{1}{2}\sqrt{2}$	$\frac{1}{2}$	0
tan	0	$\frac{1}{3}\sqrt{3}$	1	$\sqrt{3}$	-
cot	-	$\sqrt{3}$	1	$\frac{1}{3}\sqrt{3}$	0

$sin(\frac{1}{2}\pi - x) = cos(x)$
$cos(\frac{1}{2}\pi - x) = sin(x)$
$tan(\frac{1}{2}\pi - x) = cot(x)$
$cot(\frac{1}{2}\pi - x) = tan(x)$
$sin^2(x) + cos^2(x) = 1$

$sin(-x) = -sin(x)$ \quad $sin(x + \frac{1}{2}\pi) = cos(x)$ \quad $sin(x + \pi) = -sin(x)$ \quad $sin(x + \frac{3}{2}\pi) = -cos(x)$
$cos(-x) = cos(x)$ \quad $cos(x + \frac{1}{2}\pi) = -sin(x)$ \quad $cos(x + \pi) = -cos(x)$ \quad $cos(x + \frac{3}{2}\pi) = sin(x)$
$tan(-x) = -tan(x)$ \quad $tan(x + \frac{1}{2}\pi) = -cot(x)$ \quad $tan(x + \pi) = tan(x)$ \quad $tan(x + \frac{3}{2}\pi) = -cot(x)$
$cot(-x) = -cot(x)$ \quad $cot(x + \frac{1}{2}\pi) = -tan(x)$ \quad $cot(x + \pi) = cot(x)$ \quad $cot(x + \frac{3}{2}\pi) = -tan(x)$

$$\cos^2(x) = 1 - \sin^2(x)$$
$$\tan^2(x) = \frac{\sin^2(x)}{1-\sin^2(x)}$$
$$\cot^2(x) = \frac{1-\sin^2(x)}{\sin^2(x)}$$
$$\sin^2(x) = 1 - \cos^2(x)$$
$$\tan^2(x) = \frac{1-\cos^2(x)}{\cos^2(x)}$$
$$\cot^2(x) = \frac{\cos^2(x)}{1-\cos^2(x)}$$
$$\sin^2(x) = \frac{\tan^2(x)}{1+\tan^2(x)}$$
$$\cos^2(x) = \frac{\tan^2(x)}{1+\tan^2(x)}$$
$$\cot^2(x) = \frac{1}{\tan^2(x)}$$
$$\sin^2(x) = \frac{1}{1+\cot^2(x)}$$
$$\cos^2(x) = \frac{1}{1+\cot^2(x)}$$
$$\tan^2(x) = \frac{1}{\cot^2(x)}$$

$$\sin(x+z) = \sin(x) \cdot \cos(z) + \cos(x) \cdot \sin(z)$$
$$\cos(x+z) = \cos(x) \cdot \cos(z) - \sin(x) \cdot \sin(z)$$
$$\tan(x+z) = \frac{\tan(x)+\tan(z)}{1-\tan(x)\cdot\tan(z)}$$

$$\sin(x-z) = \sin(x) \cdot \cos(z) - \cos(x) \cdot \sin(z)$$
$$\cos(x-z) = \cos(x) \cdot \cos(z) + \sin(x) \cdot \sin(z)$$
$$\tan(x-z) = \frac{\tan(x)-\tan(z)}{1+\tan(x)\cdot\tan(z)}$$

$$\sin(2x) = 2 \cdot \sin(x) \cdot \cos(x) = \frac{2\cdot\tan(x)}{1+\tan^2(x)}$$
$$\cos(2x) = \cos^2(x) - \sin^2(x) = 1 - 2\cdot\sin^2(x) = \frac{1-\tan^2(x)}{1+\tan^2(x)}$$
$$\tan(2x) = \frac{2\cdot\tan(x)}{1-\tan^2(x)} = \frac{2}{\cot(x)-\tan(x)}$$
$$\cot(2x) = \frac{\cot^2(x)-1}{2\cdot\cot(x)} = \frac{\cot(x)-\tan(x)}{2}$$

$$\sin(3x) = 3\cdot\sin(x) - 4\cdot\sin^3(x)$$
$$\cos(3x) = 4\cdot\cos^3(x) - 3\cdot\cos(x)$$
$$\tan(3x) = \frac{3\cdot\tan(x)-\tan^3(x)}{1-3\cdot\tan^2(x)}$$
$$\cot(3x) = \frac{\cot^3(x)-3\cdot\cot(x)}{3\cdot\cot^2(x)-1}$$

$$\sin(\tfrac{x}{2}) = \pm\sqrt{\tfrac{1-\cos(x)}{2}}$$
$$\cos(\tfrac{x}{2}) = \pm\sqrt{\tfrac{1+\cos(x)}{2}}$$

$$\tan(\tfrac{x}{2}) = \pm\sqrt{\tfrac{1-\cos(x)}{1+\cos(x)}} = \frac{\sin(x)}{1+\cos(x)} = \frac{1-\cos(x)}{\sin(x)}$$
$$\cot(\tfrac{x}{2}) = \pm\sqrt{\tfrac{1+\cos(x)}{1-\cos(x)}} = \frac{\sin(x)}{1-\cos(x)} = \frac{1+\cos(x)}{\sin(x)}$$

$$\sin(x) + \sin(z) = 2\cdot\sin(\tfrac{x+z}{2})\cdot\cos(\tfrac{x-z}{2})$$
$$\cos(x) + \cos(z) = 2\cdot\cos(\tfrac{x+z}{2})\cdot\cos(\tfrac{x-z}{2})$$
$$\tan(x) + \tan(z) = \frac{\sin(x+z)}{\cos(x)\cdot\cos(z)}$$
$$\cot(x) + \cot(z) = +\frac{\sin(x+z)}{\sin(x)\cdot\sin(z)}$$

$$\sin(x) - \sin(z) = 2\cdot\sin(\tfrac{x-z}{2})\cdot\cos(\tfrac{x+z}{2})$$
$$\cos(x) - \cos(z) = -2\cdot\sin(\tfrac{x+z}{2})\cdot\sin(\tfrac{x-z}{2})$$
$$\tan(x) - \tan(z) = \frac{\sin(x-z)}{\cos(x)\cdot\cos(z)}$$
$$\cot(x) - \cot(z) = -\frac{\sin(x-z)}{\sin(x)\cdot\sin(z)}$$

$$\cos(x) + \sin(x) = \sqrt{2}\cdot\sin(\tfrac{\pi}{4}+x) = \sqrt{2}\cdot\cos(\tfrac{\pi}{4}-x)$$
$$\cos(x) - \sin(x) = \sqrt{2}\cdot\sin(\tfrac{\pi}{4}-x) = \sqrt{2}\cdot\cos(\tfrac{\pi}{4}+x)$$

$$\tan(x) + \cot(z) = \frac{\cos(x-z)}{\cos(x)\cdot\sin(z)}$$
$$\cot(x) - \tan(z) = \frac{\cos(x+z)}{\sin(x)\cdot\cos(z)}$$

$$\sin(x)\cdot\sin(z) = \tfrac{1}{2}(\cos(x-z) - \cos(x+z))$$
$$\sin(x)\cdot\cos(z) = \tfrac{1}{2}(\sin(x-z) + \sin(x+z))$$
$$\tan(x)\cdot\tan(z) = \frac{\tan(x)+\tan(z)}{\cot(x)+\cot(z)} = -\frac{\tan(x)-\tan(z)}{\cot(x)-\cot(z)}$$

$$\cos(x)\cdot\cos(z) = \tfrac{1}{2}(\cos(x-z) + \cos(x+z))$$
$$\cos(x)\cdot\sin(z) = \tfrac{1}{2}(\sin(x+z) - \sin(x-z))$$
$$\cot(x)\cdot\cot(z) = \frac{\cot(x)+\cot(z)}{\tan(x)+\tan(z)} = -\frac{\cot(x)-\cot(z)}{\tan(x)-\tan(z)}$$

$$\sin^2(x) = \tfrac{1}{2}(1 - \cos(2x))$$
$$\cos^2(x) = \tfrac{1}{2}(1 + \cos(2x))$$
$$\sin^3(x) = \tfrac{1}{4}(3\sin(x) - \sin(3x))$$
$$\cos^3(x) = \tfrac{1}{4}(3\cos(x) + \cos(3x))$$
$$\sin^4(x) = \tfrac{1}{8}(\cos(4x) - 4\cos(2x) + 3)$$
$$\cos^4(x) = \tfrac{1}{8}(\cos(4x) + 4\cos(2x) + 3)$$

1.244 Bijektive Teile trigonometrischer Funktionen

> Du kannst; denn du sollst.
> *Immanuel Kant* (1724 - 1804)

Die vier trigonometrischen Grundfunktionen sind weder injektiv noch surjektiv, also auch nicht bijektiv. Allerdings lassen sich diese Funktionen zu bijektiven Funktionen so einschränken (gewissermaßen mit der Schere), daß ihre wesentliche Eigenschaft, ihr Krümmungsverhalten, erhalten bleibt:

1.244.1 Bemerkung

Mit entsprechenden Einschränkungen liegen zu sin, cos, tan und cot inverse *Arcus-Funktionen* vor:

$$arcsin = sin^{-1} : [-1, 1] \longrightarrow [-\tfrac{1}{2}\pi, \tfrac{1}{2}\pi] \qquad arccos = cos^{-1} : [-1, 1] \longrightarrow [0, \pi]$$
$$arctan = tan^{-1} : \mathbb{R} \longrightarrow [-\tfrac{1}{2}\pi, \tfrac{1}{2}\pi] \qquad arccot = cot^{-1} : \mathbb{R} \longrightarrow [0, \pi]$$

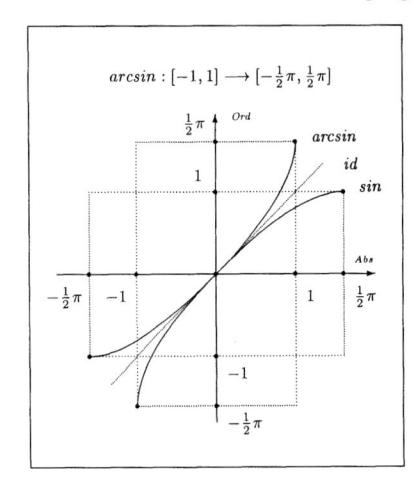

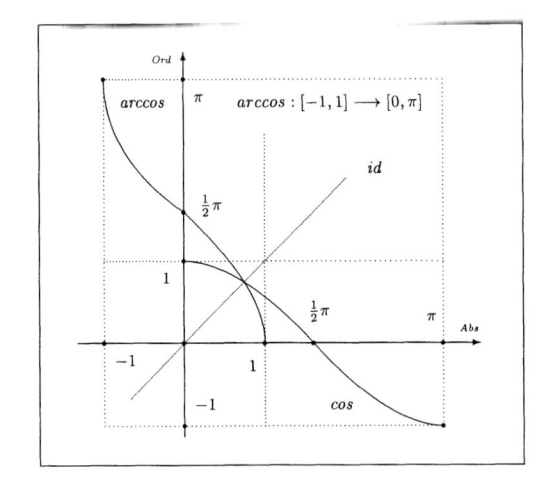

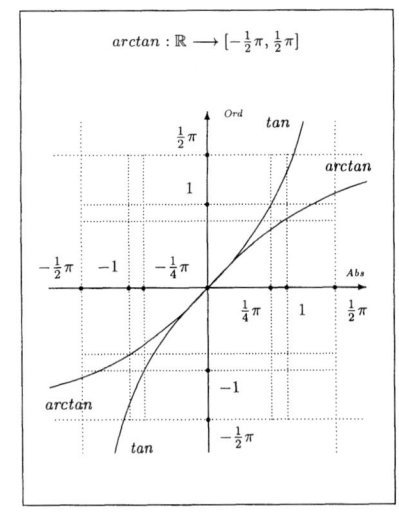

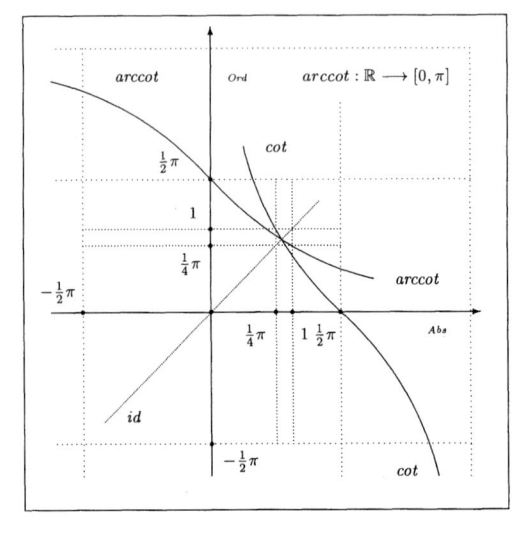

1.246 Gleichungen über Trigonometrischen Funktionen

> Genie ist der Verdichtungspunkt latenter Massenpunkte.
> *Walther Rathenau (1867 - 1922)*

Gleichungen über trigonometrischen Funktionen – im folgenden kurz *Trigonometrische Gleichungen* genannt – und ihre Lösungsmengen sind wegen der Periodizität der trigonometrischen Funktionen wesentlich durch die Größe der Definitionsbereiche der jeweils verwendeten Funktionen geprägt. Wie man den Skizzen in Abschnitt 1.244 schon entnehmen kann, liefern Gleichungen der Form (sin, b) oder (cos, b) mit kleinem Definitionsbereich $D(sin) = [-\frac{\pi}{2}, \frac{\pi}{2}]$ oder $D(cos) = [0, \pi]$ für Zahlen $b \in [-1, 1]$ jeweils eindeutig bestimmte Lösungen (da ja jeweils bijektive Funktionen verwendet sind), in den sozusagen maximalen Fällen $D(sin) = D(cos) = \mathbb{R}$ aber nicht-endliche Lösungsmengen. Dazu die folgenden Beispiele:

1.246.1 Beispiele

1. Die Gleichung $(sin, 0)$ über $sin : [-\frac{\pi}{2}, \frac{\pi}{2}] \longrightarrow \mathbb{R}$ besitzt genau die Lösung 0. Gleichungen $(sin, 0)$ über $sin : [-n\pi, n\pi] \longrightarrow \mathbb{R}$ mit $n \in \mathbb{N}$ liefern die Lösungsmenge $L(sin, 0) = \{k\pi \mid k \in [-n, n]_{\mathbb{Z}}\} = [-n, n]_{\mathbb{Z}}\pi$. Im Fall $sin : \mathbb{R} \longrightarrow \mathbb{R}$ besitzt die Gleichung $(sin, 0)$ die Lösungsmenge $L(sin, 0) = \mathbb{Z}\pi$. (Die genannten Lösungsmengen sind gerade die Nullstellenmengen der jeweiligen Funktionen.)

2. Es gibt bestimmte Zahlen $b \in [-1, 1]$, für die die Gleichungen (sin, b) und (cos, b) wegen der Natur der Sinus- und Cosinus-Funktion einfach zu überblickende Lösungen besitzen, gemeint sind hier die Zahlen $b \in \{-\frac{1}{2}\sqrt{3}, -\frac{1}{2}\sqrt{2}, -\frac{1}{2}, \frac{1}{2}, \frac{1}{2}\sqrt{2}, \frac{1}{2}\sqrt{3}\}$. Wie man sieht, haben Lösungen zu zugehörigen Gleichungen der Form (sin, b) und (cos, b) dann mit Zahlen aus der Menge $\{-\frac{1}{2}\pi, -\frac{1}{3}\pi, -\frac{1}{4}\pi, -\frac{1}{6}\pi, \frac{1}{6}\pi, \frac{1}{4}\pi, \frac{1}{3}\pi, \frac{1}{2}\pi\}$ im Bereich $[-\frac{\pi}{2}, \frac{\pi}{2}]$ zu tun. Um nur das einfachste Beispiel zu nennen: Die Gleichung $(sin, \frac{1}{2}\sqrt{2})$ über der Funktion $sin : [-\frac{\pi}{2}, \frac{\pi}{2}] \longrightarrow \mathbb{R}$ besitzt die Lösung $\frac{1}{4}\pi$.

3. Als Grundlage zur Untersuchung von Gleichungen der Form (tan, b) liegen zu $tan : (-\frac{\pi}{2}, \frac{\pi}{2}) \longrightarrow \mathbb{R}$ die Lösungsmengen $L(tan, \frac{1}{3}\sqrt{3}) = \{\frac{1}{6}\pi\}$ sowie $L(tan, 1) = \{\frac{1}{4}\pi\}$ und $L(tan, \sqrt{3}) = \{\frac{1}{2}\pi\}$ vor.

4. Als Grundlage zur Untersuchung von Gleichungen der Form (cot, b) liegen zu $cot : (0, \pi) \longrightarrow \mathbb{R}$ die Lösungsmengen $L(cot, \frac{1}{3}\sqrt{3}) = \{\frac{1}{3}\pi\}$ sowie $L(cot, 1) = \{\frac{1}{4}\pi\}$ und $L(cot, \sqrt{3}) = \{\frac{1}{6}\pi\}$ vor.

5. Bei Zahlen b des Bildbereichs der jeweiligen Funktionen, die nicht zu den oben genannten besonderen Zahlen gehören, liefert für bijektive Teile der Funktionen (siehe Abschnitt 1.244) die zugehörige Umkehrfunktion jeweils die eindeutig bestimmte Lösung einer solchen Gleichung. Beispielsweise: Die Lösung der Gleichung (sin, b) über der Funktion $sin : [-\frac{\pi}{2}, \frac{\pi}{2}] \longrightarrow \mathbb{R}$ ist $arcsin(b)$ wegen der Äquivalenz $sin(x) = b \Leftrightarrow x = sin^{-1}(b) = arcsin(b)$ (siehe Beweis zu Satz 1.333.1). Mit dem Taschenrechner lassen sich näherungsweise etwa die folgenden Lösungen ermitteln.

Gleichung	$(sin, \frac{25}{100})$	$(sin, \frac{75}{100})$	$(sin, \frac{85}{100})$	$(sin, \frac{95}{100})$
Lösung	$x \approx 0,2527$	$x \approx 0,8481$	$x \approx 1,0160$	$x \approx 1,2532$

A1.246.01: Mehrere Einzelaufgaben zu den trigonometrischen Grundfunktionen sin und cos:

1. Untersuchen Sie Gleichungen der Form $(cos, 0)$ analog zu Bemerkung 1.246.1/1.

2. Untersuchen Sie hinsichtlich Bemerkung 1.246.1/2 Gleichungen der Form $(sin, \frac{1}{2}\sqrt{2})$ über Funktionen $sin : [-n\pi, n\pi] \longrightarrow \mathbb{R}$, zunächst einzeln für $n \in \{1, 2, 3, 4\}$, dann allgemein für beliebige Zahlen $n \in \mathbb{N}$.

A1.246.02: Mehrere Einzelaufgaben zu den trigonometrischen Grundfunktionen tan und cot:

1. Betrachten Sie zu Zahlen $n \in \mathbb{N}$ jeweils das Intervall $I_n = [-n\pi, n\pi]$, ferner diejenige Teilmenge $S_n \subset I_n$, mit der ein sinnvoller Definitionsbereich $D_n = I_n \setminus S_n$ für Tangens-Funktionen $tan_n : D_n \longrightarrow \mathbb{R}$ entsteht. Untersuchen Sie dann Gleichungen der Form $(tan_n, 0)$, zunächst einzeln für $n \in \{1, 2, 3\}$, dann allgemein für beliebige Zahlen $n \in \mathbb{N}$.

2. Gleiche Aufgabe wie in Teil 1, jedoch für entsprechende Cotangens-Funktionen.

A1.246.03: In dieser Aufgabe wird das Problem der Nichtmeßbarkeit von Längen gekrümmter Linien behandelt, allerdings eingeengt auf den offensichtlich einfachsten Fall konstanter Krümmungen (ungleich Null), also auf Kreisbogen. Genauer soll die Frage sein, ob und wie sich solche Bogenlängen durch (zusammengesetzte) *meßbare* Streckenlängen *näherungsweise ersetzen* lassen.

Die Stichworte, nach denen unterschiedliche Vorschläge für solche Näherungen miteinander verglichen werden, sind *(geometrische) Einfachheit* (Praktikabilität) und *Näherungsgüte*. Hinsichtlich dieser beiden Gesichtspunkte soll nun die folgende Idee näher betrachtet werden: In der folgenden Figur seien die Länge b des Bogenstücks von F bis B, ferner die Länge s der zugehörigen Sehne sowie die Länge v der zur Sehne orthogonalen Verbindungsstrecke zwischen der Mitte der Sehne und dem Bogenstück betrachtet. Als Näherung zu der Länge b soll die Summe $s + v$, also $b \approx s + v$, untersucht werden.

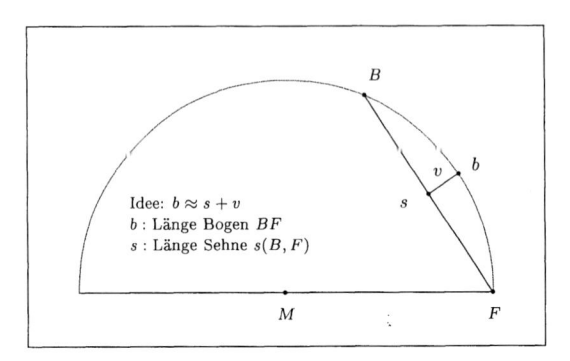

Idee: $b \approx s + v$
b : Länge Bogen BF
s : Länge Sehne $s(B, F)$

1. Entwickeln Sie unter Verwendung der Funktionen $sin, cos : \mathbb{R} \longrightarrow \mathbb{R}$ eine Darstellung der Näherung $n = s + v$ für den Einheitskreis.
2. Nennen Sie Beziehungen zur Berechnung der absoluten Abweichung $aa(n, b)$ und der relativen Abweichung $ra(n, b)$ der Näherung n zur tatsächlichen Länge b des Bogenstücks. Dabei soll $aa(n, b)$ mit Vorzeichen, aber $ra(n, b)$ in Prozent angegeben werden.
3. Berechnen Sie n sowie $aa(n, b)$ und $ra(n, b)$ für die Bogenstücklängen $b \in \{\frac{1}{4}\pi, \frac{1}{2}\pi, \frac{3}{4}\pi, \frac{8}{9}\pi, \pi\}$.
4. Wie die Daten zu Aufgabenteil 3 zeigen, verändern sich die Näherungen n und damit die durch $aa(n, b)$ und $ra(n, b)$ repräsentierte Näherungsgüte nicht linear, das bedeutet, daß die drei Funktionen (wobei n natürlich selbst von b abhängt) $N : (0, \pi) \longrightarrow \mathbb{R}$ mit $n(b) = n - b$ sowie $A : (0, \pi) \longrightarrow \mathbb{R}$ mit $A(b) = aa(n, b)$ und $R : (0, \pi) \longrightarrow \mathbb{R}$ mit $R(b) = ra(n, b)$ keine linearen Funktionen sind. Man kann also annehmen, daß diese Funktionen Extremstellen und Nullstellen besitzen. Um für solche Stellen Näherungen zu finden, betrachten Sie

a) den Kreisradius $r = 100\, LE$,
b) eine Zerlegung von $[0, \pi]$ in $k = 180$ gleiche Teile,
c) Bogenstücklängen $b_i = i \cdot \frac{\pi}{k} \cdot r$ mit $1 \leq i \leq k$,
d) Näherungen $n_i = s_i + v_i$ nach Aufgabenteil 1 mit $1 \leq i \leq k$

und erstellen Sie anhand einer geeigneten Wertetabelle eine graphische Darstellung der zugehörigen Funktionen A und R.

Hinweis: Diese Aufgabe kann entweder durch Probieren oder aber mit einem eigens dafür zu entwickelnden Computer-Programm bearbeitet werden.

1.250 Exponential- und Logarithmus-Funktionen (Teil 1)

> An Habe gewinnen heißt an Sein verlieren.
> *Lao-Tse* (um -300)

Die Exponential- und Logarithmus-Funktionen haben ihre wesentliche Anwendung bei der Formalisierung bestimmter, aber häufig auftretender Wachstums- und Zerfallsprozesse. Erste Beispiele sind in Abschnitt 1.252 ausführlich besprochen. In diesem Abschnitt sollen lediglich die notwendigen Begriffe und gewissermaßen handwerklichen Grundlagen dazu bereitgestellt werden. So wird eine Reihe von Sachverhalten auch bloß genannt und nicht bewiesen, ihre Gültigkeit ist – wie man so sagt – der Anschauung zu entnehmen (allerdings sind genauere Grundlegungen und Beweise in späteren Abschnitten genannt (eine sehr ausführliche Übersicht über alle diesbezüglichen Abschnitte ist in Abschnitt 2.630 enthalten).

Die folgende Definition enthält schon Eigenschaften der Funktion, die dort erst definiert wird, nämlich die Bijektivität der Exponential-Funktionen exp_a sowie die dabei schon beteiligte Eigenschaft $Bild(exp_a) = \mathbb{R}^+ = W(exp_a)$. Das widerspricht zwar einer logischen Strenge, hat aber den Vorzug der kompakten und einheitlichen Formulierung beider Funktionstypen.

1.250.1 Definition

Für die im Folgenden als Index auftretende Zahl a gelte stets $a \in \mathbb{R}^+$ und $a \neq 1$.

1. Die bijektive Funktion $exp_a : \mathbb{R} \longrightarrow \mathbb{R}^+$ mit $exp_a(x) = a^x$ heißt *Exponential-Funktion zur Basis a*.
2. Die zu exp_a inverse Funktion $log_a : \mathbb{R}^+ \longrightarrow \mathbb{R}$ heißt *Logarithmus-Funktion zur Basis a*.

1.250.2 Bemerkungen

1. Der Name *Exponential-Funktion* rührt daher, daß die Funktionswerte $exp_a(x)$ als Potenzen der Form a^x dargestellt werden (wobei im Gegensatz zu Potenz-Funktionen die variable Zahl x als Exponent auftritt). Damit ist zugleich ein Problem verbunden, das in diesem Abschnitt nur erwähnt und dann erst in Abschnitt 2.182 genauer untersucht wird, nämlich das Problem, welche Bedeutung das Zeichen a^x für reelle Zahlen x haben soll.

2. Als inverse Funktion zu exp_a ist log_a definiert durch: $log_a(z) = x \Leftrightarrow exp_a(x) = z$, für alle $z \in \mathbb{R}^+$.

3. Der Sachverhalt, daß exp_a und log_a zueinander inverse Funktionen sind, bedeutet:

$$exp_a \circ log_a = id_{\mathbb{R}^+} \qquad exp_a(log_a(x)) = x \qquad a^{log_a(x)} = x \qquad \text{für alle } x \in \mathbb{R}^+$$
$$log_a \circ exp_a = id_{\mathbb{R}} \qquad log_a(exp_a(x)) = x \qquad log_a(a^x) = x \qquad \text{für alle } x \in \mathbb{R}$$

4. Unter allen Exponential-Funktionen exp_a bzw. unter allen Logarithmus-Funktionen log_a gibt es jeweils eine besondere Funktion, aus der sich die jeweils anderen Funktionen erzeugen lasen. Das sind die Funktionen exp_e und log_e mit der *Eulerschen Zahl e* als Basis. Diese Zahl e ist eine (transzendente) reelle Zahl mit der Näherung $e \approx 2,1758$. Im einzelnen gelten die folgenden Beziehungen:

$$exp_a = exp_e \circ (log_e(a) \cdot id_{\mathbb{R}}) \qquad exp_a(x) = exp_e(log_e(a) \cdot x) \qquad a^x = e^{log_a(x) \cdot x} \qquad \text{für alle } x \in \mathbb{R}$$
$$log_a = \tfrac{1}{log_e(a)} \cdot log_e \qquad log_a(x) = \tfrac{1}{log_e(a)} \cdot log_e(x) \qquad \qquad \text{für alle } x \in \mathbb{R}^+$$

Die weiteren Betrachtungen in diesem Abschnitt beschäftigen sich mit den Eigenschaften der Exponential- und Logarithmus-Funktionen, das bedeutet zum einen die Untersuchung hinsichtlich Funktions-Eigenschaften, zum anderen die Untersuchung hinsichtlich struktureller Eigenschaften. Man kann vorweg schon sagen, daß die Exponential- und Logarithmus-Funktionen in jeder Hinsicht die allerbesten Eigenschaften haben (Güteklasse IA).

1.250.3 Satz

Für alle Exponential-Funktionen $exp_a : \mathbb{R} \longrightarrow \mathbb{R}^+$ (mit $a \in \mathbb{R}^+$ und $a \neq 1$) gilt:

1. Die Funktion exp_a ist bijektiv.
2. Die Funktion exp_a ist für $a > 1$ streng monoton, für $0 < a < 1$ streng antiton.
3. Es gilt $exp_a(x+z) = exp_a(x) \cdot exp_a(z)$, für alle $x, z \in \mathbb{R}$.
4. Es gilt $exp_a(-x) = \frac{1}{exp_a(x)}$, für alle $x, z \in \mathbb{R}$.
5. Es gilt $exp_a(x-z) = \frac{exp_a(x)}{exp_a(z)}$, für alle $x, z \in \mathbb{R}$.
6. Es gilt $exp_a(z \cdot x) = exp_a(x)^z$, für alle $x \in \mathbb{R}$ und für alle $z \in \mathbb{R}$.
7. Es gilt $exp_e(0) = 1$ und $exp_a(1) = a$.
8. Es gilt $exp_{\frac{1}{a}}(-x) = exp_a(x)$, für alle $x \in \mathbb{R}$ (Ordinatensymmetrie der Funktionen exp_a und $exp_{\frac{1}{a}}$).

1.250.4 Bemerkungen und Beispiel

1. Form und Lage einiger Typen von Exponential-Funktionen zeigt die nebenstehende Skizze:

2. Die im vorstehenden Satz in Funktionsschreibweise genannten Sachverhalte lauten in Potenz-Schreibweise:

3. Es gilt $a^{x+z} = a^x \cdot a^z$, für alle $x, z \in \mathbb{R}$.
4. Es gilt $a^{-x} = \frac{1}{a^x}$, für alle $x \in \mathbb{R}$.
5. Es gilt $a^{x-z} = \frac{a^x}{a^z}$, für alle $x, z \in \mathbb{R}$.
6. Es gilt $a^{zx} = (a^x)^z$, für alle $x \in \mathbb{R}, z \in \mathbb{R}$.
7. Es gilt $a^0 = 1$ und $a^1 = a$.

3. Jede Komposition der Form $exp_a \circ g$ mit einer Ursprungsgeraden $g : \mathbb{R} \longrightarrow \mathbb{R}$ mit $g(x) = cx$ und mit Anstieg $c \neq 0$ ist selbst eine Exponential-Funktion der Form $exp_a \circ g = exp_{a^c}$.

4. Funktionen der Form $exp_a \circ f$ mit beliebigen (aber in dieser Weise komponierbaren) Funktionen f haben keine Nullstellen, es gilt also stets $N(exp_a \circ g) = N(exp_a) = \emptyset$. (Das folgt aus der generell gültigen Beziehung $N(u \circ v) = N(u)$.)

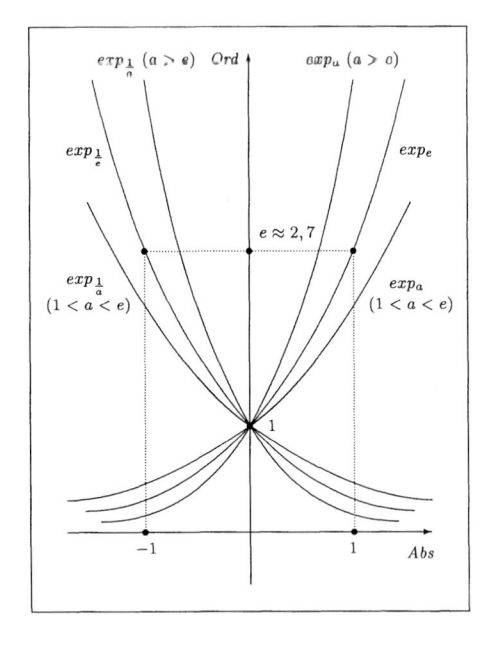

5. Das Wachstum einer Population in Abhängigkeit der Zeit t (gemessen in Zeiteinheiten ZE) soll durch eine Funktion w beschrieben werden, die aus Beobachtungen $w(0) = 100$, $w(1) = 110$, $w(2) = 121$, $w(3) = 133, w(4) = 146, \ldots , w(6) = 177, \ldots, w(12) = 314$ gewonnen werden muß. Diese Daten allein liefern jedoch keinen Hinweis auf den diesem Prozeß zugrunde liegenden Funktionstyp, beispielsweise ist aus diesen Daten weder eine Sterberate noch die Art der Vermehrung (schubweise oder einigermaßen gleichmäßig) zu erkennen. Umgekehrt gesagt, man muß über den Funktionstyp von w entweder eine Annahme machen oder zumindest eine begründbare Vermutung haben. Allgemein gesagt: Die mathematische Modellierung einer naturwissenschaftlichen Beobachtung ist meist der schwierigere Teil der Sache.

Trifft man nun die Annahme, daß die zu w genannten Daten ein exponentielles Wachstum repräsentieren, dann genügen nur zwei solcher Daten, um eine Zuordnungsvorschrift für w zu konstruieren: Aus der Kenntnis von $w(0)$ und $w(1)$ läßt sich unmittelbar die Vorschrift $w(t) = w(0) \cdot (\frac{w(1)}{w(0)})^t$ herstellen. Mit den oben genannten Daten ist $w(t) = 100 \cdot (1,1)^t$, also ist $w = 100 \cdot exp_{1,1}$. Dabei ist zweierlei zu beachten:
a) Man muß für den Definitionsbereich von w entweder $D(w) = \mathbb{N}_0$ festlegen oder die tatsächliche Funktion als Teil der (sinnvoll spekulativ) erweiterten Funktion $w : \mathbb{R} \longrightarrow \mathbb{R}^+$ ansehen.
b) Wie beispielsweise $w(12) = 100 \cdot (1,1)^{12} = 313, 8428\ldots$ zeigt, stellt die Funktion w *eine* Näherung zu der tatsächlichen Populationsentwicklung dar (eine andere ist mit $\frac{w(4)}{w(3)} \approx 1,0978$ etwa $w = 100 \cdot exp_{1,0978}$).

1.250.5 Satz

Für alle Logarithmus-Funktionen $log_a : \mathbb{R}^+ \longrightarrow \mathbb{R}$ (mit $a \in \mathbb{R}^+$ und $a \neq 1$) gilt:

1. Die Funktion log_a ist bijektiv.
2. Die Funktion log_a ist für $a > 1$ streng monoton, für $0 < a < 1$ streng antiton.
3. Es gilt $log_a(x \cdot z) = log_a(x) + log_a(z)$, für alle $x, z \in \mathbb{R}^+$.
4. Es gilt $log_a(\frac{1}{z}) = -log_a(z)$, für alle $z \in \mathbb{R}^+$.
5. Es gilt $log_a(\frac{x}{z}) = log_a(x) - log_a(z)$, für alle $x, z \in \mathbb{R}^+$.
6. Es gilt $log_a(x^z) = z \cdot log_a(x)$, für alle $x \in \mathbb{R}^+$ und für alle $z \in \mathbb{R}$.
7. Es gilt $log_a(1) = 0$ und $log_a(a) = 1$ (für alle $a \in \mathbb{R}^+$ mit $a \neq 1$).
8. Es gilt $log_a(z) = -log_{\frac{1}{a}}(z)$, für alle $z \in \mathbb{R}^+$ (Abszissensymmetrie der Funktionen log_a und $log_{\frac{1}{a}}$).
9. Es gilt $log_a(b) \cdot log_b(a) = 1$.
10. Es gilt $log_b(z) = log_b(a) \cdot log_a(z)$, für alle $z \in \mathbb{R}^+$ (Basiswechsel für $b \in \mathbb{R}^+$ mit $b \neq 1$).

1.250.6 Bemerkungen

1. Form und Lage einiger Typen von Logarithmus-Funktionen zeigt die folgende Skizze:

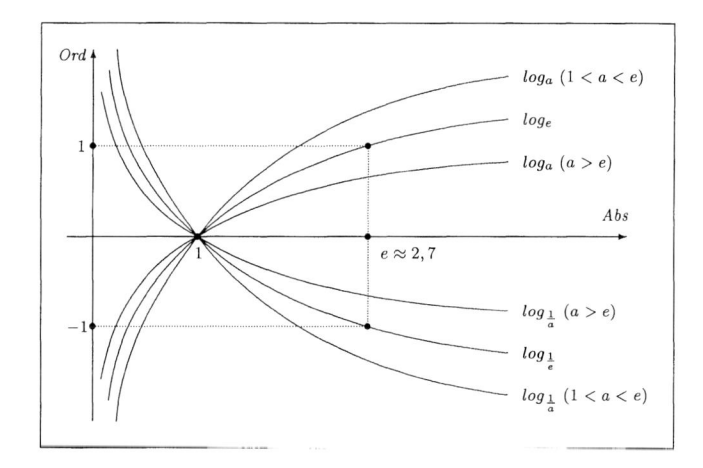

2. Neben der Basis e werden häufig auch die Basen 2 und 10 verwendet und die zugehörigen Logarithmus-Funktionen mit besonderen Abkürzungen versehen. Man verwendet (wie auch beim Taschenrechner)

$ln(x) = log_e(x)$ (logarithmus naturalis)
$log(x) = lg(x) = lb(x) = log_{10}(x)$ (Briggsche Logarithmen, manchmal auch ld)
$ld(x) = log_2(x)$ (logarithmus dualis, manchmal auch lb)

Wir werden aus Gründen der Deutlichkeit und der oft nicht einheitlichen Verwendung diese Abkürzungen grundsätzlich vermeiden und die Form log_a verwenden.

Aus Satz 1.250.5/10 folgen insbesondere die folgenden Beziehungen, die sich für den Umgang mit Taschenrechnern, die meist über die Funktionen log_e und log_{10} verfügen, eignen:

$log_e(x) = log_a(e) \cdot log_a(x)$ $log_a(x) = log_a(e) \cdot log_e(x)$
$log_e(a) \cdot log_a(e) = 1$ $log_e(10) \cdot log_{10}(e) = 1$
$log_a(x) \cdot log_{10}(a) = log_{10}(x)$ $log_a(x) = \frac{log_{10}(x)}{log_{10}(a)}$

Man beachte, daß für alle $b \in \mathbb{R}^+$ mit $b \neq 1$ die Beziehung $log_a(x) = \frac{log_b(x)}{log_b(a)}$ gilt.

3. Zur *Sortierung von Listen* (aus 3124 wird die sortierte Liste 1234) unterscheidet man in der Software-Technik *Elementare Sortierverfahren* und sogenannte *Höhere Sortierverfahren*. Diese Unterscheidung

basiert (neben dem Grad an Raffinesse der algorithmischen Konstruktion) auf ihrer unterschiedlichen Effizienz: Für eine Sortierung einer Liste mit n Elementen benötigen die Elementaren Sortierverfahren durchschnittlich $f(n) = \frac{1}{2}n(n-1)$ Vergleiche, die Höheren Sortierverfahren dagegen durchschnittlich $h(n) = \frac{1}{2}n \cdot log_2(n)$ entsprechende Vergleiche von Listenelementen, sie unterscheiden sich also bezüglich des linearen Faktors $n-1$ und des logarithmischen Faktors $log_2(n)$.

Beide Verfahren werden also durch zugehörige Funktionen $f, h : \mathbb{N} \longrightarrow \mathbb{R}$, ein Vergleich beider Funktionen also durch $f - h : \mathbb{N} \longrightarrow \mathbb{R}$ beschrieben. Mit $(f-h)(n) = \frac{1}{2}n(n-1-log_2(n))$ wird der Unterschied beider Verfahren durch folgende kleine Wertetabelle illustriert (wobei die Nachkommastellen bestenfalls bei Funktionswerten für $n \leq 10$ von Belang sind):

n	1	2	3	10	100	1000	10000
$f(n)$	0	1	3	45	4950	499500	49995000
$h(n)$	0	1	2,4	16,6	332,2	4982,9	66438,6
$(f-h)(n)$	0	0	0,6	28,4	4617,8	494517,1	4992856,1

Anmerkung: Zur Berechnung dieser Funktionswerte wird die am Ende der vorstehenden Bemerkung genannte Beziehung $log_2(x) = \frac{log_e(x)}{log_e(2)}$ verwendet.

4. Kleine historische Bemerkung: Bevor Computer und insbesondere Taschenrechner in Gebrauch kamen, spielten die Logarithmus-Funktionen für das einfache Rechnen mit Zahlen eine eminent wichtige Rolle, nämlich dadurch, daß sie mit den Aussagen von Satz 1.250.5 beispielsweise das Multiplizieren auf das Addieren zurückführen. Etwa so: Anstelle der Berechnung des Produkts xy verschafft man sich die Logarithmen beider Faktoren, addiert sie und sucht dann diejenige Zahl z mit $log_a(z) = log_a(x) + log_a(y) = log_a(xy)$.

Für den Übergang von Zahlen zu ihren Logarithmen und umgekehrt liegen sogenannte *Logarithmentafeln* vor. Der erste, der eine solche Tafel entwickelt hat, war der Schweizer *Jost Bürgi* (1552 - 1632), der (in Diensten Rudolf II. am Prager Hof) seine Berechnungen erst auf Drängen seines Freundes *Johannes Kepler* (1571 -1632) veröffentlichte. Etwa zeitgleich legte der Schotte *Lord Napier (Neper)* (1559 - 1617), von dem auch der Begriff *Logarithmus* stammt, solche Tafeln zur Basis e vor. Schließlich sei noch der Engländer *Henry Briggs* (1560 - 1630) genannt, der Tafeln mit Logarithmen zur Basis 10 (mit 14-stelliger Genauigkeit) im Jahr 1617 veröffentlicht hat.

A1.250.01: Warum ist bei der Definition von exp_a (Definition 1.250.1) die Zahl $a = 1$ ausgeschlossen?

A1.250.02: Zeigen Sie, daß $log_a(\frac{1}{a}) = log_{\frac{1}{a}}(a)$ für alle $a \in \mathbb{R}^+$ mit $a \neq 1$ gilt.

A1.250.03: Berechnen Sie $log_a(\sqrt[v]{x})$ und formulieren Sie das Ergebnis in Worten.

A1.250.04: Beweisen Sie zunächst, daß für alle $a \in \mathbb{R}^+$ gilt: $exp_a(x) < exp_a(z) \Leftrightarrow exp_a(z-x) > 1$. Betrachten Sie nun die Aussage $P_m : u > 0$ und $a > 1 \Rightarrow exp_a(u) > 1$.
a) Beweisen Sie unter Voraussetzung von P_m, daß die Funktion exp_a für $a > 1$ streng monoton ist.
b) Formulieren Sie eine entsprechende Aussage P_a, so daß unter Voraussetzung von P_a gezeigt werden kann, daß die Funktion exp_a für $0 < a < 1$ streng monoton ist. Führen Sie das dann aus.

A1.250.05: Setzen Sie in Satz 1.250.3 die Teile 1 bis 3 (Bijektivität, Monotonie/Antitonie und Homomorphie der Exponential-Funktionen $exp_a : \mathbb{R} \longrightarrow \mathbb{R}^+$ (mit $a \in \mathbb{R}^+$ und $a \neq 1$)) voraus und beweisen Sie die dort weiter genannten Aussagen 4., 5., 7. und 8.

A1.250.06: Setzen Sie in Satz 1.250.5 die Teile 1 bis 3 (Bijektivität, Monotonie/Antitonie und Homomorphie der Logarithmus-Funktionen $log_a : \mathbb{R}^+ \longrightarrow \mathbb{R}$ (mit $a \in \mathbb{R}^+$ und $a \neq 1$)) voraus und beweisen Sie unter Verwendung der Kennzeichnung von log_a durch log_e die dort genannten Aussagen 8., 9. und 10.

A1.250.07: Beweisen Sie die Aussagen von Satz 1.250.5 unter Verwendung der Aussagen von Satz 1.250.3 (inclusive Bemerkung 1.250.4/2) und der Tatsache, daß log_a die Umkehrfunktion von exp_a ist.

A1.250.08: Zeigen Sie anhand einer Wertetabelle beispielhaft die für alle Zahlen $x \in \mathbb{R}^+$ geltende Beziehung $e^x > 1 + x + \frac{1}{2}x^2$. Was bedeutet dieser Sachverhalt?

1.252 GLEICHUNGEN ÜBER EXPONENTIAL- UND LOGARITHMUS-FUNKTIONEN

> Kennt ihr das sicherste Mittel, ein Kind unglücklich zu machen? Ihr müßt
> es daran gewöhnen, alles zu erhalten. Sein Verlangen wächst unaufhörlich.
> Bald oder spät wird euch die Ohnmacht zwingen, ihm etwas zu versagen,
> und dies ungewohnte Versagen wird ihm weit größere Qual sein als die
> Entbehrung des verlangten Gegenstandes.
> *Jean-Jacques Rousseau (1712 - 1778)*

In diesem Abschnitt sind zwei Dinge enthalten: Zum einen soll gezeigt werden, wie man mit *Exponential- und Logarithmus-Gleichungen*, also Gleichungen über Exponential- und Logarithmus-Funktionen, rein numerisch umgeht, zum anderen sollen anhand von Beispielen solche Wachstums- und Zerfallsprozesse beschrieben werden, deren Typus exponentiell oder logarithmisch ist (man spricht dann von *exponentiellem bzw. logarithmischem Wachstum oder Zerfall*).

Da häufig Wachstums- oder Zerfallsprozesse nicht durch reine Exponential- oder Logarithmus-Funktionen beschrieben werden können, seien neben Gleichungen der einfachen Form (exp_a, b) und (log_a, b) auch solche der Form $(exp_a \circ f, b)$ und $(log_a \circ f, b)$ mit geeigneten und auf diese Weise komponierbaren Funktionen f (meistens Geraden) mit einbezogen.

In den Abschnitten 1.255 bis 1.259 werden in sehr ausführlicher Weise *Kapital-Wachstum* und damit zusammenhängende weitere finanzmathematische Fragen besprochen (sozusagen als künstliche Variante von Wachstumsprozessen im Gegensatz zu den im folgenden Beispiel behandelten Prozeß in der Natur). Im übrigen wird das Thema *Wachstum und Zerfall* noch in anderen Abschnitten, beispielsweise in Abschnitt 2.234 und insbesondere im Rahmen der Theorie der Differentialgleichungen aufgegriffen (Abschnitte 2.8x) und dort – gegenüber den hier mehr intuitiven Verfahren – mit formal reichhaltigeren Methoden behandelt.

1.252.1 Beispiel *(Exponentielles Wachstum)*

Bazillen können sich unter günstigen Bedingungen ihres Lebensraums rasant vermehren (beispielsweise in der Nase mit der Folge eines kapitalen Schnupfens). Tatsächlich lassen sich nun Vermehrungsprozesse bei Populationen unterschiedlicher Lebewesen durch Exponential-Funktionen beschreiben, also als exponentielles Wachstum kennzeichnen, wie durch einige numerische Betrachtungen für verschiedene Bazillenstämme im folgenden illustriert sei:

1. Zum Zeitpunkt $t_0 = 0$ seien in einem bestimmten Bereich $N_0 = 100$ Bazillen (vom Typ A) vorhanden, nach zwei Monaten werden $3 \cdot N_0$ Bazillen gezählt (geschätzt). Nimmt man dafür eine exponentielle Zunahme in Form einer Funktion $N : \mathbb{R} \longrightarrow \mathbb{R}$ mit $N(t) = N_0 \cdot e^{at}$ an und betrachtet als Zeiteinheit ein Jahr (1 J), dann liefern die genannten Daten $3 \cdot N_0 = N(\frac{1}{6}) = N_0 \cdot e^{a \cdot \frac{1}{6}}$. Das Maß der Zunahme wird dabei durch den Faktor a bestimmt, der sich aber vermöge der Äquivalenzen

$$3 \cdot N_0 = N_0 \cdot e^{a \cdot \frac{1}{6}} \Leftrightarrow 3 = e^{a \cdot \frac{1}{6}} \Leftrightarrow log_e(3) = a \cdot \frac{1}{6} \Leftrightarrow a = 6 \cdot log_e(3)$$

angeben läßt. Damit ist durch die Vorgabe $N(\frac{1}{6}) = 3 \cdot N_0$ die Funktion N durch $N(t) = N_0 \cdot e^{6 \cdot log_e(3) \cdot t}$ vollständig beschrieben. Darüber hinaus gestattet die Form von a einen Basiswechsel, der zu einfacheren Darstellungen von $N(t)$ führt, denn wegen $e^{6 \cdot log_e(3)} = (e^{log_e(3)})^6 = 3^6$ ist

$$N(t) = N_0 \cdot e^{6 \cdot log_e(3) \cdot t} = N_0 \cdot 3^{6t} = N_0 \cdot 729^t,$$

in Form von Funktionen also $N = N_0 \cdot exp_e \circ ((6 \cdot log_e(3)) \cdot id) = N_0 \cdot exp_3 \circ (6 \cdot id) = N_0 \cdot exp_{729}$.

2. Wie die vorstehende Betrachtung zeigt, ist der Faktor a in der Vorschrift $N(t) = N_0 \cdot e^{at}$ stets das Produkt aus dem Kehrwert einer Zeitspanne (in Jahren) und der Zahl $log_e(v)$ mit der Vervielfachung v der Population in dieser Zeitspanne.

3. Für einen Bazillentyp B mit zu Beginn $M_0 = 500$ Exemplaren sei die Vermehrung durch die Vorgabe $M(\frac{1}{4}) = 2 \cdot M_0$ einer entsprechenden Funktion M gekennzeichnet. Vermöge der Äquivalenzen

$$2 \cdot M_0 = M_0 \cdot e^{a \cdot \frac{1}{4}} \Leftrightarrow 2 = e^{a \cdot \frac{1}{4}} \Leftrightarrow log_e(2) = a \cdot \frac{1}{4} \Leftrightarrow a = 4 \cdot log_e(2)$$

wird diese Vermehrung durch die Funktion M mit $M(t) = M_0 \cdot e^{4 \cdot log_e(2) \cdot t}$ beschrieben mit den weiteren Darstellungen $M(t) = M_0 \cdot e^{4 \cdot log_e(2) \cdot t} = M_0 \cdot 2^{4t} = M_0 \cdot 16^t$, in Form von Funktionen also wieder entsprechend $M = M_0 \cdot exp_e \circ ((4 \cdot log_e(2)) \cdot id) = M_0 \cdot exp_2 \circ (4 \cdot id) = M_0 \cdot exp_{16}$. (Auch hier gilt wieder Bemerkung 2.)

4. Zum Vergleich der Vermehrung beider Bazillenstämme folgende Wertetabelle:

t in J	0	$\frac{1}{12}$	$\frac{2}{12}$	$\frac{3}{12}$	$\frac{4}{12}$	$\frac{5}{12}$	$\frac{6}{12}$	$\frac{7}{12}$	$\frac{8}{12}$	$\frac{9}{12}$	$\frac{10}{12}$	$\frac{11}{12}$	$\frac{12}{12}$
A: $N(t)$	100	173	300	520	900	1560	2700	4680	8100	14030	24295	42087	72900
B: $M(t)$	500	630	794	1000	1260	1587	2000	2520	3174	4000	5040	6350	8000

5. Hinsichtlich der vorstehenden Wertetabelle kann man nun noch fragen, zu welchem Zeitpunkt t^* beide Populationen (etwa) dieselbe Anzahl von Bazillen haben. Es gilt also diejenige Zahl t^* zu berechnen, für die $N(t^*) = M(t^*)$ gilt, also die Gleichung $(N - M, 0)$ zu lösen. Dabei ist es sinnvoll, die jeweils einfachste Darstellung von $N(t)$ und $M(t)$ zu wählen: Die Äquivalenzen

$$N(t^*) = M(t^*) \Leftrightarrow N_0 \cdot 729^{t^*} = M_0 \cdot 16^{t^*} \Leftrightarrow \frac{M_0}{N_0} = \frac{729^{t^*}}{16^{t^*}} = (\frac{729}{16})^{t^*} \Leftrightarrow log_e(\frac{M_0}{N_0}) = t^* \cdot log_e(\frac{729}{16})$$

liefern mit $log_e(\frac{M_0}{N_0}) = log_e(5) \approx 1,6094$ und $log_e(\frac{729}{16}) \approx 3,8191$ dann schließlich $t^* \approx 0,4214 \approx \frac{5,06}{12} \approx \frac{153,81}{365}$ Jahre (also rund 5 Monate oder 153 Tage).

1.252.2 Beispiel *(Exponentieller Zerfall)*

Das Element Uran kommt in der Natur nur in den Uran-Isotopen U^{238} und U^{235} vor, deren Mengen sich zur Zeit wie 140 : 1 verhalten. Die Halbwertzeit von U^{238} beträgt $4,6 \cdot 10^9$ Jahre, die Halbwertzeit von U^{235} dagegen $0,7 \cdot 10^9$ Jahre. Wann war das Mengenverhältnis 1 : 1 ?

1. Bemerkungen zum Aufgabeninhalt:
Isotope: Zwei Atome, die dieselbe Kernladungszahl (das ist die Anzahl der Protonen, also der Träger positiver Ladung), aber unterschiedliche Massenzahl (das ist die Anzahl der Neutronen, also der Teilchen ohne Ladung) haben, heißen Isotope. Beispielsweise hat U^{238}_{92} 92 Protonen und $238 - 92 = 146$ Neutronen, dagegen hat U^{235}_{92} 92 Protonen und $235 - 92 = 143$ Neutronen.

Radioaktivität: Ein radioaktives Atom zerfällt in zwei andere Atome unter Aussendung von Energie. Neben U^{238} und U^{235} gibt es noch weitere Uran-Isotope, die sich aber nur im Labor herstellen lassen und gegenüber den natürlich vorkommenden Isotopen sehr schnell zerfallen (Sekundenbereiche).

Halbwertzeit: Die Halbwertzeit bezeichnet den Zeitraum, in der sich die Menge eines radioaktiven Stoffes halbiert hat. U^{238} hat also nach 4,6 Milliarden Jahren nur noch halb so viele Atome, das natürliche Vorkommen von Uran wird also immer geringer.

2. Darstellungen dieser Zerfallsprozesse durch Funktionen:
Es bezeichne $N_0 = N(0)$ die zu einem willkürlich gewählten Zeitpunkt 0 vorhandene Menge des Uran-Isotops U^{238}. (Diese Menge kann etwa in durch ein Raum- oder Gewichtsmaß angegeben werden.) Gibt man die Halbwertzeit von $4,6 \cdot 10^9$ Jahren in Zeiteinheiten von 10^9 Jahren an, dann ist $N(4,6) = \frac{1}{2} N_0$ die nach $4,6 \cdot 10^9$ Jahren noch vorhandene Menge. Vervielfacht man diesen Zeitraum, dann ist $N(4,6 \cdot n) = (\frac{1}{2})^n N_0 = \frac{1}{2^n} N_0$ eine Beziehung, die auch für alle $n \in \mathbb{Z}$ vernünftig ist.

Für einen beliebigen Zeitraum t liefert die Beziehung $t = 4,6 \cdot n$ dann $n = \frac{1}{4,6} t$, folglich ist (durch geeignete stetige Fortsetzung) durch $N(t) = \frac{1}{2^{\frac{1}{4,6}t}} \cdot N_0 = N_0 \cdot 2^{-\frac{1}{4,6}t}$ eine Exponential-Funktion $N : \mathbb{R} \longrightarrow \mathbb{R}^+$ definiert, die die Form $N = exp_2 \circ (-\frac{1}{4,6} \cdot id)$ hat. Diese Funktion beschreibt also den Zerfallsprozeß des Uran-Isotops U^{238}.

Entsprechend wird der Zerfallsprozeß des Uran-Isotops U^{235} mit der Halbwertzeit von $0,7 \cdot 10^9$ Jahren durch die Exponential-Funktion $M : \mathbb{R} \longrightarrow \mathbb{R}^+$ mit $M(t) = M_0 \cdot 2^{-\frac{1}{0,7}t}$, also durch $M = exp_2 \circ (-\frac{1}{0,7} \cdot id)$ beschrieben.

Zur genaueren Übersicht des Verhältnisses der beiden Funktionen N und M zueinander kann man eine gemeinsame graphische Darstellung der Abhängigkeit der Menge (Ordinate) von der Zeit (Abszisse) so einrichten, daß $N_0 = N(0) = M(0) = M_0$ gilt, der Schnittpunkt der beiden Funktionen also Teil der Ordinate ist. Legt man diese Zahl $N_0 = M_0$ zugleich als Einheit der Ordinate fest, dann lassen sich zur graphischen Darstellung folgende Wertetabellen verwenden:

t in $10^9 J$	-1	0	1	2	3	4	5	6
$N(t)$ in $N_0 = M_0$	1,163	1,000	0,860	0,740	0,636	0,547	0,471	0,405
$N(t)$ in $N_0 = M_0$	2,692	1,000	0,371	0,138	0,051	0,019	0,007	0,003

3. Bearbeitung der Fragestellung:
Gesucht ist der Zeitpunkt t, für den das Verhältnis $N(t) : M(t) = 140 : 1$ gilt, wobei dieser Zeitpunkt als Zahl von der Festlegung $N_0 = N(0) = M(0) = M_0$ bestimmt wird. Der gesuchte tatsächliche Zeitraum ist bei der oben vorgenommenen Wahl der Ordinate dann einfach $t - 0 = t$.

Das genannte Verhältnis liefert einerseits die Beziehung $\frac{N(t)}{M(t)} = \frac{N_0}{M_0} \cdot \frac{2^{-\frac{1}{4,6}t}}{2^{-\frac{1}{0,7}t}} = 1 \cdot 2^{(\frac{1}{0,7} - \frac{1}{4,6})t} \approx 2^{1,211 \cdot t}$ und $\frac{N(t)}{M(t)} = 140$ andererseits. Somit folgt $2^{1,211 \cdot t} \approx 140$, daraus $1,211 \cdot t \approx log_2(140)$ und schließlich $t \approx 6 \cdot 10^9$ Jahre. (Rechnet man mit der Taschenrechner-Funktion $ln = log_e$, dann ist $t \approx \frac{1}{1,211} \cdot log_2(140) = \frac{1}{1,211} \cdot \frac{1}{log_e(2)} \cdot log_e(140)$. Ferner eine kleine Kontroll-Überlegung: Mit den Zahlen in der letzten Spalte der Tabelle muß $0,003 \cdot 140 = 0,42 \approx 0,405$ gelten, wobei diese Näherung durch die grobe Näherung 6 auch nur grob ist.)

Das bedeutet also: Verlegt man den gegenwärtigen Zeitpunkt in den Nullpunkt des Koordinaten-Systems, dann war vor rund 6 Milliarden Jahren das Mengen-Verhältnis zwischen den natürlichen Vorkommen der Uran-Isotope U^{238} und U^{235} etwa 1 : 1, also beide Mengen etwa gleich groß.

A1.252.01: Warum haben Gleichungen der Form $(exp_a \circ f, 0)$ für beliebige Funktionen $f : T \longrightarrow \mathbb{R}$ mit $T \subset \mathbb{R}$ niemals Lösungen? Formulieren und beantworten Sie die analoge Frage für Nullstellen der Funktionen $exp_a \circ f$.

A1.252.02: Eine Funktion $f : \mathbb{R} \longrightarrow \mathbb{R}^+$ habe die Form $f(x) = a^{u(x)}$ mit geeigneter Basis a. Welche Funktion liefert Logarithmieren mit der Basis a der Funktionswerte $f(x)$, für alle $x \in \mathbb{R}$?

A1.252.03: Die folgenden Einzelaufgaben haben ein einheitliches Schema: Unter der Voraussetzung, daß der jeweils beschriebene Prozeß durch eine Exponential-Funktion $N = N_0 \cdot (exp_a \circ f) : \mathbb{R}_0^+ \longrightarrow \mathbb{R}$ mit Ursprungsgerade $f = c \cdot id$, also mit $N(x) = a^{ct}$ sowie mit $a > 1$ für monotone Prozesse (Wachstumsprozesse) oder mit $0 < a < 1$ für antitone Prozesse (Zerfallsprozesse), repräsentiert ist, sollen die Zahlen a und c und damit die Funktion N (gegebenenfalls ohne physikalische Einheiten) bestimmt werden (siehe auch Aufgabe A1.252.04):

1. Ein zinseszinslich p.a. (jährliche Verzinsung) angelegtes Kapital $N_0 = 5000$ WE (Währungseinheiten) soll sich in 20 Jahren verdoppeln bzw. verdreifachen. Durch welche Kapitalertrags-Funktionen N werden beide Anlagen beschrieben?

2. Das radioaktive Isotop Te-99 (Technetium) besitzt eine Halbwertzeit von etwa sechs Stunden. Durch welche Funktion wird die Abnahme der Strahlung eines Te-99-Körpers der Masse $5\,g$ beschrieben?

3. Zwei Körper besitzen zu Beginn der Beobachtung die Temperaturen $N_{01} = 100°C$ und $N_{02} = 80°C$ sowie nach 25 Minuten Abkühlungszeit in der Umgebungstemperatur $0°C$ jeweils die Temperatur $40°C$. Durch welche Funktionen werden beide Abkühlungsprozesse beschrieben? Rechnen Sie dann noch nach, daß $(25, 40)$ der Schnittpunkt beider Funktionen ist.

4. An einen Stromkreis mit einem Plattenkondesator und einem Widerstand wird eine Spannung $U_S = 5\,V$ angelegt. Nach 10 Sekunden liegt eine Kondensatorspannung $U_K = 2,5\,V$ vor. Durch welche Funktion wird die Funktion $N = U_S - U_K$ beschrieben?

5. Bei einem sogenannten Waldsterben kann man beobachten, daß nach 10 Jahren (gemessen von einem Nullpunkt) 5% der Bäume abgestorben sind. Durch welche Funktion wird der Restbestand beschrieben? Wieviel Prozent vom Bestand zum Zeitpunkt 0 beträgt (bei gleichen äußeren Bedingungen) der Restbestand nach 25 (50, 75, 100) Jahren. Welcher frühere Bestand in Prozent lag vor 30 (100) Jahren (relativ zum Zeitpunkt 0 mit 100%) vor?

6. Der Bestand einer Seerosenzucht in einem Teich, wächst – gemessen an der bedeckten Wasseroberfläche – unabhängig von der Witterung wöchentlich um den Faktor $\frac{5}{4}$, beginnend mit einem Anfangsbestand

von $2\,m^2$ bedeckter Fläche. Durch welche Funktion wird dieses als ungehindert angesehene Wachstum beschrieben? Nach welcher Zeit ist der $0,4\,km^2$ große Teich vollständig bedeckt? Weiterhin: Durch welche einfache andere Angabe kann man die Angabe des Wachstumsfaktors beispielsweise ersetzen, um dieselbe Funktion zu erhalten?

A1.252.04: Beschreiben Sie das Verfahren zur Bearbeitung der Einzelaufgaben in A1.252.03 in allgemeiner Form. Warum führt dieses Verfahren zu einer eindeutig bestimmten Funktion N?

A1.252.05: Eine Population von anfangs $M_1 = 1000$ Mäusen nehme jährlich jeweils um den Anteil i (etwa $i = 10\%$ oder $i = 20\%$) zu.
Hinweis: Verwenden Sie beim Logarithmieren die Basis 10 (also den dekadischen Logarithmus).
1. In welcher Zeit t_1 (Einheit $1J$ (Jahr)) sind $M_2 = 2000$ Mäuse vorhanden?
2. In welcher Zeit t_k sind aus $M_k = k \cdot 1000$ Mäusen $M_{k+1} = (k+1) \cdot 1000$ Mäuse entstanden?
3. Stellen Sie die Zeiten t_k in Abhängigkeit von $k \in \{1, 2, ..., 9\}$ als Funktion T_i dar und beschreiben Sie diesen Funktionstyp.
4. Legen Sie zu den Funktionen T_{10} zu $i = 10\%$ und T_{20} zu $i = 20\%$ Wertetabellen an.
5. Nehmen Sie an, die Anzahl der Mäuse würde monatlich gezählt. Ergänzen Sie die Wertetabellen von Aufgabenteil 4 um jeweils eine weitere Zeile, die die Anzahl $az_i(k)$ der Zählungen in Abhängigkeit der Ziffer k als erster Ziffer der Mäuseanzahl zeigt. Erläutern Sie diese Anzahlen.

Anmerkungen:
1. Wenn man den Begriff *Mäuse* als umgangssprachliche Variante von *Währungseinheiten (WE)* nimmt, wird durch die Aufgabe eine Kapitalentwicklung beschrieben (siehe Abschnitt 1.256). Die monatlichen Zählungen kann man sich bei monatlicher Verzinsung (ZZ-Modell mit dem Zinssatz i p.a.) in Form von Kontoauszügen vorstellen.
2. Die Wahl der Basis 10 ist hier eher zufällig, nimmt aber Bezug auf Aufgabe A6.022.08.

A1.252.06: Betrachten Sie Funktionen der Form $f_{(a,c,u)} = a \cdot exp_e \circ (c \cdot id - u)$ mit Parametern $a > 0$ und $c > 0$. Klären Sie (anhand von Wertetabellen und/oder geeigneten Skizzen mit konkreten (einfachen) Parametern) folgende Fragen:
1. Welche Wirkung hat der Parameter u auf die Funktionen $f_{(a,c,u)}$?
2. Welche Wirkung hat der Parameter c auf die Funktionen $f_{(a,c,u)}$?

A1.252.07: In den Definitionen von exp_a und log_a werden generell Basen $a \in \mathbb{R}^+$ (mit Ausnahme von $a = 1$) vorausgesetzt. Untersuchen Sie nun anhand einer kleinen Wertetabelle für Zahlen x aus der Menge $T = [-4, 4]_\mathbb{Z} \cup \{-\frac{1}{2}, \frac{1}{2}\}$ die durch die Vorschrift $h(x) = (-2)^x$ definierte Funktion $h: T \longrightarrow W(h)$ und kommentieren Sie die vorliegende Situation im Vergleich zu den Exponential-Funktionen exp_a mit Basen $a \in \mathbb{R}^+$.

1.255 GRUNDBEGRIFFE DER KAPITALWIRTSCHAFT

> Lieber reich und gesund als arm und krank.
> *Alte tarminische Weisheit*

Mit den folgenden Bemerkungen ist beabsichtigt, die wesentlichen begrifflichen Grundlagen der Finanzwirtschaft zumindest in dem Umfang zu erläutern, der für die weiteren numerischen Untersuchungen in den anschließenden Abschnitten nötig ist. Dabei – wie überhaupt bei dem Umgang mit Geld – kommt es im wesentlichen auf die Einsicht an, daß der tatsächliche Wert einer Geldmenge keine statische, vielmehr eine von zahlreichen Einflußgrößen abhängige, dynamische Größe ist. Betrachtet man die Wirkung solcher Einflüsse jeweils zu bestimmten Zeitpunkten, so spricht man kurz von dem jeweiligen Zeitwert einer Geldmenge (wobei, analog zu Abhängigkeiten physikalischer Größen von der Zeit, ein gewisser Zeitpunkt stellvertretend für die Gesamtheit solcher Wirkungen auf das beobachtete Objekt zu diesem Zeitpunkt steht).

Gegenstand der folgenden Überlegungen sind nicht die tatsächlichen Einflüsse auf den Wert von Geldmengen, sondern ein wichtiges (und in der Regel sich auch dazu kausal verhaltendes) Indiz für den Zeitwert von Geldmengen: der Preis für das Leihen bzw. Verleihen von Geld, der sich, wie bei anderen Handelsgütern auch, nach der jeweiligen Nachfrage richtet. Dazu im einzelnen:

1. Der Geldhandel ist Sache der privatwirtschaftlich organisierten Geldinstitute, im folgenden kurz (wenn auch ungenau) *Banken* genannt. (Der Begriff *Bank* entstammt dem italienischen Wort *banco*, womit früher die langen Tische der Geldwechsler bezeichnet wurden.) Die beiden wichtigsten Geschäftszweige der Banken sind, von seiten des Bankkunden aus betrachtet, das *Anlagegeschäft* (der Bank wird auf Spar- oder Anlagekonten Geld geliehen) und das *Kreditgeschäft*. (Die Bank gibt dem Kunden einen Kredit, leiht ihm also Geld.)

2. Der Preis, der für das Leihen bzw. Verleihen eines Kapitals K (Hauptbetrag, lat.: caput) zu zahlen ist bzw. verdient wird, heißt *Zins* (lat.: census). Der Zins richtet sich in aller Regel nach der Größe des Kapitals und wird als *Anteil des Kapitals* berechnet.

3. Die im Anlage- oder Kreditgeschäft zu zahlenden Zinsen sind die *Anlagezinsen (Habenzinsen)* bzw. die *Kreditzinsen (Sollzinsen)*. Der Gewinn, den eine Bank bei diesen Geschäften erzielt, folgt aus den *Zinsmargen*, womit die Zinsspannen zwischen Zinsaufwand (im Anlagegeschäft oder gegenüber der Bundesbank) und Zinsertrag (im Kreditgeschäft) gemeint sind. Es versteht sich, daß die Ertragszinssätze stets höher als die Aufwandszinssätze sind.

4. Grundlage eines Anlage- oder Kreditgeschäftes ist ein *Anlage- oder Kreditvertrag*, dessen Bedingungen zwischen Bank und Bankkunden prinzipiell beliebig ausgehandelt werden können. Allerdings unterliegen auch solche Verträge gesetzlichen Bestimmungen, die in der Bundesrepublik Deutschland im wesentlichen in dem Kreditwesengesetz (KWG) und im BGB festgelegt sind.

Das in diesem Gesetz auch geregelte *Zinsrecht* hat eine lange Tradition und gehört zu den ältesten gesetzlichen Vereinbarungen überhaupt. Während in der römischen Kaiserzeit die Höhe des Kreditzinssatzes auf 48% begrenzt war, hat das kirchliche Zinsrecht zunächst generell untersagt, Darlehen mit Zins zu belegen (festgelegt im Zinsverbot des 1. Konzils von Nizäa im Jahr 325). Ausgenommen von diesem Zinsverbot waren Juden, allerdings mit der zu erwartenden Folge, daß das Zinsverbot dann auch von den christlichen Kaufleuten umgangen wurde. Dazu zählten insbesondere die Kaufleute der Lombardei (italienische Provinz um Mailand), nach denen auch der Lombardsatz (siehe Bemerkung 2) benannt wurde. 1543 mußte das Zinsverbot wieder aufgehoben werden, allerdings unter Maßgabe strenger zinsrechtlicher Bestimmungen und entsprechender Strafmaßnahmen bei Verstößen insbesondere bei Zinswucher und mangelnder Haftung bei Wechselgeschäften.

5. Anlage- und Kreditgeschäfte haben, wenn man die Anlage als Kredit an eine Bank betrachtet, zunächst ein symmetrisches Aussehen. Sie sind es auch tatsächlich dann, wenn jeweils ein einmalig zu zahlender Zins vereinbart wird. Das ist jedoch nur bei sehr kurzen Laufzeiten (Dauer des Vertrages), etwa für wenige Tage oder Wochen, sinnvoll. Bei längeren Laufzeiten wird man aus verschiedenen Gründen den Zins in regelmäßigen Teilzahlungen entrichten, deren Modalitäten sich bei Anlage- oder Kreditgeschäften unterscheiden. Mit Beschränkung auf die üblichen Verfahrensweisen seien sie in der folgenden Bemerkung kurz erläutert.

6. Bei einem Anlagegeschäft wird einer Bank ein bestimmtes Kapital K_0 zur freien Verfügung gestellt. Dieses Kapital erwirtschaftet einen gewissen *Zinsertrag* Z_0 und liefert so einen *Kapitalertrag* $K_0 + Z_0$. Grundlage der Berechnung von Z_0 und $K_0 + Z_0$ sind die vertraglichen Vereinbarungen. Dazu:

a) Der *Verzinsungszeitraum* oder die *Laufzeit* der Anlage ist die Dauer zwischen *Anlagetermin* und *Fälligkeitstermin*. (Termine sind stets konkrete Angaben zum Tagesdatum.) Die Laufzeit wird dabei in sogenannte *Zinsperioden*, meist gleichlange Zeiträume eingeteilt. Übliche Zinsperioden sind ein Jahr (Verzinsung p.a. (pro anno, Abl. von annus)), ein Monat (Verzinsung p.m. (pro mense, Abl. von mens)) oder ein Tag (Verzinsung p.d. (pro die, Abl. von dies)).

b) Anfangs- oder Endpunkt einer Zinsperiode ist der *Zinstermin*, das Datum also, zu dem eine Zinszahlung geleistet wird. In der Regel wird die Zinszahlung bzw. Zinsgutschrift *nachschüssig (postnumerando)*, das heißt am Ende einer Zinsperiode, geleistet. Demgegenüber nennt man Zinszahlungen *vorschüssig (praenumerando)*, falls der Zinstermin zu Beginn einer Zinsperiode liegen soll. Man spricht im ersten Fall auch von *Dekursiver Verzinsung*, im zweiten Fall auch von *Antizipativer Verzinsung*.

c) Wesentlicher Bestandteil eines Anlage- oder Kreditvertrages ist der vereinbarte Zinssatz: Wird der pro Zinsperiode zu zahlende Zins als Anteil am jeweils verzinsten Kapital K berechnet, so hat dieser Anteil die Form $i \cdot K$, wobei der anteilbildende Faktor i als *Zinssatz* bezeichnet wird. Er wird zur besseren Vergleichbarkeit verschiedener Zinssätze in der Regel prozentual, also in der Form $i = p\%$ (mit *Zinsfuß* p) angegeben.

d) Wie in Bemerkung 1.256.5 noch genauer erläutert wird, ist bei Angaben zu Zinssätzen Vorsicht geboten: Gelegentlich (insbesondere auch bei Krediten) stimmen tatsächliche Zinsperioden mit der bei einem Zinssatz genannten, also der nominellen Zinsperiode, nicht überein.

e) Schließlich wird noch zwischen Zins-Modellen unterschieden, wobei üblicherweise das EZ-Modell (*Einfache Zinsen*), das ZZ-Modell (*Zinseszinsen*) oder eine Mischform aus beiden Modellen verwendet werden. Bei dem EZ-Modell wird der Zins pro Zinsperiode jeweils nur auf das Anlagekapital K_0 bezogen, das heißt, alle Zinszahlungen sind (bei gleichlangen Zinsperioden und bei konstantem Zinssatz i) gleich, nämlich $i \cdot K_0$. Für n Zinsperioden ist damit der Zinsertrag $Z(n) = n \cdot i \cdot K_0$ und der Kapitalertrag $K(n) = K_0 + n \cdot i \cdot K_0 = K_0(1 + ni)$.

Bei dem ZZ-Modell wird der pro Zinsperiode zu zahlende Zins jedoch auf den bereits erzielten Kapitalertrag bezogen, das heißt, der vor bzw. nach der n-ten Zinsperiode erzielte Kapitalertrag $K(n)$ ist $K(n) = K(n-1) + iK(n-1)$ in rekursiver Darstellung oder $K(n) = K_0(1+i)^n$ in expliziter Darstellung. Das Studium der damit verbundenen *Kapitalertrags-Funktion*, kurz *Kapital-Funktion* genannt, ist Gegenstand des folgenden Abschnitts.

7. Die *Deutsche Bundesbank* (1957 gegründet mit Sitz in Frankfurt/Main) war als Zentralnotenbank der Bundesrepublik zuständig und (von der Bundesregierung weisungsunabhängig) verantwortlich für den Geldumlauf (insbesondere die Gestaltung der Geldmengen), für Sicherheit und Stabilität der Währung sowie die Kreditversorgung im staatlichen und wirtschaftlichen Bereich. Diesbezügliche Beschlüsse wurden von dem *Zentralbankrat* getroffen, zu dessen Mitgliedern die Präsidenten der Landeszentralbanken (Hauptverwaltungen der Deutschen Bundesbank in den einzelnen Bundesländern) gehörten.

a) Seit 1999 liegen die wesentlichen Zuständigkeitsbereiche bei der *Europäischen Zentralbank* (Frankfurt/Main) und dem zugehörigen *Europäischen Zentralbankrat*.

b) Zu den wichtigsten währungs- und kreditpolitischen Maßnahmen des Zentralbankrates gehört die Festsetzung der *Leitzinsen*. Das sind der
– *Diskontsatz*, der Zinssatz zur Berechnung des Momentanwertes eines fälligen Wechsels (Zahlungsversprechens), der von einem Geldinstitut an die Bundesbank verkauft wird, und der
– *Lombardsatz*, der Zinssatz, zu dem Geldinstitute Kredite bei der Bundesbank (gegen Hinterlegung von Wertpapieren) erhalten können (Refinanzierungskosten der Geldinstitute), wobei der Lombardsatz stets höher als der Diskontsatz liegt.

c) Diskont- und Lombardsatz sind ein einflußreiches Steuerungsinstrument der Finanzpolitik, da eine von der Zentralbank vorgenommene Änderung dieser Zinssätze entsprechende Auswirkungen auf die *Zinselastizität* (vom Zinssatz abhängige Geldnachfrage) und damit auf den Euro-gebundenen Kapitalmarkt (Verteuerung oder Verbilligung von Investitionskrediten) sowie auf die *Zinsarbitrage* (Zinsunterschiede im internationalen Devisenhandel) hat. Status, Aufgaben und Befugnisse der Bundesbank (sowie den Landeszentralbanken) regelte im einzelnen das Bundesbankgesetz von 1957, seit 1999 das entsprechende Zentralbankgesetz der Europäischen Union.

1.256 BERECHNUNG VON KAPITALANLAGEN

> Die Natur der Zahl läßt keinen Trug zu, auch die Harmonie nicht, es ist ihnen kein Trug eigen. Die Wahrheit ist heimisch im Geschlecht der Zahl und ihm angeboren.
> *Pythagoreeische Weisheit*

Nach den einführenden Bemerkungen in Abschnitt 1.255 zur Klärung der finanzwirtschaftlichen Grundbegriffe, die mehr oder minder alle mit dem Begriff des Zinses verbunden sind, soll in diesem Abschnitt nun gezeigt werden, wie sich das *Kapitalwachstum durch Verzinsung* numerisch behandeln läßt. (Es sei noch auf Abschnitt 2.820 mit derselben Überschrift aufmerksam gemacht, in dem dieselben und darüber hinaus gehende Fragen mit Methoden der Analysis (Differentialgleichungen) weiter untersucht werden.)

Bei den folgenden Betrachtungen sind zwei Konventionen zu beachten: Es werden nur Überlegungen zu dem *Zinseszins-Modell (ZZ-Modell)* angestellt. Parallel durchführbare Untersuchungen zu dem EZ-Modell (einfache Zinsen) werden im Rahmen der Aufgaben zu diesem Abschnitt zu bearbeiten sein. Weiterhin werden alle Verzinsungen *postnumerando* vorgenommen (Zinstermine am Ende einer Zinsperiode), wie es in der Praxis auch meist üblich ist.

1.256.1 Definition

1. Ein Anlagegeschäft wird durch eine *Kapital-Funktion* $K(K_0, i, m, -) : \mathbb{R} \longrightarrow \mathbb{R}^+$ beschrieben, wobei der Definitionsbereich $\mathbb{R}$ die physikalische Größe *Zeit* mit der Einheit $1 J$ (Jahr) repräsentiere. Jedem Zeitpunkt t wird das durch das Anfangskapital K_0, den nominellen Jahreszinssatz i und die Anzahl m der Zinsperioden pro Jahr bestimmte verzinste Kapital $K(K_0, i, m, t)$ zugeordnet.

2. Die *Diskontinuierlichen Verzinsungen* werden durch die Kapital-Funktionen $K(K_0, i, 1, -)$ für *jährliche Verzinsung* und $K(K_0, i, m, -)$ mit $m \in \mathbb{N}$, $m > 1$, für *Unterjährige Verzinsung* repräsentiert.

3. Die Kapital-Funktion $K(K_0, i, \star, -) = lim(K(K_0, i, m, -))_{m \in \mathbb{N}}$ repräsentiere die *Kontinuierliche Verzinsung* (wobei die Existenz des genannten Grenzwertes in Abschnitt 2.820 gezeigt wird).

1.256.2 Satz

Mit den Daten in Definition 1.256.1 ist für das Zinseszins-Modell bei

1. jährlicher Verzinsung die Kapital-Funktion $K_1 = K(K_0, i, 1, -) : \mathbb{R} \longrightarrow \mathbb{R}^+$ durch $K_1(t) = K_0(1+i)^t$ definiert, sie hat also die Form $K_1 = K_0 \cdot exp_{1+i}$,

2. unterjähriger Verzinsung die Kapital-Funktion $K_m = K(K_0, i, m, -) : \mathbb{R} \longrightarrow \mathbb{R}^+$ durch $K_m(t) = K_0(1 + \frac{i}{m})^{mt}$ definiert, sie hat also die Form $K_m = K_0 \cdot exp_{(1+\frac{i}{m})^m}$ mit m Zinsperioden pro Jahr,

3. kontinuierlicher Verzinsung die Kapital-Funktion $K_\star = K(K_0, i, \star, -) : \mathbb{R} \longrightarrow \mathbb{R}^+$ durch $K_\star(t) = K_0 \cdot e^{it}$ definiert, sie hat also die Form $K_\star = K_0 \cdot exp_{e^i}$ (Beweis in Abschnitt 2.820).

Beweis: Man beachte, daß die Aussagen in den Teilen 1 und 2 nach der Definition des formalen Zinsbegriffs (Zins als Anteil $i \cdot K$ eines Kapitals K pro Zinsperiode) nur für Elemente aus $m\mathbb{N}$ beweisfähig sind. Die auf $\mathbb{R}$ definierten Funktionen sind dann wendepunktfreie stetige Fortsetzungen von $K_1 : \mathbb{N} \longrightarrow \mathbb{R}^+$ bzw. $K_m : m\mathbb{N} \longrightarrow \mathbb{R}^+$.

1. Nach dem Induktionsprinzip für Natürliche Zahlen (siehe Abschnitt 1.802) wird der Induktionsanfang (IA) durch $K_1(1) = K_0 + iK_0 = K_0(1+i)^1$ geliefert. Der Induktionsschritt (IS) ist dann $K_1(n+1) = K_1(n) + iK_1(n) = K_1(n)(1+i) = K_0(1+i)^n(1+i) = K_0(1+i)^{n+1}$, wobei $iK_1(n)$ den Zins für eine Zinsperiode des Kapitals $K_1(n)$ darstellt.

2. Bei m Zinsperioden pro Jahr muß der Zins *pro Zinsperiode anteilig* berechnet werden, das heißt, für die Zinsperiode $\frac{1}{m}J$ wird der Zins $\frac{1}{m}(iK_0)$ mit nominellem Jahreszinssatz i erzielt. Faßt man die Faktoren $\frac{1}{m}$ und i zu dem sogenannten *effektiven Zinssatz* $i_m = \frac{i}{m}$ pro Zinsperiode (p.Zp.) zusammen, so ist $K_m(\frac{1}{m}) = K_0 + i_m K_0 = K_0(1 + i_m)$ das Kapital nach einer Zinsperiode, $K_m(1) = K_0(1 + i_m)^m$ das Kapital nach einem Jahr (mit m Zinsperioden), schließlich $K_m(n) = K_0(1 + i_m)^{mn}$ das nach n Jahren erzielte Kapital.

1.256.3 Corollar

Die in Satz 1.256.2 untersuchten Kapital-Funktionen K_1, K_m und $K_\star$ sind Exponential-Funktionen mit jeweils verschiedenen Basen. Bezogen auf dieselbe Basis, die natürliche Basis e, liefert die Beziehung $exp_a = exp_e \circ (log_e(a) \cdot id)$ von Bemerkung 1.250.2/4 die folgenden Darstellungen:

1. $K_1 = K_0 \cdot exp_e \circ (log_e(1+i) \cdot id)$ für die jährliche Verzinsung,
2. $K_m = K_0 \cdot exp_e \circ (log_e(1+\frac{i}{m})^m \cdot id)$ für die unterjährige Verzinsung mit m Zinsperioden pro Jahr,
3. $K_\star = K_0 \cdot exp_e \circ (i \cdot id)$ für die kontinuierliche Verzinsung (unter Verwendung von $log_e(e^i) = i$).

Kapitalwachstum nach jeder dieser Verzinsungsformen ist somit jeweils ein Beispiel für ungebremstes Wachstum (das in Abschnitt 2.820 genauer untersucht wird).

1.256.4 Bemerkungen

1. Die auf $\mathbb{R}$ definierten Kapital-Funktionen (die auch weiterhin kurz mit K_1, K_m und $K_\star$ bezeichnet seien, wenn der jeweilige Zusammenhang die Parameter K_0, i und m deutlich erkennen läßt) gestatten, das zu jedem beliebigen Zeitpunkt $t \in \mathbb{R}$ verzinste Kapital zu berechnen. Dabei ist nach Definition 1.256.1 die Zahl t stets auf die Einheit $1J$ zu beziehen.

Beispiel: Das mit $i = 6\%$ p.a. monatlich verzinste Kapital $K_0 = 1000$ WE erzielt nach einer Laufzeit von 2 Jahren, 8 Monaten und 20 Tagen (das sind zusammen 980 Tage), also für die Laufzeit $t = \frac{980}{360} = \frac{49}{18}$ J (Laufzeit in Jahren), das Endkapital

$$K_{12}(\tfrac{49}{18}) = K(1000, 6\%, 12, \tfrac{49}{18}) = 1000(1 + \tfrac{0{,}06}{12})^{12 \cdot \frac{49}{18}} = 1000(1 + 0{,}005)^{\frac{2 \cdot 49}{3}} = 1176{,}95 \text{ WE}.$$

Wird bei der Verzinsungsart das Wort „monatlich" weggelassen, so wird das (natürlich kleinere) Endkapital $K_1(\tfrac{49}{18}) = K(1000, 6\%, 1, \tfrac{49}{18}) = 1000(1 + 0{,}06)^{\frac{49}{18}} = 1171{,}89$ WE erzielt.

Anmerkungen:

a) Bei allen Berechnungen mit konkreten Zahlen werden numerische Näherungen stets nur als gerundete Gleichheiten mit je nach Zusammenhang sinnvoller Anzahl von Nachkommastellen ausgewiesen.

b) Bei der Berechnung von Zinsperioden wird ein Jahr in 360 Tage und ein Monat in 30 Tage umgerechnet. (In anderen Staaten kann anders verfahren werden, beispielsweise wird in USA ein Jahr in 365 Tage umgerechnet.)

2. Die graphische Darstellung einer Kapital-Funktion nennt man auch ein *Verzinsungsfeld*. Dabei repräsentiert die Ordinate Währungseinheiten (WE) und die Abszisse Zeiteinheiten in Jahren. Für praktische Anwendungen werden gelegentlich weitere Zeitgeraden parallel zur Abszisse hinzugefügt:

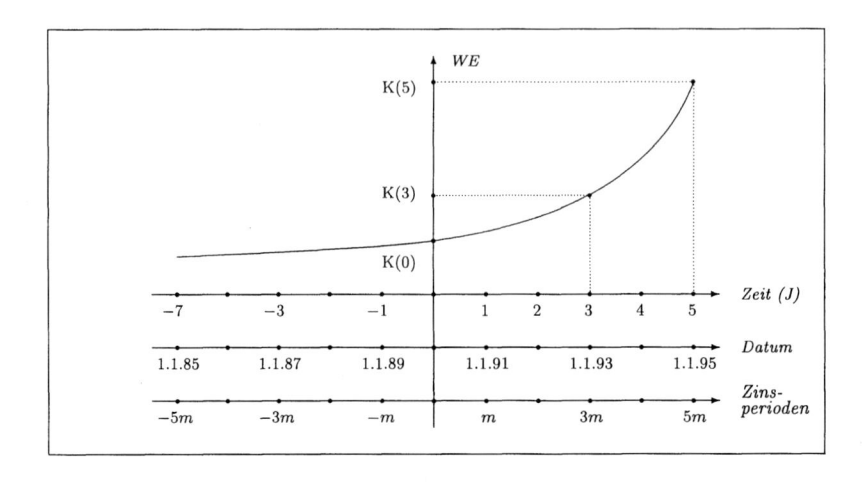

Bei Verzinsungsfeldern wird der tatsächliche (oder auch ein fiktiver) Anlagetermin stets auf den Zeitpunkt $t = 0 = K(0)$ festgelegt.

3. Ein Kapital $K(t)$ zu einem Zeitpunkt t wird *aufgezinst* (bzw. *abgezinst*), wenn für die zugehörige Kapital-Funktion K ein späterer (bzw. früherer) Zeitpunkt betrachtet wird. Bei beiden Vorgängen wird in dem Verzinsungsfeld die Ordinate in den Zeitpunkt t parallel verschoben, so daß beim Abzinsen negative Exponenten angewendet werden.

Beispiel ür Abzinsung: Ein mit $i = 6\%$ p.a. jährlich verzinstes Kapital $K_0 = 1000$ WE wurde am 1.1.1990 angelegt. Man hätte dieses Kapital aber schon durch eine Anlage am 1.1.1986 (bei gleicher Verzinsung) von $K_0' = K_0(1+i)^{-4} = 1000(1+0,006)^{-4} = 1000 \cdot 0,79209 = 792,09$ WE erreichen können. (Bei diesem Beispiel wurde die Ordinate in dem Verzinsungsfeld also um 4 Jahre nach links verschoben, wodurch sich lediglich die Lage, aber nicht die Form der entsprechenden Kapital-Funktion ändert.)

4. Als *Aufzinsungsfaktor* zu dem Zinssatz i bezeichnet man bei
a) jährlicher Verzinsung die Zahl $r = 1 + i$,
b) bei unterjähriger Verzinsung die Zahl $r_m = (1 + i_m)^m$, wobei $i_m = \frac{i}{m}$ den *effektiven Zinssatz* (unterjähriger Zinssatz p.Zp.) und m die Anzahl der Zinsperioden pro Jahr bezeichne,
c) kontinuierlicher Verzinsung die Zahl $r_\star = e^i$.

Mit Hilfe dieser Aufzinsungsfaktoren lassen sich die in Satz 1.256.2 genannten Kapital-Funktionen K_1, K_m und $K_\star$ auch in der Form $K_1(t) = K_0 \cdot r^t$ (jährliche Verzinsung), $K_m(t) = K_0 \cdot (r_m)^t$ (unterjährige Verzinsung) und $K_\star(t) = K_0 \cdot (r_\star)^t$ (kontinuierliche Verzinsung) darstellen.

Gemäß dem Beispiel in Bemerkung 1.265.4/3 nennt man $r^{-1} = \frac{1}{r}$ den zu dem Zinssatz i zugehörigen *Abzinsungsfaktor*.

5. Für Zinsperoden m und $\overline{m}$ mit $1 < m < \overline{m}$ gilt $K_1 \leq K_m \leq K_{\overline{m}} \leq K_\star$ für die angegebenen Kapital-Funktionen. Das bedeutet, daß bei konstantem nominellen Jahreszinssatz i mit kleineren Zinsperioden ein größeres Endkapital (bei gleicher Laufzeit für ein Anfangskapital K_0) erzielt wird. Der Beweis folgt aus Lemma 2.044.2/3, das zeigt, daß die Folge $((1+i_m)^m)_{m \in \mathbb{N}}$ der Aufzinsungsfaktoren streng monoton mit e^i als Supremum ist. Insbesondere gilt also $r = (1 + \frac{i}{1})^1 < (1 + \frac{i}{m})^m = r_m$, für alle $m > 1$. Die Bemerkung 2.172.8/2 liefert dann $ep_e \leq exp_{r_m} \leq exp_{r_{\overline{m}}} \leq exp_{r_\star}$, woraus durch Multiplikation mit K_0 dann die Behauptung folgt.

1.256.5 Bemerkungen

1. Der mit i_{eff} bezeichnete *effektive Jahreszinssatz* (auch *effektiver Zinssatz p.a.*) ist derjenige Zinssatz, der für ein bestimmtes Kapital K_0 und eine bestimmte Laufzeit bei jährlicher Verzinsung dasselbe Endkapital wie das mit dem zugehörigen effektiven Periodenzinssatz $i_m = \frac{i}{m}$ (mit nominellem Jahreszinssatz i) verzinste Kapital erreicht.

2. Die in obiger Bemerkung 1 formulierte Bedingung ist $K_1(i_{eff}, n) = K_m(i, n)$, somit folgt dann aus $K_0(1 + i_{eff})^n = K_0(1 + \frac{i}{m})^{mn}$ die Beziehung $i_{eff} = (1 + \frac{i}{m})^m - 1$. Die in dieser Beziehung zueinander stehenden Zinssätze i und i_{eff} nennt man auch *konforme Zinssätze*, da sie unabhängig von der Periodizidität der Verzinsung zu sonst gleichen Bedingungen dasselbe Endkapital erzielen.

3. Die ausführlichere Bezeichnung $i_{eff}(i, m) = (1 + \frac{i}{m})^m - 1$ liefert eine entsprechende Funktion $i_{eff}(i, -) : \mathbb{N} \longrightarrow \mathbb{R}$, die jeder Anzahl m von Zinsperioden im Jahr den zugehörigen effektiven Jahreszinssatz $i_{eff}(i, m)$ (bei konstantem nominellen Jahreszinssatz i) zuordnet. Dabei gilt:
a) $i_{eff}(i, -)$ ist monoton, denn $m < \overline{m}$ liefert $i_{eff}(i, m) < i_{eff}(i, \overline{m})$. Das bedeutet, daß kleinere Zinsperioden stets zu größeren effektiven Jahreszinssätzen führen.
b) Der effektive Jahreszinssatz ist für $m > 1$ stets größer als der konforme nominelle Jahreszinssatz i, denn nach a) liefert $1 < m$ die Beziehung $i = (1+i) - 1 = (1 + \frac{i}{1})^1 - 1 = i_{eff}(i, 1) < i_{eff}(i, m)$.

4. Der effektive Jahreszinssatz ist bei kontinuierlicher Verzinsung $i_{eff}(i, \star) = lim((1 + \frac{i}{m})^m)_{m \in \mathbb{N}} - 1 = e^i - 1$. Dabei ist $i_{eff}(i, \star)$ das Supremum aller bei konstantem i möglichen effektiven Jahreszinssätze (also asymptotische Funktion zu der Funktion $i_{eff}(i, -)$). Man nennt den zu $i_{eff}(i, \star)$ konformen nominellen Jahreszinssatz i die *Zinsintensität*.

5. Mit den in den Bemerkungen 3 und 4 genannten Formeln lasssen sich – nun umgekehrt – zu gegebenen effektiven Jahreszinssätzen i_{eff} die konformen nominellen Jahreszinssätze $i_{nom}(i_{eff}, m)$ berechnen: Der bei m gleichen Zinsperioden bzw. der bei kontinuierlicher Verzinsung zu zahlende konforme nominelle Jahreszinssatz ist dann $i_{nom}(i_{eff}, m) = m(\sqrt[m]{1 + i_{eff}} - 1)$ bzw. $i_{nom}(i_{eff}, \star) = log_e(1 + i_{eff})$.

1.256.6 Bemerkung

Zwei Kapital-Funktionen K_1 und K_1^* mit demselben Zinssatz p.a. sind proportional zueinander (in Zeichen: $K_1 \sim K_1^*$), das heißt, es gibt ein $c \in \mathbb{R}^+$ mit $K_1 = c \cdot K_1^*$. Dabei gibt der Proportionalitätsfaktor c den *Vergleichswert* zwischen beiden Anlagen an.

Wegen $K_1(t) = c \cdot K_1^*(t)$, für jeden beliebigen Zeitpunkt t, müssen zur Berechnung des Vergleichswertes c beide Anlagen auf denselben Zeitpunkt bezogen werden, also das Verhältnis der Barwerte zu demselben Zeitpunkt berechnet werden.

Kennt man beispielsweise die Kapitalendwerte $K_1(t_e)$ und $K_1^*(t_e^*)$ sowie die Differenz $t_0 = t_e^* - t_e > 0$ der beiden Fälligkeitstermine t_e und t_e^*, so kann K_1^* auf den früheren Fälligkeitstermin $t_e < t_e^*$ vermöge des *Abzinsungsfaktors* $r^{-1} = (1+i)^{-1}$ abgezinst werden. Damit folgt dann schließlich $K_1^*(t_e) = K_0^* \cdot r^{t_e} = K_0^* \cdot r^{t_e^* - (t_e^* - t_e)} = K_0^* \cdot r^{t_e^*} \cdot r^{t_e - t_e^*} = K_1^*(t_e^*) \cdot r^{t_e - t_e^*}$, somit ist $c = \frac{K_1(t_e)}{K_1^*(t_e)} = \frac{K_1(t_e)}{K_1^*(t_e^*)} \cdot r^{t_e - t_e^*}$.

1.256.7 Bemerkung

Die in diesem Abschnitt betrachteten Daten, insbesondere die verschiedenen Zinssatz-Begriffe seien für die drei Kapital-Funktionen K_1 sowie K_m (bei m Zinsperioden pro Jahr) und $K_\star$ noch einmal tabellarisch genannt:

	Funktion K_1	Funktion K_m	Funktion $K_\star$
nomineller Jahreszinssatz	i p.a.	i p.a.	i p.a.
effektiver Zinssatz (p.Zp.)	$i = \frac{i}{1}$ p.a.	$i_m = \frac{i}{m}$ p.Zp.	—
Aufzinsungsfaktor	$r = 1+i$	$r_m = (1+i_m)^m = (1+\frac{i}{m})^m$	$r_\star = e^i$
effektiver Jahreszinssatz (p.a.)	$i_{eff} = r - 1 = i$	$i_{eff} = r_m - 1 = (1+i_m)^m - 1$	$i_{eff} = r_\star - 1 = e^i - 1$
Funktionsvorschrift (Form 1)	$K_1(n) = K_0(1+i)^n$	$K_m(n) = K_0(1+i_m)^{mn}$	$K_\star(n) = K_0 \cdot e^{in}$
Funktionsvorschrift (Form 2)	$K_1(n) = K_0 \cdot r^n$	$K_m(n) = K_0 \cdot (r_m)^n$	$K_\star(n) = K_0 \cdot r_\star^n$

A1.256.01: Betrachten Sie ein Anlagekapital $K_0 = 1000$ (WE) und den nominellen Jahreszinssatz $i = 0,1 = 10\%$ ($i = 0,08 = 8\%$).

a) Berechnen Sie die zu den Kapitalfunktionen K_1, K_2, K_6, K_{12} und $K_\star$ zugehörigen Aufzinsungsfaktoren.

b) Zeichnen Sie in ein Koordinatensystem (DIN A4) die Funktion K_6 (K_1 und $K_\star$) für einen Zeitraum von 10 Jahren Laufzeit (anhand einer entsprechenden Wertetabelle).

c) Berechnen Sie die konformen effektiven Jahreszinssätze zu K_1, K_2, K_6, K_{12} und $K_\star$.

Zusatz: Welche Bedeutung haben die effektiven Jahreszinssätze im Hinblick auf Satz 2.810.3 ?

A1.256.02: Welches Kapital erreicht bei zinseszinslicher Anlage das Ertragsziel $K_e = 20000$ WE bei einer Laufzeit von fünf Jahren bei einem nominellen Jahreszinssatz von $i = 6,5\%$ bei jährlicher Verzinsung (bei vierteljährlicher Verzinsung)?

A1.256.03: Welchen Barwert hat ein in 50 Jahren fälliges Kapital von 80000 WE, wenn es zu 4,5% p.a. einmal zinseszinslich, zum anderen mit einfachen Zinsen (EZ-Modell) angelegt ist?

A1.256.04: Ein Kapital $K_0 = 7500$ WE wird für eine Laufzeit von zwei Jahren, sieben Monaten und fünf Tagen halbjährlich zu 6% p.a. (halbjährlich zu 6%) zinseszinslich angelegt. Wie groß ist bei beiden Anlagen das Endkapital?

Berechnen Sie zu beiden Anlagen jeweils den effektiven Jahreszinssatz i_{eff} und bestätigen Sie mit diesem Zinssatz jeweils das berechnete Endkapital (im Sinne von Bemerkung 1.256.5/2).

A1.256.05: Bearbeiten Sie die beiden folgenden Fragen:

a) Ein Kapital $K_a = 23500$ WE (Währungs-Einheiten) wird zinseszinslich zu 3,5% p.a. angelegt. Nach wieviel Jahren hat es mindestens den Kapitalertrag (Endwert) von 30000 WE erzielt?

b) Ein zweites Kapital $K_b = 23800$ WE wird ein Jahr später als das erste zinseszinslich zu 3,75% p.a. angelegt. Nach wievielen Jahren – bezogen auf den Anlagetermin von K_a – hat K_b einen größeren Kapitalertrag als K_a erzielt? (Dieser Aufgabenteil soll insbesondere zeigen, wie sich vermeintlich geringe Unterschiede von Zinssätzen bemerkbar machen.)

A1.256.06: Von zwei Kapitalanlagen, die beide mit 5% p.a. verzinst werden, wird die erste am 1.1.2010 mit dem Endbetrag 6000 WE, die zweite am 1.1.2020 mit dem Endbetrag 10000 WE fällig. Berechnen Sie den Verleichswert beider Anlagen, einmal auf das Datum 1.1.2020, dann auf das Datum 1.1.2007 und schließlich auf das Datum 1.1.2030 bezogen.

A1.256.07: Berechnen Sie das Barwert-Verhältnis der beiden Forderungen $A = 8000$ WE, fällig am 1.1.2010, und $B = 12000$ WE, fällig am 1.1.2020, bei jeweils 5% p.a. Zinseszinsen.

A1.256.08: Welchen Barwert hat ein am 1.7.2010 fälliger Wechsel über 20000 WE (Nennwert) am 1.1.2010, wenn er mit dem Diskontsatz $i = 4\%$ p.a. halbjährlich zinseszinslich verzinst wird.

A1.256.09: Es werden zehn Jahre lang zu Beginn jeden Jahres 10000 WE zinseszinslich angelegt. Welches Guthaben liegt bei $3,5\%$ Zinseszinsen am Ende des zehnten Jahres vor?
(Hinweis: Verwenden Sie die in Aufgabe A1.815.12 angegebene Formel.)

A1.256.10: Bearbeiten Sie die folgenden Aufgaben/Fragen:
a) Entwickeln Sie eine Kapital-Funktion $S(K_0, i, 1, -) : \mathbb{R}_0^+ \longrightarrow \mathbb{R}^+$ für Kapitalanlagen nach dem EZ-Modell (einfacher Zins).
b) Was beschreibt die Funktion $D = K(K_0, i, 1, -) - S(K_0, i, 1, -) : \mathbb{N}_0 \longrightarrow \mathbb{R}^+$, wobei $K(K_0, i, 1, -)$ die entsprechende Kapital-Funktion für das ZZ-Modell (Zinseszins) bezeichnet, und welche Zuordnungsvorschrift hat sie? (Hinweis: Verwenden Sie die binomische Formel für $(a + b)^n$.)
c) Welches Endkapital erzielt das Anlagekapital $K_0 = 5000$ WE nach vier Jahren, wenn es nach dem EZ-Modell jährlich mit $i = 5\%$ p.a. (halbjährlich mit $i = 5\%$ p.a., halbjährlich mit $i = 5\%$) verzinst wird?
d) Entwickeln Sie Kapital-Funktionen $S_m = S(K_0, i, m, -)$ und $S_\star = S(K_0, i, \star, -)$ für unterjährige bzw. kontinuierliche Verzinsung für das EZ-Modell und beschreiben Sie ihr Verhältnis zu $S_1 = S(K_0, i, 1, -)$.

A1.256.11: Betrachten Sie zu der Funktion $i_{eff}(i, -) : \mathbb{N} \longrightarrow \mathbb{R}$ in Bemerkung 1.256.5/3, die jeder Anzahl m von Zinsperioden im Jahr den zugehörigen effektiven Jahreszinssatz $i_{eff}(i, m)$ (bei konstantem nominellen Jahreszinssatz i) zuordnet, auch die Entwicklung des zugehörigen Aufzinsungsfaktors sowie die der in Bemerkung 1.256.5/5 genannten Zinssätze als Funktionen. Skizzieren und kommentieren Sie diese Funktionen für $i = 0,1$ anhand von Wertetabellen.

A1.256.12: Im folgenden werden zu verschiedenen Wachstums-Funktionen $K : \mathbb{R}_0^+ \longrightarrow \mathbb{R}^+$ die durch $d(1, t) = K(t + 1) - K(t)$ definierten *absoluten Wachstums-Änderungen* sowie die als Quotienten $c(1, t) = \frac{K(t+1) - K(t)}{K(t)}$ definierten *relativen Wachstums-Änderungen* betrachtet. Diese Wachstums-Änderungen liefern somit ebenfalls Funktionen $d(1, -) : \mathbb{R}_0^+ \longrightarrow \mathbb{R}^+$ und $c(1, -) : \mathbb{R}_0^+ \longrightarrow \mathbb{R}^+$.
Dabei soll für verschiedene Funktionenstypen K das jeweilige Kapital-Wachstum für eine Einzahlung $K_0 = K(0) = 1$ WE und einer konstanten Zahl $i \in (0, 1)$ untersucht werden:
Fall 1: K sei definiert durch $K(t) = it + 1$ als lineares Wachstum,
Fall 2: K sei definiert durch $K(t) = it^2 + 1$ als quadratisches Wachstum,
Fall 3: K sei definiert durch $K(t) = (1 + i)^t$ als exponentielles Wachstum.
Geben Sie für den jeweiligen Fall die Funktionen $d(1, -)$ und $c(1, -)$ an. Erstellen und kommentieren Sie für $i = \frac{1}{10}$ und den jeweiligen Fall Wertetabellen für $K(t)$ sowie $d(1, t)$ und $c(1, t)$ mit Zahlen $t \in \{0, 1, 2, ..., 10\}$, die im Sinne von Jahren gemeint sind. Illustrieren Sie anhand der graphischen Darstellung mindestens eines Falles die Bedeutungen von $d(1, t)$ und $c(1, t)$.

1.257 BERECHNUNG VON KAPITALRENTEN

> Die philosophische Erkenntnis ist die Vernunfterkenntnis aus Begriffen, die mathematische aus der Konstruktion der Begriffe.
> *Immanuel Kant* (1724 - 1804)

In Abschnitt 1.256 wurde eine Form der Kapitalanlage untersucht, bei der ein einmalig zu Beginn der Laufzeit t_e angelegtes Anfangskapital K_0 durch periodische Verzinsung einen Kapitalendbetrag $K(t_e)$ erzielt. In diesem Abschnitt werden *Kapitalanlagen auf Rentenbasis*, kurz *Kapitalrenten* betrachtet.

1.257.1 Bemerkungen

1. Diese Kapitalrenten können in zwei Formen auftreten:

a) Bei einer *Einzahlungsrente* werden in gewissen Zeitabständen auf ein Anlagekonto zusätzlich Einzahlungen, sogenannte *Raten* $R_1, \ldots, R_n$, vorgenommen. Diese verzinslich angelegten Raten liefern am Ende der n Ratenzahlungen einen *Rentenendbetrag E*.

b) Bei einer *Bezugsrente* wird zu Beginn einmalig ein Kapital, der sogenannte *Rentenbarbetrag B*, verzinslich angelegt, jedoch werden in gewissen Zeitabständen Raten $R_1, ..., R_n$ abgehoben bzw. ausgezahlt.

2. Im folgenden sei der Einfachheit halber vereinbart, daß die in Bemerkung 1 genannten Raten stets den gleichen Betrag R, ferner die Ratentermine stets den gleichen zeitlichen Abstand nacheinander haben sollen. Ferner werden alle Zinsberechnungen nach dem ZZ-Modell und postnumerando vorgenommen.

3. Versteht man unter dem Begriff *Ratenperiode* den zeitlichen Abstand zwischen je zwei benachbarten *Ratenterminen* (Zeitpunkte, zu denen die Raten eingezahlt bzw. ausgezahlt werden), so ist bei Berechnungen von Rentenendbeträgen bzw. Rentenbarbeträgen darauf zu achten, ob Ratenperiode und Zinsperiode jeweils gleich lang sind. Im folgenden wird zunächst der einfachere Fall untersucht, bei dem beide Perioden gleiche Länge haben sowie Raten- und Zinstermine jeweils gleich sind. Der Fall, bei dem diese Bedingungen nicht gelten, wird hier nicht weiter behandelt.

4. Analog zu den in Abschnitt 1.256 verwendeten Verzinsungsfeldern (graphische Darstellungen der Kapitalfunktionen K) lassen sich die Entwicklungen von Kapitalrenten durch *Ratenfelder* illustrieren. Dabei ist ein wesentlicher Unterschied zu beachten: Während bei Verzinsungsfeldern die Abszisse die Zeit mit der Einheit $1J$ (Jahr) repräsentiert, stellt die Abszisse bei Ratenfeldern die Zeit mit der Einheit $1RP$ (Ratenperiode) dar.

Ferner ist zu unterscheiden, ob die Rentraten postnumerando oder praenumerando geleistet werden; beide Fälle treten im gleichen Maße auf, wobei die Einzahlungsrente häufiger praenumerando, die Bezugsrente häufiger postnumerando vereinbart wird. Den Unterschied zeigt die folgende Abszisse eines Ratenfeldes:

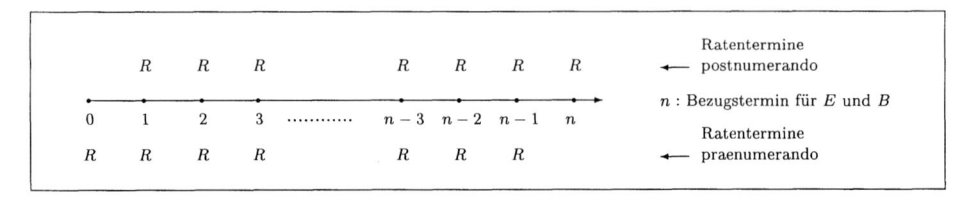

```
         R    R    R         R    R    R    R        Ratentermine
                                                     ←── postnumerando
    •────•────•────•········•────•────•────•
    0    1    2    3        n-3  n-2  n-1   n        n : Bezugstermin für E und B
                                                     Ratentermine
    R    R    R    R         R    R    R             ←── praenumerando
```

1.257.2 Satz

Eine in n gleichen Raten R eingezahlte und mit dem Zinssatz i p.Zp. nach dem ZZ-Modell verzinste Einzahlungsrente (wobei die Ratentermine gleich den Zinsterminen seien und $r = 1 + i$ abgekürzt sei) liefert bei Ratenzahlung

a) postnumerando den Rentenendbetrag $E(post, R, i, n) = R \cdot \frac{1}{i}(r^n - 1)$,

b) praenumerando den Rentenendbetrag $E(prae, R, i, n) = R \cdot \frac{r}{i}(r^n - 1)$.

Beweis:
a) Da die Ratenzahlungen postnumerando erfolgen, wird (siehe Bemerkung 1.257.1/4) die 1. Rate für $n-1$ Zinsperioden verzinst und erbringt am Ende der n-ten Zinsperiode (Bezugstermin für den Rentenendbetrag) den Endbetrag $E_1 = R \cdot r^{n-1}$. Entsprechend erbringt die 2. Rate den Endbetrag $E_2 = R \cdot r^{n-2}$, die vorletzte Rate dann den Endbetrag $E_{n-1} = R \cdot r$ und die letzte Rate, die nicht mehr verzinst wird, $E_n = R$. Der gesamte Rentenendbetrag ist folglich $E(n) = \sum_{1 \leq k \leq n} E_k = R \cdot \sum_{0 \leq k \leq n-1} r^k$.

Berechnet man nun $i \cdot E(n) = ((1+i) - 1) \cdot E(n) = (1+i) \cdot E(n) - E(n) = r \cdot E(n) - E(n) = R \cdot \sum_{0 \leq k \leq n-1} r^{k+1} - R \cdot \sum_{0 \leq k \leq n-1} r^k = R \cdot (r^n - 1)$, so folgt $E(n) = E(post, R, i, n) = R \cdot \frac{1}{i}(r^n - 1)$.

Anmerkung: Dasselbe Ergebnis liefert auch das unten stehende Ratenfeld (gezeichnet für $n = 4$), bei dem die Verzinsung der Raten nicht wie oben separat erfolgt, sondern jeweils die Summen der ersten k Raten betrachtet werden:

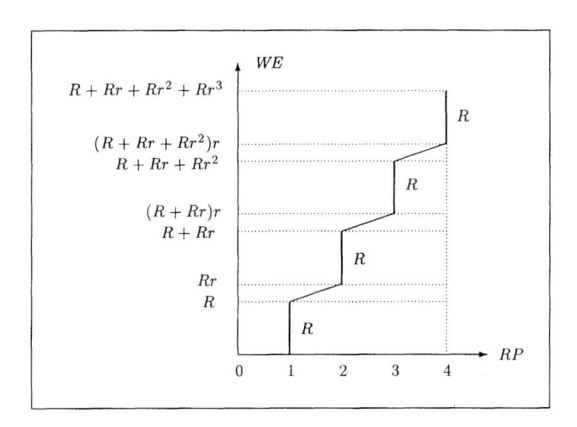

b) Nach dem in Teil a) genannten Verfahren liefern die einzelnen Raten separat betrachtet die einzelnen Rentenendbeträge $E_k = R \cdot r^k$ (für die k-te Rate, da praenumerando eingezahlt wird). Der gesamte Rentenendbetrag ist dann $E(n) = R \cdot \sum_{1 \leq k \leq n} r^k = R \cdot r \cdot \sum_{0 \leq k \leq n-1} r^k = R \cdot \frac{r}{i}(r^n - 1) = E(prae, R, i, n)$.
(Das zugehörige Ratenfeld ist in Aufgabe A1.257.01 zu skizzieren.)

1.257.3 Bemerkung

In der Praxis werden zur Übersicht der Guthaben-Entwicklung in Abhängigkeit der Anzahl der Ratenperioden (de facto also der Zeit) der in Satz 1.257.2 behandelten Anlagerenten sogenannte *Sparpläne* erzeugt, die im Fall vorschüssiger Ratenzahlung (also praenumerando) etwa folgendes Aussehen haben:

Sparplan			Anzahl Raten (Laufzeit):	n
Ratentermine: monatlich			konstante Einzahlungs-Rate:	R
Typ: Einzahlungsrente			effektiver Zinssatz:	i p.m.
Verzinsung: praenumerando			Aufzinsungsfaktor:	$r = 1 + i$

RP	Beginn der RP k	Guthaben zu Beginn der RP k nach Rateneinzahlung	Ende der RP k	erzielter Zinsertrag in der RP k	Guthaben am Ende der RP k vor Rateneinzahlung
1	01.04.2002	$G(1) = R$	01.05.2002	$Z(1) = iR$	$E(1) = R(1+i) = Rr$
2	01.05.2002	$G(2) = E(1) + R$	01.06.2002	$Z(2) = iG(2)$	$E(2) = G(2) + Z(2)$
n	01.05.2004	$G(n) = E(n-1) + R$	01.06.2004	$Z(n) = iG(n)$	$E(n) = G(n) + Z(n)$

Anmerkung: Bei der Erstellung von Sparplänen wird nicht die oben angegebene explizite Beziehung $E(n) = R \cdot \frac{r}{i}(r^n - 1) = E(prae, R, i, n)$ (hier für den oben genannten Fall b)), sondern ein *rekursives Verfahren* verwendet (siehe etwa Abschnitt 1.806). Während die explizite Beziehung für jedes auftretende n eine direkte Berechnung von $E(n)$ gestattet, wird bei einem rekursiven Verfahren nach einem immer gleich bleibenden Algorithmus die Zahl $E(n)$ unter Verwendung der davor berechneten Zahl $E(n-1)$ (davor stehende Zeile im Sparplan) berechnet, wodurch die Berechnung selbst dann numerisch einfacher ist. (Die Gleichartigkeit der Berechnungsschritte ist im übrigen ein Vorteil, der bei der Herstellung solcher Daten durch Computer ausgenützt wird.)

1.257.4 Satz

Eine in n gleichen Raten R zahlbare und mit dem Zinssatz i p.Zp. nach dem ZZ-Modell verzinste Bezugsrente (wobei die Ratentermine gleich den Zinsterminen seien und $r = 1 + i$ abgekürzt sei) liefert bei Ratenzahlung

a) postnumerando den Rentenbarbetrag (Einzahlungsbetrag) $B(post, R, i, n) = R \cdot \frac{1}{i}(1 - r^{-n})$,

b) praenumerando den Rentenbarbetrag (Einzahlungsbetrag) $B(prae, R, i, n) = R \cdot \frac{r}{i}(1 - r^{-n})$.

Anmerkung: Dieser Satz beschreibt die Situation, daß ein Anleger einer Bezugsrente zum einen eine Laufzeit (Anzahl n der Raten) und zum anderen die Höhe R der Rate festlegt, wonach dann der zu Beginn einzuzahlende Barbetrag $B(n)$ bemessen wird. Man spricht deswegen in diesem Fall genauer von einer (n, R)-*Bezugsrente*. Beispielsweise liefern die Daten $n = 4$ sowie $R = 200$ und $i = 0, 1$ p.Zp. (im Fall Zp = RP) den einzuzahlenden Betrag $B(4) = 633, 97$ WE.
Eine andere Methode der Bezugsrenten-Konstruktion besteht in der Vorgabe eines zu Beginn eingezahlten Betrages K und einer Ratenhöhe R, wonach dann die Laufzeit bemessen wird (wobei im allgemeinen die letzte Rate von den anderen Raten abweicht). Man spricht in diesem Fall von einer (K, R)-*Bezugsrente*.

Beweis des Satzes:

a) Da die Ratenzahlungen postnumerando erfolgen, wird (siehe Bemerkung 1.257.1/4) die 1. Rate für eine Zinsperiode abgezinst, sie hat also am Anlagetermin der Barbetrag $B_1 = R \cdot r^{-1}$. Entsprechend muß die 2. Rate um 2 Zinsperioden abgezinst werden, hat also den Barbetrag $B_2 = R \cdot r^{-2}$. Entsprechend hat die vorletzte Rate dann den Barbetrag $B_{n-1} = R \cdot r^{-(n-1)}$, die letzte Rate $B_n = R \cdot r^{-n}$. Der gesamte Rentenbarbetrag ist folglich $B(n) = B(post, R, i, n) = \sum_{1 \le k \le n} B_k = \sum_{1 \le k \le n} R \cdot r^{-k} = R \cdot \sum_{0 \le k \le n-1} r^{-n} r^k =$
$R \cdot r^{-n} \sum_{0 \le k \le n-1} r^k = R \cdot \frac{1}{i} \cdot r^{-n}(r^n - 1) = R \cdot \frac{1}{i} \cdot (1 - r^{-n})$ unter Verwendung der Summendarstellung von $E(n)$ im Beweis zu Satz 1.257.2a.

Anmerkung: Dasselbe Ergebnis liefert auch das unten stehende Ratenfeld (gezeichnet für $n = 4$), bei dem die Abzinsung der Raten nicht wie oben separat erfolgt, sondern jeweils die Summen der letzten k Raten betrachtet werden:

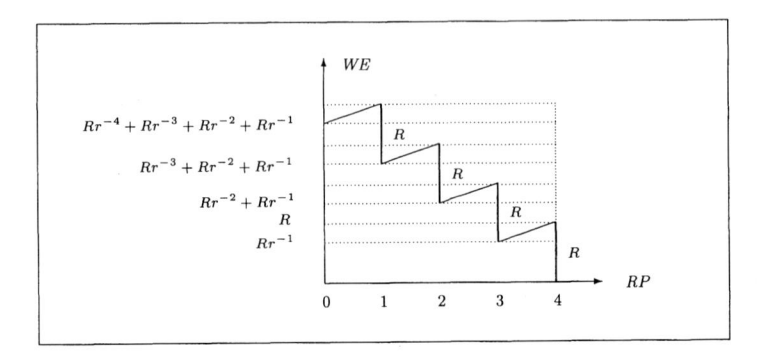

Anmerkung: Die Funktionswerte $B(n) = B(post, R, i, n) = R \cdot \frac{1}{i} \cdot (1 - r^{-n})$ dürfen nicht etwa als Funktionswerte in vorstehender Skizze angesehen werden. Beispielsweise ist $B(4)$ in der Skizze der Rentenbarbetrag, der (bei 4 Raten) am Anfang der ersten Ratenperiode einzuzahlen ist. Demgegenüber zeigt die Skizze mit den dort verzeichneten Daten die Guthaben-Entwicklung als Funktionswerte der Form $G(0) = B(4) = Rr^{-4} + Rr^{-3} + Rr^{-2} + Rr^{-1}$ sowie $G(1) = B(4)r - R = Rr^{-3} + Rr^{-2} + Rr^{-1}$, ferner $G(2) = G(1)r - R = Rr^{-2} + Rr^{-1}$ sowie $G(3) = G(2)r - R = Rr^{-1}$ und schließlich $G(4) = G(3)r - R = 0$.

b) Analog zu dem in Teil a) genannten Verfahren liefern die einzelnen Raten separat betrachtet die einzelnen Rentenbarbeträge $B_k = R \cdot r^{-k+1}$ (für die k-te Rate, da praenumerando ausgezahlt wird). Der gesamte Rentenbarbetrag ist dann $B(n) = R \cdot \sum_{1 \leq k \leq n} r^{-k+1} = R \cdot r \cdot \sum_{1 \leq k \leq n} r^{-k} = R \cdot \frac{r}{i}(1 - r^{-n}) = B(prae, R, i, n)$ unter Verwendung der Summendarstellung in Teil a). (Das zugehörige Ratenfeld ist in Aufgabe A1.257.02 zu skizzieren.)

A1.257.01: Skizzieren Sie das Datenfeld zu Satz 1.257.2b (analog zu Teil a) des Satzes).

A1.257.02: Skizzieren Sie das Datenfeld zu Satz 1.257.4b (analog zu Teil a) des Satzes).

A1.257.03: Übertragen Sie Bemerkung 1.257.3 auf den Fall einer nachschüssigen Ratenzahlung einer Bezugsrente, wie sie in Satz 1.257.4a beschrieben ist.

A1.257.04: Aus einer einmaligen Kapitalanlage (Zinssatz $i = 5\%$ p.a.) soll eine Rente von jährlich 5000 WE zehnmal postnumerando gezahlt werden. Welchen Barbetrag muß diese Rente haben?

A1.257.05: Zehn Jahre lang werden jeweils zu Jahresbeginn 5000 WE zinseszinslich angelegt. Über welches Guthaben verfügt der Anleger am Ende des zehnten Jahres, wenn ein Zinssatz von $3,5\%$ p.a. vereinbart worden ist? Erstellen Sie dazu einen Sparplan gemäß Bemerkung 1.257.3.

A1.257.06: Auf ein Sparkonto werden zu Beginn jedes Monats 400 WE eingezahlt und mit 3% p.a. zinseszinslich angelegt. Welcher Betrag steht nach 180 Monaten (15 Jahren) zur Verfügung? Wie hoch ist der nominale Anlagegewinn?

A1.257.07: Im folgenden werden Bezugsrenten mit den jeweiligen Rentenbarbeträgen
$B(post, R, i, n) = R \cdot \frac{1}{i}(1 - r^{-n})$ und $B(prae, R, i, n) = R \cdot \frac{r}{i}(1 - r^{-n})$ betrachtet.
1. Beweisen Sie, daß die durch die Zuordnungen $n \longmapsto B(post, n)$ und $n \longmapsto B(prae, n)$ definierten Folgen streng monoton sind. Kommentieren Sie diesen Sachverhalt in bezug auf die jeweiligen Rentenbarbeträge.
2. Beweisen Sie, daß die in Teil 1 genannten Folgen konvergent sind, und geben Sie die zugehörigen Grenzwerte $B(post, \star)$ und $B(prae, \star)$ an. Diese Grenzwerte werden als Rentenbarbeträge einer sogenannten *Ewigen Rente* angesehen.
3. Skizzieren Sie beide Folgen in einem Koordinaten-System (anhand kleiner Wertetabellen für $R = 100$ WE und $i = 5\%$ p.Zp.). Die Skizze soll ferner die Lage der zugehörigen Grenzwerte enthalten.
4. Berechnen Sie nach dem Modell der Ewigen Rente die Antwort auf folgende Frage: Welchen einmaligen, mit 5% p.m. verzinsten Ablösebetrag kann man anstelle einer monatlich fälligen Miete der Höhe R setzen, wenn die Mietdauer unbestimmt ist?

A1.257.08: Aus einer Erbschaft soll eine nachschüssige Rente von jährlich 7000 WE zehnmal nacheinander gezahlt werden. Mit welchem Betrag kann die Rente durch eine einmalige Zahlung zu Beginn des Rentenlaufs abgegolten werden, wenn ein Zinssatz von 5% p.a. vorliegt? Estellen Sie dazu einen Bezugsplan gemäß Aufgabe A1.257.03.

A1.257.09: Führen Sie den zweiten Teil der Anmerkung zu Satz 1.257.4 (mit Bezugsplan) aus.

A1.257.10: Entwickeln Sie – sofern Sie über die dazu nötigen Kenntnisse und Geräte verfügen – Computer-Programme, die die Daten von Sparplänen (Bemerkung 1.257.3) und/oder Bezugsplänen (Aufgaben A1.257.03 und A1.259.09) erzeugen.

1.258 Berechnung von Kapitaltilgungen

> Die Gründlichkeit der Mathematik beruht auf Definitionen, Axiomen, Demonstrationen. Ich werde mich damit benügen, zu zeigen: daß keines dieser Stücke in dem Sinne, darin sie der Mathematiker nimmt, von der Philosophie könne geleistet, noch nachgeahmet werden.
> *Immanuel Kant* (1724 - 1804)

Der finanzmathematische Begriff *Schuld* bezeichnet einen Geldbetrag, den der *Schuldner* an einen *Gläubiger* zu zahlen hat, unabhängig davon, in welcher juristischen Form, ob als Kredit, Darlehen, Anleihe oder Hypothek die Schuld verabredet worden ist. Gegenstand der folgenden Überlegungen ist die Rückzahlung einer Schuld in Teilbeträgen (Raten).

1.258.1 Bemerkung

Prinzipiell unterscheidet man bei der Gestaltung der Rückzahlungsraten zwei Fälle:

a) Bei der *Ratenschuld* sind die Rückzahlungsraten verschieden groß, da sie sich aus gleichbleibenden *Tilgungsquoten* (Betrag, um den die Schuld vermindert wird) und je nach Restschuld verschieden hohen *Schuldzinsen* zusammensetzen.

b) Bei der *Annuitätenschuld* sind alle Rückzahlungsraten gleich groß, das heißt, sie setzen sich bei fortschreitender Tilgung aus kleiner werdendem Zinsanteil und größer werdendem Tilgungsanteil zusammen. Bei diesem Modell nennt man die konstante Rückzahlungsrate die *Annuität*.

Im folgenden wird ausschließlich das Annuitäten-Modell untersucht. Ferner sei vereinbart, daß die Annuitäten postnumerando geleistet werden. Außerdem ist bei den einzelnen Berechnungen wieder zu unterscheiden, ob Zins- und Annuitätenperioden bzw. die zugehörigen Termine gleich sind oder nicht. Im zweiten Fall sind dann wieder – wie auch bei Berechnungen zu Kapitalanlagen oder -renten – konforme Zinssätze heranzuziehen. Zunächst werden jedoch gleich lange Ratenperioden (RP), die mit den Zinsperioden (Zp) übereinstimmen, betrachtet.

1.258.2 Satz

Bei einer in n Annuitäten zu tilgenden Schuld S, wobei die am Ende jeder Ratenperiode erhobenen Schuldzinsen mit dem Zinssatz i p.Zp. (= p RP) berechnet werden (und $r = 1 + i$ abgekürzt sei), ist

1. die Annuität $A = A(S, i, n) = S \cdot \frac{i}{1-r^{-n}}$,
2. die erste Tilgungsquote $Q(1) = A - iS$ und die am k-ten Ratentermin (mit $1 \le k \le n$) zu leistende k-te Tilgungsquote $Q(k) = Q(1) \cdot r^{k-1}$ (sie wird also durch $(k-1)$-fache Abzinsung der ersten Tilgungsquote $Q(1)$ ermittelt),
3. die nach k Ratenterminen insgesamt getilgte Schuld $T(k) = Q(1) \cdot \frac{1}{i}(r^k - 1)$,
4. der nach dem k-ten Ratentermin verbleibende Schuldrest $S(k) = S - T(k) = S - Q(1) \cdot \frac{1}{i}(r^k - 1)$,
5. die erste Tilgungsquote (ohne Verwendung der Annuität) $Q(1) = S \cdot \frac{i}{r^n - 1}$.

Beweis:

1. Die vom Schuldner an den Gläubiger ratenweise rückzahlbare und vom Schuldner zu verzinsende Schuld S kann von seiten des Gläubigers als eine postnumerando zahlbare Bezugsrente angesehen werden. Dem in der Formel $B(post, R, i, n) = R \cdot \frac{1}{i}(1 - r^{-n})$ in Satz 1.257.4a enthaltenen Rentenbarbetrag $B(post, R, i, n)$ entspricht die Schuld S, der Rate R die Annuität A und der Anzahl n der Rentenraten die Anzahl der Annuitäten bzw. Tilgungsraten. Somit ist $S = A \cdot \frac{1}{i}(1 - r^{-n})$, woraus $A = S \cdot \frac{i}{1-r^{-n}}$ folgt.

2. Der Beweis wird nach dem Verfahren der Vollständigen Induktion (siehe Abschnitt 1.802) geführt. Dabei repräsentiert der Induktionsanfang (IA) die erste Tilgungsquote: Aus $A = Q(1) + Z(1)$ (Summe der ersten Tilgungsquote und der ersten Zinszahlung) folgt $Q(1) = A - Z(1) = A - iS$. Bei dem folgenden Induktionsschritt (IS) von k nach $k+1$ wird angenommen, daß die Behauptung für alle j mit $1 \le j \le k < n$ gelte, und dann gezeigt, daß sie auch für $k+1$ gilt. Dieser Beweis liefert zusätzlich die in den Teilen 3 und 4 genannten Formeln für $T(k)$ und $S(k) = S - T(k)$:

Aus $A = Q(k+1) + Z(k+1)$ (Summe aus Tilgungsquote und Zinszahlung beim $(k+1)$-ten Ratentermin) folgt $Q(k+1) = A - Z(k+1) = A - i \cdot S(k) = A - i(S - T(k)) = A - iS + i \cdot T(k) = Q(1) + i \cdot T(k) =$
$Q(1) + i \cdot \sum_{1 \leq j \leq k} Q(j) = Q(1) + i \cdot (\sum_{1 \leq j \leq k} Q(1) \cdot r^{j-1}) = Q(1) + Q(1) \cdot i \cdot (\sum_{1 \leq j \leq k} r^{j-1}) = Q(1) + Q(1) \cdot i \cdot \frac{1}{i}(r^k - 1) =$
$Q(1)(1 + r^k - 1) = Q(1) \cdot r^k$, wobei die im Beweis von Satz 1.257.2a entwickelte Summenformel verwendet wurde.

Anmerkung: Verwendet man anstelle von $Q(k+1) = a - i(S - T(k))$ die Beziehung $Q(k+1) = A - i \cdot S(k) = A - i(S(k-1) - Q(k))$, wobei man die k-te Tilgungsquote vom jeweils davor stehenden Schuldrest $S(k-1)$ abzieht (wobei $S(0) = S$ sei), dann läßt sich obiger Beweis auch folgendermaßen führen (wobei die Berechnung von $T(k-1)$ nach obigem Muster einzusetzen ist):
$Q(k+1) = A - Z(k+1) = A - i \cdot S(k) = A - i(S(k-1) - Q(k)) = A - i(S - T(k-1) - Q(k))$
$= A - i(S - Q(1) \cdot \frac{1}{i}(r^{k-1} - 1) - Q(1) \cdot r^{k-1} - 1) = A - iS + Q(1)(r^{k-1} - 1) + i \cdot Q(1) \cdot r^{k-1}$
$= Q(1)(1 + (r^{k-1} - 1) + ir^{k-1}) = Q(1)(r^{k-1} - 1) + ir^{k-1}) = Q(1) \cdot r^{k-1}(1 + i) = Q(1) \cdot r^k$.

3./4. Beides ist im Beweis von Teil 2 enthalten.

5. Nach Zahlung der letzten Annuität muß $S(n) = 0$ gelten. Mit Teil 4 ist dann $S(n) = S - T(n) = S - Q(1) \cdot \frac{1}{i}(r^n - 1) = 0$, woraus für die erste Tilgungsquote dann $Q(1) = S \cdot \frac{i}{r^n - 1}$ folgt.

1.258.3 Bemerkung

Tilgungspläne sind Tabellen, deren k-te Zeile (mit $1 \leq k \leq n$) die folgenden Daten (mit Bezeichnungen wie im vorstehenden Satz 1.258.2 sowie $S(0) = S$) enthält. Ein Tilgungsplan ist korrekt, wenn in der letzten Zeile $S(n) = 0$ berechnet worden ist.

Anmerkung: Während die Angaben in Satz 1.258.2 gestatten, die jeweiligen Daten eines Tilgungsplans für jedes k mit $1 \leq k \leq k$ direkt zu berechnen, wird der Tilgungsplan selbst wieder – wie auch die Pläne in Abschnitt 1.257 – auf *rekursivem Wege* erstellt (siehe auch Abschnitt 1.806), das heißt, die Daten der Zeile $k + 1$ werden als Rekursionsschritt aus den Daten der Zeile k gewonnen (wobei die Daten der Zeile 1 als Rekursionsanfang aus den vorgegebenen Daten unmittelbar berechnet werden).

Tilgungsplan				Schuldbetrag:	S
				Anzahl Raten (Laufzeit):	n
Ratentermine: jährlich				konstante Tilgungsrate (Annuität):	$A = S \cdot \frac{i}{1 - r^{-n}}$
Typ: Annuitäten-Schuld				effektiver Zinssatz:	i p.a.
Verzinsung: postnumerando				Aufzinsungsfaktor:	$r = 1 + i$

RP	Beginn der RP k	Schuldrest zu Beginn der RP k	Ende der RP k	am Ende der RP k zu zahlende Zinsen	am Ende der RP k zu zahlende Tilgungsquote	Schuldrest am Ende der RP k nach der Tilgung
1	01.04.2002	$S(0) = S$	01.05.2002	$Z(1) = iS$	$Q(1) = A - Z(1)$	$S(1) = S - Q(1)$
2	01.05.2002	$S(1)$	01.06.2002	$Z(2) = iS(1)$	$Q(2) = A - Z(2)$	$S(2) = S(1) - Q(2)$
k	01.05.2004	$S(k-1)$	01.06.2004	$Z(k) = iS(k-1)$	$Q(k) = A - Z(k)$	$S(k) = S(k-1) - Q(k)$

1.258.4 Bemerkung

Neben einer zu tilgenden Schuld S sei die Annuität A vorgegeben. Damit läßt sich die Tilgungsdauer als Anzahl n der Ratenperioden auf folgende Weisen berechnen:

1. Die Beziehung $A = A(S, i, n) = S \cdot \frac{i}{1 - r^{-n}}$ in Satz 2.158.2, etwas modifiziert in der Form $A = S \cdot \frac{r^n i}{r^n - 1}$, liefert $S \cdot r^n i = A(r^n - 1)$ und daraus $r^n(A - iS) = A$, also $r^n = \frac{A}{A - iS}$, woraus zunächst einmal $n \cdot \log_e(r) = \log_e(A) - \log_e(A - iS)$ und dann $n = \frac{\log_e(A) - \log_e(A - iS)}{\log_e(r)}$ bzw. $n = \frac{\log_e(A) - \log_e(Q(1))}{\log_e(r)}$ folgt.

2. Gelegentlich wird anstelle der Annuität der *Tilgungssatz* $j = p\% = \frac{Q(1)}{S}$ oder durch $Q(1) = jS$ (das ist der Anteil in Prozent der ersten Tilgungsquote $Q(1)$ an der Schuld S) vorgegeben, woraus sich die

Annuität durch $A = iS + jS = S(i+j)$ berechnen läßt. (Ist etwa $i = 6\%$ p.a. und $j = 4\%$ p.a., dann ist $A = S \cdot 10\%$, das heißt, die Annuität beträgt 10% der Schuld S).

Ist A nun durch den Tilgungssatz vorgegeben, dann ist $A = iS + jS$, folglich $Q(1) = A - iS = jS$, woraus $log_e(A) - log_e(Q(1)) = log_e(\frac{A}{Q(1)}) = log_e(\frac{iS+jS}{jS}) = log_e(\frac{i+j}{j})$ folgt. Mit der oben gewonnenen Beziehung ist dann schließlich $n = \frac{1}{log_e(r)} \cdot log_e(\frac{i+j}{j})$.

1.258.5 Bemerkung

Erwirbt eine Firma einen Gegenstand zur Durchführung des Geschäftszwecks (etwa ein Autoproduzent eine Werkzeugmaschine, eine Arztpraxis einen Computer, eine Hausverwaltung ein Mietshaus), so spricht man finanztechnisch von einer Investitions-Anlage im Sinne eines *Anschaffungswertes* (der zunächst doppeldeutige Begriff *Anlage* wird im folgenden stets als Geldwert/Kaufpreis betrachtet). Dieser Anschaffungswert tritt nun in den jährlichen Bilanzen der Firma in verschiedenen Zusammenhängen auf:

a) Der Anschaffungswert kann gegenüber den Steuerbehörden in jährlichen Quoten (Raten) vom jährlichen Umsatz abgezogen werden, man sagt: *abgeschrieben* werden, wobei die Finanzverwaltungen im allgemeinen eine Laufzeit (Abschreibungsdauer) n als Anzahl jährlicher *Abschreibungsquoten* vorgeben (bemessen an einer durchschnittlichen Nutzungsdauer der Maschine).

b) Man spricht auch dann von Abschreibung, wenn jährliche Abschreibungsquoten als Rücklagen auf einem Amortisationskonto angespart werden, um davon am Ende der Laufzeit (Nutzungsdauer) eine neue Anlage (Maschine oder Mietshaus) erwerben zu können. In diesem Fall werden die Abschreibungsquoten verzinslich angelegt (siehe Zusatz zu folgendem Punkt 1).

c) Bei der Konstruktion von Abschreibungsquoten kann ferner der Ertrag E der Investitions-Anlage (einer Maschine oder eines Mietshauses) am Anfang und/oder am Ende der Laufzeit berücksichtigt werden.

Dabei unterscheidet man folgende Abschreibungs-Modelle: *konstante Abschreibungen, degressive Abschreibungen* und *progressive Abschreibungen*, je nachdem, ob die Abschreibungsquoten im Rahmen der Laufzeit konstant sind, abnehmen oder auch zunehmen sollen (womit bestimmte Absichten verfolgt werden), oder auch *Ertrags-bedingte Abschreibungen*. Dazu im einzelnen:

1. Man spricht von *konstanter Abschreibung*, wenn der Anschaffungswert W durch n *gleich große Abschreibungsquoten* Q bis zu einem *Restwert* W_R abgeschrieben werden soll. Dabei besteht der Zusammenhang $W - W_R = nQ$, aus der die Abschreibungsquote $Q = \frac{1}{n}(W - W_R)$ ermittelt werden kann.

Unter dem *Buchwert* der Anlage nach k Jahren (also bezogen auf den Bilanztermin, das ist die Summe aus Anschaffungsjahr und k) versteht man die Differenz $B(k) = W - kQ$, woraus mit der Abschreibungsquote $Q = \frac{1}{n}(W - W_R)$ dann die Darstellung $B(k) = W - \frac{k}{n}(W - W_R)$ folgt. Bei *Abschreibung ohne Restwert*, also im Fall $W_R = 0$, ist mit $Q = \frac{1}{n}W$ dann $B(k) = W(1 - \frac{k}{n})$.

Der *Prozentsatz q der jährlichen Abschreibung* kann bezogen werden auf den

a) Anschaffungswert W und ist definiert durch $q_W = p\% = \frac{Q}{W}$ oder durch $Q = q_W W$ (das ist der Anteil in Prozent der Abschreibungsquote am Anschaffungswert W) und kann mithilfe des Restwertes W_R angegeben werden durch $q_W = \frac{Q}{W} = \frac{\frac{1}{n}(W - W_R)}{W} = \frac{1}{n}(\frac{W-W_R}{W})$ (ist dabei $W_R = 0$, so ist $q_W = \frac{1}{n}$),

b) Buchwert $B(k)$ und ist dann definiert durch $q_{B(k)} = p\% = \frac{Q}{B(k)}$ oder durch $Q = q_{B(k)} B(k)$ (das ist der Anteil in Prozent der Abschreibungsquote am Buchwert $B(k)$) und kann wieder mithilfe des Restwertes W_R angegeben werden durch $q_{B(k)} = \frac{Q}{B(k)} = \frac{Q}{W - \frac{k}{n}(W-W_R)} = \frac{W - W_R}{nW - k(W - W_R)}$ (ist insbesondere $W_R = 0$, dann ist $q_{B(k)} = \frac{1}{n-k}$). Dabei ist zu beachten, daß – im Gegensatz zum stets konstanten Prozentsatz q_W – der Prozentsatz $q_{B(k)}$ mit zunehmender Anzahl k ebenfalls größer wird (da die genannten Nenner kleiner werden).

Zusatz: Sollen die Abschreibungsquoten auf einem Amortisationskonto zinseszinslich mit einem Jahreszinssatz i angelegt werden, wird man die Abschreibungsquote Q so festlegen, daß für den insgesamt angesparten Endbetrag $A(n)$ die Beziehung $A(n) = W - W_R$ gilt. Mit dieser Vorgabe und der Formel $A(n) = Q \cdot \frac{r^n - 1}{i}$ wird dann die Abschreibungsquote durch $Q = \frac{i}{r^n - 1}(W - W_R)$ festgelegt, (wobei Q in diesem Fall kleiner als die Abschreibungsquote ohne Verzinsung ist).

2. Man spricht von *degressiver Abschreibung*, wenn die Abschreibungsquoten mit zunehmender Anzahl k um den Prozentsatz q vom kleiner werdenden Buchwert ebenfalls kleiner werden sollen. Umgekehrt gesagt: Die ersten Abschreibungsquoten sind größer als die letzten, ein Vorteil, den man bei Abschrei-

bungen im steuerlichen Zusammenhang beabsichtigen kann. Dabei ist der Buchwert $B(1)$ nach der ersten Abschreibung $B(1) = W - qW = W(1-q)$, nach der zweiten Abschreibung ist $B(2) = B(1) - qB(1) = B(1)(1-q) = W(1-q)^2$, und entsprechend ist dann $B(k) = W(1-q)^k$ der Buchwert nach der k-ten Abschreibung.

Sind insgesamt n Abschreibungsquoten vorgesehen, so verbleibt der Restwert $W_R = B(n) = W(1-q)^n$. Ist dieser Restwert vorgegeben, so läßt sich derjenige Prozentsatz q berechnen, der den Anschaffungswert in diesen Restwert überführt, nämlich $q = 1 - \sqrt[n]{\frac{W_R}{W}}$. (Diese Formel kann für den Fall $W_R = 0$ aber nicht angewendet werden, denn in diesem Fall wäre $q = 1 = 100\%$, die Anlage also schon nach einem Jahr vollständig abgeschrieben.)

3. Man spricht von *progressiver Abschreibung*, wenn die Abschreibungsquoten so konstruiert sind, daß sie mit zunehmender Anzahl k größer werden. Umgekehrt gesagt: Die letzten Abschreibungsquoten sind größer als die ersten, ein Vorteil, den man bei laufzeitlich zunehmenden Kosten (etwa für Instandsetzungen) beabsichtigen kann.

Der einfachste Fall dabei ist ein linearer Anstieg der Abschreibungsquoten (im Sinne einer arithmetischen Folge, siehe Abschnitt 2.011): Legt man die erste Quote $Q(1)$ und die konstante Zunahme durch $Q(2) = Q(1) + c$ fest, so ist $Q(k) = Q(1) + (k-1)c$. Die zugehörigen Buchwerte $B(k)$ sind dann zunächst $B(1) = W - Q(1)$, ferner $B(2) = W - Q(1) - Q(2) = W - 2Q(1) - c$ und $B(3) = W - Q(1) - Q(2) - Q(3) = W - 3Q(1) - 3c$, allgemein dann $B(k) = W - kQ(1) - \frac{k(k-1)}{2}c$.

Ist bei dieser Abschreibungsform ein Restwert W_R für eine Laufzeit n vorgegeben, dann läßt sich damit berechnen entweder

a) bei zusätzlicher Vorgabe von c die erste Abschreibungsquote $Q(1) = \frac{1}{n}(W - W_R - \frac{n(n-1)}{2}c)$ oder

b) bei zusätzlicher Vorgabe von $Q(1)$ der Summand $c = \frac{2}{n(n-1)}(W - W_R - nQ(1))$.

4. Zu *Ertrags-bedingten Abschreibungen*: Eine Maschine oder ein Mietshaus sei n Jahre in Betrieb und werde jedes Jahr einen Nettoertrag N ab. Nach diesen n Jahren habe der Gegenstand den Restwert E_R. Aus diesen Daten läßt sich der Ertragswert $E(0)$ des Gegenstandes zu Beginn (Zeitpunkt der Anschaffung) berechnen als $E(0) = N \cdot \frac{1}{i}(1 - r^{-n}) + E_R \cdot r^{-n}$, wobei der erste Summand der Barwert (zum Zeitpunkt 0) der jährlichen Erträge (siehe Satz 1.257.4a) und der zweite Summand den (zum Zeitpunkt 0) abgezinsten Restwert kennzeichnet.

Beispiel: Eine Maschine ist $n = 5$ Jahre in Betrieb und erwirtschaftet jährlich den Nettoertrag $N = 10000$ WE. Ist $E_R = 5000$ WE der Restwert der Maschine, so ist bei einer Verzinsung von $i = 3\%$ p.a. dann $E(0) = 10000 \cdot \frac{1}{0,03}(1 - \frac{1}{1,03^5}) + 5000 \cdot \frac{1}{1,03^5} = 45797,09 + 4313,04 = 50110,13$.

Setzt man die jährliche Abschreibungsquote (postnumerando betrachtet) als zugehörige jährliche Wertminderung des Gegenstandes fest und betrachtet dazu die beiden aufeinander folgenden Ertragswerte $E(k-1) = N \cdot \frac{1}{i}(1 - r^{-n+(k-1)}) + E_R \cdot r^{-n+(k-1)}$ und $E(k) = N \cdot \frac{1}{i}(1 - r^{-n+k}) + E_R \cdot r^{-n+k}$, dann ist die Wertminderung während des k-ten Betriebsjahres, die am Ende des k-ten Jahres abgeschrieben wird, somit die Abschreibungsquote $Q(k) = E(k-1) - E(k) = r^{-n+(k-1)}(N - iE_R)$, wie als Aufgabe nachzurechnen ist.

Die erste Abschreibungsquote ist somit $Q(1) = r^{-n}(N - iE_R)$, die k-te Abschreibungsquote ist damit $Q(k) = r^{-n}r^{k-1}(N - iE_R) = r^{k-1}Q(1)$, das heißt, alle Abschreibungsquoten $Q(k)$ werden aus $Q(1)$ durch Aufzinsen gewonnen (wie die Tilgungsquoten bei dem Annuitäten-Modell, siehe Satz 1.258.2/2).

Beispiel: Mit den obigen Beispieldaten ($n = 5$ sowie $N = 10000$ und $E_R = 5000$) ist zunächst die erste Abschreibungsquote $Q(1) = \frac{1}{1,03^5}(10000 - 0,03 \cdot 5000) = 8496,70$ WE und die letzte (fünfte) Abschreibungsquote dann $Q(5) = 1,03^4 \cdot Q(1) = 9563,11$ WE.

Schließlich: Der Buchwert $B(k)$ nach der k-ten Abschreibungsquote ist $B(k) = E(0) - Q(1) \cdot \frac{1}{i}(r^k - 1)$ (siehe dazu Satz 1.258.2/4). Beispiel: Mit den obigen Beispieldaten liegen folgende Buchwerte vor:
$B(1) = E(0) - Q(1) = 50110,13 - 8496,70 = 41613,43$ WE,
$B(2) = E(0) - Q(1) \cdot \frac{1}{0,03}(1,03^2 - 1) = 50110,13 - 17248,30 = 32861,83$ WE,
$B(3) = E(0) - Q(1) \cdot \frac{1}{0,03}(1,03^3 - 1) = 50110,13 - 26262,45 = 23847,68$ WE,
$B(4) = E(0) - Q(1) \cdot \frac{1}{0,03}(1,03^4 - 1) = 50110,13 - 35547,02 = 14563,11$ WE,
$B(5) = E(0) - Q(1) \cdot \frac{1}{0,03}(1,03^5 - 1) = 50110,13 - 45110,13 = 5000,00$ WE.

Zum Ende dieser Bemerkung 1.258.5 zum Thema *Abschreibungen* seien zu den vier hier behandelten Abschreibungs-Modellen die zugehörigen Abschreibungsplan-Konstruktionen angegeben, deren Datenzeilen wieder – wie bei den anderen Plänen auch – auf rekursivem Wege gewonnen werden:

Abschreibungsplan

Typ: konstante Abschreibung
Verzinsung: keine

Anschaffungswert: W
Anzahl Quoten (Laufzeit in Jahren): n
Restwert: W_R
konstante Abschreibungsquote: Q

Jahr	Beginn des Jahres	Buchwert zu Beginn des Jahres	konstante Abschreibungs-quote	Abschreibungsquote als Anteil in Prozent des Buchwertes zu Beginn des Jahres	Ende des Jahres	Buchwert am Ende des Jahres
1	01.01.2002	W	Q	$\frac{Q}{W}$	31.12.2002	$B(1) = W - Q$
2	01.01.2003	$B(1)$	Q	$\frac{Q}{B(1)}$	31.12.2003	$B(2) = B(1) - Q$
k	01.01.2007	$B(k)$	Q	$\frac{Q}{B(k-1)}$	31.12.2007	$B(k) = B(k-1) - Q$
n	01.01.2010	$B(n)$	Q	$\frac{Q}{B(n-1)}$	31.12.2010	$W - W_R = B(n) - Q$

Abschreibungsplan

Quotentermine: jährlich
Typ: konstante Abschreibung
Verzinsung: postnumerando

Anschaffungswert: W
Anzahl Quoten (Laufzeit in Jahren): n
Restwert: W_R
effektiver Zinssatz: i p.a.
Aufzinsungsfaktor: $r = 1 + i$

Jahr	Beginn des Jahres	Buchwert zu Beginn des Jahres	konstante Abschreibungs-quote	Summe der Amortisations-Erträge mit Zinsen	Ende des Jahres	Buchwert am Ende des Jahres
1	01.01.2002	W	Q	$A(1) = Q$	31.12.2002	$B(1) = W - Q$
2	01.01.2003	$B(1)$	Q	$A(2) = rA(1) + Q$	31.12.2003	$B(2) = W - A(2)$
k	01.01.2007	$B(k)$	Q	$A(k) = rA(k-1) + Q$	31.12.2007	$B(k) = W - A(k)$
n	01.01.2010	$B(n)$	Q	$A(n) = W - W_R$	31.12.2010	$B(n) = W_R$

Abschreibungsplan

Typ: degressive Abschreibung
Verzinsung: keine

Anschaffungswert: W
Anzahl Quoten (Laufzeit in Jahren): n
Restwert: W_R
konstanter Abschreibungs-Prozentsatz: q

Jahr	Beginn des Jahres	Buchwert zu Beginn des Jahres	degressive Abschreibungs-quote	Abschreibungsquote als Anteil in Prozent des Buchwertes zu Beginn des Jahres	Ende des Jahres	Buchwert am Ende des Jahres
1	01.01.2002	W	$Q(1) = qW$	$q \cdot 100$	31.12.2002	$B(1) = W - Q(1)$
2	01.01.2003	$B(1)$	$Q(2) = qB(1)$	$q \cdot 100$	31.12.2003	$B(2) = B(1) - Q(2)$
k	01.01.2007	$B(k-1)$	$Q(k) = qB(k-1)$	$q \cdot 100$	31.12.2007	$B(k) = B(k-1) - Q(k)$
n	01.01.2010	$B(n-1)$	$Q(n) = qB(n-1)$	$q \cdot 100$	31.12.2010	$W_R = B(n) - Q(n)$

Abschreibungsplan					Anschaffungswert:	W	
				Anzahl Quoten (Laufzeit in Jahren):		n	
				Restwert:		W_R	
Typ: progressive Abschreibung				konstante Zunahme der Abschreibung:		c	
Verzinsung: keine				erste Abschreibungsquote:		$Q(1)$	

Jahr	Beginn des Jahres	Buchwert zu Beginn des Jahres	progressive Abschreibungs- quote	Abschreibungsquote als Anteil in Prozent des Buchwertes zu Beginn des Jahres	Ende des Jahres	Buchwert am Ende des Jahres
1	01.01.2002	W	$Q(1)$	$\frac{Q(1)}{W}$	31.12.2002	$B(1) = W - Q(1)$
2	01.01.2003	$B(1)$	$Q(2) = Q(1) + c$	$\frac{Q(2)}{B(1)}$	31.12.2003	$B(2) = B(1) - Q(2)$
k	01.01.2007	$B(k-1)$	$Q(k) = Q(k-1) + c$	$\frac{Q(k)}{B(k-1)}$	31.12.2007	$B(k) = B(k-1) - Q(k)$
n	01.01.2010	$B(n-1)$	$Q(n) = Q(n-1) + c$	$\frac{Q(n)}{B(n-1)}$	31.12.2010	$W_R = B(n-1) - Q(n)$

A1.258.01: Eine Hypothek von 50000 WE soll durch 20 gleiche, jährlich zahlbare, nachschüssige Annuitäten bei 5% p.a. verzinslich getilgt werden.

1. Berechnen Sie die Annuität, die 1., 10. und 15. Tilgungsquote, den durch die ersten zehn Tilgungsquoten getilgten Schuldbetrag, den Schuldrest jeweils nach der 10. und 12. Tilgungsrate sowie die am Ende des 15. und des 17. Jahres jeweils zu zahlenden Zinsen.

2. Entwerfen Sie anhand der gegebenen und der zu berechnenden Daten graphische Darstellungen, die das Verhältnis von k-ter Tilgungsquote und k-ter Zinszahlung (mit $1 \leq k \leq 20$) bzw. die ratenweise Abnahme der Hypothek zeigen.

A1.258.02: Rechnen Sie die Beziehung $Q(k) = E(k-1) - E(k) = r^{-n+(k-1)}(N - iE_R)$ für die k-te Abschreibungsquote in Bemerkung 1.258.5/4 nach.

A1.258.03: Eine Hypothek von 80000 WE soll durch 20 gleiche, jährlich zahlbare, nachschüssige Annuitäten bei 5% p.a. verzinslich getilgt werden. Berechnen Sie nach den Angaben in Satz 1.258.2 die Annuität, die 1. und die 15. Tilgungsquote sowie den Schuldrest nach der 12. Tilgungsrate.
Erstellen Sie dann einen Tilgungsplan gemäß Bemerkung 1.258.3.

A1.258.04: Der Anschaffungswert $W = 10000$ WE einer Maschine soll über 8 Jahre mit einem Restwert $W_R = 400$ WE abgeschrieben werden.

1. Berechnen sie nach dem Modell der konstanten Abschreibung ohne Verzinsung die konstante Abschreibungsquote Q und erstellen Sie einen Abschreibungsplan (gemäß Bemerkung 1.258.5).

2. Berechnen sie nach dem Modell der konstanten Abschreibung mit Verzinsung bei einem Zinssatz $i = 2\%$ die konstante Abschreibungsquote Q und erstellen Sie wieder einen Abschreibungsplan.

A1.258.05: Der Anschaffungswert $W = 10000$ WE einer Maschine soll über 8 Jahre mit einem Restwert $W_R = 400$ WE abgeschrieben werden.

1. Berechnen sie nach dem Modell der degressiven Abschreibung den konstanten Abschreibungs-Prozentsatz q und erstellen Sie einen Abschreibungsplan (gemäß Bemerkung 1.258.5).

2. Berechnen sie nach dem Modell der progressiven Abschreibung die erste Abschreibungsquote $Q(1)$ bei linearer Zunahme dieser Quote um 200 WE jährlich.

1.260 LAGE-ÄNDERUNGEN VON FUNKTIONEN $T \longrightarrow \mathbb{R}$

> Wer den Kern essen will, muß die Nuß knacken.
> *Alte chinesische Weisheit*

Zur Charakterisierung von Funktionen $T \longrightarrow \mathbb{R}$, $T \subset \mathbb{R}$, spielen die Kriterien *Form* und *Lage* relativ zu einem festgelegten Koordinaten-System eine wichtige und insbesondere auch anschauliche Rolle. Der Untersuchungsgegenstand soll nun sein: Wie müssen die Daten einer Funktion geändert werden, so daß zu einer vorgelegten Funktion eine *formgleiche Funktion* in anderer Lage entsteht?

Bei solchen Verschiebungen, wie diese Prozesse der Einfachheit halber genannt seien, stehen folgende Möglichkeiten zur Verfügung, die zugleich das weitere Vorgehen beschreiben:
a) Durch Verschiebung einer Funktion $f : T \longrightarrow \mathbb{R}$ in (positiver oder negativer) Ordinaten-Richtung um einen Abstand a entsteht eine Funktion $f_a : T \longrightarrow \mathbb{R}$,
b) durch Verschiebung einer Funktion $f : T \longrightarrow \mathbb{R}$ in (positiver oder negativer) Abszissen-Richtung um einen Abstand c entsteht eine Funktion $f_c : T_c \longrightarrow \mathbb{R}$ mit einem möglicherweise ebenfalls verschobenen Definitionsbereich T_c.

Eine wichtige Erkenntnis ist nun: Durch Komposition einer Verschiebung in Ordinaten-Richtung und einer Verschiebung in Abszissen-Richtung läßt sich eine Funktion in jede gewünschte Lage transportieren (wobei die Reihenfolge der Verschiebungen gleichgültig ist).

1.260.1 Definition

1. Eine *Parallel-Verschiebung in Ordinaten-Richtung* um einen *Verschiebungs-Abstand* $|a|$ liefert zu einer Funktion $f : T \longrightarrow \mathbb{R}$, $T \subset \mathbb{R}$, die Funktion $f_a : T \longrightarrow \mathbb{R}$, definiert durch die Zuordnungsvorschrift $f_a(x) = f(x) + a$, für alle $x \in T$.

2. Ist die Zahl a positiv, ist f_a eine Parallel-Verschiebung von f in positiver Ordinaten-Richtung, ist a negativ, dann ist f_a eine Parallel-Verschiebung in negativer Ordinaten-Richtung.

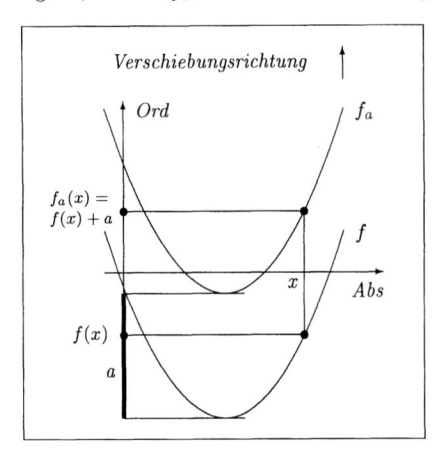

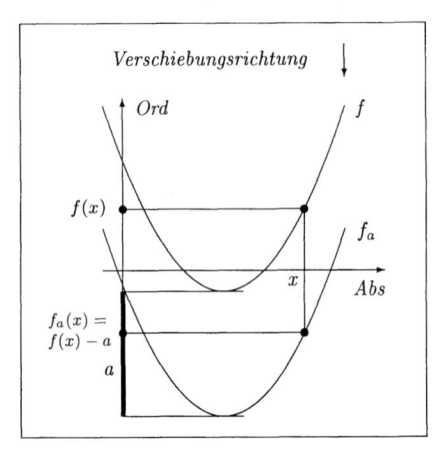

1.260.2 Bemerkungen und Beispiele

Ohne weiteren Hinweis werden in den folgenden Bemerkungen stets Verschiebungen f_a von Funktionen $f : T \longrightarrow \mathbb{R}$, $T \subset \mathbb{R}$, um einen Abstand $|a|$ mit einer Zahl $a \in \mathbb{R}$ in *Ordinaten-Richtung* betrachtet.

1. Bei Verschiebungen in Ordinaten-Richtung ist auf folgendes zu achten:
a) Es gilt $D(f) = D(f_a)$, das heißt, der Definitionsbereich bleibt bei einer solchen Verschiebung erhalten.
b) Ist $W(f) = \mathbb{R}$, dann gilt stets $W(f_a) = W(f) = \mathbb{R}$. Das gleiche gilt für $W(f) = \mathbb{Z}$ und $W(f) = \mathbb{Q}$.

Eine analoge Gleichheit gilt jedoch in der Regel nicht für andere, etwa beschränkte Wertebereiche (oder beschränkte Bildmengen). Ist $W(f)$ nach unten beschränkt durch u und/oder nach oben beschränkt durch v, dann ist $W(f_a)$ nach unten beschränkt durch $u+a$ und/oder nach oben beschränkt durch $v+a$. Ist beispielsweise $W(f)$ ein Intervall der Form $I = (u,v)$ oder $I = [u,v]$, dann ist mit $a > 0$
a) $W(f_a) = (u+a, v+a)$ oder $W(f_a) = [u+a, v+a]$ bei Verschiebung in positiver Ordinaten-Richtung,
b) $W(f_a) = (u-a, v-a)$ oder $W(f_a) = [u-a, v-a]$ bei Verschiebung in negativer Ordinaten-Richtung.

2. In elementfreier Schreibweise ist $f_a = f + a$. Man kann eine Funktion f beliebig (aber endlich) vielen Verschiebungen nacheinander unterwerfen. Dabei liefert die Komposition $f \longmapsto f_a \longmapsto (f_a)_b$ zweier Verschiebungen dann $(f_a)_b = (f + a) + b = f + (a+b) = f_{a+b}$.

1.260.3 Definition

1. Eine *Parallel-Verschiebung in Abszissen-Richtung* um einen *Verschiebungs-Abstand* $|c|$ liefert zu einer Funktion $f : T \longrightarrow \mathbb{R}$, $T \subset \mathbb{R}$, die Funktion $f_c : T_c \longrightarrow \mathbb{R}$, definiert durch die Zuordnungsvorschrift $f_c(x) = f(x - c)$, für alle $x \in T_c$.

2. Ist die Zahl c positiv, ist f_c eine Parallel-Verschiebung von f in positiver Abszissen-Richtung, ist c negativ, dann ist f_c eine Parallel-Verschiebung in negativer Abszissenrichtung-Richtung.

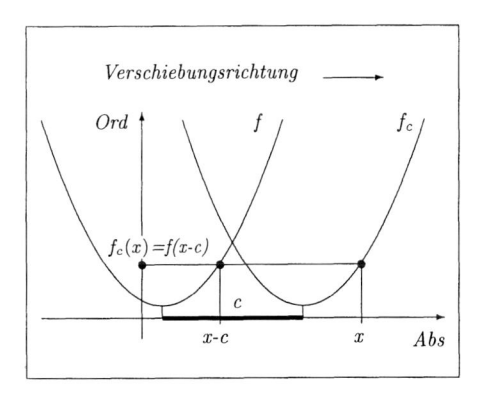

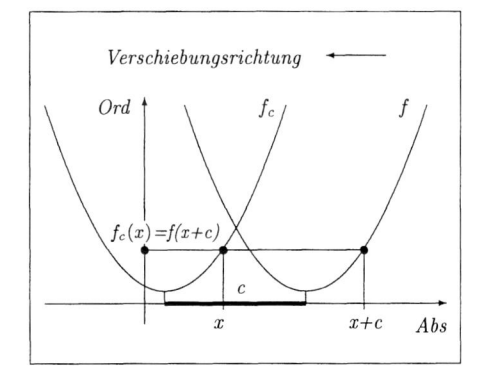

1.260.4 Bemerkungen und Beispiele

Ohne weiteren Hinweis werden in den folgenden Bemerkungen stets Verschiebungen f_c von Funktionen $f : T \longrightarrow \mathbb{R}$, $T \subset \mathbb{R}$, um einen Abstand $|c|$ mit einer Zahl $c \in \mathbb{R}$ in *Abszissen-Richtung* betrachtet. Dabei ist lediglich eine sinngemäße Übertragung der Bemerkungen 1.212.2 vorzunehmen und bei Funktionen f sind nur die Bereiche $D(f)$ und $W(f)$ zu vertauschen. Obgleich dieser Hinweis eigentlich schon ausreicht, werden gleichwohl alle diesbezüglichen Sachverhalte vollständig genannt.

1. Bei Verschiebungen in Abszissen-Richtung ist auf folgendes zu achten:
a) Es gilt $W(f) = W(f_c)$, das heißt, der Wertebereich bleibt bei einer solchen Verschiebung erhalten.
b) Ist $D(f) = \mathbb{R}$, dann gilt stets $D(f_c) = D(f) = \mathbb{R}$. Das gleiche gilt für $D(f) = \mathbb{Z}$ und $D(f) = \mathbb{Q}$. Eine analoge Gleichheit gilt jedoch in der Regel nicht für andere, etwa beschränkte Definitionsbereiche. Ist $D(f) = T$ nach unten durch s und/oder nach oben beschränkt durch t, dann ist T_c mit $c \in \mathbb{R}$ nach unten beschränkt durch $s + c$ und/oder nach oben beschränkt durch $t + c$.
Ist beispielsweise T ein Intervall der Form $T = (u,v)$ oder $T = [u,v]$, dann ist mit $c > 0$
a) $T_c = (u+c, v+c)$ oder $T_c = [u+c, v+c]$ bei einer Verschiebung in positiver Abszissen-Richtung,
b) $T_c = (u-c, v-c)$ oder $T_c = [u-c, v-c]$ bei einer Verschiebung in negativer Abszissen-Richtung.

2. In elementfreier Schreibweise ist $f_c = f \circ (id - c)$. Man kann eine Funktion f beliebig (aber endlich) vielen Verschiebungen nacheinander unterwerfen. Dabei liefert die Komposition $f \longmapsto f_c \longmapsto (f_c)_d$ zweier Verschiebungen dann $(f_c)_d = (f \circ (id - c)) \circ (id - d) = f \circ (id - c) \circ (id - d) = f \circ (id - (c+d)) = f_{c+d}$.

1.260.5 Bemerkungen

1. Wie eingangs schon angedeutet wurde, lassen sich Parallel-Verschiebungen beider Typen beliebig kombinieren und zwar als Komposition einer solchen Verschiebung $f \longmapsto f + a$ in Ordinaten-Richtung und einer solchen Verschiebung $g \longmapsto g \circ (id - c)$ in Abszissen-Richtung, wobei die Reihenfolge gleichgültig ist, denn:

a) Die Komposition $f \longmapsto f + a \longmapsto (f + a) \circ (id - c)$ liefert aus einer Funktion f die Funktion $g = (f + a) \circ (id - c)$ mit der Zuordnungsvorschrift $g(x) = f(x - c) + a$, für alle $x \in D(f)$, da a hierbei als konstante Funktion auftritt.

b) Die Komposition $f \longmapsto f \circ (id - c) \longmapsto (f \circ (id - c)) + a$ liefert aus einer Funktion f die Funktion $h = (f \circ (id - c)) + a$ mit derselben Zuordnungsvorschrift $h(x) = f(x - c) + a = g(x)$, für alle $x \in D(f)$.

2. Angenommen, eine Funktion f enthalte den Punkt $(0,0)$ (etwa als Scheitelpunkt einer Parabel) und soll im Sinne der Zuordnung $(0,0) \longmapsto (s,t)$ verschoben werden. Eine Möglichkeit der Konstruktion der dadurch entstehenden Funktion g liefert die Komposition $f \longmapsto f \circ (id - s) \longmapsto g = (f \circ (id - s)) + t$. Man beachte, daß dabei die jeweiligen Richtungen der Verschiebungen von den Zahlen s und t abhängen (etwa $s, t < 0$ oder $s, t > 0$).

3. Umgekehrt: Eine Funktion f soll im Sinne der Zuordung $(s, f(s)) \longmapsto (0,0)$ für einen bestimmten Punkt $(s, f(s))$ verschoben werden. Die gewünschte Funktion g, die dabei entsteht, wird durch die Komposition $f \longmapsto f \circ (id - s) \longmapsto g = (f \circ (id - s)) + f(s)$ geliefert. Man beachte, daß dabei die jeweiligen Richtungen der Verschiebungen von den Zahlen s und $f(s)$ abhängen (etwa $s, f(s) < 0$ oder $s, f(s) > 0$).

A1.260.01: Betrachten Sie die durch $f(x) = \frac{1}{2}x^2$ definierte Funktion $f : \mathbb{R} \longrightarrow \mathbb{R}$. Durch Verschiebung in Ordinaten-Richtung soll zu jedem der folgenden Punkte P jeweils eine Funktion f_a gefunden werden, die P enthält.
a) $P = (4,4)$,   b) $P = (4,8)$,   c) $P = (\frac{1}{2}, \frac{1}{2})$,   d) $P = (\sqrt{2}, 2)$,   e) $P = (2^3, 2^5)$.
Warum gibt es zu jedem beliebigen Punkt P stets eine solche zugehörige Funktion f_a ?

A1.260.02: Betrachten Sie die durch $f(x) = \frac{1}{2}x^2$ definierte Funktion $f : \mathbb{R} \longrightarrow \mathbb{R}$. Durch Verschiebung in Abszissen-Richtung soll zu jedem der folgenden Punkte P jeweils eine Funktion f_c gefunden werden, die P enthält.
a) $P = (4,4)$,   b) $P = (4,8)$,   c) $P = (4,2)$,   d) $P = (\sqrt{2}, 2)$,   e) $P = (2^3, 2^5)$.
Begründen Sie, daß es zu den unter a) bis e) genannten Punkten P tatsächlich immer mindestens eine solche Funktion f_c gibt, und nennen Sie einen Punkt, zu dem es keine solche Funktion f_c gibt. Nehmen Sie nun $D(f) = [-2, 3]$ an und nennen Sie dazu jeweils $D(f_c)$.

A1.260.03: Betrachten Sie die durch $f(x) = \frac{1}{2}x^2$ definierte Funktion $f : \mathbb{R} \longrightarrow \mathbb{R}$, die als Scheitelpunkt den Punkt $(0,0)$ enthält. Durch Verschiebung soll zu jedem der folgenden Punkte P jeweils eine Funktion g gefunden werden, die P als Scheitelpunkt besitzt.
a) $P = (4,4)$,   b) $P = (4,-8)$,   c) $P = (-4,4)$,   d) $P = (-4,-8)$.

A1.260.04: Betrachten Sie die durch $f(x) = x^2 + x - \frac{15}{4}$ definierte Funktion $f : [-3, 2) \longrightarrow \mathbb{R}$. Durch Verschiebung soll eine quadratische Funktion g (bzw. h) gefunden werden, die $S_g = (5, -4)$ (bzw. $S_h = (5, 2)$) als Scheitelpunkt besitzt.

1.262 Form-Änderungen von Funktionen $T \longrightarrow \mathbb{R}$

> Es gibt in der Welt kein gewisseres Merkmal eines kleinen, schwachen Gemüts als den Mangel an Aufmerksamkeit. Was einmal verdient, getan zu werden, verdient auch, recht getan zu werden.
> *Philip Earl of Chesterfield* (1694 - 1773)

Von den beiden geometrischen Haupteigenschaften einer Funktion $T \longrightarrow \mathbb{R}$, $T \subset \mathbb{R}$, nämlich *Form* und *Lage* relativ zu einem festgelegten Koordinaten-System, soll nun die Eigenschaft *Form* näher untersucht werden (zur *Lage* siehe Abschnitt 1.260). Dazu einige Vorbemerkungen:

1. Unter dem Begriff *Form-Veränderung* kann man ja vieles verstehen (beispielsweise zufällig inszenierte Dellen oder Lücken). Gegenstand der folgenden Betrachtungen ist aber eine ganz bestimmte Art der Form-Veränderung, die sich mit dem Wort *Gummiband-Theorie* ziemlich gut beschreiben läßt: Ein rechteckiges,(sehr) elastisches Band werde in waagerechter Richtung etwa auf doppelte Länge gedehnt und links und rechts fest eingespannt. Ferner werden in gleichbleibenden Abständen senkrechte Striche aufgetragen, wobei einer der Striche sich genau in der Mitte des Bandes befinden soll und mit 0 markiert sei. Auf diese Weise entsteht ein um 0 symmetrischer Ausschnitt einer Zahlengeraden.

2. Das Band werde nun auf beiden Seiten mit gleich großen Kräften weiter gedehnt. Zur Theorie des Gummibandes gehören dann folgende grundlegende Beobachtungen: Sowohl bei weiterer Dehnung (auch: Streckung) als auch bei Zurücknahme der Dehnung (auch Stauchung)
a) sind es genau diejenigen Punkte, die sich auf dem mit 0 markierten Strich befinden, deren Lage dabei unverändert bleibt (diese Punkte nennt man dabei die Fixpunkte, den mit 0 markierten Strich, wenn man ihn sich sich als Gerade erweitert vorstellt, die Fixgerade, genauer eigentlich: Fixpunktgerade),
b) werden alle anderen Punkte in spiegelsymmetrischer Richtung relativ zur Fixgeraden verschoben (bei Streckung von der Fixgeraden weg, bei Stauchung zur Fixgeraden hin),
c) entstehen zwischen je zwei aufeinanderfolgenden Strichen jeweils gleiche Abstände, wobei
d) diese Abstände genau um den Faktor vergrößert (bei Streckung) oder verkleinert (bei Stauchung) werden, um den das gesamte Band gestreckt oder gestaucht wird.

3. Diese Gummiband-Theorie, die künftig etwas vornehmer *Spiegelsymmetrische Verschiebung* genannt wird, beschreibt zunächst sozusagen eindimensionale Vorgänge, da nach der obigen Beschreibung ja nur in waagerechter Richtung gestreckt oder gestaucht wurde. Da nun graphische Darstellungen von Funktionen $T \longrightarrow \mathbb{R}$, $T \subset \mathbb{R}$, in Koordinaten-Systemen aber zweidimensionale Gebilde sind, liegt es nahe, diese Theorie auch in beiden Koordinaten-Richtungen anzuwenden, allerdings, der besseren Überschaubarkeit halber, nacheinander (wobei es auch praktisch nicht ganz einfach wäre, das Band in beiden Richtungen gleichzeitig zu dehnen).

4. Stellt man sich auf dem Band ein zentriert aufgemaltes Koordinatensystem (Abs, Ord) vor, dann sind bei einer solchen Spiegelsymmetrischen Verschiebung
a) in Ordinaten-Richtung gerade die Punkte $(x, 0)$ die Fixpunkte, die Abszisse ist also die Fixgerade,
b) in Abszissen-Richtung gerade die Punkte $(0, z)$ die Fixpunkte, die Ordinate ist also die Fixgerade.

5. Eine wichtige Erkenntnis ist nun: Durch Komposition einer Spiegelsymmetrischen Verschiebung in Ordinaten-Richtung (mit der Abszisse als Fixgerade) und einer Spiegelsymmetrischen Verschiebung in Abszissen-Richtung (mit der Ordinate als Fixgerade) läßt sich eine Funktion in jede gewünschte, solchermaßen erzielbare Form bringen (wobei die Reihenfolge dieser Verschiebungen gleichgültig ist).

6. Lage-Veränderungen wurden in Abschnitt 1.260 meistens an Zeichnungen und Beispielen mit Parabeln illustriert, die sich aus bestimmten Gründen (siehe Bemerkung 1.262.6) zur Darstellung von Form-Änderungen weniger gut eignen. Stattdessen werden hier zur Illustration zumeist die trigonometrischen Grundfunktionen *sin* und *cos* verwendet, die auch zu den prominenteren Anwendungen von Form-Veränderungen gehören.

1.262.1 Definition

Eine *Spiegelsymmetrische Verschiebung in Ordinaten-Richtung* um einen *Verschiebungsfaktor* $a \in \mathbb{R}$ mit der Abszisse als *Fixgerade* liefert zu einer Funktion $f : T \longrightarrow \mathbb{R}$, $T \subset \mathbb{R}$, die Funktion $f_a : T \longrightarrow \mathbb{R}$, definiert durch die Zuordnungsvorschrift $f_a(x) = a \cdot f(x)$, für alle $x \in T$.

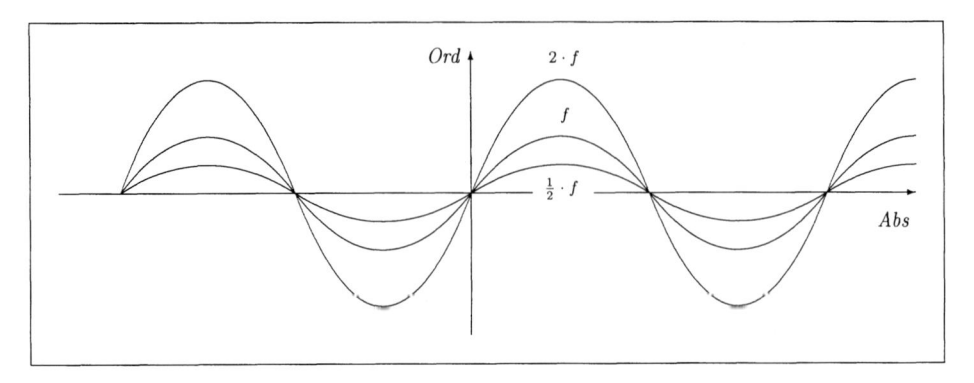

1.262.2 Bemerkungen und Beispiele

Ohne weiteren Hinweis werden in den folgenden Bemerkungen stets Spiegelsymmetrische Verschiebungen in *Ordinaten-Richtung* mit der *Abszisse als Fixgerade* von Funktionen $f : T \longrightarrow \mathbb{R}$, $T \subset \mathbb{R}$, mit einem Verschiebungsfaktor $a \in \mathbb{R}$ betrachtet.

1. Hinichtlich des Verschiebungsfaktors a lassen sich folgende Fälle unterscheiden: Ein solcher Faktor a
a) mit $a > 1$ bewirkt eine Streckung in Ordinaten-Richtung,
b) mit $0 < a < 1$ bewirkt eine Stauchung in Ordinaten-Richtung,
c) mit $-1 < a < 0$ bewirkt eine Stauchung in Ordinaten-Richtung und eine Abszissen-Spiegelung,
d) mit $a < -1$ bewirkt eine Streckung in Ordinaten-Richtung und eine Abszissen-Spiegelung.

2. Bei Spiegelsymmetrischen Verschiebungen in Ordinaten-Richtung ist auf folgendes zu achten:
a) Es gilt $D(f) = D(f_a)$, das heißt, der Definitionsbereich bleibt bei einer solchen Verschiebung erhalten.
b) Ist $W(f) = \mathbb{R}$, dann gilt stets $W(f_a) = W(f) = \mathbb{R}$. Das gleiche gilt für $W(f) = \mathbb{Z}$ und $W(f) = \mathbb{Q}$. Eine analoge Gleichheit gilt jedoch in der Regel nicht für andere, etwa beschränkte Wertebereiche (oder beschränkte Bildmengen). Ist $W(f)$ nach unten beschränkt durch u und/oder nach oben beschränkt durch v, dann ist $W(f_a)$ nach unten beschränkt durch au und/oder nach oben beschränkt durch av. Ist beispielsweise $W(f)$ ein Intervall der Form $I = (u,v)$ oder $I = [u,v]$, dann ist
a) $W(f_a) = (au, av)$ oder $W(f_a) = [au, av]$ für den Fall $a \geq 0$, und
b) $W(f_a) = (av, au)$ oder $W(f_a) = [av, au]$ für den Fall $a < 0$.

3. In elementfreier Schreibweise ist $f_a = a \cdot f$ oder kurz $f_a = af$. (In anderer Sprechweise ist f_a gerade das $\mathbb{R}$-Produkt von a mit f.) Man kann eine Funktion f beliebig (aber endlich) vielen solchen Verschiebungen nacheinander unterwerfen. Dabei liefert die Komposition $f \longmapsto f_a \longmapsto (f_a)_b$ zweier solcher Verschiebungen dann $(f_a)_b = b(af) = (ab)f = f_{ab}$.

4. Für die Nullstellenmengen von f und $f_a = a \cdot f$ gilt $N(f_a) = N(f)$ mit $a \neq 0$.

5. In den Darstellungen $f_a = a \cdot f$ oder $f_a(x) = a \cdot f(x)$ nennt man den Faktor a auch den *Amplitudenfaktor*. Dieser Begriff stammt mehr aus der Physik und kennzeichnet die durch solche Faktoren bewirkte Amplitudenänderung von Schwingungen.

1.262.3 Definition

Eine *Spiegelsymmetrische Verschiebung in Abszissen-Richtung* um einen *Verschiebungsfaktor* $c \in \mathbb{R}$ mit der Ordinate als *Fixgerade* liefert zu einer Funktion $f : T \longrightarrow \mathbb{R}$, $T \subset \mathbb{R}$, die Funktion $f_c : T_c \longrightarrow \mathbb{R}$, definiert durch die Zuordnungsvorschrift $f_c(x) = f(cx)$, für alle $x \in T_c$.

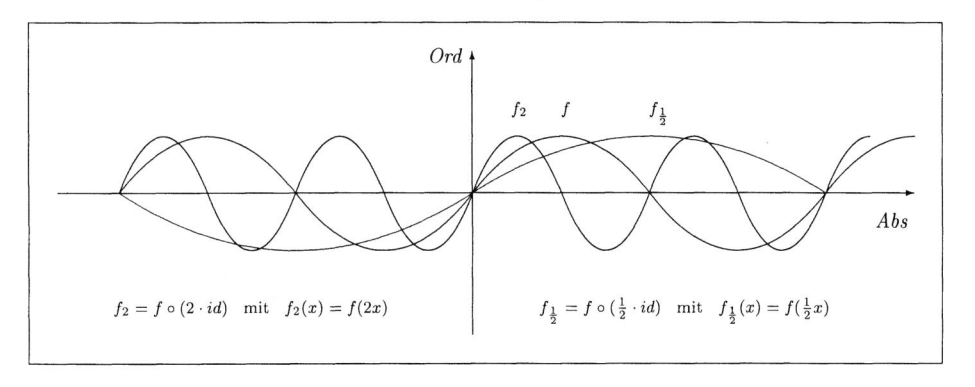

$f_2 = f \circ (2 \cdot id)$ mit $f_2(x) = f(2x)$ $\qquad$ $f_{\frac{1}{2}} = f \circ (\frac{1}{2} \cdot id)$ mit $f_{\frac{1}{2}}(x) = f(\frac{1}{2}x)$

1.262.4 Bemerkungen und Beispiele

Ohne weiteren Hinweis werden in den folgenden Bemerkungen stets Spiegelsymmetrische Verschiebungen in *Abszissen-Richtung* mit der *Ordinate als Fixgerade* von Funktionen $f : T \longrightarrow \mathbb{R}$, $T \subset \mathbb{R}$, mit einem Verschiebungsfaktor $c \in \mathbb{R}$ betrachtet. Dabei ist lediglich eine sinngemäße Übertragung der Bemerkungen 1.214.2 vorzunehmen und bei Funktionen f sind nur die Bereiche $D(f)$ und $W(f)$ zu vertauschen. Obgleich dieser Hinweis eigentlich schon ausreicht, werden gleichwohl alle diesbezüglichen Sachverhalte vollständig genannt.

1. Hinichtlich des Verschiebungsfaktors c lassen sich folgende Fälle unterscheiden: Ein solcher Faktor c
a) mit $c > 1$ bewirkt eine Stauchung in Abszissen-Richtung,
b) mit $0 < c < 1$ bewirkt eine Streckung in Abszissen-Richtung,
c) mit $-1 < c < 0$ bewirkt eine Streckung in Abszissen-Richtung und eine Ordinaten-Spiegelung,
d) mit $c < -1$ bewirkt eine Stauchung in Abszissen-Richtung und eine Ordinaten-Spiegelung.

2. Bei Spiegelsymmetrischen Verschiebungen in Abszissen-Richtung ist auf folgendes zu achten:
a) Es gilt $W(f) = W(f_c)$, das heißt, der Wertebereich bleibt bei einer solchen Verschiebung erhalten.
b) Ist $D(f) = \mathbb{R}$, dann gilt stets $D(f_c) = D(f) = \mathbb{R}$. Das gleiche gilt für $D(f) = \mathbb{Z}$ und $D(f) = \mathbb{Q}$. Eine analoge Gleichheit gilt jedoch in der Regel nicht für andere, etwa beschränkte Definitionsbereiche. Ist $D(f) = T$ nach unten beschränkt durch s und/oder nach oben beschränkt durch t, dann ist T_c mit $c \in \mathbb{R}$ nach unten beschränkt durch cs und/oder nach oben beschränkt durch ct.
Ist beispielsweise T ein Intervall der Form $T = (u, v)$ oder $T = [u, v]$, dann ist mit $c > 0$
a) $T_c = (cu, cv)$ oder $T_c = [cu, cv]$ für den Fall $c \geq 0$, und
b) $T_c = (cv, cu)$ oder $T_c = [cv, cu]$ für den Fall $c < 0$.

3. In elementfreier Schreibweise ist $f_c = f \circ (c \cdot id)$. Man kann eine Funktion f beliebig (aber endlich) vielen Verschiebungen nacheinander unterwerfen. Dabei liefert die Komposition $f \longmapsto f_c \longmapsto (f_c)_d$ zweier solcher Verschiebungen dann $(f_c)_d = (f \circ (c \cdot id)) \circ (d \cdot id) = f \circ (c \cdot id) \circ (d \cdot id) = f \circ ((cd) \cdot id) = f_{cd}$.

4. Für die Nullstellenmengen von f und $f_c = f \circ (c \cdot id)$ gilt $N(f_c) = \frac{1}{c} \cdot N(f)$ (als Komplexprodukt) mit $c \neq 0$.

5. In den Darstellungen $f_c = f \circ (c \cdot id)$ oder $f_c(x) = f(cx)$ nennt man den Faktor c auch den *Frequenzfaktor*. Dieser Begriff stammt mehr aus der Physik und kennzeichnet die durch solche Faktoren bewirkte Frequenzänderung von Schwingungen.

1.262.5 Bemerkung

Wie eingangs schon angedeutet wurde, lassen sich Spiegelsymmetrische Verschiebungen beider Typen beliebig kombinieren und zwar als Komposition einer solchen Verschiebung $f \mapsto af$ in Ordinaten-Richtung und einer solchen Verschiebung $g \mapsto g \circ (c \cdot id)$ in Abszissen-Richtung, wobei die Reihenfolge gleichgültig ist, denn:

a) Die Komposition $f \mapsto af \mapsto (af) \circ (c \cdot id)$ liefert aus einer Funktion f die Funktion $g = (af) \circ (c \cdot id)$ mit der Zuordnungsvorschrift $g(x) = a \cdot f(cx)$, für alle $x \in D(f)$.

b) Die Komposition $f \mapsto f \circ (c \cdot id) \mapsto a(f \circ (c \cdot id))$ liefert aus einer Funktion f die Funktion $h = a(f \circ (c \cdot id))$ mit derselben Zuordnungsvorschrift $h(x) = a \cdot f(cx) = g(x)$, für alle $x \in D(f)$.

1.262.6 Bemerkungen

1. Eingangs wurde gesagt, daß sich Parabeln weniger gut zur Illustration von Form-Veränderungen dieser Art eignen. Der Grund ist folgender: Es gibt Funktionen $f : \mathbb{R} \longrightarrow \mathbb{R}$, bei denen Spiegelsymmetrische Verschiebungen in Ordinaten-Richtung oder in Abszissen-Richtung dieselbe Funktion liefern, das heißt, daß man am Ergebnis die Verschiebungs-Richtung nicht mehr reproduzieren kann.

Solche Funktionen f haben die Eigenschaft, daß es Faktoren $a, c \in \mathbb{R}$ gibt mit $a \cdot f(x) = f(cx)$, für alle $x \in D(f)$, in anderer Darstellung also $af = f \circ (c \cdot id)$.

Zu diesen Funktionen gehören beispielsweise die Potenz-Funktionen id^n, denn für nicht-negative Zahlen a gilt $a \cdot id^n(x) = ax^n = (\sqrt[n]{a} \cdot x)^n = id^n(\sqrt[n]{a} \cdot x)$, für alle $x \in D(id^n)$. Als einfachstes Beispiel gehört also auch die Normalparabel id^2 dazu.

Wie das Beispiel mit den Potenz-Funktionen im übrigen zeigt, ist die Kombination von a mit c nicht ganz zufällig, sie kann offenbar selbst durch einen funktionalen Zusammenhang $a \mapsto c$ beschrieben werden, worauf hier aber nicht weiter eingegangen werden soll.

2. Betrachtet man die Verschiebungs-Typen zur Lage- und zur Form-Änderung noch einmal im Zusammenhang, dann zeigen die vier Zuordnungsvorschriften

$f \mapsto f_d$ mit $f_d(x) = f(x) + d$ Parallel-Verschiebung in Ordinaten-Richtung,
$f \mapsto f_c$ mit $f_c(x) = f(x - c)$ Parallel-Verschiebung in Abszissen-Richtung,
$f \mapsto f_a$ mit $f_a(x) = a \cdot f(x)$ Spiegelsymmetrische Verschiebung in Ordinaten-Richtung,
$f \mapsto f_b$ mit $f_b(x) = f(bx)$ Spiegelsymmetrische Verschiebung in Abszissen-Richtung,

daß auch die Namensgebungen *Additive Verschiebungen* für Parallel-Verschiebungen und *Multiplikative Verschiebungen* für Spiegelsymmetrische Verschiebungen sinnvoll sind.

A1.262.01: Betrachten Sie die durch $f(x) = \frac{1}{2}x^2$ definierte Funktion $f : \mathbb{R} \longrightarrow \mathbb{R}$. Ermitteln Sie durch Spiegelsymmetrische Verschiebung in Ordinaten-Richtung (Abszissen-Richtung) entstandene Funktion g, die den Punkt P enthält. Bearbeiten Sie die Aufgabe für die Punkte

a) $P = (2, 8)$,   b) $P = (4, 16)$,   c) $P = (6, 24)$,   d) $P = (1, 1)$,   e) $P = (2^3, 2^5)$.

A1.262.02: Bestimmen Sie ohne Rechnung die Nullstellenmengen der Funktion $f : \mathbb{R} \longrightarrow \mathbb{R}$ mit

a) $f(x) = 2 \cdot sin(x)$,   b) $f(x) = sin(2x)$,   c) $f(x) = 2 \cdot sin(2x)$,   d) $f(x) = 2 \cdot cos(2x)$,
e) $f(x) = 2 \cdot cos(x)$,   f) $f(x) = cos(2x)$,   g) $f(x) = 2 \cdot cos(2x)$,   h) $f(x) = 2 \cdot cos(\frac{1}{2}x)$.

A1.262.03: Beweisen Sie die in den Bemerkungen 1.262.2/4 und 1.262.4/4 genannten Formeln zur Berechnung von Nullstellenmengen.

A1.262.04: Zeichnen Sie ein Cartesisches Koordinaten-System (Abs, Ord) mit 0,5 cm als Einheit und nur für nicht-negative Zahlen (sogenannter erster Quadrant). Bearbeiten Sie dann folgende Schritte:

a) Zeichnen Sie die Funktionswerte $id^2(x)$ für $x \in \{0, 1, 2, 3, 4\}$ als dickere Punkte auf der Abszisse ein und benennen Sie diese Punkte mit x, wodurch die Abszisse mit diesen Zahlen *quadratisch skaliert* ist.

b) Betrachten Sie nun die Funktion $f : \mathbb{R}_0^+ \longrightarrow \mathbb{R}$ mit der Vorschrift $f(x) = x^2$ und tragen Sie die Punkte $(x, f(x))$ für $x \in \{0, 1, 2, 3, 4\}$ in das neu skalierte Koordinaten-System ein. Welche Art von Linie entsteht durch Verbinden dieser Punkte, auch wenn man sie sich für größere Zahlen fortgesetzt vorstellt?

A1.262.05: Zeichnen Sie ein Cartesisches Koordinaten-System (Abs, Ord) mit 0,5 cm als Einheit und nur für nicht-negative Zahlen (sogenannter erster Quadrant). Bearbeiten Sie dann folgende Schritte:

a) Berechnen Sie mit einem Taschenrechner die Funktionswerte $exp_e(x)$ für $x \in \{0, 1, 2, 3\}$ und tragen Sie sie als dickere Punkte auf der Abszisse ein. Benennen Sie diese Punkte mit x, so ist die Abszisse mit diesen Zahlen *exponentiell skaliert*.

b) Betrachten Sie nun die Funktion $f : \mathbb{R}_0^+ \longrightarrow \mathbb{R}$ mit der Vorschrift $f(x) = e^x$ und tragen Sie die Punkte $(x, f(x))$ für $x \in \{0, 1, 2, 3\}$ in das neu skalierte Koordinaten-System ein. Welche Art von Linie entsteht durch Verbinden dieser Punkte, auch wenn man sie sich für größere Zahlen fortgesetzt vorstellt?

1.264 FORM- UND LAGE-ÄNDERUNGEN VON FUNKTIONEN $T \longrightarrow \mathbb{R}$

> Aller Güter höchstes sei Besonnenheit.
> *Sophokles* (497 - 406)

Die Frage, die in diesem Abschnitt (und auch in Bemerkung 1.266.7) diskutiert werden soll, kann am besten durch die folgende Skizze illustriert werden: Wie, genauer gesagt, durch welche Verschiebungs-Manipulationen der Abschnitte 1.260 und 1.262, entsteht die mit g bezeichnete Funktion aus der Sinus-Funktion $sin : \mathbb{R} \longrightarrow \mathbb{R}$?

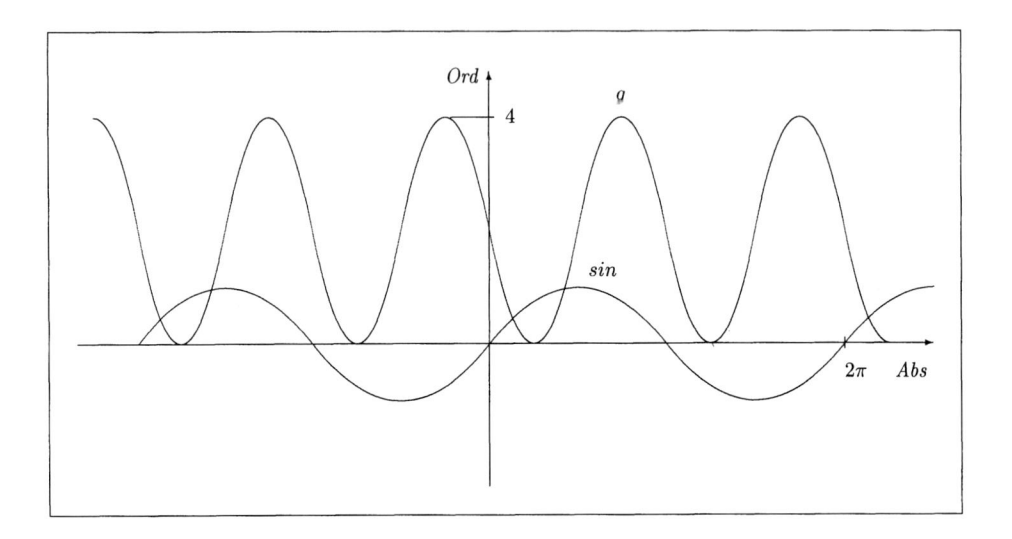

Zum besseren Verständnis der weiteren Beschreibungen von Verschiebungen und der dabei verwendeten Darstellungsmittel seien noch einmal die Definitionen der Wirkungsweisen aus den Abschnitten 1.260 und 1.262 zitiert:

1. Eine *Parallel-Verschiebung in Ordinaten-Richtung* um einen *Verschiebungs-Abstand* $|a|$ liefert zu einer Funktion $f : T \longrightarrow \mathbb{R}$, $T \subset \mathbb{R}$, die Funktion $f_a : T \longrightarrow \mathbb{R}$, definiert durch die Zuordnungsvorschrift $f_a(x) = f(x) + a$, für alle $x \in T$.

2. Eine *Parallel-Verschiebung in Abszissen-Richtung* um einen *Verschiebungs-Abstand* $|c|$ liefert zu einer Funktion $f : T \longrightarrow \mathbb{R}$, $T \subset \mathbb{R}$, die Funktion $f_c : T_c \longrightarrow \mathbb{R}$, definiert durch die Zuordnungsvorschrift $f_c(x) = f(x - c)$, für alle $x \in T_c$.

3. Eine *Spiegelsymmetrische Verschiebung in Ordinaten-Richtung* um einen *Verschiebungsfaktor* $a \in \mathbb{R}$ mit der Abszisse als *Fixgerade* liefert zu einer Funktion $f : T \longrightarrow \mathbb{R}$, $T \subset \mathbb{R}$, die Funktion $f_a : T \longrightarrow \mathbb{R}$, definiert durch die Zuordnungsvorschrift $f_a(x) = a \cdot f(x)$, für alle $x \in T$.

4. Eine *Spiegelsymmetrische Verschiebung in Abszissen-Richtung* um einen *Verschiebungsfaktor* $c \in \mathbb{R}$ mit der Ordinate als *Fixgerade* liefert zu einer Funktion $f : T \longrightarrow \mathbb{R}$, $T \subset \mathbb{R}$, die Funktion $f_c : T_c \longrightarrow \mathbb{R}$, definiert durch die Zuordnungsvorschrift $f_c(x) = f(cx)$, für alle $x \in T_c$.

Anhand der folgenden Skizzen seien die Entwicklungsschritte genannt, die in dieser Reihenfolge ausgeführt aus der Sinus-Funktion *sin* die oben skizzierte Funktion g liefern (alle auftretenden Funktionen sind stets als Funktionen $\mathbb{R} \longrightarrow \mathbb{R}$ zu betrachten):

Schritt 1: Mit der Funktion sin wird eine Spiegelsymmetrische Verschiebung mit dem Faktor 2 in Ordinaten-Richtung ausgeführt. Das liefert aus der Funktion sin die Funktion $u = 2 \cdot sin$ mit der Zuordnungsvorschrift $u(x) = 2 \cdot sin(x)$:

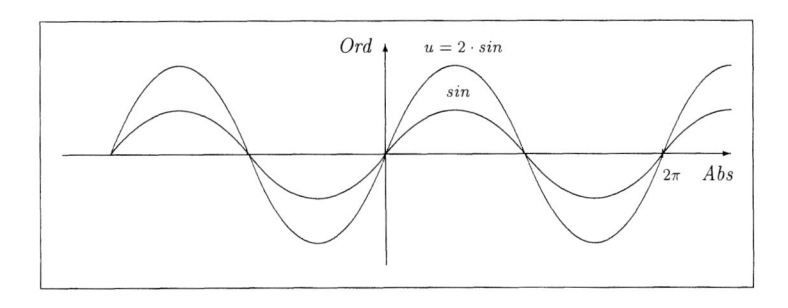

Schritt 2: Mit der Funktion $u = 2 \cdot sin$ wird eine Spiegelsymmetrische Verschiebung mit dem Faktor 2 in Abszissen-Richtung ausgeführt. Das liefert aus der Funktion $u = 2 \cdot sin$ die Funktion $v = u \circ (2 \cdot id) = (2 \cdot sin) \circ (2 \cdot id)$ mit der Zuordnungsvorschrift $v(x) = u(2x) = 2 \cdot sin(2x)$:

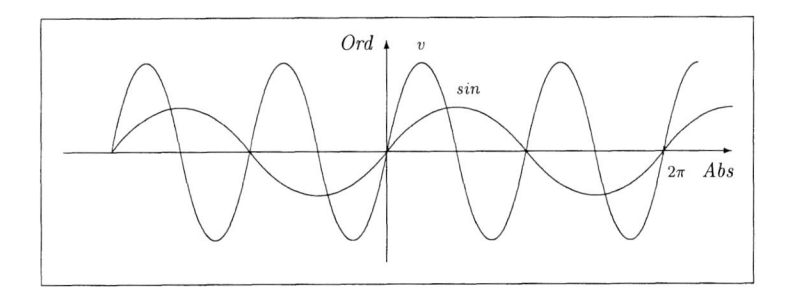

Schritt 3: Mit der Funktion $v = (2 \cdot sin) \circ (2 \cdot id)$ wird eine Parallel-Verschiebung um $\frac{1}{2}\pi$ nach links in Abszissen-Richtung ausgeführt. Das liefert aus der Funktion $v = (2 \cdot sin) \circ (2 \cdot id)$ die Funktion $w = v \circ (id + \frac{1}{2}\pi) = (2 \cdot sin) \circ (2 \cdot id) \circ (id + \frac{1}{2}\pi)$ mit der Zuordnungsvorschrift $w(x) = v(x + \frac{1}{2}\pi) = 2 \cdot sin(2(x + \frac{1}{2}\pi)) = 2 \cdot sin(2x + \pi)$:

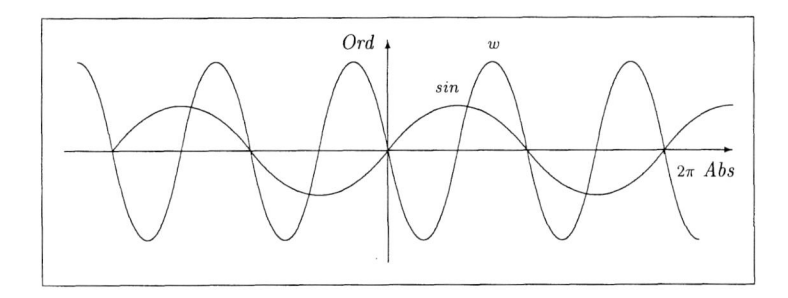

Schritt 4: Schließlich wird mit der Funktion $w = (2 \cdot sin) \circ (2 \cdot id) \circ (id + \frac{1}{2}\pi)$ eine Parallel-Verschiebung um 2 nach oben in Ordinaten-Richtung ausgeführt. Das liefert aus der Funktion w dann am Ende des Verfahrens die Funktion $g = w + 2 = (2 \cdot sin) \circ (2 \cdot id) \circ (id + \frac{1}{2}\pi) + 2$ mit der Zuordnungsvorschrift $g(x) = w(x) + 2 = 2 \cdot sin(2x + \pi) + 2$.

1.264.1 Bemerkungen

1. In dem obigen Vier-Schritt-Verfahren wurde aus der Sinus-Funktion $sin : \mathbb{R} \longrightarrow \mathbb{R}$ die Funktion $g : \mathbb{R} \longrightarrow \mathbb{R}$ auf folgende Weise entwickelt:

Schritt 1: Spiegelsymmetrische Verschiebung in Ordinaten-Richtung mit Amplituden-Faktor 2,
Schritt 2: Spiegelsymmetrische Verschiebung in Abszissen-Richtung mit Frequenz-Faktor 2,
Schritt 3: Parallel-Verschiebung in Abszissen-Richtung um $-\frac{1}{2}\pi$ (nach links),
Schritt 4: Parallel-Verschiebung in Ordinaten-Richtung um 2 (nach oben).

Es soll an diesem Beispiel nun untersucht werden, ob und inwieweit die Reihenfolge der vier Schritte zwangsläufig ist oder geändert werden kann, wenn als Ziel der Konstruktion die Funktion g vorgegeben ist. Dazu noch einmal eine Zusammenfassung der obigen Schritte als Schrittfolge A:

A: Entwicklung einer Funktion g_A aus der Funktion sin mit der Schrittfolge $A = (1, 2, 3, 4)$:

1: sin liefert u_A mit $u_A(x)$ $= 2 \cdot sin(x)$,
2: u_A liefert v_A mit $v_A(x) = u_A(2x) = 2 \cdot sin(2x)$,
3: v_A liefert w_A mit $w_A(x) = v_A(x + \frac{1}{2}\pi) = 2 \cdot sin(2(x + \frac{1}{2}\pi)) = 2 \cdot sin(2x + \pi)$,
4: w_A liefert g_A mit $g_A(x) = w_A(x) + 2 = 2 \cdot sin(2(x + \frac{1}{2}\pi)) + 2 = 2 \cdot sin(2x + \pi) + 2$.

Wenn man beispielsweise die Schritte 1 und 4 vertauscht, so entsteht folgende Funktion:

B: Entwicklung einer Funktion g_B aus der Funktion sin mit der Schrittfolge $B = (4, 2, 3, 1)$:

4: sin liefert u_B mit $u_B(x)$ $= sin(x) + 2$,
2: u_B liefert v_B mit $v_B(x) = u_B(2x) = sin(2x) + 2$,
3: v_B liefert w_B mit $w_B(x) = v_B(x + \frac{1}{2}\pi) = sin(2x + \pi) + 2$,
4: w_B liefert g_B mit $g_B(x) = 2 \cdot w_B(x) = 2 \cdot sin(2x + \pi) + 4$.

2. Die Vertauschung der Schritte 2 und 3 liefert somit eine Funktion g_B, die nicht mit g_A identisch ist. Eine weitere systematische Untersuchung liefert nun folgendes Ergebnis: Teilt man die $24 = 4 \cdot 3 \cdot 2 = 4!$ möglichen Schrittfolgen in die vier Gruppen ein,

(1, 2, 3, 4)	(4, 2, 3, 1)	(1, 3, 2, 4)	(4, 3, 2, 1)
(1, 2, 4, 3)	(4, 2, 1, 3)	(1, 3, 4, 2)	(4, 3, 1, 2)
(1, 4, 2, 3)	(4, 1, 2, 3)	(1, 4, 3, 2)	(4, 1, 3, 2)
(2, 1, 3, 4)	(2, 4, 3, 1)	(3, 1, 2, 4)	(3, 4, 2, 1)
(2, 1, 4, 3)	(2, 4, 1, 3)	(3, 1, 4, 2)	(3, 4, 1, 2)
(2, 3, 1, 4)	(2, 3, 4, 1)	(3, 2, 1, 4)	(3, 2, 4, 1)

Spalte 1 enthält die Reihenfolgen (1,4) und (2,3), Spalte 2 enthält die Reihenfolgen (4,1) und (2,3), Spalte 3 enthält die Reihenfolgen (1,4) und (3,2), Spalte 4 enthält die Reihenfolgen (4,1) und (3,2), dann liefern die Schrittfolgen jeweils einer Spalte aus sin dieselbe Funktion g,

Spalte 1 liefert die Funktion g mit $g(x) = 2 \cdot sin(2x + \pi) + 2$,
Spalte 2 liefert die Funktion g mit $g(x) = 2 \cdot sin(2x + \pi) + 4$,
Spalte 3 liefert die Funktion g mit $g(x) = 2 \cdot sin(2x + \frac{1}{2}\pi) + 2$,
Spalte 4 liefert die Funktion g mit $g(x) = 2 \cdot sin(2x + \frac{1}{2}\pi) + 4$.

A1.264.01: Zwei Einzelaufgaben:

1. Welche Wirkung hat eine Spiegelsymmetrische Verschiebung in Abszissen-Richtung mit dem Frequenzfaktor 0 auf Funktionen $f : T \longrightarrow \mathbb{R}$?
2. Vollziehen Sie die einzelnen Schritte zur Entwicklung der Funktion g aus der Funktion sin unter Verwendung einer Spiegelsymmetrischen Verschiebung $f_0 : T \longrightarrow \mathbb{R}$ in Abszissen-Richtung mit Frequenzfaktor 0 nach. Muster: Bemerkung 1.264.1/1.

A1.264.02: Berechnen Sie Beispiele zu weiteren Schrittfolgen wie in Bemerkung 1.264.1 und orientieren Sie sich dabei an der angegebenen Tabelle der vier verschiedenen Typen von Schrittfolgen.

A1.264.03: Erarbeiten Sie die Inhalte der Bemerkungen 1.264.1 für die Funktion $cos : \mathbb{R} \longrightarrow \mathbb{R}$.

1.266 Form- und Lage-Änderungen als Funktionen

> Wer lacht, der zeigt die Zähne.
> *Alte tarminische Weisheit*

Es wird dem aufmerksamen Leser nicht entgangen sein, daß in den beiden Abschnitten 1.260 und 1.262 zwar gesagt wurde, was die jeweiligen Verschiebungen *tun*, aber nicht, was sie *sind*. Dieser kleine Unterschied ist übrigens ein öfter auftretendes Phänomen bei der Beschreibung mathematischer Sachverhalte (ähnlich auch beim Funktionsbegriff) und häufig auch sinnvoll. Im vorliegenden Zusammenhang ist die Beschreibung der Wirkung von Verschiebungen sicher der wichtigere Teil und steht somit auch an erster Stelle, allerdings – und das zeigen die folgenden Betrachtungen auch – können wesentliche Beobachtungen über die Zusammenhänge solcher Verschiebungen untereinander tatsächlich mit der nötigen Genauigkeit nur mit etwas formalem Aufwand dargestellt werden.

Zum besseren Verständnis der weiteren Beschreibungen von Verschiebungen und der dabei verwendeten Darstellungsmittel seien noch einmal die Definitionen der Wirkungsweisen aus den Abschnitten 1.260 und 1.262 zitiert:

1. Eine *Parallel-Verschiebung in Ordinaten-Richtung* um einen *Verschiebungs-Abstand* $|a|$ liefert zu einer Funktion $f : T \longrightarrow \mathbb{R}$, $T \subset \mathbb{R}$, die Funktion $f_a : T \longrightarrow \mathbb{R}$, definiert durch die Zuordnungsvorschrift $f_a(x) = f(x) + a$, für alle $x \in T$.

2. Eine *Parallel-Verschiebung in Abszissen-Richtung* um einen *Verschiebungs-Abstand* $|c|$ liefert zu einer Funktion $f : T \longrightarrow \mathbb{R}$, $T \subset \mathbb{R}$, die Funktion $f_c : T_c \longrightarrow \mathbb{R}$, definiert durch die Zuordnungsvorschrift $f_c(x) = f(x - c)$, für alle $x \in T_c$.

3. Eine *Spiegelsymmetrische Verschiebung in Ordinaten-Richtung* um einen *Verschiebungsfaktor* $a \in \mathbb{R}$ mit der Abszisse als *Fixgerade* liefert zu einer Funktion $f : T \longrightarrow \mathbb{R}$, $T \subset \mathbb{R}$, die Funktion $f_a : T \longrightarrow \mathbb{R}$, definiert durch die Zuordnungsvorschrift $f_a(x) = a \cdot f(x)$, für alle $x \in T$.

4. Eine *Spiegelsymmetrische Verschiebung in Abszissen-Richtung* um einen *Verschiebungsfaktor* $c \in \mathbb{R}$ mit der Ordinate als *Fixgerade* liefert zu einer Funktion $f : T \longrightarrow \mathbb{R}$, $T \subset \mathbb{R}$, die Funktion $f_c : T_c \longrightarrow \mathbb{R}$, definiert durch die Zuordnungsvorschrift $f_c(x) = f(cx)$, für alle $x \in T_c$.

1.266.1 Definition

1. Eine Parallel-Verschiebung zu einer (beliebig, aber fest gewählten) Zahl $a \in \mathbb{R}$ in Ordinaten-Richtung ist eine Funktion $V_a^{ord} : Abb(T, \mathbb{R}) \longrightarrow Abb(T, \mathbb{R})$ mit der Zuordnungsvorschrift $V_a^{ord}(f) = f_a = f + a$ (wobei $f + a$ durch $(f + a)(x) = f(x) + a$ definiert ist).

2. Eine Parallel-Verschiebung zu einer (beliebig, aber fest gewählten) Zahl $c \in \mathbb{R}$ in Abszissen-Richtung ist eine Funktion $V_c^{abs} : Abb(\mathbb{R}, \mathbb{R}) \longrightarrow Abb(\mathbb{R}, \mathbb{R})$ mit der Zuordnungsvorschrift $V_c^{abs}(f) = f_c = f \circ (id - c)$ (wobei $f \circ (id - c)$ durch $(f \circ (id - c))(x) = f(x - c)$ definiert ist).

1.266.2 Satz

1. Die Menge $V^{ord} = \{V_a^{ord} \mid a \in \mathbb{R}\}$ der Parallel-Verschiebungen in Ordinaten-Richtung bildet zusammen mit der Komposition von Funktionen eine abelsche Gruppe.

2. Die Menge $V^{abs} = \{V_c^{abs} \mid c \in \mathbb{R}\}$ der Parallel-Verschiebungen in Abszissen-Richtung bildet zusammen mit der Komposition von Funktionen eine abelsche Gruppe.

Beweis:
1a) Die Komposition von Funktionen ist eine innere Komposition auf V^{ord}, denn es gilt:
$(V_a^{ord} \circ V_b^{ord})(f) = V_a^{ord}(f_b) = (f_b)_a = f_{a+b} = V_{a+b}^{ord}(f)$. Das bedeutet also $V_a^{ord} \circ V_b^{ord} = V_{a+b}^{ord}$.
1b) Das neutrale Element in V^{ord} ist V_0^{ord}, das zu V_a^{ord} inverse Element in V^{ord} ist V_{-a}^{ord}.
2a) Die Komposition von Funktionen ist eine innere Komposition auf V^{abs}, denn es gilt:
$(V_c^{abs} \circ V_d^{abs})(f) = V_c^{abs}(f \circ (id - d)) = f_{c+d} = V_{c+d}^{abs}(f)$. Das bedeutet also $V_c^{abs} \circ V_d^{abs} = V_{c+d}^{abs}$.
2b) Das neutrale Element in V^{abs} ist V_0^{abs}, das zu V_c^{abs} inverse Element in V^{abs} ist V_{-c}^{abs}.

1.266.3 Bemerkung

Verschiebungen von Funktionen in eine beliebige Lage lassen sich durch Komposition $V_a^{ord} \circ V_c^{abs}$ einer Parallel-Verschiebung V_a^{ord} in Ordinaten-Richtung und einer Parallel-Verschiebung V_c^{abs} in Abszissen-Richtung bewerkstelligen.

Dabei gilt $V_a^{ord} \circ V_c^{abs} = V_c^{abs} \circ V_a^{ord}$ für alle Zahlen $a, c \in \mathbb{R}$, das heißt, die Reihenfolge der beiden Verschiebungen V_a^{ord} und V_c^{abs} sowie ihrer Richtungen ist gleichgültig.
Beweis: Es gilt einerseits $(V_a^{ord} \circ V_c^{abs})(f) = V_a^{ord}(f \circ (id-c)) = f \circ (id-c) + a$ und andererseits ebenfalls $(V_c^{abs} \circ V_a^{ord})(f) = V_c^{abs}(f+a) = (f+a) \circ (id-c) = (f \circ (id-c)) + (a \circ (id-c)) = f \circ (id-c) + a$, da a hierbei als konstante Funktion auftritt.

Beispiele: Eine Funktion f soll (siehe auch Bemerkung 1.260.5) im Sinne der Zuordnung
a) $(0,0) \longmapsto (s,t)$ verschoben werden, die entstehende Funktion ist $g = (V_s^{abs} \circ V_t^{ord})(f)$,
b) $(s, f(s)) \longmapsto (0,0)$ verschoben werden, die entstehende Funktion ist $g = (V_s^{abs} \circ V_{f(s)}^{ord})(f)$.

1.266.4 Definition

1. Eine Spiegelsymmetrische Verschiebung zu einer (beliebig, aber fest gewälten) Zahl $a \in \mathbb{R}$ in Ordinaten-Richtung (mit der Abszisse als Fixgerade) ist eine Funktion $D_a^{ord} : Abb(T, \mathbb{R}) \longrightarrow Abb(T, \mathbb{R})$ mit der Zuordnungsvorschrift $D_a^{ord}(f) = f_a = af$ (wobei af durch $af(x) = a \cdot f(x)$ definiert ist).

2. Eine Spiegelsymmetrische Verschiebung zu einer (beliebig, aber fest gewälten) Zahl $c \in \mathbb{R}$ in Abszissen-Richtung (mit der Ordinate als Fixgerade) ist eine Funktion $D_c^{abs} : Abb(\mathbb{R}, \mathbb{R}) \longrightarrow Abb(\mathbb{R}, \mathbb{R})$ mit der Zuordnungsvorschrift $D_c^{abs}(f) = f_c = f \circ (c \cdot id)$ (wobei $f \circ (c \cdot id)$ durch $(f \circ (c \cdot id))(x) = f(cx)$ definiert ist).

1.266.5 Satz

1. Die Menge $D^{ord} = \{D_a^{ord} \mid a \in \mathbb{R}\}$ der Spiegelsymmetrischen Verschiebungen in Ordinaten-Richtung bildet zusammen mit der Komposition von Funktionen eine abelsche Gruppe (siehe Abschnitt 1.501).

2. Die Menge $D^{abs} = \{D_c^{abs} \mid c \in \mathbb{R}\}$ der Spiegelsymmetrischen Verschiebungen in Abszissen-Richtung bildet zusammen mit der Komposition von Funktionen eine abelsche Gruppe.

Beweis:
1a) Die Komposition von Funktionen ist eine innere Komposition auf D^{ord}, denn es gilt:
$(D_a^{ord} \circ D_b^{ord})(f) = D_a^{ord}(f_b) = (f_b)_a = f_{ab} = D_{ab}^{ord}(f)$. Das bedeutet also $D_a^{ord} \circ D_b^{ord} = D_{ab}^{ord}$.
1b) Das neutrale Element in D^{ord} ist D_1^{ord}, das zu D_a^{ord} inverse Element in D^{ord} ist $D_{a^{-1}}^{ord}$.

2a) Die Komposition von Funktionen ist eine innere Komposition auf D^{abs}, denn es gilt:
$(D_c^{abs} \circ D_d^{abs})(f) = D_c^{abs}(f \circ (d \cdot id)) = f_{cd} = D_{cd}^{abs}(f)$. Das bedeutet also $D_c^{abs} \circ D_d^{abs} = D_{cd}^{abs}$.
2b) Das neutrale Element in D^{abs} ist D_1^{abs}, das zu D_c^{abs} inverse Element in D^{abs} ist $D_{c^{-1}}^{abs}$.

1.266.6 Bemerkung

Spiegelsymmetrische Verschiebungen von Funktionen beiden Typs lassen sich kombinieren – und zwar durch Komposition $D_a^{ord} \circ D_c^{abs}$ einer Verschiebung D_a^{ord} in Ordinaten-Richtung und einer Verschiebung D_c^{abs} in Abszissen-Richtung.

Verwendet man bei Verschiebungen in Ordinaten-Richtung $T = \mathbb{R}$, dann gilt $D_a^{ord} \circ D_c^{abs} = D_c^{abs} \circ D_a^{ord}$ für alle Zahlen $a, c \in \mathbb{R}$, das heißt, die Reihenfolge der beiden Verschiebungen D_a^{ord} und D_c^{abs} sowie ihrer Richtungen ist gleichgültig.
Beweis: Es gilt $(D_a^{ord} \circ D_c^{abs})(f) = D_a^{ord}(f \circ (c \cdot id)) = a \cdot (f \circ (c \cdot id)) = (af) \circ (c \cdot id) = D_c^{abs}(af) = (D_c^{abs} \circ D_a^{ord})(f)$.

Wir wollen nun die schon in Abschnitt 1.264 diskutierte Frage nach den durch die vier Manipulations-Möglichkeiten erzeugten Kompositionen wieder aufgreifen und diese Frage einigermaßen systematisch betrachten: Was entsteht aus einer Funktion f, wenn man die vier Funktionen V_d^{ord}, V_c^{abs}, D_b^{abs} und D_a^{ord} nacheinander und in beliebiger Reihenfolge auf f anwendet? Einige Varianten zur Antwort auf diese Frage (wobei es offenbar genau $4 \cdot 3 \cdot 2 = 24$ Einzelantworten gibt) nennen die folgenden Bemerkungen.

1.266.7 Bemerkungen

1. Zunächst sei noch einmal das in Abschnitt 1.264 ausführlich dargestellte Beispiel untersucht. Dort wurde in einem Vier-Schritt-Verfahren aus der Sinus-Funktion $sin: \mathbb{R} \longrightarrow \mathbb{R}$ eine Funktion $g: \mathbb{R} \longrightarrow \mathbb{R}$ auf folgende Weise entwickelt, wobei im folgenden die dort als erste genannte Schrittfolge $A = (1,2,3,4)$ betrachtet wird:

1: D_2^{ord} Spiegelsymmetrische Verschiebung in Ordinaten-Richtung mit Amplituden-Faktor 2,
2: D_2^{abs} Spiegelsymmetrische Verschiebung in Abszissen-Richtung mit Frequenz-Faktor 2,
3: $V_{-\frac{1}{2}\pi}^{abs}$ Parallel-Verschiebung in Abszissen-Richtung um $-\frac{1}{2}\pi$ (nach links),
4: V_2^{ord} Parallel-Verschiebung in Ordinaten-Richtung um 2 (nach oben).

2. Diese vier Funktionen liefern in der angegebenen Schrittfolge dann folgendes:

1: sin liefert $u_A = D_2^{ord}(sin) = 2 \cdot sin$,
2: u_A liefert $v_A = D_2^{abs}(u_A) = (D_2^{abs} \circ D_2^{ord})(sin) = (2 \cdot sin) \circ (2 \cdot id)$,
3: v_A liefert $w_A = V_{-\frac{1}{2}\pi}^{abs}(v_A) = (V_{-\frac{1}{2}\pi}^{abs} \circ D_2^{abs} \circ D_2^{ord})(sin) = (2 \cdot sin) \circ (2 \cdot id) \circ (id + \frac{1}{2}\pi)$,
4: w_A liefert $g_A = V_2^{ord}(w_A) = (V_2^{ord} \circ V_{-\frac{1}{2}\pi}^{abs} \circ D_2^{abs} \circ D_2^{ord})(sin) = (2 \cdot sin) \circ (2 \cdot id) \circ (id + \frac{1}{2}\pi) + 2$.

3. Das zweite dort genannte Beispiel liefert mit der Schrittfolge $B = (1,3,2,4)$, also mit Vertauschung der Schritte 2 und 3, eine Funktion g_B, die aber nicht mit g_A identisch ist:

1: sin liefert $u_B = D_2^{ord}(sin) = 2 \cdot sin$,
3: u_B liefert $v_B = V_{-\frac{1}{2}\pi}^{abs}(u_B) = (V_{-\frac{1}{2}\pi}^{abs} \circ D_2^{ord})(sin) = (2 \cdot sin) \circ (id + \frac{1}{2}\pi)$,
2: v_B liefert $w_B = D_2^{abs}(v_B) = (D_2^{abs} \circ V_{-\frac{1}{2}\pi}^{abs} \circ D_2^{ord})(sin) = (2 \cdot sin) \circ (id + \frac{1}{2}\pi) \circ (2 \cdot id)$,
4: w_B liefert $g_B = V_2^{ord}(w_B) = (V_2^{ord} \circ D_2^{abs} \circ V_{-\frac{1}{2}\pi}^{abs} \circ D_2^{ord})(sin) = (2 \cdot sin) \circ (id + \frac{1}{2}\pi) \circ (2 \cdot id) + 2$.

Die vorstehenden Beispiele führen nun zu den folgenden allgemeinen Sachverhalten. Wenn man verschiedene Kompositionen der Funktionen $V_d^{ord}, V_c^{abs}, D_b^{abs}$ und D_a^{ord} mit konstanten Zahlen $d, c, b, a \in \mathbb{R}$ auf eine beliebige Funktion $f: \mathbb{R} \longrightarrow \mathbb{R}$ anwendet, dann zeigt sich:

1.266.8 Satz

1. Kompositionen der Form $V_c^{abs} \circ D_b^{abs}$ sind im allgemeinen nicht kommutativ.
2. Es gelten jedoch die Formeln $V_c^{abs} \circ D_b^{abs} = D_b^{abs} \circ V_{bc}^{abs}$ und $V_{\frac{c}{b}}^{abs} \circ D_b^{abs} = D_b^{abs} \circ V_c^{abs}$.
3. Kompositionen der Form $V_d^{ord} \circ D_a^{ord}$ sind im allgemeinen nicht kommutativ.
4. Es gelten jedoch die Formeln $V_{ad}^{ord} \circ D_a^{ord} = D_a^{ord} \circ V_d^{ord}$ und $V_d^{ord} \circ D_a^{ord} = D_a^{ord} \circ V_{\frac{d}{a}}^{ord}$.
5. Von den $4! = 24$ möglichen Reihenfolgen von Kompositionen enthalten jeweils 6 die Reihenfolgen
  Typ I: (V_d^{ord}, D_a^{ord}) und (V_c^{abs}, D_b^{abs}),   Typ II: (D_a^{ord}, V_d^{ord}) und (V_c^{abs}, D_b^{abs}),
  Typ III: (V_d^{ord}, D_a^{ord}) und (D_b^{abs}, V_c^{abs}),   Typ IV: (D_a^{ord}, V_d^{ord}) und (D_b^{abs}, V_c^{abs}).

Die 6 Kompositionen vom selben Typ liefern dieselbe Funktion, so daß zu f also insgesamt 4 verschiedene Funktionen erzeugt werden. Diese 4 Funktionen (mit jeweils einem Beispiel eines Typs) sind:

I: $g = (V_d^{ord} \circ V_c^{abs} \circ D_b^{abs} \circ D_a^{ord})(f) = af \circ (b \cdot id) \circ (id - c) + d$, $g(x) = a \cdot f(bx - bc) + d$,
II: $g = (V_d^{ord} \circ D_b^{abs} \circ V_c^{abs} \circ D_a^{ord})(f) = af \circ (id - c) \circ (b \cdot id) + d$, $g(x) = a \cdot f(bx - c) + d$,
III: $g = (D_a^{ord} \circ V_c^{abs} \circ D_b^{abs} \circ V_d^{ord})(f) = a(f \circ (b \cdot id) \circ (id - c) + d)$, $g(x) = a \cdot f(bx - bc) + ad$,
IV: $g = (D_a^{ord} \circ D_b^{abs} \circ V_c^{abs} \circ V_d^{ord})(f) = a(f \circ (id - c) \circ (b \cdot id) + d)$, $g(x) = a \cdot f(bx - c) + ad$.

Beweis:
1. $g = (V_c^{abs} \circ D_b^{abs})(f) = V_c^{abs}(f \circ (b \cdot id)) = (f \circ (b \cdot id)) \circ (id - c)$ mit $g(x) = f(b(x - c)) = f(bx - bc)$,
umgekehrt $h = (D_b^{abs} \circ V_c^{abs})(f) = D_b^{abs}(f \circ (id - c)) = f \circ (id - c) \circ (b \cdot id)$ mit $h(x) = f(bx - c)$.
3. $g = (V_d^{ord} \circ D_a^{ord})(f) = V_d^{ord}(a \cdot f) = a \cdot f + d$ mit $g(x) = a \cdot f(x) + d$,
umgekehrt $h = (D_a^{ord} \circ V_d^{ord})(f) = D_a^{ord}(f + d) = a(f + d)$ mit $h(x) = a(f(x) + d) = a \cdot f(x) + ad$.

A1.266.01: Was ist, welche Wirkung hat D_0^{abs} in Kompositionen, die wie in 1.217.7 gebildet sind?

A1.266.02: Sind $V_c^{abs} \circ D_d^{ord}$ oder $V_a^{ord} \circ D_b^{abs}$ kommutativ?

A1.266.03: Welche algebraischen Eigenschaften hat $\{V_c^{abs} \circ D_b^{abs} \mid c, b \in \mathbb{R}\}$ bezüglich Komposition?

A1.266.04: Erstellen Sie die noch fehlenden Beweisteile zu Satz 1.266.8.

A1.266.05: Man kann die in Definition 1.266.1 genannten Funktionen erweitern zu Funktionen
1. $V^{ord} : \mathbb{R} \times Abb(T, \mathbb{R}) \longrightarrow Abb(T, \mathbb{R})$ mit der Zuordnungsvorschrift $V^{ord}(a, f) = f_a = f + a$
2. $V^{abs} : \mathbb{R} \times Abb(\mathbb{R}, \mathbb{R}) \longrightarrow Abb(\mathbb{R}, \mathbb{R})$ mit der Zuordnungsvorschrift $V^{abs}(c, f) = f_c = f \circ (id - c)$.
(In der Sprechweise von Definition 1.401.5 sind das *äußere Kompositionen* mit Operatorenbereich $\mathbb{R}$.)
Prüfen Sie nun, welche der folgenden drei Regeln/Bedingungen oder gegebenenfalls ähnlich gebaute Regeln für diese beiden Funktionen V^{ord} und V^{abs} gelten:
$$f_a + g_a = (f + g)_a, \quad f_{a+b} = f_a + f_b, \quad f_{ab} = (f_a)_b.$$

1.268 Symmetrien für Funktionen $T \longrightarrow \mathbb{R}$ (Teil 2)

> Wenn ein paar Menschen recht miteinander zufrieden sind,
> kann man meistens versichert sein, daß sie sich irren.
> *Johann Wolfgang von Goethe* (1749 - 1832)

Dieser Abschnitt setzt die in Abschnitt 1.202 begonnenen Betrachtungen zur Symmetrie von Funktionen fort. Dort wurden Untersuchungen zu einer Funktion $f : T \longrightarrow \mathbb{R}$, $T \subset \mathbb{R}$, zur Spiegel-Symmetrie bezüglich der Ordinate und zur Dreh-Symmetrie bezüglich des Nullpunktes $Z = (0,0)$ um 180° angestellt, nun sollen die Untersuchungen auf Spiegel-Symmetrie bezüglich einer beliebigen Ordinatenparallelen und auf Dreh-Symmetrie bezüglich eines beliebigen Drehpunktes $Z = (z, f(z))$ erweitert werden.

Der Grund für die Darstellung von Symmetrien in zwei Abschnitten ist folgender: Da die hier debattierten Symmetrie-Eigenschaften auf die in Abschnitt 1.202 betrachteten zurückgeführt werden, werden dazu Verschiebungs-Mechanismen benötigt, die erst in den Abschnitten 1.260 und 1.262 entwickelt wurden.

1.268.1 Definition

Eine Funktion $f : T \longrightarrow \mathbb{R}$, $T \subset \mathbb{R}$, heißt
a) *spiegelsymmetrisch* zu einer Ordinatenparallelen durch s, falls $f(s - x) = f(s + x)$ für alle $x \in T$ gilt,
b) *drehsymmetrisch* um $Z = (z, f(z))$ um 180°, falls $f(z - x) + f(z + x) = 2 \cdot f(z)$ für alle $x \in T$ gilt.

1.268.4 Bemerkungen

1. Die folgenden Skizzen zeigen Beispiele für spiegel- und um Z drehsymmetrische Funktionen:

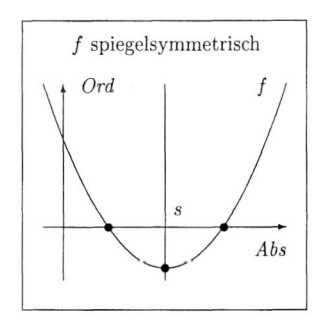

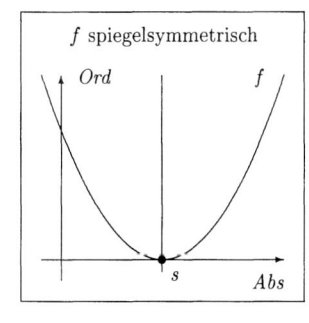

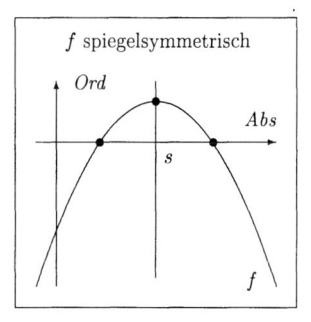

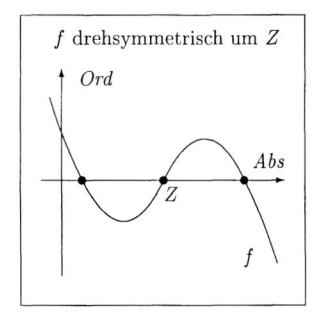

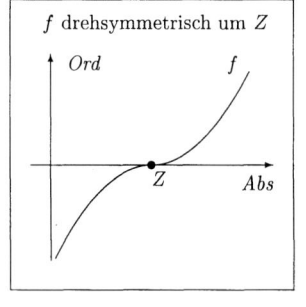

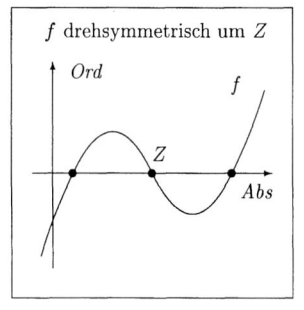

2. Die vorstehende Definition in a) beinhaltet, daß der Definitionsbereich $D(f) = T$ selbst ebenfalls symmetrisch zu s sein soll, das heißt, daß $-T + s = T + s$ gilt (mit $-T = \{-x \mid x \in T\}$). Diese Bedingung gilt natürlich für $\mathbb{Z}$, $\mathbb{Q}$ und $\mathbb{R}$. Das gleiche gilt in Teil b) für die Zahl z.

3. Die Ordinatensymmetrie ist der Sonderfall der Spiegelsymmetrie für $s = 0$. Die spezielle Drehsymmetrie um $Z = (0,0)$ um $180°$, also die Punktsymmetrie, ist der Sonderfall der allgemeinen Drehsymmetrie für $z = 0$ und $f(z) = 0$.

Zum Nachweis (oder zumindest zur Prüfung) der Spiegel- oder Drehsymmetrie kann man sich neben den Formeln in Definition 1.268.1 auch der folgenden Kriterien bedienen. Diese Kriterien führen die allgemeine Spiegel- oder Drehsymmetrie auf die speziellen Fälle der Ordinaten- oder Punktsymmetrie (in Definition 1.202.1) zurück, wobei die zu untersuchende Funktion in geeigneter Weise verschoben wird.

Dazu sei noch einmal an die beiden Mechanismen zur Verschiebung in den Abschnitten 1.260 und 1.262 erinnert: Eine Funktion f wird um a in vertikaler oder Ordinaten-Richtung durch $V_a^{ord}(f) = f + a$ und um c in horizontaler oder Abszissen-Richtung durch $V_c^{abs}(f) = f \circ (id - c)$ parallel verschoben. Beide Prozesse lassen sich beliebig komponieren und erlauben so Parallel-Verschiebungen in alle Richtungen.

1.268.5 Lemma

Eine Funktion $f : \mathbb{R} \longrightarrow \mathbb{R}$ ist genau dann
a) spiegelsymmetrisch zu einer Ordinatenparallelen durch s, falls $V_{-s}^{abs}(f)$ ordinatensymmetrisch ist,
b) drehsymmetrisch um $Z = (z, f(z))$ um $180°$, falls $(V_{-z}^{abs} \circ V_{-f(z)}^{ord})(f)$ punktsymmetrisch ist.

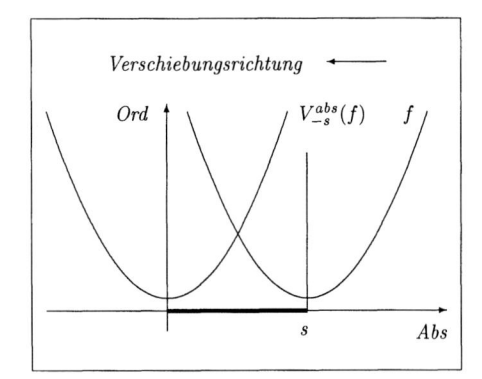

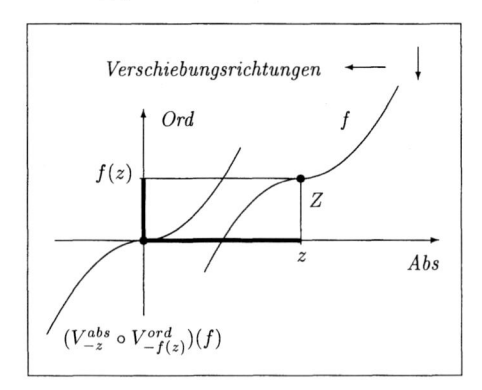

A1.268.01: Nennen und erläutern Sie Beispiele zu jedem genannten Symmetrie-Begriff.

1.270 Physikalische Größen und Funktionen (Teil 1)

> Jede Art von Bildung hat doppelten Wert, einmal als Wissen, dann als Charaktererziehung.
> *Herbert Spencer* (1820 - 1903)

Die folgenden Überlegungen skizzieren eine Möglichkeit, der tatsächlichen physikalischen Begriffswelt durch angemessene mathematische Beschreibungsmethoden gerecht zu werden – und zwar so, daß Parallelität und/oder Wechselspiel von physikalischen Vorstellungen und formal-sprachlichen Ausdrucksmitteln sichtbar und auch gewahrt bleiben. Das wird an den beiden Grundbegriffen der beschreibenden Physik, *Physikalische Größe* und *Physikalische Funktion*, mit einem gewissen prinzipiellen Anspruch entwickelt – auch um anhand der zugrunde liegenden Ideen auf unbedachte Sprechweisen beim Umgang mit physikalischen Sachverhalten (zu vergröbernde oder zu überzogene Sprachmittel gleichermaßen) aufmerksam zu machen. Beispiele sollen dann ihre Handhabung sowie Einsatz- und Ausbaufähigkeit aufzeigen, wobei komplexere Sachverhalte allerdings erst in den Abschnitten 2.680 und 4.088 besprochen werden.

Jene beiden Abschnitte beschäftigen sich mit differenzierbaren bzw. integrierbaren physikalischen Funktionen (2.680) und der Konstruktion bilinearer physikalischer Funktionen (4.088). Allerdings setzt das eine genauere Analyse des Begriffsgefüges *Größe - Einheit - Meßwert* voraus, die in diesem Abschnitt vorgenommen werden soll. Insofern hat dieser Abschnitt lediglich den Charakter von Definitionen begrifflicher Grundlagen, auf deren Basis jene Abschnitte dann zeigen, daß und wie aus rein formalen Betrachtungen physikalische Einsichten gewonnen werden können.

Die nachfolgenden Betrachtungen folgen aus einfachen Grundgedanken, beispielsweise: Dem Begriff *Zeit* an sich entspricht – wenn überhaupt – nur ein sehr vage beschreibbarer Erfahrungsgehalt (abgesehen natürlich von den Folgen). Erfahrbar hingegen ist die *Dauer*, die gemessene Zeitlänge eines Ereignisses als Vergleichsbeobachtung zu anderen Ereignissen. Infolgedessen ergibt sich ein gewissermaßen definitorischer Sinn des physikalischen Begriffs *Zeit* als Bezeichnung für die *Menge aller Meßwerte der Zeit* (die Menge aller theoretisch meßbaren Zeitlängen). Die scheinbare Widersprüchlichkeit, daß der Begriff der Zeit sich erst aus dem des Meßwertes der Zeit ergibt, beruht nur auf der Gewohnheit des Sprachgebrauchs. (Nichtphysikalische Betrachtungen über den Begriff der Zeit sollten das in Rechnung stellen.)

Ein Meßwert der Zeit hat etwa die sprachliche Form *sechs Sekunden*, er besteht also aus einer Zahl als Quantitätsangabe und daneben einem (im Prinzip willkürlich gewählten sprachlichen) Unterscheidungsmerkmal zu Meßwerten anderer physikalischer Größen. Zwischen Zahl und Unterscheidungsmerkmal besteht jedoch keinerlei innerer Zusammenhang, so daß etwa die Deutung *sechs mal Sekunde* (wohl durch die abkürzende Schreibweise $6s$ hervorgerufen) keinen vernünftigen Sinn haben kann (und im übrigen bei der Formulierung *fünf mal sechs Sekunden* für $(5 \cdot 6)s = 5 \cdot (6s)$ zu semantischen Verwicklungen führt).

1.270.1 Definition

1. Ein *Meßwert* ist ein Paar $(x, [G])$ einer Zahl x und einem Unterscheidungssymbol $[G]$; dabei nennt man x die *Größe* oder *Maßzahl* und $[G]$ die *Dimension* des Meßwertes $(x, [G])$.

2. Aus dem Begriff des Meßwertes folgt der Begriff der *Physikalischen Größe* als Cartesisches Produkt $\mathbb{R} \times \{[G]\} = \{(x, [G]) \mid x \in \mathbb{R}\}$, wofür im folgenden die abkürzende Schreibweise $\mathbb{R} \times [G]$ verwendet wird.

1.270.2 Bemerkungen und Beispiele

1. Die Gleichheit bzw. Ungleichheit von Meßwerten ist die geordneter Paare.

2. Beispielsweise nennt man *Zeit* die physikalische Größe $t = \mathbb{R} \times [t]$ oder auch $\mathbb{R} \times s$, wenn man wie üblich $s = [t]$ für *Sekunde* vereinbart. Neben der *Zeit* sind nach dem *Gesetz über die Einheiten im Meßwesen* (1969) die fünf weiteren Physikalischen Basisgrößen festgelegt, insgesamt also:

Zeit	$t = \mathbb{R} \times [t] = \mathbb{R} \times s$ (Sekunde)	*Masse*	$m = \mathbb{R} \times [m] = \mathbb{R} \times kg$ (Kilogramm)
Weg(länge)	$s = \mathbb{R} \times [s] = \mathbb{R} \times m$ (Meter)	*Temperatur*	$T = \mathbb{R} \times [T] = \mathbb{R} \times K$ (Kelvin)
Stromstärke	$I = \mathbb{R} \times [I] = \mathbb{R} \times A$ (Ampère)	*Lichtstärke*	$I_L = \mathbb{R} \times [I_L] = \mathbb{R} \times cd$ (Candela)

3. Die Wahl von $\mathbb{R}$ als Menge der Maßzahlen beruht auf ihrer mathematischen Strukturvielfalt; daß die physikalische Anwendung meist nur von Teilmengen von $\mathbb{R}$ Gebrauch macht, etwa von $\mathbb{Q}$-Intervallen, stört dabei aber nicht.

4. Einen tatsächlichen physikalischen Inhalt, also den eine Beobachtung beschreibenden Charakter, erhält eine solchermaßen definierte physikalische Größe G allein durch die Festlegung der Bedeutung ihrer *Einheit* $(1, [G])$. Diese Einheit hat die Aufgabe, ganz G zu erzeugen; naheliegenderweise wählt man dabei 1 als Maßzahl, da $\{1\}$ eine besonders naheliegende Basis des $\mathbb{R}$-Vektorraums $\mathbb{R}$ ist, wobei dieser Sachverhalt in Teil 2 zu diesem Thema noch genauer besprochen wird (Abschnitt 2.680).

1.270.3   Definition

Ein Zusammenhang zwischen zwei physikalischen Größen $\mathbb{R} \times [G]$ und $\mathbb{R} \times [H]$ wird durch eine *Physikalische Funktion* $H_G : \mathbb{R} \times [G] \longrightarrow \mathbb{R} \times [H]$ mit der Zuordnung $(x, [G]) \longmapsto (y, [H])$ formuliert, wofür im folgenden auch abkürzend $H_G : G \longrightarrow H$ geschrieben wird.

1.270.4   Bemerkungen und Beispiele

1. Da die Begriffe *Zusammenhang* und *Abhängigkeit* zwischen physikalischen Größen nicht immer deutlich genug sagen, was wovon abhängt, bieten sich bezüglich einer Funktion $H_G : G \longrightarrow H$ die etwas suggestiveren Namen *Eingabegröße* für G und *Ausgabegröße* für H an. So wird klarer, welche Größe von welcher anderen Größe abhängt.

2. Eine kleinere, aber stets überbrückbare Schwierigkeit ergibt sich in konkreten Fällen dadurch, daß die Zuordnung $(x, [G]) \longmapsto (y, [H])$ zunächst nur für Teilmengen von $\mathbb{R}$ einen physikalischen Sinn hat. In solchen Fällen verfährt man nach den Maßgaben, die die weitere mathematische Bearbeitung der Funktion erfordert (beispielsweise stetige Ergänzung); Teile von Geraden werden sinnvollerweise zu vollständigen Geraden ergänzt.

3. In geringfügiger Nuancierung lassen sich physikalische Funktionen $H_G : G \longrightarrow H$ als Cartesische Produkte der Form $H_G = H_G^{\mathbb{R}} \times H_G^D$ von Funktionen $H_G^{\mathbb{R}} : \mathbb{R} \longrightarrow \mathbb{R}$ und $H_G^D : \{[G]\} \longrightarrow \{[H]\}$ ansehen. Diese Betrachtungsweise erlaubt, deutlicher auf die Klassifizierung physikalischer Zusammenhänge nach den mathematischen Kennzeichnungen der jeweiligen Funktion $H_G^{\mathbb{R}}$ einzugehen. Davon wird in den Abschnitten 2.680 und 4.088 Gebrauch gemacht, wobei $H_G^{\mathbb{R}}$ auch der numerische Teil von H_G genannt und abkürzend ebenfalls mit H_G bezeichnet wird.

4. Eine physikalische Funktion $H_G : G \longrightarrow H$ heißt beispielsweise *proportional (quadratisch, logarithmisch, exponentiell usw.)*, falls der zugehörige numerische Teil $H_G : T \longrightarrow \mathbb{R}$ (mit geeigneter Teilmenge $T \subset \mathbb{R}$) die entsprechende Eigenschaft hat. Proportionale Funktionen werden in Teil 3 zu diesem Thema (Abschnitt 4.088) genauer untersucht.

5. Eine proportionale physikalische Funktion ist etwa die Abhängigkeit der Kraft $F = \mathbb{R} \times [F] = \mathbb{R} \times N$ (Newton) von der Masse $m = \mathbb{R} \times [m] = \mathbb{R} \times kg$ (Kilogramm) bei konstanter Beschleunigung, also die Funktion $F_m : m \longrightarrow F$.

6. Eine quadratische physikalische Funktion ist etwa die Abhängigkeit der Weglänge $s = \mathbb{R} \times [s] = \mathbb{R} \times m$ (Meter) von der Zeit $t = \mathbb{R} \times [t] = \mathbb{R} \times s$ (Sekunde) bei gleichförmig-beschleunigter Bewegung, also die Funktion $s_t : t \longrightarrow s$ (siehe dazu insbesondere die Abschnitte 1.272 bis 1.274).

7. Eine physikalisch wichtige Vorstellung wird mit dem Begriff der *Vektoriellen physikalischen Größe* ausgedrückt: Oft – ohne das hier vollständig aufzuzählen, aber man denke nur an Kräfte – wird die Wirkung einer physikalischen Größe erst durch Angabe einer Richtung, einer Orientierung und der Größe/Stärke vollständig, also kurz, durch einen Vektor beschrieben. Soll diese Idee mit in das vorliegende Konzept aufgenommen werden, wird man – um hier nur ein Muster zu nennen, siehe insbesondere die folgenden Abschnitte – etwa die physikalische Größe *Kraft* als cartesisches Produkt $\vec{F} = \mathbb{V} \times \{[F]\} = \mathbb{V} \times \{N\}$ mit Elementen $(\vec{v}, N)$ darstellen (wobei $\mathbb{V}$ die Menge aller Vektoren $\vec{v}$ im Raum bezeichne).

8. Im Unterschied zu vektoriellen physikalischen Größen sind *Skalare physikalische Größen* nicht-vektorielle physikalische Größen. Beispielsweise

a) sind *Weg* sowie *Geschwindigkeit* und *Beschleunigung* vektorielle physikalische Größen,

b) hingegen sind die *Zeit* und die *Arbeit* skalare physikalische Größen.

9. Ist neben einer vektoriellen physikalischen Größe $\vec{H}$ eine skalare physikalische Größe G gegeben, so kann man physikalische Funktionen $H_G : G \longrightarrow H$ durch kommutative Diagramme der Form

$$G = \mathbb{R} \times [G] \xrightarrow{H_G} H = \mathbb{R} \times [H] \qquad (x, [G]) \longmapsto (|\vec{H}_G(x)|, [H])$$
$$\vec{H}_G \searrow \nearrow \qquad \qquad \searrow \nearrow$$
$$\vec{H} = \mathbb{V} \times [H] \qquad \qquad (\vec{H}_G(x), [H])$$

formulieren, womit $H_G(x, [G]) = (|\vec{H}_G(x)|, [H])$ festgelegt ist (und die Zahl $|\vec{H}_G(x)|$ nötigenfalls mit einem Vorzeichen als Kennzeichnung der Orientierung des Vektors $\vec{H}_G(x)$ versehen wird).

1.270.5 Bemerkungen

1. Grundlegend für die der Beschreibung dienenden Verfahrensweisen der Physik ist die Erzeugung neuer physikalischer Größen (Inhalte) durch Multiplikation und Division gegebener (Grund-)Größen. Die möglichen Schwierigkeiten ergeben sich dabei vorwiegend aus einem nicht immer vollständig geklärten Umgang mit den Dimensionen. Hier kann wie folgt verfahren werden:

2. Betrachtet man eine endliche Menge $\{[G_1], ..., [G_n]\}$ von Dimensionssymbolen, so bezeichne D die von dieser Menge erzeugte (multiplikativ geschriebene) abelsche Gruppe mit dem neutralen Element $[.] = [G_1][G_1]^{-1} = ... = [G_n][G_n]^{-1}$. Die Elemente $[G]$ von D liefern dann jeweils physikalische Größen $G = \mathbb{R} \times [G]$, deren Menge mit P bezeichnet sei. Ferner liefert die Gruppenstruktur auf D vermöge $GH = (\mathbb{R} \times [G])(\mathbb{R} \times [H]) = \mathbb{R} \times [G][H]$ eine isomorphe Gruppenstruktur auf P.

3. Legt man in Wirklichkeit etwa die Menge $\{[s], [t], [m], [T]\} = \{m, s, kg, K\}$ zugrunde, dann ist klar, daß nicht jedem Element aus D oder P auch ein physikalischer Inhalt entspricht. Dasselbe gilt auch für die jeweils neutralen Elemente $[.]$ und $\mathbb{R} \times [.]$ (letzteres identifiziert man einfach mit $\mathbb{R}$). Das ist aber für den Formalismus unerheblich und erledigt sich einfach durch Nichtbeachtung. Ferner sei noch erwähnt, daß die physikalischen Konstanten als einelementige Teilmengen oder als Elemente physikalischer Größen aufzufassen sind (siehe auch Bemerkung 4.088.1/1).

4. Zur algebraischen Struktur physikalischer Größen gehören weiterhin die folgenden Operationen zwischen Meßwerten:

a) Die in Bemerkung 2 beschriebene Multiplikation physikalischer Größen läßt sich für je zwei Größen G und H (und rekursiv für endlich viele Größen) als Funktion $G \times H \longrightarrow GH$ mit der Zuordnungsvorschrift $((x, [G]), (y, [H])) \longmapsto (xy, [GH])$ auffassen, woraus sich die folgende Multiplikationsregel für Meßwerte ergibt: $(x, [G]) \cdot (y, [H]) = (xy, [GH])$.

b) Die $\mathbb{R}$-Vektorraumstruktur auf $\mathbb{R}$ wird naheliegenderweise auf physikalische Größen $G = \mathbb{R} \times [G]$ vererbt vermöge der durch $(x, [G]) + (y, [G]) = (x + y, [G])$ definierten Addition und der vermöge $a(x, [G]) = (ax, [G])$ definierten $\mathbb{R}$-Multiplikation.

5. Noch ein Wort zur Division von Meßwerten: Es wird gelegentlich der Vorschlag gemacht, bei Quotienten von Meßwerten gleicher Dimension die Dimensionssymbole nicht zu kürzen, also etwa $\frac{1s}{2s} = \frac{1}{2} \cdot \frac{s}{s} \neq \frac{1}{2}$ zu schreiben. Sieht man jedoch den Sinn des Zeichens $\frac{1s}{2s}$ in der Angabe eines *Verhältnisses* von Meßwerten, dann kann das nur ohne inhaltliches Dimensionssymbol angegeben werden. Sonst müßte man auch die Verhältnisse $\frac{1s}{2s}$ und $\frac{1m}{2m}$ als verschieden ansehen. In der hier genannten Darstellung werden solche Situationen durch die *leere Dimension* $[.]$, also durch $GG^{-1} = \mathbb{R} \times [.]$ geregelt.

6. Will man Winkelmaße in der Form $x° = (x, [W])$ physikalischer Größen behandeln, dann ist beispielsweise die Sinus-Bildung von Winkelmaßen als Funktion
$$W = \mathbb{R} \times [W] \longrightarrow \mathbb{R} \times [.] = \mathbb{R}$$
zu betrachten und definiert als die Komposition in neben-

$$W = \mathbb{R} \times [W] \xrightarrow{\sin} \mathbb{R} \times [.] = \mathbb{R}$$
$$b \searrow \nearrow \sin$$
$$\mathbb{R}$$

stehendem kommutativen Diagramm vermöge der bijektiven Bogenmaß-Funktion b durch die Vorschrift $b(x, [W]) = \pi \cdot (x, [W]) \cdot (180, [W])^{-1}$, also $b(x°) = \frac{x°}{180°} \cdot \pi$.

1.270.6 Bemerkung

Bei Lehrern, die sowohl Mathematik als auch Physik unterrichten, kann man häufig beobachten, daß sie Begriff und Verwendung von Funktionen den Verfahrensweisen und sonstigen Usancen eines der beiden Fächer unterordnen. Anders gesagt: Man kann den unterrichtlichen Inhalten unmittelbar ansehen, ob einer seine Vorlieben mehr im Rahmen mathematischer oder mehr im Rahmen physikalischer Vorstellungen hat. Zum Beispiel: Ein mehr an der Physik orientierter Lehrer hantiert bei der formalen Beschreibung gleichförmig-beschleunigter Bewegungen mit Formeln und (algebraisch korrekten) Umformungen der Art

$$s = \tfrac{1}{2} a t^2 \longleftrightarrow t = \sqrt{\tfrac{2s}{a}}$$

und wird – nun im Mathematik-Unterricht – einfache quadratische Funktionen am liebsten in der Form $y = cx^2$ schreiben und dann ohne viel Federlesens umformen:

$$y = cx^2 \longleftrightarrow x = \sqrt{\tfrac{y}{c}}.$$

Was stellen diese Gebilde nun dar? Zunächst kann man sagen, daß sie definitorische Gleichungen von Relationen (und nur numerisch betrachtet) mit Elementen $(x,y) \in \mathbb{R} \times \mathbb{R}$ darstellen. (Daher stammt wohl auch die eher irreführende Bezeichnung *Funktionsgleichung*.) Was dabei überhaupt nicht zu erkennen ist, sind die wesentlichen Merkmale von Funktionen, nämlich *Richtung* und *Zuordnung*. Man kann das eigentlich nur einen vormathematischen Begriff von Funktionen nennen.

Nebenbei: Wenn bei der Darstellung $s = \tfrac{1}{2} a t^2$ gemeint sein sollte, daß der Weg s von der Zeit t abhängt, also s eine Funktion von t ist, dann widerspricht das Ergebnis $s = \tfrac{1}{2} a t^2$ eigentlich der Anlage zugehöriger Experimente, bei denen Wege vorgegeben und zugehörige Zeiten gemessen werden. Konsequenterweise müßte eine Meßwertetabelle dann zu einem Weg-Zeit-Diagramm mit s als Abszissenbelegung und t als Ordinatenbelegung und somit zu einer Wurzel-Funktion führen.

Man kann diesen Formeln nicht ansehen, welche physikalische Größe dabei als Eingabegröße, welche als Ausgabegröße fungiert (siehe Bemerkung 1.270.4/1). Es bedarf also einer genaueren Formulierung als Funktion, etwa in der Form $s_t : t \longrightarrow s$ mit den physikalischen Größen Zeit $t = [0, t_e] \times \{s\}$ und Weg $s = \mathbb{R}_0^+ \times \{m\}$ (und einer letzten verwendeten Beobachtungszeit t_e). Nur so ist klar, auch im Sinne des physikalischen Vorgangs, wem was zugeordnet wird.

Weiterhin: Die oben genannten Umformungen basieren auf einer Eigenschaft der Funktion $s_t : t \longrightarrow s$, die im üblichen Physik-Unterricht nicht angesprochen, aber immer verwendet wird, nämlich die Bijektivität der auf die Bildmenge $Bild(s_t)$ eingeschränkten Funktion $s_t : t \longrightarrow Bild(s_t)$, obgleich die Funktionseigenschaft Bijektivität im etwa zeitgleichen Mathematik-Unterricht ein bedeutender Untersuchungsgegenstand ist (etwa bei dem prominentesten Beispiel der Exponential- und Logarithmus-Funktionen).

Der Feststellung der Bijektivität von $s_t : t \longrightarrow Bild(s_t)$ mit der Wahl $Bild(s_t) = [0, s_e] \times \{m\}$ (mit einem größten (vorgegebenen oder gemessenen) Meßwert s_e), liegt aber noch ein anderes Problem zugrunde, das in einem zumindest anschaulichen Sinne ebenfalls nicht unerwähnt bleiben sollte, nämlich s_t als eine günstig und physikalisch plausibel gewählte stetige Fortsetzung einer Funktion, die ja zunächst in Form einer Meßwertetabelle nur in diskreten Punkten vorliegt, anzusehen. Erst diese Investition liefert eine Begründung für die Festsetzung $Bild(s_t) = [0, s_e] \times \{m\}$, also die tatsächliche Surjektivität, und dann die Zuordnungsvorschrift $s_t(t_0) = \tfrac{1}{2} a t_0^2$, für alle Meßwerte $t_0 \in [0, t_e] \times \{s\}$. Im übrigen sind solche Funktionen auch nicht immer von vornherein injektiv, beispielsweise sind die Funktionen, die die Widerstände bestimmter Leiter in Abhängigkeit der Temperatur beschreiben, im allgemeinen nicht injektiv.

Nun sind die Manipulationen (entweder nur als Plausibilitätsbetrachtungen oder als formale Prozesse), die die Bijektivität der Funktion s_t festzustellen gestatten, ja kein Selbstzweck, sondern haben zum Ziel, die zugehörige inverse Funktion zunächst zu installieren und dann im Rahmen physikalischer Anwendungen nutzbar zu machen. Bei dem betrachteten Beispiel erlaubt die inverse Funktion $(s_t)^{-1} : s \longrightarrow t$, nun genauer $(s_t)^{-1} : [0, s_e] \times \{m\} \longrightarrow [0, t_e] \times \{s\}$, zu vorgegebenen Wegen (Abständen, Höhen) zugehörige Zeiten (Fahrzeiten, Fallzeiten) zu berechnen, wofür dann die Beziehung $t_0 = (s_t)^{-1}(s_t(t_0)) = (s_t)^{-1}(\tfrac{1}{2} a t_0^2) = \sqrt{\tfrac{2 s_t(t_0)}{a}} = \sqrt{\tfrac{2}{a}} \cdot \sqrt{s_t(t_0)}$ zur Verfügung steht.

Schließlich gehört zu diesen Überlegungen ein weiteres Problem, das hier nur angedeutet sei, aber einer ausführlicheren Untersuchung wert ist, nämlich: Welche Funktionen sind zusätzlich im Spiel, wenn in einem Diagramm die Abszisse (oder auch die Ordinate) so angelegt sein soll, daß aus einer gekrümmten Linie als Funktionsdarstellung eine Gerade entstehen soll?

1.271 GEWINNUNG PHYSIKALISCHER FUNKTIONEN

> In der wahren Philosophie werden die Ursachen der Naturerscheinungen in mechanischen Begriffen erfaßt. Wir müssen das tun, nach meiner Meinung, oder aber alle Hoffnung aufgeben, jemals etwas von Physik zu verstehen.
> *Chritian Huygens* (1629 - 1695)

Lassen wir zunächst *Oskar Höfling* zu Wort kommen: „Man hat ... lange geglaubt, daß es möglich wäre, physikalische Erkenntnisse durch bloßes Nachdenken über die Umwelt zu gewinnen. ... Die erzielten Ergebnisse erwiesen sich aber auf die Dauer ausnahmslos als unbefriedigend und teilweise sogar als falsch. Deshalb hat sich heute unter allen Physikern die Auffassung durchgesetzt, daß der Weg über das reine Denken nicht gangbar ist, sondern daß Erkenntnisse über die Außenwelt nur aus der Außenwelt selbst kommen können und daß wir deshalb nur auf dem Wege über die sinnlichen Wahrnehmungen zu physikalischen Gesetzen kommen können. Dabei ist es natürlich selbstverständlich, daß auch in der Physik gründlich und sorgfältig nachgedacht werden muß, aber das Denken allein genügt eben nicht."

Man wird also das Prinzip *Einsehen kommt von Sehen*, das zunächst im Rahmen der Mathematik von großem Nutzen ist, auch im Rahmen der Physik gelten lassen. Aber: Das *Sehen* spielt hier eine andere, man muß sogar sagen, eine problematische Rolle. Das liegt einfach daran, daß die Wahrnehmung eines physikalischen Experiments selbst ein physikalischer Vorgang und insofern auch und immer mit Fehlern behaftet ist. Solche Fehler dürfen aber nicht prinzipiell als Mangel gedeutet werden, sie liegen nun mal in der Natur der Sache.

Gleichwohl kommt es aber darauf an, im Rahmen einer *Fehleranalyse* einerseits die *Ursachen* solcher Fehler (systematische/zufällige Fehler) zu ergründen und zu beschreiben, andererseits zu versuchen, durch geeignete Maßnahmen solche Fehler zu verringern, also den *Genauigkeitsgrad* der durch Experimente gewonnenen Meßwerte/Einsichten zu verbessern.

Einzelne Schritte zur *Zielbeschreibung/Fragestellung, Planung, Durchführung* und *Auswertung/Bewertung* (das sind die wesentlichen Schritte eines *Protokolls eines physikalischen Experiments*) seien am Beispiel eines Fadenpendel-Versuchs (siehe etwa Beispiel 1.280) angedeutet:

1. *Zielbeschreibung:* Hängt die Schwingungsdauer T_0 von der Masse m_0 des Pendelkörpers ab? Wenn ja, wie? Das heißt: Welche Form hat die durch $m_0 \longmapsto T_0$ definierte physikalische Funktion $T_m : m \longrightarrow T$?

2. *Planung:* Es ist plausibel, daß die Messung der Dauer *einer* vollen Schwingung mit einer mechanischen Stoppuhr einen ziemlich ungenauen Meßwert liefert. Man wird also – neben anderen Maßnahmen – jeweils 10 oder 20 volle Schwingungen zu einer Messung zusammenfassen.

3. *Durchführung:* Es wird die Schwingungsdauer zu jeweils 10 oder 20 vollen Schwingungen gemessen und vollständig (also ohne Bewertung) tabellarisch erfaßt (siehe nächste Seite).

4. *Auswertung/Bewertung:* Da die Bewertung von der Auswertung abhängt, spielt bei der Auswertung die *quantitative Bestimmung* der Güte der Meßwerte eine besondere Rolle (worauf dann eine quantitative und qualitative Einschätzung des Genauigkeitsgrades des Meßergebnisses basiert). Dazu dienen die beiden folgenden Seiten.

Das folgende Bild zeigt die graphische Darstellung einer Liste von Meßwerten (deren Anzahl wegen mehrfach auftretender Zahlen so nicht mehr reproduzierbar ist), wobei zur weiteren Auswertung die beiden unterstrichenen Punkte wegen zu großer Abweichung gestrichen werden (Elimination von Randwerten). Zu dieser Liste werden nach den auf den Folgeseiten genannten Methoden ein *Mittelwert* X_m, eine *Streuung* s sowie ein *Streuungsintervall* $[X_m - s, X_m + s]$ und ein *Variationsintervall* $[X_m - 3s, X_m + 3s]$ berechnet. Man nennt den Genauigkeitsgrad einer Meßreihe *genügend*, falls mindestens 67% der Meßwerte innerhalb des Streuungsintervalls und höchstens 1% der Meßwerte außerhalb des Variationsintervalls liegen. Das *Meßergebnis* X hat dann die Form $X = X_m \pm s$.

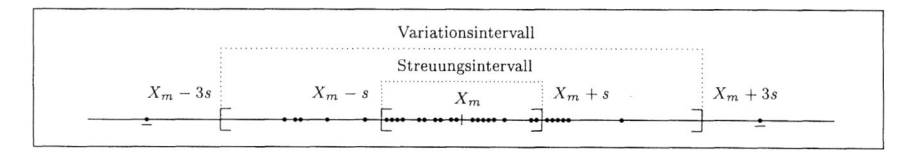

```
                        Variationsintervall
                      Streuungsintervall
      X_m - 3s      X_m - s      X_m      X_m + s      X_m + 3s
```

Zur *Quantitativen Analyse* einer Meßreihe (als Teil des Protokolls zu einem Experiment) folgendes Muster:

Anlage zu: Datum:

Angaben zum Verfahren:

Physikalische Einflußgrößen:

Meßwerte und Tabelle:

Meßwerte: X_i mit $1 \leq i \leq n$ Anzahl der Meßwerte: $n =$

Abweichungen von X_0: $X_i - X_0$ Geschätzter Mittelwert: $X_0 =$

X_i innerhalb der Streuungsbreite: $inn(X_i)$ (j/n)

X_i außerhalb der Variationsbreite: $aus(X_i)$ (j/n)

Nr.	X_i in	$X_i - X_0$ in falls ≤ 0	falls ≥ 0	$(X_m - X_i)^2$ in	$inn(X_i)$	$aus(X_i)$
		Summe: −	Summe: +			
		Summe: $\sum_{1 \leq i \leq n} (X_i - X_0)$ =		Summe: $\sum_{1 \leq i \leq n} (X_m - X_i)^2$ =	Anzahl: $m_1 =$	Anzahl: $m_2 =$

Anlage zu:	Datum:

Berechnung des Mittelwertes:

Abweichung: $\quad d(X_0) = \frac{1}{n} \cdot \sum_{1 \leq i \leq n} (X_i - X_0) =$

Mittelwert: $\quad X_m = X_0 + d(X_0) \quad =$

Streuung und Variation:

Summe quadratischer Abweichungen: $sqa(X) = \sum_{1 \leq i \leq n} (X_m - X_i)^2 =$

Streuung: $\quad s = \sqrt{\frac{sqa(X)}{n}} =$

Streuungsintervall $[X_m - s, X_m + s] \quad =$

Variationsintervall $[X_m - 3s, X_m + 3s] \quad =$

Anteil Meßwerte X_i innerhalb des Streuungsintervalls $[X_m - s, X_m + s]$: $\quad p_1 = \frac{m_1 \cdot 100}{n} \% =$

Anteil Meßwerte X_i außerhalb des Variationsintervalls $[X_m - 3s, X_m + 3s]$: $\quad p_2 = \frac{m_2 \cdot 100}{n} \% =$

Genauigkeitsgrad: genügend?

(Man nennt den Genauigkeitsgrad *genügend*, falls mindestens 67% der Meßwerte innerhalb des Streuungsintervalls und höchstens 1% der Meßwerte außerhalb des Variationsintervalls liegen.)

Berechnung des Meßergebnisses:

Mittlere quadratische Abweichung: $\quad mqa(X) = \sqrt{\frac{sqa(X)}{n-1}} \quad =$

Absolute Abweichung: $\quad aa(X) = \frac{mqa(X)}{\sqrt{n}} \quad =$

Relative Abweichung: $\quad ra(X) = \frac{aa(X)}{X_m} \quad =$

Meßergebnis: $\quad X = X_m \pm aa(X) \quad =$

$\quad X = X_m \pm ra(X) \quad =$

Kommentare:

1. Systematische Fehler:

Für Summen (Differenzen) $X + Y$ und Produkte (Quotienten) XY physikalischer Größen X und Y setzen sich die Fehler folgendermaßen zusammen: $aa(X+Y) = \sqrt{aa(X)^2 + aa(Y)^2}$ und $ra(X \cdot Y) = \sqrt{ra(X)^2 + ra(Y)^2}$.

A1.271.01: Führen Sie zu der folgenden Liste von Meßwerten eine vollständige Analyse durch:

Anlage zu: FADENPENDEL I (Untersuchung von $h_0 \mapsto T_h(h_0)$) Datum: 00.00.0000

Angaben zum Verfahren: Es wird mit einer Handstoppuhr und nach Augenschein jeweils die Schwingungsdauer für 10 volle Schwingungen gemessen. Im folgenden bezeichne X_i aber die Schwingungsdauer einer vollen Schwingung.

Physikalische Einflußgrößen:
Fadenlänge $h_0 = 50\,cm$, Masse des Pendelkörpers $m_0 = 50\,g$, Amplitude $e_0 = 10\,cm$

Meßwerte und Tabelle:

Meßwerte:	X_i mit $1 \leq i \leq n$	Anzahl der Meßwerte:	$n = 14$
Abweichungen von X_0:	$X_i - X_0$	Geschätzter Mittelwert:	$X_0 = 1,463\,s$
X_i innerhalb der Streuungsbreite:	$inn(X_i)$ (j/n)		
X_i außerhalb der Variationsbreite:	$aus(X_i)$ (j/n)		

Nr.	X_i in s	$X_i - X_0$ in $10^{-3}\,s$ falls ≤ 0	$X_i - X_0$ in $10^{-3}\,s$ falls ≥ 0	$(X_m - X_i)^2$ in $10^{-6}\,s^2$	$inn(X_i)$	$aus(X_i)$
1	1,462					
2	1,471					
3	1,459					
4	1,460					
5	1,458					
6	1,470					
7	1,468					
8	1,457					
9	1,463					
10	1,466					
11	1,452					
12	1,460					
13	1,458					
14	1,464					
		Summe: −	Summe: +			
		Summe: $\sum_{1 \leq i \leq n}(X_i - X_0)$ =		Summe: $\sum_{1 \leq i \leq n}(X_m - X_i)^2$ =	Anzahl: $m_1 =$	Anzahl: $m_2 =$

A1.271.02: Führen Sie zu der folgenden Liste von Meßwerten eine vollständige Analyse durch:

Anlage zu: GLEICHFÖRMIGE BEWEGUNGEN II Datum: 00.00.0000

Angaben zum Verfahren: Es wird mit einer Handstoppuhr und nach Augenschein jeweils die Fahrzeit für die Bewegung eines Wagens, der über eine Rolle durch eine Gewichtskraft angetrieben wird, gemssen.

Physikalische Einflußgrößen:
Weglänge $s_0 = 240\,cm$, Masse des angehängten Körpers $m_0 = 100\,g$

Meßwerte und Tabelle:

Meßwerte:	X_i mit $1 \leq i \leq n$	Anzahl der Meßwerte:	$n = 15$
Abweichungen von X_0:	$X_i - X_0$	Geschätzter Mittelwert:	$X_0 = 1{,}20\,s$
X_i innerhalb der Streuungsbreite:	$inn(X_i)$	(j/n)	
X_i außerhalb der Variationsbreite:	$aus(X_i)$	(j/n)	

Nr.	X_i in s	$X_i - X_0$ in $10^{-2}\,s$ falls ≤ 0	$X_i - X_0$ in $10^{-2}\,s$ falls ≥ 0	$(X_m - X_i)^2$ in $10^{-4}\,s^2$	$inn(X_i)$	$aus(X_i)$
1	1,22					
2	1,21					
3	1,25					
4	1,19					
5	1,22					
6	1,21					
7	1,23					
8	1,19					
9	1,17					
10	1,15					
11	1,23					
12	1,22					
13	1,26					
14	1,17					
15	1,23					
		Summe: −	Summe: +			
		Summe: $\sum_{1\leq i\leq n}(X_i - X_0) =$		Summe: $\sum_{1\leq i\leq n}(X_m - X_i)^2 =$	Anzahl: $m_1 =$	Anzahl: $m_2 =$

1.272 Gleichförmige Bewegungen

> Wenn man seine Ruhe nicht in sich selbst findet,
> ist es zwecklos, sie anderenorts zu suchen.
> *François Duc de La Rochefoucauld (1613 - 1680)*

Im Anschluß an die allgemeinen Überlegungen über physikalische Größen und physikalische Funktionen in Abschnitt 1.270 soll Gelegenheit genommen werden, einige konkrete physikalische Funktionen zu betrachten, in diesem Abschnitt zunächst im Rahmen der *Kinematik*, der *Lehre von den Bewegungen*.

Obgleich in den Abschnitten 1.27x die Beschreibung physikalischer Funktionen unter formalen Aspekten im Vordergrund steht, sollen doch kleine Hinweise auf physikalische Experimente und Beobachtungen angegeben werden. Damit sei insbesondere folgender Zusammenhang betont, der sozusagen zum innersten Wesen physikalischer Untersuchungen gehört:

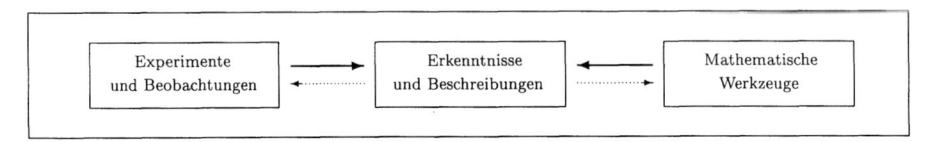

```
┌─────────────────┐        ┌─────────────────┐        ┌─────────────────┐
│   Experimente   │  ───▶  │   Erkenntnisse  │  ◀───  │   Mathematische │
│ und Beobachtungen│ ◀····  │ und Beschreibungen│ ····▶  │    Werkzeuge    │
└─────────────────┘        └─────────────────┘        └─────────────────┘
```

1.272.1 Bemerkungen

1. Die Änderung der Lage eines Körpers im Raum relativ zu einem vorgegebenen geometrischen Bezugssystem (Koordinaten-System) während eines bestimmten Zeitintervalls, nennt man *Bewegung*. Mit diesem Begriff ist das Problem der *Wahrnehmung von Bewegungen* verknüpft, auf das hier aber nicht weiter eingegangen werden soll. Nur als Beispiele: das Trudeln der Erde um die Sonne, das Fahren in einer fensterlosen Eisenbahn bei konstanter Geschwindigkeit (siehe auch Bemerkung 1.172.7).

2. Mit der Bewegung eines Körpers ist sein dabei zurückgelegter *Weg s* verbunden. Dieser Weg kann – um die einfachste Unterscheidung zu betrachten – geradlinig oder nicht-geradlinig sein, allgemeiner spricht man von der *Bahn* oder der *Bahnkurve* der Bewegung. Untersucht man die Bahnkurve in einem Koordinaten-System, spricht man auch von der *Geometrie der Bewegung*.

3. Bewegungen werden durch die drei folgenden physikalischen Funktionen gekennzeichnet (das sind Kennzeichnungen, die mit der jeweiligen Bahnkurve selbst nichts zu tun haben), die die drei physikalischen Kenngrößen von Bewegungen, *Weg s*, *Geschwindigkeit v* und *Beschleunigung a* in Abhängigkeit von der *Zeit t* als Funktionen beschreiben:

Weg-Zeit-Funktion	$s_t : \mathbb{R} \times s \longrightarrow \mathbb{R} \times m$	$s_t : t \longrightarrow s \quad t_0 \longmapsto s_t(t_0)$
Geschwindigkeits-Zeit-Funktion	$v_t : \mathbb{R} \times s \longrightarrow \mathbb{R} \times ms^{-1}$	$v_t : t \longrightarrow v \quad t_0 \longmapsto v_t(t_0)$
Beschleunigungs-Zeit-Funktion	$a_t : \mathbb{R} \times s \longrightarrow \mathbb{R} \times ms^{-2}$	$a_t : t \longrightarrow a \quad t_0 \longmapsto a_t(t_0)$

4. Diese drei Funktionen werden zumeist in Cartesischen Koordinaten-Systemen der Form (Abs, Ord) dargestellt, wobei man im physikalischen Sprachgebrauch auch von *Diagrammen* redet, also etwa einem Weg-Zeit-Diagramm, und Abszisse und Ordinate mit den jeweiligen physikalischen Größen beschriftet.

1.272.2 Bemerkungen

1. Man kann beispielsweise fragen: Wie verhält sich ein Körper in einem fahrenden Auto beim Anfahren, beim Bremsen, in einer Kurve? Erfahrungsgemäß weiß man: Im ersten Fall wird der Körper nach hinten, im zweiten Fall nach vorn und im dritten Fall zur Seite gedrückt. Diese Beobachtung führt zu folgendem Begriff (als idealisierte Form entsprechender Wahrnehmungen) und den anschließenden Überlegungen (die in Abschnitt 1.276 dann noch genauer untersucht werden):

2. Die Eigenschaft eines bewegten Körpers, Geschwindigkeit und Bewegungsrichtung beizubehalten, nennt man seine *Trägheit*. Die der Trägheit eines Körpers zugeordnete physikalische Größe wird als *träge Masse m* oder kurz als *Masse m* bezeichnet und mit der Dimension $[m] = kg$ (Kilogramm) verse-

hen. (Zur Festlegung der Einheit $1\,kg$ wird ein sogenannter Norm-Körper mit der Masse $1\,kg$ aus einer Platin-Iridium-Legierung in Paris aufbewahrt – übrigens im Zusammenhang mit den nicht unbedeutenden wissenschaftlich-technischen Maßnahmen, die von *Napoleon I* initiiert wurden.) Man beachte in diesem Zusammenhang: Die Masse ist eine zur Stoffmenge proportionale Größe.

3. Der folgende (schon von *Galilei Galileo* (1564 - 1642) formulierte) Sachverhalt wird als *Trägheits-Satz* oder als *Satz von Galilei/Newton* bezeichnet: Jeder Körper beharrt in seinem Bewegungszustand (Geschwindigkeit hinsichtlich Betrag und Richtung), wenn er nicht durch *äußere Kräfte* gezwungen wird, ihn zu ändern. Anders gesagt: Wenn ein Körper seinen Bewegungszustand ändert, so wird das stets und nur durch äußere Kräfte bewirkt.

Äußere Kräfte sind beispielsweise Reibungskräfte, etwa Luftreibung oder Haftreibung, zu denen bei einem Auto auch etwa die Bremskräfte zählen. (Hingegen sind solche Kräfte beispielsweise bei einem Flugkörper außerhalb der Erdatmosphäre praktisch Null.)

1.272.3 Bemerkungen *(Gleichförmig-konstante Bewegungen)*

1. Der in diesen Bemerkungen betrachtete Bewegungs-Typ kann an einem sogenannten *Luftblasen-Experiment* demonstriert werden: In einer mit Flüssigkeit gefüllten Glasröhre ist eine Luftblase eingelassen, die in der vertikalen Position der Glasröhre von unten nach oben steigt. (Ist die Glasröhre in einem bestimmten konstanten Winkelmaß $\alpha_0 \in (0°, 90°)$ zur Ebene geneigt, steigt die Luftblase schneller als bei vertikaler Position.)

2. Eine geradlinige Bewegung heißt *Gleichförmig-konstante Bewegung*, wenn ihre Geschwindigkeits-Zeit-Funktion $v_t : t \longrightarrow v$ eine konstante Funktion ist, wenn also für alle Zeitpunkte t_0 eines vorgegebenen Zeitintervalls $v_t(t_0) = c$ gilt mit der physikalischen Größe *Geschwindigkeit* c mit $c \in \mathbb{R}_0^+ \times ms^{-1}$ (wobei der Sonderfall $c = 0$ den bewegungslosen Zustand beschreibt).

3. Es genügt, eine Bewegung durch eine der drei Kenn-Funktionen zu definieren, allerdings tritt dann sofort die Frage nach dem Aussehen der beiden anderen zugehörigen (aber implizit schon definierten) Kenn-Funktionen auf. Im Fall gleichförmig-konstanter Bewegungen gelten – wie man sich anschaulich und/oder wahrnehmungsgemäß leicht überlegen kann – die bekannten Zusammenhänge $v = \frac{s}{t}$ und $a = \frac{v}{t}$, die die folgenden Funktionen liefern, wobei als Zeitraum ein Intervall $T = [0, t_e]$ verwendet sei:

a) Die Weg-Zeit-Funktion $s_t : t \longrightarrow s$ einer gleichförmig-konstanten Bewegung ist eine Gerade (lineare Funktion mit Anstieg $c = v_t(t_0)$ mit der Zuordnungsvorschrift $s_t(t_i) = v_t(t_i) \cdot t_i = ct_i$, für alle $t_i \in [0, t_e]$.

b) Die Beschleunigungs-Zeit-Funktion $a_t : t \longrightarrow a$ einer gleichförmig-konstanten Bewegung ist die Null-Funktion (also mit den Funktionswerten $a_t(t_i) = 0$, für alle $t_i \in [0, t_e]$.

4. Die Funktionen/Diagramme zu einer gleichförmig-konstanten Bewegung haben folgendes Aussehen:

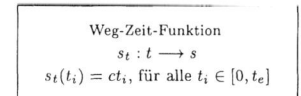

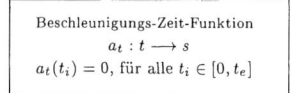

Weg-Zeit-Funktion	Geschwindigkeits-Zeit-Funktion	Beschleunigungs-Zeit-Funktion
$s_t : t \longrightarrow s$	$v_t : t \longrightarrow v$	$a_t : t \longrightarrow s$
$s_t(t_i) = ct_i$, für alle $t_i \in [0, t_e]$	$v_t(t_i) = c$, für alle $t_i \in [0, t_e]$	$a_t(t_i) = 0$, für alle $t_i \in [0, t_e]$

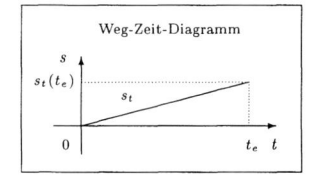

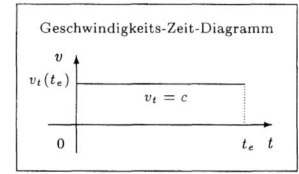

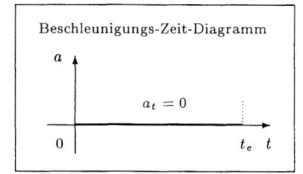

Weg-Zeit-Diagramm	Geschwindigkeits-Zeit-Diagramm	Beschleunigungs-Zeit-Diagramm
s_t ansteigende Gerade von 0 bis $s_t(t_e)$ über $[0, t_e]$	$v_t = c$ konstant über $[0, t_e]$	$a_t = 0$

5. Die in Bemerkung 3 aus v_t anschaulich gewonnenen Funktionen s_t und a_t lassen sich auch auf eine formale Weise erzeugen, wie in Abschnitt 2.680 noch ausführlich erläutert wird. Verwendet man dabei die Theorie der Riemann-integrierbaren Funktionen der Abschnitte 2.6x, so kann man folgende Feststellung treffen: Die von der Funktion v_t, der Abszisse, der Ordinate und der Ordinatenparallelen durch t_0 begrenzte Fläche hat numerisch den Flächeninhalt $\int_0^{t_0} v_t = v_t(t_0) \cdot t_0 = s_t(t_0)$, es gilt also $s_t(t_0) = \int_0^{t_0} v_t$.

1.272.4 Bemerkungen *(Gleichförmig-beschleunigte Bewegungen)*

1. Der in diesen Bemerkungen betrachtete Bewegungs-Typ kann an einem sogenannten *Fahrbahn-Experiment* demonstriert werden: Mit einem auf einer waagerechten Fahrbahn befindlichen Wagen ist über eine Rolle an einem Ende der Bahn ein Faden gezogen, an dem ein Massestück hängt. Am anderen Ende des Wagens ist ein Papierstreifen befestigt, der durch einen Ticker geführt ist. Dieser Ticker drückt in *zeitlich gleichen Abständen* Punkte auf den Papierstreifen. Bewegt sich nun der Wagen zur Rolle hin, so verleiht ihm die Gewichtskraft des Massestücks eine gleichförmig-beschleunigte Bewegung mit konstanter Beschleunigung, wie durch die zunehmenden Abstände der Punkte auf dem Papierstreifen (und die folgenden Überlegungen) nachgewiesen ist.

2. Die Auswertung eines solchen Fahrbahn-Experiments liefert eine Wertetabelle mit den Zeilen t_i, t_i^2 und $s_t(t_i)$. Dabei kann man feststellen, daß für alle Zeitpunkte $t_i \in [0, t_e]$ (die nach Anlage des Experiments paarweise denselben Abstand haben) die Quotienten $\frac{s_t(t_i)}{t_i^2} = c$ gleich sind, also $s_t(t_i) = ct_i^2$, für alle $t_i \in [0, t_e]$ gilt (siehe Aufgabe A1.272.03), das heißt, die Weg-Zeit-Funktion $s_t : t \longrightarrow s$ ist eine quadratische Funktion (Teil einer Parabel). Man beachte dabei die Dimension $[c] = ms^{-2}$.

Aus Gründen, die hier nicht weiter erläutert werden können, aber insbesondere in Abschnitt 2.680 dargelegt sind, liegt zwischen Geschwindigkeit und Weg hier das Verhältnis $v = \frac{2s}{t}$ vor. Ersetzt man weiter $c = \frac{1}{2}a$, so gilt mit $s_t(t_i) = \frac{1}{2}at_i^2$ dann $v_t(t_i) = \frac{2 \cdot \frac{1}{2} \cdot at_i^2}{t_i} = at_i$ mit der Dimension $[a] = ms^{-2}$.

3. Eine geradlinige Bewegung heißt *Gleichförmig-beschleunigte Bewegung*, wenn ihre Geschwindigkeits-Zeit-Funktion $v_t : t \longrightarrow v$ eine nicht-konstante Gerade (lineare Funktion) ist, wenn also für alle Zeitpunkte t_i eines vorgegebenen Zeitintervalls $v_t(t_i) = at_i$ gilt mit der physikalischen Größe *Beschleunigung* a mit $a \in (\mathbb{R} \setminus \{0\}) \times ms^{-2}$.

4. Wie in Bemerkung 1.272.3/3 läßt sich die Beschleunigungs-Zeit-Funktion $a_t : t \longrightarrow a$ aus der Beziehung $a = \frac{v}{t}$ gewinnen und liefert die Zuordnungsvorschrift $a_t(t_i) = \frac{v_t(t_i)}{t_i} = \frac{at_i}{t_i} = a$, für alle $t_i \in (0, t_e]$, sowie $a_t(0) = a$. Die folgende Bemerkung zeigt die drei Kenn-Funktionen für gleichmäßig-beschleunigte Bewegungen im Zusammenhang:

5. Die Funktionen/Diagramme zu einer gleichförmig-beschleunigten Bewegung haben das Aussehen:

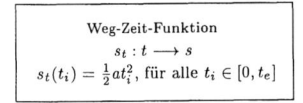

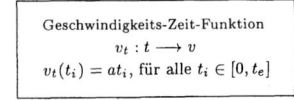

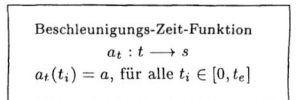

Weg-Zeit-Funktion	Geschwindigkeits-Zeit-Funktion	Beschleunigungs-Zeit-Funktion
$s_t : t \longrightarrow s$	$v_t : t \longrightarrow v$	$a_t : t \longrightarrow s$
$s_t(t_i) = \frac{1}{2}at_i^2$, für alle $t_i \in [0, t_e]$	$v_t(t_i) = at_i$, für alle $t_i \in [0, t_e]$	$a_t(t_i) = a$, für alle $t_i \in [0, t_e]$
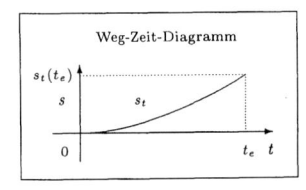 Weg-Zeit-Diagramm	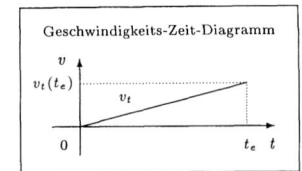 Geschwindigkeits-Zeit-Diagramm	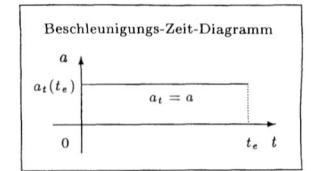 Beschleunigungs-Zeit-Diagramm

6. Analog zu dem oben in Bemerkung 1.272.3/5 genannten allgemeinen Zusammenhang gelten nun für gleichförmig-beschleunigte Bewegungen folgende Sachverhalte:

a) Die von der Funktion v_t, der Abszisse, der Ordinate und der Ordinatenparallelen durch t_0 begrenzte Fläche hat numerisch den Flächeninhalt $\int_0^{t_0} v_t = \frac{1}{2}at_0^2 = \frac{1}{2}v_t(t_0)t_0 = s_t(t_0)$, es gilt also $s_t(t_0) = \int_0^{t_0} v_t$. Das bedeutet in elementarer Formulierung: Bezeichnet $A(v_t, t_i)$ den Inhalt der Fläche, die von v_t, der Abszisse und der Ordinatenparallele durch t_i begrenzt ist, so gilt der numerische Zusammenhang $s_t(t_i) = A(v_t, t_i)$.

b) Die von der Funktion a_t, der Abszisse, der Ordinate und der Ordinatenparallelen durch t_0 begrenzte Fläche hat numerisch den Flächeninhalt $\int_0^{t_0} a_t = at_0 = v_t(t_0)$, es gilt also $v_t(t_0) = \int_0^{t_0} a_t$. Das bedeutet in elementarer Formulierung: Bezeichnet $A(a_t, t_i)$ den Inhalt der Fläche, der von v_t, der Abszisse, der Ordinate und der Ordinatenparallele durch t_i begrenzt ist, so gilt der numerische Zusammenhang $v_t(t_i) = A(a_t, t_i)$.

7. In Bemerkung 2 sind bei Beschleunigungen sowohl positive als auch negative Zahlen zugelassen:

a) Bei positiver Beschleunigung a nimmt die zugehörige Geschwindigkeit (als Gerade mit positivem Anstieg) gleichmäßig zu (und widerspiegelt das allgemein-sprachliche Wort Beschleunigung).

b) Bei negativer Beschleunigung a nimmt die zugehörige Geschwindigkeit (als Gerade mit negativem Anstieg) gleichmäßig ab (und repräsentiert sprachlich-anschaulich somit einen Bremsvorgang).

1.272.5 Beispiel *(Erdbeschleunigung und Freier Fall)*

Ein besonderer Typ einer gleichförmig-beschleunigten Bewegung ist der sogenannte *Freie Fall*, der allein durch die *Erdanziehungskraft* auf einen Körper bewirkt wird. Durch diese Kraft erfährt ein Körper eine Beschleunigung, die als *Erdbeschleunigung* g (oder auch als *Fallbeschleunigung*) bezeichnet wird. Mit der Masse m_0 eines Körpers wirkt auf diesen Körper dann die *Gewichtskraft* oder kurz das *Gewicht* $F_0 = m_0 g$. (Der Begriff *Gewicht* bezeichnet also eine *Kraft*, nicht etwa die Masse eines Körpers (obgleich gewisse *numerische* Näherungen vorliegen).)

Zur Bestimmung der (numerischen) Größe von g kann man ein kleines *Fall-Experiment* ausführen: Man läßt ein Massestück aus verschiedenen vorgegebenen Höhen fallen und notiert die gemessenen Fallzeiten in einer Wertetabelle mit den Zeilen $s_t(t_i)$ (Fallhöhe) und t_i (Fallzeit). Aus der Beziehung $s_t(t_i) = \frac{1}{2} \cdot g \cdot t_i^2$ folgt daraus dann $g = \frac{2 s_t(t_i)}{t_i^2}$. Ein gelungenes Experiment zeigt dann $g \approx 10\, ms^{-2}$.

Die Maßzahl der Erdbeschleunigung g wird also experimentell gewonnen, sie ist eine ortsabhängige Größe mit folgenden (allerdings geringen) Schwankungsbreiten (wobei jeweils als Höhe der Meeresspiegel verwendet ist) und kann insofern auch nicht als eine Natur-Konstante angesehen werden:

Äquator: $g \approx 9,78\, ms^{-2}$ 45° nördlicher Breite: $g \approx 9,81\, ms^{-2}$
Pole: $g \approx 9,83\, ms^{-2}$ Normwert: $g = 9,80665\, ms^{-2}$

Mit der Erdbeschleunigung g haben die drei Kenn-Funktionen des Freien Falls dann folgende Darstellungen: Für alle Zeitpunkte $t_i \in [0, t_e]$ eines vorgegebenen Zeitintervalls $[0, t_e]$ ist

a) die Weg-Zeit-Funktion $s_t : t \longrightarrow s$ des Freien Falls definiert durch $s_t(t_i) = \frac{1}{2} g t_i^2$,

b) die Geschwindigkeits-Zeit-Funktion $v_t : t \longrightarrow v$ des Freien Falls definiert durch $v_t(t_i) = g t_i$,

c) die Beschleunigungs-Zeit-Funktion $a_t : t \longrightarrow a$ des Freien Falls definiert durch $a_t(t_i) = g$.

Weitere Bemerkungen zum Freien Fall:

1. Schon *Galilei* stellte richtig fest: *Angesichts dessen glaube ich, daß, wenn man den Widerstand der Luft ganz aufhöbe, alle Körper ganz gleich schnell fallen würden.* Anders gesagt: Im luftleeren Raum fallen alle Körper – unabhängig von ihrer Masse und ihrer Oberflächenform – mit derselben Geschwindigkeit.

2. Bemerkung 1 bedeutet umgekehrt: Fallende Körper werden durch die Luft in ihrer Geschwindigkeit verzogert, wobei diese Verzögerung mit der Beschleunigung $a_V(t_i) = c_w \cdot \rho \cdot \frac{A}{2m} \cdot v_t(t_i)^2$ auftritt. Dabei ist c_w ein für die Form des Körpers typisches Luftwiderstandsmaß (etwa $c_w = 0,45$ für eine Kugel, unabhängig von ihrer Größe), $\rho \approx 1,3\, kg\, m^{-3}$ die Dichte der Luft, A der wirksame Querschnittsflächeninhalt, m die Masse des Körpers und $v_t(t_i)$ seine Geschwindigkeit zum Zeitpunkt t_i. Die sogenannte *Grenzgeschwindigkeit* wird erreicht, wenn $a_V = -g$ ist. Das bedeutet also, daß ein in Luft fallender Körper nicht beliebig schnell fallen kann (so erreicht ein fallender Mensch eine Grenzgeschwindigkeit von etwa $56 - 58\, ms^{-1}$).

1.272.6 Bemerkung

Eine Bewegung heißt *Gleichförmig-beschleunigte Bewegung mit Anfangsgeschwindigkeit* v_A, wenn die Zuordnungsvorschrift ihrer Geschwindigkeits-Zeit-Funktion $v_t : t \longrightarrow v$ für alle Zeitpunkte t_i eines vorgegebenen Zeitintervalls definiert ist durch $v_t(t_i) = v_A + a t_i$ mit einer Zahl $a \in \mathbb{R}$ mit $a \neq 0$.

Das zugehörige Geschwindigkeits-Zeit-Diagramm hat dabei die nebenstehende Form:

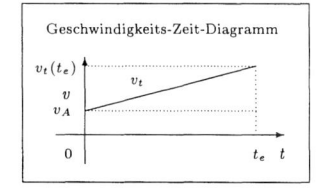

Die beiden anderen Kenn-Funktionen, s_t und a_t, zu gleichförmig-beschleunigten Bewegungen mit Anfangsgeschwindigkeit v_A lassen sich aus v_t ermitteln, indem man v_t als Überlagerung (numerisch: als

Summe) $v_t = v_1 + v_2$ einer gleichförmig-konstanten Bewegung mit konstanter Geschwindigkeit, also mit $v_1(t_i) = v_A$, und einer gleichförmig-beschleunigten Bewegung mit Geschwindigkeits-Zeit-Funktion v_2 mit $v_2(t_i) = at_i$ betrachtet, wobei jeweils Zeitpunkte $t_i \in [0, t_e]$ verwendet seien:

a) Zu v_1 ist die zugehörige Weg-Zeit-Funktion $s_1 : t \longrightarrow s$ durch $s_1(t_i) = v_A t_i$ definiert (siehe Bemerkung 1.272.3/4), zu v_2 ist die zugehörige Weg-Zeit-Funktion $s_2 : t \longrightarrow s$ durch $s_2(t_i) = \frac{1}{2}at_i^2$, für alle $t_i \in [0, t_e]$, definiert (siehe Bemerkung 1.272.4/5). Damit ist s_t als Überlagerung $s_t = s_1 + s_2$ definiert durch $s_t(t_i) = s_1(t_i) + s_2(t_i) = v_A t_i + \frac{1}{2}at_i^2$.

b) Entsprechend wird die zugehörige Beschleunigungs-Zeit-Funktion $a_t : t \longrightarrow a$ als Überlagerung $a_t = a_1 + a_2$ der in a) genannten Bewegungs-Typen betrachtet, womit die in a) zitierten Bemerkungen dann die Zuordnungsvorschrift $a_t(t_i) = a_1(t_i) + a_2(t_i) = 0 + a = a$, für alle $t_i \in [0, t_e]$, liefern.

Anmerkung: Die Idee, s_t und a_t summandenweise zu erzeugen, wird wieder erst in Abschnitt 2.680 formal näher begründet.

1.272.7 Bemerkungen

1. In Bemerkung 1.270.4/8 wurde festgestellt, daß die drei Kennzeichnungen von Bewegungen, Weg, Geschwindigkeit und Beschleunigung, vektorielle Größen sind. Bei gleichförmigen, also geradlinigen Bewegungen weisen die zugehörigen Vektoren $\vec{s}_t(t_i)$ sowie $\vec{v}_t(t_i)$ und $\vec{a}_t(t_i)$, für jeden Zeitpunkt $t_i \in [0, t_e]$, in dieselbe Richtung. Die folgende kleine (sich selbst erklärende) Skizze zeigt einen sich nach rechts bewegenden Körper K mit gleichförmig-beschleunigter Bewegung zu zwei Zeitpunkten t_1 und t_2 mit $t_1 < t_2$:

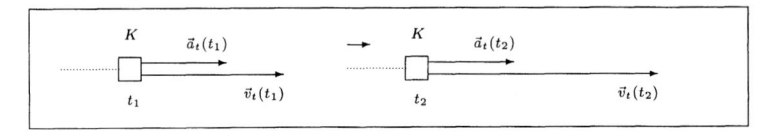

2. Man stelle sich vor, das in Bemerkung 1.272.3/1 geschilderte *Luftblasen-Experiment* wird auf einem Wagen vorgenommen, auf dem die Glasröhre vertikal montiert ist. Einerseits steige die Luftblase mit konstanter Geschwindigkeit v_b nach oben, ferner bewege sich der Wagen mit einer ebenfalls konstanten Geschwindigkeit v_w nach rechts. Zwei Personen beobachten die Bewegung der Luftblase: Eine Person P_1 steht mit auf dem Wagen, die andere Person P_2 steht neben dem Wagen. Auf die Frage, welchen Weg der Luftblase beide Personen beobachten, wird man folgende *verschiedene* Antworten erhalten:

3. Person P_1 beobachtet eine geradlinige *vertikale* Bewegung mit konstanter Geschwindigkeit $|\vec{v}_b| = v_b$, Person P_2 hingegen beobachtet eine geradlinige, *nach rechts oben gerichtete* Bewegung mit der konstanten Geschwindigkeit $|\vec{v}_w + \vec{v}_b| = \sqrt{v_w^2 + v_b^2}$.

Die folgende kleine Sizze illustriert Richtung (Bahnkurve) und Stärke der dabei beteiligten Geschwindigkeiten anhand zugehöriger Vektoren (zu einem bestimmten, aber nicht weiter bezeichneten Zeitpunkt):

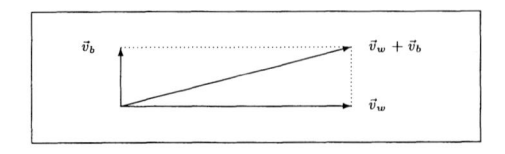

Die Unterschiedlichkeit beider Beobachtungen beruht darauf, daß beide Personen sich in unterschiedlichen *Bezugssystemen* befinden: Für P_1 ist der Wagen das Bezugssystem, für P_2 hingegen sein Standort neben dem Wagen. Es ist also festzustellen:

Die Beschreibung einer Bewegung durch ihre(n) Weg(vektor) und ihre(n) Geschwindigkeit(svektor) ist stets nur relativ zu einem bestimmten und nötigenfalls zu benennenden Bezugssystem (Koordinaten-System) sinnvoll und nur insofern dann auch eindeutig. Hingegen ist die Angabe einer Beschleunigung sowie ihres zugehörigen Vektors unabhängig von einem Bezugssystem. (Die Beschreibung der oben genannten Luftblase oder eines anderen gleichförmig bewegten Gegenstandes auf dem Wagen ist unabhängig vom Standort des Beobachters; siehe dazu auch Aufgabe A1.272.25).

Hinweis: Bei den Aufgaben, bei der die Erdbeschleunigung auftritt, soll $g = 10\, ms^{-2}$ verwendet werden.

A1.272.01: Stellen Sie sich ein Geschwindigkeits-Zeit-Diagramm vor, das eine Bewegung mit konstanter Geschwindigkeit $v_0 = 40\, ms^{-1}$ zeigt.
1. Wie lang ist der nach 2,5 Sekunden (2,5 Minuten) zurückgelegte Weg? Läßt sich die Länge dieses Weges auch aus der Geometrie des Diagramms ermitteln?
2. Beschreiben Sie das zugehörige Weg-Zeit-Diagramm.

A1.272.02: Stellen Sie sich ein Weg-Zeit-Diagramm vor, das eine Bewegung als Gerade mit den Punkten $(0\,h,\, 0\,km)$ und $(2\,h,\, 400\,km)$ zeigt. Geben Sie die zugehörige Geschwindigkeits-Zeit-Funktion $v_t : \mathbb{R}_0^+ \times s \longrightarrow \mathbb{R}_0^+ \times ms^{-1}$ und ihre Zuordnugsvorschrift an.

A1.272.03: Bei der Beobachtung zweier geradliniger Bewegungen werden zu vorgegebenen Zeitpunkten t_i folgende Tabellen aufgenommen:

t_i in s	1	2	3	4	5	6	t_i in s	2	4	6	8	10	12
$s_t(t_i)$ in m	5	20	45	80	125	180	$s_t(t_i)$ in km	0,04	0,16	0,36	0,64	1,00	1,44

1. Ermitteln Sie jeweils die Zuordnungsvorschrift der zugehörigen Weg-Zeit-Funktion.
2. Geben Sie jeweils die Zuordnungsvorschrift der zugehörigen Geschwindigkeits-Zeit-Funktion an und ergänzen Sie damit die Tabelle (mit den Dimensionen ms^{-1} bzw. mit $km\, h^{-1}$).

A1.272.04: Ermitteln und beschreiben Sie zu dem nebenstehenden Geschwindigkeits-Zeit-Diagramm (mit $[v] = ms^{-1}$ und $[t] = s$) die drei diese Bewegung kennzeichnenden Bewegungs-Funktionen mit ihren Zordnungsvorschriften.

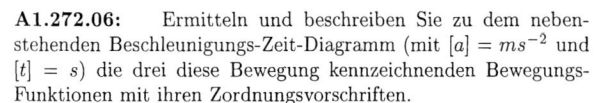

Erstellen Sie ferner für die Weg-Zeit-Funktion eine kleine Wertetabelle mit $t_0 \in \{0, 10, 20, 30, 40, 50\}$ (jeweils in Sekunden).

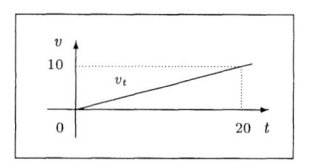

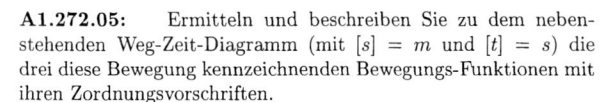

A1.272.05: Ermitteln und beschreiben Sie zu dem nebenstehenden Weg-Zeit-Diagramm (mit $[s] = m$ und $[t] = s$) die drei diese Bewegung kennzeichnenden Bewegungs-Funktionen mit ihren Zordnungsvorschriften.

Erstellen Sie ferner für die Weg-Zeit-Funktion eine kleine Wertetabelle mit $t_0 \in \{0, 1, 2, 3, 4, 5\}$ (jeweils in Sekunden).

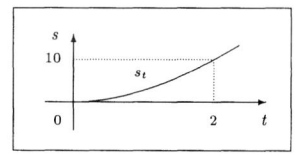

A1.272.06: Ermitteln und beschreiben Sie zu dem nebenstehenden Beschleunigungs-Zeit-Diagramm (mit $[a] = ms^{-2}$ und $[t] = s$) die drei diese Bewegung kennzeichnenden Bewegungs-Funktionen mit ihren Zordnungsvorschriften.

Erstellen Sie ferner für die Weg-Zeit-Funktion eine kleine Wertetabelle mit $t_0 \in \{0, 10, 20, 30, 40, 50\}$ (jeweils in Sekunden).

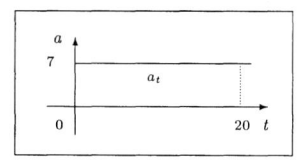

A1.272.07: Ein Zug soll aus dem Stand in 50 Sekunden auf eine Geschwindigkeit von $60\, kmh^{-1}$ gebracht werden. Beschreiben Sie die drei diese Bewegung kennzeichnenden Bewegungs-Funktionen mit ihren Zuordnungsvorschriften, wobei die Zeit in Sekunden angegeben werden soll. Geben Sie ferner für die Weg-Zeit-Funktion eine kleine Wertetabelle mit $t_0 \in \{0, 10, 20, 30, 40, 50\}$ (jeweils in Sekunden) an.

A1.272.08: In wieviel Sekunden erreicht ein Zug nach dem Halten wieder eine Geschwindigkeit von $90\, kmh^{-1}$, wenn er die Beschleunigung $a = \frac{1}{2}\, ms^{-2}$ erfährt? Wie lang ist der dabei zurückgelegte Weg?

A1.272.09: Welche Auftreffgeschwindigkeit hat ein Springer vom 10-m-Turm (hätte ein nicht wirklich geworfener Stein vom $300\,m$ hohen Eiffel-Turm (benannt nach *André Gustave Eiffel* (1832 - 1923)))?

A1.272.10: Welche Höhe hat eine Brücke, wenn ein von ihr fallender Stein nach $4\,s$ aufschlägt?

A1.272.11: Aus welcher Höhe müßte ein Mensch frei nach unten springen, um mit derselben Geschwindigkeit am Boden aufzutreffen wie ein Fallschirmspringer, der mit einer Geschwindigkeit von $8\,ms^{-1}$ ($12\,ms^{-1}$) den Boden erreicht?

A1.272.12: Mit welcher Anfangsgeschwindigkeit muß ein Körper nach oben geschleudert werden, damit er eine Höhe von $6\,km$ erreicht? Wie groß ist seine Geschwindigkeit in halber Steighöhe?

A1.272.13: Eine Leuchtkugel wird mit einer Anfangsgeschwindigkeit von $300\,ms^{-1}$ senkrecht nach oben geschossen. Nach $6\,s$ folgt eine zweite Leuchtkugel mit $500\,ms^{-1}$ Anfangsgeschwindigkeit. Wieviel Sekunden nach Abschuß der ersten Leuchtkugel treffen sich beide, und in welcher Höhe ist das der Fall?

A1.272.14: Ein Stein fällt in einen Brunnen und schlägt nach $300\,m$ auf der Wasseroberfläche auf. Welche Zeit t_s vergeht vom Moment des Abwurfs bis zu dem Moment, in dem man den Aufschlag am Brunnenrand hört? (Verwenden Sie dabei die Schallgeschwindigkeit $c = 340\,ms^{-1}$.)

Wie kann man umgekehrt aus einer solchen Zeit t_s den Fallweg des Steins (vom Brunnenrand bis zur Wasseroberfläche) berechnen? (Verwenden Sie dabei $t_s = 10\,s$.)

A1.272.15: Welche Beschleunigung müssen die Bremsen eines Autos erzeugen, wenn das Auto bei einer Geschwindigkeit von $60\,kmh^{-1}$ nach zehn Sekunden Bremszeit stehen soll? Wie lang ist der Bremsweg?

A1.272.16: Wie lang ist der Bremsweg eines mit einer Geschwindigkeit von $50\,kmh^{-1}$ fahrenden Autos, dessen Bremsen mit der Beschleunigung $a = -3\,ms^{-2}$ wirken, aber dabei zusätzlich eine Reaktionszeit von einer Sekunde zu berücksichtigen ist?

A1.272.17: Für zwei fahrende Autos liegen die beiden folgenden Geschwindigkeits-Zeit-Diagramme vor, wobei die Geschwindigkeiten in kmh^{-1} und die Zeiten in s angegeben sind:

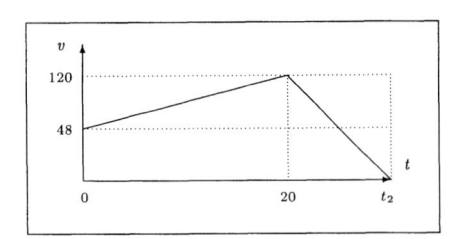

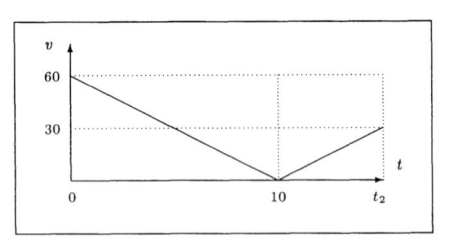

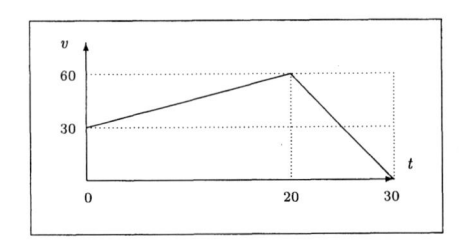

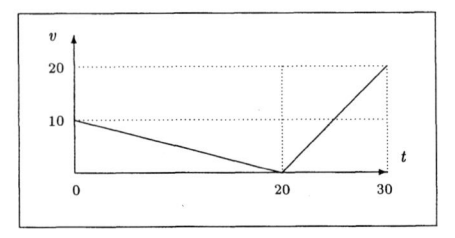

1. Berechnen Sie zu jedem der beiden Diagramme jeweils die Beschleunigung für den ersten Teilweg, wenn für den jeweils zweiten Teilweg die Beschleunigung $-5ms^{-2}$ in der ersten Skizze und die Beschleunigung $3ms^{-2}$ in der zweiten Skizze vorliegt.

2. Berechnen Sie zu jedem der beiden Diagramme jeweils die Zeit t_2.

A1.272.18: Für zwei fahrende Autos liegen die beiden folgenden Geschwindigkeits-Zeit-Diagramme vor, wobei die Geschwindigkeiten in kmh^{-1} und die Zeiten in s angegeben sind:

1. Berechnen Sie zu jedem der beiden Diagramme jeweils die beiden Beschleunigungen.
2. Berechnen Sie zu jedem der beiden Diagramme jeweils den Gesamtweg.

A1.272.19: Für ein Auto liegt folgendes Geschwindigkeits-Zeit-Diagramm vor, wobei die Geschwindigkeiten in kmh^{-1} und die Zeiten in s angegeben sind und auf dem letzten Teilstück mit der Beschleunigung $a_4 = -3\,ms^{-2}$ gebremst wird:

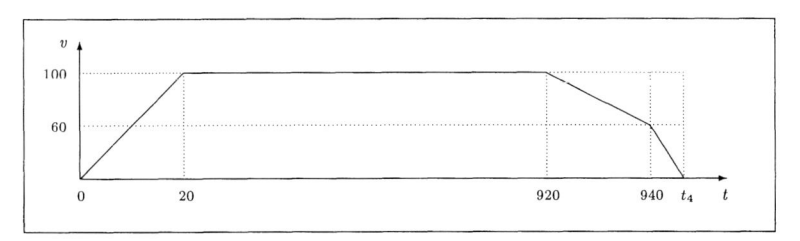

1. Wie lang ist der insgesamt zurückgelegte Weg?
2. Wie lang ist die gesamte Fahrzeit?

A1.272.20: Ein mit der Geschwindigkeit $120\,km\,h^{-1}$ fahrendes Auto wird mit der Bremsbeschleunigung $-5\,ms^{-2}$ zum Stillstand gebracht.
1. Berechnen Sie die Bremszeit und den Bremsweg.
2. Beantworten Sie anhand allgemeiner Berechnungen: Wie verhalten sich, wenn das Auto aus halber, doppelter oder allgemein c-facher Geschwindigkeit abgebremst würde, die Bremszeiten und die Bremswege jeweils zueinander?

A1.272.21: Jemand steht $700\,m$ von einer steilen Bergwand entfernt und brüllt seinen Namen. Nach welcher Zeit hört er das Echo? (Verwenden Sie dabei die Schallgeschwindigkeit $c = 340\,ms^{-1}$.)

A1.272.22: Ein anfahrendes Auto erreicht nach zwei Sekunden eine Geschwindigkeit $v_1 = 5\,kmh^{-1}$, mit der es dann zehn Sekunden lang fährt. Danach wird das Auto fünf Sekunden lang beschleunigt (mit $a_3 = \frac{1}{3}\,ms^{-2}$), anschließend wird es durch Brensen (mit $a_4 = \frac{330}{108}\,ms^{-2}$) zum Stillstand gebracht.
1. Zeichnen Sie ein zugehöriges Geschwindigkeits-Zeit-Diagramm.
2. Wie lang sind Zeit und Weg während der gesamten Fahrt?

A1.272.23: Ein fahrender Zug bewegt sich zunächst mit konstanter Geschwindigkeit $v_1 = 120\,kmh^{-1}$. Nach $5\,km$ bremst er (mit $a_2 = -2\,ms^{-2}$) zehn Sekunden lang, um dann wieder 20 Sekunden lang zu beschleunigen (mit $a_3 = \frac{1}{2}\,ms^{-2}$). Anschließend wird der Zug noch eine Minute lang beobachtet.
1. Zeichnen Sie ein zugehöriges Geschwindigkeits-Zeit-Diagramm.
2. Wie lang sind Zeit und Weg während der gesamten Beobachtung?

A1.272.24: Illustrieren (Skizze) und erläutern Sie schrittweise die Aussage von Bemerkung 1.272.4/6a.

A1.272.25: Beschreiben Sie die unterschiedlichen Beobachtungen in Bemerkung 1.272.7/2, wenn
a) Person P_2 sich mit konstanter Geschwindigkeit v_2 gegen die Richtung des Wagens bewegt,
b) auf dem Wagen ein Stein nach oben geworfen wird.

A1.272.26: Man betrachte noch einmal das in Bemerkung 1.272.3/1 genannte *Luftblasen-Experiment*, wobei die Glasröhre mit konstanter Geschwindigkeit von der horizontalen Position in die vertikale Position um das eine Ende der Glasröhre gedreht wird. Dabei kann man feststellen, daß die Luftblase bis zur Position 45° mit zunehmender Geschwindigkeit, danach mit abnehmender Geschwindigkeit steigt. Erstellen Sie dazu ein Geschwindigkeits-Zeit-Diagramm.

A1.272.27: Bearbeiten Sie die folgenden Fragen/Aufgaben:

1. Welcher Bewegungs-Typ wird durch Weg-Zeit-Funktionen s_t mit Zuordnungsvorschriften der Form $s_t(t_i) = ct_i$ beschrieben?

2. Welche physikalische Größe ist dabei mit c bezeichnet? Inwiefern liefert die Zuordnungsvorschrift $s_t(t_i) = ct_i$ die Dimension $[c] = ms^{-1}$?

3. Skizzieren Sie ein Weg-Zeit-Diagramm mit $c = \frac{1}{2} ms^{-1}$.

4. Beschreiben Sie kurz die graphische Darstellung der Funktion in Teil 3 im Sinne mathematischer Kennzeichnungen solcher Funktionen.

5. Skizzieren Sie ein zugehöriges Geschwindigkeits-Zeit-Diagramm mit $c = \frac{1}{2} ms^{-2}$.

6. Betrachten Sie zu einem Zeitpunkt $t_0 > 0$ den Inhalt $A(v_t, t_0)$ der Fläche, die im Geschwindigkeits-Zeit-Diagramm durch die Funktion v_t, die Abszisse, die Ordinate und die Ordinatenparallele durch t_0 begrenzt ist.

6a) Ergänzen Sie die Skizze zu Teil 5 so, daß diese Fläche zu sehen ist.

6b) Wie hängt die Maßzahl von $A(v_t, t_0)$ mit dem Funktionswert $s_t(t_0)$ zusammen?

6c) Geben Sie diesen Zusammenhang für $t_0 = 3\,s$ an.

A1.272.28: Bearbeiten Sie die folgenden Fragen/Aufgaben:

1. Welcher Bewegungs-Typ wird durch Geschwindigkeits-Zeit-Funktionen v_t mit Zuordnungsvorschriften der Form $v_t(t_i) = at_i$ beschrieben?

2. Welche physikalische Größe ist dabei mit a bezeichnet? Inwiefern liefert die Zuordnungsvorschrift $v_t(t_i) = at_i$ die Dimension $[a] = ms^{-2}$?

3. Skizzieren Sie ein Geschwindigkeits-Zeit-Diagramm mit $a = \frac{1}{2} ms^{-2}$.

4. Beschreiben Sie kurz die graphische Darstellung der Funktion in Teil 3 im Sinne mathematischer Kennzeichnungen solcher Funktionen.

5. Skizzieren Sie ein zugehöriges Beschleunigungs-Zeit-Diagramm mit $a = \frac{1}{2} ms^{-2}$.

6. Betrachten Sie zu einem Zeitpunkt $t_0 > 0$ den Inhalt $A(a_t, t_0)$ der Fläche, die im Beschleunigungs-Zeit-Diagramm durch die Funktion a_t, die Abszisse, die Ordinate und die Ordinatenparallele durch t_0 begrenzt ist.

6a) Ergänzen Sie die Skizze zu Teil 5 so, daß diese Fläche zu sehen ist.

6b) Wie hängt die Maßzahl von $A(a_t, t_0)$ mit dem Funktionswert $v_t(t_0)$ zusammen?

6c) Geben Sie diesen Zusammenhang für $t_0 = 3\,s$ an.

A1.272.29: Jemand läßt eine (weiche) Kugel von einer Brücke fallen.

1. Zu welchem allgemeinen Bewegungs-Typ gehört diese spezielle Bewegung und wie wird sie genannt? Welche spezielle Beschleunigung ist dabei beteiligt?

2. Die Kugel trifft nach vier Sekunden auf der Erde auf. Berechnen Sie die Höhe der Brücke (Ergebnis zur weiteren Verwendung: $80\,m$).

3. Mit welcher Geschwindigkeit trifft die Kugel auf der Erde auf?

4. Wie kann man die Frage in Teil 3 beantworten, wenn anstelle der Fallzeit die Fallhöhe gegeben ist? Führen Sie diese Berechnung mit der zu Teil 2 ermittelten Höhe aus.

5. Berechnen Sie ohne Verwendung der Aufgabenteile 2 bis 4 die Antwort auf die Frage: Mit welcher Anfangsgeschwindigkeit muß die Kugel senkrecht nach oben geschleudert werden, so daß sie eine Höhe von $80\,m$ erreicht?

6. Vergleichen Sie das Fallenlassen und das Hochschleudern der Kugel hinsichtlich Weglängen, Zeiten und Geschwindigkeiten. Welche Schlußfolgerung kann man daraus für beide Bewegungen ziehen?

A1.272.30: Aus welchen Höhen müssen zehn Kugeln gleichzeitig fallengelassen werden, so daß sie im 1-Sekunden-Takt auf der Erde auftreffen? (Die kleinste Höhe soll dabei $5\,m$ betragen.)

A1.272.31: Die Bremssysteme von Automobilen werden sinnvollerweise so konstruiert, daß ihre maximale Bremsbeschleunigung (die bei einer sogenannten Vollbremsung wirksam wird) in einem gewünschten (kontrollierten) Zusammenhang mit anderen Kenngrößen des jeweiligen Fahrzeugtyps steht.

1. Nennen Sie (mit anschaulicher Begründung hinsichtlich der Verkehrssicherheit) eine solche Kenngröße, die dabei auf jeden Fall zu berücksichtigen ist.

2. Ein Auto mit einer Anfangsgeschwindigkeit von $50\,kmh^{-1}$ wird mit der Bremsbeschleunigung $-\frac{1}{2}\,ms^{-2}$ zum Stehen gebracht. Berechnen Sie die zugehörige Bremszeit. Skizzieren Sie dann ein zugehöriges Geschwindigkeits-Zeit-Diagramm (genügend groß, da die Skizze noch ergänzt werden soll).

3. Ein zweites Auto mit einer Anfangsgeschwindigkeit von $80\,kmh^{-1}$ wird mit der Bremsbeschleunigung $-2\,ms^{-2}$ zum Stehen gebracht. Berechnen Sie wieder die zugehörige Bremszeit. Skizzieren Sie dann die zugehörige Geschwindigkeits-Zeit-Funktion in dem Diagramm zu Aufgabenteil 2.

4. Nach welcher Zeit haben beide Autos dieselbe Geschwindigkeit (mit Berechnung)?

5. Wieviel Zeit kann sich der Fahrer des zweiten Autos vor dem Beginn des Bremsvorgangs noch lassen, um sein Auto nach insgesamt derselben Zeit zum Stehen zu bringen wie der Fahrer des ersten Autos? Ergänzen Sie die Skizze um diesen Vorgang.

6. Schätzen Sie die sogenannte (durchschnittliche) Reaktionszeit vom Moment des Sehens/Erkennens eines Problems bis zum Beginn des Bremsvorgangs. Ist diese von Ihnen als sinnvoll erachtete Reaktionszeit kleiner als die in Aufgabenteil 5 zu ermittelnde Zeit?

A1.272.32: Die Bremssysteme von Fahrzeugen (Fahrräder, Autos, Eisenbahnzüge) werden vernünftigerweise so konstruiert, daß ihre maximale Bremsbeschleunigung (die bei einer sogenannten Vollbremsung wirksam wird) in einem gewünschten (kontrollierten) Zusammenhang mit anderen Kenngrößen des jeweiligen Fahrzeugtyps steht.

1. Nennen Sie (mit anschaulicher Begründung hinsichtlich der Verkehrssicherheit) eine solche Kenngröße, die dabei auf jeden Fall zu berücksichtigen ist.

2. Ein Zug mit einer Anfangsgeschwindigkeit von $50\,ms^{-1}$ wird mit der Bremsbeschleunigung $-2\,ms^{-2}$ zum Stehen gebracht. Geben Sie zunächst die Anfangsgeschwindigkeit in der Dimension kmh^{-1} an. Berechnen Sie dann die zugehörige Bremszeit t_1 und den zugehörigen Bremsweg.

3. Ein zweiter Zug mit einer Anfangsgeschwindigkeit von $100\,ms^{-1}$ wird mit der Bremsbeschleunigung $-4\,ms^{-2}$ zum Stehen gebracht. Geben Sie zunächst die Anfangsgeschwindigkeit in der Dimension kmh^{-1} an. Berechnen Sie dann die zugehörige Bremszeit t_2 und den zugehörigen Bremsweg.

4. Im folgenden bezeichne s_1 die Weg-Zeit-Funktion des ersten und s_2 die des zweiten Zuges. Geben Sie zunächst die Zuordnungsvorschriften beider Funktionen an und erstellen Sie dann eine Wertetabelle mit den Zeilen t_i sowie $s_1(t_i)$ und $s_2(t_i)$ für $t_i \in \{0, 5, 10, 15, 20, 25\}$ (jeweils in Sekunden).

5. Skizzieren Sie dann beide Weg-Zeit-Funktionen in einem Weg-Zeit-Diagramm ($4\,mm$ für $1\,s$).

6. Durch Verschiebung in positiver Abszissenrichtung um $10\,s$ entsteht aus der Funktion s_2 eine Funktion s_2^*. Ergänzen Sie das Diagramm in Teil 5 um diese neue Funktion.

7. Erläutern Sie am Beispiel der beiden Züge den tatsächlichen Vorgang, der durch die Funktion s_2^* repräsentiert wird, sowie die physikalische Bedeutung des Schnittpunktes der Funktionen s_1 und s_2^*. Berechnen Sie schließlich die erste Komponente dieses Schnittpunktes.

A1.272.33: *(Berechnungen zur Fallschnur)*

Eine sogenannte *Fallschnur* besteht aus einem Faden, in den in bestimmten Abständen metallene Gegenstände m_i (Münzen, Schrauben) geknüpft sind, wie die vier Fälle in der folgenden Skizze zeigen:

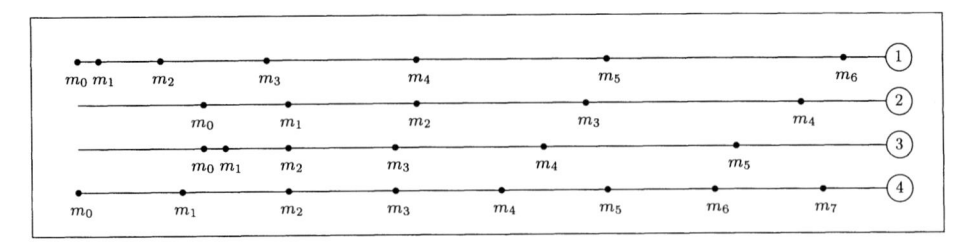

```
•••    •      •          •              •                  •         ①
m₀m₁  m₂     m₃         m₄             m₅                 m₆
       •      •          •              •                  •         ②
       m₀    m₁         m₂             m₃                 m₄
        ••    •          •              •                  •         ③
       m₀m₁  m₂         m₃             m₄                 m₅
  •    •     •      •        •       •         •           •        ④
  m₀   m₁    m₂    m₃       m₄      m₅        m₆          m₇
```

Mit diesen vier Fallschnüren wird nun nacheinander folgendes Experiment durchgeführt: Die Fallschnur wird am Ring gehalten, die Fallschnur hängt also senkrecht nach unten, wobei bei der ersten und der vierten Schnur der jeweils unterste Körper m_0 den Boden berühre. Bei der zweiten und dritten Schnur soll die unterste Kugel m_0 den Abstand d_0 zum Boden haben, bei der dritten Schnur aber dieselben Abstände der Körper wie bei der ersten Fallschnur). Läßt man die Schnur nun fallen, hört man die Aufschläge der Körper am Boden in gewissen zeitlichen Abständen. Bearbeiten Sie nun folgende Fragen/Aufgaben (und verwenden Sie bei allen Berechnungen $g = 10\,ms^{-1}$):

1. Zur ersten Fallschnur: In welchen Abständen müssen die Körper m_0, m_1, m_2, ...am Faden befestigt sein, so daß die Aufschläge aller Körper in *gleichen zeitlichen Abständen* von jeweils $0,1\,s$ zu hören sind. Fertigen Sie dazu ein Weg-Zeit-Diagramm an und kommentieren Sie es.

2. Zur zweiten Fallschnur: In welchen Abständen müssen die Körper m_0, m_1, m_2, ...am Faden befestigt sein, so daß die Aufschläge aller Körper in *gleichen zeitlichen Abständen* von jeweils $0,1\,s$ zu hören sind. Fertigen Sie dazu ein Weg-Zeit-Diagramm an und kommentieren Sie es. Beschreiben Sie dann noch (im Sinne mathematischer Funktionen) den Zusammenhang zwischen beiden Weg-Zeit-Diagrammen, also: Wie entsteht die Funktion s_t^* in Teil 2 aus der Funktion s_t in Teil 1 ? (Bearbeiten Sie die Aufgabe zunächst jeweils für die Abstände $d_0 = 5\,cm$ und $d_0 = 45\,cm$. dann für einen beliebigen Abstand $d_0 > 0$.)

3. Zur dritten Fallschnur: wie Aufgabenteil 2. Erstellen Sie ein Weg-Zeit-Diagramm mit geeigneter Abszisse. (Bearbeiten Sie die Aufgabe zunächst jeweils für die Abstände $d_0 = 5\,cm$ und $d_0 = 45\,cm$. dann für einen beliebigen Abstand $d_0 > 0$.)

4. Bei der vierten Schnur seien die Körper in gleichen Abständen geknüpft. Werden die zeitlichen Abstände des Aufschlagens der Körper am Boden jeweils größer oder kleiner? Berechnen Sie die Aufschlagzeiten und stellen Sie den Vorgang sowohl in einem Cartesischen Koordinaten-System (Version 1) als auch als Halbgerade in einem Weg-Zeit-Diagramm mit geeigneter Abszisse dar (Version 2).

1.273 Wurf-Bewegungen

> Wer nicht auf gute Gründe hört,
> dem werde einfach zugekehrt
> die Seite, welche wir benützen,
> um drauf zu liegen und zu sitzen.
> *Wilhelm Busch* (1832 - 1908)

Im Gegensatz zu den als geradlinig gedachten Bewegungen in Abschnitt 1.272 sollen nun Bewegungen untersucht werden, wie sie etwa durch das Werfen von Kugeln (Kugelstoßen) auftreten. Wie die Erfahrung zeigt, haben solche Wurf-Bewegungen – wie auch die folgenden Skizzen zeigen – theoretisch parabelförmige Flugbahnen (wobei alle äußeren Kräfte (etwa Luftreibung) keine Rolle spielen sollen).

Bei den hier betrachteten Wurf-Bewegungen werden der sogenannte *Horizontale Wurf* und der sogenannte *Schiefe Wurf* durch ihren jeweiligen *Abwurfwinkel* mit einem Maß α relativ zu einer horizontalen Linie unterschieden (im ersten Fall also $\alpha = 0°$, im zweiten Fall $\alpha \in (0°, 90°)$).

1.273.1 Bemerkungen

1. Beim horizontalen Wurf kann man sich gemäß folgender Skizze ein Experiment vorstellen: Mehrere gleiche Kugeln werden mit unterschiedlichen Anfangsgeschwindigkeiten von einer Tischkante gestoßen. Dabei kann man beobachten, daß die Kugeln jeweils zur gleichen Zeit denselben Abstand zur Auftreffebene haben, insbesondere treffen sie zur selben Zeit auf der Auftreffebene auf:

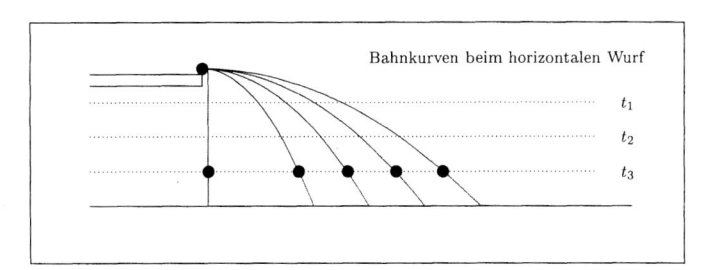

Bahnkurven beim horizontalen Wurf

2. Die Beobachtung in Bemerkung 1 wird als sogenanntes *Unabhängigkeits-Prinzip* formuliert: Hat eine Bewegung mehrere räumliche Komponenten – etwa eine horizontale und eine vertikale Komponente – so ist der Bewegungsablauf in einer Richtung unabhängig von den Richtungen der anderen Komponenten.

1.273.2 Bemerkungen

1. Das in vorstehender Bemerkung formulierte Unabhängigkeits-Prinzip erlaubt nun, die drei Kenn-Funktionen für Bewegungen *komponentenweise* zu kennzeichnen. Das bedeutet beispielsweise, daß eine Geschwindigkeits-Zeit-Funktion v_t für den horizontalen Wurf durch eine Geschwindigkeits-Zeit-Funktion v_x in horizontaler Richtung und eine Geschwindigkeits-Zeit-Funktion v_y in vertikaler Richtung getrennt beschrieben wird. Die Geschwindigkeit $v_t(t_0)$ eines Körpers zum Zeitpunkt t_0 innerhalb eines vorgegebenen Zeitintervalls wird folglich als (geordnetes) Paar der Form $(v_x(t_0), v_y(t_0))$ dargestellt. Dasselbe Beschreibungshilfsmittel dann auch auf die beiden anderen Kenn-Funktionen angewendet, liefert somit die folgende Übersicht:

2. Wurf-Bewegungen werden durch die drei folgenden Funktionen gekennzeichnet, die die drei physikalischen Kenngrößen, *Weg s*, *Geschwindigkeit v* und *Beschleunigung a* in Abhängigkeit von der *Zeit t* als Funktionen beschreiben (im üblichen mathematischen Sprachgebrauch sind das sogenannte *Kurven*, die mit der Bahnkurve selbst aber nichts zu tun haben; siehe auch Bemerkung 1.273.4 und A1.273.03):

Weg-Zeit-Funktion	$s_t : \mathbb{R} \times s \longrightarrow (\mathbb{R} \times m)^2$	$s_t : t \longrightarrow s \times s$	$t_0 \longmapsto (s_x(t_0), s_y(t_0))$
Geschwindigkeits-Zeit-Funktion	$v_t : \mathbb{R} \times s \longrightarrow (\mathbb{R} \times ms^{-1})^2$	$v_t : t \longrightarrow v \times v$	$t_0 \longmapsto (v_x(t_0), v_y(t_0))$
Beschleunigungs-Zeit-Funktion	$a_t : \mathbb{R} \times s \longrightarrow (\mathbb{R} \times ms^{-2})^2$	$a_t : t \longrightarrow a \times a$	$t_0 \longmapsto (a_x(t_0), a_y(t_0))$

1.273.3 Bemerkung *(Horizontaler Wurf)*

Es ist für den Horizontalen Wurf zu klären, von welchem Typ die dabei auftretenden sechs Komponenten-Funktionen $s_x, s_y, v_x, v_y, a_x, a_y$ sind. Dazu folgende Überlegungen anhand jeweils geeigneter Diagramme:

Zur Funktion v_x:

Da die Erdbeschleunigung stets senkrecht zur horizontalen Bewegungs-Komponente wirkt, hat sie auf die Funktion v_x keinen Einfluß. Somit wird durch v_x eine gleichförmig-konstante Bewegung repräsentiert mit der Zuordnungsvorschrift

$$t_0 \longmapsto v_x(t_0) = v_A.$$

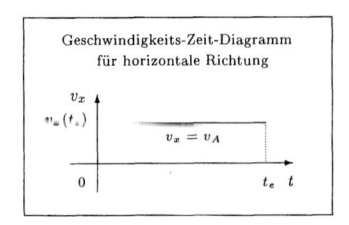

Zur Funktion v_y:

In vertikaler Richtung wirkt nur die Erdbeschleunigung, somit wird die vertikale Bewegungs-Komponente v_y durch eine gleichförmig-beschleunigte Bewegung repräsentiert (nach Bemerkung 1.272.5) mit der Vorschrift

$$t_0 \longmapsto v_y(t_0) = gt_0.$$

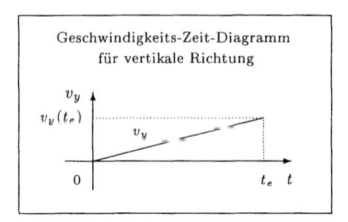

Geschwindigkeits-Zeit-Diagramm für horizontale Richtung

Geschwindigkeits-Zeit-Diagramm für vertikale Richtung

Zur Funktion s_x:

Die zu der obigen gleichförmig-konstanten Geschwindigkeits-Zeit-Funktion v_x zugehörige Weg-Zeit-Funktion s_x hat nach Bemerkung 1.272.3 die Zuordnungsvorschrift

$$t_0 \longmapsto s_x(t_0) = v_A t_0.$$

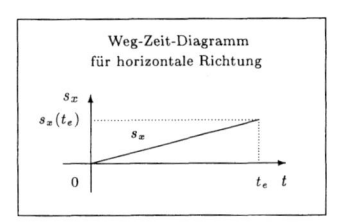

Zur Funktion s_y:

Die zu der obigen gleichförmig-beschleunigten Geschwindigkeits-Zeit-Funktion v_y zugehörige Weg-Zeit-Funktion s_y hat nach Bemerkung 1.272.4 die Zuordnungsvorschrift

$$t_0 \longmapsto s_y(t_0) = \tfrac{1}{2} g t_0^2.$$

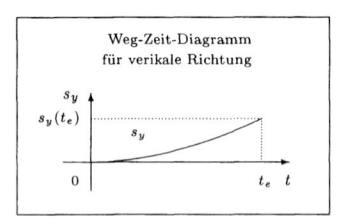

Weg-Zeit-Diagramm für horizontale Richtung

Weg-Zeit-Diagramm für verikale Richtung

Zur Funktion a_x:

Die zu der obigen gleichförmig-konstanten Geschwindigkeits-Zeit-Funktion v_x zugehörige Beschleunigungs-Zeit-Funktion a_x hat nach Bemerkung 1.272.3 die Zuordnungsvorschrift

$$t_0 \longmapsto a_x(t_0) = 0.$$

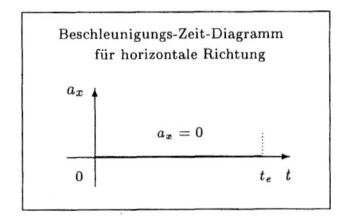

Zur Funktion a_y:

Die zu der obigen gleichförmig-beschleunigten Geschwindigkeits-Zeit-Funktion v_y zugehörige Beschleunigungs-Zeit-Funktion a_y hat nach Bemerkung 1.272.4 die Zuordnungsvorschrift

$$t_0 \longmapsto a_y(t_0) = g.$$

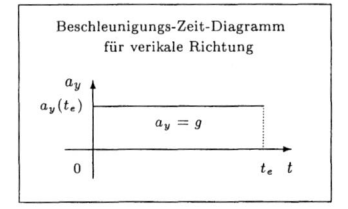

Beschleunigungs-Zeit-Diagramm für horizontale Richtung

Beschleunigungs-Zeit-Diagramm für verikale Richtung

Mit diesen sechs Funktionen ist der horizontale Wurf vollständig beschrieben.

1.273.4 Bemerkung

Es soll nun geklärt werden, daß die *Flugbahn* beim Horizotalen Wurf tatsächlich die Form einer Parabel hat (natürlich als Teil einer Parabel im Sinne einer Funktion $p : [0, s_W] \longrightarrow [0, h_A]$, wobei s_W die Wurfweite und h_A die Abwurfhöhe bezeichne):

Betrachtet man zu einem beliebigen Zeitpunkt $t_0 \in [0, t_A]$ den Punkt $(s_x(t_0), s_y(t_0)) = (v_A t_0, \frac{1}{2}gt_0^2)$ und ersetzt in der zweiten Komponente t_0 durch die aus der ersten Komponente gewonnenen Beziehung $t_0 = \frac{s_x(t_0)}{v_A}$, so gilt $s_y(t_0) = \frac{1}{2}g(\frac{s_x(t_0)}{v_A})^2 = \frac{g}{2v_A^2}s_x(t_0)^2$.

Somit kann man die Zuordnung $s_x(t_0) \longmapsto s_y(t_0)$ durch die Zuordnung $s_x(t_0) \longmapsto \frac{g}{2v_A^2}s_x(t_0)^2$ ersetzen. Bezeichnet man nun eine beliebige der auftretenden Weglängen $s_x(t_0)$ abkürzend mit w, dann hat diese Zuordnung die Form $w \longmapsto \frac{g}{2v_A^2}w^2$ und ist somit die Zuordnungsvorschrift einer Parabel p mit dem konstanten positiven Faktor $k = \frac{g}{2v_A^2}$. Man beachte, daß p in einem Koordinaten-System nebenstehender Form darzustellen ist.

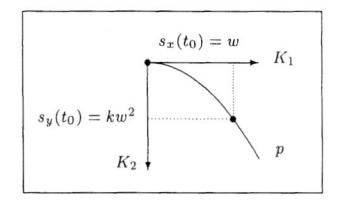

Anmerkung: Die Koordinaten dieses Systems tragen genauer die Bezeichnungen $K_x = Bild(s_x)$ und $K_2 = Bild(s_y)$ bezüglich der beiden Funktionen $s_x, s_y : t \longrightarrow s$.

1.273.5 Bemerkung

Die physikalische Größe *Geschwindigkeit* soll nun im Sinne von Bemerkung 1.270.4/8 als *vektorielle Größe* untersucht werden mit dem dabei wesentlichen Aspekt: Das in Bemerkung 1.273.1/2 genannte *Unabhängigkeits-Prinzip* erlaubt nun zunächst beim Horizontalen Wurf, den Vektor $\vec{v}(t_0)$, der eine Geschwindigkeit zu einem Zeitpunkt t_0 bezeichnet, in seine beiden Komponenten zu zerlegen, also in einen Vektor $\vec{v}_x(t_0)$ in horizontaler und einen Vektor $\vec{v}_y(t_0)$ in vertikaler Richtung zu zerlegen, wobei im Sinne der Addition von Vektoren dann $\vec{v}(t_0) = \vec{v}_x(t_0) + \vec{v}_y(t_0)$ gilt. Dazu folgende, anschließend noch erläuterte Skizze mit den abkürzenden Schreibweisen $\vec{v}_{xi} = \vec{v}_x(t_i)$ und $\vec{v}_{yi} = \vec{v}_y(t_i)$:

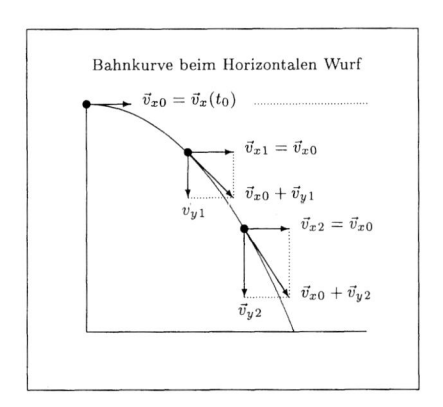

Bahnkurve beim Horizontalen Wurf

Die Skizze zeigt die Lage einer Kugel beim horizontalen Wurf zu drei verschiedenen Zeitpunkten $t_0 = 0$ sowie t_1 und t_2 mit $t_0 < t_1 < t_2$. Dazu ist zweierlei festzustellen:

a) Da die Geschwindigkeit in horizontaler Richtung (als gleichförmig-konstante Bewegung) stets konstant ist, wird sie durch *denselben* Vektor $\vec{v}_{x0} = \vec{v}_x(t_0) = \vec{v}_A$, hier durch drei Pfeile dargestellt, repräsentiert.

b) Da die Geschwindigkeit in vertikaler Richtung (als gleichförmig-beschleunigte Bewegung) zunehmend ist, wird sie durch drei unterschiedlich lange Vektoren $\vec{v}_{yi} = \vec{v}_y(t_i)$ mit $\vec{v}_{y0} = 0$, hier also durch drei unterschiedlich lange Pfeile dargestellt, repräsentiert.

Fazit: Betrachtet man zu $i \in \{0, 1, 2\}$ und Zeitpunkten t_i mit $t_0 < t_1 < t_2$ die Vektoren $\vec{v}_{xi} = \vec{v}_x(t_i)$ und $\vec{v}_{yi} = \vec{v}_y(t_i)$, so gilt $\vec{v}_{x0} = \vec{v}_{x1} = \vec{v}_{x2} = \vec{v}_A$ und $0 = |\vec{v}_{y0}| < |\vec{v}_{y1}| < |\vec{v}_{y2}|$.

1.273.6 Bemerkung *(Schiefer Wurf)*

Überträgt man Bemerkung 1.273.2 auf den Schiefen Wurf, so ist wieder zu klären, von welchem Typ die dabei auftretenden sechs Komponenten-Funktionen s_x, s_y, v_x, v_y, a_x, a_y sind. Dazu folgende Überlegungen anhand jeweils geeigneter Diagramme, in denen v_A die Abwurfgeschwindigkeit, α das Maß des Abwurfwinkels relativ zur Horizontalen, t_W die Wurfzeit und $t_S = \frac{1}{2}t_W$ die Steigzeit bezeichne:
Hinweis: Die im folgenden auftretenden Faktoren $sin(\alpha)$ und $cos(\alpha)$ werden in Bemerkung 1.273.8 noch genauer erläutert.

Zur Funktion v_x:

Da die Erdbeschleunigung stets senkrecht zur horizontalen Bewegungs-Komponente wirkt, hat sie auf die Funktion v_x keinen Einfluß. Somit wird durch v_x eine gleichförmig-konstante Bewegung repräsentiert mit der Zuordnungsvorschrift

$$t_0 \longmapsto v_x(t_0) = v_A \cdot cos(\alpha).$$

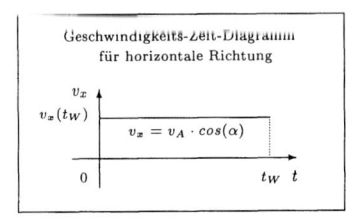

Zur Funktion v_y:

In vertikaler Richtung wirkt nur die Erdbeschleunigung, somit wird die vertikale Bewegungs-Komponente v_y durch eine gleichförmig-beschleunigte Bewegung repräsentiert (nach Bemerkung 1.272.5) mit der Vorschrift

$$t_0 \longmapsto v_y(t_0) = v_A \cdot sin(\alpha) - gt_0.$$

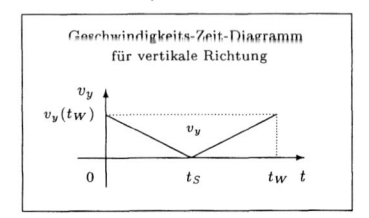

Geschwindigkeits-Zeit-Diagramm
für horizontale Richtung

Geschwindigkeits-Zeit-Diagramm
für vertikale Richtung

Zur Funktion s_x:

Die zu der obigen gleichförmig-konstanten Geschwindigkeits-Zeit-Funktion v_x zugehörige Weg-Zeit-Funktion s_x hat nach Bemerkung 1.272.3 die Zuordnungsvorschrift

$$t_0 \longmapsto s_x(t_0) = v_A \cdot cos(\alpha) \cdot t_0.$$

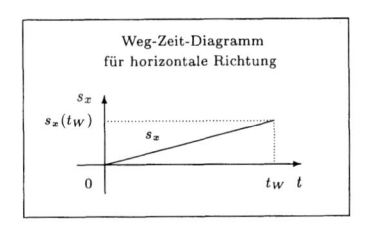

Zur Funktion s_y:

Die zu der obigen gleichförmig-beschleunigten Geschwindigkeits-Zeit-Funktion v_y zugehörige Weg-Zeit-Funktion s_y hat nach Bemerkung 1.272.4 die Zuordnungsvorschrift

$$t_0 \longmapsto s_y(t_0) = v_a \cdot sin(\alpha) \cdot t_0 - \tfrac{1}{2}gt_0^2.$$

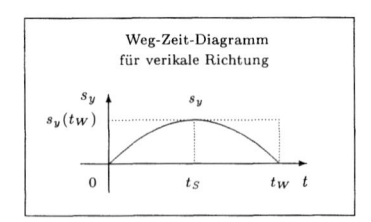

Weg-Zeit-Diagramm
für horizontale Richtung

Weg-Zeit-Diagramm
für verikale Richtung

1.273.7 Bemerkungen

Anhand der Zuordnungsvorschriften in Bemerkung 1.273.6 lassen sich mit den konstanten Daten v_A (Abwurfgeschwindigkeit) und α (Abwurfwinkel-Maß) folgende besondere Daten errechnen:

1. Berechnung der *Steigzeit* t_S: Bezüglich der Funktion v_y mit $v_y(t_0) = v_A \cdot sin(\alpha) - gt_0$ ist die Steigzeit t_S dann erreicht, wenn $v_y(t_S) = 0$ gilt. In diesem Fall gilt also die Beziehung $v_y(t_S) = 0 = v_A \cdot sin(\alpha) - gt_S$, woraus die *Steigzeit* $t_S = \frac{v_A}{g} \cdot sin(\alpha)$ folgt.

2. Berechnung der *Wurfzeit* t_W: Bezüglich der Funktion s_y mit $s_y(t_0) = v_A \cdot sin(\alpha) \cdot t_0 - \frac{1}{2}gt_0^2$ ist die Wurfzeit t_W dann erreicht, wenn $s_y(t_W) = 0$ gilt. In dem vorliegenden Fall gilt also die Beziehung $s_y(t_W) = 0 = v_A \cdot sin(\alpha) \cdot t_W - \frac{1}{2}gt_W^2$, woraus die quadratische Gleichung $t_W(t_W - \frac{2v_A}{g} \cdot sin(\alpha)) = 0$ und mit $t_W \neq 0$ dann die *Wurfzeit* $t_W = \frac{2v_A}{g} \cdot sin(\alpha)$ folgt.

Anmerkung: Insbesondere gilt $t_W = 2t_S$. (Verwendet man in $s_y(t_0)$ die Differenz $t_0 = t_W - t_S$, so wird neben t_S noch $t_W - t_S = \frac{v_A}{g} \cdot sin(\alpha)$ geliefert.)

3. Berechnung der *Steighöhe* h: Bezüglich der Funktion s_y mit $s_y(t_0) = v_A \cdot sin(\alpha) \cdot t_0 - \frac{1}{2}gt_0^2$ ist dann insbesondere $h = s_y(t_S) = v_A \cdot sin(\alpha) \cdot t_S - \frac{1}{2}gt_S^2 = v_A \cdot sin(\alpha) \cdot \frac{v_A}{g} \cdot sin(\alpha) - \frac{1}{2}g\frac{v_A^2}{g^2} \cdot sin^2(\alpha) = v_A^2 \cdot sin^2(\alpha)(\frac{1}{g} - \frac{1}{2g}) = \frac{v_A^2}{2g} \cdot sin^2(\alpha)$ die Steighöhe.

4. Berechnung der *Wurfweite* w: Bezüglich der Funktion s_x mit $s_x(t_0) = v_A \cdot cos(\alpha) \cdot t_0$ ist dann insbesondere $w = s_x(t_W) = v_A \cdot cos(\alpha) \cdot t_W = v_A \cdot cos(\alpha) \cdot \frac{2v_A}{g} \cdot sin(\alpha) = \frac{v_A^2}{g} \cdot 2 \cdot cos(\alpha) \cdot sin(\alpha) = \frac{v_A^2}{g} \cdot sin(2\alpha)$ die Wurfweite.

Im folgenden sollen noch zwei Maximalitätsfragen untersucht werden: die nach der maximalen Wurfweite und die nach der maximalen Steighöhe (Wurfhöhe) – jeweils bei vorgegebener Anfangsgeschwindigkeit v_A, aber in Abhängigkeit des Abwurfwinkel-Maßes α:

5. Die *maximale Wurfweite* w_{max} ergibt sich aus der Wurfweite $w = \frac{v_A^2}{g} \cdot sin(2\alpha)$, wobei w genau dann maximal ist, wenn $sin(2\alpha) = 1$, wenn also $\alpha = 45°$ gilt. Somit gilt: Für das Abwurfwinkel-Maß $\alpha = 45°$ wird die maximale Wurfweite $w_{max} = \frac{v_A^2}{g}$ erreicht.

6. Die *maximale Steighöhe* h_{max} ergibt sich aus der Steighöhe $h = \frac{v_A^2}{2g} \cdot sin^2(\alpha)$, wobei h genau dann maximal ist, wenn $sin(\alpha) = 1$, wenn also $\alpha = 90°$ gilt. Somit gilt: Für das Abwurfwinkel-Maß $\alpha = 90°$ wird die maximale Steighöhe $w_{max} = \frac{v_A^2}{2g}$ erreicht.

1.273.8 Bemerkung

Das in Bemerkung 1.273.1/2 genannte *Unabhängigkeits-Prinzip* erlaubt nun zunächst auch beim Schiefen Wurf, den Vektor $\vec{v}(t_0)$, der eine Geschwindigkeit zu einem Zeitpunkt t_0 bezeichnet, in seine beiden Komponenten zu zerlegen, also in einen Vektor $\vec{v}_x(t_0)$ in horizontaler und einen Vektor $\vec{v}_y(t_0)$ in vertikaler Richtung zu zerlegen, wobei im Sinne der Addition von Vektoren dann $\vec{v}(t_0) = \vec{v}_x(t_0) + \vec{v}_y(t_0)$ gilt. Dazu folgende, anschließend noch erläuterte Skizze mit den Abkürzungen $\vec{v}_{xi} = \vec{v}_x(t_i)$ und $\vec{v}_{yi} = \vec{v}_y(t_i)$:

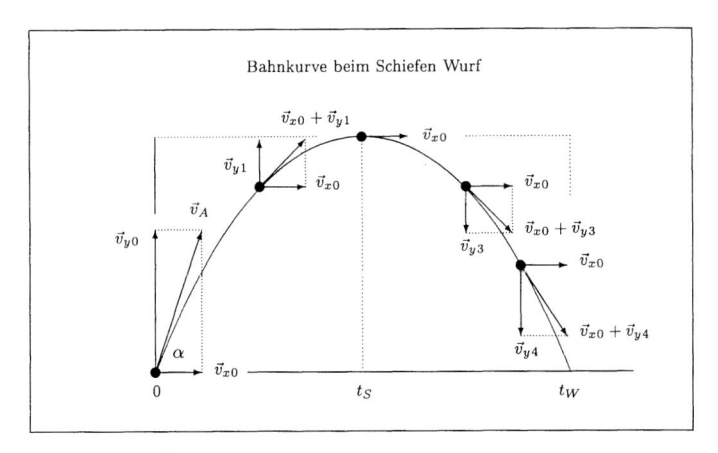

Bahnkurve beim Schiefen Wurf

Die Skizze zeigt die Lage einer Kugel beim Schiefen Wurf zu fünf verschiedenen Zeitpunkten t_i mit $0 = t_0 < t_1 < t_2 = t_S < t_3 < t_4 < t_W$. Dazu ist zweierlei festzustellen:

a) Da die Geschwindigkeit in horizontaler Richtung (als gleichförmig-konstante Bewegung) stets konstant ist, wird sie durch *denselben* Vektor $\vec{v}_{x0}$ repräsentiert.

b) Da die Geschwindigkeit in vertikaler Richtung (als gleichförmig-beschleunigte Bewegung) erst abnehmend und dann zunehmend ist, wird sie durch unterschiedlich lange Vektoren v_y repräsentiert: Betrachtet man zu $i \in \{0, 1, 2, 3, 4\}$ und Zeitpunkten t_i mit $0 = t_0 < t_1 < t_2 = t_S < t_3 < t_4 < t_W$ die Vektoren $\vec{v}_{xi} = \vec{v}_x(t_i)$ und $\vec{v}_{yi} = \vec{v}_y(t_i)$, so gilt $\vec{v}_{xi} = \vec{v}_{x0}$, für alle $i \in \{0, 1, 2, 3, 4\}$, in horizontaler Richtung und $|\vec{v}_{y0}| > |\vec{v}_{y1}| > 0 = |\vec{v}_{y2}| < |\vec{v}_{y3}| < |\vec{v}_{y4}|$ in vertikaler Richtung.

c) Wie die obige Skizze ferner zeigt, gelten – wenn man die Geschwindigkeiten wieder als Vektoren betrachtet – die beiden Beziehungen $|\vec{v}_x| = |\vec{v}_A| \cdot cos(\alpha)$ und $|\vec{v}_{y0}| = |\vec{v}_A| \cdot sin(\alpha)$.

1.273.9 Bemerkung

Es soll nun geklärt werden, daß die *Flugbahn* beim Schiefen Wurf tatsächlich die Form einer Parabel hat (natürlich als Teil einer Parabel im Sinne einer Funktion $p : [0, s_W] \longrightarrow [0, h_S]$, wobei s_W die Wurfweite und h_S die Steighöhe bezeichne):

Betrachtet man zu einem beliebigen Zeitpunkt $t_0 \in [0, t_W]$ den Punkt $(s_x(t_0), s_y(t_0))$, mit den Daten in Bemerkung 1.273.6 also $(s_x(t_0), s_y(t_0)) = (v_A \cdot cos(\alpha) \cdot t_0, v_A \cdot sin(\alpha) \cdot t_0 - \frac{1}{2}gt_0^2)$, und ersetzt in der zweiten Komponente t_0 durch die aus der ersten Komponente gewonnenen Beziehung $t_0 = \frac{s_x(t_0)}{v_A \cdot cos(\alpha)}$, so gilt $s_y(t_0) = v_A \cdot \frac{s_x(t_0)}{v_A \cdot cos(\alpha)} \cdot sin(\alpha) - \frac{1}{2}g(\frac{s_x(t_0)}{v_A \cdot cos(\alpha)})^2 = tan(\alpha) \cdot s_x(t_0) - \frac{g}{2v_A^2 \cdot cos^2(\alpha)} \cdot s_x(t_0)^2$.

Somit kann man die Zuordnung $s_x(t_0) \longmapsto s_y(t_0)$ durch die Zuordnung $s_x(t_0) \longmapsto tan(\alpha) \cdot s_x(t_0) - \frac{g}{2v_A^2 \cdot cos^2(\alpha)} \cdot s_x(t_0)^2$ ersetzen. Bezeichnet man nun eine beliebige der auftretenden Weglängen $s_x(t_0)$ abkürzend mit w, dann hat diese Zuordnung die Form $w \longmapsto tan(\alpha) \cdot w - \frac{g}{2v_A^2 \cdot cos^2(\alpha)} \cdot w^2$ und ist somit die Zuordnungsvorschrift der Form $w \longmapsto k_1 w - k_2 w^2$ mit Konstanten $k_1 = tan(\alpha)$ und $k_2 = \frac{g}{2v_A^2 \cdot cos^2(\alpha)}$ einer Parabel p, wie die nebenstehende Skizze zeigt:

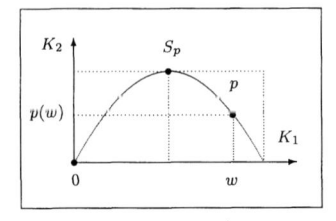

Anmerkung 1: Die Koordinaten dieses Systems tragen genauer die Bezeichnungen $K_x = Bild(s_x)$ und $K_2 = Bild(s_y)$ bezüglich der beiden Funktionen $s_x, s_y : t \longrightarrow s$.

Anmerkung 2: Sogenannte *Ballistische Flugbahnen*, das sind Flugbahnen, bei denen die Luftreibung mit berücksichtigt ist (beispielsweise beim Kugelstoßen oder bei Kanonenkugeln), stellen in der Tat eine von der theoretischen Parabelform abweichende Flugbahn dar: Einerseits ist die Wurfhöhe natürlich kleiner, andererseits ist die Flugbahn auch nicht mehr vertikalsymmetrisch, wie die nebenstehende Skizze andeutet:

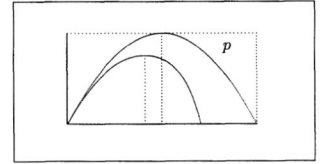

A1.273.01: Betrachten Sie die folgende Bahnkurve eines Horizontalen Wurfs mit Abwurfgeschwindigkeit $\vec{v}_x(t_0)$ zum Zeitpunkt $t_0 = 0$ und einem weiteren Bahnpunkt zu einem Zeitpunkt t_1:

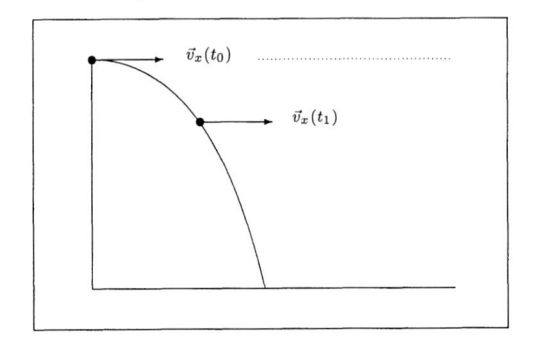

1. Ergänzen Sie die Skizze um die Vektoren $\vec{v}_y(t_1)$ und $\vec{v}(t_1) = \vec{v}_x(t_1) + \vec{v}_y(t_1)$.
2. Welcher Vektor beschreibt die Änderung der Geschwindigkeit zwischen den Zeitpunkten t_0 und t_1?
3. Wie läßt sich der Vektor $\vec{v}_y(t_1)$ aus den Vektoren $\vec{v}_x(t_1)$ und $\vec{v}(t_1)$ ermitteln?

A1.273.02: Ein Körper wird von einem $100\,m$ hohen Turm waagerecht mit $20\,ms^{-1}$ weggeschleudert.
1. Wo befindet sich der Körper nach zwei Sekunden?
2. Wann und wo trifft der Körper auf der Erde auf?

A1.273.03: Wie läßt sich aus der in Bemerkung 1.273.5 erläuterten Beziehung $\vec{v}(t_0) = \vec{v}_x(t_0) + \vec{v}_y(t_0)$ zum Horizontalen Wurf die Geschwindigkeit $v(t_0) = |\vec{v}(t_0)|$ berechnen?
Anmerkung: Hinsichtlich der in Bemerkung 1.273.2/2 angegebenen Funktion $v_t : t \longrightarrow v \times v$ liegt die Funktion $v : t \longrightarrow v$ als Komposition $t \xrightarrow{v_t} v \times v \longrightarrow v$ mit $t_0 \longmapsto (v_x(t_0), v_y(t_0)) \longmapsto v(t_0)$ vor.

A1.273.04: Zeigen Sie bezüglich des Horizontalen Wurfs im einzelnen, wie aus den Vorgaben $s_x(t_0)$ und $s_y(t_0)$ die zugehörige Flugzeit $t_0 > 0$ und die zugehörige Geschwindigkeit $v(t_0)$ ermittelt werden können (Hinweis: Beachten Sie auch Aufgabe A1.273.03.)

A1.273.05: Ein Sportler stößt eine Kugel 15 Meter weit, wobei die Kugel aus einer Höhe von 1,8 Metern waagerecht abgestoßen wird.
1. Berechnen Sie die Flugzeit der Kugel.
2. Berechnen Sie die Anfangs- und die Auftreffgeschwindigkeit der Kugel.
3. Berechnen Sie das Maß des Winkels, unter dem die Kugel auf der Erde auftrifft.

Hinweis: Die Luftreibung sowie andere Einflußgrößen (wie etwa der Wind) werden nicht berücksichtigt, ferner soll $g = 10\,ms^{-2}$ für die Erdbeschleunigung verwendet werden.

A1.273.06: Ein Skispringer springt waagerecht von einem (bezüglich des Auftreffpunktes) 20 Meter hohen Schanzentisch ab und legt einen horizontal gemessenen Weg von 100 Metern Länge zurück. Berechnen Sie zunächst die Flugzeit t_e, dann die Fluggeschwindigkeiten $v(t_i)$ für $t_i \in \{0, \frac{1}{4}t_e, \frac{1}{2}t_e, \frac{3}{4}t_e, t_e\}$, schließlich das Maß des Winkels (zur Horizontalen), unter dem der Skispringer der Boden erreicht. Skizzieren Sie schließlich die Flugbahn anhand einer Wertetabelle für $s_y(t_i)$ mit $t_i \in \{0, \frac{1}{4}t_e, \frac{1}{2}t_e, \frac{3}{4}t_e, t_e\}$.

Hinweis: Die Luftreibung sowie andere Einflußgrößen (wie etwa der Wind) werden nicht berücksichtigt, ferner soll $g = 10\,ms^{-2}$ für die Erdbeschleunigung verwendet werden.

A1.273.07: Warum liefern zwei Schiefe Würfe mit den Abwurfwinkel-Maßen 30° und 60° bei gleicher Abwurfgeschwindigkeit dieselbe Wurfweite? (Man beachte auch Aufgabe A1.273.11.)

A1.273.08: Ein Körper wird mit $20\,ms^{-1}$ unter einem Winkelmaß von 30° abgeworfen.
1. Wie groß sind Wurfweite und Steighöhe?
2. Wo befindet sich der Körper nach zwei Sekunden?
3. Wie groß sind dort seine Geschwindigkeits-Komponenten und seine Geschwindigkeit?
4. Skizzieren Sie anhand der ermittelten Daten die Flugbahn des Körpers.

A1.273.09: Aus einem Wasserschlauch strömt Wasser in zunächst horizontaler Richtung mit einer Anfangsgeschwindigkeit von $4\,ms^{-1}$ aus einer Höhe von $1,6\,m$.
1. Berechnen Sie die Geschwindigkeiten der Wasserteilchen zum Zeitpunkt $t_1 = 0,3\,s$.
2. Berechnen Sie jeweils die Höhe der Wasserteilchen zum Zeitpunkt $t_i = \frac{i}{10}$ für $i = 1, 2, 3, ...$
3. Wann und wo treffen die Wasserteilchen auf dem Erdboden auf?

A1.273.10: Berechnen Sie den Scheitelpunkt S_p der in Bemerkung 1.273.9 angegebenen Parabel p.

A1.273.11: Aufgabe A1.273.07 in allgemeiner Fassung: Zeigen Sie, daß für jedes $\alpha \in [0°, 45°]$ die beiden Abwurfwinkel-Maße $45° - \alpha$ und $45° + \alpha$ jeweils dieselbe Wurfweite liefern.

1.274   KREIS-BEWEGUNGEN

> Die Indianer, die wir als Barbaren schelten, wahren in ihren Gesprächen
> und Unterhaltungen weit mehr Anstand und Höflichkeit als wir: Man
> hört einander stillschweigend an, bis der eine ausgeredet hat, und dann
> antwortet der andere gelassen, ohne Lärm und Leidenschaft.
> *John Locke* (1632 - 1704)

Es ist klar, daß die charakteristischen Größen kreisförmiger Bewegungen spätestens seit der Erfindung des Rades in der Technik eine wesentliche Rolle spielen (zusätzlich zu den Kräften, die dabei auftreten), aber auch schon in der antiken Astronomie, seit man die als kreisförmig angesehenen Planetenbahnen zu studieren begann. Diese beiden Hinweise seien hier jedoch nur als Andeutungen gedacht, man kann sich den Kanon kreisförmiger Bewegungen und davon abgeleiteter Bewegungen (ebene und räumliche Spiralen, wenn man etwa eine an einem Faden befestigte Kugel um den Finger rotieren und den Faden sich dabei aufwickeln läßt) aber noch beliebig erweitert vorstellen.

1.274.1   Bemerkungen

1. Eine *gleichmäßige Kreis-Bewegung* liegt vor, wenn ein Körper (Massenpunkt) sich mit konstanter Geschwindigkeit auf einer Kreislinie bewegt. Man spricht von einem *vollen Umlauf* oder einer *vollen Umdrehung*, wenn er dabei den Kreisumfang als Weg zurückgelegt hat.

2. Für gleichmäßige Kreis-Bewegungen charakteristische physikalische Größen sind

a) die *Umlaufdauer* $T \in \mathbb{R}_0^+ \times s$ als Zeit (in Sekunden) für einen vollen Umlauf sowie

b) die *Frequenz* $f \in \mathbb{R}_0^+ \times s^{-1}$ als Anzahl der vollen Umläufe (Umdrehungen) pro Zeiteinheit $1\,s$.

Man beachte, daß zwischen Umlaufdauer und Frequenz der Zusammenhang $f = \frac{1}{T}$ und $T = \frac{1}{f}$ besteht, ferner, daß die Einheit der Frequenz in der Regel mit $1\,Hz = 1\,s^{-1}$, benannt nach dem Physiker *Heinrich Hertz* (1857-1894), angegeben wird.

3. Gleichmäßige Kreis-Bewegungen sind *Periodische Bewegungen*, das heißt hier: Nach jeweils einer Umlaufzeit(-dauer) wird jeweils derselbe Bahnpunkt in derselben Richtung durchlaufen.

Nebenbei: Stellt man sich auf einer rotierenden Scheibe einen dazu senkrecht angebrachten Stift vor, so erzeugt sein Schattenbild bei senkrechter Parallel-Projektion (mit parallelen Lichtstrahlen) ebenfalls eine periodische Bewegung – und im übrigen dieselbe Art von Bewegung wie ein Wassertropfen an der Oberfläche einer Welle. (Bewegungen dieser Art werden insbesondere in den Abschnitten 1.28x untersucht.)

4. Bei der Untersuchung der Geometrie von Kreislinien treten zwei (sich bijektiv zueinander verhaltende) Maße auf: das Bogenmaß und das Winkelmaß, die auch bei der Untersuchung von Kreisbewegungen jeweils ein Pendant haben und in der folgenden Bemerkung 1.274.2 betrachtet werden.

5. Zur Bijektivität von Bogenmaß b und Winkelmaß w (siehe Beispiel 1.132.4/3) sowie ihrer physikalischen Verwendung im vorliegenden Zusammenhang folgendes: Es bezeichne $W = \mathbb{R} \times \{\circ\}$ die Menge aller Winkelmaße mit Elementen in der Schreibweise $\alpha = z^\circ \in W$, dann liegt zunächst eine bijektive Funktion $b: W \longrightarrow \mathbb{R}$ mit $b(\alpha) = \frac{\alpha}{180^\circ}\pi$ mit inverser Funktion $w: \mathbb{R} \longrightarrow W$ mit $w(z) = \frac{z}{\pi}180^\circ$ vor.

1.274.2   Bemerkungen

1. Als *Bahngeschwindigkeit* zu einer gleichmäßigen Kreis-Bewegung wird die Geschwindigkeits-Zeit-Funktion $v_t : t \longrightarrow v = \frac{s}{t}$ bezeichnet. Diese Funktion ordnet jedem Zeitpunkt $t_0 \in [0, t_e]$ die konstante Geschwindigkeit $v_t(t_0) = \frac{s_t(t_0)}{t_0}$ zu. Allerdings widerspiegelt diese Form der Vorschrift nicht die Geometrie der Kreisbahn, folglich muß der Weg $s_t(t_0)$ als Teil oder als Vielfaches der Kreislinienlänge genauer beschrieben werden:

2. Betrachtet man den Umfang $U = 2\pi r$ einer Kreislinie mit Radius r, so gelte für jeden beliebigen Zeitpunkt $t_0 \in [0, t_e]$ das Verhältnis $\frac{s_t(t_0)}{U} = \frac{t_0}{T}$, also $\frac{s_t(t_0)}{2\pi r} = \frac{t_0}{T}$, woraus dann die Bahngeschwindigkeit $v_t(t_0) = \frac{s_t(t_0)}{t_0} = \frac{2\pi}{T} \cdot r$ zum Zeitpunkt $t_0 \in [0, t_e]$ folgt.

3. Der konstante Faktor $\omega = \frac{2\pi}{T} = 2\pi f$ mit $[\omega] = s^{-1} = Hz$ wird als *Kreisfrequenz* bezeichnet.

4. Die zugehörige Weg-Zeit-Funktion $s_t : t \longrightarrow s$ ist durch $s_t(t_0) = \frac{2\pi r}{T} \cdot t_0$, für alle $t_0 \in [0, t_e]$, definiert.

5. Die zugehörige Beschleunigungs-Zeit-Funktion $a_t : t \longrightarrow s$, die sogenannte *Bahnbeschleunigung* als Beschleunigung in Richtung des Weges, ist definiert durch $a_t(t_0) = 0$, für alle $t_0 \in [0, t_e]$, also bei konstanter Geschwindigkeits-Zeit-Funktion erwartungsgemäß die Null-Funktion. (Man beachte jedoch Bemerkung 1.274.4.)

6. Wie die vorstehenden Bemerkungen auch formal zeigen, hängt die Bahngeschwindigkeit vom Radius r der Kreisbahn ab (genauer: die Bahngeschwindigkeit ist proportional zum Radius, wie man sich an zwei Punkten einer Kreisscheibe mit unterschiedlichem Abstand zum Mittelpunkt auch klar machen kann). Andererseits ist (mit demselben Beispiel) klar, daß der zu einem Zeitpunkt t_0 zugehörige Winkel $w(t_0)$ nicht vom Radius abhängt.

Diese Idee führt zu der *Winkel-Zeit-Funktion* als Komposition $t \xrightarrow{s_t} s \xrightarrow{w} W$. Diese Funktion, im folgenden kurz $w_t : t \longrightarrow W$ geschrieben, besitzt somit die Zuordnung $t_0 \longmapsto s_t(t_0) \longmapsto w(s_t(t_0)) = w_t(t_0)$, für alle $t_0 \in [0, t_e]$. Betrachtet man dazu das Verhältnis $\frac{w_t(t_0)}{360°} = \frac{w(s_t(t_0))}{360°} = \frac{t_0}{T}$, so hat w_t also die Darstellung $w_t(t_0) = \frac{360°}{T} \cdot t_0$, für alle $t_0 \in [0, t_e]$. (Siehe dazu auch Bemerkung 1.274.5.)

Betrachtet man zu Winkeln das zugehörige Bogenmaß, genauer also die ebenfalls mit w_t bezeichnete Komposition $t \xrightarrow{w_t} W \xrightarrow{b} \mathbb{R}$, so hat w_t die Darstellung $w_t(t_0) = \frac{2\pi}{T} \cdot t_0 = \omega \cdot t_0$, womit dann auch der Zusammenhang $s_t = r \cdot w_t$ zwischen Weg-Zeit-Funktion s_t und Winkel-Zeit-Funktion w_t vorliegt.

1.274.3 Bemerkung

Die folgende Skizze zeigt auf der äußeren Kreislinie (Scheibenrand) zu drei verschiedenen Zeitpunkten $t_0 = 0$ sowie $t_1 = \frac{3}{8}T$ und $t_2 = \frac{6}{8}T$ die zugehörigen Bahngeschwindigkeiten als Vektoren, wobei mit $k \in \{1, 2, 3\}$ und $t_i \in [0, T)$ der Einfachheit halber $\vec{v}_{ki} = \vec{v}_{t_k}(t_i)$ für die drei Funktionen $\vec{v}_{t_k} : t \longrightarrow \vec{v}$ (siehe Bemerkung 1.270.4/9) abgekürzt sei. (Die Scheibe der Skizze rotiert also mit dem Uhrzeigersinn.) Alle Vektoren einer Bahn k haben zwar dieselbe Länge, jedoch als jeweils zum Kreis tangentiale Vektoren verschiedene Richtungen, sind als Vektoren also nicht gleich.

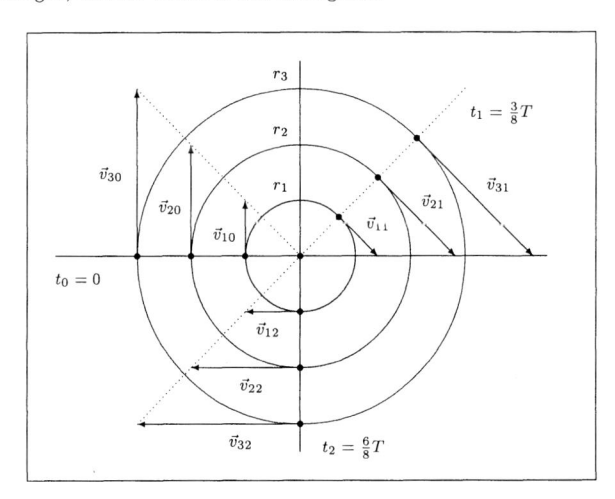

Darüber hinaus zeigt die Skizze jeweils drei Bahnpunkte zum selben Zeitpunkt t_i, aber auf verschiedenen Bahnen der Scheibe, also mit verschiedenen Radien r_1, r_2 und r_3 mit $r_1 < r_2 < r_3$. Betrachtet man nun die zugehörigen Geschwindigkeits-Vektoren, so haben sie zwar dieselbe Richtung, aber verschiedene Längen. Für diese drei Längen gilt jedoch $r_1 : r_2 : r_3 = |\vec{v}_{1i}| : |\vec{v}_{2i}| : |\vec{v}_{3i}|$, zu jedem Zeitpunkt t_i.

1.274.4 Bemerkung

Noch einmal zurück zu dem anfangs genannten Beispiel: Läßt man eine an einem Faden befestigte Kugel mit der Hand rotieren, so kann man spüren, daß die Kugel dabei nach außen, also von der Hand weg gezogen wird. Es wirkt auf den Körper offenbar eine Kraft (die Zentrifugalkraft), der aber eine Kraft (die Zentripetalkraft) entgegengesetzt wirken muß, da die Kugel ihre Kreisbahn ja nicht verläßt. Die mit dieser, stets in Richtung des Mittelpunktes wirkenden Zentripetalkraft verbundene Beschleunigung wird *Zentripetalbeschleunigung* oder auch *Radialbeschleunigung* genannt und als Vektor zu einem beliebigen Zeitpunkt t_i mit $\vec{a}_t(t_i)$ bezeichnet.

Dabei ist zweierlei zu klären: Welchen Betrag (welche Länge) haben mit $k \in \{1, 2, 3\}$ und $t_i \in [0, T)$ die Vektoren $\vec{a}_{ki} = \vec{a}_{t_k}(t_i)$ bezüglich der drei Funktionen $\vec{a}_{t_k} : t \longrightarrow \vec{v}$ (siehe Bemerkung 1.170.4/9) zu verschiedenen Zeitpunkten t_i und wie hängt dieser Betrag von der Entfernung zum Kreis-Mittelpukt ab? (Daß ein solcher Zusammenhang offenbar besteht, zeigt schon die Erfahrung mit dem erwähnten Kugel-Experiment.) Zu diesen Fragen zunächst die folgende Skizze:

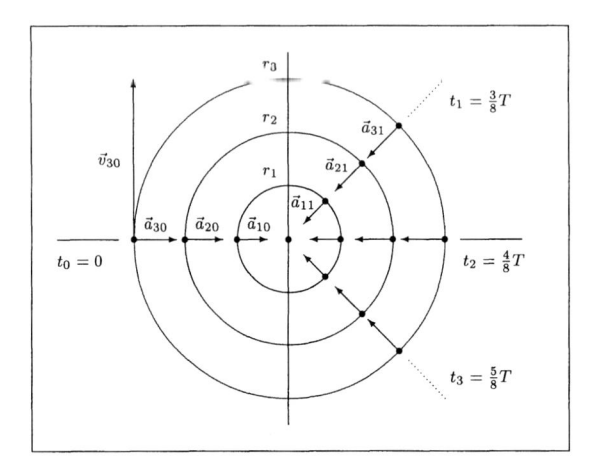

Es soll nun die Stärke der Zentripetalbeschleunigung bei einer Kreisbahn mit Radius r, anschaulich also die Länge $a_t(t_i) = |\vec{a}_t(t_i)|$ zu einem beliebigen Zeitpunkt $t_i \in [0, T)$, überlegt werden. Dazu betrachte man die folgende kleine Skizze:

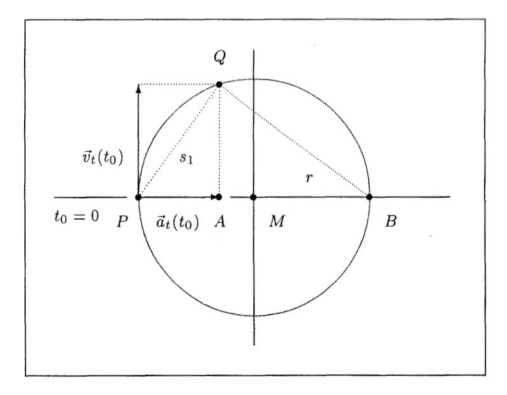

Man stelle sich vor, ein Körper legt in einer Zeit von $t_0 = 0$ bis t_1 auf der Kreisbahn den Weg von P nach Q zurück. Betrachtet man nun anstelle dieses Weges die geradlinige Wegstrecke $s_1 = s(P, Q)$, so läßt sich diese Bewegung durch die beiden folgenden Richtungskomponenten beschreiben: In Richtung

a) der konstanten Bahngeschwindigkeit $\vec{v}_t(t_0)$ gilt für den Weg s_v dann $v_t(t_0) = \frac{s_v}{t_1}$, also ist $s_v = v_t(t_0)t_1$,

b) der gleichförmig-beschleunigten Zentripetalbeschleunigung $\vec{a}_t(t_0)$ liegt der Weg $s_a = \frac{1}{2}a_t(t_0)t_1^2$ vor, wobei man die Beziehungen $v_t(t_0) = v_t(t_1)$ sowie $a_t(t_0) = a_t(t_1)$ der entsprechenden Zahlen beachte.

Mit den Wegen/Abständen $s_v = d(A,Q)$, $s_a = d(P,A)$, $d = d(A,B)$ sowie $r = d(M,B)$ für die dabei beteiligten Punkte der Skizze zeigt ein *Satz von Euklid* die geometrische Beziehung $s_v^2 = s_a(2r - s_a)$, womit zunächst $v_t(t_0)^2 t_1^2 = \frac{1}{2}a_t(t_0)t_1^2(2r - \frac{1}{2}a_t(t_0)t_1^2)$, also $v_t(t_0)^2 = a_t(t_0)r - \frac{1}{4}a_t(t_0)^2 t_1^2$ gilt. Stellt man sich nun sehr kleine Zeiten t_1 vor, so gilt offenbar $v_t(t_0)^2 \approx a_t(t_0)r$, also $a_t(t_0) \approx \frac{1}{r}v_t(t_0)^2$. Beachtet man ferner $v_t(t_0)^2 = \omega^2 r^2$ nach den Bemerkungen 1.274.2/2/3, so gilt dann schließlich $a_t(t_0) \approx \omega^2 r$.

Anmerkung: Mit den Methoden von Abschnitt 2.040 (Theorie der Konvergenten Folgen) gilt für antitone Folgen $(t_n)_{n \in \mathbb{N}}$ mit $lim(t_n)_{n \in \mathbb{N}} = 0$ dann $a_t(t_0) = lim(a_t(t_n))_{n \in \mathbb{N}} = \omega^2 r$.

1.274.5 Bemerkungen

1. Noch einmal zurück zu den Bemerkungen 1.274.2: Dort wurde zu einer gleichmäßigen Kreis-Bewegung zunächst eine Bahngeschwindigkeits-Zeit-Funktion $v_t : t \longrightarrow v = \frac{s}{t}$ mit $v_t(t_0) = \frac{s_t(t_0)}{t_0} = \frac{2\pi}{T} \cdot r = \omega \cdot r$ festgelegt. Darüber hinaus wurde dann eine Winkel-Zeit-Funktion $w_t : t \longrightarrow W$ mit $w_t(t_0) = \frac{360°}{T} \cdot t_0$ definiert. Damit liegt nahe, auch eine zugehörige *Winkelgeschwindigkeits-Zeit-Funktion* $\omega_t : t \longrightarrow v = \frac{W}{t}$ zu installieren, die also jedem Zeitpunkt $t_0 \in [0, t_e)$ eine Winkelgeschwindigkeit der Form $\omega_t(t_0) = \frac{w_t(t_0)}{t_0}$, also den Quotienten aus einem Winkelmaß $w(t_0)$ und einem Zeitpunkt t_0 zuordnet.

Allerdings ist damit auch die Definition einer neuen physikalischen Größe, nämlich $\frac{W}{t}$ mit einer zugehörigen Dimension $[\frac{W}{t}]$, verbunden. Dazu hat man sich einfallen lassen, neben dem Winkelmaß in *Grad* ein neues Winkelmaß in *Radiant* zu installieren: Dabei ist $1\,rad$ definiert als dasjenige Gradmaß α, für das im Einheitskreis der zugehörige Bogen die Länge $b(\alpha) = 1$ hat. Damit gelten die Umrechnungen:

$$1\,rad = \frac{180}{\pi} \cdot 1° \approx 57,295° \quad \text{und} \quad 1° = \frac{\pi}{180}\,rad \approx 0,0174\,rad,$$

wobei die erste Beziehung aus $\frac{1}{\pi} = \frac{b(\alpha)}{\pi} = \frac{\alpha}{180°}$ folgt und definitionsgemäß $1\,rad = \alpha = \frac{180}{\pi} \cdot 1°$ liefert. Damit hat die *Winkelgeschwindigkeit* $\frac{W}{t}$ dann die Dimension $[\frac{W}{t}] = \frac{[W]}{[t]} = \frac{rad}{s} = rad \cdot s^{-1}$.

2. Die Winkelgeschwindigkeit einer gleichmäßigen Kreis-Bewegung ist konstant $\omega_t(t_i) = c\,rad \cdot s^{-1}$.

Beispiel: Die Umdrehung der Erde um die Äquatorachse besitzt die (also vom Erdradius unabhängige) Winkelgeschwindigkeit $\omega_t(1\,d) = \omega_t(86400\,s) = \frac{2\pi\,rad}{86400\,s} = \frac{2\pi}{8,64} \cdot 10^{-4}\,rad \cdot s^{-1} \approx 0,727 \cdot 10^{-4}\,rad \cdot s^{-1}$.

3. Zwischen Bahn- und Winkelgeschwindigkeit, also zwischen den Funktionen v_t und ω_t, besteht mit dem jeweiligen Bahnradius r der Zusammenhang $v_t = r \cdot \omega_t$, wie die folgende Berechnung zeigt:

Die Beziehung $w_t(t_0) = \frac{2\pi}{T} \cdot t_0$ in Bemerkung 1.274.2/6 liefert zunächst $\frac{w_t(t_0)}{t_0} = \frac{2\pi}{T}$. Unter Verwendung von $r \cdot \frac{2\pi}{T} = \frac{s_t(t_0)}{t_0}$ in Bemerkung 1.274.2/2 gilt dann $r \cdot \omega_t(t_0) = r \cdot \frac{w_t(t_0)}{t_0} = r \cdot \frac{2\pi}{T} = \frac{s_t(t_0)}{t_0} = v_t(t_0)$.

4. Hier nur am Rande bemerkt: Die Winkelgeschwindigkeit ist eine vektorielle Größe $\vec{\omega}_t$ mit dem Betrag $|\vec{\omega}_t| = \omega_t$ und der zur Kreisbahn orthogonalen Richtung der Rotationsachse (mit Anfangspunkt im Kreisbahn-Mittelpunkt). Die Orientierung von $\vec{\omega}_t$ richtet sich nach der Drehrichtung: Bewegt sich ein Körper auf einer waagerecht gedachten Kreisbahn mit dem Uhrzeigersinn, weist $\vec{\omega}_t$ nach unten, im anderen Fall nach oben (siehe auch die Definition des Vektoriellen Produkts in Abschnitt 5.110).

A1.274.01: Eine Schallplatte wird mit 33 (45, 78) Umdrehungen pro Minute abgespielt.
1. Mit welcher Bahngeschwindigkeit bewegt sich ein Punkt am Rand der Schallplatte, wenn die Schallplatte den Durchmesser $30\,cm$ (beziehungsweise $22\,cm$, $28\,cm$) besitzt?
2. Mit welcher Winkelgeschwindigkeit (in $rad \cdot s^{-1}$) bewegt sich ein Punkt der Schallplatte jeweils?

A1.274.02: Stellen Sie die Umrechnungen vom Gradmaß in das Radiantmaß und umgekehrt für Winkel in der Form physikalischer Funktionen $W_g \longrightarrow W_r$ und $W_r \longrightarrow W_g$ dar. Geben Sie dann die Funktionen *Bogenmaß* und *Winkelmaß* für das Radiantmaß an.

A1.274.03: Eine Zentrifuge führt 15000 Umdrehungen pro Minute aus. Welche Beschleunigung wirkt auf ein Präparat in der Zentrifuge, wenn die Bahn, auf der sich das Präparat bewegt, einen Durchmesser von $60\,cm$ ($80\,cm$) hat?

A1.274.04: Betrachten Sie die an einem Faden befestigte, in einer Ebene gleichmäßig rotierende Kugel.
1. Skizzieren Sie anhand eines geeigneten Geschwindigkeitsvektors $\vec{v}_t(t_1)$ den Weg, auf dem die Kugel K sich weiterbewegen wird, wenn man den Faden in der dargestellten Situation durchtrennt.
2. In welcher Stellung der Kugel K muß die Durchtrennung des Fadens erfolgen, wenn die Kugel sich zu dem Punkt P hinbewegen soll? Ergänzen Sie die Skizze entsprechend durch einen geeigneten Geschwindigkeitsvektor $\vec{v}_t(t_2)$ und geben Sie eine kurze Begründung dazu an.
3. Tragen Sie in folgender Skizze einer gleichförmigen Kreisbewegung zu der Position der Kugel, die in Teil 2 zu ermitteln ist, die zugehörige Beschleunigung als Vektor $\vec{a}_t(t_2)$ ein und begründen Sie Ihren Vorschlag kurz. Welche Wirkung hat diese Beschleunigung?

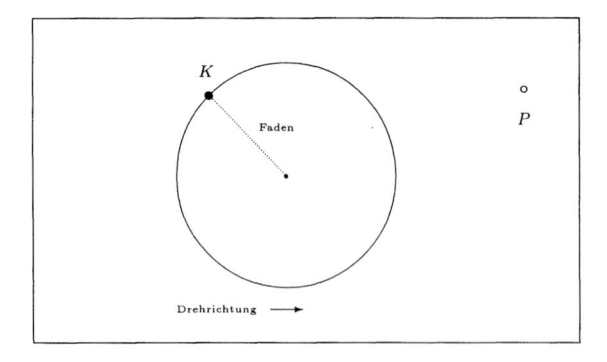

A1.274.05: Welche Beschleunigung muß auf ein Auto wirken, damit es den Versuch, eine Kreisbahn mit einem Durchmesser von $100\,m$ mit einer konstanten Geschwindigkeit von $50\,km\,h^{-1}$ ($75\,km\,h^{-1}$) zu durchfahren, heil übersteht?

A1.274.06: Berechnen Sie für die nahezu kreisförmige Bewegung des Mondes um die Erde die Bahngeschwindigkeit sowie die in diesem Zusammenhang *Gravitationsbeschleunigung* genannte Zentripetalbeschleunigung unter Verwendung der mittleren Erde-Mond-Entfernung $r = 384\,400\,km$ und der mittleren Umlaufdauer $T = 27\,d\,7\,h\,43\,min\,12\,s$.

1.276 DIE PHYSIKALISCHE GRÖSSE: KRAFT

> Ich vergesse das meiste, was ich gelesen habe, so wie das, was ich gegessen habe; ich weiß aber so viel, beides trägt nichtsdestoweniger zur Erhaltung meines Geistes und meines Leibes bei.
> *Georg Christoph Lichtenberg* (1713 - 1762)

Ohne genauer darüber zu grübeln, was *Kraft* ist, kann man aber – und das sind die wesentlichen Grundüberlegungen von *Galileo Galilei* (1564 -1642) und *Isaac Newton* (1643 - 1727) – definieren: Die Ursache, die eine Änderung des Bewegungszustandes eines Körpers bewirkt (als Wirkung hat), nennt man *Kraft*. Dabei kann man weiterhin feststellen, daß eine Änderung des Bewegungszustandes eines Körpers mit einer bestimmten Masse (in diesem Zusammenhang spricht man von der *trägen Masse*) einerseits durch den Einfluß einer Beschleunigung verursacht wird, andererseits aber auch von der Masse des Körpers abhängt. Die beiden wesentlichen Einflußgrößen für *Kraft* sind also die physikalischen Größen *Masse* und *Beschleunigung*.

Man kann nun anhand physikalischer Versuche direkt oder indirekt zeigen, daß die auf einen Körper wirkende Kraft sowohl proportional zur Masse als auch proportional zur Beschleunigung des Körpers ist:

a) Die Proportionalität zwischen Kraft und Masse kann mit einer Federwaage demonstriert werden.

b) Die Proportionalität zwischen Kraft und Beschleunigung kann wieder mit einem *Fahrbahn-Experiment* gezeigt werden: Mit einem auf einer waagerechten Bahn befindlichen Wagen ist über eine Rolle an einem Ende der Bahn ein Faden gezogen, an dem ein Massestück hängt. Bewegt sich nun der Wagen zur Rolle hin, so verleiht ihm die Gewichtskraft des Massestücks eine gleichförmig-beschleunigte Bewegung mit konstanter Beschleunigung, wie durch Zeit- und Wegmessung festgestellt und dann berechnet wird. Weitere Einzelversuche zeigen, daß eine Erhöhung der Gewichtskraft via Erhöhung der Masse des am Faden hängenden Massestücks eine dazu proportionale Erhöhung der Beschleunigung bewirkt.

Im folgenden soll nun gezeigt werden, wie der Zusammenhang zwischen diesen drei physikalischen Größen durch geeignete physikalische Funktionen beschrieben werden kann.

1.276.1 Bemerkungen

1. Für die physikalischen Größen *Kraft* F sowie *Masse* m und *Beschleunigung* a lassen sich die Proportionalitäten $F \sim m$ und $F \sim a$ durch die beiden folgenden physikalischen Funktionen beschreiben, die, wenn man sie als vollständige Geraden durch den Koordinatenursprung darstellt, $\mathbb{R}$-lineare Funktionen ($\mathbb{R}$-Homomorphismen), anschaulich also Ursprungsgeraden sind. Solche Funktionen $u : \mathbb{R} \longrightarrow \mathbb{R}$ sind gerade durch die beiden Eigenschaften $u(x_1 + x_2) = u(x_1) + u(x_2)$ und $u(cx) = cu(x)$ gekennzeichnet. Man beachte ferner, daß u durch die Angabe $u(1)$ schon vollständig beschrieben ist. Hier also:

a) Die Proportionalität $F \sim m$ bedeutet: Es gibt eine lineare Funktion $F_m : m \longrightarrow F$ mit $F_m(m_i) = m_i a_0$ mit konstanter Beschleunigung a_0, die als Zahl den Anstieg der Halbgeraden F_m (die folgende links stehende Skizze) repräsentiert (insbesondere ist als Zahl $F_m(1) = a_0$).

b) Die Proportionalität $F \sim a$ bedeutet: Es gibt eine lineare Funktion $F_a : a \longrightarrow F$ mit $F_a(a_i) = m_0 a_i$ mit konstanter Masse m_0, die als Zahl den Anstieg der Halbgeraden F_a (die folgende rechts stehende Skizze) repräsentiert (insbesondere ist als Zahl $F_a(1) = m_0$).

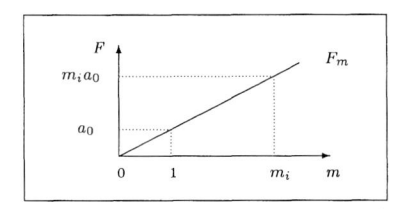

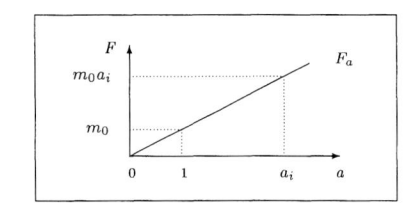

2. Die erste der Überlegungen von *Galilei* und *Newton* zeigen nun, daß mit diesen beiden linearen Funk-

tionen F_m und F_a eine sogenannte *bilineare* Funktion $F_{m\times a} : m \times a \longrightarrow F$ verbunden und durch die Zuordnungsvorschrift $F_{m\times a}(m_i, a_i) = F_m(m_i) \cdot F_a(a_i) = (m_0 a_0)(m_i a_i)$ definiert ist. Dabei besagt die Bezeichnung *bilinear* (die in Abschnitt 4.070 im allgemeineren Rahmen noch genauer untersucht wird), daß die Funktion $F_{m\times a}$ in jeder ihrer beiden Komponenten linear im Sinne von Bemerkung 1.276.1/1 ist. In Formeln gesprochen bedeutet das also:

a) Es gilt $F_{m\times a}(m_1 + m_2, a_i) = a_0(m_1 + m_2) \cdot m_0 a_i = (a_0 m_1 + a_0 m_2) m_0 a_i = m_0 a_0 m_1 a_i + m_0 a_0 m_2 a_i$
$= F_{m\times a}(m_1, a_i) + F_{m\times a}(m_2, a_i)$, für alle Massen m_1 und m_2 sowie für alle Beschleunigungen a_i.

a) Es gilt $F_{m\times a}(m_i, a_1 + a_2) = m_i a_0 \cdot m_0(a_1 + a_2) = m_i a_0(m_0 a_1 + m_0 a_2) = m_0 a_0 m_i a_1 + m_0 a_0 m_i a_2$
$= F_{m\times a}(m_i, a_1) + F_{m\times a}(m_i, a_2)$, für alle Massen m_i sowie für alle Beschleunigungen a_1 und a_2.

Geometrisch-anschaulich gesprochen liefert die Funktion $F_{m\times a} : m \times a \longrightarrow F$ Flächeninhalte $A(m_i a_0, m_0 a_i)$ von Rechtecken mit den Seitenlängen $m_i a_0$ und $m_0 a_i$, im Fall $m_0 = a_0 = 1$ insbesondere mit den Seitenlängen m_i und a_i, wie die nebenstehende kleine Skizze andeutet:

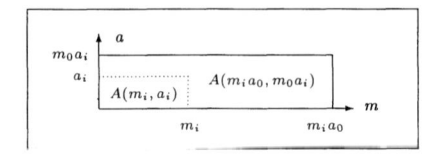

3. Die Funktion $F_{m\times a} : m \times a \longrightarrow F$ ist naheliegenderweise surjektiv, jedoch nicht injektiv, wie man leicht daran erkennen kann, daß es beliebig viele Rechtecke der in Bemerkung 2 angegebenen Art geben kann, die denselben Flächeninhalt haben, anders gesagt, es gibt beliebig viele Paare (m_i, a_i), die dasselbe Produkt $m_i a_i$ liefern. Es liegt also nahe, auf der Menge $m \times a$ eine Relation R durch die Vorschrift $(m_1, a_1) R (m_2, a_2) \Leftrightarrow m_1 a_1 = m_2 a_2$ zu definieren. Wie man sofort sieht, ist R gerade die von $F_{m\times a}$ erzeugte Äquivalenz-Relation (deren Äquivalenzklassen also gerade alle diejenigen Paare (m_i, a_i) mit demselben Produkt enthalten).

Damit liegt es weiterhin nahe, die Äquivalenzklassen $[(m_i, a_i)]$ mit dem Produkt $m_i a_i$ zu identifizieren, woraus dann aber folgt, daß die natürliche Funktion $nat : m \times a \longrightarrow (m \times a)/R$ mit der Multiplikation $M : m \times a \longrightarrow ma$ identifiziert werden kann. Wendet man auf diese Situation schließlich den Speziellen Abbildungssatz (Corollar 1.142.2) an, so liegt das folgende kommutative Diagramm

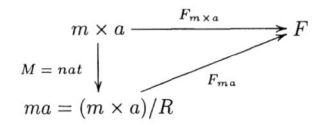

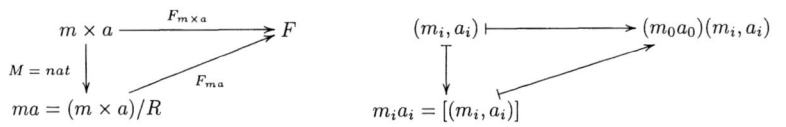

vor, in dem die Funktion $F_{ma} : ma \longrightarrow F$ durch die Vorschrift $F_{ma}(m_i a_i) = (m_0 a_0)(m_i a_i)$ definiert ist.

4. Darüber hinaus – und darin münden die Überlegungen von *Galilei* und *Newton* – ist nun die Funktion $F_{ma} : ma \longrightarrow F$ linear wieder im Sinne einer Ursprungsgeraden, denn, wie die obige Zuordnungsvorschrift zeigt, liegt in nebenstehender Skizze eine Gerade mit dem Anstieg $m_0 a_0$ vor. Das aber bedeutet, daß die folgende Proportionalität vorliegt:

$$F \sim m \text{ und } F \sim a \Rightarrow F \sim ma.$$

Daß die Funktion F_{ma} tatsächlich linear im Sinne von Bemerkung 1.276.1/1 ist, zeigen die Berechnungen:

a) $F_{ma}(m_1 a_1 + m_2 a_2) = m_0 a_0 (m_1 a_1 + m_2 a_2) = m_0 a_0 m_1 a_1 + m_0 a_0 m_2 a_2 = F_{ma}(m_1 a_1) + F_{ma}(m_2 a_2)$

b) und $F_{ma}(c \cdot m_1 a_1) = m_0 a_0 (c \cot m_1 a_1) = c(m_0 a_0 m_1 a_1) = c \cdot F_{ma}(m_1 a_1)$.

5. Die Kommutativität des obigen Diagramms, nun mit Einheiten formuliert,

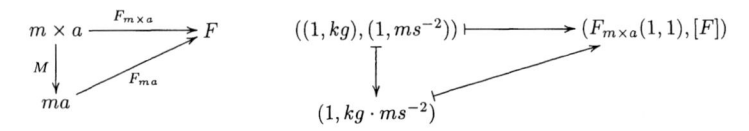

liefert dann die *beschreibende Definition* der Kraft durch die Beziehung $F = m \cdot a$ mit der Dimension $[F] = [ma] = [m] \cdot [a]$, womit demgemäß dann $1\,N = 1\,kg \cdot ms^{-2}$ definiert wird.

6. Im folgenden werden die Funktionen $F_{m \times a}$ und F_{ma}, sofern keine Mißverständnisse zu befürchten sind und der jeweilige Zusammenhang klar ist, auch kurz mit F bezeichnet.

7. Die bilineare (also in jedem Faktor lineare) Funktion $F : m \times a \longrightarrow F$ besitzt gemäß Bemerkung 2 die Zuordnungsvorschrift $(m_0, a_0) \longmapsto F(m_0, a_0) = m_0 a_0 i$ für Massen m_0 und Beschleunigungen a_0.

Wie schon bei dem eingangs geschilderten Fahrbahnversuch deutlich wurde, spielen bei der Beschleunigung auch die physikalischen Größen Geschwindigkeit v, Weg s und Zeit t eine Rolle. Ersetzt man in der Funktion $F : m \times a \longrightarrow F$ die Beschleunigung a durch $a = \frac{v}{t}$ oder durch $a = \frac{s}{t^2}$, so entstehen daraus Varianten dieser Funktion mit Zuordnungen $(m_0, a_t(t_0)) \longmapsto F(m_0, a_t(t_0)) = m_0 \cdot \frac{v_t(t_0)}{t_0}$ im ersten Fall oder $(m_0, a_0) \longmapsto F(m_0, a_t(t_0)) = m_0 \cdot \frac{2 s_t(t_0)}{t_0^2}$ im zweiten Fall (jeweils mit Zeitpunkten t_0), die zu bestimmten Einzelberechnungen dabei auftretender Größen verwendet werden können.

Anmerkung: Genauer ist das die Komposition $F_{m \times a} \circ (id_m \times a_t) = (F_{ma} \circ M) \circ (id_m \times a_t)$.

8. Es sei noch darauf aufmerksam gemacht, daß in Abschnitt 4.088 die Frage nach der Gültigkeit der Beziehung $F \sim m$ und $F \sim a \Rightarrow F \sim ma$ noch einmal in ganz allgemeiner Form und mit den dort zur Verfügung stehenden algebraischen Hilfsmitteln untersucht wird. Dabei wird sich zeigen, daß anstelle von ma ein sogenanntes Tensorprodukt tritt, das aber im hier vorliegenden Fall mit ma identisch ist.

1.276.2 Bemerkungen

1. Die physikalische Größe *Kraft* ist als Produkt der skalaren Größe *Masse* mit der vektoriellen Größe *Beschleunigung*, also als $\mathbb{R}$-Produkt einer vektoriellen Größe ebenfalls eine vektorielle Größe. In der Schreibweise von Vektoren liegt also eine Beziehung der Form $\vec{F} = m \cdot \vec{a}$ vor.

2. Die eingangs genannte Beschreibung von Kräften als Ursache von Bewegungen muß sich nun auch auf die in Abschnitt 1.274 behandelten Kreis-Bewegungen anwenden lassen, das heißt, der in Bemerkung 1.274.5 betrachteten, für jeden Zeitpunkt t_0 konstanten Zentripetalbeschleunigung (Radialbeschleunigung) $a_t(t_0) = \omega^2 r$ liegt eine sogenannte *Zentripetalkraft (Radialkraft)* zugrunde, die für einen Körper (Massenpunkt) mit der Masse m_0 auf einer Kreisbahn mit dem Radius r dann $F(m_0, a_t(t_0)) = m_0 \cdot \omega^2 r$ beträgt. Mit der dabei verwendeten Kreisfrequenz $\omega = \frac{2\pi}{T}$ mit Umlaufdauer T (siehe Bemerkung 1.274.2/3) ist dann $F(m_0, a_t(t_0)) = m_0 \cdot (\frac{2\pi}{T})^2 r$.

In vektorieller Darstellung hat diese Kraft dann die Form $\vec{F}(m_0, \vec{a}_t(t_0)) = m_0 \cdot \omega^2 \cdot (-\vec{r}) = -m_0 \cdot \omega^2 \cdot \vec{r}$ mit einem *Radialvektor* $\vec{r}$, der vom Kreismittelpunkt zum Körper auf der Kreisbahn zeigt.

A1.276.01: Nennen Sie gemäß Bemerkung 1.276.1/7 noch einmal explizit die Formeln, mit denen man die Geschwindigkeit $v_t(t_0)$ und den zurückgelegten Weg $s_t(t_0)$ zu einem Zeitpunkt $t_0 \in [0, t_e]$ berechnen kann, wenn die Masse m_0 und die der gleichförmig-beschleunigten Bewegung zugrunde liegende Kraft F_0 bekannt sind.

A1.276.02: Ein Motorrad mit der Masse $200\,kg$ (inclusive Fahrer) erreicht aus dem Stand in zwei Sekunden eine Geschwindigkeit von $36\,km\,h^{-1}$.
1. Welche Kraft wird dazu benötigt? Welchen Weg hat das Motorrad zurückgelegt?
2. Wie schnell ist das Motorrad nach $2\,s$, wenn mit derselben Kraft nun $250\,kg$ bewegt werden?

A1.276.03: Dieselbe Aufgabenstellung wie in Aufgabe A1.276.02, nun mit den Daten $m_0 = 1\,t$ (eine Tonne) für Motorrad mit Fahrer sowie der Zuladung $500\,kg$. Welcher numerische Zusammenhang besteht zu den Ergebnissen in Aufgabe A1.276.02?

A1.276.04: Ein Motorrad mit der Masse $200\,kg$ (inclusive Fahrer) fährt mit einer Geschwindigkeit von $36\,km\,h^{-1}$ und wird ab dem Zeitpunkt $t_0 = 0$ mit einer Bremskraft $F_0 = 50\,N$ abgebremst. Berechnen Sie die Bremszeit t_1 sowie den zugehörigen Bremsweg.

A1.276.05: Ein Motorrad mit der Masse $m_0 = 200\,kg$ (inclusive Fahrer) entwickelt die Beschleunigung $a_0 = 3,0\,ms^{-2}$. Welche Masse m_1 darf eine Beifahrerin haben, wenn a_0 nicht unter $2,5\,ms^{-2}$ sinken soll? Welche Strecke legt das Motorrad ihretwegen in den ersten vier Sekunden weniger zurück?

A1.276.06: Ergänzen Sie die folgende Schilderung durch sinnvolle Daten und beantworten Sie dann die folgenden Fragen (mit sinnvoller Ergänzung in Frage 3):
Annas Motorroller besitzt eine Masse von .... kg. Bei einem Kavalierstart erreicht Anna nach einer Zeit von .... s die Geschwindigkeit .... $km\,h^{-1}$. Da Anna bei diesem Beschleunigungsvorgang naturgemäß auf ihrem Motorroller sitzt, geht ihre Masse ebenfalls in die Berechnung ein, sie beträgt .... kg.
1. Welche Kraft entwickelt der Motorroller?
2. Nach dem Unterricht nimmt Anna ihren Physiklehrer zu einer Probefahrt mit. Wieso erreicht die Beschleunigung nun nicht die vorherige Größe?
3. Wie lange dauert es, bis der Motorroller eine Geschwindigkeit von .... $km\,h^{-1}$ erreicht hat, wenn der zusätzliche Körper *Physiklehrer* eine Masse von $85\,kg$ sein eigen nennt?

A1.276.07: Berechnen Sie die Zentripetalbeschleunigung a_0 für einen Körper am Erd-Äquator (Verwenden Sie dabei $r_0 \approx 6380\,km$ für den Erdradius und überlegen Sie zunächst die Umlaufdauer T.)

A1.276.08: Diese Aufgabe nimmt Bezug auf Aufgabe A1.274.04: Wie groß darf die Bahngeschwindigkeit der rotierenden Kugel höchstens sein, wenn sie eine Masse von $0,1\,kg$ besitzt und der Faden $50\,cm$ lang ist und nur mit einer Kraft von $20\,N$ belastet werden darf? Welcher Kreisfrequenz entspricht diese Bahngeschwindigkeit?

A1.276.09: Diese Aufgabe nimmt Bezug auf Aufgabe A1.274.06: Berechnen Sie die Gravitationskraft, die die Erde auf den Mond ausübt. Verwenden Sie dabei neben den Daten von Aufgabe A1.274.06 die Masse $m_0 = 74 \cdot 10^{21}\,kg$ des Mondes.
Anmerkung: Die Gravitationskraft, die der Mond auf die Erde ausübt, ist vergleichsweise gering und soll hier unberücksichtigt bleiben.

A1.276.10: Für die Fallbeschleunigungen auf Erde und Mond, g_E und g_M, gilt $g_M \approx \frac{1}{6} \cdot g_E$. Welche (praktischen) Auswirkungen hat diese Tatsache auf Gewichtskräfte auf dem Mond?

A1.276.11: Nennen Sie in Form einer Wertetabelle zwei proportionale Funktionen $F_m : m \longrightarrow F$ mit konstanter Beschleunigung a_0 und $F_a : a \longrightarrow F$ mit konstanter Masse m_0 und zeigen Sie dann durch Ergänzung dieser Tabelle, daß durch diese beiden Funktionen eine ebenfalls proportionale Funktion $F_{ma} : ma \longrightarrow F$ erzeugt wird. Was hat dieser Sachverhalt mit der Tatsache, daß das Produkt zweier Geraden eine Parabel ist, zu tun?

A1.276.12: Im folgenden bezeichne (m, a) ein Paar von Rechtecksseitenlängen sowie $A(m, a) = ma$ den zugehörigen Flächeninhalt (ohne weitere Längen- oder Flächen-Einheiten).
1. Welches (eindeutig bestimmte) Quadrat hat den Flächeninhalt $A(m_1, a_1) + A(m_2, a_2)$?
2. Mit welchem Faktor c gilt $A(m_1, a_1) + A(m_2, a_2) = A(m_1, ca_1)$ mit $m_1 \neq 0$ und $a_1 \neq 0$?
3. Mit welchem Faktor d gilt $A(m_1, a_1) + A(m_2, a_2) = A(dm_2, a_2)$ mit $m_2 \neq 0$ und $a_2 \neq 0$?
4. Mit welchem Summanden s gilt $A(m_1, a_1) + A(m_2, a_2) = (m_1 + m_2)(a_1 + a_2) - s$?
Ergänzen Sie die Bearbeitung durch Berechnungen für $(m_1, a_1) = (10, 20)$ und $(m_2, a_2) = (16, 30)$.

1.277 Die physikalische Grösse: Arbeit

> Wer nicht auf seine Weise denkt, denkt überhaupt nicht.
> *Oscar Wilde* (1854 - 1900)

Das Wort *Arbeit* ist eines der weniger beliebten Wörter, zumal dann, wenn es sich um körperliche Arbeit handelt – wobei einem immer Sisyphos einfällt, der arme Kerl der griechischen Sage, den das Schicksal dazu beschieden hatte, Steine immerzu bergan zu wälzen, ohne je zum Ziel zu kommen, eben *Sisyphos-Arbeit*, also ganz vergebliche Arbeit zu verrichten.

1.277.1 Bemerkungen

1. Eine Arbeit W (von: work) wird verrichtet, wenn eine Kraft F einen Körper um einen Weg s bewegt.

2. Wie nun die beiden Größen *Kraft F* und *Weg s* zu der physikalischen Größe *Arbeit W* zusammengefügt werden, zeigt die folgende kleine Skizze (in der ein Wagen an einer im Punkt A (Angriffspunkt der Zugkraft) schräg nach oben gestellten Deichsel nach rechts gezogen wird). In dieser Skizze sei zudem die wesentliche Tatsache, daß Kraft und Weg vektorielle Größen sind, verwendet:

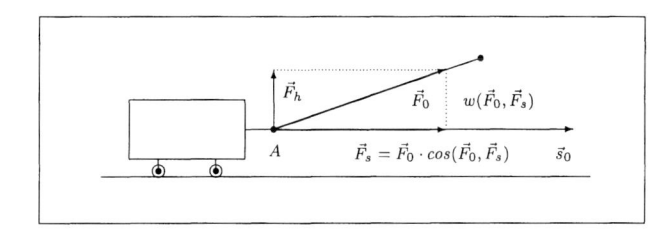

Die Skizze zeigt, daß die Kraft $\vec{F}_0$, mit der an der Deichsel gezogen wird, sich als Summe $\vec{F}_0 = \vec{F}_h + \vec{F}_s$ der in Richtung des Weges $\vec{s}_0$ wirkenden Kraft $\vec{F}_s$ und einer dazu orthogonal wirkenden Kraft $\vec{F}_h$ darstellen läßt. Ferner zeigt die Skizze, wie die tatsächlich wirkende Kraft $\vec{F}_s$ von der Zugkraft $\vec{F}_0$ und dem von beiden Kräften/Vektoren gebildeten Winkel $w(\vec{F}_0, \vec{F}_s) = w(\vec{F}_0, \vec{s}_0)$ abhängt: Betrachtet man die Längen $F_0 = |\vec{F}_0|$ und $F_s = |\vec{F}_s|$ sowie $s_0 = |\vec{s}_0|$, so gilt $cos(\vec{F}_0, \vec{F}_s) = \frac{F_s}{F_0}$, also $F_s = F_0 \cdot cos(\vec{F}_0, \vec{F}_s)$ und damit dann $F_s s_0 = F_0 s_0 \cdot cos(\vec{F}_0, \vec{F}_s)$. Damit folgt:

3. Die Funktion $W_{F \times s} : \vec{F} \times \vec{s} \longrightarrow W$ ist durch die Vorschrift $W_{F \times s}(F_0, s_0) = F_0 s_0 \cdot cos(\vec{F}, \vec{s})$ definiert. Im folgenden wird zumeist $W = W_{F \times s}$ abgekürzt.

4. Bezüglich der von den Vektoren $\vec{F}_0$ und $\vec{F}_s$ gebildeten Winkel und ihrer jeweiligen Winkelinnen-Maße $wi(\vec{F}_0, \vec{F}_s) = wi(\vec{F}_0, \vec{s}_0)$ treten folgende Sonderfälle auf:

a) Gilt $wi(\vec{F}_0, \vec{F}_s) = wi(\vec{F}_0, \vec{s}_0) = 0°$, so gilt $W(F_0, s_0) = F_0 \cdot s_0$, denn es gilt $cos(\vec{F}_0, \vec{F}_s) = 1$,

b) gilt $wi(\vec{F}_0, \vec{F}_s) = wi(\vec{F}_0, \vec{s}_0) = 90°$, so gilt $W(F_0, s_0) = 0$, denn es gilt $cos(\vec{F}_0, \vec{F}_s) = 0$,

c) Gilt $wi(\vec{F}_0, \vec{F}_s) = wi(\vec{F}_0, \vec{s}_0) > 90°$, so erhält $W(F_0, s_0)$ ein negatives Vorzeichen.

5. Die Definition der Funktion W ist ein Beispiel für das in Abschnitt 5.108 definierte *Skalare Produkt* $\mathbb{V} \times \mathbb{V} \longrightarrow \mathbb{R}$, definiert durch $\vec{x} \cdot \vec{z} = |\vec{x}| \cdot |\vec{z}| \cdot cos(\vec{x}, \vec{z})$ für Vektoren $\vec{x} \neq \vec{0}$ und $\vec{z} \neq \vec{0}$, sonst gelte $\vec{x} \cdot \vec{z} = 0$. Das ist also eine Funktion, die jedem Paar von Vektoren eine reelle Zahl zuordnet (dort ohne Pfeilschreibweise notiert).

6. Häufig wird die Funktion W in einer nicht-vektoriellen Form angegeben, wobei F_0 die Stärke einer Kraft und s_0 die Länge eines Weges bezeichne. Dabei ist dann aber durch den Wegfall der zugehörigen Vektoren auch keine Richtung mehr angegeben. Eine solche Richtung muß dann aber zusätzlich genannt werden, etwa durch eine (direkt oder indirekt genannte) Angabe der Form $\alpha_0 = wi(\vec{F}_0, \vec{s}_0)$. Damit hat die oben genante Funktion W auch die Form $W = W_{F \times s} : F \times s \times [0°, 180°) \longrightarrow W$, definiert durch die Vorschrift $W_{F \times s}(F_0, s_0, \alpha_0) = F_0 s_0 \cdot cos(\alpha_0)$, womit zugleich die Dimension $[W] = [F] \cdot [s] = Nm$ festgelegt ist, wobei $Nm = J$, benannt nach *James Prescott Joule* (1818 - 1889), definiert ist.

7. Die Abhängigkeiten der Arbeit W von Kraft F und Weg s zeigen – für ein jeweils konstantes Winkelinnen-Maß α_0 – die beiden folgenden linearen Funktionen $W_F : F \longrightarrow W$, mit konstantem Weg s_0, und $W_s : s \longrightarrow W$, mit konstanter Kraft F_0, die unter diesen Voraussetzungen damit insbesondere Proportionaltäten $W \sim F$ und $W \sim s$ repräsentieren. Darüber hinaus zeigen die beiden Skizzen die jeweiligen Anstiege, c_s und c_F, beider Funktionen (siehe dazu auch Abschnitt 2.680):

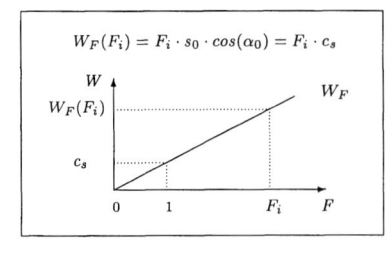

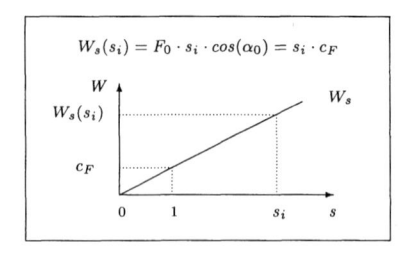

$$W_F(F_i) = F_i \cdot s_0 \cdot cos(\alpha_0) = F_i \cdot c_s$$

$$W_s(s_i) = F_0 \cdot s_i \cdot cos(\alpha_0) = s_i \cdot c_F$$

1.277.2 Bemerkungen

Im folgenden werden zwei besondere Typen von Arbeits-Funktionen betrachtet, die sogenannte *Beschleunigungsarbeit*, bezeichnet mit W_a, und die sogenannte *Hubarbeit*, mit W_H bezeichnet. Beide Betrachtungen nennen zunächst die jeweilige Fragestellung:

1. Welche Beschleunigungsarbeit W_a muß (bei konstanter Kraft F_0 und einem Weg der Länge $s_0 = s_E - s_A$ in waagerechter Richtung) verrichtet werden, um einen Körper K mit Masse m_0 von einer Anfangsgeschwindigkeit v_A auf eine Endgeschwindigkeit v_E zu beschleunigen?
Die Beschleunigungsarbeit W_a wird mit $F_0 = m_0 a_0$ folgendermaßen berechnet: Es gilt
$W_a(F_0, s_0) = F_0(s_E - s_A) = m_0 a_0(s_E - s_A) = m_0 a_0 \cdot \frac{1}{2} a_0 (t_E - t_A)^2 = \frac{1}{2} m_0 a_0^2 (t_E - t_A)^2 = \frac{1}{2} m_0 (v_E - v_A)^2$.

2a) Welche Hubarbeit W_H muß verrichtet werden, um einen Körper K der Masse m_0 auf einer schiefen Ebene einen Weg der Länge s_0 bis zu einer Höhe h_0 anzuheben (links stehende Skizze)?

2b) Welche Hubarbeit W_H muß verrichtet werden, um einen Körper K der Masse m_0 einen Weg der Länge h_0 hochzuheben (rechts stehende Skizze)?

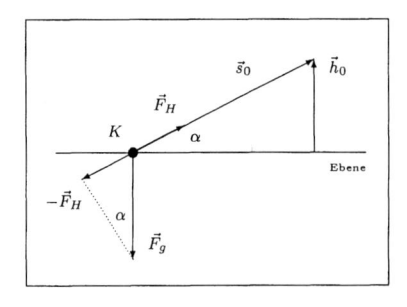

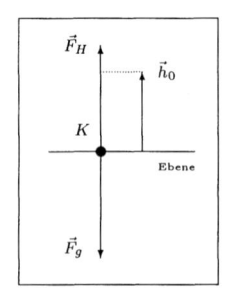

Mit der Hubkraft $F_H = |\vec{F}_H| = |-\vec{F}_H|$ und der Gewichtskraft $F_g = |\vec{F}_g|$ gilt dann

2a) $F_H = F_g \cdot sin(\alpha)$ und folglich $W_H(F_H, s_0, \alpha) = F_H \cdot s_0 = F_g \cdot sin(\alpha) \cdot s_0 = F_g \cdot h_0 = m_0 \cdot g \cdot h_0$,

2b) $F_H = F_g = m_0 \cdot g$ und folglich $W_H(F_H, h_0) = F_H \cdot h_0 = m_0 \cdot g \cdot h_0$.

Man beachte im Fall 2a), daß die Hubarbeit bei der Schiefen Ebene nur von der Höhendifferenz, nicht aber von dem tatsächlich zurückgelegten Weg abhängig ist.

3. Hier nur nebenbei: Unter der physikalischen Größe *Leistung* versteht man den Quotienten $P = \frac{W}{t}$ mit der Dimension $[P] = [\frac{W}{t}] = \frac{[W]}{[t]} = \frac{J}{s} = Js^{-1} = W$ (Watt, benannt nach *James Watt* (1736 - 1819), dem Erfinder der Dampfmaschine). Man beachte dabei $1\,PS \approx 736\,W$ als immer noch übliche Angabe der Leistung von Motoren. Ferner: Ist eine Kraft F_0 erforderlich, um einen sich bewegenden Körper bei konstanter Geschwindigkeit v_0 zu halten, so ist dazu die Leistung $P_0 = \frac{W_0}{t_0} = \frac{F_0 \cdot s_0}{t_0} = F_0 \cdot v_0$ zu erbringen.

1.277.3 Bemerkung

Ein sogenannter *Flaschenzug* ist ein technisches Hilfsmittel, um bei einer Hubarbeit $W = F \cdot s$ durch Verlängerung des Weges s die aufzuwendende Kraft zu verringern. Dabei wird gemäß folgender Skizze um eine gewisse Anzahl fest montierter Rollen und derselben Anzahl loser Rollen ein Seil gelegt. Die anzuhebende Last L wird an die unterste der losen Rollen gehängt und durch Zug am losen Ende des Seils angehoben, wodurch die Abstände zwischen festen und losen Rollen verkleinert wird, das heißt, daß die Länge des Seils dem Weg, um den die Last angehoben werden soll, angepaßt sein muß.

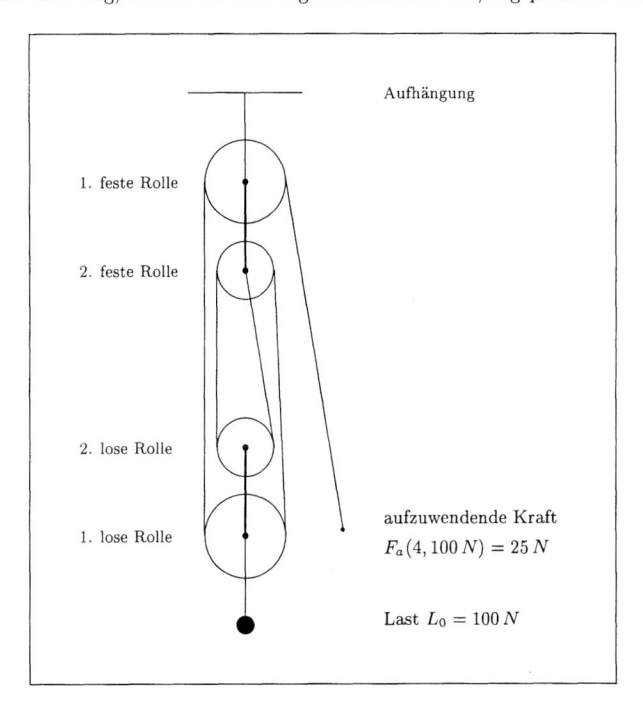

```
                    Aufhängung

1. feste Rolle

2. feste Rolle

2. lose Rolle

                    aufzuwendende Kraft
1. lose Rolle       F_a(4, 100 N) = 25 N

                    Last L_0 = 100 N
```

Anmerkung: Neben der in der Skizze dargestellten technischen Konstruktion mit übereinander gestaffelten Rollen werden weitere Varianten verwendet, beispielsweise können feste und lose Rollen jeweils nebeneinander mit gemeinsamer Achse angeordnet sein.

Wie sich zeigt, ist (bei Vernachlässigung der Reibung des Seils an den Rollen und der Rollen an ihren Achsen) die aufzuwendende Kraft F_a von der Anzahl x der Rollen (feste und lose Rollen zusammen) abhängig, wobei die Gleichgewichtslage durch die Funktion $F_a : 2\mathbb{N} \times F \longrightarrow F$ mit der Zuordnungsvorschrift $F_a(x, L) = \frac{1}{x} \cdot L$ beschrieben wird. (Betrachtet man dabei eine konstante Last L_0, dann besteht die zugehörige numerische Funktion also aus diskreten Punkten einer Hyperbel.)

1.278 Die physikalische Grösse: Mechanische Energie

> Es gibt nur wenige Dinge, die wir ganz richtig zu beurteilen vermögen, weil wir an den meisten auf die eine oder andere Art allzu persönlichen Anteil nehmen.
> *Michel Eyquem Montaigne (1532 - 1592)*

Obgleich, wie gleich festgestellt wird, *Mechanische Energie* nichts anderes als *Arbeit* ist (siehe Abschnitt 1.277) und insofern auch keine inhaltlich neuen (aber formal neuen) Funktionen mit dem Begriff der Energie verbunden sind, sei gleichwohl ein eigener Abschnitt diesem physikalisch wichtigen Begriff und seinen Eigenschaften gewidmet.

1.278.1 Bemerkungen

1. *Mechanische Energie* E ist *gespeicherte Arbeit*, das heißt: Ein Körper besitzt Mechanische Energie – im folgenden kurz Energie genannt – wenn er durch seine Lage und/oder seinen Bewegungszustand die Fähigkeit besitzt, selbst Arbeit zu verrichten.

2. Aus dieser Bemerkung folgt unmittelbar $[E] = [W] = Nm = J$ als Dimension der Energie.

3. Zur *Energie der Lage* kann man sich eine Wippe vorstellen, auf deren einer Seite sich ein Körper der Masse m_1 befindet und auf deren anderer Seite ein Körper der Masse m_2 mit $m_2 > m_1$ aus einer gewissen Höhe fällt, wodurch der erste Körper nach oben gehoben, also Arbeit verrichtet wird. Je größer die Fallhöhe des zweiten Körpers mit m_2 ist, desto größere Arbeit kann er beim Hochheben des Körpers der Masse m_1 verrichten.

Zur *Energie der Bewegung* kann man sich einen Wagen auf einer waagerechten Fahrbahn vorstellen, an dessen Vorder- und Rückseite jeweils ein Faden über eine Rolle geführt ist, an denen Körper der Massen m_1 und m_2 hängen. Gilt dabei $m_2 > m_1$, so wird der Wagen in die entsprechende Richtung gezogen. Wird das Fallen des Körpers mit m_2 plötzlich gestoppt, bleibt der Wagen noch über einen gewissen Zeitraum weiter in Bewegung und verrichtet allein dadurch Arbeit mit dem Körper der Masse m_1. Die Energie der Wagenbewegung ist verbraucht, wenn der Wagen zum Stillstand kommt.

4. Die *Energie der Lage* wird *Potentielle Energie* genannt und mit E_{pot} bezeichnet.

5. Die Potentielle Energie E_{pot} hängt von der Höhe h_0 gegenüber einer Normalhöhe $h_N = 0$ ab. Sie ist dann gleich der Hubarbeit W_H, die einen Körper der Masse m_0 in die Höhe h_0 hebt. Folglich wird die Potentielle Energie bei konstanter Masse m_0 durch eine Funktion $E_{pot} : s \longrightarrow E$ beschrieben, die durch die Zuordnung $E_{pot}(h_i) = W_H(m_0, h_i) = m_0 \cdot g \cdot h_i$, für alle Höhen $h_i \in [0, h_0]$ mit maximaler Höhe h_0 definiert ist (siehe Bemerkung 1.277.2/2b)).

6. Die *Energie der Bewegung* wird *Kinetische Energie* genannt und mit E_{kin} bezeichnet.

7. Die Kinetische Energie E_{kin} eines Körpers der Masse m_0 ist gleich der an ihm verrichteten Beschleunigungsarbeit W_a, bis er aus der Ruhelage nach einer Weglänge s_E die Geschwindigkeit v_E erreicht hat. Folglich wird die Kinetische Energie bei konstanter Masse m_0 durch eine Funktion $E_{kin} : s \longrightarrow E$ beschrieben, die durch die Zuordnung $E_{pot}(s_i) = W_a(F_0, s_i) = \frac{1}{2} \cdot m_0 \cdot v_i^2$, für alle Weglängen $s_i \in [0, s_E]$ und zugehörigen Geschwindigkeiten $v_i \in [0. v_E]$ mit Gesamtweglänge s_E und Endgeschwindigkeit v_E, definiert ist (siehe Bemerkung 1.277.2/1).

Zusatz: Wird ein Körper der Masse m_0 von einer Anfangsgeschwindigkeit v_A auf eine Endgeschwindigkeit v_E beschleunigt (abgebremst), so ist $E_{kin}(s_E - s_A) = \frac{1}{2} \cdot m_0 (v_E - v_A)^2$ die Zunahme (oder Abnahme) seiner kinetischen Energie.

1.278.2 Bemerkungen

1. Zu den folgenden Überlegungen stelle man sich ein Fadenpendel vor, für das (wenn man sich die Schwingungen des Pendels als ungedämpfte Schwingungen vorstellt und von Energieverlust in Form von Reibungsenergie und Wärmeenergie absieht) folgendes gilt:

a) Ist die Elongation des Körpers (Abstand von der Null-Lage) maximal, das heißt, der Körper befindet sich in seinem Umkehrpunkt, so ist in dieser Lage E_{pot} maximal und $E_{kin} = 0$.

b) Ist die Elongation des Körpers Null, das heißt, der Körper bewegt sich gerade mit maximaler Geschwindigkeit durch die Null-Lage, so ist in diesem Bewegungszustand $E_{pot} = 0$ und E_{kin} maximal.

c) Besitzt der Körper in einer beliebigen Lage die Elongation $0 \leq d_i \leq d_{max}$, so besitzt der Körper dort sowohl potentielle als auch kinetische Energie, also eine Gesamtenergie, die sich aus E_{pot} und E_{kin} additiv zusammensetzt. Diese Beobachtung führt zu folgender Festlegung und Feststellung:

2. Die *Gesamtenergie* eines sich bewegenden Körpers wird durch die Funktion $E_G = E_{pot} + E_{kin} : s \longrightarrow E$, also durch $E_G(s_i) = E_{pot}(s_i) + E_{kin}(s_i)$, für alle $s_i \in [0, s_E]$, beschrieben.

3. Der *Energieerhaltungs-Satz* besagt: Die Funktion $E_G = E_{pot} + E_{kin}$ ist eine konstante Funktion.

4. Bei einem sich (geradlinig oder nicht-geradlinig) bewegenden Körper (also etwa ein Fadenpendel), besteht eine ständige graduelle *Energieumwandlung* der Form $E_{pot} \longleftrightarrow E_{kin}$, wobei zwei extremale Situationen vorliegen können: Entweder ist E_{pot} maximal und $E_{kin} = 0$ oder es ist $E_{pot} = 0$ und E_{kin} maximal. Das zeigen die folgenden Beispiele, bei denen man – je nach Zugang – den *Energieerhaltungs-Satz* entweder verwenden oder durch entsprechende Berechnungen bestätigen kann.

1.278.3 Beispiel   *(Freier Fall)*

Gemäß nebenstehender Skizze sei der *Freie Fall* eines Körpers K der Masse m_0 untersucht (siehe dazu auch die Betrachtungen zum Freien Fall in Beispiel 1.172.5), wobei neben der Null-Lage $H_N = 0$ eine maximale Höhe h_0 und eine beliebige Höhe h_i mit $0 \leq h_i \leq h_0$ betrachtet seien: Mit den in den Bemerkungen 1.278.1/5/7 genannten Funktionen $E_{pot}, E_{kin} : s \longrightarrow E$ gilt dann:

$$E_{pot}(h_0) = m_0 \cdot g \cdot h_0 = E_{kin}(0).$$

Nachweis: Beachtet man $s_t(t_0) = \frac{1}{2}gt_0^2$ sowie $v_E = gt_0$, dann ist $t_0 = \sqrt{\frac{2s_t(t_0)}{g}}$ und somit $v_E = g\sqrt{\frac{2s_t(t_0)}{g}} = \sqrt{2gs_t(t_0)}$. Folglich ist mit $s_t(t_0) = h_0$ dann $E_{kin}(0) = \frac{1}{2}m_0v_E^2 = \frac{1}{2}m_0 \cdot 2gh_0 = m_0 \cdot g \cdot h_0 = E_{pot}(h_0)$.

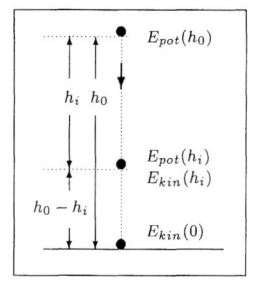

Betrachtet man nun eine beliebige Länge h_i mit $0 \leq h_i \leq h_0$, so ist $E_G(h_i) = E_{pot}(h_i) + E_{kin}(h_i)$, wie die folgende Überlegung zeigt: Einerseits gilt $E_{kin}(h_i) = \frac{1}{2}m_0v_i^2 = m_0 \cdot g \cdot h_i$, andererseits gilt $E_{pot}(h_i) = m_0g(h_0 - h_i)$, woraus zusammen $E_{pot}(h_i) + E_{kin}(h_i) = m_0g(h_i + h_0 - h_i) = m_0 \cdot g \cdot h_0$ folgt.

1.278.4 Beispiel   *(Schiefer Wurf)*

Im folgenden soll die Energieverteilung beim *Schiefen Wurf* (siehe dazu Bemerkung 1.273.6) untersucht werden, wobei wieder wie in Beispiel 1.278.3 die Funktionen $E_{pot}, E_{kin} : s \longrightarrow E$, die die jeweiligen Energieformen in Abhängigkeit der Wurfhöhen h_i messen, herangezogen werden:

Am Anfang des Wurfs liefern die Höhe $h_N = 0$ und die Anfangsgeschwindigkeit v_A für einen Körper der Masse m_0 die potentielle Energie $E_{pot}(0) = 0$ und die kinetische Energie $E_{kin}(0) = \frac{1}{2}m_0v_A^2$.

Für eine beliebige Höhe h_i mit $0 \leq h_i \leq h_0$ mit maximaler Steighöhe h_0 besitzt der Körper die potentielle Energie $E_{pot}(h_i) = m_0 \cdot g \cdot h_i$ und die kinetische Energie $E_{kin}(h_i) = \frac{1}{2}m_0v_i^2$ mit der Geschwindigkeit v_i in der Höhe h_i.

Nach dem in Bemerkung 1.278.2/2 genannten *Energieerhaltungs-Satz* gilt für die Gesamtenergie dann $E_G = E_{pot}(0) + E_{kin}(0) = E_{pot}(h_i) + E_{kin}(h_i)$, es gilt also $\frac{1}{2}m_0v_A^2 + 0 = \frac{1}{2}m_0v_i^2 + m_0gh_i$, woraus schließlich $v_i = \sqrt{v_A^2 - 2gh_i}$ als Geschwindigkeit in der Höhe h_i folgt. Die Geschwindigkeit v_i eines Körpers ist beim Schiefen Wurf somit nur von der Anfangsgeschwindigkeit v_A (und natürlich von seiner Höhe) abhängig, also unabhängig von seiner Masse, seinem Abwurfwinkel und der Bewegungsrichtung (steigend in der ersten Wurfphase, fallend in der zweiten).

Es sei hier schon angemerkt, daß Betrachtungen zur Energie *Harmonischer Schwingungen* in Abschnitt 1.281 angestellt werden.

A1.278.01: Berechnen Sie die Beschleunigungsarbeit, die eine Rakete der Masse $m_0 = 240\,kg$ aus der Ruhe auf eine Endgeschwindigkeit $v_E = 8\,km\,s^{-1}$ ($v_E = 16\,km\,s^{-1}$) beschleunigt.

A1.278.02: Das Wasserbecken eines Wasserkraftwerks hat eine Länge und Breite von jeweils $10\,m$ und eine Höhe von $5\,m$. Sein Boden liegt $60\,m$ oberhalb des Kraftwerks. Welche potentielle Energie besitzt das Wasser des gefüllten Beckens?

A1.278.03: Ein Wagen der Masse $m_0 = 800\,kg$ wird von einer Anfangsgeschwindigkeit $v_A = 35\,km\,h^{-1}$ auf eine Endgeschwindigkeit von $v_E = 60\,km\,h^{-1}$ beschleunigt. Wie groß ist seine kinetische Energie bei v_A und wie groß ist die Zunahme seiner kinetischen Energie?

1.280 MECHANISCHE SCHWINGUNGEN (TEIL 1)

> Der eine geht zum Nächsten, weil er sich sucht,
> und der andre, weil er sich verlieren möchte.
> *Friedrich Nietzsche (1844 - 1900)*

Ein weiterer in der Physik wichtiger Typ von Bewegungen sind die sogenannten *Schwingungen*, wobei man sich im Rahmen der folgenden Betrachtungen zugehöriger Bewegungs-Funktionen auf die anschaulichen Schilderungen *Mechanischer Schwingungen* in den Beispielen 1.280.1 beschränken kann.

1.280.1 Beispiele

Die üblichen Beispiele zur Demonstration Mechanischer Schwingungen sind:

1. Ein aus der Null-Lage (0) ausgelenkter Körper eines *Fadenpendels* vollführt gleichartige Bewegungen auf einem Teil einer Kreisbahn symmetrisch durch die Null-Lage. Dabei wird nun aber anstelle der Weg-Zeit-Funktion $s_t : t \longrightarrow s$, die die tatsächliche Bahnlänge zu einem Zeitpunkt t_i angibt, eine *Elongation-Zeit-Funktion* $e_t : t \longrightarrow s$ betrachtet, die zu einem Zeitpunkt t_i den Abstand $e_t(t_i)$ zur vertikalen Symmetriegeraden S angibt. Dabei werden die zunächst nur positiven Zahlen $e_t(t_i)$ noch mit einem Vorzeichen ($\pm$) versehen, um die Lage des Körpers relativ zur Symmetriegeraden S (links/rechts) zu kennzeichnen (Bild 1).

2. Dehnt man ein senkrecht gehaltenes *Federpendel* (senkrecht angebrachte elastische Spirale) mit einem am unteren Ende befestigten Körper über ihre natürliche Länge (Null-Lage) hinaus, so vollführt der Körper, wenn man ihn losläßt, Schwingungen in senkrechter Richtung symmetrisch durch die Null-Lage der Feder (Bild 2).

3. Stellt man sich auf einer rotierenden Scheibe einen dazu senkrecht angebrachten Stift vor, so vollführt sein Schattenbild bei senkrechter Parallel-Projektion (mit parallelen Lichtstrahlen) eine Bewegung derselben Art, wie in Beispiel 2 der Köper am Federpendel aus, das heißt, das Bild bewegt sich gleichartig durch die Null-Lage, wobei die maximale Entfernung zur Null-Lage, also die maximale Elongation (wie gezeichnet), gerade den Abstand des Stiftes zum Mittelpunkt der Scheibe repräsentiert. Allgemeiner gesagt: Die Weg-Zeit-Funktion $s_t : t \longrightarrow s$, die den Weg des Stifts auf der Kreisbahn beschreibt, liefert eine zugehörige Elongation-Zeit-Funktion $e_t : t \longrightarrow s$, die den Abstand des Bildes des Stifts zur Null-Lage (0) beschreibt (Bild 3).

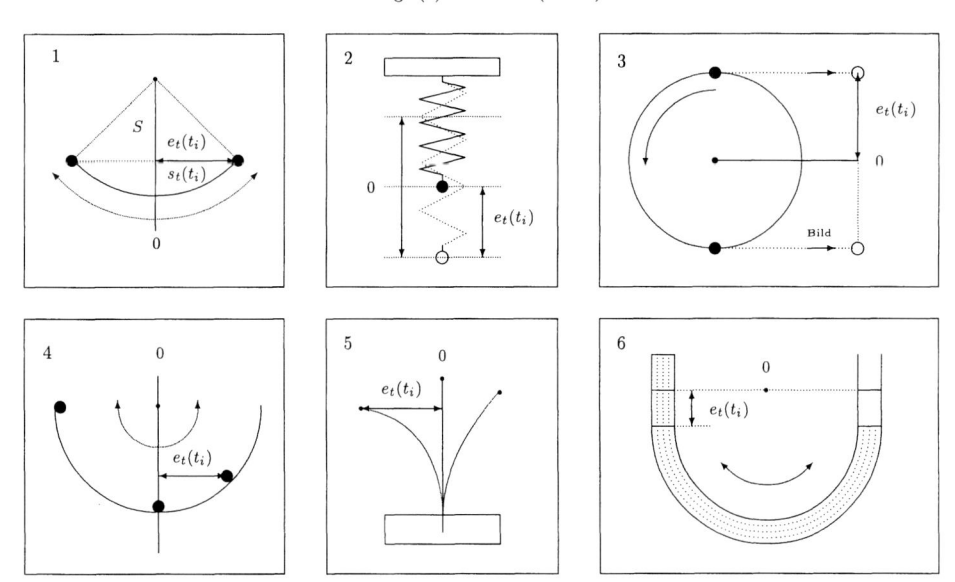

Die weiteren Beispiele (Bilder 4 bis 6) seien im folgenden nur kurz beschrieben:

4. Eine an der Innenseite eines waagerecht gehaltenen Hohlzylinders in Richtung des Querschnitts rollende Kugel *(Zylinderpendel)* vollführt gleichartige Bewegungen symmetrisch zu einer Null-Lage (0), dem tiefsten Punkt der Bahn. Als Elongation $e_t(t_i)$ zu einem Zeitpunkt t_i wird der Abstand der Kugel zu der vertikalen Symmetriegeraden gemessen (Bild 4).

5. Eine an einem Ende fest fixierte, nach einer Seite ausgelenkte *Stahlbandfeder* vollführt gleichartige Bewegungen symmetrisch zu einer Null-Lage (0), dem Ruhezustand der Feder. Als Elongation $e_t(t_i)$ zu einem Zeitpunkt t_i wird der Abstand des zweiten Federendes zu der vertikalen Symmetriegeraden (Null-Lage) gemessen (Bild 5).

6. Eine in einem *U-Rohr* befindliche Flüssigkeit kann in eine zur Null-Lage (0), der Ruhelage, symmetrische Bewegung versetzt werden. Als Elongation $e_t(t_i)$ zu einem Zeitpunkt t_i wird der Abstand des Flüssigkeitsspiegels zur Null-Lage gemessen, die dann erreicht ist, wenn die Flüssigkeitsspiegel in beiden Teilen des U-Rohres dieselbe Höhe haben (Bild 6).

7. Ein schwimmender Körper auf einer Wasserwelle vollführt – sofern keine Strömung vorliegt – vertikale Bewegungen (etwas vereinfacht) symmetrisch zu einer Null-Lage.

8. Das *Pendel einer Standuhr* oder die *Unruhe einer mechanischen Uhr* vollführen Bewegungen symmetrisch zu einer Null-Lage. Auf ähnliche Weise ist ein *Metronom* (Taktgeber) konstruiert.

9. Ein physikalisches Gebiet, dessen Betrachtungen wesentlich auf der Theorie der Schwingungen beruht, ist die *Mechanische Akustik*, also insbesondere die physikalische Theorie mechanisch betriebener Musikinstrumente (Saiten-, Blas- und Schlaginstrumente).

1.280.2 Bemerkungen

Inhalt der folgenden Einzelbemerkungen ist eine formal *gemeinsame* Beschreibung der Beispiele 1.280.1.

1. Eine *Mechanische Schwingung* ist eine *zeitlich periodische Bewegung* eines dazu geeigneten Körpers
a) durch (nicht: um) genau eine Null-Lage (Ruhelage, Gleichgewichtslage),
b) die durch eine Rückstellkraft (stets in Richtung der Null-Lage) bewirkt wird.

2. Man nennt die Abstände des Körpers zur Null-Lage die *Elongationen (Auslenkungen)* zu einem jeweiligen Zeitpunkt der Schwingung. Insbesondere nennt man die maximale Elongation die *Amplitude* der Schwingung.

3. Man nennt solche Schwingungen *Harmonische Schwingungen*, wenn zwischen den Elongationen und der die Schwingung verursachenden Kraft ein linearer Zusammenhang besteht. (Beispielsweise sagt bezüglich des Federpendels der *Satz von Hooke* (benannt nach *Robert Hooke* (1635 - 1703)), daß die Elongation der Feder proportional zur Rückstellkraft der gedehnten oder gestauchten Feder ist.)

4. *Gedämpfte harmonische Schwingungen* liegen vor, wenn durch Einwirkung äußerer Kräfte, etwa der Reibungskraft, die maximalen Elongationen, die sogenannten *Amplituden*, mit zunehmender Zeit kleiner werden. Im anderen (idealen) Fall liegen die bei allen folgenden Überlegungen betrachteten *Ungedämpften harmonischen Schwingungen* vor (siehe Beispiele 1.280.1/8 und insbesondere Bemerkung 1.283.2).

5. Für die Bewegung eines schwingenden Körpers charakteristische physikalische Größen sind
a) *eine volle Schwingung* als Weg, den ein Körper zurücklegt, wenn er einen bestimmten Bahnpunkt zum nächsten Mal in derselben Richtung durchläuft,
b) die *Schwingungsdauer* $T \in t = \mathbb{R}_0^+ \times s$ als Zeit (in Sekunden) für eine volle Schwingung,
c) die *Frequenz* $f \in t^{-1} = \mathbb{R}_0^+ \times s^{-1}$ als Anzahl der vollen Schwingungen pro Zeiteinheit $1\,s$.

Man beachte, daß – wie auch bei Kreis-Bewegungen in Abschnitt 1.274 – zwischen Schwingungsdauer und Frequenz die Zusammenhänge $f = \frac{1}{T}$ und $T = \frac{1}{f}$ bestehen, ferner, daß die Einheit der Frequenz mit $1\,Hz = 1\,s^{-1}$ angegeben wird.

6. Mechanische Schwingungen sind also *Periodische Bewegungen*, das heißt hier: Nach jeweils einer Schwingungsdauer T wird jeweils derselbe Bahnpunkt in derselben Richtung durchlaufen.

1.281 Funktionen zu Mechanischen Schwingungen

> Auf alles kommt so viel an.
> Samuel Beckett (1906 - 1989)

Inhalt der folgenden Bemerkungen ist eine formal *gemeinsame* Beschreibung Mechanischer Schwingungen, wie sie etwa in den Beispielen 1.280.1 aufgeführt sind, anhand geeigneter physikalischer Funktionen.

1.281.1 Bemerkungen

1. Die einfachste Methode, durch ein Experiment eine graphische Darstellung der Elongation-Zeit-Funktion $e_t : t \longrightarrow s$ zu gewinnen, kann man sich folgendermaßen vorstellen: An dem schwingenden Körper eines Federpendels (siehe Beispiel 1.280.1/2) wird ein Zeichenstift senkrecht zur Elongationsrichtung angebracht. Dieser dann mitschwingende Stift zeichnet auf einem Papierstreifen, der senkrecht an dem Stift mit konstanter Geschwindigkeit vorbeigeführt wird, eine Kurve, die die Schwingbewegung in Abhängigkeit der Zeit zeigt.

2. Eine entsprechende Situation liefert Beispiel 1.280.1/3 (auf rotierender Scheibe senkrecht angebrachter Stift): Bildet man das Schattenbild auf eine schräg gestellte, mit konstanter Geschwindigkeit bewegte Tafel ab, so ist auf der Tafel eine Kurve zu sehen, die die Kreisbewegung des Stifts in Abhängigkeit der Zeit zeigt.

3. Die bei diesen Experimenten erzeugten Bilder liefern Kurven folgender Form, also die graphische Darstellung einer Sinus-Fuktion (siehe dazu insbesondere Bemerkung 1.240.4), wenn zum Zeitpunkt $t_0 = 0$ die Null-Lage des jeweiligen Systems angenommen wird:

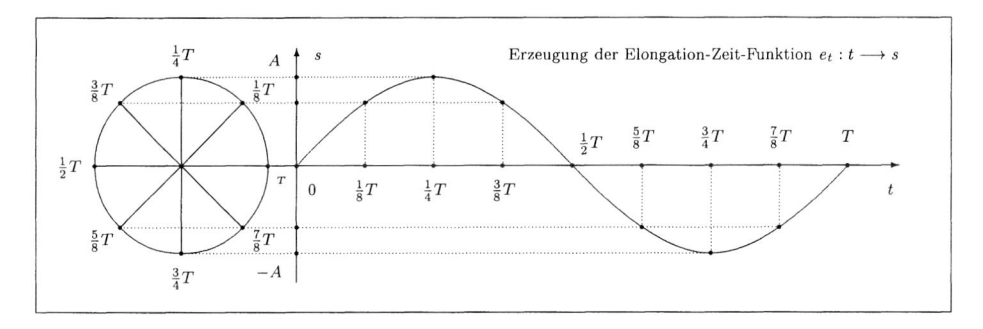

1.281.2 Bemerkungen

1. Betrachtet man in obiger Skizze zusätzlich das Referenz-Intervall $[0, 2\pi]$, so hat die Schwingungsdauer die Darstellung $a \cdot T = 2\pi$ mit einem Faktor $a \in \mathbb{R} \times s^{-1}$. Daraus folgt mit der Kreisfrequenz $\omega = \frac{2\pi}{T}$ (siehe Bemerkung 1.274.2/3) dann die Beziehung $a = \frac{2\pi}{T} = \omega$ und somit $at_i = \frac{2\pi}{T}t_i = \omega t_i$, für beliebige Zeitpunkte t_i. Damit hat die von der Schwingungsdauer $T = \frac{1}{a} \cdot 2\pi$ und der Amplitude A abhängige Elongation-Zeit-Funktion $e_t : t \longrightarrow s$ die Zuordnungsvorschrift $e_t(t_i) = A \cdot sin(at_i) = A \cdot sin(\omega t_i)$.

Anmerkung: Die Kreisfrequenz $\omega = \frac{2\pi}{T} = 2\pi f$ gibt die Anzahl der vollen Schwingungen in der Zeit $2\pi\, s$, also im Bereich $[0\, s, 2\pi\, s]$ an (die Frequenz f die Anzahl der vollen Schwingungen für $1\, s$).

Beispiele: Vollführt eine Schwingung drei volle Schwingungen (oder eine halbe volle Schwingung) im Referenz-Intervall $[0, 2\pi]$, so liegt der Zusammenhang $3\, s^{-1} \cdot T = 2\pi$ (bzw. $\frac{1}{2} s^{-1} \cdot T = 2\pi$) vor, der mit der zugehörigen Kreisfrequenz $\omega = \frac{2\pi}{T} = 3\, s^{-1}$ (bzw. $\omega = \frac{2\pi}{T} = \frac{1}{2}\, s^{-1}$) zu der Funktion e_t mit $e_t(t_i) = A \cdot sin(3t_i)$ (bzw. zu $e_t(t_i) = A \cdot sin(\frac{1}{2}t_i)$) führt.

2. Die folgenden Überlegungen führen zu der Geschwindigkeits-Zeit-Funktion $v_t : t \longrightarrow v$ für Schwingungen. Dazu betrachte man in der unten links stehenden Skizze den in Beispiel 1.281.2 genannten Stift auf der Kreisbahn einer rotierenden Scheibe (als Punkt gezeichnet) zu einem beliebigen Zeitpunkt t_i. Gemäß Bemerkung 1.274.2/2 wird die Bahngeschwindigkeit des Stifts, hier als Vektor $\vec{v}_t^{\,*}(t_i)$ dargestellt, durch die Beziehung $v_t^{\,*}(t_i) = A \cdot \omega$ beschrieben.

Nun läßt sich $\vec{v}_t^*(t_i)$ als Summe $\vec{v}_t^*(t_i) = \vec{v}_{tx}(t_i) + \vec{v}_{ty}(t_i)$ seiner Richtungs-Komponenten darstellen, wobei der Vektor $\vec{v}_{ty}(t_i)$ die Geschwindigkeit des Bildes des Stifts (senkrechte Parallel-Projektion auf die Ebene) repräsentiert. Verwendet man den eingezeichneten zugehörigen Winkel α_i im Bogenmaß $\alpha_i = \omega t_i$, so liefert die Geometrie der Skizze mit den Beträgen (Längen) der Vektoren die Beziehung $cos(\omega t_i) = cos(\alpha_i) = \frac{v_{ty}(t_i)}{v_t^*(t_i)}$, womit dann $v_{ty}(t_i) = v_t^*(t_i) \cdot cos(\omega t_i)$ gilt. Ersetzt man darin $v_t^*(t_i) = A \cdot \omega$, so liegt schließlich die Beziehung $v_{ty}(t_i) = A \cdot \omega \cdot cos(\omega t_i)$ vor.

Verzichtet man auf den Richtungsindex y, so gilt: Die Geschwindigkeits-Zeit-Funktion $v_t : t \longrightarrow v$ einer ungedämpft harmonischen Schwingung ist definiert durch $v_t(t_i) = A \cdot \omega \cdot cos(\omega t_i)$, für alle Zeitpunkte t_i.

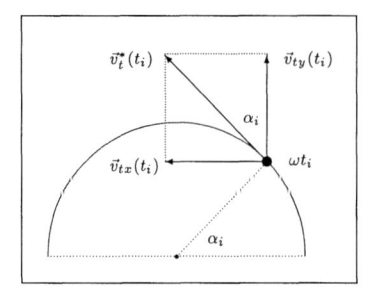

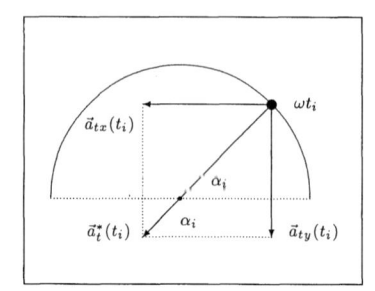

3. Die folgenden Überlegungen führen zu der Beschleunigungs-Zeit-Funktion $a_t : t \longrightarrow a$ für Schwingungen. Dazu betrachte man in der oben rechts stehenden Skizze wieder den in Beispiel 1.281.2 genannten Stift auf der Kreisbahn einer rotierenden Scheibe (als Punkt gezeichnet) zu einem beliebigen Zeitpunkt t_i. Gemäß der Anmerkung zu Bemerkung 1.274.4 wird die Zentripetalbeschleunigung (Radialbeschleunigung) des Stifts, hier als Vektor $\vec{a}_t^*(t_i)$ dargestellt, durch die Beziehung $a_t^*(t_i) = A \cdot \omega^2$ beschrieben.

Nun läßt sich $\vec{a}_t^*(t_i)$ als Summe $\vec{a}_t^*(t_i) = \vec{a}_{tx}(t_i) + \vec{a}_{ty}(t_i)$ seiner Richtungs-Komponenten darstellen, wobei der Vektor $\vec{a}_{ty}(t_i)$ die Beschleunigung des Bildes des Stifts (senkrechte Parallel-Projektion auf die Ebene) repräsentiert. Verwendet man den eingezeichneten zugehörigen Winkel α_i im Bogenmaß $\alpha_i = \omega t_i$, so liefert die Geometrie der Skizze mit den Beträgen (Längen) der Vektoren die Beziehung $sin(\omega t_i) = sin(\alpha_i) = \frac{-a_{ty}(t_i)}{a_t^*(t_i)}$ (mit einem negativen Vorzeichen im Zähler, da die Beschleunigung hier als Bremsung auftritt), womit dann $a_{ty}(t_i) = -a_t^*(t_i) \cdot sin(\omega t_i)$ gilt. Ersetzt man darin $a_t^*(t_i) = A \cdot \omega^2$, so liegt schließlich die Beziehung $a_{ty}(t_i) = -A \cdot \omega^2 \cdot sin(\omega t_i)$ vor.

Verzichtet man auf den Richtungsindex y, so gilt: Die Beschleunigungs-Zeit-Funktion $a_t : t \longrightarrow a$ einer ungedämpft harmonischen Schwingung ist definiert durch $a_t(t_i) = -A \cdot \omega^2 \cdot sin(\omega t_i)$, für Zeitpunkte t_i.

4. Fazit: Die Bewegung eines ungedämpft harmonisch schwingenden Köpers wird beschrieben durch die
a) Elongation-Zeit-Funktion $e_t : t \longrightarrow s$ mit $e_t(t_i) = A \cdot sin(\omega t_i)$,
b) Geschwindigkeits-Zeit-Funktion $v_t : t \longrightarrow v$ mit $v_t(t_i) = A \cdot \omega \cdot cos(\omega t_i)$,
c) Beschleunigungs-Zeit-Funktion $a_t : t \longrightarrow a$ mit $a_t(t_i) = -A \cdot \omega^2 \cdot sin(\omega t_i)$,

mit der Kreisfrequenz $\omega = \frac{2\pi}{T}$ und der Amplitude (maximale Elongation) A. Ferner ist $A \cdot \omega$ die maximale Geschwindigkeit und $A \cdot \omega^2$ die maximale Beschleunigung, jeweils beim Durchgang durch die Null-Lage.

Amerkung: Die mathematischen Zsammenhänge zwischen diesen drei Funktionen sind mit den Methoden der Analysis insbesondere in Abschnitt 2.680 besprochen.

1.281.3 Bemerkung

Ein weiterer Parameter bei der Untersuchung von Schwingungs-Funktionen ist die sogenannte *Phase* oder *Phasenverschiebung*, womit eine Verschiebung einer Elongation-Zeit-Funktion e_t mit $e_t(0) = 0$ um einen Zeitpunkt $t_p > 0$ oder $t_p < 0$ gemeint ist. Solche phasenverschobenen Schwingungen werden gemäß Bemerkung 1.240.4 dargestellt durch eine Elongation-Zeit-Funktion $e_{tp} : t \longrightarrow s$ mit der Zuordnungsvorschrift $e_{tp}(t_i) = e_t(t_i - t_p) = A \cdot sin(\omega(t_i - t_p))$. Dabei gelten folgende Sachverhalte:

a) Zwischen e_t und e_{tp} besteht der Zusammenhang $e_t(t_i) = e_{tp}(t_i + t_p)$, für alle Zeitpunkte t_i.

b) Insbesondere hat die Funktion e_{tp} die beiden Eigenschaften $e_{tp}(0) = -e_t(t_p)$ und $e_{tp}(t_p) = 0$.

Man beachte: Im folgenden wird die Zeit t_p die *Phase* zu e_{tp} bzw. zu der durch e_{tp} repräsentierten Schwingung genannt. Diese Vereinbarung weicht von anderen Darstellungen ab, in denen das Argument $\omega(t_i - t_p) = \omega t_i - \omega t_p$ die Phase zu e_{tp} genannt wird, hat aber den Vorteil, die Phase als einen konstanten Meßwert der Zeit behandeln zu können. Die Zahl t_p kann man entweder in der Form $t_p = aT$ oder in der Form $t_p = a^* \pi$ angeben, wie die folgende Skizze auch zeigt:

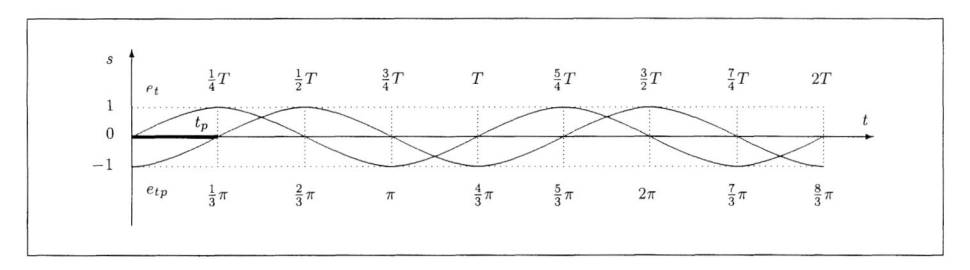

1.281.4 Bemerkung

Hinsichtlich der in Abschnitt 1.278 besprochenen Energie-Funktionen gelten für ungedämpft harmonisch schwingende Köper folgende Sachverhalte:

Die potentielle Energie eines schwingenden Körpers der Masse m_0 wird beschrieben durch die Funktion $E_{pot} : t \longrightarrow E$ mit $E_{pot}(t_i) = \frac{1}{2} m_0 \cdot \omega^2 \cdot s_t(t_i)^2 = \frac{1}{2} m_0 \cdot A^2 \cdot \omega^2 \cdot sin^2(\omega t_i)$. Die potentielle Energie $E_{pot}(t_i)$ ist maximal für $sin(\omega t_i) \in \{-1, 1\}$, also für $\omega t_i \in (\mathbb{N} - \frac{1}{2})\pi$.

Die kinetische Energie eines schwingenden Körpers der Masse m_0 wird beschrieben durch die Funktion $E_{kin} : t \longrightarrow E$ mit $E_{kin}(t_i) = \frac{1}{2} m_0 \cdot v_t(t_i)^2 = \frac{1}{2} m_0 \cdot A^2 \cdot \omega^2 \cdot cos^2(\omega t_i)$. Die kinetische Energie $E_{kin}(t_i)$ ist maximal für $cos(\omega t_i) \in \{-1, 1\}$, also für $\omega t_i \in \mathbb{N}_0 \pi$.

Die Gesamtenergie eines schwingenden Körpers der Masse m_0 wird beschrieben durch die Funktion $E_G = E_{pot} + E_{kin} : t \longrightarrow E$ mit $E_G(t_i) = E_{pot}(t_i) + E_{kin}(t_i) = \frac{1}{2} m_0 \cdot A^2 \cdot \omega^2 \cdot sin^2(\omega t_i) + \frac{1}{2} m_0 \cdot A^2 \cdot \omega^2 \cdot cos^2(\omega t_i) = \frac{1}{2} m_0 \cdot A^2 \cdot \omega^2 (cos^2(\omega t_i) + sin^2(\omega t_i)) = \frac{1}{2} m_0 \cdot A^2 \cdot \omega^2 \cdot 1 = \frac{1}{2} m_0 \cdot A^2 \cdot \omega^2$.

A1.281.01: Welche Art von Projektion erzeugt aus der Bewegung des Körpers an einem Fadenpendel in Beispiel 1.280.1/1 ein Schattenbild, das genau dem des rotierenden Stiftes in Beispiel 1.280.1/3 entspricht?

A1.281.02: Zeichnen Sie Skizzen analog zu den beiden Skizzen in Bemerkung 1.281.2/2/3 für die Zeitpunkte 0 und $\frac{1}{4}T$ und berechnen Sie die zugehörigen Funktionswerte unter den Funktionen $v_{ty} = v_t$ und $a_{ty} = a_t$.

A1.281.03: Berechnen Sie die Parameter a und b für eine durch $s_t(t_i) = a \cdot sin(bt_i)$ definierte Elongation-Zeit-Funktion $s_t : t \longrightarrow s$ unter Verwendung der Schwingungsdauer T.

A1.281.04: Wie groß sind Schwingungsdauer und Frequenz eines ungedämpft schwingenden Körpers, der in $40\,s$ insgesamt 50 volle Schwingungen ausführt?

A1.281.05: Wie groß ist die Schwingungsdauer einer Stimmgabel mit $440\,Hz$ (Kammerton a)?

A1.281.06: Berechnen Sie für einen schwingenden Körper mit der Schwingungsdauer $1\,s$ und der Amplitude $20\,cm$ die Elongation für $7\,s$ ($\frac{7}{2}\,s$).

A1.281.07: Verifizieren Sie die beiden am Ende von Bemerkung 1.281.3 genannten Beziehungen.

Weitere Aufgaben zu diesem Thema (insbesondere zur Phasenverschiebung) sind in Abschnitt 1.283 angegeben.

1.282 Spezielle Schwingungs-Systeme

> Sehen – Beobachten – Denken.
> *August Sander* (1876 - 1964)

Im Anschluß an die bisherigen Abschnitte 1.28x soll noch untersucht werden, welche physikalischen Funktionen mit den speziellen Instrumenten *Fadenpendel* und *Federpendel* – neben den schon betrachteten Bewegungs-Funktionen – verbunden sind.

1.282.1 Bemerkung

Zunächst eine etwas allgemeinere Betrachtung: Jeder, der schon mal mit einem Fadenpendel experimentiert hat, hat sofort ein Bild vor Augen, wenn man von *dem Fadenpendel* als einem *physikalischen System* spricht. Dieses System besteht ja nicht nur aus Faden und Massestück als den beiden wichtigsten *Materiellen Bestandteilen*, sondern es enthält darüber hinaus eine *Anordnung*, so daß man insgesamt von einer *Technischen Struktur S* sprechen kann. Nun kommt aber noch ein zweiter Aspekt hinzu, nämlich das Merkmal *Bewegung B*, das erst erlaubt, (auf verschiedenen Weisen) sinnvolle Fragen an das System (S, B) hinsichtlich des Begriffspaares (*Ursache, Wirkung*) stellen zu können.

Der nächste Schritt zielt auf eine gewisse Formalisierung dieser Idee, wobei man sich an mathematische Methoden halten kann, etwa entweder an das Beispiel $(\mathbb{Z}, +, \cdot, \leq)$ oder – vielleicht noch deutlicher – an die Beschreibung von Datentypen in der Informatik: Der Datentyp *INT* oder *INTEGER*, der eine Teilmenge $[minint, maxint]$ von $\mathbb{Z}$ *und* den Umgang mit diesen Objekten repräsentiert, wird vollständig durch die Exportschnittstelle eines Moduls beschrieben, nämlich als Tupel $(INT, int, +, -, *, DIV, MOD, ...)$ mit der Technischen Struktur *INT* und – als Hauptwort – den daneben genannten *Funktionen* (Typ-Erzeugungs-Funktion *int*, Addition $+$, ...).

Solche Beschreibungshilfsmittel sollen nun für Physikalische Systeme nutzbar gemacht werden, wobei in dem oben genannten System (S, B) die Komponente S als Technische Struktur im großen und ganzen eine Sache der verbalen und graphischen Beschreibung ist, die Komponente B hinsichtlich der Begriffe (*Ursache, Wirkung*) durch geeignete Funktionen charakterisiert werden soll in folgender Bemerkung:

1.282.2 Bemerkung

1. Das physikalische System *Fadenpendel* besteht neben seiner technischen Struktur aus den drei folgenden physikalischen Funktionen

a) $T_A : s \longrightarrow t$, die jeder Amplitude $A_i \in \mathbb{R} \times m$ eine zugehörige Schwingungsdauer $T_A(A_i) \in \mathbb{R} \times s$ zuordnet und folgende Frage beantwortet: Wie hängt die Schwingungsdauer von der Amplitude (bei sonst konstanten Einflußgrößen) ab?

b) $T_m : m \longrightarrow t$, die jeder Masse $m_i \in \mathbb{R} \times m$ eines Pendelkörpers eine zugehörige Schwingungsdauer $T_m(m_i) \in \mathbb{R} \times s$ zuordnet und folgende Frage beantwortet: Wie hängt die Schwingungsdauer von der Masse des Pendelkörpers (bei sonst konstanten Einflußgrößen) ab?

c) $T_h : s \longrightarrow t$, die jeder Fadenlänge $h_i \in \mathbb{R} \times m$ eine zugehörige Schwingungsdauer $T_h(h_i) \in \mathbb{R} \times s$ zuordnet und folgende Frage beantwortet: Wie hängt die Schwingungsdauer von der Fadenlänge (bei sonst konstanten Einflußgrößen) ab?

2. Das physikalische System *Federpendel* besteht neben seiner technischen Struktur aus den drei folgenden physikalischen Funktionen (mit T_A und T_m wie oben)

a) $T_A : s \longrightarrow t$, die jeder Amplitude $A_i \in \mathbb{R} \times m$ eine Schwingungsdauer $T_A(A_i) \in \mathbb{R} \times s$ zuordnet,

b) $T_m : m \longrightarrow t$, die jeder Masse $m_i \in \mathbb{R} \times m$ eine Schwingungsdauer $T_m(m_i) \in \mathbb{R} \times s$ zuordnet,

c) $T_D : \frac{F}{s} \longrightarrow t$, die jeder Federkonstanten $D_i = \frac{F_i}{s_i} \in \mathbb{R} \times Nm^{-1}$ eine zugehörige Schwingungsdauer $T_D(D_i) \in \mathbb{R} \times s$ zuordnet und folgende Frage beantwortet: Wie hängt die Schwingungsdauer von der Federkonstanten (bei sonst konstanten Einflußgrößen) ab?

Anmerkung: Die physikalische Größe *Federkonstante* $D = \frac{F}{s}$ beschreibt die Kraft F, die aufzuwenden ist, um eine bestimmte Feder um eine Weglänge s zu dehnen.

1.282.3 Bemerkungen *(Fadenpendel)*

Die folgenden Bemerkungen liefern die Zuordnungsvorschriften der in Bemerkung 1.282.2/1 genannten Funktionen zur Charakterisierung des physikalischen Systems *Fadenpendel*:

1. Zunächst werden Experimente zu den drei in Bemerkung 1.282.2/1 genannten Funktionen beschrieben:

a) Bei konstanter Fadenlänge h_0 und konstanter Masse m_0 des Pendelkörpers werden zu verschiedenen Amplituden (maximaler waagerechter Abstand des Pendelkörpers zum Faden) $A_1, A_2, \ldots$ jeweils die Zeiten für 10 oder 20 volle Schwingungen gemessen und in einer Meßwert-Tabelle mit den Zeilen A_i in mm und $T_A(A_i)$ in s eingetragen (und bei Parallel-Messungen, das gilt auch für b) und c)), gemäß Abschnitt 1.271 bearbeitet).

b) Bei konstanter Fadenlänge h_0 und konstanter Amplitude A_0 des Pendelkörpers werden zu Pendelkörpern mit verschiedenen Massen $m_1, m_2, \ldots$ jeweils die Zeiten für 10 oder 20 volle Schwingungen gemessen und in einer Meßwert-Tabelle mit den Zeilen m_i in g und $T_m(m_i)$ in s eingetragen.

c) Bei konstanter Amplitude A_0 und konstanter Masse m_0 des Pendelkörpers werden zu verschiedenen Fadenlängen $h_1, h_2, \ldots$ jeweils die Zeiten für 10 oder 20 volle Schwingungen gemessen und in einer Meßwert-Tabelle mit den Zeilen h_i in cm und $T_h(h_i)$ in s eingetragen. Die Tabelle wird dann durch die Zeile $T_h(h_i)^2$ ergänzt, schließlich wird die Zuordnung $h_i \longmapsto T_h(h_i)^2$ graphisch dargestellt.

2. Experiment a) zeigt, daß die Funktion $T_A : s \longrightarrow t$ eine konstante Funktion ist, das heißt in physikalischer Sprache also, daß die Schwingungsdauer eines Fadenpendels nicht von der Amplitude abhängt.

3. Experiment b) zeigt, daß die Funktion $T_m : m \longrightarrow t$ eine konstante Funktion ist, das heißt also, daß die Schwingungsdauer eines Fadenpendels nicht von der Masse des Pendelkörpers abhängt.

4. Experiment c) zeigt, daß die Zuordnung $h_i \longmapsto T_h(h_i)^2$ eine Gerade liefert, folglich gilt die Beziehung $\frac{T_h(h_1)^2}{h_1} = \frac{T_h(h_2)^2}{h_2}$, für alle (verwendeten) Fadenlängen h_1 und h_2. Damit liegt dann die Proportionalität $T_h(h_i)^2 \sim h_i$ vor, die die Proportionalität $T_h(h_i) \sim \sqrt{h_i}$ liefert, woraus folgt, daß für alle Fadenlängen h_i der Quotient $\frac{T_h(h_i)}{\sqrt{h_i}}$ konstant ist und mit einer Proportionalitätskonstanten c dann $T_h(h_i) = c \cdot \sqrt{h_i}$ gilt. Aus anderen Überlegungen folgt $c = \frac{2\pi}{\sqrt{g}}$ mit der Erdbeschleunigung $g \approx 9,81\,ms^{-2}$, somit ist die Funktion $T_h : s \longrightarrow t$ definiert durch $T_h(h_i) = \frac{2\pi}{\sqrt{g}} \cdot \sqrt{h_i} = 2\pi\sqrt{\frac{h_i}{g}}$.

1.282.4 Bemerkungen *(Federpendel)*

Die folgenden Bemerkungen liefern die Zuordnungsvorschriften der in Bemerkung 1.282.2/2 genannten Funktionen zur Charakterisierung des physikalischen Systems *Federpendel*:

1. Zunächst werden Experimente zu den drei in Bemerkung 1.282.2/2 genannten Funktionen beschrieben:

a) Bei konstanter Federkonstanten D_0 und konstanter Masse m_0 des Pendelkörpers werden zu verschiedenen Amplituden (maximaler horizontaler Abstand des Pendelkörpers zur Null-Lage) $A_1, A_2, \ldots$ jeweils die Zeiten für 10 oder 20 volle Schwingungen gemessen und in einer Meßwert-Tabelle mit den Zeilen A_i in mm und $T_A(A_i)$ in s eingetragen (und bei Parallel-Messungen, das gilt auch für b) und c)), gemäß Abschnitt 1.271 bearbeitet).

b) Bei konstanter Federkonstanten D_0 und konstanter Amplitude A_0 des Pendelkörpers werden zu Pendelkörpern mit verschiedenen Massen $m_1, m_2, \ldots$ jeweils die Zeiten für 10 oder 20 volle Schwingungen gemessen und in einer Meßwert-Tabelle mit den Zeilen m_i in g und $T_m(m_i)$ in s eingetragen. Die Tabelle wird dann durch die Zeile $T_m(m_i)^2$ ergänzt, schließlich wird die Zuordnung $m_i \longmapsto T_m(m_i)^2$ graphisch dargestellt.

c) Bei konstanter Amplitude A_0 und konstanter Masse m_0 des Pendelkörpers werden zu verschiedenen Federkonstanten $D_1, D_2, \ldots$ jeweils die Zeiten für 10 oder 20 volle Schwingungen gemessen und in einer Meßwert-Tabelle mit den Zeilen D_i in Nm^{-1} und $T_D(D_i)$ in s eingetragen. Die Tabelle wird dann durch die Zeilen $\frac{1}{D_i}$ und $T_D(D_i)^2$ ergänzt, schließlich wird die Zuordnung $\frac{1}{D_i} \longmapsto T_D(D_i)^2$ graphisch dargestellt.

2. Experiment a) zeigt, daß die Funktion $T_A : s \longrightarrow t$ eine konstante Funktion ist, das heißt in physikalischer Sprache also, daß die Schwingungsdauer eines Federpendels nicht von der Amplitude abhängt.

3. Experiment b) zeigt, daß die Zuordnung $m_i \longmapsto T_m(m_i)^2$ eine Gerade liefert, folglich gilt die Beziehung $\frac{T_m(m_1)^2}{m_1} = \frac{T_m(m_2)^2}{m_2}$, für alle (verwendeten) Massen m_1 und m_2. Damit liegt dann die Proportionalität $T_m(m_i)^2 \sim m_i$ vor, die nun die Proportionalität $T_m(m_i) \sim \sqrt{m_i}$ liefert, woraus folgt, daß für alle Massen m_i der Quotient $\frac{T_m(m_i)}{\sqrt{m_i}}$ konstant ist und mit einer Proportionalitätskonstanten c dann $T_m(m_i) = c \cdot \sqrt{m_i}$

gilt. Aus anderen Überlegungen folgt $c = \frac{2\pi}{\sqrt{D_0}}$ mit der (verwendeten) Federkonstanten D_0, somit ist die Funktion $T_m : m \longrightarrow t$ definiert durch $T_m(m_i) = \frac{2\pi}{\sqrt{D_0}} \cdot \sqrt{m_i} = 2\pi\sqrt{\frac{m_i}{D_0}}$.

4. Experiment c) zeigt, daß die Zuordnung $\frac{1}{D_i} \longmapsto T_D(D_i)^2$ eine Gerade liefert, folglich gilt die Beziehung $\frac{T_D(D_1)^2}{\frac{1}{D_1}} = \frac{T_D(D_2)^2}{\frac{1}{D_2}}$, für alle (verwendeten) Federkonstanten D_1 und D_2. Damit liegt die Proportionalität $T_D(D_i)^2 \sim \frac{1}{D_i}$ vor, die dann die Proportionalität $T_D(D_i) \sim \frac{1}{\sqrt{D_i}}$ liefert, woraus folgt, daß für alle Federkonstanten D_i der Quotient $\frac{T_D(D_i)}{\frac{1}{\sqrt{D_i}}}$ konstant ist und mit einer Proportionalitätskonstanten c dann $T_D(D_i) = c \cdot \frac{1}{\sqrt{D_i}}$ gilt. Aus anderen Überlegungen folgt $c = 2\pi \cdot \sqrt{m_0}$ mit der Masse m_0 des Pendelkörpers, somit ist die Funktion $T_D : \frac{F}{s} \longrightarrow t$ definiert durch $T_D(D_i) = 2\pi \cdot \sqrt{m_0} \cdot \frac{1}{\sqrt{D_i}} = 2\pi\sqrt{\frac{m_0}{D_i}}$.

Anmerkung: Je weicher (härter) die Feder ist, desto größer (kleiner) ist die Schwingungsdauer.

1.282.5 Bemerkungen

Zu den physikalischen Systemen *Fadenpendel* und *Federpendel* folgende Betrachtungen zu den auf die Pendelkörper wirkenden Kräfte: Mechanische Schwingungen kommen durch die Einwirkung einer *Rückstellkraft* F_R auf einen schwingungsfähigen Körper (*Oszillator*) zustande. Diese (zur Elongation proportionale) Rückstellkraft ist die Kraft, die auf einen ausgelenkten Körper in Richtung auf die Null-Lage (man sagt auch: Gleichgewichts-Lage) wirkt.

1. Zum Fadenpendel: Die Gewichtskraft $\vec{F}_G$ des Körpers ist die Summe $\vec{F}_G = \vec{F}_K + \vec{F}_R$ aus der Zentrifugalkraft $\vec{F}_K$ (die der Haltekraft des Fadens entgegengesetzt ist) und der Rückstellkraft $\vec{F}_R$. Wie die folgende links stehende Skizze zeigt, gilt $F_R = sin(\alpha) \cdot F_G$.

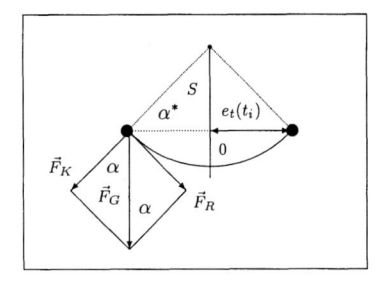

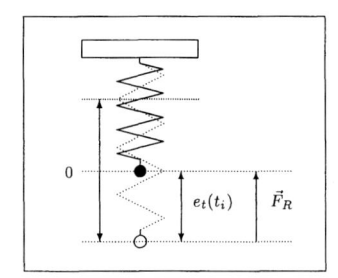

2. Zum Federpendel (oben rechts stehende Skizze): Die Rückstellkraft eines Federpendels ist dabei die *Federkraft*, wobei der *Satz von Hooke* den Zusammenhang $F_R = -D \cdot e_t$ mit der Federkonstanten D und der Elongation e_t liefert.

A1.282.01: Wie groß ist die Schwingungsdauer des im Jahr 1852 von *Léon Foucault* (1819 - 1868) im Pantheon in Paris (zum Nachweis der Erdrotation) verwendeten Fadenpendels mit der Fadenlänge $h_0 = 67\,m$?

A1.282.02: Zwei Einzelaufgaben:
1. Welche Fadenlänge muß ein Fadenpendel haben, das eine Schwingungsdauer von $4\,s$ ($8\,s$) besitzt?
2. Welche Masse muß an einem Federpendel mit der Federkonstanten $D_0 = 2\,Nm^{-1}$ schwingen, das eine Schwingungsdauer von $4\,s$ ($8\,s$) besitzt?

A1.282.03: Wie kann man bei einem Fadenpendel (Federpendel) die Schwingungsdauer verdoppeln?

A1.282.04: Stellen Sie die beiden Rückstellkräfte in Bemerkung 1.282.5 als physikalische Funktionen $t \longrightarrow F$ dar und berechnen Sie Beispiele mit konkreten Daten mit den Phasen $t_p = 0$ und $t_p = -\frac{1}{4}T_0$.

A1.282.05: Ein Federpendel wird durch einen angehängten Körper der Masse $m_0 = 50\,g$ um $10\,cm$ gedehnt. Anschließend wird das Pendel in Schwingungen versetzt. Berechnen Sie jeweils die Schwingungsdauer $T_m(m_i)$ für die Massen $m_i \in \{50, 100, 150, 200, 250, 300, 350, 400\}$, jeweils in Gramm angegeben. Ermitteln Sie dann noch allgemein, wie sich die Schwingungsdauer bei Verdopplung (Ver-n-fachung) einer Masse m_0 verändert.

A1.282.06: Die folgenden Aufgaben/Fragen beziehen sich auf Fadenpendel.
1. Welcher physikalische Inhalt wird durch die Beziehung $T(h_0) = c \cdot \sqrt{h_0}$ beschrieben?
2. Welche Einheit hat dabei der Faktor c ?
3. Zwei Fadenpendel haben die Schwingungsdauern $T_1 = 1,6\,s$ und $T_2 = 0,8\,s$. Der längere Faden ist $h_1 = 64\,cm$ lang. Wie lang ist der andere Faden?
4. Welcher allgemeine Zusammenhang liefert das in Aufgabenteil 3 ermittelte numerische Ergebnis?
5. Wie verhalten sich die Schwingungsdauern zweier Fadenpendel mit Fadenlängen-Verhältnis $1:2$?

A1.282.07: Die folgenden Aufgaben/Fragen beziehen sich auf Federpendel.
1. Welcher physikalische Inhalt wird durch die Beziehung $T(m_0) = c \cdot \sqrt{m_0}$ beschrieben?
2. Welche Einheit hat dabei der Faktor c ?
3. Zwei Federpendel haben die Schwingungsdauern $T_1 = 1,6\,s$ und $T_2 = 0,8\,s$. Der größere Körper hat die Masse $m_1 = 200\,g$. Welche Masse hat der andere Körper?
4. Welcher allgemeine Zusammenhang liefert das in Aufgabenteil 3 ermittelte numerische Ergebnis?

A1.282.08: Ein Fadenpendel, das zu einer halben vollen Schwingung eine Sekunde benötigt, heißt *Sekundenpendel*. Berechnen Sie zu den genaueren Angaben $g_0 = 978,049\,cm\,s^{-2}$, $g_{50} = 981,079\,cm\,s^{-2}$ und $g_{90} = 983,221\,cm\,s^{-2}$ für Orte in $0°$ sowie $50°$ und $90°$ nördlicher geographischer Breite die jeweiligen Fadenlängen h_0 sowie h_{50} und h_{90} eines Sekundenpendels. Um wieviel Prozent weicht h_{90} von h_0 ab (wenn man h_0 als 100% betrachtet)?

A1.282.09: Bei genaueren Untersuchungen hat sich herausgestellt, daß die Schwingungsdauer eines Fadenpendels nicht ganz unabhängig von der Elongation des Pendelkörpers ist. Tatsächlich gilt mit dem *Elongationswinkel* α zwischen Faden und senkrechter Linie durch die Null-Lage (Stativstange) in Präzisierung der in Bemerkung 1.282.3 genannten Formel $T_h(h_i) = \frac{2\pi}{\sqrt{g}} \cdot \sqrt{h_i} = 2\pi\sqrt{\frac{h_i}{g}}$ die Beziehung $T_h(h_i, \alpha) = \frac{2\pi}{\sqrt{g}} \cdot \sqrt{h_i} \cdot (1 + \frac{\alpha^2}{16})$, wobei α im Bogenmaß zu verwenden ist. (Verwenden Sie im folgenden ferner $g = 10\,m\,s^{-2}$.)
1. Berechnen Sie $T_h(h_i, \alpha)$ für die konstante Fadenlänge $h_0 = 200\,cm$ und die verschiedenen Elongationswinkel $\alpha \in \{0°, 4°, 8°, 10°, 20°, 30°, 40°, 50°\}$.
2. Berechnen Sie $T_h(h_i)$ und im Vergleich dazu $T_h(h_i, \alpha)$ für den konstanten Elongationswinkel $\alpha = 40°$ und die Fadenlängen $h_i \in \{20, 40, 60, 80, 100, 200, 300, 400\}$ in cm gemessen. Geben Sie ferner die durch die Zuordnung $h_i \longmapsto D(h_i) = T_h(h_i, \alpha) - T_h(h_i)$ definierte Funktion an.

1.283 Mechanische Schwingungen (Teil 2)

> Wir müssen also den gegenwärtigen Zustand des Universums als Wirkung seines früheren Zustandes ansehen und als Ursache des Zustandes, der danach kommt.
> *Pierre-Simon de Laplace* (1749 - 1827)

Insbesondere in der Anwendung der Physik (Technik) spielen zwei Aspekte der Theorie der Schwingungen eine besondere Rolle, die in diesem Abschnitt (wieder von einem formalen Standpunkt aus betrachtet) untersucht werden sollen: Das ist einmal die *Überlagerung von Schwingungen*, zum anderen die Beschreibung *Gekoppelter Schwingungs-Systeme*, auf der dann die Theorie der *Mechanischen Wellen* basiert.

1.283.1 Bemerkungen *(Überlagerung von Schwingungen)*

1. Man stelle sich einen kleinen schwimmenden Körper auf einer zunächst unbewegten Wasseroberfläche vor. Wird nun eine Welle erzeugt, führt der Körper eine Schwingung mit einer Elongation-Zeit-Funktion $e_1 : t \longrightarrow s$ (orthogonal zur unbewegten Wasseroberfläche) aus. Es ist also $e_1(t_i)$ die Elongation des Körpers zu einem bestimmten Zeitpunkt t_i. Wird nun zusätzlich eine zweite Welle erzeugt, so führt der Körper gleichzeitig eine zweite Schwingung mit der Elongation-Zeit-Funktion $e_2 : t \longrightarrow s$ aus, wobei zum Zeitpunkt t_i dann $e_1(t_i)$ die Null-Lage der zweiten Schwingung darstellt. Die tatsächliche Elongation des Körpers zum Zeitpunkt t_i ist folglich die Summe $e_1(t_i) + e_2(t_i)$ der beiden einzelnen Elongationen.

2. Allgemeiner: Führt ein Körper zwei harmonische Schwingungen mit zugehörigen Elongation-Zeit-Funktionen $e_1, e_2 : t \longrightarrow s$ aus, wobei $e_1(t_i)$ zu jedem Zeitpunkt t_i die Null-Lage für $e_2(t_i)$ ist (oder umgekehrt), so nennt man die so erzeugte Schwingung die *Überlagerung* der beiden Einzelschwingungen. Die Summe $e_1 + e_2 : t \longrightarrow s$ stellt dann die Elongation-Zeit-Funktion der Überlagerung dar.

3. Bei der Untersuchung von Überlagerungen von Schwingungen werden zwei Fälle deutlich unterschieden: Überlagerungen von Schwingungen *gleicher Frequenz* und Überlagerungen von Schwingungen *verschiedener Frequenz*. Der Grund ist: Die Überlagerung harmonischer Schwingungen *gleicher Frequenz* ist ebenfalls eine harmonische Schwingung, im Fall *ungleicher Frequenzen* aber nicht.

4. Die Überlagerung (zweier) harmonischer Schwingungen gleicher Frequenz hat dieselbe Frequenz.

5. Bei der Untersuchung von Überlagerungen harmonischer Schwingungen gleicher Frequenz spielt weiterhin die Gleichheit oder Ungleichheit der jeweils zugehörigen Phase eine Rolle. Liegen nun zwei solche Schwingungen mit unterschiedlichen Phasen t_{p1} und t_{p2} bei ihren Elongation-Zeit-Funktionen $e_1, e_2 : t \longrightarrow s$ vor, so kann man beide Funktionen um die Phase t_{p1} von e_1 so in geeigneter Abszissenrichtung verschieben, daß e_1 die Phase 0 und e_2 die Phasendifferenz $t_d = |t_{p1} - t_{p2}|$ besitzt. Es genügt also, harmonische und frequenzgleiche Schwingungen mit Elongation-Zeit-Funktionen $e_1 e_2 : t \longrightarrow s$ der Form $e_1(t_i) = A_1 \cdot sin(\omega t_i)$, also mit $e_1(0) = 0$, und $e_2(t_i) = A_2 \cdot sin(\omega(t_i - t_d))$ zu untersuchen.

6. Bei der in Bemerkung 5 beschriebenen Situation bleibt folgendes zu untersuchen, wobei $e_u = e_1 + e_2$ sowie A_k die Amplitude zu einer solchen Funktion $e_k : t \longrightarrow s$ bezeichne: Welche Nullstellenmenge $N(e_u)$ und welche Amplitude A_u besitzt die Überlagerung? Zur zweiten Frage:
Die Amlitude A_u der Überlagerung $e_u = e_1 + e_2$ ist $A_u = \sqrt{A_1^2 + A_2^2 - 2A_1 A_2 \cdot cos(\pi - t_d)}$.

7. Hinsichtlich Bemerkung 6 treten für frequenzgleiche harmonische Schwingungen spezielle Fälle auf:
a) Gilt $t_d = \pi$ für die Phasendifferenz, so gilt $A_u = A_1 - A_2$.
b) Für phasengleiche harmonische Schwingungen gilt $N(e_u) = N(e_1 + e_2) = N(e_1) = N(e_2)$.
c) Für harmonische Schwingungen mit $e_1(\frac{1}{4}T) = -e_2(\frac{1}{4}T)$ gilt $e_2 = -e_1$, also $e_u = e_1 + e_2 = 0$.

8. Einen Sonderfall liefert die negative Situation in Bemerkung 3: Die Überlagerung zweier harmonischer Schwingungen mit vergleichsweise *kleinem Frequenzunterschied*, aber *derselben Amplitude* A, wird durch eine Elongation-Zeit-Funktion $e_u = e_1 + e_2 : t \longrightarrow s$ mit $e_u(t_i) = e_1(t_i) + e_2(t_i) = A(sin(\omega_1 t_i) + sin(\omega_2 t_i))$ repräsentiert, deren Amplituden (genauer: lokal maximale Elongationen) sich *periodisch* in dem Intervall $[-2A, 2A]$ bewegen. Das bedeutet, daß alle Maxima von e_u Punkte einer Funktion $e_s : t \longrightarrow s$ mit $e_s(t_i) = 2A \cdot sin(\omega_s t_i)$ mit $\omega_s = \omega_1 - \omega_2$, im Fall $\omega_1 > \omega_2$, und alle Minima von e_u dann Punkte von $-e_s$

sind. Diese Funktion e_s repräsentiert die als *Schwebung* bezeichnete Schwingung der Amplituden von e_u. Dabei nennt man $f_s = \frac{\omega_s}{2\pi} = \frac{\omega_1 - \omega_2}{2\pi} = f_1 - f_2$ die *Schwebungs-Frequenz* und $T_s = \frac{1}{f_1 - f_2} = \frac{T_1 T_2}{T_2 - T_1}$ die *Schwebungs-Schwingungsdauer* (jeweils im Fall $\omega_1 > \omega_2$).

1.283.2 Bemerkungen   *(Gedämpfte und ungedämpfte Schwingungen)*

1. Ein Faden- oder Fendenpendel, das einmal durch Auslenkung in Schwingungen versetzt wird, zeigt zunehmend kleinere Amplituden, bis es schließlich seinen Ruhezustand einnimmt. Der Grund dafür ist die sukzessive Abnahme seiner Energie, die als Reibungsenergie (auch innere Reibung, Verschiebung der Moleküle), also in Form von Wärmeenergie abgegeben wird. Solche Schwingungen nennt man *Gedämpfte harmonische Schwingungen*. Wird dieser Energieverlust des Schwingungs-Systems aber durch entsprechende Energiezufuhr ausgeglichen, spricht man von *Ungedämpften harmonischen Schwingungen*.

2. Wird eine ungedämpfte harmonische Schwingung durch $e_0 : t \longrightarrow s$ mit $e_0(t_i) = A_0 \cdot sin(\omega t_i)$ repräsentiert, so wird eine dazu gedämpfte harmonische Schwingung mit einer *Dämpfungskonstanten* c_0 durch $e_t : t \longrightarrow s$ mit $e_t(t_i) = A_0 \cdot e^{-c_0 t_i} \cdot sin(\omega t_i)$ repräsentiert, wobei die durch $h(t_i) = A_0 \cdot e^{-c_0 t_i}$ definierte Funktion h alle lokalen Maxima und $-h$ alle lokalen Minima von e_t enthält.

1.283.3 Bemerkungen   *(Gekoppelte Schwingungs-Systeme)*

1. Die nebenstehende Skizze zeigt zwei Fadenpendel S_1 und S_0 mit Körpern K_1 und K_0 mit zugehörigen Massen m_1 und m_0, ferner einen Faden als Koppelung der in waagerechter Richtung befestigt ist. (Die Körper schwingen orthogonal zur Blattebene.) Weiterhin soll zunächst $m_1 = m_0$ gelten und beide Pendel sollen dieselbe Fadenlänge haben.

Wird nun der Körper K_1 ausgelenkt und so in Schwingungen versetzt, kann man beobachten, daß auch der Körper K_0 langsam zu schwingen beginnt, zunächst mit sehr kleiner, aber mit zunehmender Amplitude, währenddessen die Amplituden des Körpers K_1 in entsprechender Weise kleiner werden. Zu einem gewissen Zeitpunkt haben dann beide Körper dieselbe Amplitude.

Dieser Vorgang setzt sich nun spiegelbildlich solange fort, bis K_1 in Ruhe ist und K_0 maximale Elongation besitzt (und dann von neuem).

2. Den Grund für dieses Verhalten *Gekoppelter Schwingungs-Syteme* (S_1, S_0) kann man durch Energie-Betrachtungen klären (wobei im folgenden die Dämpfung der Einfachheit halber unberücksichtigt bleiben soll): Wird der Körper K_1 zu Anfang der Betrachtung ausgelenkt, hat also zum Zeitpunkt $t_0 = 0$ die Auslenkung $e_t(0) = A$, so besitzt er die Energie $E_1(0) = E_{pot,1} = F_{G_1} \cdot d_t(0)$, wobei die Funktion $d_t : t \longrightarrow s$ die Höhe des Körpers relativ zur Fadenlänge beschreibt und das Maximum $d_t(0)$ besitze (siehe dazu nebenstehende Skizze).

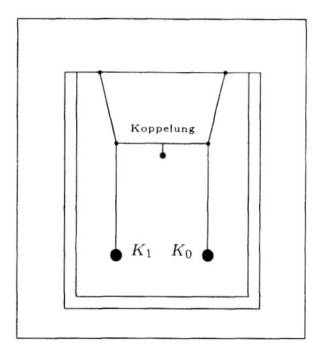

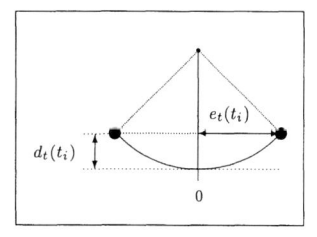

Die dem Pendel S_1 zu Anfang zugeführte Energie $E_1(0) = E_{pot,1} = F_{G_1} \cdot d_t(0)$ wird nun im gleichen Maße, wie sie bei Pendel S_1 abnimmt, sukzessive auf das Pendel S_0 übertragen und dort als Energie E_0 wirksam (unabhängig davon, daß sich beide Energien jeweils aus kinetischer und potentieller Energie additiv zusammensetzen). Dabei ist die Summe $E_1 + E_0$ eine konstante Funktion, das heißt, zu jedem beliebigen Zeitpunkt t_i gilt $E_1(t_i) + E_0(t_i) = F_{G_1} \cdot d_t(0)$, wie die folgende Skizze andeuten soll:

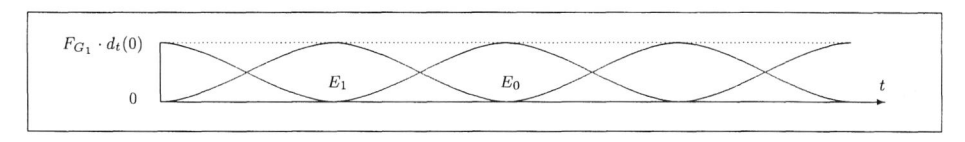

3. Hinsichtlich der Bedingungen in Bemerkung 1 kann man nun sowohl die Massen als auch die Fadenlängen variieren, beispielsweise kann man folgende Feststellungen treffen:

a) Betrachtet man die Massen m_1 und m_0 im Verhältnis $m_1 = c \cdot m_0$, so liegen einerseits entsprechende Gewichtskräfte mit $F_{G_1} = c \cdot F_{G_0}$ vor, andererseits liefert die Voraussetzung $E_1(0) = E_0(0)$ die Beziehung $F_{G_1} \cdot d_1(0) = F_{G_0} \cdot d_0(0)$, zusammen gilt also $\frac{d_1(0)}{d_0(0)} = \frac{F_{G_0}}{F_{G_1}} = \frac{F_{G_1}}{c \cdot F_{G_1}} = \frac{1}{c}$. Somit folgt aus $m_1 = c \cdot m_0$ der Zusammenhang $d_1(0) = \frac{1}{c} \cdot d_0(0)$ für die maximalen Höhen zum Zeitpunkt $t_0 = 0$.

b) Werden (bei gleichen Massen) zwei Fadenlängen h_1 und h_2 mit $h_1 < h_2$ betrachtet, so liefern die zugehörigen Schwingungsdauern $T_h(h_1) = c \cdot \sqrt{h_1}$ und $T_h(h_2) = c \cdot \sqrt{h_2}$ bezüglich der Funktion $T_h : s \longrightarrow t$ (siehe Bemerkung 1.282.3/4) die Frequenzen $f_h(h_1) = \frac{1}{c \cdot \sqrt{h_1}}$ und $f_h(h_2) = \frac{1}{c \cdot \sqrt{h_2}}$ bezüglich der Funktion $f_h : s \longrightarrow t^{-1}$. Folglich liefert das Verhältnis $h_1 < h_2$ der Fadenlängen das Verhältnis $f_h(h_1) > f_h(h_2)$ der zugehörigen Frequenzen.

1.283.4 Bemerkungen

1. Die in Bemerkung 1.283.3/1 geschilderte Situation sei noch unter einem anderen Aspekt betrachtet: Die Frequenz eines frei schwingenden Pendels, allgemein: eines schwingungsfähigen Körpers S_0, also ohne irgend eine Koppelung, nennt man die *Eigenfrequenz* f_0 des Pendels (Schwingungs-Systems). Wird einem solchen System nun durch eine Koppelung Energie eines zweiten Pendels, eines zweiten schwingenden Systems S_1 zugeführt, so nennt man dessen Frequenz f_1 die *Erregerfrequenz* zu f_0.

In der Schilderung in Bemerkung 1.283.3/1 ist dort also f_1 die Erregerfrequenz zu f_0. In diesem Sinne ist die dort genannte Situation also gewissermaßen asymmetrisch.

2. Im folgenden soll nun eine Funktion $A : t^{-1} \longrightarrow s$ untersucht werden, die bei einem gekoppelten Schwingungs-System (S_1, S_0) zweier Schwingungs-Systeme jeder Erregerfrequenz f_1 des einen Systems die zugehörige Amplitude $A(f_1)$ des anderen Systems zuordnet, in Zeichen also $f_1 \longmapsto A(f_1)$.

Um sich einen qualitativen Eindruck von der Art dieser Funktion zu verschaffen – und das genügt auch schon – kann man ein Experiment in der in Bemerkung 1.283.3/1 genannten Weise mit drei verschiedenen Fadenlängen mit $h_1 < h_2 < h_3$ für das Pendel P_1 als Erreger-System durchführen, wobei h_2 gerade auch die Fadenlänge des Pendels S_0 sei, durchführen. Nach Bemerkung 1.283.3b liefern diese drei Fadenlängen entsprechend indizierte Erreger-Frequenzen mit $f_1 > f_2 > f_3$, wobei f_2 mit der Eigenfrequenz f_0 von S_0 übereinstimmt.

Ein solches (quantitativ ausgeweitetes) Experiment liefert folgende graphische Darstellung von A:

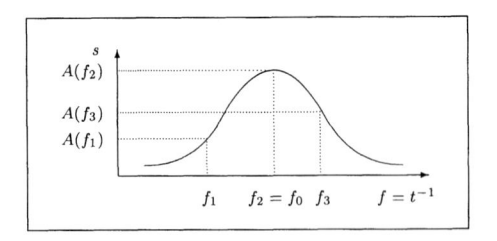

Die Funktion $A : t^{-1} \longrightarrow s$ heißt *Resonanz-Funktion*, ihre graphische Darstellung *Resonanz-Kurve*.

3. Man nennt die Systeme eines gekoppelten Schwingungs-Systems (S_1, S_0) *in Resonanz zueinander*, falls beide Systeme dieselbe Eigenfrequenz haben (wie das etwa in Bemerkung 1.283.3/1 dargestellt ist).

4. Ist bei einem gekoppelten Schwingungs-System (S_1, S_0) mit Gleichheit $f_1 = f_0$ der zugehörigen Erregerfrequenz f_1 von S_1 und der Eigenfrequenz f_0 von S_0 die Energiezufuhr bei dem System S_1 größer als die Dämpfung bei S_0, tritt eine *Resonanz-Katastrophe* ein, die zur Zerstörung des mechanischen Systems führen kann. Beispiele für Resonanz-Katastrophen, die besonders bei der Konstruktion technischer Systeme auftreten können:

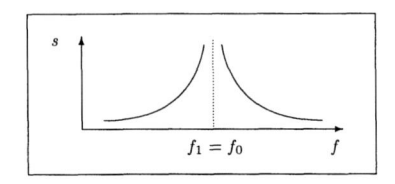

Mangelhafte Lenkungs- oder Stoßdämpfer beim Auto (Kopfsteinpflaster), frequenzgleiches Aufschaukeln einer Kettenschaukel oder einer schwingungsfähigen Brücke (ein Trupp marschierender Soldaten soll im Jahr 1850 auf diese Weise eine Brücke bei Angers (F) zerstört haben), „Zersingen" von Gläsern.

A1.283.01: Berechnen Sie die Elongation für eine Schwingung mit der Frequenz $f = \frac{1}{3} Hz$ und der Amplitude $A = 10\,cm$ zum Zeitpunkt $t_0 = \frac{1}{3}\,s$, wobei eine Phasenverschiebung um $t_p = 1\,s$ vorliege.

A1.283.02: Nennen Sie die Zusammenhänge zwischen den Funktionen s_t und s_{tp} für $t_p = 2\,s$.

A1.283.03: Zwei Schwingungen s_a und s_b seien beschrieben durch
a) Frequenz $f_a = 2\,Hz$, Amplitude $A_a = 1\,cm$ und Phasenverschiebung $t_a = 1\,s$,
b) Frequenz $f_b = \frac{1}{3}\,Hz$, Amplitude $A_b = 2\,cm$ und Phasenverschiebung $t_b = 2\,s$.
1. Berechnen Sie jeweils die Elongationen zu $t_1 = 0\,s$, $t_2 = \frac{1}{8}\,s$, $t_3 = \frac{1}{2}\,s$ und $t_4 = 2\,s$.
2. Berechnen Sie die Elongationen der Überlagerung $s_a + s_b$ zu denselben Zeitpunkten.
Hinweis: Verwenden Sie $sin(225°) = sin(\frac{5}{4}\pi) = -\frac{1}{2}\sqrt{2}$ und $sin(240°) = sin(\frac{4}{3}\pi) = -\frac{1}{2}\sqrt{3}$.

A1.283.04: Betrachten Sie einen mit der Frequenz $f = 3\,Hz$ und der Amplitude $A = 20\,cm$ schwingenden Körper. Berechnen Sie zu $t_1 = 9\,s$ die zugehörige Elongation
a) für den Fall $s_t(0) = 0$,
b) für den Fall einer Phasenverschiebung um $t_p = 3\,s$.

A1.283.05: Betrachten Sie einen mit der Frequenz $f = 2\,Hz$ und der Amplitude $A = 3\,cm$ schwingenden Körper. Berechnen Sie zu $t_1 = 4\,s$ ($t_2 = 4,2\,s$) die zugehörige Elongation
a) für den Fall $s_t(0) = 0$,
b) für den Fall einer Phasenverschiebung um $t_p = 1\,s$.

A1.283.06: Betrachten Sie einen mit der Schwingungsdauer $T = 1\,s$ und der Amplitude $A = 20\,cm$ schwingenden Körper. Berechnen Sie zu $t_i = \frac{i}{2}\,s$ mit $i \in \{1, 2, 3, 4\}$ jeweils die zugehörige Elongation
a) für den Fall $s_t(0) = 0$,
b) für den Fall einer Phasenverschiebung um $t_p = \frac{3}{4}\,s$.

A1.283.07: Zwei Einzelaufgaben:
1. Betrachten Sie die Elongation-Zeit-Funktion $e_t : t \longrightarrow s$ einer Schwingung mit $e_t(0) = 0$. Geben Sie jeweils alle Zeitpunkte t_i an mit $e_t(t_i) = 0$, mit $e_t(t_i) = A$, mit $e_t(t_i) = -A$.
2. Gleiche Aufgabenstellung wie in Teil 1, jedoch bezüglich der um $t_p = \frac{1}{2}T$ ($t_p = -T$, $t_p = 2T$) phasenverschobenen Elongation-Zeit-Funktion $e_{tp} : t \longrightarrow s$. Welcher tatsächliche Zusammenhang besteht dabei jeweils zwischen e_t und e_{tp}, wenn man $t = \mathbb{R} \times s$ verwendet?

A1.283.08: Bei allen folgenden Funktionen sei $A = 1$ (ohne Einheit) verwendet.
1. Betrachten Sie die Elongation-Zeit-Funktion $e_t : t \longrightarrow s$ mit $e_t(t_i) = sin(\frac{3}{2}t_i)$, berechnen Sie die zugehörige Schwingungsdauer T und zeichnen Sie e_t (mit T-Skala und π-Skala auf der Abszisse).
2. Betrachten Sie die um die Phase $t_p = \frac{1}{3}\pi$ gegenüber e_t phasenverschobene Elongation-Zeit-Funktion $e_{tp} : t \longrightarrow s$, geben Sie ihre Zuordnung an und ergänzen Sie die Skizze zu Teil 1 um die Funktion e_{tp}.
3. Berechnen Sie die Schnittstelle s von e_t und e_{tp} im Bereich $[0, \pi]$ sowie $e_t(s) + e_{tp}(s)$. Berechnen Sie ferner im selben Bereich die beiden Zahlen q mit $e_t(q) + e_{tp}(q) = 0$.
4. Ergänzen Sie anhand der in Teil 3 ermittelten sowie graphisch analoger Daten die Skizze um die durch $e_u = e_t + e_{tp}$ repräsentierte Überlagerung beider Schwingungen. Welche Bedeutung haben die in Teil 3 zu berechnenden Zahlen q für e_u? Nennen Sie schließlich (mit Begründung) die Zuordnungsvorschrift von e_u.

A1.283.09: Betrachten Sie zwei Schwingungen mit Elongation-Zeit-Funktionen $e_1, e_2 : t \longrightarrow s$ mit $e_1(0) = e_2(0) = 0$ und gleicher Amplitude $A_1 = A_2 = 2\,cm$. Ferner habe die erste Schwingung die Frequenz $f_1 = 104\,Hz$, die zweite die Frequenz $f_2 = 100\,Hz$. Geben Sie Frequenz f_s, Schwingungsdauer T_s sowie die Elongation-Zeit-Funktion $e_s : t \longrightarrow s$ der von e_1 und e_2 erzeugten Schwebung an.

A1.283.10: Eine Stimmgabel ist auf den Kammerton a mit der Frequenz $f_1 = 440\,Hz$ gestimmt. Zusammen mit einer zweiten Stimmgabel erzeugt sie eine Schwebung mit 100 Schwingungen in zehn Sekunden. Welche Frequenz f_2 hat die zweite Stimmgabel?

A1.283.11: Untersuchen Sie die in Bemerkung 1.283.2/2 genannten Funktionen e_0, e_t, h und $-h$ hinsichtlich gemeinsamer Punkte (mit einer kleinen Skizze für $[0, \frac{1}{2}T_0]$). Ermitteln Sie den numerischen Einfluß verschiedener Dämpfungskonstanten c_0 anhand von $A_0 = 4\,cm$ und $\omega_0 = 2\,Hz$ in der Vorschrift $e_0(t_i) = A_0 \cdot sin(\omega_0 t_i)$.

1.285 Mechanische Wellen

> (Ich wende mich an jene,) die auf spezielles Wissen weitgehend verzichten möchten, Philosophen, Juristen, Politiker und Theologen.
> *Christiane Nüsslein-Volhard*

Die folgenden Betrachtungen greifen die grundlegende Beobachtung bei *Gekoppelten Schwingungs-Systemen* in Bemerkung 1.283.3 auf, woraus sich dann inhaltliche und formale Beschreibungen Mechanischer Wellen ableiten lassen und so die Theorie der *Mechanischen Wellen* liefern.

1.285.1 Bemerkungen

Die folgende Skizze stellt eine Erweiterung der in Bemerkung 1.283.3 angegebenen Skizze mit nunmehr zwölf gekoppelten Fadenpendeln jeweils gleicher Fadenlänge und gleicher Masse der Pendelkörper K_i dar:

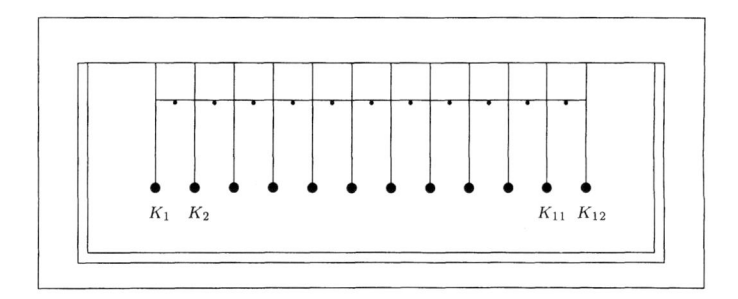

1. *Beobachtung:* Der Pendelkörper K_1 wird durch Zufuhr von Energie in Schwingungen versetzt, woraufhin mit gleichen zeitlichen Verzögerungen erst der zweite, dann der dritte und schließlich der letzte (zwölfte) Pendelkörper durch Energieübertragung in Schwingungen versetzt werden. Im einzelnen:

a) Die Pendelkörper K_i vollführen Schwingungen, also *zeitlich periodische* Bewegungen um eine feststehende Ruhelage (Null-Lage).

b) Der *Schwingungszustand* breitet sich in einer Richtung aus (hier nach rechts, wobei angenommen sei, daß er in dieser Richtung unbegrenzt ist), er ist also auch *örtlich (räumlich) periodisch*.

c) Die Lage der Pendelkörper zu einem bestimmten Zeitpunkt (Momentaufnahme) zeigt folgende Aufsicht, in der man erkennen kann, daß die Pendelköper eine sinusförmige Linie bilden:

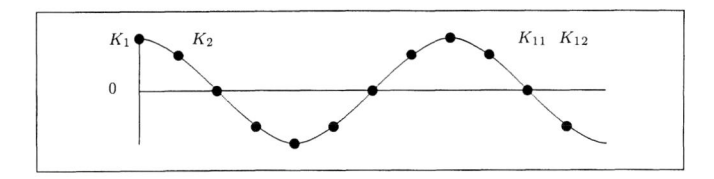

2. Ein zeitlich und räumlich periodischer Bewegungsvorgang – der durch Energieübertragung mechanisch gekoppelter schwingender Körper (gleicher Amplitude und gleicher Schwingungsdauer) zustande kommt – heißt *Mechanische Welle*.

3. Alle Betrachtungen in diesem Abschnitt beziehen sich auf ungedämpfte Schwingungen, also auf ungedämpfte Wellenbewegungen, die nicht durch Energieverlust gedämpft werden und dadurch unterschiedliche Aplituden aufweisen würden (anders gesagt, deren Energieverlust durch ständige gleich große Energiezufuhr ausgeglichen wird).

4. Die folgende Skizze zeigt am Modell eines Systems gekoppelter schwingender Körper die *Ausbreitung einer Welle* in Form von Aufsichten gemäß Bemerkung 1c):

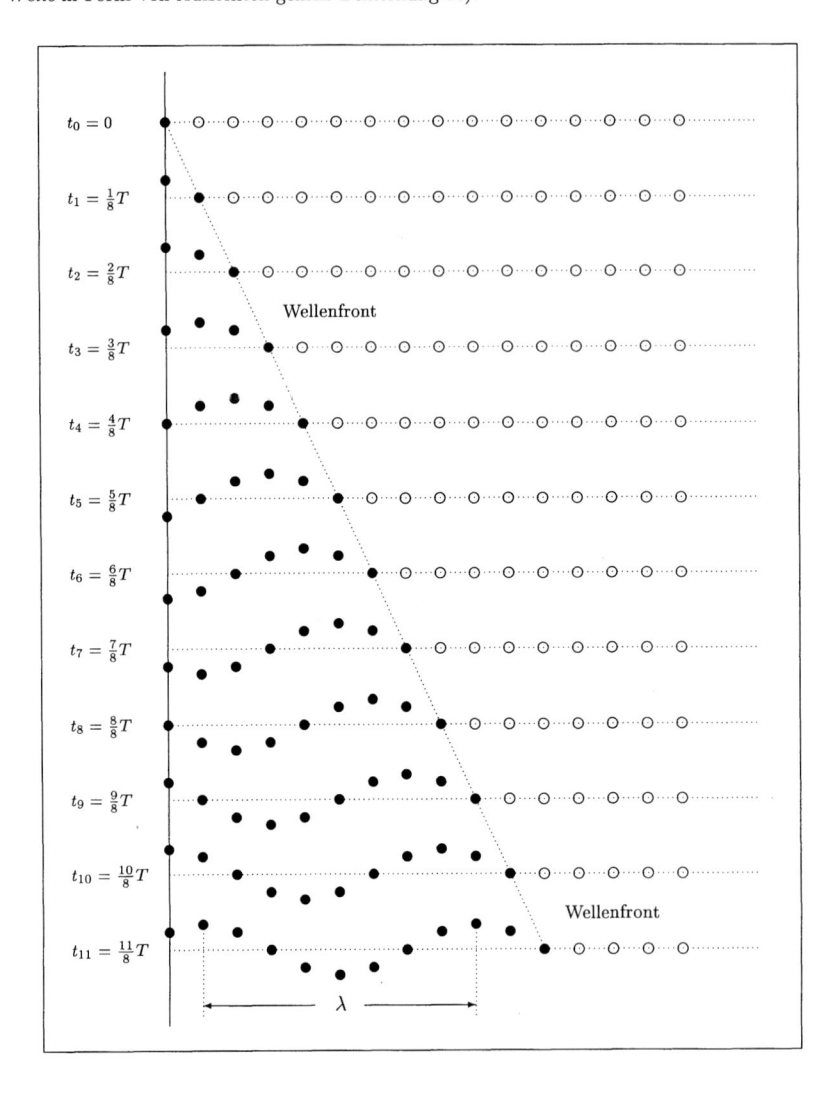

5. Die Länge der Strecke, um die sich eine Welle in der Zeit T (Dauer einer vollen Schwingung) ausbreitet, heißt *Wellenlänge*, sie wird mit dem griechischen Buchstaben λ (lambda) bezeichnet.

6. Als Elongation, Amplitude und Frequenz f einer Welle bezeichnet man die entsprechenden Größen der schwingenden Körper, insbesondere nennt man f dabei die *Erregerfrequenz* einer Welle (also die Frequenz (lat.: frequentia, Häufigkeit) desjenigen schwingenden Körpers, der der Welle gleichmäßig Energie zuführt).

7. Die Geschwindigkeit, mit der sich der Schwingungszustand (Wellenfront) vom Wellenerreger wegbewegt, heißt *Wellengeschwindigkeit* (auch: *Ausbreitungs- oder Fortpflanzungsgeschwindigkeit*), sie wird wie üblich mit v bezeichnet, wobei v durch $v = \frac{\lambda}{T} = \lambda \cdot f$ definiert ist.

Anmerkung 1: Bei einem System zur Erzeugung von Wasserwellen (kurz Wellenwanne genannt) dient ein in die Wasseroberfläche eintauchender Stift mit regelmäßiger (motorbetriebener) Auf- und Abbewegung als Erreger von Wasserwellen.

Anmerkung 2: Im Fall eines Systems gekoppelter Pendelkörper ist die Richtung der einzelnen Schwingungen orthogonal zur Ausbreitungsrichtung der Welle, wie das etwa bei Wasserwellen zu sehen ist. Wellen mit dieser Eigenschaft heißen *Transversalwellen.* (Demgegenüber gibt es Wellen, etwa Schallwellen (siehe Abschnitt 1.287), bei denen Schwingungs- und Ausbreitungsrichtung gleich sind (genauer: durch eine Gerade repräsentiert sind). Diesen Typ von Wellen nennt man *Longitudinalwellen.*)

8. Im folgenden soll die Elongation eines Pendelkörpers (bei Wasserwellen: eines Wasserteilchens) K_p numerisch (also als Funktionswert) beschrieben werden. Dazu sind – anhand anschaulicher Vorstellungen eines solchen Vorgangs – zwei Fragen zu beantworten: *Wovon* (von welchen Einflußgrößen) hängt diese Elongation ab? *Wie* hängt diese Elongation von solchen Einflußgrößen ab?

Zur ersten Frage: Diese Elongation hängt ab von
– dem Zeitpunkt t_i der Beobachtung (relativ zu einem Anfangszeitpunkt $t_0 = 0$)
– der Entfernung s_p des Körpers K_p zum Erregerzentrum E der Welle (als Ortsangabe),
weiterhin – im Sinne konstanter Einflußgrößen – von
– der Zeit t_p, die die Wellenfront vom Erregerzentrum E bis zum Körper K_p benötigt
– der Ausbreitungsgeschwindigkeit $v = \frac{s_p}{t_p}$ der Welle, woraus dann $t_p = \frac{s_p}{v}$ folgt
– der Frequenz f (oder der Schwingungsdauer T) des Erregers E
– der Amplitude A der Schwingung des Erregers E.

Nun zur zweiten Frage: Zunächst wird die Elongation des schwingenden Körpers K_p durch eine Elongation-Zeit-Funktion (also Elongation $e(t_i)$ in Abhängigkeit der Zeit t_i) beschrieben, die nach Bemerkung 1.281.2/4a) die Form $e(t_i) = A \cdot sin(\frac{2\pi}{T} \cdot t_i) = A \cdot sin(2\pi f \cdot t_i) = A \cdot sin(\omega \cdot t_i)$ besitzt, da Amplitude und Frequenz des schwingenden Körpers K_p gleich der Amplitude A und der Frequenz f des Erregers E sein sollen (idealisierte Annahme). Weiterhin kann man sich die Zeit t_p als Phasenverschiebung vorstellen (zum Zeitpunkt t_p beginnt K_p zu schwingen, so als ob die Welle dort erst erzeugt würde), womit $e(t_i)$ dann die Form $e_{t_p}(t_i) = e_t(t_i - t_p) = A \cdot sin(\omega(t_i - t_p))$ besitzt (siehe Bemerkung 1.281.3). Ersetzt man nun noch t_p durch $t_p = \frac{s_p}{v}$, so läßt sich die gesuchte Fuktion – die die räumliche und zeitliche Periodizität von Wellen synchron zu formulieren gestattet – als Funktion

$$e: s \times t \longrightarrow s \quad \text{mit} \quad e(s_p, t_i) = A \cdot sin(\omega(t_i - \frac{s_p}{v}))$$

auffassen und erlaubt somit, die Elongation eines Pendelkörpers in Abhängigkeit der Zeit und der Entfernung vom Erregerzentrum zu beschreiben. Also noch einmal: Der Funktionswert $e(s_p, t_i)$ nennt die Elongation eines Körpers K_p mit der Entfernung s_p zum Erregerzentrum und zum Zeitpunkt t_i.

Anmerkung 1: Man beachte wieder die abkürzende Verwendung der Kreisfrequenz $\omega = 2\pi \cdot f = \frac{2\pi}{T}$, wobei f die Erregerfrequenz bezeichne.

Anmerkung 2: Anstelle von $e(s_p, t_i)$ kann man auch $e(t_p, t_i)$ betrachten, also den Ort des zu untersuchenden Teilchens durch die Zeit t_p formulieren. Es ist dann $e(t_p, t_i) = A \cdot sin(\omega(t_i - t_p))$.

Anmerkung 3: Für alle $t_i \in [0, t_p]$ ist $e(s_p, t_i) = 0$, das heißt, die Funktion e wird eigentlich erst für Zeitpunkte $t_i > t_p$ benötigt.

9. Betrachtet man Paare (s_0, t_i) mit konstanter Komponente s_0 (konstante Entfernung des schwingenden Körpers zum Erreger der Welle) oder Paare (s_p, t_0) mit konstanter Komponente t_0 (konstanter Zeitpunkt), so liegen zu der Funktion $e : s \times t \longrightarrow s$ zugehörige eingeschränkte Funktionen vor:

$$e : \{s_0\} \times t \longrightarrow s \quad \text{mit} \quad e(s_0, t_i) = A \cdot sin(\omega(t_i - \tfrac{s_0}{v})) \quad \text{für alle Zeitpunkte } t_i,$$
$$e : s \times \{t_0\} \longrightarrow s \quad \text{mit} \quad e(s_p, t_0) = A \cdot sin(\omega(t_0 - \tfrac{s_p}{v})) \quad \text{für alle Entfernungen } s_p.$$

Hinweis: Aufgaben zu diesem Abschnitt sind in Abschnitt 1.289 genannt.

1.286 Interferenz (Überlagerung) von Wellen

> Die Haltbarkeit aller Verträge zwischen Großstaaten ist eine bedingte, sobald sie in dem Kampf ums Dasein auf die Probe gestellt wird. Keine große Nation wird je zu bewegen sein, ihr Bestehen auf dem Altar der Vertragstreue zu opfern, wenn sie gezwungen ist, zwischen beiden zu wählen.
> *Otto von Bismarck* (1815 - 1898)

Die Betrachtungen zu Überlagerungen von Schwingungen (siehe Bemerkung 1.283.1) sollen nun auf die Überlagerungen von Wellen erweitert werden:

1.286.1 Bemerkung *(Interferenz (Überlagerung) von Wellen)*

Die folgende Skizze zeigt zwei kreisförmige, von zwei punktförmigen Erregern E_1 und E_2 mit Abstand $d(E_1, E_2)$ erzeugte Wellen gleicher Frequenz, gleicher Wellenlänge und gleicher Amplitude, die man sich der Anschaulichkeit halber als Wasserwellen vorstellen kann. In der Skizze sind die Wellenberge mit dickeren Kreisen, die Wellentäler mit dünneren Kreisen gezeichnet. Irgendein Teilchen K_p der Wasseroberfläche wird also von beiden Wellen erfaßt und gerät in Schwingungen, die von beiden Wellen beeinflußt werden. Man sagt: Beide Wellen überlagern sich, oder: Sie stehen in *Interferenz* zueinander.

Dabei kann man insbesondere beobachten: Treffen in einem Punkt K_p entweder zwei Wellenberge oder zwei Wellentäler zusammen, wird die Amplitude dort verdoppelt (in der Skizze sind das die Linien mit dick gezeichneten Punkten), treffen ein Wellenberg und ein Wellental zusammen, heben sich beide Schwingungen gegenseitig auf (in der Skizze Linien mit offen gezeichneten Punkten). Diese gedachten Linien haben die Form von Hyperbeln, man nennt sie entsprechend *Interferenz-Hyperbeln*.

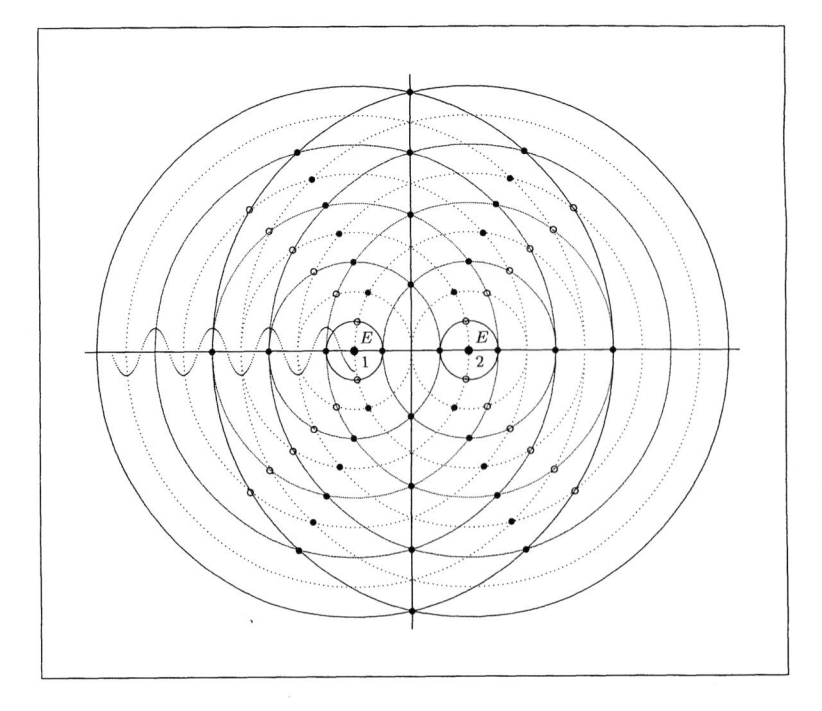

Zur genaueren Kennzeichnung der Überlagerung zweier solcher Wellen wird die Elongation eines bestimmten Teilchens K_p untersucht: Haben die beiden Wellen gemäß Bemerkung 1.285.1/8 die beiden

Elongation-Zeit-Funktionen

$e_1, e_2 : s \times t \longrightarrow s$ mit $e_1(s_{p1}, t_i) = A_1 \cdot sin(\omega_1(t_i - \frac{s_{p1}}{v_1}))$ und $e_1(s_{p2}, t_i) = A_2 \cdot sin(\omega_2(t_i - \frac{s_{p2}}{v_2}))$,

so ist die Überlagerung durch die Summe beider Funktionen beschrieben, also durch eine Funktion $e_1 + e_2 : s \times s \times t \longrightarrow s$, die die beiden Entfernungen s_{p1} und s_{p2} von K_p zu den Erregerzentren E_1 und E_2 zu berücksichtigen hat, also mit der Zuordnungsvorschrift

$$(e_1 + e_2)(s_{p1}, s_{p2}, t_i) = e_1(s_{p1}, t_i) + e_2(s_{p2}, t_i) = A_1 \cdot sin(\omega_1(t_i - \frac{s_{p1}}{v_1})) + A_2 \cdot sin(\omega_2(t_i - \frac{s_{p2}}{v_2})).$$

Anmerkung: Oft ist es jedoch nicht erforderlich, die Elongation der Überlagerung für jeden beliebigen Körper K_p (Wasserteilchen K_p) zu kennen. Im einfachsten fall werden für gleichartige Wellen (das heißt $A_1 = A_2$ sowie $\omega_1 = \omega_2$ und $v_1 = v_2$) lediglich die Punkte mit Verdoppelungen der Elongation oder mit Elongation 0 (also Punkte der Interferenz-Hyperbeln) zu kennen. Aus geometrischen Gründen (hinsichtlich der Erregerzentren E_1 und E_2 als Brennpunkte der Interferenz-Hyperbeln) gilt dann:

Bei einem Punkt P mit den Abständen $s_1 = d(P, E_1)$ und $s_2 = d(P, E_2)$ liegt im Fall $|s_1 - s_2| = 2n \cdot \frac{\lambda}{2}$ für alle $n \in \mathbb{N}_0$ Verdoppelung der Elongation, im Fall $|s_1 - s_2| = (2n - 1) \cdot \frac{\lambda}{2}$ für alle $n \in \mathbb{N}_0$ dann die Elongation 0 vor.

1.287 Das Huygenssche Wellenprinzip

> Willst du dich am Ganzen erquicken,
> so mußt du das Ganze im kleinen erblicken.
> *Johann Wolfgang von Goethe* (1949 - 1832)

In diesem Abschnitt werden einige Beobachtungen besprochen, die man sowohl bei Wasserwellen als auch bei Schallwellen und bei Lichtwellen machen kann, nämlich die Phänomene Beugung, Reflexion und Brechung von Wellen. Diese Phänomene lassen sich mit dem sogenannten Huygensschen Wellenprinzip erklären, das beschreibt, wie man sich die Ausbreitung von Wellen und dabei insbesondere das Aussehen von Wellenfronten vorstellen kann.

1.287.1 Bemerkung *(Das Huygenssche Wellenprinzip)*

Auszug aus dem 1690 von *Christiaan Huygens* (1629 - 1695) veröffentlichten *Traité de la lumière*:

Jeder Punkt einer Wellenfront kann als Ausgangspunkt einer neuen Welle, einer sogenannten *Elementarwelle*, angesehen werden, die sich mit derselben Geschwindigkeit wie die ursprüngliche Welle ausbreitet. Die sich weiter ausbreitende Wellenfront ergibt sich dann als äußere Linie der Elementarwellen.

Anmerkung: Bei Wellen in sozusagen dichten Medien wie Wasser oder Luft: Das Erregerteilchen setzt seine benachbarten Teilchen in Bewegung, die wiederum die ihnen benachbarten Teilchen und so fort. Aus Energiegründen ergibt sich eine Ausbreitungsrichtung vom Erregerzentrum weg.

Im folgenden werden kleine Skizzen zu sehen sein, die jeweils eine Aufsicht auf das physikalische System *Wellenwanne* zeigen. Dieses System besteht im wesentlichen aus einer mit Wasser gefüllten Wanne und einem entweder punkt- oder stabförmigen Erregersystem, das durch kontinuierliches Eintauchen in die Wasseroberfläche entweder kreisförmige oder parallele Wellen erzeugt. Vermöge eines Spiegels am Grund des Beckens und geeigneter Beleuchtung lassen sich die erzeugten Wellen auf eine Leinwand projizieren, auf der Wellenberge dunkel und Wellentäler hell erscheinen (da die Wellenberge und -täler wie optische Linsen wirken). In den folgenden Skizzen sind die Wellenberge durch Doppellinien markiert.

1.287.2 Beispiel *(Beugung von Wellen)*

Die beiden folgenden Skizzen zeigen die *Beugung am Spalt* und die *Beugung an einer Kante*:

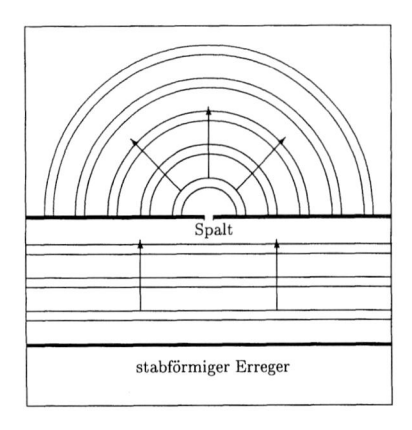

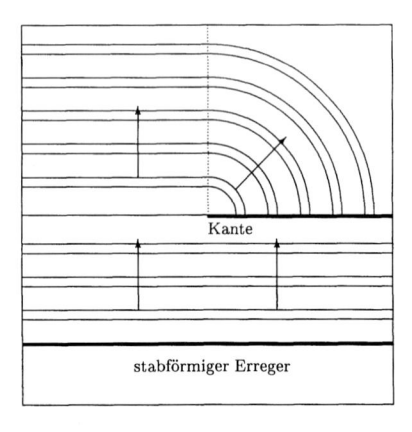

Das in beiden Bildern skizzierte Verhalten von Wellen läßt sich nach dem Huygensschen Wellenprinzip so erklären: Das schwingende Wasserteilchen am Spalt (an der Kante) der ankommenden Welle mit gerader Wellenfront wirkt dort als punktförmiger Erreger einer neue Welle, also einer Elementarwelle, die sich von diesem Punkt aus kreisförmig ausbreitet.

1.287.3 Beispiel *(Reflexion von Wellen)*

Die folgenden Skizzen zeigen die *Reflexion von Wellen an einer stabilen Wand*, also einer Wand, die keine Schwingungen aufnimmt. Die beiden ersten Skizzen zeigen das diesbezügliche Verhalten geradliniger Wellenfronten (paralleler Wellen):

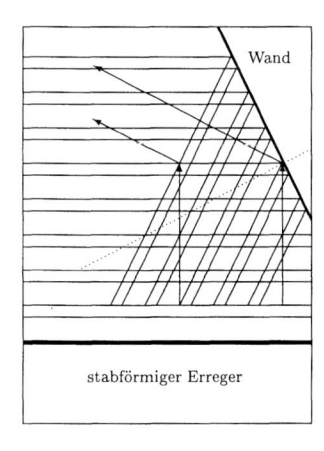

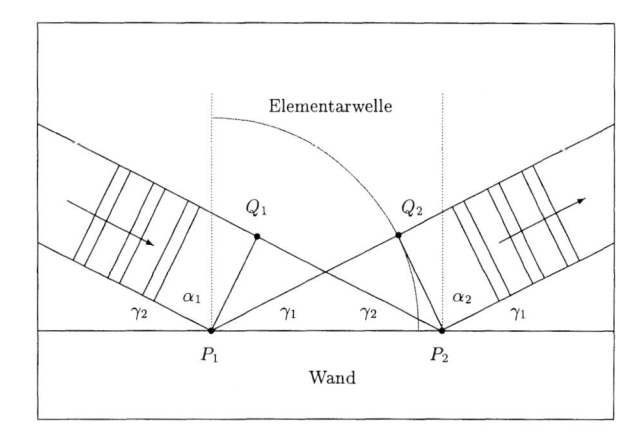

In der links stehenden Skizze zeigen die beiden Pfeile die Ausbreitungsrichtungen der Wellen vor und nach dem Auftreffen auf die Wand. Die rechte Skizze zeigt, daß dabei folgendes gilt:

Der *Einfallswinkel* α_1 ist gleich dem *Reflexionswinkel* α_2

(jeweils gemessen zwischen Ausbreitungsrichtung und einer zur Wand orthogonalen Linie). Diesen Sachverhalt liefert folgende Betrachtung: Nach dem Huygensschen Wellenprinzip erzeugt die ankommende Welle, wenn sie bei P_1 auf die Wand trifft, dort eine Elementarwelle, die genau dann den Punkt Q_2 erreicht, wenn die ankommende Welle den Punkt P_2 erreicht, denn ankommende und reflektierte Welle (also auch diese Elementarwelle) haben dieselbe Wellen-Geschwindigkeit.

Geometrische Überlegungen liefern dann $\alpha_1 = \alpha_2$, denn: Die Dreiecke $d(P_1, P_2, Q_2)$ und $d(P_1, P_2, Q_1)$ sind wegen $d(Q_1, P_2) = d(P_1, Q_2)$, einer gemeinsamen Seite und der beiden rechten Winkel bei Q_1 und Q_2 kongruent. Folglich gilt $\gamma_1 = \gamma_2$ und somit dann $\alpha_1 = 90° - \gamma_2 = 90° - \gamma_1 = \alpha_2$.

Die folgende Skizze zeigen die *Reflexion von Wellen einer punktförmig erzeugten Welle an einer geraden Wand*: Trifft die kreisförmige Welle auf die Wand, so erzeugen die Wasserteilchen nach dem Huygensschen Wellenprinzip dort reflektierte Elementarwellen mit Erregerzentren, die man sich als Punkte $P, Z, Q, ...$ (siehe Skizze) der Wand vorstellen kann.

Da die ankommende Welle wegen ihrer Kreisform zu unterschiedlichen Zeiten auf die Wand trifft, werden dort auch in entsprechender zeitlicher Verzögerung Elementarwellen erzeugt, die zusammen dann eine ebenfalls kreisförmige reflektierte Welle bilden.

Die Geometrie der reflektierten Welle ist nun so beschaffen, als wäre sie von einem virtuellen Erreger E^* hinter der Wand erzeugt, wobei die Entfernung von E^* zur Wand mit der Entfernung des tatsächlichen Erregers E zur Wand übereinstimmt, es gilt also $d(E^*, Z) = d(E, Z)$ mit dem in der Skizze eingezeichneten Punkt Z (der Wand).

Anmerkung: Bei Versuchen zur Reflexion anhand von Wellen in einer Wellenwanne kann man ein zusätzliches Phänomen beobachten: die schon in Abschnitt 1.286 untersuchte *Überlagerung (Interferenz) von Wellen*. Treffen zwei Wellen aufeinander, wobei die eine Welle auch eine reflektierte Welle sein kann, so werden die beiden Elongationen, die beide Wellen bei einem Wasserteilchen bewirken, addiert.

Bei einer solchen Überlagerung können, wie schon in Bemerkung 1.286.1 beschrieben, zwei Extremfälle auftreten: Beide Wellen löschen sich (lokal oder in toto, je nach Geometrie beider Wellen) gegenseitig aus, wie man sagt, oder sie ergeben eine Überlagerungswelle mit verdoppelten Wellenbergen und Wellentälern. Man kann sich dazu folgendes Bild vorstellen: Treffen in einer Wellenwanne zwei punktförmig erregte

Wellen gleicher Frequenz aufeinander, so bilden jeweils die Punkte mit verdoppelter Amplitude besonders helle Linien, die in mathematischer Formulierung die Interferenz-Hyperbeln mit den beiden Erregerzentren E_1 und E_2 als Brennpunkte sind. In folgender Skizze sind das die ursprüngliche Welle mit Erreger E und die reflektierte Welle mit einem geometrisch virtuellen Erreger E^*:

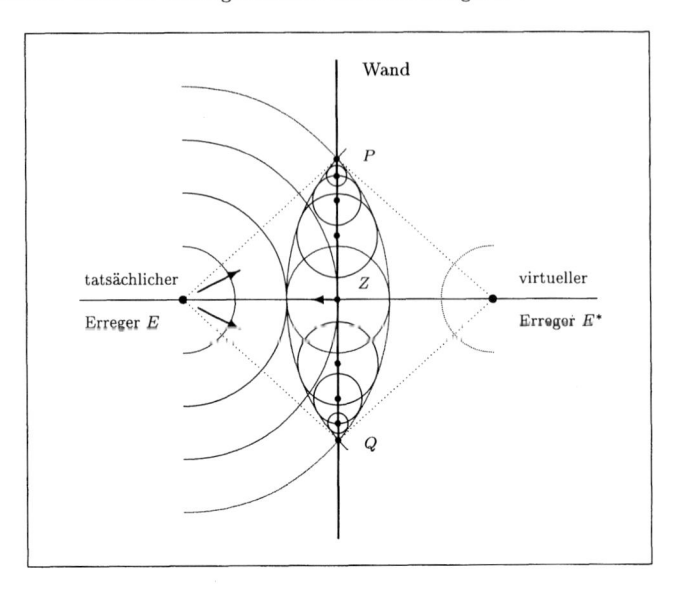

1.287.4 Beispiel (Brechung von Wellen)

Die drei folgenden Skizzen zeigen die sogenannte *Brechung von Wellen* am Beispiel schematisierter Wasserwellen in einer Wellenwanne. Dabei liegt folgende Beobachtung vor: Legt man in einen Teil der Wanne eine dickere Glasscheibe, die die Wassertiefe deutlich verringert, so wird dadurch offenbar die Geometrie der Welle beeinflußt (bei konstanter Erregerfrequenz):

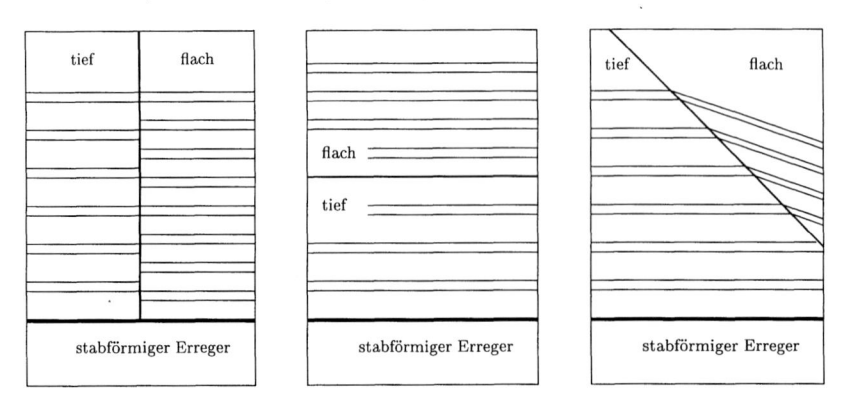

Zunächst kann man beobachten, daß im flacheren Wasser Wellenlänge λ und Wellen-Geschwindigkeit v kleiner als die im tiefen Wasser sind: Sind d_1 und d_2 solche unterschiedlichen Wassertiefen, dann gelten für die zugehörigen Wellenlängen und Wellen-Geschwindigkeiten die Zusammenhänge

$$d_2 \leq d_1 \Leftrightarrow \lambda(d_2) \leq \lambda(d_1) \quad \text{und} \quad d_2 \leq d_1 \Leftrightarrow v(d_2) \leq v(d_1),$$

wobei sogar Proportionalität mit demselben Proportionalitätsfaktor vorliegt. (Die zweite Beziehung folgt bei konstanter Schwingungsdauer und Frequenz f unmittelbar aus $v(d_1) = \lambda(d_1) \cdot f = \lambda(d_2) \cdot f = v(d_2)$.)

Während diese Beobachtung für alle drei Skizzen zutrifft, zeigt die dritte Skizze noch die zusätzliche Besonderheit, daß bei schräg auf die Trennlinie auftreffender Welle die Ausbreitungsrichtung sich ändert. Dieses Phänomen wird als *Brechung einer Welle* bezeichnet, wobei nun anhand folgender Skizze die geometrischen Eigenschaften der Brechung genauer untersucht werden sollen:

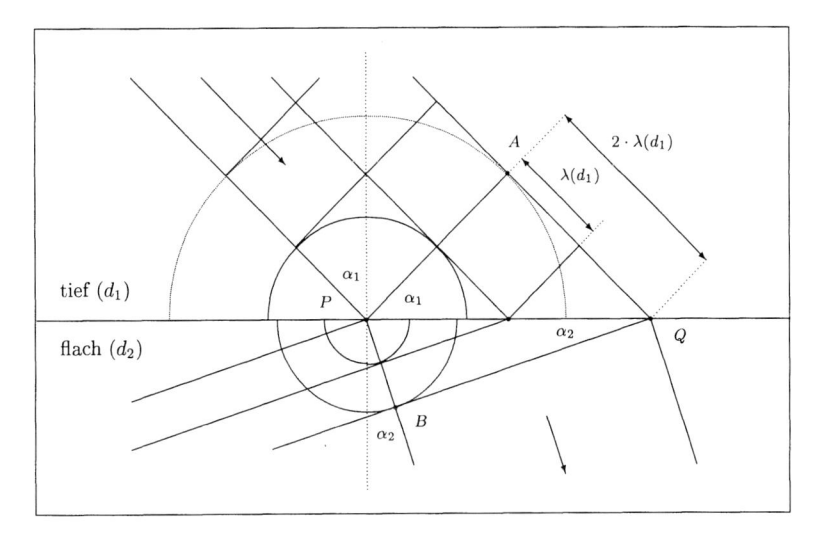

Das Huygenssche Wellenprinzip liefert folgende Erklärung: Erreicht die ankommende Welle bei dem Punkt P die Trennlinie vom tieferen Wasser (d_1) zum flacheren Wasser (d_2), so entsteht in P eine Elementarwelle mit $v(d_2) < v(d_1)$. Diese Elementarwelle hat sich bis zum Punkt B ausgebreitet, sobald die ankommende Welle den Punkt Q erreicht hat. Wählt man in der Skizze nun die Abstände $d(A,Q) = 2 \cdot \lambda(d_1)$ und $d(P,B) = 2 \cdot \lambda(d_2)$, so gilt nach der obigen Überlegung $\frac{d(A,Q)}{d(P,B)} = \frac{2 \cdot \lambda(d_2)}{2 \cdot \lambda(d_1)} = \frac{\lambda(d_2)}{\lambda(d_1)} = \frac{v(d_2)}{v(d_1)}$.

Betrachtet man weiterhin die in der Skizze enthaltenen rechtwinkligen Dreiecke $d(P,Q,A)$ und $d(P,B,Q)$ und darin $sin(\alpha_1) = \frac{d(A,Q)}{d(P,Q)}$ sowie $sin(\alpha_2) = \frac{d(P,B)}{d(P,Q)}$, so folgt: Für das Verhältnis von *Einfallswinkel* α_1 und *Brechungswinkel* α_2 gilt $\frac{sin(\alpha_1)}{sin(\alpha_2)} = \frac{d(A,Q)}{d(P,B)} = \frac{\lambda(d_2)}{\lambda(d_1)} = \frac{v(d_2)}{v(d_1)}$.

Die zu dem Paar (d_1, d_2) der beiden Wassertiefen d_1 und d_2 ermittelte Zahl $n_{(d_1,d_2)} = \frac{sin(\alpha_1)}{sin(\alpha_2)}$ wird als *Brechungsindex* bezeichnet. Dieser Brechungsindex ist zu dem jeweiligen Paar (d_1, d_2) eine Konstante (wobei man beachte, daß α_2 ein Funktionswert von α_1 ist), die 1621 von *Snellius* (1580 - 1626, eigentlich *Willbrord Snel van Royen*) gefunden wurde und somit auch als *Snelliusscher Brechungsindex* oder kurz als *Snellius-Zahl* bezeichnet wird.

1.287.5 Bemerkungen

1. Hier nur andeutungsweise: Das Huygenssche Wellenprinzip ist ein Beispiel für die in der Physik (und in anderen Naturwissenschaften) typische *Modellbildung* zur Erklärung von Beobachtungen.

2. Die besprochenen Beispiele für das Huygenssche Wellenprinzip haben bezüglich der Ausbreitung von Wasserwellen bedeutsame Anwendungen, etwa – wie man sich leicht vorstellen kann – bei der Konstruktion von Dämmen an Flußufern oder an Meeresküsten, aber auch bei Konstruktion von Schiffen

3. Man sagt: Licht hat Wellencharakter. Diese Formulierung rührt daher, daß die Ausbreitung von Licht denselben formalen Regeln folgt, die für Wellen typisch sind (etwa Reflexion oder Brechung von Lichtstrahlen). Den unterschiedlichen Wassertiefen in den oben beschriebenen Versuchen mit der Wellenwanne entsprechen dabei unterschiedliche geeignete optische Medien (Luft, Wasser, Glas).

1.288 SCHALLWELLEN

> Usus tyrannus. (Die Gewohnheit ist ein Tyrann.)
> *Horaz* (65 - 8)

Schon die *Alten Griechen* (insbesondere *Aristoteles* (384 - 322)) haben sich mit dem Phänomen *Schall* befaßt, wobei eine der Hauptfragen (bis in das 17. Jahrhundert) vorwiegend dem Medium der Schallausbreitung (Luft, aber auch flüssige oder feste Körper) galt (siehe auch Bemerkung 1.288.2/6).

1.288.1 Bemerkungen

1. Die Gesamtheit dessen, was wir hören (als Sinneswahrnehmung des Gehörs), nennt man *Schall*.

2. *Ursache* der verschiedenen *Schallphänomene* sind mechanische Schwingungen von Körpern. Die *Schallstruktur* wird durch die Art dieser Schwingungen (und der stofflichen Eigenart der Körper) bestimmt. Man unterscheidet Schallphänomene hinsichtlich ihrer *Schallerzeugung*. Ein

Ton wird durch harmonische Schwingungen eines Schwingungs-Systems erzeugt (Stimmgabel, Saite),

Geräusch wird durch unregelmäßige Schwingungen erzeugt (Stimmgabel auf einer Tischplatte),

Knall wird durch wenige, aber heftige Schwingungen mit starker Dämpfung erzeugt (Schuß).

3. Schall breitet sich in festen, flüssigen und gasförmigen Körpern aus, die Schallausbreitung bedarf also eines solchen Mediums, eines sogenannten *Schalleiters*. Allerdings sind Schalleiter von unterschiedlicher Güte, wie man durch kleine Experimente leicht feststellen kann (etwa: eine tickende Uhr auf einem Holzbrett ans Ohr halten, Ohr an eine Eisenbahnschiene legen).

Die Wellen-Geschwindigkeit v von Schallwellen nennt man *Schallgeschwindigkeit*. Beispiele dazu:

$v_L \approx 340\,ms^{-1}$ Schallgeschwindigkeit in trockener atmosphärischer Luft bei $15°C$ und $1013\,mbar$
$v_L \approx 331\,ms^{-1}$ Schallgeschwindigkeit in trockener atmosphärischer Luft bei $0°C$ und $1013\,mbar$
$v_W \approx 1425\,ms^{-1}$ Schallgeschwindigkeit im Wasser mit $15°C$

4. Ein kleines Experiment: Ein Glasrohr wird an einer Seite mit einer Membran versehen, in der Nähe der offenen Seite wird eine brennende Kerze angebracht. Klopft man auf die Membran, so wird die Kerzenflamme vom Rohr weggedrückt. Nebenbei: Diese Versuchsanordnung kann man als Sichtbarmachung von Schallwellen betrachten (ein zu diesem Zweck verwendetes technisches Gerät ist ein Oszillograph, der die Elogation-Zeit-Funktion zeigt).

Man kann also feststellen: Die Luftteilchen schwingen in der Ausbreitungsrichtung der Schallwelle. Schallwellen sind also *Longitudinalwellen*.

5. Die folgende kleine Skizze zeigt, daß bei der (räumlichen) Ausbreitung des Schalls (etwa in Luft) der Wellencharakter durch *Verdichtungen* der schwingenden Teilchen (den Wellenbergen entsprechend) und *Verdünnungen* der schwingenden Teilchen (den Wellentälern entsprechend) auftreten. Man definiert entsprechend die *Wellenlänge* λ als Abstand zwischen je zwei benachbarten gleichartigen Auslenkungen aus der Ruhelage (etwa zwischen je zwei benachbarten Verdichtungs- oder Verdünnungszentren).

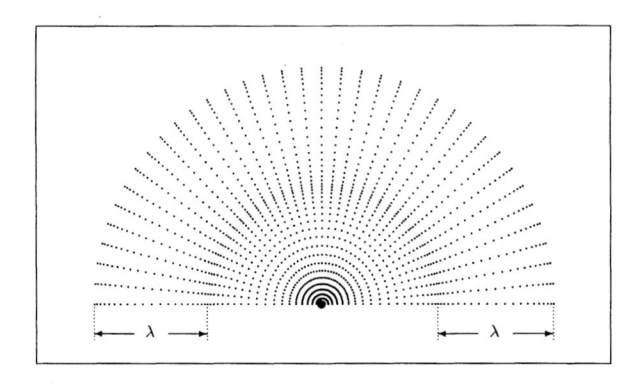

6. Die folgende Skizze zeigt die zeitliche Verschiebung des Schwingugszustandes (mit der schräg eingezeichneten Linie als Wellenfront und der Wellenlänge λ):

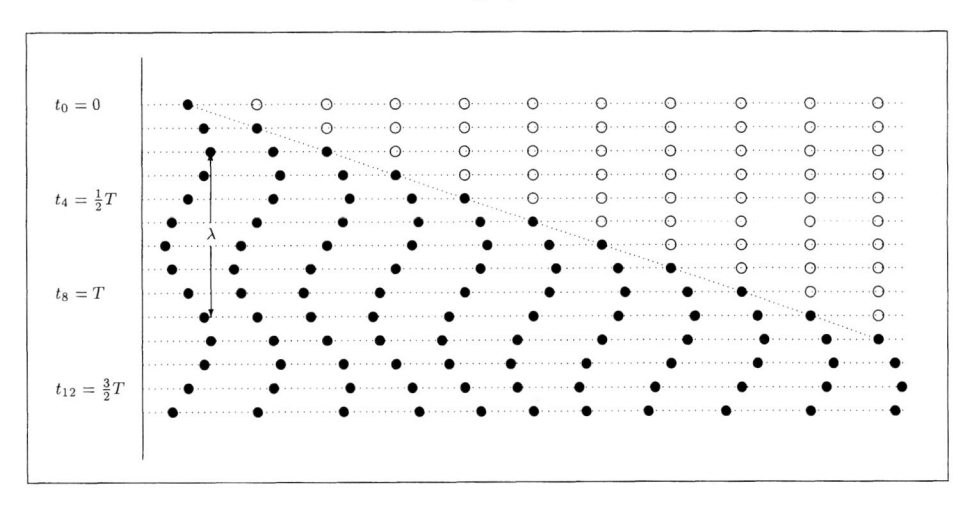

$t_0 = 0$

$t_4 = \frac{1}{2}T$

$t_8 = T$

$t_{12} = \frac{3}{2}T$

1.288.2 Bemerkungen *(Töne und Klänge)*

1. Töne werden hinsichtlich folgender *Tonmerkmale* untersucht:

Die *Tonhöhe* (hoch/tief) ist proportional zur Frequenz der Schallwelle.

Die *Tonstärke* (laut/leise) ist proportional zur Amplitude der Schallwelle.

Die *Tondauer* (lang/kurz) ist naheliegenderweise von der Zeitdauer des Schwingungsvorgangs abhängig.

Die *Tonfarbe* ist von der (baulichen und stofflichen) Art des tonerzeugenden Körpers abhängig.

2. Die für Menschen hörbare Töne umfassen den Frequenzbereich von etwa $16\,Hz$ bis etwa $20000\,Hz$.

3. Die verschiedenen Tonhöhen und Tonhöhenabstände kann man sich gemäß folgender Skizze an einer an einem Angriffspunkt A angeregten Saite (die an beiden Enden fest eingespannt sei) vorstellen:

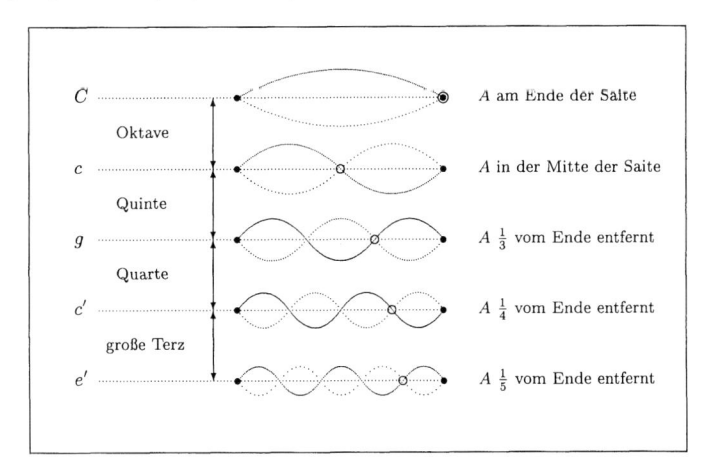

C — Oktave — A am Ende der Saite

c — Quinte — A in der Mitte der Saite

g — Quarte — $A\ \frac{1}{3}$ vom Ende entfernt

c' — große Terz — $A\ \frac{1}{4}$ vom Ende entfernt

e' — $A\ \frac{1}{5}$ vom Ende entfernt

4. Die Töne $c, g, c', e',...$ heißen *harmonische Obertöne von C*. Die Frequenz dieser Obertöne ist ein ganzzahliges Vielfaches nf_C der Frequenz f_C von C. Allgemeiner: Ist t ein Ton mit Frequenz f_t, dann ist $Ho(t) = \{t_{nf_t} \mid n \in \mathbb{N} \setminus \{1\}\}$ die Menge der harmonischen Obertöne von t.

Musikinstrumente und menschliche Stimmen geben nie reine Töne ab, sondern Überlagerungen eines Tones und seiner harmonischen Obertöne. Solche Überlagerungen nennt man *Klang*. Art und Anzahl der mitschwingenden Obertöne nennt man die *Klangfarbe* eines Tones, sie hängt vom jeweiligen Instrument ab. (Bei reinen Tönen kann man die instrumentelle Herkunft nicht mehr bestimmen.)

5. In diesem Zusammenhang noch ein kleines Experiment: Zwei gleiche Stimmgabeln (also mit gleicher Eigenfrequenz) werden mit ihren Resonanzkästen nebeneinander gestellt. Wird eine der Stimmgabeln angeschlagen, so fängt nach und nach auch die zweite Stimmgabel an zu schwingen (wie man durch Anhalten der ersten Stimmgabel hören kann). In diesem Fall ist die Eigenfrequenz der Luftsäule gleich der Eigenfrequenz der Stimmgabel. Diesen Vorgang, die Übertragung einer Schwingung ohne feste Verbindung, nennt man *Resonanz* (siehe dazu insbesondere die ausführlichere Bemerkung 1.283.4). Hingegen nennt man das Verstärken von Schallwellen (etwa eine Stimmgabel auf einer Tischplatte) *Mitschwingen*. Die sogenannten Resonanzböden bei Musikinstrumenten sollen alle Töne gleichmäßig verstärken, es handelt sich dabei also um Mitschwingen und nicht um Resonanz.

6. Schon die *Pythagoreer* (um 500 v.Chr.) haben mechanische Schwingungen als Ursache für Schall und Ton erkannt, das Verhältnis der Schwingungszahlen der Töne bestimmt und sogar den Versuch unternommen, aufgrund dieser Beobachtungen und Erkenntnis eine eigene Naturphilosophie vom Bau des Universums, die sogenannte *Sphärenharmonie*, zu entwickeln. Daran erinnert eine Stelle im Prolog zu Goethes *Faust I: Die Sonne tönt, nach alter Weise, im Brudersphären Wettgesang ....*

1.288.3 Bemerkungen *(Das Doppler-Prinzip)*

1. Ein kleines Experiment: Eine Stimmgabel wird an einem Faden (mit etwa $170\,cm$ Länge) aufgehängt und im Sinne eines Fadenpendels bewegt. Schwingt die angeschlagene Stimmgabel dem Beobachter entgegen, ist ein geringfügig *höherer Ton* zu hören als beim Zurückschwingen.

2. Diese Beobachtung führt zu dem nach *Christian Doppler* (1803 - 1853) benannten *Doppler-Prinzip*: Wenn sich ein Beobachter B und ein Wellenerreger E (eines Tons) relativ zueinander bewegen, werden am Beobachtungsort Frequenz und Wellenlänge (des Tons) verschieden wahrgenommen.

3. Neben der Grundsituation, daß sich B und E in Ruhe befinden, also konstanten Abstand voneinander haben, also bei B gerade f Schwingungen pro Sekunde mit der Wellenlänge $\lambda = \frac{v}{f}$ (mit Schallgeschwindigkeit v) eintreffen, sind folgende Fälle zu untersuchen:

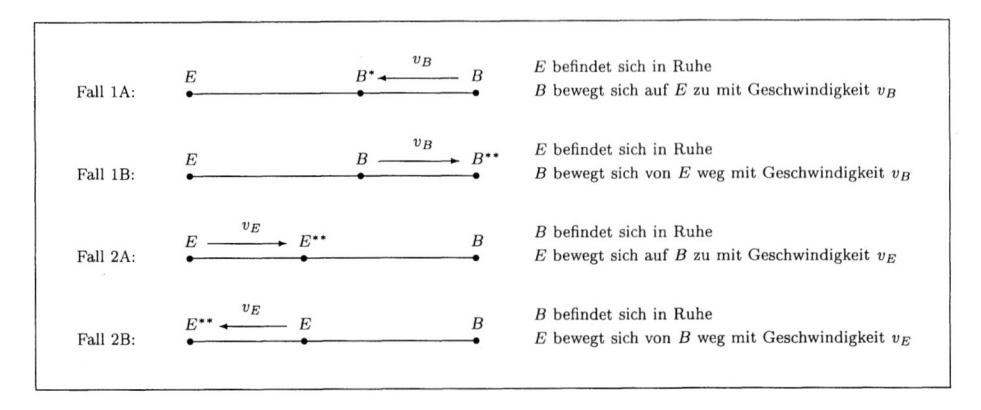

Fall 1A:	$E \bullet \qquad B^* \bullet \xleftarrow{v_B} \bullet B$	E befindet sich in Ruhe B bewegt sich auf E zu mit Geschwindigkeit v_B
Fall 1B:	$E \bullet \qquad B \bullet \xrightarrow{v_B} \bullet B^{**}$	E befindet sich in Ruhe B bewegt sich von E weg mit Geschwindigkeit v_B
Fall 2A:	$E \bullet \xrightarrow{v_E} \bullet E^{**} \qquad \bullet B$	B befindet sich in Ruhe E bewegt sich auf B zu mit Geschwindigkeit v_E
Fall 2B:	$E^{**} \bullet \xleftarrow{v_E} \bullet E \qquad \bullet B$	B befindet sich in Ruhe E bewegt sich von B weg mit Geschwindigkeit v_E

Fall 1A: Die zu untersuchende Frage ist: Wievielen vollen Schwingungen (Wellenbergen) begegnet der Beobachter auf seinem Weg von B nach B^* ? Diese Frage kann in zwei Schritten geklärt werden:

a) Man denke sich das Wellenbild zu einer Momentaufnahme erstarrt. Bewegt sich B in t^* Sekunden nach B^*, legt er die Entfernung $d(B, B^*) = v_B t^*$ zurück, wobei ihm auf diesem Weg gerade $n_1 = \frac{v_B t^*}{\lambda}$ Schwingungen begegnen.

b) Außerdem begegnet B noch die Anzahl $n_2 = f \cdot t^*$ voller Schwingungen, die ihm im Fall der Ruhe (oben geschilderte Grundsituation) begegnet wären.

Damit ist zunächst $n = n_1 + n_2 = \frac{v_B t^*}{\lambda} + f \cdot t^* = \frac{f \cdot t^* \cdot v_B}{v} + f \cdot t^*$, also $n = f \cdot t^*(1 + \frac{v_B}{v})$. Bezieht man diese Berechnung auf eine Sekunde anstelle der Zeit t^*, so liegen folgende Beziehungen vor:

Fall 1A: \quad Mit $f^* = \frac{n}{t^*}$ ist $f^* = f(1 + \frac{v_B}{v})$, \quad mit $\lambda^* = \frac{v}{f^*}$ ist $\lambda^* = \lambda(1 + \frac{1}{1+\frac{v}{v_B}}) = \lambda(1 + \frac{v}{v+v_B})$.

Anmerkung: Man erkennt darin die Beziehungen $f^* > f$ sowie $\lambda^* < \lambda$.

Auf gleiche Weise wie im Fall 1A liefern entsprechende Überlegungen die Beziehungen für die drei weiteren Fälle. Zusammen mit dem ersten Fall liegen dann in tabellarischer Form folgende Ergebnisse vor:

Fall 1A: \quad $f^* = f(1 + \frac{v_B}{v}) = f(\frac{v+v_B}{v}) > f$ \quad $\lambda^* = \lambda(\frac{1}{1+\frac{v_B}{v}}) = \frac{\lambda v}{v+v_B} < \lambda$

Fall 1B: \quad $f^{**} = f(1 - \frac{v_B}{v}) = f(\frac{v-v_B}{v}) < f$ \quad $\lambda^{**} = \lambda(\frac{1}{1-\frac{v_B}{v}}) = \frac{\lambda v}{v-v_B} > \lambda$

Fall 2A: \quad $f^* = f(\frac{1}{1-\frac{v_E}{v}}) = \frac{vf}{v-v_E} > f$ \quad $\lambda^* = \lambda(1 - \frac{v_E}{v}) = \lambda(\frac{v-v_E}{v}) < \lambda$

Fall 2B: \quad $f^{**} = f(\frac{1}{1+\frac{v_E}{v}}) = \frac{vf}{v+v_E} < f$ \quad $\lambda^{**} = \lambda(1 + \frac{v_E}{v}) = \lambda(\frac{v+v_E}{v}) > \lambda$

Hinweis: Verwenden Sie bei den folgenden Aufgaben $v_L = 340\, ms^{-1}$ oder auch $v_L = 1124\, km\, h^{-1}$ für die Schallgeschwindigkeit in der Luft und $v_W = 1425\, ms^{-1}$ für die Schallgeschwindigkeit im Wasser.

A1.288.01: Das menschliche Ohr kann zwei Laute nur dann getrennt wahrnehmen, wenn sie mit einem zeitlichen Mindestabstand von $0,1\, s$ auf das Trommelfell auftreffen. Welche Entfernung muß man mindestens von einer schallreflektierenden Wand haben, um ein Echo der eigenen Stimme zu hören?

A1.288.02: Wie weit ist ein Schiff von einer Küstenstation entfernt, wenn ein von diesem Schiff abgegebenes Unterwasserschallsignal fünf Sekunden früher bei der Küstenstation empfangen wird als ein bei Windstille abgegebenes Luftschallsignal?

A1.288.03: Wie tief ist das Meer an einer bestimmten Stelle, wenn dort bei einer Echolotmessung eine Laufzeit von $0,68\, s$ zwischen Aussendung und Empfang des Schallsignals gemessen wird? Mit welcher Genauigkeit muß diese Zeitmessung vorgenommen werden, wenn die Wassertiefe auf einen Meter genau bestimmt werden soll?

A1.288.04: Betrachten Sie das in Bemerkung 1.288.3/1 geschilderte kleine Experiment und berechnen Sie den Unterschied der Frequenzen der dabei zu hörenden Töne. (Betrachten Sie dabei v_E als die maximale Geschwindigkeit, die die Stimmgabel als Fadenpendel erreicht.) Begründen Sie ferner, daß die zu ermittelnde Frequenzdifferenz in praxi durch $2f \cdot \frac{v_E}{v}$ abgeschätzt werden kann.
Wenden Sie diese Abschätzung dann schließlich noch auf die Stimmgabel-Frequenz $1000\, Hz$ und die Stimmgabel-Geschwindigkeit $v_E = 1,7\, ms^{-1}$ an.

A1.288.05: Einen Blitz nimmt man wegen der Lichtgeschwindigkeit von etwa $3 \cdot 10^8\, ms^{-1}$ praktisch ohne Zeitverzögerung wahr. Berechnen Sie die waagerechte Boden-Entfernung $s(t_0)$ zu einem Gewitter in $300\, m$ Höhe bei $30°C$ Lufttemperatur, wenn der zugehörige Donner nach t_0 Sekunden mit $t_0 \in \{1, 2, 3, 4, 5, 10, 20\}$ zu hören ist. Verwenden Sie dabei die Temperatur-abhängige Schallgeschwindigkeit $v_L = 331 \cdot \sqrt{1 + 0,004z}$ in Luft, wobei z die Maßzahl der Temperatur in $°C$ sei. (Berechnen Sie $s(t_0)$ auf eine Nachkommastelle genau).
Bestimmen Sie dann noch (allgemein) die durch die Zuordnung $t_0 \mapsto s(t_0)$ definierte Funktion.

A1.288.06: Einige Fragen zur Physik des Schalls:

1. Stellen Sie sich vor, eine laut tickende Weckuhr klingelt in einer Glasglocke, aus der nach und nach mit einer sogenannten Vakuumpumpe Luft abgesaugt wird. Was ist zu hören und warum?

2. In welchen Situationen der Erfahrungswelt ist das Doppler-Prinzip im wörtlichen Sinne zu hören?

3. Skizzieren Sie zu einem sich mit einer Geschwindigkeit v_F geradlinig bewegenden Körper zu drei Zeitpunkten $t_0 < t_1 < t_2$ jeweils eine kreisförmige Wellenfront. Dabei soll $v_F < v_L$ für die Schallgeschwindigkeit v_L in Luft gelten. Fertigen Sie dann zwei weitere analoge Skizzen für die beiden Fälle $v_F = v_L$ und $v_F > v_L$ an und beantworten Sie dann in diesem Zusammenhang (anhand eines besseren Lexikons): Was bedeuten die Begriffe *Überschallgeschwindigkeit, Schallmauer, Machscher Kegel?*

1.289 ERGÄNZUNGEN ZU SCHWINGUNGEN UND WELLEN

> Wer viel denkt, und zwar sachlich denkt, vergißt
> leicht seine eigenen Erlebnisse, aber nicht so die
> Gedanken, welche durch jene hervorgerufen wurden.
> *Friedrich Nietzsche* (1844 - 1900)

In diesem Abschnitt sind zu den Abschnitten 1.28x weitere kleine Bemerkungen sowie ergänzende Aufgaben versammelt. Die entsprechenden Definitionen und beschreibenden Funktionen sind in den jeweiligen vorherigen Abschnitten zu finden.

1.289.1 Bemerkung

Dreht man eine angeschlagene Stimmgabel langsam um ihre Längsachse, so kann man ein kontinuierliches Zunehmen und Abnehmen der Lautstärke hören (nötigenfalls durch Mikrophon/Lautsprecher verstärkt). Die folgende links stehende Skizze zeigt die Zonen *Laut* (B) und *Leise* (D) bei einer Aufsicht auf die beiden Zinken der Stimmgabel:

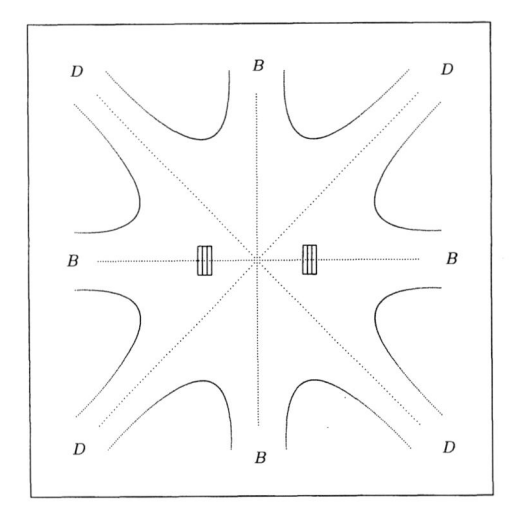

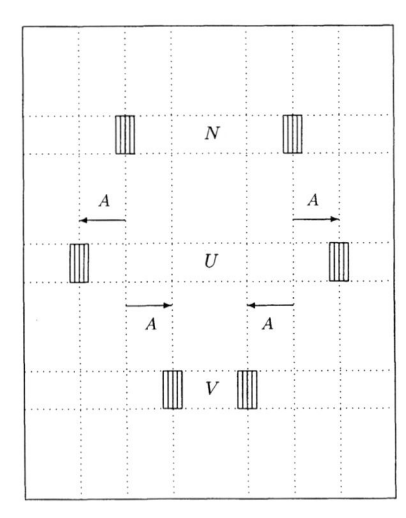

Zur Erklärung dieser Beobachtung zeigt die oben rechts stehende Skizze (wieder als Aufsicht auf die beiden Zinken), *wie* die beiden Zinken schwingen: Ausgehend von der Null-Lage (Zustand N, obere Zeile), bewegen sich die Zinken entweder voneinander weg (Zustand U, mittlere Zeile) oder aufeinander zu (Zustand V, untere Zeile), jeweils mit der eingezeichneten Amplitude.

Beide Zinken der Stimmgabel sind die Erregerzentren gleichartiger kugelförmiger (in einer Schnittebene: kreisförmiger) Schallwellen, wobei zwischen den Zinken in Zustand/Zone U eine *Verdünnung* der Luftteilchen, in Zustand/Zone V eine *Verdichtung* der Luftteilchen eintritt. Beide Wellen überlagern sich (in gewisser Weise geometrisch symmetrisch) mit Amplituden-Verdoppelungen und Amplituden-Aufhebungen (Auslöschungen), in den zu beobachtenden Laut-Zonen B (in der ersten Skizze) treten also vermehrt Verdoppelungen, in den Leise-Zonen B dagegen vermehrt Auslöschungen auf.

Hinweis: Verwenden Sie bei den folgenden Aufgaben $v_L = 340\,ms^{-1}$ für die Schallgeschwindigkeit in der Luft und $v_W = 1425\,ms^{-1}$ für die Schallgeschwindigkeit im Wasser.

A1.289.01: Ermitteln Sie die Wellengeschwindigkeit für eine Welle mit der Wellenlänge $25\,cm$, die durch acht Schwingungen pro fünf Sekunden erzeugt wird.

A1.289.02: Eine Welle sei durch die Wellengeschwindigkeit $v = 3\,ms^{-1}$, die Amplitude $A = 10\,cm$ und die Frequenz $f = \frac{1}{4}\,Hz$ beschrieben. Bearbeiten Sie folgende Aufgaben/Fragen:
1. Berechnen Sie die zugehörige Wellenlänge λ.
2. Wann beginnt ein Körper in der Entfernung $120\,m$ vom Erregerzentrum zu schwingen?
3. Welche Elongation hat dieser Körper nach der Zeit von 50 Sekunden?

A1.289.03: Eine Welle sei durch die Wellengeschwindigkeit $v = 0,2\,ms^{-1}$, die Amplitude $A = 2\,m$ und die Schwingungsdauer $T = 6\,s$ beschrieben. Bearbeiten Sie folgende Aufgaben/Fragen:
1. Berechnen Sie die zugehörige Wellenlänge λ.
2. Wann beginnt ein Körper in der Entfernung $9\,m$ vom Erregerzentrum zu schwingen?
3. Welche Elongation hat dieser Körper nach der Zeit von 15 Sekunden?

A1.289.04: Erzeugt ein auf eine ruhende Wasseroberfläche fallender Wassertropfen eine Welle?

A1.289.05: Skizzieren Sie Darstellungen zu den beiden Einschränkungen in Bemerkung 1.285.1/9.

A1.289.06: Betrachten Sie den Snelliusschen Brechungsindex $n = \frac{3}{2}$ und ermitteln Sie zu verschiedenen Einfallswinkeln $\alpha \in \{30°, 35°, 40°, 45°, 50°, 55°, 60°, 65°, 70°\}$ den jeweils zugehörigen Ausfallswinkel (Brechungswinkel) $b(\alpha) = \beta$.
Wie ist die durch die Vorschrift $\alpha \longmapsto b(\alpha) = \beta$ beschriebene Funktion tatsächlich (allgemein) definiert?

Symbol-Verzeichnis Buch^{MAT}X

Buch^{MAT}1	Mengen, Funktionen, Grund-/Algebraische Strukturen, Zahlen	
$W(p)$	Wahrheitswert einer Aussage p mit $W(p) \in \{w, f\}$	1.001
$p \wedge q$	Konjunktion der Aussagen p und q (p und q)	1.002
$p \vee q$	Disjunktion der Aussagen p und q (p oder q)	1.002
$p \Rightarrow q$	Implikation der Aussagen p und q (wenn p, dann q)	1.002
$p \Leftrightarrow q$	Äquivalenz der Aussagen p und q (p genau dann, wenn q)	1.002
$\neg p$	Negation der Aussage p (nicht p, non p)	1.002
$Th(M)$	Theorie einer Menge M	1.004
$\exists$	Existenzquantor (es gibt ...)	1.004
$\forall$	Allquantor (für alle ...)	1.004
$w(s)$	Leitwert eines Schalterzustandes s	1.080
$s_1 \wedge s_2$	Reihenschaltung (Schaltalgebra)	1.080
$s_1 \vee s_2$	Parallelschaltung (Schaltalgebra)	1.080
$x_1 \wedge x_2$	UND-Gatter (Signal-Verarbeitung)	1.081
$x_1 \vee x_2$	ODER-Gatter (Signal-Verarbeitung)	1.081
$\underline{n}$	Menge der ersten n natürlichen Zahlen $\underline{n} = \{1, ..., n\}$	1.101
$\mathbb{N}, \mathbb{N}_0$	Menge (Halbgruppe) der natürlichen Zahlen ohne/mit Null ($\mathbb{N}_0 = \mathbb{N} \cup \{0\}$)	1.101
$\mathbb{Z}$	Menge (Ring) der ganzen Zahlen	1.830
$\mathbb{Z}_*$	Menge der ganzen Zahlen ohne Null ($\mathbb{Z}_* = \mathbb{Z} \setminus \{0\}$)	1.830
$\mathbb{Z}^+, \mathbb{Z}^-$	Menge der positiven ganzen Zahlen / negativen ganzen Zahlen	1.830
$\mathbb{Z}_0^+, \mathbb{Z}_0^-$	Menge der nicht-negativen ganzen Zahlen / nicht-positiven ganzen Zahlen	1.830
$\mathbb{Q}$	Menge (Körper) der rationalen Zahlen (analog: $\mathbb{Q}_*, \mathbb{Q}^+, \mathbb{Q}^-, \mathbb{Q}_0^+, \mathbb{Q}_0^-$)	1.850
$\mathbb{R}$	Menge (Körper) der reellen Zahlen (analog: $\mathbb{R}_*, \mathbb{R}^+, \mathbb{R}^-, \mathbb{R}_0^+, \mathbb{R}_0^-$)	1.860
$\mathbb{R}^\star$	Erweiterung der Menge der reellen Zahlen zu $\mathbb{R}^\star = \mathbb{R} \cup \{-\star, +\star\}$	1.869
$\mathbb{R}^n$	Menge der n-Tupel $(x_1, ..., x_n)$ reeller Zahlen (analog: $\mathbb{N}^n, \mathbb{Z}^n, \mathbb{Q}^n, \mathbb{C}^n$)	1.501
$\mathbb{R}^{\mathbb{N}}$	Menge der Funktionen (Folgen) $\mathbb{N} \longrightarrow \mathbb{R}$	2.001
$\mathbb{R}^{(\mathbb{N})}$	Menge der endlichen Folgen $\mathbb{N} \longrightarrow \mathbb{R}$	1.780
$\mathbb{C}$	Menge (Körper) der komplexen Zahlen (analog: $\mathbb{C}_*$)	1.880
$\mathbb{H}$	Menge der Hamiltonschen Quaternionen	1.715
$\mathbb{O}$	Menge der Cayleyschen Oktaven	1.715
$M = N$	Gleichheit zweier Mengen M und N	1.101
$\emptyset$	die Leere Menge (enthält kein Element)	1.001
$\{x\}, \{x, z\}$	einelementige, zweielementige Menge	1.001
$x \in M$	x ist Element der Menge M	1.101
$x \notin M$	x ist kein Element der Menge M	1.101
$T \subset M$	T ist Teilmenge der Menge M	1.101
$T \not\subset M$	T ist keine Teilmenge der Menge M	1.101
$M \supset T$	M ist Obermenge der Menge T (also $T \subset M$)	1.101
$M \not\supset T$	M ist keine Obermenge der Menge T (also $T \not\subset M$)	1.101
$M \cap N$	Durchschnitt (Schnittmenge) der Mengen M und N	1.102
$\bigcap_{i \in I} M_i$	Durchschnitt der Familie $(M_i)_{i \in I}$ von Mengen M_i	1.150
$M \cup N$	Vereinigung der Mengen M und N	1.102
$\bigcup_{i \in I} M_i$	Vereinigung der Familie $(M_i)_{i \in I}$ von Mengen M_i	1.150
$M \setminus N$	mengentheoretische Differenz der Mengen M und N	1.102
$C_A(M)$	Komplement der Menge M bezüglich der Menge A	1.102
$M \times N$	Cartesisches Produkt der Mengen M und N mit Paaren $(x, z) \in M \times N$	1.110

$\prod_{i \in I} M_i$	Cartesisches Produkt der Familie $(M_i)_{i \in I}$ von Mengen M_i	1.160
M^n	n-faches Cartesisches Produkt der Menge M	1.160
$card(M)$	Kardinalzahl der Menge M	1.101
$\underline{M}$	Mengensystem	1.150
$x\,R\,z$	Element x steht mit Element z in Relation R (auch $(x,z) \in R \subset M \times N$)	1.120
$diag(M)$	Diagonale einer Menge M	1.120
$[x]_R, [x]$	Äquivalenzklasse mit Repräsentant x bezüglich Äquivalenz-Relation R	1.140
M/R	Quotientenmenge von M nach Relation $R \subset M \times M$	1.140
nat	natürliche Funktion $nat : M \longrightarrow M/R, x \longmapsto [x]$	1.140
$f : M \longrightarrow N$	Funktion f mit Definitionsbereich M und Wertebereich N (auch $M \xrightarrow{f} N$)	1.130
$x \longmapsto f(x)$	Zuordnung von x zu Funktionswert $f(x)$	1.130
$D(f)$	Definitionsbereich (-menge) einer Funktion f	1.130
$W(f)$	Wertebereich (-menge) einer Funktion f	1.130
$Bild(f)$	Bildbereich (-menge) einer Funktion f	1.130
id_M	die identische Funktion $M \longrightarrow M$ auf einer Menge M (mit $id_M(x) = x$)	1.130
in_A	die Inklusion(s-Funktion) $A \longrightarrow M$ zu $A \subset M$ (mit $in_A(x) = x$)	1.130
pr_k	k-te Projektion $M_1 \times M_2 \longrightarrow M_k$ (mit $k \in \{1,2\}$)	1.130
in_k	k-te Injektion $M_k \longrightarrow M_1 \times M_2$ (mit $k \in \{1,2\}$)	1.130
$f_1 \times f_2$	Cartesisches Produkt $M_1 \times M_2 \longrightarrow M_1 \times M_2$ zu $f_k : M_k \longrightarrow M_k$	1.130
$f\,|\,T$	Einschränkung einer Funktion f auf $T \subset D(f)$	1.130
ind_T	Indikator-Funktion zu $T \subset M$	1.130
$g \circ f$	Komposition $M \xrightarrow{f} N \xrightarrow{g} P$	1.131
f^{-1}	inverse Funktion (Umkehrfunktion) einer bijektiven Funktion f	1.133
f^o	induzierte Funktion $Pot(M) \longrightarrow Pot(N)$ zu $M \xrightarrow{f} N$	1.151
f^u	induzierte Funktion $Pot(N) \longrightarrow Pot(M)$ zu $M \xrightarrow{f} N$	1.151
$f^o(S)$	Bildmenge von $S \subset M$ bezüglich $M \xrightarrow{f} N$ (auch $f[S]$)	1.130
$f^u(T)$	Urbildmenge von $T \subset N$ bezüglich $M \xrightarrow{f} N$ (auch $f^{-1}[T]$)	1.130
(f,b)	Gleichung über Funktion $f : M \longrightarrow N$ und Element $b \in N$	1.136
$L(f,b)$	Lösungsmenge der Gleichung (f,b)	1.136
(Abs, Ord)	Cartesisches Koordinaten-System zur Darstellung von Funktionen $T \longrightarrow \mathbb{R}$	1.130
(K_1, K_2)	Cartesisches Koordinaten-System zur Darstellung geometrischer Objekte	1.130
$graph(f)$	Menge der Punkte $(x, f(x))$ einer Funktion $f : T \longrightarrow \mathbb{R}$	1.130
exp_a	Exponential-Funktion $\mathbb{R} \longrightarrow \mathbb{R}^+$ zur Basis a	1.250
log_a	Logarithmus-Funktion $\mathbb{R}^+ \longrightarrow \mathbb{R}$ zur Basis a	1.250
$os(T)$	Menge der oberen Schranken einer Teilmenge T einer geordneten Menge	1.320
$us(T)$	Menge der unteren Schranken einer Teilmenge T einer geordneten Menge	1.320
$gr(T)$	größtes Element in einer Teilmenge T einer geordneten Menge	1.320
$kl(T)$	kleinstes Element in einer Teilmenge T einer geordneten Menge	1.320
$max(T)$	maximales Element in einer Teilmenge T einer geordneten Menge	1.320
$min(T)$	minimales Element in einer Teilmenge T einer geordneten Menge	1.320
$sup(T)$	Supremum (kleinste obere Schranke) zu einer Teilmenge T einer geord. Menge	1.320
$inf(T)$	Infimum (größte untere Schranke) zu einer Teilmenge T einer geord. Menge	1.320
$sup(f)$	Supremum $sup(Bild(f))$ für Funktion $M \longrightarrow N$ mit geordneter Menge N	1.323
$inf(f)$	Infimum $inf(Bild(f))$ für Funktion $M \longrightarrow N$ mit geordneter Menge N	1.323
(x,z)	offenes M-Intervall mit Grenzen $x \prec z$ in linear geordneter Menge $(M, \prec)$	1.310
$[x,z)$	links-abgeschlossenes rechts-offenes M-Intervall mit Grenzen $x \prec z$	1.310
$(x,z]$	links-offenes rechts-abgeschlossenes M-Intervall mit Grenzen $x \prec z$	1.310
$[x,z]$	abgeschlossenes M-Intervall mit Grenzen $x \prec z$	1.310

$otyp(M)$	Ordnungstyp einer geordneten Menge $(M, \preceq)$	1.350
$ord(M)$	Ordinalzahl einer wohlgeordneten Menge $(M, \preceq)$	1.350
ω	Ordinalzahl von $(\mathbb{N}, \leq)$ mit natürlicher Ordnung	1.350
$Abb(M, N)$	Menge der Funktionen $M \longrightarrow N$ (auch N^M)	1.130
$Inj(M, N)$	Menge der injektiven Funktionen $M \longrightarrow N$	1.132
$Sur(M, N)$	Menge der surjektiven Funktionen $M \longrightarrow N$	1.132
$Bij(M, N)$	Menge der bijektiven Funktionen $M \longrightarrow N$	1.132
$S(M,M) = S_M$	Symmetrische Gruppe der bij. Funktionen $M \longrightarrow M$ bezüglich Komposition	1.501
$BF(M, N)$	Menge der beschränkten Funktionen $M \longrightarrow N$ mit geordneter Menge N	1.323
$Hom(G, H)$	Menge der Gruppen-Homomorphismen $G \longrightarrow H$	1.502
$Hom_A(E, F)$	Menge (A-Modul) der A-Homomorphismen $E \longrightarrow F$	1.402
L_a, R_a	Links-/Rechtstranslation zu einem Element a einer Gruppe G	1.501
$Hom(G, H)$	Menge der Gruppen-Homomorphismen $G \longrightarrow H$ zu Gruppen G und H	1.502
$End(G)$	Menge $Hom(G,G)$ der Endomorphismen $G \longrightarrow G$ einer Gruppe G	1.502
$Aut(G)$	Menge der Automorphismen $G \longrightarrow G$ einer Gruppe G	1.502
$Aut_i(G)$	Menge der inneren Automorphismen $G \longrightarrow G$ einer Gruppe G	1.502
(S)	von einer Teilmenge $S \subset G$ einer Gruppe G erzeugte Untergruppe	1.503
G^X	Menge $Abb(X, G)$ der Funktionen $X \longrightarrow G$ zu Menge X und Gruppe G	1.503
$G^{(X)}$	Direkte Summe als Teilmenge von $Abb(X, G)$ zu Gruppe G	1.503
$N, G/N$	Normalteiler in einer Gruppe G, Quotientengruppe	1.505
$Frat(G)$	Frattini-Gruppe einer Gruppe G	1.505
$\prod_{i \in I} G_i$	Direktes Produkt einer Familie $(G_i)_{i \in I}$ von Gruppen G_i	1.510
$\bigoplus_{i \in I} G_i$	Direkte Summe einer Familie $(G_i)_{i \in I}$ von Gruppen G_i	1.512
$\mathbb{Z}^{(I)}$	Abkürzung für die Direkte Summe $\bigoplus_{i \in I} \mathbb{Z}$	1.514
$G : U$	Kardinalzahl der Linksnebenklassen von Gruppe G nach Untergruppe U	1.520
$ord(G)$	Ordnung (Elementeanzahl) einer endlichen Gruppe G	1.520
$[G : U]$	Abkürzung für $ord(G) : ord(U)$ für endliche Gruppen G	1.520
(a)	von einem Gruppenelement $a \in G$ erzeugte zyklische Gruppe	1.522
$ord(a)$	Abkürzung für die Ordnung von (a) mit $a \in G$	1.522
$Ugrup(G)$	Menge aller Untergruppen einer Gruppe G	1.522
$\varphi : \mathbb{N} \longrightarrow \mathbb{N}$	Euler-Funktion	1.523
S_n	Symmetrische Gruppe der Permutationen zu n Elementen	1.524
A_n	Alternierende Gruppe als Normalteiler in S_n	1.526
$cen(G)$	Zentrum einer Gruppe G	1.540
$cen(a)$	Zentralisator zu einem Gruppenelement a einer Gruppe G	1.540
$kom(G)$	Kommutator-Gruppe einer Gruppe G	1.540
$cen_T(G)$	Zentralisator einer Teilmenge T einer Gruppe G	1.542
$nor_T(G)$	Normalisator einer Teilmenge T einer Gruppe G	1.542
$inv_G(M)$	G-invarianter Teil einer G-Menge M	1.550
$\prod_{i \in I} A_i$	Direktes Produkt einer Familie $(A_i)_{i \in I}$ von Ringen A_i	1.610
$End(G)$	Endomorphismenring einer Gruppe G (eines Ringes G)	1.601, 1.603
AG	Gruppenring über endlicher Gruppe G und Ring A	1.601
(S)	von einer Teilmenge $S \subset A$ eines Ringes A erzeugter Unterring	1.620
$\mathbb{Z}[c]$	Zwischenring über A	1.603
$\underline{a}, A/\underline{a}$	Ideal in A, Quotientenring	1.605
$ann_A(T)$	Annihilator zu Teilmenge $T \subset A$ eines Ringes A	1.605
$ggT(\underline{x}, \underline{z})$	größter gemeinsamer Teiler von Idealen $\underline{x}$ und $\underline{z}$	1.620
$kgV(\underline{x}, \underline{z})$	kleinstes gemeinsames Vielfaches von Idealen $\underline{x}$ und $\underline{z}$	1.620
$un(A)$	Menge der Einheiten eines Ringes A	1.622
$Pr(A)$	Primring eines Ringes A	1.630
$Pk(K)$	Primkörper eines Körpers K	1.630
$char(A)$	Charakteristik eines Ringes/Körpers A	1.630

$Q(A)$	von einem Ring A erzeugter Quotientenkörper	1.632
$A[X]$, $K[X]$	Polynom-Ring über einem Ring A / über einem Körper K	1.640, 1.641
$A[X_1, ..., X_n]$	allgemeiner Polynom-Ring über A	1.642
$grad(u)$	Grad eines Polynoms u	1.644
$N(u)$	Menge der Nullstellen eines Polynoms u	1.646
$E : K$	Körper-Erweiterung mit Erweiterungs-Körper E eines Körpers K	1.662
$[E : K]$	K-Dimension $dim_K(E)$ zu einer Körper-Erweiterung $E : K$	1.662
u', $u^{(n)}$	Ableitungsfunktion, n-te Ableitungsfunktion eines Polynoms u	1.666
$Gal(E : K)$	Galois-Gruppe zu einer Körper-Erweiterung $E : K$	1.670
$Gal(u : K)$	Galois-Gruppe eines Polynoms u über einm Körper K	1.674
$C(M)$	Menge der aus M konstruierbaren Punkte	1.680
$Ckom(K)$	*Cantor*-Komplettierung eines angeordneten Körpers K	2.063, 2.065
$Dkom(K)$	*Dedekind*-Komplettierung eines angeordneten Körpers K	1.735
$Dkom(M)$	*Dedekind*-Komplettierung einer linear geordneten Menge M	1.325
$Wkom(K)$	*Weierstraß*-Komplettierung eines angeordneten Körpers K	2.066
$Mat(m, n, M)$	Menge der Matrizen vom Typ (m, n) mit Koeffizienten aus M	1.780
$Mat(n, M)$	Menge der quadratischen Matrizen vom Typ (n, n) mit Koeffizienten aus M	1.780
$Mat(I, K, M)$	Menge der Matrizen vom Typ (I, K) mit Koeffizienten aus M	4.041
$det(M)$	Determinante einer Matrix M	1.782
$t \mid a$	$t \in \mathbb{Z}_*$ ist Teiler von $a \in \mathbb{Z}$	1.838
$Teil(a)$	Menge der Teiler einer ganzen Zahl a	1.838
$Teil^+(a)$	Menge der positiven Teiler einer ganzen Zahl a	1.838
$ggT(a, b)$	größter gemeinsamer Teiler von $a, b \in \mathbb{Z}$	1.838
$kgV(a, b)$	kleinstes gemeinsames Vielfaches von $a, b \in \mathbb{Z}$	1.838
$div(a, b)$	Funktionswert der Euklidischen Funktion $div : \mathbb{Z} \times \mathbb{Z}_* \longrightarrow \mathbb{Z}$	1.837
$mod(a, b)$	Funktionswert der Euklidischen Funktion $mod : \mathbb{Z} \times \mathbb{Z}_* \longrightarrow \mathbb{Z}$	1.837
$grad(f)$	Grad eines Polynoms / einer Polynom-Funktionen $\mathbb{R} \xrightarrow{f} \mathbb{R}$	1.786, 2.432
$Pol(T, \mathbb{R})$	Menge aller Polynom-Funktionen $T \xrightarrow{f} \mathbb{R}$ mit $T \subset \mathbb{R}$	1.786, 2.438
$Pol_n(T, \mathbb{R})$	Menge aller Polynom-Funktionen $T \xrightarrow{f} \mathbb{R}$ mit $grad(f) = n$	1.786
$Pol_{(n)}(T, \mathbb{R})$	Menge aller Polynom-Funktionen $T \xrightarrow{f} \mathbb{R}$ mit $grad(f) \leq n$	1.786
$Pot(\mathbb{R}^+, \mathbb{R}^+)$	Menge aller Potenz-Funktionen $\mathbb{R}^+ \longrightarrow \mathbb{R}^+$	1.220
$K(\mathbb{R}, \mathbb{R})$	Menge aller konstanten Funktionen $\mathbb{R} \longrightarrow \mathbb{R}$	1.711
BUCH^{MAT}2	ANALYSIS (FOLGEN, STETIGE FUNKTIONEN, DIFFERENTIATION, INTEGRATION)	
$x : \mathbb{N} \longrightarrow M$	Folge in Funktionsschreibweise	2.001
$x = (x_n)_{n \in \mathbb{N}}$	Folge in Indexschreibweise	2.001
$lim(x)$	Grenzwert einer Folge in Funktionsschreibweise $x : \mathbb{N} \longrightarrow M$	2.040, 2.403
$lim(x_n)_{n \in \mathbb{N}}$	Grenzwert einer Folge in Indexschreibweise	2.040, 2.403
$lim(f, x_0)$	Grenzwert einer Funktion f bezüglich x_0	2.090
$Abb(\mathbb{N}, M)$	Menge der Folgen $\mathbb{N} \longrightarrow M$ mit beliebiger Menge $M \neq \emptyset$	2.001
$BF(\mathbb{N}, M)$	Menge der beschränkten Folgen $\mathbb{N} \longrightarrow M$ mit geordneter Menge M	2.006
$Kon(\mathbb{R})$	Menge der konvergenten Folgen $T \longrightarrow \mathbb{R}$	2.045, 2.403
$Kon(\mathbb{R}, a)$	Menge der konvergenten Folgen $T \longrightarrow \mathbb{R}$ mit Grenzwert a	2.045
$Kon(T, L)$	Menge der konvergenten Folgen $T \longrightarrow \mathbb{R}$ mit Grenzwert in L	2.045
$CF(\mathbb{R})$	Menge der Cauchy-konvergenten Folgen $T \longrightarrow \mathbb{R}$	2.050, 2.403
$Ari(\mathbb{R})$	Menge der arithmetischen Folgen $\mathbb{R} \longrightarrow \mathbb{R}$	2.011
$Geo(\mathbb{R})$	Menge der geometrischen Folgen $\mathbb{R} \longrightarrow \mathbb{R}$	2.011
$sx : \mathbb{N}_0 \longrightarrow T$	Reihe, definiert über T-Folge $x : \mathbb{N}_0 \longrightarrow T$	2.101
$SF(T)$	Menge der summierbaren T-Folgen $\mathbb{N}_0 \longrightarrow T$	2.110, 2.135
$ASF(T)$	Menge der absolut-summierbaren T-Folgen $\mathbb{N}_0 \longrightarrow T$	2.110, 2.135

Symbol	Beschreibung	Referenz
$C(I, \mathbb{R})$	Menge der stetigen Funktionen $I \longrightarrow \mathbb{R}$	2.203, 2.215, 2.406, 2.430
f', f'', f'''	Erste, zweite, dritte Ableitungsfunktion einer differenzierbaren Funktion f	2.303
$f^{(n)}$	n-te Ableitungsfunktion einer n-mal differenzierbaren Funktion f	2.303
$D(I, \mathbb{R})$	Menge der differenzierbaren Funktionen $I \longrightarrow \mathbb{R}$	2.303
$D(f) = f'$	bezüglich der Differentiation $D(I, \mathbb{R}) \longrightarrow Abb(I, \mathbb{R})$	2.303
$D^n(I, \mathbb{R})$	Menge der n-mal differenzierbaren Funktionen $I \longrightarrow \mathbb{R}$	2.303
$C^n(I, \mathbb{R})$	Menge der n-mal stetig differenzierbaren Funktionen $I \longrightarrow \mathbb{R}$	2.303
$C_d(I, \mathbb{R})$	Menge der stetigen Funktionen $f : I = [a,b] \longrightarrow \mathbb{R}$ mit $f\,|\,(a,b)$ diff.bar	2.654
$Min(f)$	Menge der lokalen Minimalstellen einer (differenzierbaren) Funktion f	2.333
$Max(f)$	Menge der lokalen Maximalstellen einer (differenzierbaren) Funktion f	2.333
$Ex(f)$	Menge der lokalen Extremstellen einer (differenzierbaren) Funktion f	2.333
$Wen(f)$	Menge der Wendestellen einer (differenzierbaren) Funktion f	2.333
$Wen_{RL}(f)$	Menge der Wendestellen mit Rechts-Links-Krümmung einer Funktion f	2.333
$Sat(f)$	Menge der Sattelstellen einer (differenzierbaren) Funktion f	2.333
$Sat_{RL}(f)$	Menge der Sattelstellen mit Rechts-Links-Krümmung einer Funktion f	2.333
(M, d)	Metrischer Raum mit Metrik $d : M \times M \longrightarrow \mathbb{R}$	2.401
$d_E(x, z)$	(euklidischer) metrischer Abstand	2.402
d_e, d_E	Euklidische Metrik auf $\mathbb{R}, \mathbb{R}^n$	2.402
$U(x_0, \epsilon)$	ϵ-Intervall $(x_0 - \epsilon, x_0 + \epsilon)$, ϵ-Umgebung um x_0	2.403, 2.404
$U_*(x_0)$	System der ϵ-Umgebungen von x_0	2.416
$U^o(x_0)$	System der offenen Umgebungen von x_0	2.410
$(M, \underline{U})$	Menge mit Umgebungs-Topologie $\underline{U}$	2.407
$(\mathbb{R}, \underline{R})$	topologischer Raum über $\mathbb{R}$ mit natürlicher Topologie $\underline{R}$	2.411
$rand(T)$	Menge der Randpunkte, auch ∂T	2.407
T^o	Offener Kern $T^o = T \setminus rand(T)$	2.407, 2.410
T^-	Abgeschlossene Hülle $T^- = T \cup rand(T)$	2.407, 2.410
$diam(T)$	Durchmesser einer Menge T	2.408
$(X, \underline{X})$	Topologischer Raum mit Topologie $\underline{X}$	2.410
$(X, \underline{K})$	Topologischer Raum mit Indiskreter Topologie $\underline{X}$	2.410
$(U, \underline{U})$	Unterraum mit Spurtopologie $\underline{U} = U \cap \underline{X}$	2.410
$HP(T)$	Menge der Häufungspunkte einer Menge T	2.412
$ca(x)$	Cofinale Abschnitte $ca(x, k)$ einer Folge x	2.413
$top(\underline{E})$	von Basis $\underline{E}$ erzeugte Topologie	2.415
$Fib(X)$	Menge der Filterbasen auf topologischem Raum X	2.413
$KonFib(X)$	Menge der konvergenten Filterbasen auf topologischem Raum X	2.417
$lim(\underline{B})$	Grenzwert einer konvergenten Filterbasis $\underline{B}$ in T_2-Raum	2.417
(E, s)	$\mathbb{R}$-Vektorraum E mit Skalarem Produkt s	2.420
$(E, \|-\|)$	$\mathbb{R}$-Vektorraum E mit Norm $\|-\|$	2.420
$gapp(F)$	Menge der durch F gleichmäßig approximierbaren Funktionen	2.438
$grad(f)$	Gradient von f	2.452
$\frac{\partial f}{\partial x_p} = D_p f$	p-partielle Ableitungsfunktion von f	2.452
$D_q D_p f$	Ableitungsfunktion 2. Ordnung von f	2.452
Met	Kategorie der Metrischen Räume	2.408
$IsoMet$	Kategorie der Isometrischen Räume	2.401
Top	Kategorie der Topologischen Räume	2.410
$\int f$	Integral einer integrierbaren Funktion f	2.502
$Int(I, \mathbb{R})$	Menge der integrierbaren Funktionen $I \longrightarrow \mathbb{R}$	2.503
$\int_a^b f$	Riemann-Integral einer Funktion $f : [a, b] \longrightarrow \mathbb{R}$	2.603
$\int_a^b f$	Uneigentliches Riemann-Integral einer Funktion $f : (a, b) \longrightarrow \mathbb{R}$	2.620
$Rin(I, \mathbb{R})$	Menge der Rimann-integrierbaren Funktionen $I \longrightarrow \mathbb{R}$	2.603

Symbol	Beschreibung	Nr.
$\int_a^{\star} f$	Uneigentliches Riemann-Integral einer Funktion $f:[a,\star)\longrightarrow\mathbb{R}$ ($\int_{-\star}^{b} f$, $\int_{-\star}^{\star} f$)	2.620
$A(f)$	Flächeninhalt zu einer Funktion f, ferner $A(f,g)$	2.650
$V(f)$	Rotationsvolumen zu einer Funktion f, ferner $V(f,g)$	2.652
$s(f)$	Länge zu einer Funktion f	2.654
$M(f)$	Mantelflächen-Inhalt zu einer Funktion f, ferner $M(f,g)$	2.656

BUCH^{MAT}4   LINEARE ALGEBRA (MODULN, RINGE, VEKTORRÄUME)

Symbol	Beschreibung	Nr.
A, A^{op}	Ring mit Einselement, Gegenring zu einem Ring A	4.000
$Abb(X,E)$	A-Modul aller Funktionen $X \longrightarrow E$ einer Menge X in einen A-Modul E	4.000
E^X	als Abkürzung $E^X = Abb(X,E)$ verwendet	4.000
$cen(A)$	Zentrum eines Ringes A	4.000
$E \cong_A F$	A-Isomorphie zweier A-Moduln E und F (auch kurz $E \cong F$)	4.002
$A\text{-}mod$	Klasse/Kategorie der A-Linksmoduln	4.002
$mod\text{-}A$	Klasse/Kategorie der A-Rechtsmoduln	4.002
$Kern(f)$	Kern eines A-Homomorphismus' $f: E \longrightarrow F$ (ist Untermodul von E)	4.002
$Bild(f)$	Bild eines A-Homomorphismus' $f: E \longrightarrow F$ (ist Untermodul von F)	4.002
$Hom_A(E,F)$	abelsche Gruppe der A-Homomorphismen $E \longrightarrow F$	4.002
$End_A(E)$	Ring der A-Endomorphismen $E \longrightarrow E$	4.002
$Aut_A(E)$	Ring der A-Automorphismen $E \longrightarrow E$	4.002
E/U	A-Quotientenmodul eines A-Moduls E nach einem A-Untermodul $U \subset E$	4.006
$Umo_A(E)$	Menge der A-Untermoduln eines A-Moduls E	4.006
$Qmo_A(E)$	Menge der A-Quotientenmoduln eines A-Moduls E	4.006
$ann_A(T)$	A-Annihilator einer Teilmenge T eines A-Moduls E	4.006
$Cokern(f)$	Quotientenmodul $F/Bild(f)$ eines A-Homomorphismus' $f: E \longrightarrow F$	4.006
$Cobild(f)$	Quotientenmodul $E/Kern(f)$ eines A-Homomorphismus' $f: E \longrightarrow F$	4.006
$exSeq(A\text{-}mod)$	Klasse/Kategorie der kurzen exakten A-mod-Sequenzen	4.010
E^*	zu einem A-Modul E dualer Modul	4.025
E^{**}	zu einem A-Modul E bidualer Modul	4.026
$\bigoplus_{i \in I} E_i$	Direkte Summe (Coprodukt) einer Familie $(E_i)_{i \in I}$ von A-Moduln E_i	4.030
$\prod_{i \in I} E_i$	Direktes Produkt einer Familie $(E_i)_{i \in I}$ von A-Moduln E_i	4.030
$E \oplus F$	direkte Summe (gleich dem direkten Produkt) zweier A-Moduln E und F	4.030
in_k	k-te Injektion zu einer direkten Summe	4.030
pr_k	k-te Projektion zu einem direkten Produkt	4.030
$\sum_{i \in I} U_i$	Summe einer Familie $(U_i)_{i \in I}$ von A-Untermoduln U_i eines A-Moduls	4.032
$L_A(T)$	Lineare Hülle einer Teilmenge T eines A-Moduls E	4.040
A^T	direktes Produkt von A mit Indexmenge $T \subset E$ eines A-Moduls E	4.040
$A^{(T)}$	Menge aller Elemente $(a_t)_{t \in T} \in A^T$ mit $a_t = 0$ für fast alle $t \in T$	4.040
$F_A(X)$	der von einer Menge X erzeugte freie A-Modul	4.048
$tor_A(E)$	Torsionsteil eines A-Moduls E	4.052
$div_A(E)$	divisibler Teil eines A-Moduls E	4.052
$Mat(I,K,X)$	Menge aller (I,K)-Matrizen über einer Menge X	4.060
$Mat(m,n,X)$	Menge aller (I,K)-Matrizen über X für $card(I) = m$ und $card(K) = n$	4.060
$M_{DB}(u)$	Abbildungsmatrix zu $u \in Hom_A(E,F)$	4.062
$Bil_A(E \times F, H)$	abelsche Gruppe der A-bilinearen Funktionen $E \times F \longrightarrow H$	4.070
$Bal_A(E \times F, H)$	abelsche Gruppe der A-balancierten Funktionen $E \times F \longrightarrow H$	4.070
$E \otimes_A F$	Tensorprodukt eines A-Rechtsmoduls E mit einem A-Linksmodul F	4.076
$x \otimes y$	Element eines Tensorprodukts $E \otimes_A F$	4.076
$u \otimes_A v$	Tensorprodukt zweier A-Homomorphismen u und v	4.077

$(E_i, f_{ij})_{i \in I}$	I-System mit $f_{ij} : E_j \longrightarrow E_i$ für $i \leq j$ zu einer A-mod-Familie $(E_i)_{i \in I}$	4.090
$(E_i, f_{ji})_{i \in I}$	Co-I-System mit $f_{ji} : E_i \longrightarrow E_j$ für $i \leq j$ zu einer A-mod-Familie $(E_i)_{i \in I}$	4.090
$lim(E_i)_{i \in I}$	Limes zu $(E_i, f_{ij})_{i \in I}$ (auch: projektiver Limes)	4.090
$colim(E_i)_{i \in I}$	Colimes zu $(E_i, f_{ji})_{i \in I}$ (auch: induktiver Limes)	4.090
$D(E_i)_{i \in I}$	Filterprodukt zu $(E_i)_{i \in I}$ mit Filter D über I	4.098
DE	Filterpotenz eines A-Moduls E über Filter D	4.098
d_E	Diagonal-Einbettung $d_E : E \longrightarrow DE$	4.098
AH, AG	Halbgruppenring mit Halbgruppe H, Gruppenring mit endlicher Gruppe G	4.100
$lann_A(a)$	Links-Annihilator eines Ringelementes $a \in A$	1.605
$rann_A(a)$	Rechts-Annihilator eines Ringelementes $a \in A$	1.605
$rad(A)$	Jacobson-Radikal eines Ringes A	4.102, 4.106
$rad_A(E)$	Jacobson-Radikal eines A-Moduls E	4.106
$nilrad(A)$	Nilradikal eines Ringes A	4.102
$warad(A)$	*Wedderburn-Artin*-Radikal eines Ringes A	4.106
$soc_A(E)$	Sockel eines A-Moduls E	4.108
$hk(E)$	homogene Komponente zu einem einfachen A-Modul E	4.116
E^c (E^{cc})	Charakter-Modul zu einem A-Modul E (E^c)	4.146
$injh(E)$	injektive Hülle eines A-Moduls E	4.150
$projh(E)$	projektive Hülle eines A-Moduls E	4.152
$E \times_N F$	Pullback-/Pushout-Konstruktion zu A-Moduln E und F	4.158
$_sA, A_d$	A als A-Linksmodul, A als A-Rechtsmodul	4.172
$linc_A(\underline{a}, C)$	Linksideal zu Linksideal $\underline{a} \subset A$ und Teilmenge $C \subset A$ eines Ringes A	4.177
$rinc_A(C, \underline{b})$	Rechtsideal zu Rechtsideal $\underline{b} \subset A$ und Teilmenge $C \subset A$ eines Ringes A	4.177
$rinjh(E)$	rein-injektive Hülle eines A-Moduls E	4.192
$rprojh(E)$	rein-projektive Hülle eines A-Moduls E	4.192
$X_\bullet, X^\bullet$	A-Komplex, A-Cokomplex	4.302
$f_\bullet, f^\bullet$	A-Translationen zu A-Komplexen / A-Cokomplexen	4.302
$Trans(X_\bullet, Y_\bullet)$	Menge der A-Translationen $X_\bullet \longrightarrow Y_\bullet$ (analog $Trans(X^\bullet, Y^\bullet)$)	4.302
A-kom	Kategorie der A-Komplexe	4.302
A-$cokom$	Kategorie der A-Cokomplexe	4.302
$H_n X_\bullet$	n-ter Homologie-Modul zu A-Komplex $X_\bullet$	4.304
$H^n X^\bullet$	n-ter Cohomologie-Modul zu A-Cokomplex $X^\bullet$	4.304
$f_\bullet \sim g_\bullet$	Homotopie von A-Translationen (analog $f^\bullet \sim g^\bullet$)	4.306
$Ext_A^n(E, -)$	n-te Coableitung (Rechts-Ableitung) zu Funktor $Hom_A(E, -)$	4.320
$Tor_n^A(E, -)$	n-te Ableitung (Links-Ableitung) zu Funktor $E \otimes_A (-)$	4.324
$T_\bullet \, dim_A(E)$	$T_\bullet$-Dimension zu T-Auflösung eines A-Moduls E	4.330
$T^\bullet \, dim_A(E)$	$T^\bullet$-Dimension zu T-Coauflösung eines A-Moduls E	4.330
$proj \, dim_A(E)$	projekive Dimension eines A-Moduls E	4.330
$inj \, dim_A(E)$	injekive Dimension eines A-Moduls E	4.330
$flach \, dim_A(E)$	flache Dimension eines A-Moduls E	4.330
$hinj \, dim_A(E)$	halb-injekive Dimension eines A-Moduls E	4.330
$T_\bullet \, gl \, dim(A)$	$T_\bullet$-globale Dimension eines Ringes A	4.332
$T^\bullet \, gl \, dim(A)$	$T^\bullet$-globale Dimension eines Ringes A	4.332
$gl \, dim(A)$	globale Dimension eines Ringes A	4.332
$flach \, gl \, dim(A)$	flache-globale Dimension eines Ringes A	4.332
$hinj \, gl \, dim(A)$	halb-injektive-globale Dimension eines Ringes A	4.332
$L(A$-$mod)$	Elementare Sprache der A-Linksmoduln	4.380
$X \models S$	A-Modul X ist Modell der Satzmenge S	4.380
$Th_A(X)$	Elementare Theorie eines A-Moduls X	4.380
$X \equiv Y$	Elementare Äquivalenz zweier A-Moduln X und Y	4.380
Da	a-regulärer Ultrafilter mit $a = max(card(A), card(\mathbb{N}))$	4.381
$Da(X)$	Ultrapotenz von X mit Ultrafilter Da	4.381

$L^X(A\text{-}mod)$	erweiterte Elementare Sprache zu einem A-Linksmodul X	4.382
$ea_A(T)$	Elementarer Abschluß einer Klasse $T \subset A\text{-}mod$	4.386
$ob(C)$	Klasse der Objekte einer Kategorie C	4.402
$mor(C)$	Klasse der Morphismen einer Kategorie C	4.402
$mor_C(X,Y)$	Menge der C-Morphismen $X \longrightarrow Y$	4.402
Ens	Kategorie der Mengen und Funktionen	4.402
$ordEns$	Kategorie der geordneten Mengen und monotonen Funktionen	4.402
Top	Kategorie der topologischen Räume und stetigen Funktionen	4.402
Sem	Kategorie der Halbgruppen und Halbgruppen-Homomorphismen	4.402
$abSem$	Kategorie der abelschen Halbgruppen und Halbgruppen-Homomorphismen	4.402
$ordSem$	Kategorie der geord. Halbgruppen und monot. Halbgruppen-Homomorphismen	4.402
$Grup$	Kategorie der Gruppen und Gruppen-Homomorphismen	4.402
$abGrup$	Kategorie der abelschen Gruppen und Gruppen-Homomorphismen	4.402
$ordGrup$	Kategorie der geordneten Gruppen und monotonen Gruppen-Homomorphismen	4.402
Ann	Kategorie der Ringe und Ring-Homomorphismen	4.402
$ordAnn$	Kategorie der angeordneten Ringe und monotonen Ring-Homomorphismen	4.402
$Corp$	Kategorie der Körper und Körper-Homomorphismen	4.402
$ordCorp$	Kategorie der angeordneten Körper und monotonen Körper-Homomorphismen	4.402
$A\text{-}mod$	Kategorie der A-Linksmodul und A-Homomorphismen	4.402
$mod\text{-}A$	Kategorie der A-Rechtsmoduln und A-Homomorphismen	4.402
$K\text{-}mod$	Kategorie der K-Vektorräume und K-Homomorphismen	4.402
C^I	Kategorie der durch I indizierten C-Systeme	4.402
C^{op}	die zu einer Kategorie duale Kategorie	4.402
f^{op}	der zu $f \in mor_C(X,Y)$ duale Morphismus	4.402
(X, R_I)	I-indizierte Relations-Struktur auf Objekt X	4.402
$Morph(C)$	Morphismen-Kategorie zu einer Kategorie C	4.404
$exSeq(E)$	Kategorie der exakten $A\text{-}mod$-Sequenzen $0 \longrightarrow X' \longrightarrow E \longrightarrow X'' \longrightarrow 0$	4.404, 4.443
$Graph$	Kategorie der (Gerichteten) Graphen	4.404
Aut	Kategorie der Automaten	4.404
$eAut$	Kategorie der endlichen Automaten	4.404
$K\text{-}Aut$	Kategorie der K-linearen Automaten	4.404
$mono(Z)$	Klasse aller C-Monomorphismen $X \longrightarrow Z$	4.407
$sub(Z)$	Potenzklasse zu einem C-Objekt Z	4.407
$(sub(Z), \leq)$	Potenzklasse zu einem C-Objekt Z mit Ordnung	4.407
$bild(f)$	C-Morphismus $Bild(f) \longrightarrow Z$ zu einem C-Morphismus f	4.407
$cobild(f)$	C-Morphismus $Z \longrightarrow Cobild(f)$ zu einem C-Morphismus f	4.407
$\prod_{i \in I} E_i$	Produkt einer Familie $(E_i)_{i \in I}$ von C-Objekten E_i	4.410
$\coprod_{i \in I} E_i$	Coprodukt einer Familie $(E_i)_{i \in I}$ von C-Objekten E_i (auch: $\bigoplus_{i \in I} E_i$ geschrieben)	4.410
Δ_E, ∇_E	Diagonal-Morphismus, Codiagonal-Morphismus	4.410
$kern(f)$	C-Morphismus $Kern(f) \longrightarrow X$ zu einem C-Morphismus f	4.414
$cokern(f)$	C-Morphismus $Y \longrightarrow Cokern(f)$ zu einem C-Morphismus f	4.414
$dkern(f,g)$	Differenzkern $dKern(f,g) \longrightarrow X$ zu zwei C-Morphismen f und g	4.414
$dcokern(f,g)$	Differenzcokern $Y \longrightarrow dCokern(f,g)$ zu zwei C-Morphismen f und g	4.414
$T \odot H$	Kranzprodukt von Halbgruppen T und H	4.420
$T \times^* H$	Halbdirektes Produkt von Halbgruppen T und H	4.420
$C \times D$	Produkt-Kategorie zu Kategorien C und D	4.428
$nattrans(F,H)$	Klasse aller Natürlichen Transformationen zu Funktoren F und H	4.430
$F \cong H$	Natürliche Äquivalenz (Isomorphie) zu Funktoren F und H	4.430
$Fun(C,D)$	Kategorie der Funktoren $C \longrightarrow D$ und Natürlichen Transformationen	4.432
$Add(\tilde{A}, abGrup)$	Kategorie der Additiven Funktoren $\tilde{A} \longrightarrow abGrup$	4.435

$\tilde{S}$-mod	Kategorie der $\tilde{S}$-Linksmoduln	4.436
mod-$\tilde{S}$	Kategorie der $\tilde{S}$-Rechtsmoduln	4.436
$epi(Y)$	Klasse aller Epimorphismen $X \longrightarrow Y$	4.441
$E_X \text{ supp } E_Y$	E_X Supplement von E_Y	4.443
$K(S)$	Grothendieck-Gruppe zu kleiner Kategorie S	4.447
$K(S)^+$	Grothendieck-Gruppe zu spezieller Kategorie S	4.447
$red(X)$	Reduktion zu BG-Modul X	4.449
$colim(T)$	Colimes zu einem Funktor $T : C \longrightarrow D$	4.450
$Hom_K(E, F)$	abelsche Gruppe der K-Homomorphismen $E \longrightarrow F$	4.504
$End_K(E)$	Ring der K-Endomorphismen $E \longrightarrow E$	4.504
$Aut_K(E)$	Ring der K-Automorphismen $E \longrightarrow E$	4.504
$Fix(f)$	Menge/Unterraum der Fixelemente zu Funktion/K-Homomorphismus f	4.504
$rang(f)$	Rang zu einem K-Homomorphismus f	4.536
$Ari(\mathbb{R})$	Menge der arithmetischen Folgen $\mathbb{N} \longrightarrow \mathbb{R}$	4.552
$Geo(\mathbb{R})$	Menge der geometrischen Folgen $\mathbb{N} \longrightarrow \mathbb{R}$	4.552
$ann(U)$	Annulator eines Unterraums U von E	4.605
$gns(S)$	Kerndurchschnitt eines Unterraums S von E^*	4.605
$rang(A)$	Rang einer Matrix A	4.607
$srang(A)$	Spaltenrang einer Matrix A	4.607
$zrang(A)$	Zeilenrang einer Matrix A	4.607
(A^*, b^*)	Gauß-Jordan-Matrix zu einer erweiterte Matrix (A, b)	4.616
$ew(A)$	Menge der Eigenwerte zu $\mathbb{R}$-Homomorphismus f_A	4.640
$er(c, f_A)$	Eigenraum zu Eigenwert c und $\mathbb{R}$-Homomorphismus f_A	4.640
BUCH^{MAT}5	GEOMETRIE (METRISCHE, VEKTORIELLE UND ANALYTISCHE GEOMETRIE)	
PE	Menge der Punkte einer Ebene	5.001
GE	Menge der Geraden der Ebene PE	5.001
$GE(S)$	Geradenbüschel mit gemeinsamem Punkt S	5.001
HE	Menge der Halbgeraden der Ebene PE	5.001
$HE(S)$	Halbgeradenbüschel mit Anfangspunkt S	5.001
$A, B, C, ...$	Punkte der Ebene PE	5.001
$g = g(A, B)$	Gerade zu Punkten $A, B \in PE, A \neq B$	5.001
$h = h(A, B)$	Halbgerade mit Anfangspunkt $A \in PE$	5.001
$d(A, B)$	Abstand der Punkte $A, B \in PE$	5.001
$s = s(A, B)$	Strecke mit den Endpunkten $A, B \in PE$	5.003
$M(s)$	Mittelpunkt der Strecke $s = s(A, B)$	5.003
$ms(s)$	Mittelsenkrechte zu der Strecke s	5.004
d_s	Länge einer Strecke s (insbesondere d_a, d_b, d_c im Dreieck)	5.003
(h, h')	Winkel zu Halbgeraden h, h' mit demselben Anfangspunkt	5.001, 5.002
(s, s')	Winkel zu Strecken s, s' mit demselben Anfangspunkt	5.002
(X, S, Y)	Winkel mit Scheitelpunkt S und Punkten $X \neq S, Y \neq S$	5.002
$wi(h, h')$	Winkel-Innenmaß (in Grad) zu dem Winkel (h, h')	5.001, 5.002
$wa(h, h')$	Winkel-Außenmaß (in Grad) zu dem Winkel (h, h')	5.002
$wh(h, h')$	Winkelhalbierende zu dem Winkel (h, h')	5.004
$wh(X, S, Y)$	Winkelhalbierende zu dem Winkel (X, S, Y)	5.004
$lot(A, g)$	Lotgerade zu g durch $A \notin g$	5.004
$g \perp g'$	Orthogonalität(srelation) für Geraden g, g'	5.004
$g \parallel g'$	Parallelität(srelation) für Geraden g, g'	5.004
$Par(g)$	Geradenbündel aller Geraden g' mit $g' \parallel g$	5.004
$e(A_1, ..., A_n)$	ebenes n-Eck mit den Eckpunkten $A_1, ..., A_n \in PE$	5.005

$v(A,B,C,D)$	Viereck mit den Eckpunkten $A,B,C,D \in PE$	5.018
$Fe(A_1,...,A_n)$	Fläche des ebenen n-Ecks $e(A_1,...,A_n)$	5.005
$Ae(A_1,...,A_n)$	Flächeninhalt des ebenen n-Ecks $e(A_1,...,A_n)$	5.005
$ink(A_1,...,A_n)$	Inkreis des ebenen n-Ecks $e(A_1,...,A_n)$	5.016
$umk(A_1,...,A_n)$	Umkreis des ebenen n-Ecks $e(A_1,...,A_n)$	5.014
$d(A,B,C)$	Dreieck mit den Eckpunkten $A,B,C \in PE$	5.013
$ms(a)$	Mittelsenkrechte zur Dreiecksseite a	5.014
$h(a)$	Höhe zur Dreiecksseite a durch A	5.015
$wh(a,b)$	Winkelhalbierende zu den Dreiecksseiten a,b	5.016
$wh(A)$	Winkelhalbierende zu den Dreiecks-Eckpunkt A	5.016
$sh(a)$	Seitenhalbierende zur Dreiecksseite a durch A	5.017
$k=k(M,r)$	Kreislinie (Kreissphäre) mit Mittelpunkt M und Radius r	5.022
$M(k)$	Mittelpunkt des Kreises k	5.022
$r(k) \in \mathbb{R}_0^+$	Radius des Kreises k	5.022
$Fk = Fk(M,r)$	Kreisfläche des Kreises $k = k(M,r)$	5.022
$Ak = Ak(M,r)$	Flächeninhalt des Kreises $k = k(M,r)$	5.022
$e(F_1,F_2,a)$	Ellipse mit Brennpunkten F_1, F_2 und großer Halbachse a	5.023
$h(F_1,F_2,a)$	Hyperbel mit Brennpunkten F_1, F_2 und Scheitelpunktabstand a	5.024
$p(F,L)$	Parabel mit Brennpunkt F und Leitlinie L	5.025
$pol^*(g,x)$	Pol zu Kegelschnitt-Figur x und Sekante g	5.023, 5.024, 5.025
$pol(P,x)$	Polare zu Kegelschnitt-Figur x und Punkt P	5.023, 5.024, 5.025
$G(a,b,c)$	Gerade als Relation mit Parametern a,b,c	5.042
$K(M,r)$	Kreis als Relation mit Mittelpunkt M und Radius r	5.050
$E(M,a,b)$	Ellipse als Relation mit Mittelpunkt M und Halbachsen(längen) a und b	5.052
$H(M,a,b)$	Hyperbel als Relation mit Mittelpunkt M und Halbachsen(längen) a und b	5.054
$P(S,p)$	Parabel als Relation mit Scheitelpunkt S und Parameter p	5.056
$T(C,a,b)$	Tangente an Ellipse/Hyperbel im Punkt C	5.052, 5.054
$N(C,a,b)$	Normale an Ellipse/Hyperbel im Punkt C	5.052, 5.054
$T(C,X)$	Tangente an Kreis/Parabel X im Punkt C	5.050, 5.056
$N(C,X)$	Normale an Kreis/Parabel X im Punkt C	5.050, 5.056
$pol(P,X)$	Polare zu Kegelschnitt-Figur X zu einem Punkt P	5.052, 5.054, 5.056
$\mathbb{V}$	$\mathbb{R}$-Vektorraum der Vektoren im dreidimensionalen Raum	5.102
$\mathbb{R}^3$	$\mathbb{R}$-Vektorraum der Vektoren in einem dreidimensionalen Koordinaten-System	5.106
(K_1, K_2, K_3)	Cartesisches Koordinaten-System mit Kooordinaten K_1, K_2, K_3	5.106
C_3, C_n	kanonische Basis $\{e_1, e_2, e_3\}$ von $\mathbb{R}^3$ bzw. $\{e_1,...,e_n\}$ von $\mathbb{R}^n$	5.106
$\|x\|$	Länge eines Vektors x	5.108
$x \perp y$	Orthogonalität zweier Vektoren $x \neq 0$ und $y \neq 0$	5.108
xy	Skalares Produkt zweier Vektoren x und y	5.108
x^0	normierter Vektor zu einem Vektor x ($\|x^0\| = 1$)	5.108
$wi(x,z)$	Winkel-Innenmaß zweier Vektoren $x \neq 0$ und $y \neq 0$	5.108
$x \times y$	Vektorielles Produkt zweier Vektoren x und y	5.110
$(x\ y\ z)$	Spatprodukt dreier Vektoren x, y und z	5.112
$\mathbb{R}x$	Menge aller $\mathbb{R}$-Produkte mit Vektor x	5.120
$d(p,G)$	Abstand eines Punktes p zu einer Geraden G	5.122
$G \parallel G'$	Parallelität zweier Geraden (Ebenen) G und G'	5.126
$G\ ws\ G'$	Windschiefheit zweier Geraden G und G'	5.126
$AF(\mathbb{V})$	Halbgruppe der affinen Funktionen	5.200
$AG(\mathbb{R}^3)$	Gruppe der regulär-affinen Funktionen	5.200, 5.202
$E(\mathbb{R}^3)$	Gruppe der äquiformen Funktionen	5.210, 5.212
$E^+(\mathbb{R}^3)$	Gruppe der gleichsinnig-äquiformen Funktionen	5.210, 5.212
$B(\mathbb{R}^3)$	Gruppe der Bewegungen (mit $M^t M = E$)	5.212, 5.220
$B^+(\mathbb{R}^3)$	Gruppe der eigentlichen Bewegungen (insbesondere $det(M) = 1$)	5.212, 5.220

$GL_1(3,\mathbb{R})$	Untergruppe der 1-regulären Matrizen in $Mat(3,\mathbb{R})$	5.208
$O_k(3,\mathbb{R})$	Untergruppe der k-orthogonalen Matrizen in $GL(3,\mathbb{R})$	5.210
$SL(3,\mathbb{R})$	Spezielle Lineare Gruppe in $GL(3,\mathbb{R})$	5.208
$SA(\mathbb{R}^3)$	Gruppe der Scherungs-affinen Funktionen	5.208
$T(\mathbb{R}^3)$	Gruppe der Translationen	5.202, 5.212
$DS_0(\mathbb{R}^3)$	Gruppe der Drehstreckungen (mit Zentrum 0)	5.212
$D_0(\mathbb{R}^3)$	Gruppe der Drehungen um einen Drehwinkel α mit Drehzentrum 0	5.212
$S_0(\mathbb{R}^3)$	Gruppe der Streckungen mit Streckfaktor $k > 0$ und Streckzentrum 0	5.212

BUCH^{MAT}6 STOCHASTIK (WAHRSCHEINLICHKEITS-THEORIE UND STATISTIK)

E^c	Gegenereignis zu E (mit $E^c = M \setminus E$ im Ergebnisraum M)	6.006
$\{E, E^c\}$	Minimalzerlegung zu $M = E \cup E^c$	6.006
1_E	Indikator-Funktion (Reduktion) zu Ereignis E	6.006
$E \Delta F$	Symmetrische Differenz (von Ereignissen E und F)	1.601, 6.006
$\sigma(T)$	von Teilmenge $T \subset M$ erzeugte Menge	6.008
$b = \{0, 1\}$	zweielementiger (binärer) Ergebnisraum	6.012
$ah(e, t)$	absolute Häufigkeit von e in $t = (t_1, ... t_n)$	6.014, 6.224
$rh(e, t)$	relative Häufigkeit von e in $t = (t_1, ... t_n)$	6.014, 6.224
pr_M, pr_B	Wahrscheinlichkeits-Maß, Wahrscheinlichkeits-Funktion	6.020, 6.040
(M, pr_M)	Wahrscheinlichkeits-Raum mit Wahrscheinlichkeit pr_M auf M	6.020
BX	Abkürzung für $Bild(X)$ einer Zufallsfunktion X	6.060
pX	Wahrscheinlichkeits-Verteilung zu einer Zufallsfunktion X	6.062
EX	Erwartungswert zu einer Zufallsfunktion X	6.064
VX	Varianz zu einer Zufallsfunktion X	6.066
$cov(X, Y)$	Covarianz zu Zufallsfunktionen X und Y	6.066
SX	Standardabweichung zu einer Zufallsfunktion X	6.066
dX	Dichte-Funktion zu einer Zufallsfunktion X	6.070
fX	(cumulative) Verteilungs-Funktion zu einer Zufallsfunktion X	6.072
(X, Y)	Gemeinsame Zufallsfunktion zu Zufallsfunktionen X und Y	6.074
$p(X \times Y)$	Produkt-Verteilung zu Zufallsfunktionen X und Y	6.080
$p(X + Y)$	Verteilung der Komplex-Summe zu Zufallsfunktionen X und Y	6.082
$sp(X, Y)$	Spurfunktion zu Zufallsfunktionen X und Y	6.080
$aa(A(f), A^*(f))$	absolute Abweichung bei Flächeninhalten	6.112
$ra(A(f), A^*(f))$	relative Abweichung bei Flächeninhalten	6.112
(B, pr_B)	Bernoulli-Raum über Binär-Raum $(b = \{0, 1\}, pr_b)$	6.120
T_k, A_k	bestimmte Ereignismengen bei Bernoulli-Räumen	6.122, 6.124
$pr(R_c)$	Risikomaß zu Abweichungstoleranz c	6.126
$pr(S_c)$	Sicherheitsmaß zu Abweichungstoleranz c	6.126
r_T, s_T	Tschebyschew-Risiko und Tschebyschew-Sicherheit	6.128
$(n)_k$	Teilfakultät zu $\binom{n}{k} = \frac{(n)_k}{(k)_k}$	6.142
$n!$	Fakultät zu $n \in \mathbb{N}_0$	1.806, 6.142
$\binom{n}{k}$	Binomialkoeffizient zu $n, k \in \mathbb{N}_0$	1.820, 6.142
$T(k, n)$	Menge der k-Tupel über $\underline{n} = \{1, ..., n\}$	6.142
$P(k, n)$	Menge der k-Permutationen über $\underline{n} = \{1, ..., n\}$	6.142
$K(k, n)$	Menge der k-Kombinationen über $\underline{n} = \{1, ..., n\}$	6.142
$M(k, n)$	Menge der k-Mengen über $\underline{n} = \{1, ..., n\}$	6.142
$B(n, p)$	Binomial-Verteilung mit Funktionswerten $B(n, p, k) = B(n, p)(k)$	6.160
$f(n, p)$	Cumulative Verteilungs-Funktion der Binomial-Verteilung	6.160
$H(N, K, n)$	Hypergeometrische Verteilung mit Funktionswerten $H(N, K, n, k)$	6.166
$f(N, K, n)$	Cumulative Verteilungs-Funktion der Hypergeometrischen Verteilung	6.166

U_{pre}, U_{post}	Prä-Ausführungs-Unsicherheit / Post-Ausführungs-Unsicherheit	6.206
$U(b, pr)$	Entropie des Wahrscheinlichkeits-Raums (b, pr)	6.206
$med(t)$	Median einer (geordneten) Urliste t	6.320
$am(t)$	Arithmetisches Mittel einer Urliste t	6.320
$gm(t)$	Geometrisches Mittel einer Urliste t	6.320
$hm(t)$	Harmonisches Mittel einer Urliste t	6.320
$mab(t)$	Mittlere Abweichung bei einer Urliste t	6.322
$sab(t)$	Standardabweichung bei einer Urliste t	6.322
$var(t)$	Varianz bei einer Urliste t	6.322
$pr_{card(E)}$	Wahrscheinlichkeits-Verteilung zu $X = ah(E, -)$	6.344
$f_{card(E)}$	Cumulative Verteilungs-Funktion zu $X = ah(E, -)$	6.344
B_n	Menge $\{0, ..., n = sl(t)\}$ der absoluten Häufigkeiten bei Stichproben t	6.344
α, β	Irrtumswahrscheinlichkeiten (1. Art, 2. Art)	6.346
H_0, H_1	Hypothese H_0 mit Gegenhypothese H_1	6.350
c	kritische Grenze bei Alternativ-Hypothesen	6.352

Die angegebenen Nummern gelten für die jeweils jüngste Version der bisher erschienenen Bände.

Namens-Verzeichnis Buch^{MAT}X

Abel, Niels Henrik .... 1802 - 1829
Ackermann, Wilhelm .... 1896 - 1926
d'Alembert, Jean Baptiste le Rond ... 1717 - 1783
al-Hwârâzmî (auch: al-Khwarizmi) .... 780? - 850
Aleksandrov, Pavel Sergejevich .... 1896 - 1982
Apollonius von Perge .... 262? - 190?
Archimedes von Syrakus .... 287 - 212
Archytas von Tarent .... 428 - 365
Argand, Robert .... 1768 - 1822
Aristoteles von Stagira .... 384 - 322
Artin, Emil .... 1898 - 1962
Babbage, Charles .... 1792 - 1871
Banach, Stefan .... 1892 - 1945
Bayes, Thomas .... 1702 - 1763
Benford, Frank .... 1883 - 1948
Bernays, Paul .... 1888 - 1962
Bernoulli, Daniel .... 1700 - 1782
Bernoulli, Jakob I .... 1654 - 1705
Bernoulli, Johann I .... 1667 - 1748
Bernoulli, Johann II .... 1710 - 1790
Bernoulli, Nikolaus I .... 1687 - 1759
Bernoulli, Nikolaus II .... 1695 - 1726
Bernstein, Sergej Natanovich .... 1880 - 1968
Bessel, Friedrich Wilhelm .... 1784 - 1846
Bienaimé, Irénée-Jules .... 1796 - 1878
Binet, Jaques .... 1786 - 1856
Bolzano, Bernhard .... 1781 - 1848
Bonferroni, Carlo Emilio .... 1892 - 1960
Boole, George .... 1815 - 1864
Borel, Émile .... 1871 - 1956
Bourbaki, Nicolas .... (Pseudonym)
Brahe, Tycho .... 1546 - 1601
Brouwer, Luitzen Egbertus Jan .... 1881 - 1966
Bruno, Giordano .... 1548 - 1600
Bürgi, Jost .... 1552 - 1632
Buffon, George-Louis Leclerc .... 1707 - 1788
Burali-Forti, Cesare .... 1861 - 1931
Cantor, Georg .... 1845 - 1918
Cardano, Geronimo .... 1501 - 1576
Carroll, Lewis .... 1832 - 1898
Cauchy, Augustin Louis .... 1789 - 1857
Cavalieri, Francesco Bonaventura .... 1598 - 1647
Cayley, Arthur .... 1821 - 1895
Courant, Richard .... 1888 - 1972
Cramer, Gabriel .... 1704 - 1752
Crelle, August Leopold .... 1780 - 1855
Cues, Nicolaus von .... 1401 - 1464
Dandelin, Pierre Germinal .... 1794 - 1847
Darbout, Gaston .... 1842 - 1917
Dedekind, Richard .... 1831 - 1916

Desargues, Girard .... 1593 - 1662
Descartes, René .... 1596 - 1650
Dini, Ulisse .... 1845 - 1918
Diophantus von Alexandria .... 280? - 230?
Dirac, Paul Andrien Maurice .... 1902 - 1985
Dirichlet, Peter Gustav Lejeune ...... 1805 - 1859
Doppler, Christian .... 1803 - 1853
Ehrenfest, Paul .... 1880 - 1933
Einstein, Albert .... 1879 - 1955
Epimenides .... 620? - 540?
Erastosthenes von Kyrene .... 276? - 194?
Erdös, Paul .... 1913 - 1996
Ettingshausen, Andreas Frh. von ..... 1796 - 1878
Eudoxos von Knidos .... 408? - 355?
Eukleidis (Euklid) von Alexandria ... 365? - 300?
Euler, Leonhard .... 1707 - 1783
Fermat, Pierre de .... 1601 - 1665
Feuerbach, Karl Wilhelm .... 1800 - 1834
Ferrari, Ludovico .... 1522 - 1565
Fibonacci (Leonardo von Pisa) ...... 1180? - 1250
Fitting, Hans .... 1896 - 1938
Fourier, Jean Baptiste Joseph de ..... 1768 - 1830
Fraenkel, Adolf Abraham .... 1891 - 1965
Frattini, Giovanni .... 1852 - 1925
Frege, Gottlob .... 1846 - 1925
Fresnel, Augustin Jean .... 1788 - 1827
Frobenius, Ferdinand Georg .... 1849 - 1917
Galilei, Galileo .... 1564 - 1642
Galois, Evariste .... 1811 - 1832
Galton, Francis (Sir) .... 1822 - 1911
Gauß, Carl Friedrich .... 1777 - 1855
Gödel, Kurt .... 1906 - 1978
Goldbach, Christian .... 1690 - 1764
Gompertz, Benjamin .... 1779 - 1865
Gram, Jørgen Pedersen .... 1850 - 1916
Graßmann, Hermann Günther .... 1809 - 1877
Graunt, John .... 1620 - 1674
Gregory, James .... 1638 - 1675
Grelling, Kurt .... 1886 - 1942
Guldin, Paul .... 1577 - 1643
Hadamard, Jacques .... 1865 - 1963
Halley, Edmund .... 1656 - 1743
Halmos, Paul Richard .... 1911 - 1977
Hamilton, William Rowan .... 1805 - 1965
Hasse, Helmut .... 1898 - 1979
Hausdorff, Felix .... 1868 - 1942
Heine, Eduard .... 1821 - 1881
Hermite, Charles .... 1822 - 1901
Heron von Alexandria .... um 75?
Hertz, Heinrich .... 1857 - 1894

Hesse, Otto	1811 - 1874	Proklos Diadochus	410 - 485
Hilbert, David	1862 - 1943	Protagoras	480? - 421
Hölder, Otto	1859 - 1937	Ptolemaios von Alexandria	85? - 165?
Hooke, Robert	1635 - 1703	Pythagoras von Samos	580? - 500
L'Hospital, Guillaume-François de	1661 - 1704	Raphson, Joseph	1652 - 1715
Horner, William George	1768 - 1837	Riemann, Georg Friedrich Bernhard	1826 - 1866
Huygens, Christiaan	1629 - 1695	Ries, Adam	1492 - 1559
Jacobi, Carl Gustav Jakob	1804 - 1851	Riesz, Frigyes	1880 - 1956
Jacobson, Nathan	1910 - 1999	Riesz, Marcel	1886 - 1969
Jordan, Camille	1838 - 1922	Rolle, Michel	1652 - 1719
Joule, James Prescott	1818 - 1889	Ruffini, Paolo	1765 - 1822
Kepler, Johannes	1571 - 1630	Russell, Bertrand	1872 - 1969
Klein, Felix	1849 - 1925	Schlömilch, Oskar	1823 - 1901
Kolmogoroff, Andrej Nikolajewitsch	1903 - 1987	Schmidt, Erhard	1876 - 1956
Kronecker, Leopold	1823 - 1891	Schreier, Otto	1901 - 1929
Krull, Wolfgang	1899 - 1971	Schröder, Ernst	1841 - 1902
Kummer, Ernst Eduard	1810 - 1893	Schwarz, Hermann Amandus	1843 - 1921
Kuratowski, Kazimierz	1896 - 1980	Simpson, Thomas	1710 - 1761
Lagrange, Joseph Louis	1736 - 1813	Skolem, Thoralf	1887 - 1963
Landau, Edmund	1877 - 1938	Snellius (Willebrord Snel van Royen)	1580 - 1626
Laplace, Piere Simon de	1749 - 1827	Steiner, Jakob	1796 - 1863
Lebesgue, Henri Léon	1875 - 1941	Steinitz, Ernst	1871 - 1928
Legendre, Adrien-Marie	1752 - 1833	Stifel, Michael	1487 - 1567
Leibniz, Gottfried Wilhelm	1646 - 1716	Stirling, James	1692 - 1770
Leonardo Fibonacci von Pisa	1180? - 1250	Stokes, George Gabriel	1819 - 1903
Leontief, Wassily	1906 - 1999	Stone, Charles Arthur	1893 - 1940
Levi, Beppo	1875 - 1961	Sylow, Ludwig	1832 - 1918
Lindemann, Carl Louis Ferdinand von	1852 - 1939	Sylvester, James Joseph	1814 - 1897
Liouville, Joseph	1809 - 1882	Tartaglia, Niccolò	1499 - 1557
Lipschitz, Rudolf	1832 - 1903	Taylor, Brooke	1685 - 1731
Lorentz, Hendrik Antoon	1853 - 1929	Thales von Milet	624? - 548?
Mach, Ernst	1838 - 1916	Tschebyschew, Pafnuti Lwovich	1821 - 1894
MacLaurin, Colin	1698 - 1746	Urysohn, Pavel Samuilovich	1898 - 1924
Malthus, Thomas	1766 - 1834	Vallée-Poussin, Charles Jean de la	1866 - 1962
Markow, Andrej Andrejevich	1856 - 1922	Vandermonde, Alexandre Théophile	1735 - 1796
Méré, Antoine Chevalier de	1610 - 1685	Verhulst, Pierre-François	1804 - 1849
Mersenne, Marin	1588 - 1648	Viète, François (Viëta)	1540 - 1603
Minkowski, Hermann	1864 - 1909	Waerden, Bartel Leendert van der	1903 - 1996
Mises, Richard von	1883 - 1953	Watt, James	1736 - 1819
Möbius, August Ferdinand	1790 - 1868	Wedderburn, Joseph Henry	1882 - 1948
Moivre, Abraham de	1667 - 1754	Weierstraß, Karl Theodor Wilhelm	1815 - 1897
Morgan, Augustus de	1806 - 1871	Weyl, Hermann	1885 - 1955
Neil, William	1637 - 1670	Wronski, Josef Maria	1775 - 1853
Neper (Napier), John	1550 - 1617	Zassenhaus, Hans	1912 - 1991
Neumann, John von	1903 - 1957	Zenon von Elea	490? - 430?
Newton, Isaac	1643 - 1727	Zermelo, Ernst	1871 - 1953
Noether, Emmy	1882 - 1935	Zorn, Max	1906 - 1993
Olivier, Auguste	1829 - 1876		
Ore, Oystein	1899 - 1968		
Pacioli, Luca	1445? - 1517		
Pascal, Blaise	1623 - 1662		
Peano, Guiseppe	1858 - 1932		
Pfaff, Johann Friedrich	1765 - 1825		
Picard, Emile	1856 - 1941		
Pólya, Georg	1887 - 1985		
Poincaré, Henri	1854 - 1912		
Poisson, Siméon Denis	1781 - 1840		

…
Stichwort-Verzeichnis buch^{MAT}X

$\forall_2$-elementare Äquivalenz	4.382
$\forall_2$-Sätze	4.382
$\underline{a}$-adische Topologie	4.448
$\underline{a}$-Komplettierung	4.448
$\underline{a}$-Toplogie	4.448
A-Automorphismus	4.002
A-Endomorphismus	4.002
A-balancierte Funktion	4.076
A-bilineare Fortsetzung	4.072
A-bilineare Funktion	4.070
A-Cokomplex / A-Komplex	4.302
– exakter A-Cokomplex / A-Komplex	4.310
A-homogene Funktion	4.002
A-Homomorphismus	1.402, 4.002
– assoziierter A-Homomorphismus	4.048
– rein-homomorpher A-Homomorphismus	4.362
– rein-injektiver A-Homomorphismus	4.166
– rein-w-injektiver A-Homomorphismus	4.192
– c-rein-injektiver A-Homomorphismus	4.192
– rein-surjektiver A-Homomorphismus	4.166
– split-homomorpher A-Homomorphismus	4.342
– split-injektiver A-Homomorphismus	4.034
– split-surjektiver A-Homomorphismus	4.034
– w-injektiver A-Homomorphismus	4.150
– w-surjektiver A-Homomorphismus	4.150
A-Homomorphismen und Matrizen	4.041, 4.042
A-Isomorphismus	1.402
A-Komplex / A-Cokomplex	4.302
– exakter A-Komplex / A-Cokomplex	4.310
A-Modulu $Abb(X,E)$	4.002
A-Moduln $Hom_A(E,F)$	4.020, 4.022
A-Moduln $Hom_A(A,E)$	4.023
A-Modul	4.000
– algebraisch kompakter A-Modul	4.192
– c-kompakter A-Modul	4.192
– artinscher A-Modul	4.121, 4.126
– balancierter A-Modul	4.112
– bidualer A-Modul E^{**}	4.026, 4.424
– cohärenter A-Modul	4.177
– divisibler A-Modul	4.052
– dualer A-Modul E^*	4.025, 4.424
– einfacher A-Modul	4.038
– endlich-erzeugbarer A-Modul	4.042, 4.050
– endlich-präsentierbarer A-Modul	4.162
– c-erzeugbarer A-Modul	4.050
– endlich-präsentierbarer A-Modul	4.162
– flacher A-Modul	4.160, 4.170
– freier A-Modul	4.042, 4.046, 4.048, 4.408
– halb-einfacher A-Modul	4.038, 4.116
– halb-injektiver A-Modul	4.160, 4.180
– injektiver A-Modul	4.130, 4.140
– monogener A-Modul	4.046
– noetherscher A-Modul	4.050, 4.121, 4.126
– projektiver A-Modul	4.130, 4.132
– Radikal-freier A-Modul	4.106
– rein-injektiver A-Modul	4.192
– c-rein-injektiver A-Modul	4.192
– rein-projektiver A-Modul	4.190
– torsionsfreier A-Modul	4.052
– treuer A-Modul	4.004, 4.112
– uniform-cohärenter A-Modul	4.394
– unzerlegbarer A-Modul	4.121
– ultraprojektiver A-Modul	4.198
– zyklischer A-Modul	4.050
– 1-injektiver A-Modul	4.194
– o-injektiver A-Modul	4.194
– c-injektiver A-Modul	4.194
– c-halb-injektiver A-Modul	4.194
– T-injektiver A-Modul	4.194
– T-ultraprojektiver A-Modul	4.198
A-Multiplikation/-produkt	4.000
A-Quotientenmodul	4.006
– reiner A-Quotientenmodul	4.166
A-Translation	4.302
– Homotopie von A-Translationen	4.306
A-Untermodul	4.004
– elementarer A-Untermodul	4.380
– großer A-Untermodul	4.116, 4.150
– kleiner A-Untermodul	4.150
– maximaler A-Untermodul	4.050
– reiner A-Untermodul	4.166
– Erzeugung von A-Untermoduln	4.040
– Folgen von A-Untermoduln	4.120
(A,B)-Bimodul	4.000
(A,k)-Sesquilineare Funktionen	4.074
(A,k)-Sesquilinearform	4.074
Abbildungen (siehe: Funktionen)	1.130
Abbildungskegel (einer Translation)	4.308
Abbildungsmatrix	4.062, 4.560
Abbildungssätze	1.142
Abel, Satz von	2.621
Abel-Ruffini, Satz von	1.678
Abelsche und nicht-abelsche Gruppen	1.501, 1.508
Abgeleitete Funktoren	4.314, 4.316, 4.320
Abgeschlossene Hülle	2.407
Abgeschlossene Systeme	1.801
Abhängigkeit (Binär-Merkmale)	6.230
Ablehnungsbereich (bei Hypothesen)	6.346
Ableitung (bei Differentiation)	2.303
Ableitung (bei Funktoren)	4.314
Ableitungspolynom	1.666
Ableitungsfunktion (bei Differentiation)	2.303
Abschreibung	1.258
– degressive Abschreibung	1.258
– Ertrags-bedingte Abschreibung	1.258
– konstante Abschreibung	1.258
– progressive Abschreibung	1.258
Abschreibungsplan	1.258

Absolute Häufigkeit	6.014
Abstand (bei Punkten)	5.001, 5.042
Abstands-Funktion	5.001, 5.108
Abzinsung(sfaktor)	1.256
Ackermann-Funktion	1.808, 2.014
Addition von Morphismen (bei Kategorien)	4.412
Addition von Reihen	2.130
Additive Funktion (bei exakten Sequenzen)	4.447
Additivität (Wahrscheinlichkeits-Maße)	6.020
Adjungierte Matrix	1.781
Adjungiertes Paar additiver Funktoren	4.078
Adjunktion bei Ringen	1.641
Ähnliche Figuren	5.007
Ähnliche Funktion	5.210
Ähnliche Matrizen	4.643
Ähnlichkeits-Abbildung	5.007
Ähnlichkeits-Funktion (Geometrie)	5.094
Ähnlichkeits-Funktion (geordnete Mengen)	1.312
Ähnlichkeits-Sätze	5.007
Äquiforme Funktion	5.210
Äquivalente Matrizen	4.643
Äquivalenz von Aussagen	1.012
Äquivalenz (bei Funktoren)	4.420
Äquivalenz-Relationen (-klassen)	1.140
Äußere Komposition	1.401, 4.000
Alexander, Satz von	2.434
Affine Funktion (Affinität)	5.200, 5.202
Affine Gruppe	5.200
Algebra der Mengen (Mengenalgebra)	1.102
Algebra der Schaltnetze (Schaltalgebra)	1.080
Algebra der Signal-Verarbeitung	1.081
Algebraische Abgeschlossenheit von $\mathbb{C}$	1.889
Algebraische Strukturen	1.401, 1.403, 1.405
Algebraische Strukturen auf Teilmengen	1.404
Algebraische Zahlen	1.865
Algebren	1.715
Allgemeine Kegelschnitt-Relationen	5.058
Allgemeine Urnen-Modelle	6.176
Allquantor $\forall$	1.016
Alphabet (Quell-, Ziel-Alphabet)	1.180
Alternierende Gruppe	1.526
Amplitude/Amplitudenfaktor	1.240, 1.280
Annahmebereich (bei Hypothesen)	6.346
Angeordnete Körper	1.730
Angeordnete Ringe	1.614
Angeordnete algebraische Strukturen	1.430
Anlagegeschäft/-vertrag	1.255
Annihilator	1.605, 4.004, 4.046
Annuität/Annuitätenschuld	1.258
Annulator eines Unterraums	4.605
Antinomien der Mengen-Theorie	1.108, 1.352, 1.828
Antitone Funktionen	1.311
Antivalenz	1.012, 1.014
Antizipative Verzinsung	1.256
Anzahlorientierte *Bernoulli*-Experimente	6.122
Apollonius-Kreise	5.008
Approximationssatz von *Stone-Weierstraß*	2.438
Approximationssatz von *Weierstraß*	2.438
Approximierbare Funktionen	2.301, 2.438
Arbeit/Leistung (Physik)	1.277, 5.140
Archimedes, Satz von	1.321
Archimedizität von $\mathbb{Q}$ und $\mathbb{R}$	1.321
Archimedes-Körper	1.732, 2.060
Archimedes-Menge	1.321
Arcus-Funktionen	2.184
Area-Funktionen	2.184
Argumentweise konverg. Folge $\mathbb{N} \longrightarrow Abb(T, \mathbb{R})$	2.082
Arithmetik der Dualzahlen	1.812
Arithmetische und Geometrische Folgen	2.011
Arithmetisches Mittel	6.064, 6.232
Aspekte der Informationstheorie	6.200
Asymptotische Funktionen	2.905
Attraktor / Repellor	2.370
– Einzugsbereich eines Attraktor	2.370
– Stabilitätsbereich	2.370
Attribute, Attributmengen	1.190, 1.191
Aufzinsung(sfaktor)	1.256
Auflösbare Gruppe	1.546
Auflösung eines A-Moduls	4.310
– freie, projektive, flache Auflösung	4.310
– injektive, halb-injektive Auflösung	4.310
– homologische/cohomologische Auflösung	4.310
– rein-injektive Auflösung	4.330
– rein-projektive Auflösung	4.330
– Länge einer Auflösung	4.330
Aussagen / Logik	1.010, 1.012, 1.014
Austauschsatz von *Steinitz-Graßmann*	4.512
Auswahl-Axiom	1.331, 1.828
Auswertungs-Funktion (Polynom-Ringe)	1.641
Auswertungs-Funktion (Stochastik)	6.100
Automaten (bei Kategorien)	4.404
Automorphismus	1.451, 1.502, 1.670
– innerer Automorphismus	1.502
– K-relativer Automorphismus	1.670
Axiomatische Methode	1.300

B

Baer, Satz von (Test-Theorem)	4.140
Bahn einer G-Menge	1.552
Bahngeschwindigkeit (Physik)	1.274
Banach-Räume	2.424
Barwert (Kapitalwirtschaft)	1.256
Basis (bei A-Moduln)	4.042
Basis (bei K-Vektorräumen)	4.510
Basis (Existenz) bei A-Moduln	4.044, 4.046
Basis (Kennzeichnung) bei A-Moduln	4.044, 4.046
Basis (einer Topologie)	2.415
Basis (Vektorraum/Geometrie)	5.104
Basisergänzungssatz	4.512
Basis-Transformation	4.570
Bass, Satz von	4.173
Bayes, Satz von	6.040, 6.042
Bedingte Wahrscheinlichkeit	6.040
Benfordsches Gesetz	6.022
Bernoulli, Satz von	6.130
Bernoulli-Experimente	6.120
– Anzahl-orientierte *Bernoulli*-Experimente	6.122
– Komponenten-orientierte *Bernoulli*-Experimente	6.124
Bernoulli-Präsentation	6.120
Bernoulli-Raum	6.120
Bernoulli-Verteilung	6.160
Bernoullische Ungleichung	1.803
Beschleunigung (Physik)	1.272

Beschränkte Folgen $\mathbb{N} \longrightarrow \mathbb{R}$ 2.044
Beschränkte Funktionen 1.323
Beschränkte Mengen 1.320
Beschränkte Mengen von Zahlen 1.321
Beschränkte Mengen von Funktionen 1.322
Beschreibende Statistik 6.300
Betrags-Funktion $T \longrightarrow \mathbb{R}$ 1.207
Betrags-Funktion auf Ringen 1.616
Beugung von Wellen 1.287
Bewegung (Funktion) 5.006, 5.220, 5.230
– gerade/eigentliche Bewegung 5.006, 5.224
– ungerade/uneigentliche Bewegung 5.006, 5.226
Bewegung (in der Physik) 1.272
– gleichförmige Bewegung 1.272
– periodische Bewegung 1.280
– Kreis-Bewegungen 1.274, 1.278
– Wurf-Bewegungen 1.273, 1.278
Beweise mit dem Induktionsprinzip 1.802
Beweisen / Beweismethoden 1.018
Bewertungsring 4.448
Bezier-Bänder 2.331
Bezier-Funktionen $T \longrightarrow \mathbb{R}^2$ 5.087
Bezier-Kreise und -Ellipsen 5.088
Bezier-Kurven in LaTeX 5.089
Bezugsplan/Sparplan 1.257, 1.258
Bezugsrente 1.258
Bezugssystem (Physik) 1.272
Bidualer A-Modul 4.026
Bifunktor 4.428
Bienaimé-Tschebyschew, Satz von 6.066
Bijektive Funktionen 1.132
Bild/Cobild (bei Kategorien) 4.407
Bildfolgen 2.002
Bildkategorie 4.420
Bildmengen 1.130, 2.041
Bilineare Fortsetzung 4.072
Binär-Codierung 1.181, 6.143
Binär-Merkmal 6.230
Binär-Verteilung 6.062
Binet-Darstellung 2.017
Binomialkoeffizient 1.820, 2.382, 6.142
Binomial-Verteilung 6.160, 6.344
Binomische Formeln 1.820, 6.142
Binomische Reihe 2.382
Blocklängen linearer Kongruenz-Generatoren 2.033
Blocklängen multiplik. Kongruenz-Generatoren 2.032
Blocklängen von Kongruenz-Generatoren 2.031
Bogenlänge (einer Kurve) 5.083
Bolzano-Weierstraß, Satz von 2.048, 2.412
Bonferroni, Ungleichung von 6.022
Boolesche Algebra 1.460
– geordnete Boolesche Algebra 1.466
Boolesche Situationen 1.084, 1.464
Borelsche Meßräume 6.033
Brechung von Wellen 1.287
Bremsfaktor/Impulsfaktor (Verhulst-Parabel) 2.012
Brennpunkt (Kegelschnitt-Figuren) 5.023, 5.024, 5.024
Buchwert (Abschreibung) 1.258
Burali-Forti, Antinomie von 1.340

C

Cartesische Produkte Algebraischer Strukturen 1.410
Cartesische Produkte von Funktionen 1.130
Cartesische Produkte von Mengen 1.110, 1.160
Cartesisches Koordinaten-System 1.130, 5.040
Cantor, Satz von 1.340
Cantor-Körper 2.063
Cantor-Komplettierungen 2.063
Cantor-komplette metrische Räume 2.403
Cantor-Menge / *Cantor*-Staub 2.374, 2.378
Cantor, Satz von 1.340
Cantorsche Ordinalzahlreihe 1.352
Cantorsches Diagonalverfahren 1.343
Cantorsches Paradoxon 1.340
Cartesisches Koordinaten-System 5.106
Cauchy, Satz von 2.112, 2.621
Cauchy-Folgen $\mathbb{N} \longrightarrow K$ 2.064
Cauchy-Kriterium für Summierbarkeit 2.112
Cauchy Multiplikation/ Produkt 2.103, 2.104
Cauchy-konvergente Folgen $\mathbb{N} \longrightarrow \mathbb{Q}$ 2.051
Cauchy-konvergente Folgen $\mathbb{N} \longrightarrow \mathbb{R}$ 2.050
Cauchy-konvergente Folgen in metrischen Räumen ... 2.403
Cauchy-Hadamardsche Testfolge 2.160
Cauchy-Schwarzsche Ungleichung 4.660, 4.662
Cayley, Satz von 1.503, 1.524
Chaos / Chaos-Theorie 2.373
Charakter-Modul 4.146
Charakteristik Ringe/Körper 1.630
Charakteristisches Polynom (Funktion) 4.640
Cobild/Cokern (bei A-Moduln) 4.006
Codes und Codierungen 1.180, 1.184, 1.185, 6.202
Codes und Codierungen (Berechnungen) 1.823
Codiagonal-Morphismus 4.410
Cofinale Abschnitte 2.413
Cofunktor (contravariant) / Funktor 4.420
Cohomologie-/Homologie-Funktor 4.304
Cohomologie-/Homologie-Modul 4.304
Cokern/Cobild (bei A-Moduln) 4.006
Cokern/Kern (bei Kategorien) 4.414
Colimes (induktiver Limes) bei A-Moduln 4.090
Colimes (bei Kategorien) 4.450
– filtrierender Colimes 4.454
– Colimes als Funktor 4.456
Coprodukt (bei A-Moduln) 4.030
Coprodukt (bei Kategorien) 4.410
Coretraktion (Coretrakt) 4.414, 4.440
Covarianz 6.066

D

D-Menge 2.454
Dandelin-Kugeln 5.021
Darstellungs-Funktoren 4.420
Darstellungssysteme für $\mathbb{N}_0$ 1.808, 1.822, 1.823
Datenbanken 1.190
Daten-Konzeption, -Erfassung 6.300
De Morgansche Regeln 1.102
Dedekind-Axiome für $\mathbb{N}$ 1.811
Dedekind-Körper $\mathbb{R}$ 1.864
Dedekind-Körper und -Komplettierungen 1.735
Dedekind-Komplettierung von $\mathbb{Q}$ 1.861

Dedekind-Komplettierungen (Körper)	1.735
Dedekind-Komplettierungen (Mengen)	1.325
Dedekind-Mengen	1.325
Dedekind-Schnitte	1.325, 1.860
Delisches Problem	1.684
Descartessches Blatt	5.085
Determinanten über $Mat(n, \mathbb{R})$	1.781
Determinanten-Entwicklungs-Satz	1.781
Determinanten-Funktion	1.783
Determinanten-Produkt-Satz	1.783
Dezimaldarstellung reeller Zahlen	2.170
Diagonalmatrix	4.510, 4.641
Diagonal-Einbettung	4.098
Diagonal-Morphismus	4.410
Diagonalisierbare Matrix	4.644
Diagramme (kommutative Diagramme)	1.131
Dichte Teilmenge	1.321, 1.732
Dichte-Funktion	6.070
Dieder-Gruppe	1.526
Differentialgeometrie	5.080
Differentialgleichungen	2.800
– lineare Differentialgleichungen	2.801
– homogene/inhomogene Differentialgleichungen	2.801
– mit Zusatzbedingungen	2.801
– nicht-lineare Differentialgleichungen	2.804
– Differentialgleichungen der Ordnung 1	2.802
– Differentialgleichungen der Ordnung 2	2.806
Differentialoperator	2.801
Differentialquotient	2.303
Differentiation als Funktion	2.303
Differentiation und Integration	2.303
Differenz (mengentheoretische Differenz)	1.102
Differenzkern/Differenzcokern	4.414
Differenzenquotient	2.303
Differenzierbare Funktionen	2.300
Differenzierbare Funktionen $I \longrightarrow \mathbb{R}$	2.303, 2.304, 2.305
Differenzierbare Funktionen $\mathbb{R} \longrightarrow \mathbb{R}^m$	2.450
Differenzierbare Funktionen $\mathbb{R}^n \longrightarrow \mathbb{R}$	2.452
Differenzierbare Funktionen $\mathbb{R}^n \longrightarrow \mathbb{R}^m$	2.454
Differenzierbarkeit elementarer Funktionen	2.311
Differenzierbarkeit inverser Funktionen	2.307
Differenzierbarkeit trigonometrischer Funktionen	2.314
Dimension von Moduln	4.330
– projektive, flache Dimension	4.330
– injektive, halb-injektive Dimension	4.330
– $T_\bullet$-Dimension / $T^\bullet$-Dimension	4.330
Dimension von Ringen	4.332
– c-globale / c-schwach-globale Dimension	4.332
– globale / schwach-globale Dimension	4.332
– $T_\bullet$-globale Dimension / $T^\bullet$-globale Dimension	4.332
Dimensionssätze (bei Vektorräumen)	4.534
Dini, Satz von	2.436
Dirac-Funktion	1.206, 2.203
Direkte Familie (bei A-Moduln)	4.030
Direkte Familie (bei Gruppen)	1.512
Direkte Summe von A-Moduln	4.030, 4.031, 4.032, 4.408
Direkte Summe von Gruppen	1.512
Direkte Summe von Mengen	6.006
Direkte Zerlegung von A-, K-Moduln	4.034, 4.514
Direkter Summand (bei A-, K-Moduln)	4.034, 4.514
Direktes Komplement (bei A-, K-Moduln)	4.034, 4.514
Direktes Produkt Geordneter Gruppen	1.585
Direktes Produkt von A-Moduln	4.030, 4.031, 4.032, 4.408
Direktes Produkt von Gruppen	1.510
Direktes Produkt von Ringen	1.610
Direktes Produkt von Zufallsfunktionen	6.213
Dirichlet, Satz von	2.621
Dirichlet-Funktion	1.206, 2.203
Disjunktion von Aussagen	1.012
Diskontsatz	1.255
Diskrete Bewertung	4.448
Diskursive Verzinsung	1.256
div/mod (Funktionen)	1.837
Divergenz von Folgen	2.049
Divisionsalgebren	1.717, 1.891
Divisionsring (Schiefkörper)	4.054
Doppelpunkt (einer Kurve)	5.082
Doppler-Prinzip, -Effekt	1.288
Drehsinn/Drehrichtung	5.006
Drehspiegelung	5.226
Drehstreckung	5.007, 5.210
Drehung (Funktion/Ebene)	5.006
Drehungen von Funktionen	1.888
Dreieck	5.007, 5.013, 5.045
– ähnliche Dreiecke	5.007
– perspektiv-ähnliche Dreiecke	5.007
– spezielle Dreiecke	5.013
– Flächeninhalt	5.045
– als Relation	5.045
Dreiecksungleichung	2.401, 2.420, 5.001
Dreiteilung eines Winkels	1.684
Dualdarstellung natürlicher Zahlen	1.808
Duale A-Moduln	4.025
Dualzahlen (Arithmetik)	1.823
Durchmesser (bei metrischen Räumen)	2.408
Durchschnitt (bei Kategorien)	4.407
Durchschnitt (bei Mengen)	1.102

E

EAN-Codierungen	1.184
Ebene (Metrische Geometrie)	5.001
Ebene (Relationale Analytische Geometrie)	5.042
Ebene (Vektorielle Analytische Geometrie)	5.110
Ebene und räumliche Figuren	5.005
Ebene in (Hessescher) Normalform	5.140, 5.142
Ebene in Koordinatenform	5.140, 5.142
Ebene in Parameterform	5.140, 5.142
Ebenenbündel/-büschel	5.154
Effektive Zinssätze	1.256
Ehrenfest, Modell von	6.150
Eigenraum	4.640
Eigentliche Bewegung	5.224, 5.230
Eigenfrequenz/Erregerfrequenz	1.283
Eigenvektor	4.640
Eigenwert	4.640
Einbettung (bei Funktoren)	4.420
Einbettung $\mathbb{N} \longrightarrow \mathbb{Z}$	1.833
Einbettungen $\mathbb{Q} \longrightarrow K$ in Körper K	1.731
Einfache Gruppe	1.503, 1.528
Einfacher A-Modul	4.038
Einheit (bei Ringen)	1.622, 4.102
Einheitswurzeln	1.520, 1.668, 1.885
– primitive Einheitswurzeln	1.522, 1.668

Einzahlungsrente	1.257
Element (von Mengen)	1.101
– algebraisches Element	1.646
– G-invariantes Element	1.670
– größtes, kleinstes Element	1.320, 1.321
– idempotentes Element	4.110
– inverses, links-, rechtsinverses Element	1.501
– konjugierte Elemente	1.540
– maximales, minimales Element	1.320, 1.321
– neutrales, links-, rechtsneutrales Element	1.501
– nilpotentes Element	4.102
– streng nilpotentes Element	4.102
– orthogonales Element	4.607, 4.664
– primitives Element	1.662
– reduzibles/irreduzibles Element	1.648
– reguläres Element	4.110
– separables/inseparables Element	1.666
– transzendentes Element	1.646
– von-Neumann-reguläres Element	4.110
– Primelement (bei Ringen)	1.648
– als obere/untere Schranke	1.320, 1.321
– als Supremum, Infimum	1.320, 1.321
Elementare Abgeschlossenheit	4.380
Elementare Äquivalenz	4.380
Elementare Definierbarkeit	4.380
Elementare Einbettung	4.380
Elementare Sätze	1.030, 4.380
Elementare Sprache	4.380
Elementare Theorie	4.380
Elementare (Äquivalenz-)Umformungen	4.616
Elementare Urnen-Auswahl-Modelle	6.170
Elementare Urnen-Verteilungs-Modelle	6.173
Elementare Zahlentheorie	1.836
Elementare Zerlegung	4.381
Elementarer Abschluß	4.386
Elementarer Untermodul	4.380
Elementarereignis	6.006
Ellipse (und Kreis)	5.023
– als Relation	5.050, 5.052
– als Kurven-Funktion	5.084
Endlich-dimensionaler K-Vektorraum	4.530
Endlich-erzeugbarer A-Modul	4.042, 4.050, 4.530
Endliche Gruppen	1.520
Endliche Mengen	1.101, 1.801
Endomorphismus	1.451, 1.502, 4.002
Endomorphismenring	4.000
– primitiver Endomorphismenring	4.112
Energie (Physik)	1.278
Energieerhaltungs-Satz	1.278
Entropie (Wahrscheinlichkeits-Raum)	6.202
Entscheidungsregel (bei Hypothesen)	6.346
Entwicklungspunkt (*Taylor*-Reihe)	2.381
Entwicklungssatz von *Graßmann*	5.112
Epimorphes Bild (bei Kategorien)	4.407
Epimorphismus (in Kategorien)	4.406, 4.441
– wesentlicher Epimorphismus	4.441
Ereignis	6.006
– sicheres Ereignis	6.006
– unmögliches Ereignis	6.006
– Elementarereignis	6.006
– Gegenereignis	6.006
Ereignisraum	6.006
Ergebnisraum	6.004
– Produkte von Ergebnisräumen	6.008
Erhebung von Daten (Statistik)	6.300, 6.302
Erlanger Programm	5.238
Erwartungswert von Zufallsfunktionen	6.064
Erweiterung $\mathbb{R}^*$ von $\mathbb{R}$	1.869
Erweiterungs-Körper	1.662
Erzeugendensystem (bei A-, K-Moduln)	4.042, 4.510
Erzeugendensystem (bei Ereignisräumen)	6.008
Erzeugendensystem (bei Gruppen)	1.514
Erzeugung injektiver Funktionen (Abbildungssätze)	1.142
Euklid, Satz des (Geometrie)	5.108
Euklidische Darstellung / Division	1.644, 1.837
Euklidischer Divisionsalgorithmus	1.838
Euklidische Funktionen *div* und *mod*	1.837
Euklidische (Natürliche) Metrik	2.402, 5.108
Euklidische Norm	2.420, 4.644
Euklidischer Raum	2.402, 2.420, 4.660, 5.108
Euklidische Räume V und $\mathbb{R}^3$	5.104
Euler, Satz von	2.461
Euler-Darstellung von $\mathbb{C}$	1.884
Euler-Gerade	5.017, 5.045
Euler-Lagrange, Satz von	1.520
Euler-Funktion	1.523, 1.684
Eulersche Polyeder-Formel	5.005
Eulersche Reihe	2.172
Eulersche Zahl e	2.044, 2.160, 2.182
Exakte A-*mod*-Sequenz	4.010
Exakte K-*mod*-Sequenz	4.515
Exakte Sequenz (in abelschen Kategorien)	4.418
Existenzquantor $\exists$	1.016
Explosives Wachstum	2.818
Exponentielles Wachstum	2.812
Exponenten-Folge (Potenz-Reihen)	2.160
Exponential-Funktionen	1.250, 2.182, 2.233, 2.813
Extensionsabbildung/-produkt	4.320
Extrema und Wendepunkte	2.333, 2.336
Exzentrizitäten (Kegelschnitt-Figuren)	5.023, 5.024, 5.025

F

Fadenpendel/Federpendel	1.282
Fakultät	1.808, 6.142
Federkonstante	1.282
Fehler (1. Art, 2. Art)	6.346
Feigenbaum-Konstante	2.373
Feigenbaum-Relation	2.373
Fermat, Kleiner Satz von	1.522
Fermatsche Primzahlen	1.684, 1.840
Feuerbach-Kreis	(S) 5.017
Fibonacci-Folgen $\mathbb{N} \longrightarrow \mathbb{C}$	2.017
– spezielle *Fibonacci*-Folge $\mathbb{N} \longrightarrow \mathbb{R}$	1.808, 2.016
Figur (Geometrie)	5.005
– ähnliche Figuren	5.007
– perspektiv-ähnliche Figuren	5.007
Filter/Filterbasis	2.413, 4.098
Filterprodukt/-potenz	4.098, 4.166
finale Abschnitte	1.332
Finales Objekt (bei Kategorien)	4.408
Fitting, Lemma von	4.121
Fittingsche Zahl/Zerlegung	4.121
Fixgerade	5.006, 5.222

Fixpunkt (Funktionen)	2.370
– abweisender Fixpunkt	2.370
– n-Fixpunkt	2.370
– Fast-n-Fixpunkt	2.370
– 2-Fixpunkt	2.372
Fixpunkt/Fixelement	5.006, 5.222
Fixpunktgerade	5.006, 5.222
Fixpunkte von Bewegungen	5.222, 5.230
Fixpunkt-Sätze	2.217, 2.263
Flächen-Inhalte (Berechnung mit Integralen)	2.620
Flächeninhalts-Problem	2.601
Folgen $\mathbb{N} \longrightarrow M$	2.001, 4.552
– als Bildfolgen	2.002, 2.041
– als Mischfolgen	2.002, 2.041
– als Teilfolgen	2.002, 2.041
– als k-Zerlegung	2.002, 2.041
– in expliziter Darstellung	2.010
– in rekursiver Darstellung	2.010
– von Untermoduln	4.120
– stationäre Folge von Untermoduln	4.121
Folgen $\mathbb{N} \longrightarrow M$ mit Ordnungs-Eigenschaften	2.003
Folgen $\mathbb{N} \longrightarrow \mathbb{C}$	2.070, 2.071
Folgen $\mathbb{N} \longrightarrow \mathbb{R}$	2.001
– absolut-summierbare Folgen	2.110
– alternierende Folgen	2.003
– arithmetische Folgen	2.011
– beschränkte Folgen	2.006, 2.044
– *Cauchy*-konvergente Folgen	2.050
– geometrische Folgen	2.011
– konvergente Folgen	2.040
– konvergente Folgen von Funktionen	2.080
– monotone und antitone Folgen	2.003
– summierbare Folgen	2.110
– mit Häufungspunkten	2.048
– finale und cofinale Abschnitte von Folgen	2.003
– Strukturen für Folgen	2.006
– Strukturen für beschränkte Folgen	2.006
– Strukturen für konvergente Folgen	2.045
– Folgen und Filter(basen)	2.413
Folgen und Reihen	2.000
Form-Änderungen von Funktionen	1.260, 1.264
Form-/Lage-Änderungen als Funktionen	1.266
Formeln / Sätze	1.016
Fortsetzung einer Funktion	1.130, 1.322
– bilineare Fortsetzung	4.072
– lineare Fortsetzung	4.044
Fortsetzungsproblem	4.130
Fraktale Dimension von Kurven	5.094
Fraktale Dimension physikalischer Objekte	5.095
Frattini-Filter	1.505
Fréchet-Filter	4.098
Fréchet-Filterbasis	2.413
Freier A-Modul	4.042, 4.046, 4.048, 4.408
Freier Fall	1.278
Frequenzfaktor / Frequenz (Physik)	1.240, 1.274
Fresnel-Integral	2.621
Frobenius, Satz von	1.717
Frobenius-Funktion	1.668
Frobenius-Matrix	4.640, 4.641
Fundamentalsatz der Algebra	1.886
– der Elementaren Zahlentheorie	1.840
Funktion (Abbildung)	1.130

– A-balancierte Funktion	2.916
– N-balancierte Funktion	2.916
– A-balancierte Funktion	4.076
– A-bilineare Funktion	4.070
– A-homogene Funktion	1.402, 4.002
– A-homomorphe Funktion	1.402, 4.002
– A-isomorphe Funktion	1.403, 4.002
– (A, k)-sesquilineare Funktion	4.074
– (A, k)-semihomomorphe Funktion	4.074
– ähnliche Funktion	5.210
– äquiforme Funktion	5.210
– affine Funktion	5.200, 5.202
– antitone Funktion	1.311, 1.324
– beschränkte Funktion	1.323
– bijektive Funktion	1.132
– differenzierbare Funktion	2.300, 2.303
– gerade/ungerade Funktion	1.202
– homogene Funktion	2.460
– identische Funktion	1.130
– induzierte Funktionen auf Quotientenmengen	1.142
– induzierte Funktionen auf Potenzmengen	1.151, 5.006
– injektive Funktion	1.132, 1.142
– inverse und invertierbare Funktion	1.133
– integrierbare Funktion	2.503
– konstante Funktion	1.130
– konstant asmptotische Funktion	2.347
– konvexe Funktion	2.340
– natürliche Funktion (Quotientenmengen)	1.140
– offene Funktion	2.408, 2.418
– rationale Funktion	1.236, 1.237, 2.320, 2.930
– regulär-affine Funktion	5.200, 5.202
– *Riemann*-integrierbare Funktion	2.600, 2.603
– Scherungs-affine Funktion	5.208
– semihomomorphe Funktion	4.074
– singulär-affine Funktion	5.200, 5.206
– stetig differenzierbare Funktion	2.303
– surjektive Funktion	1.132
– symmetrische Funktion	4.072
– topologische Funktion	2.418
– trigonometrische Funktion	1.240, 2.184
– ungerade/gerade Funktion	1.202
– Cartesisches Produkt von Funktionen	1.130
– Einschränkungen / Fortsetzungen	1.130
– Injektion/Projektion	1.130
– Komposition von Funktionen	1.131
– Polynom-Funktion	1.200
– Reihen-basierte Funktion	2.110
– Symmetrien als Funktionen	1.130
– Symmetrien von Funktionen	1.202, 1.268
Funktional-Matrix	2.454
Funktionen $\mathbb{N} \times \mathbb{N} \longrightarrow \mathbb{R}$	2.008
– in rekursiver Darstellung	2.014
Funktionen $T \longrightarrow \mathbb{R}$	1.200
Funktionen und Gleichungen	1.136
Funktionen und Ungleichungen	1.220
Funktionen-Folgen	2.080
– argumentweise konvergent	2.082, 2.086
– gleichmäßig konvergent	2.084, 2.086
Funktionen-Reihen	2.178
Funktionslänge (Berechnung mit Integralen)	2.622
Funktions-Untersuchungen	2.900
– Exponential-Funktionen	2.907, 2.95x

- Logarithmus-Funktionen 2.907, 2.96x
- Polynom-Funktionen 2.903, 2.91x
- Potenz-Funktionen 2.904, 2.92x
- Rationale Funktionen 2.905, 2.93x
- Trigonometrische Funktionen 2.906, 2.94x
Funktor (covariant) / Cofunktor 4.420
- abgeleiteter Funktor 4.314, 4.316, 4.320
- additiver Funktor 4.422
- exakter/halb-exakter Funktor 4.422
- idempotenter Funktor 4.426
- identischer Funktor 4.420
- repräsentativer Funktor 4.420
- treuer Funktor 4.420
- voller Funktor 4.420
- Äquivalenz als Funktor 4.420
- Darstellungsfunktoren 4.420
- Einbettung als Funktor 4.420
- Homologie-/Cohomologie-Funktor 4.304
- Inklusion als Funktor 4.420
- Isomorphismus als Funktor 4.420
- Ultrafunktor 4.390
- Vergiß-Funktor 4.420
Funktor-Kategorie 4.432
Funktor-Morphismus 4.430

G

G-Menge 1.550
- transitive G-Menge 1.552
G-Fixelement 1.550
G-Fixgruppe 1.550
G-Homomorphismus 1.552
G-invarianter Teil 1.550
G-Multiplikation 1.550
Gärtner-Konstruktionen (Geometrie) ... 5.023, 5.024, 5.025
Galois, Satz von 1.676
Galois-Erweiterung 1.672
Galois-Gruppe 1.670
- Galois-Gruppe eines Polynoms 1.674
Galois-Korrespondenzen 1.672
Galois-Theorie 1.660
- Hauptsatz der Galois-Theorie 1.672
Ganze Zahlen 1.830
Gatter (UND-, ODER-, NON-Gatter) 1.081
Gauß, Satz von 1.684
Gauß-Darstellung von $\mathbb{C}$ 1.882
Gauß-Jordan-Matrix 4.616
Gebremstes Wachstum 2.814
Geburtstagsproblem 6.145
Gedämpfte harmonische Schwingungen 2.832
Gegenhypothese 6.350
Gegensinnige/gleichsinnige Ähnlichkeits-Abbildung .. 5.007
Gekoppelte Schwingungs-Systeme 1.283
Gemeinsame Zufallsfunktionen 6.074
Generator (bei Kategorien) 4.437
Generator-System (bei Katgorien) 4.437
Geometrie 5.000, 5.100
- Metrische Geometrie 5.001
- Relationale Analytische Geometrie 5.040
- Geometrien 5.238
Geometrische Gruppen 1.30, 1.532
Geometrisches Mittel 6.232

Geordnete Boolesche Algebra 1.466
Geordnete Gruppe 1.580
Geordnete Menge 1.310
Gerade 5.001, 5.042, 5.110, 5.120
- in Hessescher Normalen-Form 5.042
- windschiefe Geraden 5.126
Geraden-Spiegelung 5.122
Geradenbündel 5.004
Geradenbüschel 5.001
Geschwindigkeit (Physik) 1.272
- als Vektor 1.274
ggT/kgV von Idealen 1.620
- von Zahlen 1.808, 1.838
Gesetz (Schwaches) der großen Zahlen 6.130
Gleichmäßig konvergente Folgen $\mathbb{N} \longrightarrow Abb(T, \mathbb{R})$ .. 2.084
Gleichmäßig konvergente Folgen $\mathbb{N} \longrightarrow C(X, \mathbb{R})$ 2.436
Gleichmäßig stetige Funktionen $I \longrightarrow \mathbb{R}$ 2.260
Gleichmäßig stetige Funktionen $[a, b] \longrightarrow \mathbb{R}$ 2.260
Gleichmäßige Approximierbarkeit 2.438
Gleichsinnige/gegensinnige Ähnlichkeits-Abbildung .. 5.007
Gleichungen (Lösungen, Lösbarkeit) 1.136
Gleichungen über linearen Funktionen 1.211
Gleichungen über quadratischen Funktionen .. 1.214, 1.215
Gleichungen über kubischen Funktionen 1.218
Gleichungen über Potenz-Funktionen 1.232
Gleichungen über exp_a und log_a 1.252
Gleichungsprobleme in $\mathbb{C}$ 1.885, 1.887
Gleichungsprobleme in $\mathbb{R}$ 1.863
Gleitspiegelung 5.226
Goldbachsche Vermutung 1.840
Goldener Schnitt 2.017
GPS (NAVSTAR) 5.106
Grad einer Körper-Erweiterung 1.662
Grad eines Polynoms 1.640
Grad einer Polynom-Funktion 2.432
Gradient 2.452
Grammatik 1.002
Graphen (bei Kategorien) 4.404
Gregory/Newton (Interpolation) 1.788
Grenzindex (bei konvergenten Folgen) 2.040
Grenzmatrix 4.632
Grenzwert von Folgen 2.040
Grenzwert von Funktionen 2.090
Größter gemeinsamer Teiler (ggT) 1.808, 1.838
- von Idealen 1.620
Grothendieck-Gruppe 4.447
Gruppe 1.501
- p-Gruppe 1.540, 1.542
- abelsche Gruppe 1.501
- abelsche und nicht-abelsche Gruppen 1.516
- auflösbare Gruppe 1.546
- einfache Gruppe 1.503, 1.528
- endliche Gruppe 1.520
- endlich-erzeugbare Gruppe 1.514
- freie abelsche Gruppe 1.514
- geordnete Gruppe 1.580
- spezielle lineare Gruppe 1.507
- zyklische Gruppe 1.522
- Alternierende Gruppe 1.526
- Dieder-Gruppe 1.530
- Kleinsche Vierer-Gruppe 1.520, 1.524
- Kommutatorgruppe 1.507, 1.540

– Symmetrische Gruppe 1.501, 1.520, 1.524
– Zentrum einer Gruppe 1.507, 1.540
– der Permutationen 1.524
Gruppen-Homomorphismus 1.502
– induzierter Gruppen-Homomorphismus (G-Mengen) 1.554
Gruppen-Auto/-Endo/-Isomorphismus 1.502
Gruppen-Ring 1.601, 4.100, 4.448
Gruppen-Theorie 1.500
– Hauptsatz der Gruppen-Theorie 1.514
Güte von Schätzungen 6.342

H

Häufigkeit 6.014, 6.304
– absolute Häufigkeit 6.014, 6.304
– relative Häufigkeit 6.014, 6.304
– Additivität der relativen Häufigkeit 6.014
Häufigkeits-Funktion 6.304
Häufigkeits-Verteilung 6.304, 6.306
Häufungspunkt von Folgen 2.048
Häufungspunkt von Mengen 2.412
Halbachsen (Kegelschnitt-Figuren) 5.023, 5.024
Halbdirektes Produkt von Halbgruppen 4.420
Halbgerade 5.001, 5.042
Halbgeradenbüschel 5.001
Halbgruppe 1.450
Halbgruppe mit Kürzungsregel 1.450
Halbgruppen-Gruppen-Erweiterungen 1.509
Halbgruppen-Homomorphismen 1.451
Halbgruppen-Ring 4.100
Halbring / Schwacher Halbring 1.450
Hamilton-Darstellung von $\mathbb{C}$ 1.881
Hanoi-Funktion 1.808
Harmonische Schwingungen 2.830
Harmonisches Mittel 6.232
Hauptachsen-Transformation 5.058
Hauptfilter 4.098
Hauptideal/Hauptidealring 1.626
Hauptsatz der Galois-Theorie 1.672
Hauptsatz der Gruppen-Theorie 1.514
Hausdorff-Axiom / *Hausdorff*-Raum 2.412, 2.434
Heine-Borel, Satz von 2.434
Heine-Borelsche Überdeckungs-Eigenschaft 2.434
Hessesche Normalen-Form 5.042, 5.140
Hochrechnung 6.340
Höhen zum Dreieck 5.015, 5.045
Höhen-Strecken 5.015, 5.045
Höhensatz 5.013
Hölder-Stetigkeit 2.262
*Höldersche Ungleichung 2.420
Homöomorphismus 2.220, 2.418
Homogene Funktion $\mathbb{R}^n \longrightarrow \mathbb{R}$ 2.460
Homogene Komponenten (bei A-Moduln) 4.116
Homogenitätsgrad 2.460
Homologie-/Cohomologie-Funktor 4.304
Homologie-/Cohomologie-Modul 4.304
Homologische Algebra 4.300
Homologische Dimension von Moduln 4.330
Homologische Dimension von Ringen 4.332
Homomorphe Funktion 1.402
Homomorphe Fortsetzung (bei Gruppen) 1.514
Homomorphie- und Isomorphiesätze für Gruppen ... 1.507

Homomorphie- und Isomorphiesätze für Ringe 1.607
Homomorphie- und Isomorphiesätze für A-Modul .. 4.017
Homomorphismus Boolescher Algebren 1.462
Homomorphismus bei Gruppen 1.502
Homothetie 4.000
Homotopie von A-Translationen 4.306
homotop-äquivalent 4.310
Homotopie-Lemma 4.168
Hopf, Satz von 1.717
De L'Hospital, Sätze von 2.344, 2.345
Hülle 4.150
– injektive/projektive Hülle 4.150
– rein-injektive Hülle 4.192
– normale Hülle 1.674
Hüllenoperator 1.311, 1.333, 4.040
Huygenssches Wellenprinzip 1.287
Hyperbel 5.024
– als Relation 5.054
– als Kurven-Funktion 5.084
Hyperbolische Sinus-/Cosinus-Funktion 2.184, 2.188
Hypergeometrische Verteilung 6.166, 6.344
Hyperkomplexe Zahlsysteme 1.890
Hypothese (Test/Test-Verfahren) 6.346
– Gegenhypothese 6.350
– Nullhypothese 6.354

I

Ideal in Ringen 1.605
– maximales Ideal 1.624
– nilpotentes Ideal 4.102
– primitives Ideal 4.112
– Einsideal 1.620
– Hauptideal 1.620
– Nullideal 1.620
– Primideal 1.624
– T-nilpotentes Ideal 4.173
– Teiler bei Idealen 1.620
Identität von *Lagrange* 5.112
Identische Transformation 4.432
Identischer Funktor 4.420
Implikation von Aussagen 1.012
Impulsfaktor/Bremsfaktor (Verhulst-Parabeln) 2.012
Indikator-Funktion 1.130, 6.006
Indikator-Verteilung 6.062
Indirektes Beweisen 1.018
Indiziertes Mengensystem 1.160
Induktionsprinzip (Beweise mit dem I.) 1.815, 1.816, 1.817
Induktionsprinzip für Endliche Mengen 1.801
Induktionsprinzip für Natürliche Zahlen 1.802, 1.811
Induktiv geordnete Menge 1.333
Induktiver Limes (bei A-Moduln) 4.090
Induzierte Funktion auf Potenzmengen 1.151
Induzierte Funktion auf Quotientenmengen 1.142
Induzierter A-Homomorphismus 4.012
Induzierter Gruppen-Homomorphismus 1.507
Induzierte Metrik 2.401
Induzierte Strukturen (Übersicht) 1.790
Infimum 1.320, 1.321
Information, Informationsgehalt 6.200, 6.208
– durchschnittlicher Informationsgehalt 6.208
– relativer Informationsgehalt 6.208

Initiale Struktur (bei A-Modul) 4.030
Initiales Objekt (bei Kategorien) 4.408
Injektionen (bei A-Modul) 4.030
Injektive Funktionen 1.132
Injektive Hülle 4.150
Inklusion (bei Kategorien) 4.420
Inklusion (bei Mengen) 1.101
Inkreis (Dreieck) 5.016
Inkreis (Viereck) 5.018
Innere Komposition 1.401
Innerer Automorphismus 1.502
Innerer Punkt 2.407, 2.410
Input-Output-Analyse 4.634
Integral (unbestimmtes Integral) 2.502
Integral-Funktion 2.614
Integral-Gleichung 2.614
Integration rationaler Funktionen 2.514
Integration trigonometrischer Funktionen 2.513
Integration von Kompositionen 2.507
Integration von Polynom Funktionen 2.511
Integration von Potenz-Funktionen 2.512
Integration von Produkten 2.506
Integrierbare Funktionen 2.500, 2.503, 2.504
Integrierbarkeit stetiger Funktionen 2.612
Integritätsring 1.626
Interferenz von Wellen 1.286
Interferenz-Hyperbeln 1.286
Interpolation von Polynom-Funktionen 1.788
Intervalle 1.310
Intervalle (Zahlenmengen) 1.101
Invarianz-Eigenschaften (Geometrie) ... 5.006, 5.220, 5.238
Inverse und invertierbare Funktionen 1.133
Inverses, links-, rechtsinverses Element 1.501
Inversionspaare 1.524
Irrtumswahrscheinlichkeiten α, β 6.346
ISBN-Codierungen 1.184
Isometrische Funktion 2.401
Isomorphe Algebraische Strukturen 1.403
Isomorphe Ordnungs-Strukturen 1.312
Isomorphe Strukturen (Isomorhismen) 1.302
Isomorphismus (bei Funktoren) 4.430
Isomorphismus (bei Gruppen) 1.502
Isomorphismus (in Kategorien) 4.406

J

Jacobi-Matrix 2.454
Jacobson-Radikal 4.102, 4.106
Jordan-Kurve (-Funktion) 5.082
Jordan-Hölder, Satz von 4.120
Jordan-Hölder-Reihe 4.447

K

k-Kombination 6.142
k-Menge 6.142
k-Permutation 6.142
k-Tupel 6.142
k-Zykel / Zykel-Darstellung 1.524
K-Algebra-Homomorphismus 1.716
K-Algebren 1.715
K-Automorphismus 4.504

K-Divisionsalgebren 1.717
K-Endomorphismus 4.504
K-Homomorphismus 1.712, 4.504
K-lineare Gleichung 4.610
K-lineares Gleichungssystem 4.612
K-Multiplikation 4.500
K-Unteralgebren 1.716
K-Unterraum 1.711, 4.502
K-Vektorraum 1.710, 4.500
– bidualer K-Vektorraum 4.602
– dualer K-Vektorraum 4.600
– endlich-dimensionaler K-Vektorraum 4.530
– unitärer K-Vektorraum 4.660
Kapital 1.255
– Kapitalanlage 1.255
– Kapitalanleihe 1.257
– Kapitaletrags-Funktion 1.256
– Kapitalrente 1.257
– Kapitaltilgung 1.258
– Kapitalwirtschaft 1.255
– Kapital-Wachstum 1.256
Kardinalzahlen 1.101, 1.340
Kardinalzahlen von Zahlenmengen 1.342
Kartesische Produkte (siehe: Cartesische Produkte) . 1.110
Kategorie 4.402
– abelsche Kategorie 4.416
– additive Kategorie 4.412
– äquivalente Kategorien 4.430
– Artinsche Kategorie 4.444
– Co-Daigneault-Kategorie 4.442
– coperfekte Kategorie 4.442
– duale Kategorie 4.402
– filtrierende Kategorie 4.451
– kleine Kategorie 4.402
– konkrete Kategorie 4.402
– *Krull-Schmidt*-Kategorie 4.447
– Noethersche Kategorie 4.444
– perfekte Kategorie 4.442
– proartinsche Kategorie 4.445
– Kategorie von Morphismen 4.402
– *IsoMet* der isometrischen Räume 2.401
– *Met* der metrischen Räume 2.408
– *Top* der topologischen Räume 2.418
Kategorien und Funktoren 4.400
Kategorien von Morphismen 4.404
Kathetensatz 5.013
Kegelschnitt-Figuren 5.020, 5.027
Kegelschnitt-Funktionen 1.234
Kegelschnitt-Relationen 1.120, 5.050
– Kegelschnitte in allgemeiner Form 5.058
– Kegelschnitte als Kurven-Funktionen 5.084
Kepler-Näherung/-Regel 2.662
Kern/Bild eines Homomorphismus' (Gruppen) 1.502
Kern/Cokern (bei Kategorien) 4.414
Kerndurchschnitt 4.605
Kernoperator 1.311, 1.333
Kern-Cokern-Lemma 4.013
kgV/ggT von Idealen 1.620
Kinematik (Physik) 1.272
Klasse (bei Kategorien) 4.402
Klasse/Klassen-Bildung (bei Mengen) 1.828
Klassenbildung bei Merkmalen 6.308

Klassengleichung (Gruppen) 1.542
Klassifizierung von Funktionen $T \longrightarrow \mathbb{R}$ 1.200, 1.250
Kleinsche Vierergruppe 1.520, 1.524
Kleinscher Raum 5.238
Kleinstes gemeinsames Vielfaches (kgV) 1.838
Koch-Kurven, -sterne 5.092, 5.095
Koeffizienten-Folgen (Potenz-Reihen) 2.160
Körper und Ringe 1.601, 1.628
– adjungierte Körper 1.674
– perfekter (vollkommener) Körper 1.666
– regelmäßige Körper 6.032
Körper-Erweiterung 1.662
– algebraische Körper-Erweiterung 1.672
– einfache Körper-Erweiterung 1.662
– endliche Körper-Erweiterung 1.672
– normale Körper-Erweiterung 1.672
– separable Körper-Erweiterung 1.672
Kombinatorische Berechnungen 6.142
Kombinierte Zufallsexperimente 6.040
Kommutatives Diagramm 1.131, 4.012
– Kern-Cokern-Lemma 4.013
– 5-Lemma 4.013
– 9-Lemma 4.014
– X-Lemma 4.014, 4.443
Kommutator/Kommutatorgruppe 1.507, 1.540
Kompakter topologischer Raum 2.434
Komponenten-Folge 2.403
Komponenten-Funktion 2.430, 2.450
Komplement (von Mengen) 1.102
Komplement (bei exakten Sequenzen) 4.443
Komplementierbare exakte Sequenzen 4.443
Komplettierung 4.448
Komplex-Produkt / Komplex-Summe 1.404
Komplex-Produkt von Zufallsfunktionen 6.215
Komplex-Summe von Zufallsfunktionen 6.082
Komplexe Zahlen 1.680, 1.880
Komponenten-orientierte *Bernoulli*-Experimente 6.124
Komposition von Elementen 1.401
Komposition von Funktionen 1.131
Komposition differenzierbarer Funktionen 2.305
Komposition stetiger Funktionen 2.205
Kompositions-Reihe (Gruppen) 1.546
Kompositions-Reihe (bei A-Moduln) 4.120
Konfidenzintervall 6.128
Konforme Zinssätze 1.256
Kongruenz-Abbildung (-Funktion) 5.006, 5.220
Kongruenz-Generatoren 2.030
Kongruenz-Relation 1.406, 1.505, 4.006
Kongruenz-Relationen auf $\mathbb{Z}$ 1.843
Kongruenz-Sätze (Dreieck) 5.006
Konjugierte Elemente 1.540
Konjugiert komplexe Matrix 1.785
Konjugiert komplexe Zahl 1.881
Konjunktion von Aussagen 1.012
Konkatenationsfunktion 6.016
konsistente Satzmenge 4.382
Konstruierbarkeit von Punkten 1.680, 1.681
Konstruktion mit Zirkel und Lineal 1.680, 1.684
Konstruktion regulärer n-Ecke 1.684
Konstruktion freier A-Moduln 4.048
Konstruktion von A-Homomorphismen 4.012
Kontinuumshypothese 1.340

Kontradiktion/Widerspruch 1.014
Kontraktion 2.263
Konvergente Filterbasen 2.414
Konvergente Folgen $\mathbb{N} \longrightarrow \mathbb{R}$ 2.040, 2.041
Konvergente Folgen $\mathbb{N} \longrightarrow Abb(T, \mathbb{R})$ 2.080
Konvergente Folgen $\mathbb{N} \longrightarrow \mathbb{C}$ 2.070
Konvergente Folgen $\mathbb{N} \longrightarrow \mathbb{R}^n$ 2.405
Konvergente Folgen $\mathbb{N} \longrightarrow C(X, \mathbb{R})$ 2.436
Konvergenz in metrischen Räumen 2.403, 2.405
Konvergenz in topologischen Räumen 2.412
Konvergenz und *Cauchy*-Konvergenz 2.052
Konvergenz und Divergenz von Folgen $\mathbb{N} \longrightarrow \mathbb{R}$ 2.049
Konvergenz-Struktur in topologischen Räumen 2.412, 2.414
Konvergenzbereich (Potenz-Reihen) 2.160
Konvergenz-Kriterium (Potenz-Reihen) 2.162
Konvexe Funktionen 2.340
Konvolutions-Multiplikation/-Produkt 1.640
Kontradiktion/Widerspruch (Aussagen) 1.014
Kontraktionen 2.262
Koordinaten-Funktion 4.048
Koordinaten-System 1.130, 5.040, 5.106
Koordinatenabschnitts-Form (Ebene) 5.140
Koordinatenabschnitts-Form (Gerade) 5.042
Kraft (Physik) 1.276
Kranzprodukt von Halbgruppen 4.420
Kreditgeschäft/-vertrag 1.255
Kreis 5.022, 5.050, 5.081, 5.160
– konzentrische/exzentrische Kreise 5.022
– Kreislinie/Kreissphäre/Kreisfläche 5.022, 5.160
– als Relation 5.050
– als Kurven-Funktion 5.081, 5.084
– in vektorieller Darstellung 5.160
Kreisfrequenz (Physik) 1.274
Kreisteilungs-Körper 1.668, 1.885
Kreis-Funktionen 2.184
Kreiskegel 5.156
Krümmung einer Kurve 5.083
Krull, Satz von 1.624
Krull-Schmidt-Kategorie 4.447
Krull-Remak-Schmidt-Wedderburn, Satz von 4.121
Kubische Funktionen $T \longrightarrow \mathbb{R}$ 1.217
Kürzungsregel 1.450
Kugel 5.023, 5.160
Kugelsphäre 5.160
Kurven 5.090
– *Koch*-Kurven 5.092, 5.095
– *Peano*-Kurven 5.090
– *Sierpinski*-Kurven 5.096, 5.097
– Fraktale Dimension von Kurven 5.094
Kurven-Funktion $\mathbb{R} \longrightarrow \mathbb{R}^2$ 2.450, 5.083, 5.084
Kurven-Funktion $\mathbb{R} \longrightarrow \mathbb{R}^n$ 2.450, 5.082
– doppelpunktfreie Kurven-Funktion 5.082
– geschlossene Kurven-Funktion 5.082
– Orientierung einer Kurven-Funktion 5.082

L

Längen-Funktion 5.108
Lage-Änderungen von Funktionen 1.260, 1.264
Lage-/Form-Änderungen als Funktionen 1.266
Lageverhältnis Ebene/Ebene 5.154, 5.190
Lageverhältnis Ebene/Kugel 5.170, 5.190

Lageverhältnis Gerade/Ebene	5.146, 5.190
Lageverhältnis Gerade/Gerade	5.126, 5.190
Lageverhältnis Gerade/Kugel	5.162, 5.190
Lageverhältnis Kugel/Kugel	5.180, 5.190
Lageverhältnis Punkt/Ebene	5.144, 5.190
Lageverhältnis Punkt/Gerade	5.122, 5.190
Lageverhältnis Punkt/Kugel	5.160, 5.190
Lagrange Identität von	5.112
Lagrange (Interpolation)	1.788
Lanford-Konstante	2.373
Laplace-Raum	6.024
Laplace-Wahrscheinlichkeit	6.024
Laplace-Würfel	6.024
Lebesgue-Borelsche Maßräume	6.133
Leibniz-Kriterium für Summierbarkeit	2.126
Leitlinie (Parabel)	5.025
Lemma von *Fitting*	4.121
– von *Nakayama*	4.154, 4.449
– von *Schur*	4.038
von *Yoneda*	4.437
Liftungsproblem	4.130, 4.440
Limes (bei Folgen)	2.040
Limes (projektiver Limes) bei *A*-Modulen	4.090
Limeszahl (bei Ordinalzahlen)	1.352
Linearkombination (bei *A*-Modulen)	4.040
Linear geordnete Menge	1.310
Linear geordnete Gruppe	1.580
Lineare Abhängigkeit/Unabhängigkeit	4.041, 4.508, 5.104
Lineare Algebra	4.000
Lineare Differentialgleichung der Ordnung 1	2.802
Lineare Differentialgleichung der Ordnung 2	2.803
Lineare Fortsetzung	4.044, 4.518
Lineare Funktion $T \longrightarrow \mathbb{R}$	1.210
Lineare Hülle und Erzeugendensystem	4.040, 4.506
Lineare Unabhängigkeit/Abhängigkeit	4.021, 5.104
Linearfaktor	1.646
Linearform	4.026
Linearisierungsprobleme	4.300
Linearkombination	4.506
Links-/Rechtsnebenklasse	1.505
Links-/Rechtsvertretersystem	1.505
Linkstranslation	1.450, 1.501, 1.502, 1.601
Lipschitz-Stetigkeit	2.262
Linse (konvex) / Linsenformel	5.008
Lösbarkeit linearer Gleichungssysteme	4.614
Lösungen (Lösungsmengen, Lösbarkeit)	1.136
Löwenheim-Skolem-Tarski, Satz von	4.381
Logarithmus-Funktionen	1.250, 2.182, 2.632
Logik der Aussagen	1.010
Logistik	2.012
Logistisches Wachstum	2.010, 2.048, 2.371, 2.816
Lombardsatz	1.255
Longitudinalwellen	1.288
Lorentz-Kraft	5.110
Lotgerade	5.004, 5.042
Lücken/Polstellen	2.250

M

M-Abstraktion, *M*-Konkretion	6.304
MacLaurin-Reihe	2.381
Magisches Quadrat	4.634
Majorante/Minorante (Reihen)	2.120
Mantelflächen-Inhalte (Berechnung mit Integralen)	2.623
Marginalverteilung	6.074
Masse (Phsik)	1.272
Mathematische Logik	1.010
Mathematische Strukturen	1.300
Matrix	1.780, 4.060
– ähnliche Matrizen	4.643
– äquivalente Matrizen	4.643
– diagonalisierbare Matrix	4.644
– idempotente Matrix	4.641
– inverse Matrix	1.780, 1.782
– orthogonale Matrix	4.641
– 1-orthogonale Matrix	5.208
– k-orthogonale Matrix	5.210
– orthogonale Matrix	5.210, 5.220, 5.236
– reguläre Matrix	4.641, 5.208, 5.236
– schief-symmetrische Matrix	4.641
– selbstinverse Matrix	4.641
– singuläre Matrix	4.641, 5.236
– stochastische Matrix	4.632
– symmetrische Matrix	4.641
– transponierte Matrix	1.784, 4.060
– Einheitsmatrix	4.060
– *Frobenius*-Matrix	4.640
– *Gauß-Jordan*-Matrix	4.616
– Gegenmatrix	4.060
– Grenzmatrix	4.632
– Nullmatrix	4.060
– Multiplikation/Produkt von Matrizen	4.060
– Rang einer Matrix	4.607
– Spur einer Matrix	4.641
– Transformations-Matrix	4.570
– Übergangs-Matrix	4.630
– Verflechtungs-Matrix	4.630
– Spalten-/Zeilen-Darstellung	4.060
Matrizen über $\mathbb{R}$	1.780
Matrizen $\mathbb{N} \times \mathbb{N} \longrightarrow M$	2.008
Matrizen über Ringen	4.060
Maximale Ideale in Ringen	1.624
Median (Mittelwert)	6.232
Menge	1.101
– abgeschlossene Menge	2.407
– abzählbare/überabzählbare Menge	1.342
– beschränkte Menge	1.320
– cogefilterte Menge	4.090
– disjunkte Mengen	1.102
– endliche Menge	1.101
– gefilterte Menge	4.090
– geordnete Menge	1.310
– induktiv geordnete Menge	1.333
– linear geordnete Menge	1.310
– offene Menge	2.407
– Ordnungs-isomorphe Mengen	1.312
– prägeordnete Menge	4.090
– wohlgeordnete Menge	1.331
– Antinomien der Mengentheorie	1.108
– Durchschnitt, Vereinigung, Differenz	1.102
– Element-Menge-Relation	1.101
– Gleichheit von Mengen	1.101
– Mengen und Mengenbildung	1.101
– Operationen für Mengen	1.102

– Teilmengen von Mengen	1.101
Mengensysteme	1.150
Merkmal	6.040, 6.302
– Binär-Merkmal	6.310
– Klassifizierung von Merkmalen	6.308
Merkmalsausprägung (Modalität)	6.302
Mersennesche Zahlen	1.840
Methoden des Beweisens	1.018
Metrik	2.401
– Betragssummen-Metrik	2.402
– Diskrete Metrik	2.402
– Euklidische/Natürliche Metrik	2.402, 2.422
– induzierte Metrik	2.401
– Maximum-Betrags-Metrik	2.402
– Norm-erzeugte Metrik	2.422
– p-Metrik	2.402
– Supremums-Metrik	2.402
Metrische Geometrie	5.000
Metrische Geometrie der Ebene	5.001
Metrische (ϵ-) Umgebung	2.404
Metrisches Umgebungssystem	2.404
Metrischer Raum	2.401
Metrischer Unterraum	2.401
Mindest-Risiko/-sicherheit	6.128
Minimalzerlegung einer Menge	6.006
Minkowskische Ungleichung	2.420
Minorante/Majorante (Reihen)	2.120
Mittelsenkrechte	
Mittelsenkrechte zum Dreieck	5.014, 5.045
Mittelsenkrechten-Strecken	5.014, 5.045
Mittelwert-Bildungen	6.232
Mittelwertsätze der Differentiation	2.335
Mittelwertsätze der Integration	2.611
Mittlere Abweichung	6.234
mod/div (Funktionen)	1.837
Modalität	6.040, 6.302
Modell / Modell-Theorie	4.380
Modul (siehe: A-Modul)	4.000
Modularität	4.120
Modus ponens / modus tollens	1.014
Monom-Funktion	2.432
Monomorphismus (in Kategorien)	4.406
– Monomorphismus als Unterobjekt	4.407
Monotone Funktionen	1.311
Monotonie-Kriterium (Riemann-Integration)	2.621
Monte-Carlo-Ergebnisraum	6.100
Monte-Carlo-Funktion	6.100
Monte-Carlo-Matrix	6.100
Monte-Carlo-Simulationen	6.100
– Angler-Simulation	6.106
– Flächeninhalts-Simulation	6.112
– Jäger-Enten-Simulation	6.102
– π-Simulation	6.110
– Sammelbilder-Simulation	6.108
– Straßennetz-Simulation	6.102
Monte-Carlo-Stichprobe	6.100
Morita-äquivalente Ringe	4.430
Morphismus (bei Kategorien)	4.402

N

n-Eck (konvexes, reguläres)	1.684, 5.005
n-Netze	1.084, 1.464
Näherungs-Verfahren für Nullstellen	2.342
Natürliche Äquivalenz (bei Funktoren)	4.430
Natürliche Parametrisierung	5.083
Natürliche Transformation (bei Funktoren)	4.430
Natürliche Zahlen (Teil 1: konstruktiv)	1.802
Natürliche Zahlen (Teil 2: axiomatisch)	1.811
NAVSTAR (GPS)	5.106
NBG-Mengen-Theorie	1.828
Neilsche Parabel	2.654, 2.922, 5.085
Negation von Aussagen	1.012
Netz/n-Netz	1.084, 1.464
Neun-Punkt-Kreis	(S) 5.017
Neutrales, links-, rechtsneutrales Element	1.501
$Newton/Gregory$ (Interpolation)	1.788
$Newton/Raphson$ (Nullstellen)	2.342
Nilradikal (bei Ringen)	4.102
Noetherscher Isomorphiesatz (A-Moduln)	4.017
Noetherscher Isomorphiesatz (Gruppen)	1.507
Norm	2.420
– Euklidische Norm	2.420
– Maximum-Norm	2.420
– Supremums-Norm	2.420
– C^1-Norm	2.420
– p-Norm	2.420
Normaldarstellung komplexer Zahlen	1.884
Normale (Metrische Geometrie)	5.023, 5.024, 5.025
Normale (Analytische Geometrie)	5.052, 5.054, 5.056
Normale und Tangente	2.330
Normale Hülle	1.674
Normalenabschnitt	5.052, 5.054, 5.056
Normalisator	1.542
Normalreihe (Gruppen)	1.546
Normalteiler	1.505
Normierte Darstellung komplexer Zahlen	1.882
Null-Funktion	4.000
Null-Morphismus (bei Kategorien)	4.412
Null-Objekt (bei Kategorien)	4.412
Nullhypothese	6.348, 6.354
Nullstelle (Funktion)	1.136
Nullstelle (Polynom)	1.646
– einfache Nullstlle	1.666
– mehrfache Nullstelle	1.666
– Vielfachheit einer Nullstelle	1.666
Nullstellen von Ableitungsfunktionen	2.334
Nullstellen-Satz von $Bolzano$-$Cauchy$	2.217
Nullteiler	1.717
Numerische Exzentrizität	5.018
Numerische Integration	2.630

O

Objekt (bei Kategorien)	4.402
– cofinales Objekt (Gruppen)	1.518
– einfaches Objekt	4.447
– finales Objekt (Gruppen)	1.518
– injektives Objekt	4.440
– kleines Objekt	4.437
– projektives Objekt	4.437, 4.440
– unzerlegbares Objekt	4.447
– Generator	4.437
– Objekt von endlicher Länge	4.447

Offene Funktion 2.408
Offene Kugel (Hyperkugel) 2.404
Offene Menge 2.407, 2.410
Offene Umgebung 2.410
Offener Kern 2.407, 2.410
Olivier, Satz von 2.112
Operationen der Aussagenlogik 1.012
Operatorenbereich 4.000
Orbit / Orbit-Folgen 2.010, 2.012
Ordinalzahl 1.350
Ordnung einer endlichen Gruppe 1.520
Ordnung eines Elements 1.668
Ordnungstyp 1.350
Ordnungs-Isomorphie 1.312
Ordnungs-Strukturen (-Relationen) 1.310
Orthogonale Matrix 5.210
Orthogonale Transformation 5.058
Orthogonales Element 4.607, 4.664
Orthogonalität und Parallelität 5.004
Orthogonalbasis 5.104
Orthonormalbasis 5.104
Orthonormiertes Dreibein 5.104

P

p-Gruppe 1.540, 1.542, 1.556
p-Sylow-Gruppe 1.556
Parabel 5.025
– als Relation 5.056
Parallelität und Orthogonalität 5.004
Parallelenbündel 5.004
Parallel-Verschiebung 5.006
Parameter-Funktionen 5.082
Parameter-Transformation 5.081, 5.082
Partialprodukte 2.101, 2.180
Partialsummen 2.101
Partiell differenzierbare Funktionen $\mathbb{R}^n \longrightarrow \mathbb{R}$ 2.452
Partielle Ableitung 2.452
Partielle Integration 2.506
Pascal-Stifelsches Dreieck 1.820, 2.017
Passante (Metrische Geom.) 5.022, 5.023, 5.024, 5.025
Passante (Analytische Geom.) ... 5.050, 5.052, 5.054, 5.162
Peano-Axiome für $\mathbb{N}$ 1.811
Peano-Kurven 5.090
Permutation 1.524, 1.782
– gerade/ungerade Permutation 1.524
Perspektiv-ähnliche Figuren 5.007
Phase/Phasenverschiebung 1.281
Physikalische Größe/Funktion 1.270, 2.680, 4.088
Poincaré-Sylvester, Satz von 6.022
Pol/Polare (Metrische Geometrie) 5.023, 5.024, 5.025
Pol/Polare (Analytische Geometrie) 5.052, 5.054, 5.056
Polstelle/Lücke 2.250
Pólya, Modell von 6.150
Polyeder/Polytop 5.005
Polygon/Polygonzug 5.005
Polynom 1.640
– normiertes Polynom 1.646
– reduzibles/irreduzibles Polynom 1.646
– separables/inseparables Polynom 1.666
– Grad eines Polynoms 1.644
– Minimal-Polynom 1.646

Polynom-Division (Funktionen) 1.214, 1.218, 1.236
Polynom-Division (Ringe) 1.644
Polynom-Funktion (Ringe) 1.641
Polynom-Funktion über $\mathbb{C}$ 1.886
Polynom-Funktion über $\mathbb{R}$ ... 1.786, 1.864, 4.550
Polynom-Funktion über $\mathbb{R}^n$ 2.432
Polynom-Gleichung 1.676
Polynom-Ringe 1.640, 1.641, 1.642
Positivitätsbereich 1.580, 1.614
postnumerando (diskursive Verzinsung) 1.256
Postulat von *Zermolo* 1.331
Potenz (Punkt/Kreis) 5.011
Potenzlinie (Kreise) 5.011
Potenz-Funktion 1.230
Potenzmenge und Mengensystem 1.150
Potenz-Reihen 2.160
Potenzreihen-Funktionen 2.520
Potenzsatz (Geometrie) 5.011
praenumerando (antizipative Verzinsung) 1.256
Präordnung 1.333, 4.000
Prime Restklassengruppe 1.522
Primfaktor-Zerlegung (Polynom-Ringe) 1.648
Primfaktor-Zerlegung (Zahlen) 1.840
Primideal in Ringen 1.624
Primitives Element 1.662
Primring/Primkörper 1.630
Primzahl 1.840
Primzahlzwillinge 1.840
Prinzip der Rekursion 1.804
Produkt (bei Kategorien) 4.410
Produkt geordneter Mengen 1.315
Produkt meßbarer Räume 6.032
Produkt von Ergebnisräumen 6.008
Produkt von Maß-Räumen 6.132
Produkt von Wahrscheinlichkeits-Räumen 6.026
Produkt von Zufallsfunktionen 6.080
Produktstruktur Algebraischer Strukturen 1.410
Produkttopologie 2.416
Produkt-Folgen (Partialprodukte) 2.101, 2.180
Produkt-Kategorie 4.428
Produkt-Verteilung 6.080
Projektionen (bei A-Modul) 4.030
Projektions-Funktoren 4.428
Projektive Hülle 4.150, 4.152, 4.442
Projektiver Limes (bei A-Modul) 4.090
Ptolemaios, Satz des 5.018
Pullback-/Pushout-Konstruktionen 4.158
Punkt (in der Geometrie) 5.001, 5.042
Punkt in Polar-Darstellung 1.133
Punkt in trigonometrischer Darstellung 1.133
Punktspiegelung 5.122, 5.226
Pushout-/Pullback-Konstruktionen 4.158
Pyramide 5.157
Pythagoras, Satz des 5.013
Pythagoreisches Tripel 1.820

Q

Quadratische Funktionen $T \longrightarrow \mathbb{R}$ 1.213
Quadratur des Kreises 1.684
Quadrat-Zerfällungsreihe 1.681
Qualität 6.148

Quantifizierte Aussagen (Quantoren) 1.016
Quantitative Aspekte der Medizin. Diagnostik 6.256
Quantitative Aspekte der Software-Ergonomie 6.255
Quasikompakter topologischer Raum 2.434
Quaternionen 1.891
Quersummen 1.808, 1.845
Quotienten-Kriterium für Summierbarkeit 2.124
Quotientengruppen Geordneter Gruppen 1.582
Quotientengruppen und Normalteiler 1.505
Quotientenkörper 1.632
Quotientenmenge 1.140
Quotientenmodul (siehe A-Quotientenmodul) 4.006
Quotientenringe und Ideale 1.605
Quotientenstruktur Algebraischer Strukturen 1.406

R

r-Funktor 4.426
$\mathbb{R}$-Vektorraum 1.710, 5.102
– euklidischer $\mathbb{R}$-Vektorraum 2.420
– normierter $\mathbb{R}$-Vektorraum 2.420
– unitärer $\mathbb{R}$-Vektorraum 2.420, 4.342
$\mathbb{R}$-Vektorräume V und $\mathbb{R}^3$ 5.106
$Raabe$-Kriterium (Reihen) 2.124
Radiant (Physik) 1.274
Radikal (Wurzel) 1.676, 1.678
Radikal von A-Modul und Ringen 4.106
– Jacobson-Radikal 4.106
– Wedderburn-Artin-Radikal 4.106
Radikal als Funktor 4.426
Radius (Geometrie) 5.022
Randpunkt 2.407
Rang eines K-Homomorphismus' 4.536
Rang einer Matrix 4.607
Ratenbarbetrag 1.257
Ratenendbetrag 1.257
Ratenfeld 1.257
Ratenperiode 1.257
Ratenschuld 1.258
Ratentermine 1.257
Rationale Funktionen $T \longrightarrow \mathbb{R}$ 1.236, 1.237
Rationale Zahlen 1.850
Rechtstranslation 1.450, 1.502, 1.601
Rechtssystem (Vektoren) 5.106
Reduktion (Indikator-Funktion) 6.006
Reduktion (bei Moduln) 4.449
Reduktions-Homomorphismus 4.449
Redundanz 6.202
Reelle Zahlen (*Dedekind*-Linie) 1.860
Reelle Zahlen (*Cantor*-Linie) 2.065
Reelle Zahlen (*Weierstraß*-Linie) 2.066
Reflexion von Wellen 1.287
Regelmäßige Körper 6.032
Regula Falsi (Nullstellen) 2.010, 2.044, 2.342
Reguläre Matrix 5.208
Regulär-affine Funktion 5.200, 5.202
Reihen 2.100
– absolut-konvergente Reihen 2.110
– alternierende harmoische Reihe 2.126
– arithmetische Reihe 2.114, 2.116
– geometrische Reihe 2.114, 2.116
– harmonische Reihe 2.114, 2.116
– konvergente Reihen 2.110
– *Cantor*-Reihe 2.124
– *Euler*-Reihe 2.162
– *Leibniz*-Reihe 2.383
– *MacLaurin*-Reihe 2.381
– *Taylor*-Reihe 2.381
Reihen-basierte Funktionen 2.110
Reihen-Erzeugungs-Funktion 2.101, 2.103
Rein-injektive Hülle 4.192
Rekonstruktion von Funktionen 2.338
Rekursion (Prinzip von $\mathbb{N}$) 1.806, 1.811
Rekursion (bei Prozeduren) 1.808
Rekursionssatz für Folgen 2.010
Rekursionstheorie 2.014
Rekursiv definierte Folgen 2.010
Rekursiv definierte Matrizen $\mathbb{N} \times \mathbb{N} \longrightarrow M$ 2.014
Relationale Analytische Geometrie 5.040
Relationale Datenstrukturen 1.190, 1.191
Relationen 1.120, 1.180
– antisymmetrische Relationen 1.310
– reflexive Relationen 1.140, 1.310
– symmetrische Relationen 1.140
– transitive Relationen 1.140, 1.310
– bei Kategorien 4.402
Relationsschema, Relationstyp 1.190, 1.191
Relative Häufigkeit 6.014
Repellor/Attraktor) 2.370
Resonanz-Funktion 1.283
Resonanz-Katastrophe 1.283
Retraktion (Retrakt) 4.414, 4.440
Riemann-Integrierbarkeit stetiger Funktionen 2.610
Riemann-integrierbare Funktionen 2.600, 2.603
Riemann-Integration von Kompositionen 2.617
Riemann-Integration von Produkten 2.616
Riemannscher Umordnungssatz 2.128
Ring-Homomorphismen 1.602
Ring (und Körper) 1.601, 4.100
– artinscher Ring 4.102, 4.125, 4.126
– c-cohärenter Ring 4.394
– c-noetherscher Ring 4.394
– cohärenter Ring 4.177
– einfacher Ring 4.038, 4.102
– erblicher Ring 4.104, 4.134, 4.142
– faktorieller Ring 1.648
– halb-einfacher Ring 4.104, 4.117, 4.142
– halb-erblicher Ring 4.104
– halb-primer Ring 4.102
– halb-primitiver Ring 4.102
– kommutativer Ring 1.601
– lokaler Ring 4.102
– noetherscher Ring 4.102, 4.162
– nullteilerfreier Ring 4.102
– perfekter Ring 4.150
– primärer Ring 4.102
– primitiver Ring 4.112
– uniform-cohärenter Ring 4.394
– von-Neumann-regulärer Ring 4.102, 4.110, 4.176
– Dedekind-Ring 4.102
– Divisionsring (Schiefkörper) 1.626, 4.102
– Euklidischer Ring 1.644, 4.102
– Hauptidealring 1.626, 4.102
– Integritätsring 1.626, 4.102

- Körper 4.102
- Morita-äquivalente Ringe 4.430
- Prüfer-Ring 4.104, 4.134
- Primring/Primkörper 1.630, 4.102
- Radikal-freier Ring 4.106
- ZPE-Ring 1.648, 4.102
- ZPI-Ring 4.102
- der Gaußschen Zahlen 1.648
Risiko- und Sicherheitsmaß 6.126
Rolle, Satz von 2.334
Rotations-Körper (Geometrie) 5.023, 5.024, 5.025
Russellsche Antinomie 1.108, 1.828

S

$\hat{S}$-Homomorphismus 4.436
$\hat{S}$-Linksmodul 4.436
- endlich-erzeugbarer $\hat{S}$-Linksmodul 4.438
- freier $\hat{S}$ Linksmodul 4.430
σ-Additivität 6.020
σ-Algebra 6.020
Sarrussche Regel 1.784
Sattelpunkt 2.333
Satz des *Euklid* (Geometrie) 5.108
- des *Ptolemaios* 5.018
- des *Pythagoras* 5.013
- des *Thales* 5.010, 5.013, 5.014, 5.018
Satz von *Abel* (Riemann-Integration) 2.621
- von *Abel-Ruffini* 1.678
- von *Alexander* 2.434
- von *Archimedes* 1.321
- von *Baer* (Test-Theorem) 4.140
- von *Bass* 4.173
- von *Bayes* 6.040, 6.042
- von *Bernoulli* 6.130
- von *Bienaimé-Tschebyschew* 6.066
- von *Bolzano-Weierstraß* (Folgen) 2.048
- von *Bolzano-Weierstraß* (Mengen) 2.412
- von *Cantor* 1.340
- von *Cauchy* (Reihen) 2.112
- von *Cauchy* (Riemann-Integration) 2.621
- von *Cayley* 1.503, 1.524
- von *Dini* 2.436
- von *Dirichlet* (Riemann-Integration) 2.621
- von *Euler* 2.461
- von *Euler-Lagrange* 1.520
- von *Fermat* 1.522
- von *Frobenius* 1.717
- von *Galois* 1.676
- von *Gauß* 1.684
- von *Graßmann* (Entwicklungssatz) 5.112
- von *Heine-Borel* 2.434
- von *Hooke* 1.275, 1.280, 1.282
- von *Hopf* 1.717
- von *Jordan-Hölder* 4.120
- von *Krull* 1.624
- von *Krull-Remak-Schmidt-Wedderburn* 4.121
- von *Lagrange* (Identität) 5.112
- von *Löwenheim-Skolem-Tarski* 4.381
- von *Olivier* (Reihen) 2.112
- von *Poincaré-Sylvester* 6.022

- von *Rolle* 2.334
- von *Schreier-Zassenhaus* 4.120
- von *Schröder-Bernstein* 1.341
- von *Steinitz-Graßmann* (Austauschsatz) 4.512
- von *Taylor* 2.380
- von *Tychonoff* 2.434
- von *Weierstraß* 2.217
- von *Zorn* 1.717
Sätze von *De L'Hospital* 2.344, 2.345
- von *Wedderburn-Artin* 4.118
Schätzungen 6.340
Schallgeschwindigkeit 1.272, 1.288
Schallwellen (Physik) 1.272, 1.288
Schaltalgebra 1.080, 1.081
Schalter in Schaltnetzen 1.080
- gegensinnig gekoppelte Schalter 1.080
- gekoppelte Schalter 1.080
Schalterzustand 1.080
- Leitwert eines Schalterzustands 1.080
Scheitelgleichung (Kegelschnitte) 5.058
Scherungs-affine Funktion 5.208
Schneeflocken-Kurve 5.092
Schiefer Wurf 1.278
Schiefkörper 1.891
Schiefkörper $\mathbb{H}$ der Quaternionen 1.891
Schnittwinkel (bei Funktionen) 2.330
Schranke (obere/untere Schranke) 1.320, 1.321
Schranken unter monotonen Funktionen 1.324
Schraubenlinie (als Kurven-Funktion) 5.084
Schraubung 5.224
Schreier-Zassenhaus, Satz von 4.120
Schröder-Bernstein, Satz von 1.341
Schur, Lemma von 4.038
Schwacher Halbring / Halbring 1.450
Schwaches Gesetz der großen Zahlen 6.130
Schwingung (mechanische) 1.280, 1.283
- gedämpfte/ungedämpfte Schwingung 1.280, 1.283
- Funktionen zu Schwingungen 1.281
- Schwingungsdauer 1.280
- Schwingungsfrequenz 1.280
Sehnen- und Tangentensätze 5.011
Sehnen-Viereck 5.018
Seitenhalbierende zum Dreieck 5.017, 5.045
Seitenhalbierenden-Strecken 5.017, 5.045
Sekante (Metrische Geom.) 5.022, 5.023, 5.024, 5.025
Sekante (Analytische Geom.) 5.050, 5.052, 5.054, 5.162
Selektionen (Projektionen) 1.191
Semantik/Syntax 1.002
Sequenz von A-Moduln 4.010
- exakte Sequenz 4.010
- rein-exakte Sequenz 4.166, 4.168
- split-exakte Sequenz 4.036
Sicherheits- und Risikomaß 6.126
Sierpinski-Kurven, -Figuren 5.096, 5.097
Signale/Signalwerte 1.081
Signifikanzniveau, -Test 6.348
Signum-Funktion 1.207, 1.782
- für Permutationen 1.526
Simplex 5.005
Singulär-affine Funktion 5.200, 5.202
Simpson- und *Kepler*-Näherung 2.662
Simulationen (s. Monte-Carlo-Simulationen) 6.100

Skala	6.302
– metrische Skala	6.302
– Nominalskala	6.302
– Rangskala	6.302
Skalierung	6.302
Skalares Produkt	2.420, 4.660, 5.108
– Euklidisches Skalares Produkt	2.420
Skelett (bei Kategorien)	4.406
Snelliusscher Brechungsindex	1.287
Sockel (bei A-Moduln und Ringen)	4.108
Software-Ergonomie	6.206
Sparplan/Bezugsplan	1.258
Spatprodukt auf V und $\mathbb{R}^3$	5.112
Spiegelung (Funktion/Geometrie)	5.006
– Geraden-Spiegelung	5.006
– Gleitspiegelung	5.006
– Punkt-Spiegelung	5.006
Spiegelstreckung	5.007
Split-exakte Sequenz	4.036, 4.515
Split-injektiver A-Homomorphismus	4.034
Split-surjektiver A-Homomorphismus	4.034
Sprache (Grammatik)	1.002
Sprache der Mengen	1.100
Sprachen und Kommunikation	6.250
Spurfunktion	6.080
Spurtopologie	2.410, 2.432
Stabile Teilmenge	1.404
Stammfunktion und Integral	2.502
Standardabweichung	6.066, 6.234
Standardisierte Zufallsfunktionen	6.068
Statistik	6.001, 6.300, 6.340
Stetig partiell differenzierbare Funktion	2.452
Stetige Fortsetzung	2.250, 2.251, 2.338
Stetige Funktion	2.200, 2.417, 2.430
Stetige Funktionen $I \longrightarrow \mathbb{R}$	2.203, 2.204
Stetige Funktionen $\mathbb{R}^n \longrightarrow \mathbb{R}^m$	2.417, 2.418
Stetige Funktionen $[a,b] \longrightarrow \mathbb{R}$	2.217
Stetige Funktionen für metrische Räume	2.406, 2.408
Stetige Funktionen für topologische Räume	2.417, 2.418
Stetige Gruppenhomomorphismen	2.234
Stetige und nicht-stetige Prozesse	2.201
Stetigkeit elementarer Funktionen	2.221
Stetigkeit inverser Funktionen	2.212
Stetigkeit trigonometrischer Funktionen	2.243
Stetigkeit von Potenzreihen-Funktionen	2.240
Stichprobe	6.012
– bei Qualitätskontrollen	6.148
– mit/ohne Zurücklegen	6.340, 6.344
Stichproben-basierte Schätzungen	6.340
Stichproben-Raum	6.012
Stirlingsche Formeln	6.142
Stochastische Integration	2.632
Stochastische Matrix	4.632
Stochastische Unabhängigkeit	6.008, 6.046, 6.074
– von Zufallsfunktionen	6.076
Strahlensätze	5.008
Strecken	5.003
– Länge einer Strecke	5.003
– Mittelpunkt einer Strecke	5.003
Streckspiegelung	5.210
Streuungsmaße	6.234
Strukturen auf $ASF(\mathbb{R})$ und $SF(\mathbb{R})$	2.120
Strukturen auf $Abb(T,\mathbb{R})$	1.770
Strukturen auf $Abb(\mathbb{N},\mathbb{R})$ und $BF(\mathbb{N},\mathbb{R})$	2.006
Strukturen auf $BF(T,\mathbb{R})$	1.782
Strukturen auf $C(I,\mathbb{R})$	2.206
Strukturen auf $CF(\mathbb{R})$ und $CF(\mathbb{Q})$	2.055
Strukturen auf $D(I,\mathbb{R})$	2.306
Strukturen auf $Int(I,\mathbb{R})$	2.505
Strukturen auf $Kon(\mathbb{R})$	2.046
Strukturen auf $Mat(m,n,\mathbb{R})$	1.780
Strukturen auf $Mat(2,\mathbb{R})$ und $Mat(3,\mathbb{R})$	1.781
Strukturen auf $Mat(n,\mathbb{R})$	1.783
Strukturen auf $Rin(I,\mathbb{R})$	2.605
Strukturen auf $\mathbb{C}$	1.881, 1.882, 1.883, 1.884
Strukturen auf $\mathbb{N}$	1.802, 1.812
Strukturen auf $\mathbb{Q}$	1.851
Strukturen auf $\mathbb{R}$ (*Dedekind*-Linie)	1.861, 1.862
Strukturen auf $\mathbb{R}$ (*Cantor*-Linie)	2.065
Strukturen auf $\mathbb{R}$ (*Weierstraß*-Linie)	2.066
Strukturen auf $\mathbb{R}^n$	1.783
Strukturen auf $\mathbb{Z}$	1.831, 1.832
Subbasis einer Topologie	2.416
Subnormalenabschnitt	5.052, 5.054, 5.056
Substitution bei Integration	2.507
Subtangentenabschnitt	5.052, 5.054, 5.056
Summensatz für Determinanten	1.781
Summierbare Folgen	2.111
Summierbare Folgen $\mathbb{N} \longrightarrow Abb(T,\mathbb{R})$	2.150
Supremum	1.320, 1.321
Supplement	4.443
Surjektive Funktionen	1.132
Sylvester, Satz von *Poincaré-Sylvester*	6.022
Symmetrie (Figuren)	5.006
Symmetrien (bei n-Ecken)	1.532
Symmetrische Differenz	1.102, 1.501, 6.006
Symmetrische Funktion	1.524
Symmetrische Gruppe	1.501, 1.520, 1.524
Symmetrien für Funktionen $T \longrightarrow \mathbb{R}$	1.202, 1.268
Syntax/Semantik	1.002
Systeme linearer Ungleichungen	1.242

T

T_1-Axiom / T_1-Raum	2.412
T_2-Axiom / T_2-Raum	2.412, 2.434
Tabelle: Ableitungsfunktionen	2.908
Tabelle: Integrale	2.540
Tabelle: Trigonometrische Funktionen	2.906
Tangente (Metrische Geom.)	5.022, 5.023, 5.024, 5.025
Tangente (Analytische Geom.)	5.050, 5.052, 5.054, 5.162
Tangente (geometrische Konstruktionen)	5.027
Tangente und Normale	2.330
Tangentenabschnitt	5.052, 5.054, 5.056
Tangentenproblem	2.302
Tangenten- und Sehnensätze	5.011
Tangenten-Viereck	5.018
Tangentiale Abweichung	2.331
Tangentialebene	5.170
Tangentialvektor	2.450
Tautologien	1.014
Taylor-Funktionen	2.380
Taylor-Polynome	2.380
Taylor-Reihe	2.381

Taylor, Satz von	2.380
Teilbarkeit in Ringen	1.620
Teilbarkeit von Idealen	1.620
Teilbarkeitsregeln	1.845
Teilbarkeits-Relation auf $\mathbb{Z}$	1.838
Teilfakultät	6.142
Teilfolgen	2.002, 2.041
Teilkörper	1.603
– der G-invarianten Elemente	1.670
Teilmenge	1.101
– stabile Teilmenge	1.404
Teilung	5.008
– harmonische Teilung	5.008
– stetige Teilung	5.008
Teilungspunkt	5.008
– innerer/äußerer Teilungspunkt	5.008
Teilverhältnisse von Streckenlängen	5.008, 5.124
Teleskop-Reihen	2.114
Tensorprodukt von A-Moduln	4.076, 4.408
– von A-Homomorphismen	4.077
– mit Ringen	4.080
– von Matrizen	4.084
Ternär-Darstellung	2.379
Test-Theorem (bei A-Moduln)	4.140
Testen von Hypothesen	6.346
Tetraeder-Gruppe	1.530
Thales, Satz des	5.010, 5.013, 5.014, 5.018
Theorie der Kardinalzahlen	1.340
Theorie der Ordinalzahlen	1.344
Theorie der algebraischen Strukturen	1.400
Thermodynamik, zweiter Hauptsatz der	6.202
Tilgung (Kapital)	1.258
Tilgungsplan	1.258
Tilgungsquote	1.258
Tilgungsrate	1.258
Tilgungssatz	1.258
Töne und Klänge	1.288
– harmonische Obertöne	1.288
Tondauer, -farbe, -höhe, -stärke	1.288
Topologie	2.410
– $\mathfrak{a}$-adische Topologie	4.448
– auf normierten Vektorräumen	2.424
– diskrete/indiskrete Topologie	2.410
– erzeugte Topologie	2.415
– natürliche Topologie auf $\mathbb{R}$	2.411
– Spurtopologie	
Topologische Funktion	2.220, 2.418
Topologischer Raum	2.407, 2.410
Topologisches Umgebungssystem	2.407, 2.410
Torsionsabbildung/-produkt	4.320
Torsionsmodul (-element)	4.052
Torsions-Funktor	4.424
Totale Differenzierbarkeit	2.454, 2.455
Totale Wahrscheinlichkeit	6.042
Trägheit/Trägheits-Satz (Physik)	1.272
Transfinite Induktion	1.332
Transfinite Ordinalzahl	1.350
Transformationen der Ebenenformen	5.123
Transformations-Matrix	4.570
Transitivitätsgebiet (G-Mengen)	1.552
Translation (Links-, Rechts-Translationen)	1.501
Translation (Geometrie)	5.006, 5.202
Transportierte Algebraische Struktur	1.403
Transportierte Ordnungs-Struktur	1.312
Transposition (2-Zykel)	1.524
Transversalwellen	1.285
Transzendente Zahlen	1.866
Travelling Salesman Problem	1.091
Trefferhäufigkeit	6.122
Treppen-Funktionen	1.206, 2.203
Treppen-Funktionen und Summationen	2.602
Trigonometrische Darstellung komplexer Zahlen	1.883
Trigonometrische Funktionen	2.184, 2.236
Trigonometrische Funktionen/Gleichungen	1.232
Trigonometrische Reihen	2.173
Türme von Hanoi (Hanoi-Funktion)	1.808
Tschebyschew-Risiko und -Sicherheit	6.128
Tychonoff, Satz von	2.434

U

Überdeckung	2.434
Übergangs-Matrix	4.630
Ultrafilter	4.098
Ultrafunktor	4.390
Ultraprodukt/-potenz	4.098
Umgebungsfilter	2.413
Umgebungsfilterbasis	2.417, 2.432
Umgebungssystem (metrischer Raum)	2.403, 2.405
Umgebungs-Topologie	2.405
Umkehrfunktionen	1.133
Umkehrproblem	2.501
Umkreis (Dreieck)	5.010, 5.014
Umkreis (Viereck)	5.018
Umordnungen summierbarer Folgen	2.128
Umordnungssätze (Erster/Großer)	2.128
Unabhängigkeit mehrerer Zufallsfunktionen	6.078
Unabhängigkeit zweier Merkmale	6.046, 6.230
Unabhängigkeit zweier Zufallsfunktionen	6.076
Unabhängigkeits-Prinzip für Bewegungen	1.273
Uneigentliche Bewegung	5.226, 5.230
Uneigentliche *Riemann*-Integration	2.620, 2.621
Ungebremstes (exponentielles) Wachstum	2.812
Ungedämpfte harmonische Schwingungen	2.831
Ungleichung von *Bienaimé-Tschebyschew*	6.066
Ungleichung von *Bonferroni*	6.022
Ungleichungen über linearen Funktionen	1.222
Ungleichungen über quadratischen Funktionen	1.226, 1.227
Uniform-Cohärenz	4.394
Unitärer K-Vektorraum	4.660
Unitärer $\mathbb{C}$-Vektorraum	4.662
Unitärer $\mathbb{R}$-Vektorraum	2.420, 4.664
Universelle Konstruktionen bei Gruppen	1.518
Universelle Morphismen (Universelle Funktionen)	4.408
Unsicherheits-Maß	6.202, 6.208
Untergruppe	1.503
– erzeugte Untergruppe	1.503
– maximale Untergruppe	1.505
Unterkategorie	4.402
– volle Unterkategorie	4.402
Untermodul (siehe A-Untermodul)	4.004
Untermoduln und Quotientenmoduln	4.006
Unterobjekt (in Kategorien)	4.407
Unterraum (metrischer Raum)	2.408

Unterraum (topologischer Raum) 2.410
Unterring 1.603
Unterstrukturen Algebraischer Strukturen 1.405
Untersuchung rationaler Funktionen 2.930
Untersuchung trigonometrischer Funktionen 2.940
Untersuchung von Exponential-Funktionen 2.950
Untersuchung von Logarithmus-Funktionen 2.960
Untersuchung von Polynom-Funktionen 2.910
Untersuchung von Potenz-Funktionen 2.920
Urbild (bei Kategorien) 4.407
– epimorphes Urbild 4.407
Urliste 6.302
Urnen-Auswahl-Modell von *Ehrenfest* 6.150
Urnen-Auswahl-Modell von *Pólya* 6.150
Urnen-Auswahl-Modelle 6.146, 6.150
Urnen-Auswahl-Probleme 6.144
Urnen-Verteilungs-Modelle 6.146
Ursache und Wirkung 1.282

V

Vandermondesche Determinante 1.674, 1.781
Varianz und Standardabweichung 6.066, 6.234
Vektor 5.102, 5.104, 5.106
– kollineare Vektoren 5.104
– komplanare Vektoren 5.104
Vektorielle Geometrie 5.100
Vektorielles Produkt auf V und $\mathbb{R}^3$ 5.110
Vektorräume und Algebren 1.710
Vektorräume (siehe K-Vektorräume) 1.710, 4.500
Vektorräume V und $\mathbb{R}^3$ 5.100, 5.106
Verbindungs-Homomorphismus 4.013, 4.304
Verdichtungs-Folgen 2.116
Verdichtungs-Satz von *Cauchy* 2.116
Vereinigung (bei Mengen) 1.102
Vereinigung (bei Kategorien) 4.407
Verflechtungs-Matrix 4.630
Vergiß-Funktor 4.420
Vergleichs-Kriterium für Summierbarkeit 2.120
Verhulst-Parabel 2.012, 2.371
Verklebungs-Lemma 4.010
Verschiebung (Funktion/Geometrie) 5.006
– zentrische Verschiebung 5.007
Verschiebungsfaktor/-zentrum 5.007
Verschiebungssatz 6.066
Vertauschungssatz (Spatpodukt) 5.112
Verteilungen 6.202
Verteilungs-Funktion (cumulativ) 6.072, 6.306
Verzinsung 1.255, 1.256
– antizipative Verzinsung (praenumerando) ... 1.255, 1.256
– diskontinuierliche Verzinsung 1.256
– diskursive Verzinsung (postnumerando) 1.255, 1.256
– kontinuierliche Verzinsung 1.256
Verzinsungsfeld 1.256
Vielfachheit einer Nullstelle 1.666
Vierecke 5.018
– spezielle Vierecke (Kennzeichnungen) 5.018
Vier-Felder-Tafel 6.040
Vollständigkeits-Axiom 1.325
Volumina (Berechnung mit Integralen) 2.621

W

Wachstums-Modelle und -Funktionen 1.256, 2.810
Wachstum und Wachstumsänderung ... 1.256, 2.234, 2.810
Wachstum 1.256, 2.810
– explosives Wachstum 2.818
– gebremstes Wachstum 2.814
– logistisches Wachstum 2.816
– ungebremstes (exponielles) Wachstum 2.812
Wachstumsänderung 2.012
– absolute Wachstumsänderung 2.012
– relative Wachstumsänderung 2.012
Wachstumsrate 2.012
Wachstums-Folge 2.012
Wachstums-Funktion 1.256, 2.012, 2.810
Wahrheitswert einer Aussage 1.012
Wahrheitswertetabellen (Aussagen) 1.012
Wahrheitswertetabellen (Mengen) 1.102
Wahrscheinlichkeit 6.020
– bedingte Wahrscheinlichkeit 6.040
– totale Wahrscheinlichkeit 6.042
Wahrscheinlichkeits-Dichte 6.070
Wahrscheinlichkeits-Funktion 6.020
Wahrscheinlichkeits-Maß 6.020
Wahrscheinlichkeits-Morphismen 6.141
Wahrscheinlichkeits-Raum 6.020
– binärer Wahrscheinlichkeits-Raum 6.120
Wahrscheinlichkeits-Verteilung 6.062
Wahrscheinlichkeits-Theorie und Statistik 6.000
Weierstraß, Satz von 2.217
Weierstraß-Komplettierung 2.066
Welle (mechanische) 1.285
– Wellenfrequenz, -geschwindigkeit, -länge 1.285
Wendepunkte 2.333, 2.336
Widerspruch/Kontradiktion (Aussagen) 1.014
Winkel und Winkelmaß 5.001, 5.108
– Ergänzungswinkel (Gegenwinkel) 5.002
– Mittelpunktswinkel 5.010
– Rechter Winkel 5.002
– Sehnentangentenwinkel 5.010
– Stufenwinkel 5.004
– Umfangswinkel 5.010
– Winkelmessung/Gradmaß 5.002
– Winkel am Kreis 5.010
– Winkel-Innenmaß/-Außenmaß 5.001, 5.002
Winkelmaß-Funktion 5.001
Winkelhalbierende 5.004
Winkelhalbierende zum Dreieck 5.016, 5.045
Winkelhalbierenden-Strecken 5.016, 5.045
Wohlgeordnete Mengen 1.332
Wohlordnungs-Axiom 1.332
Wohlordnungs-Satz 1.334
Wurf-Bewegungen (Physik) 1.273
– horizontaler Wurf 1.273
– waagerechter Wurf 1.273
– schiefer Wurf 1.273, 1.278
– senkrechter Wurf 1.272
Wurzel-Kriterium für Summierbarkeit 2.122

X

X-Lemma 4.014, 4.443

335

Y

Yoneda-Lemma 4.437

Z

Z-adische Komplettierung 4.090, 4.192
ZF-/ZFC-Axiome für Mengen 1.128
ZPE-Ring 1.648
Zahlen 1.800
Zahlbereichserweiterungen 4.408
Zelt-Funktion 2.377
Zentralbank 1.255
Zentrale (Geometrie) 5.022, 5.023, 5.024, 5.025
Zentralisator 1.505, 1.542
Zentralisator (Element) 1.540
Zentrifugal-/Zentripetalkraft (Physik) 1.274
Zentrische Verschiebung (Funktion/Geometrie) 5.007
Zentrum einer Gruppe 1.507, 1.540
Zentrum eines Ringes 4.000
Zerfällungs-Körper 1.664
Zerfällungsreihe 1.676
Zerlegung von Mengen 1.140, 1.150, 6.006
Zermolo, Postulat von 1.331
Zinsen (s.a. Verzinsung) 1.255
– Abzinsung(sfaktor) 1.256
– Aufzinsung(sfaktor) 1.256
– Anlagezinsen (Habenzinsen) 1.255
– Kreditzinsen (Soll-Zinsen) 1.255
– EZ-Modell (einfacher Zins) 1.255, 1.256, 2.820
– ZZ-Modell (Zinseszins) 1.255, 1.256, 2.820
Zinsarbitrage 1.255
Zinselastizität 1.255
Zinsintensität 1.256
Zinsperiode 1.255, 1.256
Zinsrecht 1.255
Zinssätze 1.256
– effektiver Jahreszinssatz 1.256
– effektiver Zinssatz pro Zinsperiode 1.256
– konforme Zinssätze 1.256
– nomineller Jahreszinssatz 1.256
Zinstermine 1.255, 1.256
Zorn, Lemma von 1.333
Zorn, Satz von 1.717
Zufall/Zufälligkeit, zum Begriff 6.001
Zufallsexperimente 6.002
– kombinierte Zufallsexperimente 6.040
Zufallsfunktion (-variable, -größe) 6.060
– gemeinsame Zufallsfunktion 6.074
– standardisierte Zufallsfunktion 6.068
– unkorrelierte Zufallsfunktion 6.066
Zufallsvektor 6.074
Zufallszahlen 6.016, 6.354
Zufallszahlen-Generator 2.030
Zusammenhangs-Axiom 1.325
Zweiwertigkeit der Logik 1.010, 1.080
Zwischenring 1.603
Zwischenwert-Satz 2.217
Zykel/Zykel-Darstellung 1.524
– disjunkte Zykel 1.524
Zyklische Gruppen 1.522
Zylinder 5.155

Die angegebenen Abschnitts-Nummern gelten (Irrtümer vorbehalten) für die jeweils jüngste Version der bisher erschienenen Bände oder – in Ausnahmen – für geplante Erweiterungen in künftig erscheinenden Neubearbeitungen.